U0393153

福·建·森·林·文·化·丛·书

福建树木文化

兰灿堂 主编　　蔡元晃 副主编

中国林业出版社

图书在版编目(CIP)数据

福建树木文化 / 兰灿堂主编. —北京：中国林业出版社，2016.6
（福建森林文化丛书）
ISBN 978-7-5038-8609-6

Ⅰ. ①福…　Ⅱ. ①兰…　Ⅲ. ①树木 – 文化研究 – 福建省　Ⅳ. ①S717.257

中国版本图书馆 CIP 数据核字(2016)第 154795 号

出版　中国林业出版社(100009　北京西城区刘海胡同 7 号)
E-mail　forestbook@163.com　电话　010–83143515
网址　lycb. forestry. gov. cn
发行　中国林业出版社
印刷　北京中科印刷有限公司
版次　2016 年 6 月第 1 版
印次　2016 年 6 月第 1 次
开本　787mm×1092mm　1/16
印张　28.5　彩插 24 面
字数　693 千字
印数　1～3000 册
定价　95.00 元

"福建森林文化丛书"编委会

《福建树木文化》编写组

内 容	编 者	内 容	编 者
第一篇		二十三、枫树文化	吴有恒
总 论	苏祖荣	二十四、木棉文化	陈璋
第二篇		二十五、木麻黄文化	陈胜、陈建诚
一、杉木文化	苏祖荣	二十六、漆树文化	吴有恒
二、柳杉文化	陈建诚	二十七、红树林文化	兰灿堂
三、水杉文化	陈建诚	二十八、菩提树文化	陈璋
四、水松文化	郑建官、苏祖荣	二十九、榕树文化	陈传馨
五、秃杉文化	郑建官、陈建诚	三十、棕榈树文化	吴有恒
六、松树文化	吴朝明、吴有恒	三十一、油茶文化	兰灿堂
七、油杉文化	肖祥希	三十二、油桐文化	兰灿堂
八、罗汉松文化	范金顺	三十三、龙眼文化	陈起鹏
九、南方红豆杉文化	潘标志	三十四、荔枝文化	陈起鹏
十、柏树文化	范金顺	三十五、柑橘文化	林苗
十一、福建柏文化	郑世雄	三十六、柚子文化	张金文、兰灿堂
十二、银杏文化	郑建官	三十七、杨梅文化	纪小菁、兰灿堂
十三、樟树文化	陈良昌	三十八、橄榄文化	陈祖挺、兰灿堂
十四、楠木文化	陈良昌、兰灿堂	三十九、柿树文化	纪小菁、兰灿堂
十五、锥栗文化	陈增华	四十、枇杷文化	林苗
十六、格氏栲文化	施友文、苏祖荣	四十一、桃树文化	苏祖荣
十七、福建青冈文化	兰灿堂	四十二、李树文化	陈祖挺、兰灿堂
十八、按树文化	洪长福、陈建诚	四十三、梅树文化	纪小菁、兰灿堂
十九、红豆树文化	郑天汉	主 编	兰灿堂
二十、相思树文化	兰灿堂	副主编	蔡元晃
二十一、凤凰木文化	吴朝明、吴有恒	资料收集，初稿编写	兰灿堂
二十二、刺桐文化	兰灿堂		

走进森林文化的绿色殿堂

——"福建森林文化丛书"序一

董智勇[①]

福建地处祖国东南沿海，与宝岛台湾隔海相望。境内群山叠翠，溪流纵横，风光秀丽，民俗古雅，被誉为"海滨邹鲁"。这里儒风兴盛，文教发达，人才辈出。据统计，在两宋 300 多年间，全国科举考试中进士者 2.8 万余人，其中福建人竟多达 6000 余人。福建又是古越族文化的发源地。晋、唐以后，由于征战不断，大批中原汉人南迁入闽，中原文化、荆楚文化，与古越族的文化相融合，并逐渐向台湾延伸，形成了有地域特色的闽台文化。

福建森林资源丰富，覆盖率高，居全国之首，可谓森林资源大省。在森林文化方面也多有建树，不乏开拓者。福建林学院的叶文铠教授很早就从事森林文化研究，他的《森林文化若干问题思考》(1989 年)被林学界誉为第一篇阐述森林文化的论文。福建师范大学教授廖福霖的《生态文明建设理论与实践》(2001 年)、福建农林大学教授兰思仁的《国家森林公园理论与实践》(2004 年)，在全国均有一定影响。福建林业职业技术学院客座教授苏祖荣、研究员苏孝同的《森林文化学简论》(2004 年)的出版，也属全国首创。我仔细阅读原稿，一股久违的人文气息，扑面而来，令人感动，即兴为该书写了题为《森林：一个永恒的主题》的序言。此文后刊在国家林业局主办的《生态文化》上。此次福建省林业厅又汇集各方力量编写"福建森林文化丛书"，足见对森林文化工作的高度重视和在森林文化研究方面的巨大潜力。丛书内容涵盖面广，不但涉及竹文化、茶文化、花文化，还涉及树种文化、名木古树文化、森林休闲文化，以及乡村森林文化、城市森林文化和动物文化等，几乎覆盖森林文化的所有领域。丛书地域气氛浓，列举的榕树文化、蛇文化，有着闽台文化的色彩，散逸着南方和亚热带常绿阔叶林文化的气息。丛书参与人员多，林业院校、林业科研单位和基层一线的人员，都参与丛书的编写。他们长期从事林业工作，与森林最贴近，对森林最了解，因而最能准确呈现森林文化的真实面貌。如丛书之一的《森林文化研究》，就收集了相关的森林文化研究论文 87 篇，涉及专家学者多达 56 人，这里有俞新妥、张建国等老一辈林学专家学者，还有一批中坚力量的积极参与。福建森林文化研究可谓人才济济，基础扎实。

森林文化建设虽是一项新的工作，但绝不是可有可无。国家林业局把繁荣的森林文化

---

① 原林业部副部长，《森林与人类》期刊原主编。

体系与产业、生态体系并列，作为构筑现代林业的第三大体系，说明着力抓好森林文化这一工作的重要性。我在一篇文章中谈到森林文化同森林文化产业的关系，认为"森林文化不是概念的抽象，森林文化是以森林为背景，以木竹为载体（对象）和林产品组成的一个物质生产体系。这个物质生产体系，即森林文化产业。森林文化则是蕴涵其中的气质、品格、精神、理念，等等"。森林文化与森林文化产业是关联的。森林文化至少有两个功用：一是扩大和延长产业链；二是能提高林产品的档次和品位。武夷山的"大红袍"茶叶为什么身价如此之高，究其原因在于深厚的文化底蕴包含其中。我们不能小视文化的功用，相反，要重视森林文化的挖掘，使之为发展林业经济服务。

　　森林文化的另一意义在于体现人文和道德的关怀。传统林学属自然科学意义上的林学，贯穿的是主体-客体二分的理论模式，把自然界看作客体，看作人类认识、改造和索取的对象。生态伦理学家余谋昌教授认为，产生这一问题与"自然科学与社会科学的分离与对立有关。因为现代科学技术缺乏人文关怀和道德约束，便会成为掠夺自然的工具，成为有钱人的玩具"。这也是美国著名物理学家戴森在《宇宙波澜：科技与人类前途的自省》一书中表述的观点。森林文化作为哲学社会科学意义上的林学，体现人类对自然的人文关怀，而不是以掠夺式的态度向自然索取。森林文化诉求从生态整体主义立场出发，尊重自然的价值和权利，把人对自然统治的现代文化，转型为人与自然共生共荣的生态文化。我注意到森林哲学中的一个关键词：和谐。在自然界，与丛林竞争法则并行的另一法则是妥协与和解，并非一味竞争。每一个物种都有自己的生存智慧，因为它们知道一个物种的生存并不一定要以牺牲另一物种的存在为代价，自然界的万千物种都在相互依存中并生共存。

　　走进福建，走进森林文化的绿色殿堂，武夷山的茶文化、南平的蛇文化、浦城的丹桂文化、顺昌的杉木文化、建瓯的万木林文化，以及福州的榕树文化等，异彩纷呈，各具特色。这些宝贵的森林文化资源，应当很好加以整理挖掘，为我所用。省会福州简称"榕"，榕树文化在福建人民心中留下深深的烙印。福建各处都有古榕，榕荫广大，为乡人和过客落脚、休闲之处。闽台地区，崇榕爱榕风气甚盛，认为榕树最具灵气、最能庇荫乡人。新春佳节，要用榕枝扎彩楼；给亲友贺婚，礼品上要放一桠粘上红纸的榕枝；老人寿终，习惯敬献用榕枝扎制的花圈。南宋名相李纲在福州任职时，曾称赞榕树"垂一方之美荫，来万里之清风"。省会福州，更是榕荫四处，古榕丛立，故简称"榕"。福州森林公园内的大榕树，在榕城的所有古榕中以其树冠广大、姿态端庄、气根长垂，而独树一帜，居福州十大古榕树之首，成为福州的象征性标志，给人以深刻印象。榕树的"榕"与"容"谐音，既包含易栽植，又体现包容、兼容、宽容、容纳的文化内涵。福州把榕树作为市树，不是没有理由的，而是体现福建人"海纳百川，兼容天下"的时代精神。我相信，"福建森林文化丛书"的出版，不仅保存一份珍贵的文化遗产，也将极大推动"森林福建"建设和促进福建森林文化产业的发展，并给海峡西岸经济区建设增添一抹亮色。

2012 年 5 月

森林文化：现代林业的新视域

——"福建森林文化丛书"序二

陈 家 东[①]

　　八闽大地，树茂林丰、山灵水秀，森林覆盖率居全国首位，是南方重点集体林区。理学大师朱熹一生的大部分时光在福建驻足流连，讲学布道，八闽的山山水水给这位思想家以极大的灵感和启示。朱熹有一首诗："半亩方塘一鉴开，天光云影共徘徊。问渠那得清如许，为有源头活水来。"为人们呈现了一幅半亩方塘和源头活水澄澈明净的优美景致。而这源头活水的背后，正是森林生态系统的遮庇、过滤和净化的作用。没有森林的存在，就没有源头活水，也不可能水清如许。

　　森林作为陆地生态系统的主体，与人类一直有着密切的关联，体现人类与森林相互依存、共处共生的紧密关系。在应对全球气候变化，发展低碳经济、循环经济，建设生态文明的背景下，应当努力构建以完备的森林生态体系、发达的林业产业体系和繁荣的森林文化体系为标志的现代林业。当前，我省正在大力推进生态省建设，打造宜居宜业环境，建设更加优美更加和谐更加幸福的福建。我们要守护住以天然林为主体的森林资源，构筑完备的森林生态体系，夯实我省经济发展的自然基础，让闽山层峦叠翠、闽江水清澄明。要合理经营森林，提高森林的质量和效益，构筑发达的林业产业体系，满足经济社会发展和人们的物质需求。要以森林为依托，培育繁荣的森林文化体系，承载文化、传承文明，满足人们的精神需求。

　　文化是人类社会实践的产物，也是人类智慧的结晶。森林文化是构成森林的重要元素，是森林的理念、思想和灵魂，也是渗透于物质文化、制度文化和精神文化之中，体现人与自然和谐相处的生态价值观的文化。厚实的森林资源、丰富的林业生产实践，孕育并承载了多姿多彩的福建森林文化，例如，花文化、茶文化、竹文化、名木古树文化、木竹工艺文化、园林园艺文化、绿色食品文化、森林旅游文化等。这不仅提升了福建林业的品位，而且为福建林业建设注入了强大的活力。我们应当很好整理、挖掘和利用多样和精彩的森林文化，尤其要发挥福建优美的森林景观、良好的生态环境等自然优势，结合林区、乡村的古村落、古建筑、古寺观、古桥、古驿道、古树、古溶洞等景物，发展以森林旅游为龙头的森林文化产业，既能带动当地经济发展，又能丰富人们的精神生活，促进林区社会和谐稳定。

---

　　① 福建省林业厅原厅长，现任中共福建省漳州市委书记。

在各方面的共同努力下，今天，"福建森林文化丛书"出版了，这为人们打开了另一视角，即从文化视角来诠释和看待林业。我们相信，该丛书可以让森林文化在民众中生根、开花、结果，让广大民众更加热爱自然、珍惜自然、拥抱自然，建立起人与自然和谐共处的大同世界，创造生态文明的美好未来。

2012 年 5 月

2.1 柳杉（兰灿堂摄）

2.2 柳杉王（黄海摄）

1 杉木（福建省洋口国有林场大径材）（黄海摄）

2 彩插

3.1 水杉（黄海摄）

3.2 水杉（兰灿堂摄）

3.3 水杉（兰灿堂摄）

4.1 水松王（庄晨辉摄）

4.2 水松林（夏季）（郑道居摄）

4.3 水松（兰灿堂摄）

4.4 水松（庄晨辉摄）

4.5 水松（兰灿堂摄）

4.6 水松林（冬季）（郑道居摄）

4 彩插

5 千年秃杉王（黄冬梅摄）

6.1 湿地松（黄海摄）　　6.2 马尾松王（庄晨辉摄）

6.3 湿地松（黄海摄）

7.1 油杉（兰灿堂摄）

7.2 油杉王（庄晨辉摄）

8.2 罗汉松王（庄晨辉摄）

8.1 罗汉松（黄海摄）

10.1 柏树（兰灿堂摄）　　　　　　　9.1 红豆杉（兰灿堂摄）

10.2 圆柏王（庄晨辉摄）

10.3 龙柏（林焰摄）　　　　　　10.4 长汀唐代古柏（黄海摄）

9.2 南方红豆杉（林焰摄）

11 福建柏
（林焰摄）

12.1 古银杏（黄冬梅摄）

12.2 银杏（黄海摄）

12.3 银杏（兰灿堂摄）

12.4 福建银杏王（黄海摄）

13.1 樟树（黄冬梅摄）

13.2 樟树王（张圆圆摄）

13.3 樟树王（庄晨辉摄）

13.4 樟树（姜克红摄）

14.1 楠木（兰灿堂摄）

14.2 楠木（黄海摄）

15.1 锥栗（陈增华供稿）

15.2 锥栗（陈增华供稿）

17.1 福建青冈（黄海摄）

17.2 福建青冈（黄永辉摄）

14.3 楠木（黄海摄）

16.1 格氏栲（黄海摄）

16.2 格氏栲景区全景（格氏栲自然保护区供稿） **16.3 格氏栲树王（格氏栲自然保护区供稿）**

16.4格氏栲（格氏栲自然保护区供稿）16.5 格氏栲（黄海摄）

19.1 红豆树（郑天汉摄）

19.2 红豆树（郑天汉摄）

18.1 桉树林（黄海摄）

18.2 桉树（兰灿堂摄）

20.1 台湾相思（兰灿堂摄）　　20.2 相思树（林焰摄）

21 凤凰木（兰灿堂摄）

22.1 刺桐（兰灿堂摄）

22.2 刺桐树（兰灿堂摄）

22.4 刺桐（黄海摄）

22.3 刺桐（林焰摄）

23.1 枫树（吴锦平摄）

23.2 枫香王（庄晨辉摄）

23.3 枫香（林焰摄）

26 漆树（林焰摄）

24.1 木棉（兰灿堂摄）

24.2 美丽异木棉（兰灿堂摄）

25 木麻黄（黄海摄）

27 红树林（漳江口红树林国家级自然保护区）（黄海摄）

28.1 巴基斯坦菩提树(兰灿堂摄)　28.2 印度菩提树（兰灿堂摄）　　　28.3 菩提树（兰灿堂摄）

29.1 榕树　（兰灿堂摄）

29.2 榕树（黄海摄）

30.1 棕榈树（兰灿堂摄）　　　　30.2 棕榈（黄海摄）

30.3 棕榈（黄海摄）

32.6 油桐果（尤祖约供稿）

32.4 油桐树（兰灿堂摄）　　32.5 油桐（黄海摄）

31.1 山茶花（黄海摄）

31.2 山茶花（兰灿堂摄）

31.3 红花油茶（兰灿堂摄）

31.4 油茶（林焰摄）

31.5 油茶林（黄海摄）

33 龙眼树（兰灿堂摄）　34.1 荔枝（黄海摄）

34.2 荔枝（兰灿堂摄）

34.3 荔枝（黄海摄）　　　　　　34.4 荔枝王（庄晨辉摄）

35.1 金橘（林焰摄）

35.2 柑橘（黄海摄）

36.1 平和蜜柚（张金文摄）

36.2 平和蜜柚（张金文摄）

37.1 杨梅（林焰摄）

37.2 杨梅（黄海摄）

38.2 橄榄（林焰摄）

38.1 橄榄树（兰灿堂摄）

39 柿树（黄海摄）

40 枇杷（林焰摄）

41.1 桃树（黄海摄）

41.2 桃树（兰灿堂摄）

42.1 青梅（林焰摄）

42.2 梅花（兰灿堂摄）

43.1 李树（林焰摄）

43.2 李树（林焰摄）

目　　录

第一篇
总 论

一、引 子

森林文化是以森林为基本载体的一种文化表达。它源于人类的生产实践，是人类与森林相互厮守、相互倾听、相互交融的产物。森林文化博大精深，源远流长，是中华优秀文化的重要成分。森林文化又属于生态文化，以其绿色、环保和低碳等特点，呼应时代需求，是工业文明不可缺失的组成部分，体现社会主义先进文化的基本方向和走势。

组成森林文化的基本形式有4种：

其一，按森林类型划分森林文化。例如，热带雨林文化、亚热带常绿阔叶林文化、暖温带针阔混交林文化、温带针叶林文化、山地矮林文化等。气候、海拔和地形等生态因子在此类森林文化身上打上了深深的印记。

其二，按植物分布格局划分森林文化。例如山地森林文化、草原森林文化、荒漠森林文化、平原森林文化、滨海森林文化等。地理因素在其中起到重要的作用。

其三，按城乡二元结构划分森林文化。例如城市森林文化、乡村森林文化。社会因素处在主导地位。

其四，按不同树木种类划分森林文化。例如松文化、柏文化、竹文化、桃花文化等。以不同树木的外在特征和生物学特性来划分不同树木文化，构成森林文化的基本单元，[①] 是中国森林文化的一大特色，也是森林文化的最基本形式。

以树木种类划分森林文化，具有两大特点：一是这种划分与植物学上对树木的分类相近或相吻合，具有直观性，看得见，摸得着，易为群众所认识和鉴别；二是实践性，人们既是按树木的外在不同特性认识和利用树木，同时，也在认识和利用树木的过程中，赋予树木以文化的内涵。树木文化显然是人们的一种生产和生活方式，又是一种文化样式，一种群众自己创造和不断传承，并为百姓喜闻乐见的文化样式。

---

① 苏祖荣. 多彩多姿的森林文化. 福建日报，2013.5.16.

二、树木文化发展概略

　　树木文化的发展经历采集文明的树木文化形成前期，农耕文明的树木文化形成期和工业文明的树木文化整合期 3 个阶段，现分述如下：

（一）树木文化形成前期（采集文明阶段）

　　从采集文明或渔猎文明到农耕文明，是一个十分漫长的历史过程。这一时期，森林茂密，兽多人少。"混沌之世，草昧未辟，土地……皆为蓊郁之森林。""自有巢氏构木，而森林乃逐渐开发。"[①]在人类黎明时期，在中国辽阔国土上，除沙漠、冰川和戈壁外，凡是雨量和地形足以生长林木的地方皆布满森林。东北地区、山东丘陵、太行山、秦岭、阴山、贺兰山、六盘山、横断山脉、南岭山脉、东南丘陵、台湾山脉等，都是原始森林生长地区，就是坡地、高原以及平原中之岗地，也都布满林木。森林以其旺盛的生命力，顽强争夺空间，表现自己。据有关学者推算，史前全国森林覆盖率至少在 40% 左右。[②] 据当代林学家凌大燮先生估计，公元前 2700 年，我国森林覆盖率为 49.6%。据赵冈推算，远古时期我国森林覆盖率为 64%。这表明，在远古时期我国森林覆盖率在 50% 左右是完全可信的。[③]

　　在大森林的背景下，我们的祖先在黎明时期的食物主要依赖原始的森林生态系统，采集"橡栗以为食"，同时还有"鸟兽之肉，饮其血，茹其毛"。[④] 原始人群栖于森林之中，食物来源多赖于森林，据古籍记载和民间传闻，应当是可信的。当然，除"橡栗"外，还有锥栗、榛、核桃、猕猴桃、松子、柏籽，以及树木的叶、花、块根等，都是人类采集的对象。人类在采集和利用树木的过程中，慢慢学会认识和区别不同树种。这其中既有自己的尝试和鉴别，也向林中其他动物模仿和学习。因为林中其他动物比人类更早适应林中环境，懂得哪些林果可以食用，哪些不能食用。这是认识树木的一条捷径。同时通过世代遗传，把对树木认识的成果作为一种生存本领和生活方式，一代一代传承下去。这种对树木认识的保存和累积，为人类迈进农耕文明，培育经济林木，奠定了坚实的基础，也在不经意间产生了最初的树木文化。

① 陈嵘. 中国森林史料. 北京：中国林业出版社，1983.
② 陶炎. 中国森林的历史变迁. 北京：中国林业出版社，1994.
③ 樊宝敏，李智勇. 中国森林生态史引论.
④ 陈嵘. 中国森林史科. 北京：中国林业出版社，1983.

(二)树木文化形成期(农耕文明阶段)

如果说采集社会或渔猎社会人类以原始森林为主要劳动对象,那么进入农耕社会,其主要标志则是逐步以半人工控制的农田和经济林为主要劳动对象。《淮南子》说:"神农始教民播植五谷,相土地所宜,燥湿肥硗高下。"播植五谷,即建立农田系统。与建立农田系统一路同行,人类开始栽培果树,种植经济林。

古时农业是通过毁林,把森林转化为农田。其中山坡地则转化为经济林。从简单的对原始林的采集,到建立经济林对不同树种进行培育,是人类对森林及树种认识的一次飞跃,并使树木文化由采集文明的树木文化形成前期,步入农耕文明的树木文化形成时期。

在农耕文明时期,人类培育的树种极其广泛,主要有:①饮料类,如茶树等;②药材类,如肉桂、杜仲等;③林果类,如李、梨、苹果、橘、枇杷、柿、柚、杨梅、梅子、龙眼、荔枝等;④木本粮食类,如枣、板栗、核桃等;⑤油料类,如油茶、油桐等;⑥用材类,如竹、松、杉、柏、榆、杨、柳等;⑦其他,如桑、漆等。

殷商时期的甲骨文中,已出现树种的名称有松、柏、桑、栗等。《诗经》诸篇中,记载的树种有松、柏、桑、柞、桧、檀、桐、榆、杨、柳等20多个。《山海经》的山经中记载的植物有:桂、橘、柚、桃、李、梅、杏、竹、桑枥等。这说明百姓不但在生产实践中已栽培和经营上述树种,并有文字记录。《尚书》载:"商子曰南山之阳,有木名桥;南山之阴,有木名梓。"这是人们对林木生长规律认识的深化。

从对树木识别和栽培,到对某一树种利用的生产实践,并延伸至建筑、园林、工艺、饮食、风俗、习惯、诗文、绘画等诸多领域,围绕某一树种所展开的文化现象,形成独具中国特色的树木文化。在中国农耕社会中,树木文化已演绎到了极致,其中最为典型的有茶文化、竹文化、松文化、梅花文化,以及桑文化、柏文化、漆文化、桃花文化等。各样各式的树木文化,不但渗透到社会生活的方方面面,构成了森林文化,也为中华文化注入了新鲜血液,成为中华优秀文化不可或缺的一部分。

(三)树木文化的整合期(工业文明阶段)

以树种为特征的森林文化现象,在工业社会中依然存在,例如茶文化、竹文化、松文化等,在人们的生产和生活中随处可见,获得很好的传承。另一部分树木文化重新整合为花文化、园林文化、古树文化等,呼应社会的需求,显示树木文化的生机和活力。但应当看到,农耕文明与工业文明毕竟是两个文明程度不同和具有区别的文明。受到技术条件限制,农耕文明限于树种的选择和培育,而工业文明的技术和装备,已能引种和驯化树种,并使树木文化在工业社会中获得拓展。

造林树种的多样化,不断催生樟、楠、檫、苦楝、格氏栲、桉树、木荷等树木文化的出现。随着速生用材林树种的需求,桉树文化进入人们的视野。桉树是桃金娘科桉属的总称,常绿乔木。据中国科学院提供的资料推断，四五千万年前西藏曾分布有桉属植物。随着喜马拉雅造山运动，桉属植物因不耐高寒而消亡。桉树因适应性强、生长快，南方各省大力种植，成为速生丰产林的重要树种。为了治理风沙，20世纪50～60年代，福建省东山县委书记谷文昌带领群众营造木麻黄，锁住"黄龙"，荒岛东山变成绿洲。至今，在东山仍传流"先拜谷公，再祭祖宗"的佳话，县委书记谷文昌深得百姓爱戴。无独有偶，20世纪60年代河南省兰考县委书记焦裕禄为治理风沙，发动群众种植泡桐，如今兰考已成为泡桐之乡。焦裕禄亲手种植的一棵泡桐如今被人称为焦桐。南方的木麻黄文化和北方的泡桐文化可谓南北呼应，珠联璧合。

此外，在荒漠治理中立下不朽功勋的红柳、梭梭和沙枣，以及由此衍生的红柳文化、梭梭文化和沙枣文化，格外引人注目，成为工业社会树木文化的新成员。特别值得一提的是橡胶树文化。橡胶树原产亚马孙热带雨林地区，其橡胶是四大工业原料之一，是汽车轮胎最重要的原材料。正因为橡胶的发现，工业社会才得以在高速路上飞奔。红豆杉属红豆杉科红豆杉属，因其种子成熟后宛如红豆而得名；红豆杉茎、叶、皮的提取物——紫杉醇，可用于治疗卵巢癌、乳腺癌，因而身价百倍，被称为"植物界最走红的明星"，民间视为神树，这是红豆杉文化。文冠果、小桐子树、麻风树是发展生物质柴油的重要树种。小桐子树其籽粒含油率64.45%；[①] 麻风树其籽粒含高达50%以上，我国西南地区已有大面积推广，前景宽广，在未来的能源变革中，将发挥重要作用。能源林树种和由它衍生的能源林树木文化，无疑要予以重视。工业社会在不断扩大其树木种类的深度利用中，树木文化将以崭新的面貌登上森林文化的舞台。

---

① 中国绿色时报，2013.8.

三、树木文化的基本特征

(一)种属的特征

森林中有诸多树种,不同树种其叶、果、花、呈现的形态和性状各不相同,树木学按科、属、种进行分门别类,以便鉴别和利用。树木文化就是以不同树木种属为研究对象,展示其不同树木的文化现象和过程。作为研究对象的树种,是树木文化的基本前提和规定性,并制约树木文化的全过程。这就是说,树木文化是围绕某一种树展开的。但由于人们从社会学上对树木的利用和鉴赏与树木学上对树木的分类有所差异,存在以下几种情况:其一,一科一属,如银杏、木麻黄、猕猴桃等其种名与属名、科名称呼一致。其二,一科多属,如柏科所属的侧柏属、翠柏属、柏木属、福建柏属、圆柏属、刺柏属等,统称柏树。桉树为桃金娘科桉属树木,该属皆称桉树。竹属禾本科竹亚科,该亚科下所有种属皆称竹子。其三,一科异属。如松科的松树,民间主要指松属、落叶松属和金钱松属,其他属习惯上不称松树。蔷薇科有20个属,分属不同的树木文化。如蔷薇属的玫瑰(月季)文化、樱属的樱花文化、李属的李文化、杏属的杏文化、梅属的梅文化、桃属的桃花文化、山楂属的山楂树文化、枇杷属的枇杷文化、梨属的梨文化、苹果属的苹果文化等。其四,一科一属异种。如茶科、茶属下的山茶、油茶、茶树、金花茶等不同种,分属山茶文化、油茶文化、茶文化和金花茶文化。

(二)地域的特征

种属是树木文化最主要的特征,其次是地域的特征。不同的生态因子孕育不同形态特征的树木,气候、海拔和地形等生态因子也在树木身上留下印记。换句话说,不同树木象征或代表不同的地域,是该地域文化的一种符号。南方和北方,干旱和润湿,山地和滨海,各有不同的象征性树木。闽台沿海,广植榕树,城乡榕荫,随处可见,人们爱榕崇榕,形成榕树文化。南方的闽西北、湘西南、桂西南等杉木用材林林区,植杉用杉,并有"女儿杉"的传统习俗,呈现的是杉文化。海南以棕榈科的植物为主,椰树、槟榔、棕榈等婀娜多姿,构筑起具有南国风情的棕榈文化。

与南方的杉文化、榕树文化、棕榈文化不同,北方则呈现柏文化、槐文化、柳文化、枣文化等树木文化形态。诸多的古柏、古枣、古柳、古银杏均分布在长江以北,黄帝陵、孔林、孟母林、关林等基本成分由柏树组成。山西洪洞的大槐树,更是中外知名。西北地区以胡杨、红柳、梭梭为标志，叙述荒漠地区的胡杨文化、红柳文化和梭梭文化。红松是东北地区的代表性树种。大兴安岭的白桦林灰白素洁，景观独特，是诸多摄影家和画家的审美对象。东北地区沿袭的是红松文化、白桦林文化。①

　　当然，典型的要属茶乡的茶文化、竹乡的竹文化、桐乡的桐文化、枣乡的枣文化和漆乡的漆文化。这些乡村以某一树种为经营对象，文化已深深融入人们的生产方式和生活方式，成为人们生命的一部分。一些城市还推荐某一种树为市树。以福建为例，刺桐为泉州的市树，木棉为厦门的市树，榕树为福州市树。树木不但是靓丽的风景，还是城市的一张文化名片。

（三）民族的特征

　　树木文化的另一特征是民族性。由于历史等诸多方面原因，在山寨边陲和山区林区，多居住着少数民族。不同的民族在认识和利用森林过程中，有着各自对某种树种的认知，并在宗教、风俗、习惯，以及在生产和生活方式上表现出各自的差异，这种差异导致树木文化的多样性，也为森林文化增加民族的色彩。

　　不同民族有不同的图腾崇拜。在少数民族地区十分盛行对竹的崇拜，古夜郎民族有竹生人的神话传说，讲崇拜竹图腾，"氏以竹为姓。"西南地区的彝族和台湾地区的原土著高山族人，亦崇拜竹，有竹生人的神话传说。四川、云南金沙江藏族地区流传"斑竹姑娘"的传说。讲一个藏族小伙子从竹内剖出一个漂亮姑娘，人称竹娘，后结为夫妇，生儿育女，繁衍后代。② 贵州南部的布依族则崇拜柏树，村头寨尾栽植成排柏树，媳妇第一次来夫家过年，夫妻要共同植一株柏树，象征爱情坚贞不渝。柏树还是驱鬼除邪道具，布依人送葬返回家时，要跨过用柏树枝丫烧起的火堆，方可进入家门。新疆的维吾尔族奉松为图腾。西南地区的藏族、纳西族、普米族、羌族，特别崇奉青松树，认为青松树具有他们民族的灵魂，藏族人还多用松、柏木做成宗教圣物。③

　　以茶饮为例，各民族形式多样，如藏族的酥油茶、傣族的竹筒茶、爱尼族的土锅茶、基诺族的凉拌茶、蒙古族的奶茶、布朗族的青竹茶。布依族则喜欢饮用酸茶，酸茶不仅是上好饮料，还是青年男女成婚定情的馈赠礼品。佤族喜欢苦茶而不喝泡茶。佤族煎饮苦茶，一般在午间或晚上休息时。午间休息，饮一杯苦茶，提神解乏；晚上围坐火塘边，边饮苦茶，边聊家常，亲友串门，敬上苦茶，体现友情和敬意。

（四）社会的特征

　　一方面，要如实承认树木文化的客观性，树木文化在于树木本身，树木文化是树种本身

---

① 苏祖荣，苏孝同. 森林文化学简论. 上海：学林出版社，2004.
② 关传友. 中华竹文化. 北京：中国文联出版社，2000.
③ 李莉. 中国传统松柏文化. 北京：中国林业出版社，2006.

所固有的；另一方面，又要如实承认在人类社会的进程中，人类在树木身上给予的审美观和文化的意义说明。这就是树木文化的社会特征或人文特征。因此，在一定意义上，树木文化是一种实践，是人类发现和给予的。正如恩格斯所言："文明是实践的事情，是一种社会品质。"①

树木作为自然物，深深烙上人类社会的人文印记。例如以松柏象征四季常青，独立不移；以竹子比喻虚心劲节，正直不阿；以梅花表征凌霜傲雪，独步早春；以榕树叙述憨厚慈祥，大度包容。此外，胡杨的宁死不屈，凤凰木的热烈奔放，玉兰花的素洁飘逸，柳树的婀娜多姿，桑树的厚实稳重，木棉的瑰丽新奇等，这些，显然是人类寄托在树木身上的人文性的东西。但这样做既符合树木本身的外在表征和生物学特性，又充分表达了树木本身应有的精神内涵。

在历史长河中，人文性还在古树、片林和园林上留下积淀，形成古树文化、片林文化和园林文化。全国现存的诸多名胜古迹和旅游景区，都同古树、片林和园林相关。例如北京的樱桃沟、湖南的桃花源、汾阳的杏花村、长沙的橘子洲、曲阜的孔林、洛阳的关林、君山的斑竹、建瓯的万木林、庐山的三宝树、洪洞的大槐树、顾山的红豆树、岳麓山的枫树林、无锡的梅园、绍兴的沈园、福州森林公园的大榕树、宜宾的蜀南竹海、连云港的花果山等，这些古树、名木、片林和园林之所以蜚声海内外，在于历代名人的造访吟诵和其背后不断演绎的故事和传奇。显然，人们需要湖南桃花源、长沙橘子洲、君山斑竹、福州森林公园大榕树等客观实体，但陶渊明《桃花源记》构筑的理想，毛泽东词《沁园春·长沙》抒发的壮志，娥皇和女英的传奇和福州太守张伯玉编户植榕的故事，无疑给予上述树木以深厚的历史和文化内涵，使这些树木不再仅仅是生物学意义上的植物，而是一种自然遗产，一种历史文物，具备了潜移默化的文化功能，给人以智慧的启迪。

（五）生态的特征

树木文化的生态特征是树木本身性质所决定的。树木作为森林生态系统的基本成分和架构，不能摆脱森林给予的生态规定性，其生态特征显而易见。当然，不同树木其生态功能不一样。以防风固沙为例，北方地区多选择杨、柳、榆、红柳、沙拐枣、梭梭、泡桐等耐旱耐瘠的树种。1876 年左宗棠率湘军西征，命令军士沿途植柳，杨柳遍及河西走廊和天山南北，被称为"左公柳"。杨昌浚《赠左宗棠》诗："大将西征尚未还，湖湘子弟满天山。新栽杨柳三千里，引得春风度玉关。"春风是不度玉门关的，杨柳的种植，使春天进入天山南北。南方地区则选择马尾松、黑松、木麻黄、相思树作为防风治沙树种。福建东山、平坛二岛，就是通过营造木麻黄林带和片林，改变荒岛面貌。滨海浅滩，则种植秋茄等红树科树种，构筑沿海第一道防浪墙，人称"红树林"。

其次，不同树木还为社会提供各种食物、材料和能源，例如茶叶、竹笋、茶油、香椿、

---

① 马克思，恩格斯. 马克思恩格斯全集(第一卷). 北京：人民出版社，1995.

木耳、木材、竹材、竹炭、生漆、桐油、紫胶、橡胶、栲胶、麻风籽油等产品。这些产品均产自森林，是绿色、无污染和可循环的，因而是生态的。例如生漆，内含漆酚、漆酶、树胶质和其他有机质，具有耐酸、耐碱、耐油性等特点，是国防工业、化学工业、石油工业、采矿和地下工程中不可替代的材料。竹炭含有矿物质，有极强的吸附能力，能产生负离子，释放远红外线和调湿等功能，被广泛应用于水质净化、燃料、居室调湿、吸附异味、保健、保鲜、美容和食用竹炭粉等领域，各类竹炭产品备受社会欢迎。

其三，与树种相关的森林文化产品，如茶艺、绿色食品、竹木工艺、插花艺术，以观竹、观枫、观梅和观赏桃花、樱花、杜鹃花等胜景为目的地的森林生态旅游等，均属生态文化产品，这些产品既符合当代人的时尚追求，又深深烙上生态的印记，有益于人们的身心健康。

四、树木涉及的文化领域

（一）树木与诗文

自古至今，树木既是人们的劳动对象，也是人们审美和吟唱的对象。仅《诗经》中，被颂扬的树木就多达20余种。例如"如竹苞矣"，描竹之青翠；"如松茂矣"，写松之茂盛；"桑之未落，其叶沃若"，呈现桑叶之柔嫩润泽；"桃之夭夭，灼灼其华"，则极尽桃花之鲜艳美丽。

最早以树木题材的诗，应首推屈原的《橘颂》。屈原在《橘颂》中把橘看做天地生成最美的树（后皇嘉树），其根深深扎入土地（深固难徙），其树枝尖尖有刺（曾枝剡棘），其果实外表黄色内心洁白（精色内白），更可贵的是橘还有"独立不迁""苏世独立""秉德无私""淑离不淫"的崇高品格和操守，可与天地相比肩（参天地兮）。

松树作为被推荐的国树，历来为国民所尊崇，歌颂松树的诗章连篇累牍。例如王玄之的《兰亭诗》："松竹挺岩崖，幽间激清流"；李颀的《少室雪晴送王宁》："隔城半山连青松，素色峨峨千万重"；李白的《蜀道难》："连峰去天不盈尺，枯松倒挂奇绝壁"；王维的《田园乐》："萋萋春草秋绿，落落长松夏寒"；岑参的《天山雪歌送萧治归京》："雪中何似赠君别，唯有青青松树枝"，从不同角度和侧面描绘松树的四季常青和挺拔英姿。近代有陈毅的《冬夜杂咏·青松》，毛泽东的《题庐山仙人洞》，张万舒的《黄山松》，陶铸的《松树的风格》等。

竹子属禾本科，刚柔兼备，劲节中空，备受国人的喜爱。据彭镇华、江泽慧所著《绿竹神气》一书，历代赞颂竹的诗文多达万篇。从《诗经·淇澳》"瞻波淇澳，绿竹青青"，到谢朓的《咏竹》"窗前一丛竹，青翠独言奇"；从李白的《慈姥竹》"野竹攒石生，含烟映江岛"，到苏轼的《游净居寺》"徘徊竹溪月，空翠摇烟霏"；从杨万里的《新竹》"带雨小酣三日后，出墙忽喜一梢长"，到郑板桥的《竹石图》"秋风昨夜窗前到，竹叶相敲石有声"，竹的清淡、高雅的美学风格和"本固""性直""心空""节贞"的品性，跃然纸上。

此外，凌霜傲雪的梅花，山寺月中的桂花，冰清玉洁的水松，更兼细雨的梧桐，此物最相思的红豆树，高高挺立在北方的白杨，荒漠中死而不朽的胡杨，被郭沫若称为东方圣者的银杏，都给人们留下深刻印象，为文人墨客提供活鲜的文学创作素材，留下一份珍贵的精神财富。其代表作有郭沫若的《银杏》，茅盾的《白杨礼赞》，巴金的《鸟的天堂》，黄河浪的《故乡的榕树》，舒婷的《水杉》等。

（二）树木与绘画

在利用和经营树木中，树木的形态包括叶片、果实和花朵的形态特征无疑给我们的先民留下深刻印象，是人们重要的观照对象。花的样纹、叶的样纹的出现则是这种观照的最初结果。迄今，发现的最早的树木绘画是一株桂树，为内蒙古和林格尔西汉墓后室木棺前的壁画。

树木对绘画的影响大莫过于以松、竹、梅3个树种为题材的中国画。松树分布广泛，无论南方或北方，在海拔3500米以下都能见到松树的踪影。且松树家族成员众多，有马尾松、黄山松、云南松、黑松、南亚松、湿地松，还有红松、白皮松、樟子松、油松、高山松等。在山水画的近景、中景、远景，在山峰或坡面，松之点缀能使画面顿然生辉。关山月的《江山如此多娇》画作就是用松树作点缀，松之挺拔和山河雄伟极为和谐。松树还可单独入画，如人民大会堂的大型壁画《迎客松》，气势非凡，令人过目不忘。松树寓意四季常青，如《青松图》；比喻长寿，如《松柏常青》；以及松竹梅共生的《岁寒三友图》，松与鹤的《松鹤延年图》，松与虎的《虎啸松风》等。

竹的挺拔清秀也是作画的主要对象。五代后唐李夫人首创的临摹窗上竹影的墨竹图。北宋文同开创"湖州竹派"，被后世人尊为墨竹绘画的鼻祖。苏东坡是画竹大师，他的《墨竹图》，气魄极大，有"从地直到顶"的动感。元代倪瓒的《竹枝图》，明代徐渭的《水墨竹石图》，清代石涛的《竹石图》，郑板桥的《兰竹》都是传世名作。近现代的齐白石、潘天寿、李苦禅等，皆为画竹大师，留下许多画作，为竹文化增添宝贵财富。

以茶为题材的绘画，有唐代佚名作《宫乐图》、周昉的《烹茶图》，南宋刘松年的《撵茶图》《卢仝烹茶图》，元代赵孟頫的《斗茶图》，明代文徵明的《陆羽烹茶图》，唐寅的《品茶图》，清代丁观鹏的《太平春市图》等。

松、竹、梅、桃、桂、兰等树种在花鸟画中占有重要位置。如松、竹、梅并称《岁寒三友图》，加上兰花称《梅竹松兰四友》。梅花还单独入画，元代的王冕，明代的陈宪章，清代的金冬心、吴昌硕，近代的齐白石等都是画梅名家，何香凝也擅长画梅，现代的王成喜擅画梅，被称为"梅花王"。此外，枫、柳、柏、榕、栎、椰、杏、白桦、银杏、胡杨、白杨等也是画家常写常新的题材。如以柳为题材的《牧牛图》，以枫为题材的《霜叶红于二月花》，以栗树为题材的《栗树林荫道》，以白桦为题材的《白桦林》，以榕树为题材的《榕荫晚钟》，以胡杨为题材的《秋》等，各自展示自身的风采，以独有的色彩给画坛带来凉爽和快意。

（三）树木与音乐

同西方的金属乐器不同，我国传统的民族乐器多为木质材料制作的。我国民乐器有1000多种。其中吹奏乐器中一半是竹制的，例如笛、箫、笙、巴乌等。东南亚的一些国家也有竹制乐器，如印尼的安哥隆，越南的科隆布等。

拉弦乐器有京胡、二胡、板胡等，其零件也离不开竹。京胡的琴筒用竹制成，小小琴筒流出西皮、二黄以及生、旦、净等不同人物性格的京腔、京调 。

打击乐器有竹板、切克、竹节、四块瓦、竹板琴等，说唱的乐曲，加以竹板伴奏，能增添独特的音韵色彩。

木材的内在结构匀称，也是制作乐器的上好材料。弹拨乐器如琵琶、筝、三弦、月琴、柳琴、扬琴等，琴体是用乌木、红木、紫檀或其他硬木材料制成，其共鸣板面，除三弦用蟒皮外，其他均采用梧桐木。

拉弦乐器如二胡、高胡、板胡等，一般琴杆、琴筒用乌木、紫檀、红木制成，弦轴用相同木料，或用黄杨、黄檀制作。

国外的乐器，多数也用木材制作。大提琴的腹板用白松(云杉)，琴头、背板、侧板则选用带有虎花纹的枫木。美国的木管乐器，使用木材制成。钢琴的共鸣板，风琴、手风琴的共鸣箱以及三者的琴身，都是用木材制成。①

树木还是音乐创作的重要题材，如以竹为题材的《月光下的凤尾竹》《一棵竹子不成林》《紫竹调》《竹林深处》《竹林涌翠》等，以茶为题材的《采茶歌》《请喝一杯酥油茶》《挑担茶叶上北京》《前门情思大碗茶》，以梅为题材的《梅花三弄》《一剪梅》《红梅赞》，以榕树为题材的《在榕树下》，以白桦为题材的《白桦林》，以橄榄为题材的《橄榄树》，以杨树为题材的《小白杨》，以槟榔为题材的《采槟榔》，以桃花为题材的《在那桃花盛开的地方》等音乐作品。

(四)树木与工艺

木材质软，有天然的纹理和色泽，是绝好的施艺对象。在木材上雕刻的工艺品称为木雕。按其树种的不同，木雕品种有黄杨木雕、红木雕、楠木雕、龙眼木雕、樟木雕和杉木雕等。黄杨木雕呈乳黄色，近似象牙；红木雕近红近朱，色彩艳丽；楠木雕色近黄杨，略散微香；龙眼木雕质地厚重，古色古香。木雕的题材有山水、花鸟、走兽、鱼虫、人物和佛像，尤以佛像最为普遍。浙江东阳、广东潮州和福建莆田的木雕，最具名气。

根雕算是木雕的一种，取材于楠、松、杉、红豆杉等树根及树皮腐朽后尚存的根筋，经艺术加工后而成为艺术品。根雕贵在"似与不似"之间。根雕既似，具有一定的"形"，经独具匠心的加工，能唤起某种形象。根雕又非写真作品，有变形、抽象、夸张，显出艺术本身的魅力。根雕分象形型、抽象型、壁饰型和景观型4种。比较有名的根雕作品有：《伟大的祖国》《雄狮王》《凌空飞翔》等。

竹类植物也是施艺的对象，既可用竹篾编织各种工艺品和生活用品，如篮、箩、筐、盘、瓶、罐、盒、挂联、枕席、屏风等，并在竹编上编进"福""禄""寿""喜"的字样和装饰图案；又可在竹片、竹筒、竹根上进行雕刻，这是竹刻或竹雕刻。竹片多雕刻臂搁、笔床、扇骨等用具，竹筒雕多作为笔筒、花插、香薰等器具，竹根雕刻人物头像，也可雕刻花果、鸟兽等形象，作为室内的摆件，古朴典雅，富有情趣。

椰树的椰壳亦可雕刻各种工艺品，能制作椰杯、椰碗、果盘、花瓶、粉盘、餐具、茶具、酒具、奖杯、茶叶罐、排屏等3000多个品种，销往日、英、美等20多个国家。

以杞柳为材料加工的工艺品属柳编。河北固安的柳编历史悠久，花样最多，如柳箱、筐

---

① 伍玉华. 音乐声中话木材. 森林与人类, 1994. 1.

箩、提篮、花篮、果盘等工艺品和儿童玩具。

福州的油纸伞用上等毛竹、高档绵纸和天然桐油制成。伞架为竹，寓意节节高升；油纸与"有子"谐音，祝福早生贵子；伞开后为圆形，象征团圆。油纸伞是中国特有的民间工艺，美观实用，深受国内外友人的欢迎。

除此之外，尚有藤编、棕编、木俑、树桩盆景、树皮画、竹帘画、橄榄核雕、漆器工艺等。福州脱胎漆器始于清乾隆年间，为髹漆大师沈绍安所制，至今已有 200 多年历史，与北京的景泰蓝、江西景德镇的瓷器并称为中国传统工艺"三宝"。近年来，在以汤志义为首的一批新一代漆画家的努力下，还衍生出一个新的画作——漆画，并创作一批漆画作品，2014 年12 月，首次以独立画种参加了第十二届全国美术展览，受到首都美术界的瞩目。从此，福建漆画从实用工艺美术进入纯艺术领域。厦门艺人沈锦丽创作的漆线雕，色泽光亮，立体感强，获得国内外顾客欢迎，指定为国宾礼品。

（五）树木与园林

园林的一个最重要的标志是绿色，而能体现绿色的，唯有树木花草，离开树木花草，难有园林的存在。除道路、水面、假山及人工建筑物外，园中其他部分，皆为树木花草，即便水面和假山，也要有水生植物和树木的点缀，故树木花草要占园林面积十之八九。树木花草在园林中占有极重要位置，是园林的主体和主干。

不同树木能体现不同地域的园林风格。北方地处温带，园林树木多植松、柏、槐、榆、杨等，苍松翠柏，气相庄严，与皇家园林富贵尊荣色彩相匹配。江南气候温暖润湿，园林以私家园林为代表，树木多选择樟、桂、柳、桃、竹、樱花和海棠，以体现江南园林淡素但又不失艳丽的审美风格。岭南地处亚热带，园林树木多配以棕榈、榕树、木棉、凤凰木、假槟榔、蓝花楹、南洋杉等，终年常绿，色彩缤纷，具有南国情调。[①]

全国各地的枣园、桑园、茶园、梅园、竹园、桂园、杏园、樱桃园、苹果园、荔枝园等，皆以某一树种命名，既有树种类的特点，又有地方的特色。中国的观枫胜地、观梅胜地、观竹胜地、观桃胜地如北京香山，长沙岳麓山，南京梅花山，无锡梅园，宜宾蜀南竹海，湖南桃花源，以某一树种的独特景观，而名满天下。

历史上遗留的名木古树，也多以树种点题。如武夷山的大红袍(茶树)、黄帝陵的轩辕柏(柏树)、黄山的迎客松(松树)、苏州邓尉山的隋梅(梅树)、山西洪洞的大槐树(槐树)、柳州柳侯祠的古柳(柳树)、福州森林公园的大榕树(榕树)、河南兰考的焦桐(泡桐)等。这些古树名木如今已成为旅游必去的景点。

（六）树木与风俗

树木还影响民间风俗习惯。以茶为例，男方要向女方纳彩礼，称为"下茶礼"。浙江、福

① 姚永正. 中国园林景观. 北京：中国林业出版社，1993.

建一带，女方接受男方聘礼叫"吃茶"或"受茶"。有些地方，新婚夫妇要喝"合枕茶"。以茶明礼义伦序，对长辈敬茶，是家礼重要部分。儿女清晨，要向父母请安、敬茶。这种规矩南方更普遍。新娘过门，第三天要向公婆请安，先捧上一杯香茶，[①] 奉茶明礼，敬尊长辈，成为家庭茶文化的主要精神。

在闽、台、澳等地区，对榕树特别推崇。新年佳节，扎彩楼要用榕树枝。端午节习惯用榕树枝蘸雄黄酒，喷洒庭院，以去除"五毒"。向亲友贺婚，礼品上要放一枝粘红纸的榕枝。老人寿终，习惯敬献用榕树枝扎制的花圈。烧柴还禁忌用榕枝。台湾高山族人，一般在乡村入口栽植榕树，寓意为神灵降临的地方。

竹在风俗中扮演重要角色。福建晋江一带，男女婚嫁时，要"撒缘"。由年纪大的老大娘带一个包，内装青竹叶屑，一到男家，要把竹叶屑撒到新郎和新娘床上，口念"竹叶色青青，新娘今入门，明年抱阿团"等，祝愿新婚夫妇永缔良缘，这就是"撒缘"。土家族婚礼中有"甩筷子"之俗，土家族新娘上轿前，须"掷筷子"，行"甩筷子"的仪式。筷子者，快生贵子，以甩筷子祈求人丁兴旺。湘西苗族有一种特殊嫁妆——竹嫁妆。苗族姑娘出嫁时，要送两蔸连根带叶的小竹，新郎要亲手把两蔸竹子栽在自家园圃内，以示喜结良缘。

桃花鲜艳俏丽，又在春天开放，是中国传统"尚红"的标志，早春二月踏青回来，多要采撷几束桃花，以示喜庆。而侧柏、松枝等常被置于节日礼品之上，谓之"发青"或"带青"，象征生命的生长。古时有折柳送别的传统，现在已不流行了。但用桃果作为寿果，用梅花的五瓣来表示"梅开五福"（欢乐、幸福、长寿、顺利、和平）等风俗，仍在沿用。

（七）树木与宗教

树木与宗教有一种天然的联系，凡是宗教场所，总是静谷幽林，林木森森。道教的"五岳"和佛教的"四大名山"，皆为群山拥抱，层林叠翠。如五台山的显通寺，坐落在五台县，五峰环绕，林木茂盛。杭州的灵隐寺，位于西北灵隐山，古木苍郁，环境幽静。岭南的南华寺，坐落在宝林山，一片苍翠。福州的涌泉寺，连江的青芝寺，闽侯的雪峰寺，宁德的支提寺，无一不是掩映在绿林翠竹之中。

与世间百姓对树木的崇拜一样，宗教亦有心中的圣树。如佛教的菩提树，道教的松树，基督教的圣诞树。相传佛陀释迦牟尼是在菩提树下，静默七天七夜后顿悟成佛。而松树大概是因挺拔高洁，具有仙人风骨，而被道教奉为圣树的。

佛教历来有爱树、植树和护树的传统。一次黄檗禅师问临济禅师栽松树作什么？临济禅师答：一与山门作境致，二与后人作标榜。[②] 这就是说，植树能改善环境，以供僧人修身养性。植树还是一种善举和公德，为后辈人作出榜样。佛教自公元 67 年传入中国，寺院中僧侣的生活来源除布施和官给外，还要靠一定的生产自给，倡导亦禅亦农，农禅结合，从事农林，植松蹶茶，从未中断。重庆的庆云寺，历任主持都非常重视封山护林，专门派和尚巡

---

① 王玲. 中国茶文化. 北京：中国书店，1998.

② 傅先庆. 林业社会学. 北京：中国林业出版社，1990.

山，同时种植树木，使佛家圣地青山常在。峨眉山僧人自唐代始，植树不止。当今佛教众僧，参加植树活动甚多。青海的塔尔寺、甘肃的拉卜楞寺，江西的云居山真如寺，浙江温州的碧泉寺、宝林寺，造林植树，成绩显著。福建的多数寺院，地处山区，禅修农耕，以寺养寺，自利利他。省佛教协会多次召开寺院农林生产交流会，表彰寺庙和僧人。"举起锄头开净土"（赵朴初），已成为当今佛教徒所求的功德。

因为宗教对树木的保护和敬仰，为寺庙道观留下一批古树名木，如泉州开元寺的菩提树，湖北五祖禅寺的古青檀，福州涌泉寺的古铁树，闽侯雪峰寺的古柳杉，浙江国清寺的隋梅，庐山黄龙寺的三宝树，北京潭柘寺的古银杏，山西五台山大显通寺的古榆等。这些古树名木既展示自身的美，也在回眸历史。

（八）树木与建筑

从远古时"有巢氏"利用木竹材料"构木为巢"，到以树木为支点，上面架铺木板，高离地面史称"干栏"式的建筑；从东北鄂温克人的"撮罗子"，大兴安岭人的"木刻楞"，到云南傣族的竹楼、湘西土家族的前低后高的吊脚楼；从北京故宫的皇家建筑，到民间的木结构的普通民居，榫卯结构的木构建筑是中国建筑的主干和主流，木竹是农耕文明时期建筑的主要材料。

杉木干形完满，尖削度小，纹理通直，加工容易，且十分耐腐，民间有"干千年，湿千年，半干半湿几千年"的说法，木商称之为"黄金条"，是理想的建筑用材。在南方林区，有"除了杉木，不算材"之说。福建顺昌的"高阳木"，湖南"会同广木"和"江华条木"，更蜚声全国。著名林学家陈嵘教授曾把杉木誉为"万能之木"。南方广大地区的风雨桥（木拱廊桥）、土木或木结构的民居，皆用杉木，包括地板和门窗。历代帝王的宫殿楼宇多以杉木作为梁柱。北京的古建筑，不少是以湘、黔的"大木"（杉木）作材料。

北方建筑多采用松、柏，尤以东北地区的红松为最。红松乃栋梁之才，晋刘琨曰："本自南山松，今为宫殿梁"。东北鄂温克人的原始住房"撮罗子"，就是用红松木搭成圆锥状，周边围上桦树皮。南方多利用松木耐水浸的特点，用作摆设地桩。

竹具有抗压、抗拉、耐腐等特点，是很好的建筑材料。走近傣家竹楼，至今能使人感到朴实、亲切。现代园林中的一些景点，如竹篱、竹亭、竹舍、竹廊等竹建筑，皆以竹子为材料，显得简约雅致，亲近自然。2010 年上海世博会的印度馆，整个建筑均采用竹材制作，显示绿色、低碳的时代主题。

楠木，是上好的建筑材料，明清两代，被钦定为皇帝御用之木。北京故宫太和殿和承德避暑山庄的立柱即用楠木。江苏如皋文庙大成殿是全楠木建筑。此外，还有如福建建阳书坊的楠木厅、建瓯孔庙的楠木立柱。福州欧阳氏全楠木民居，建于 1750 年，位于三坊七巷，现列入全国重点文物保护单位。[①]

---

① 苏祖荣，苏孝同. 森林与文化. 北京：中国林业出版社，2013.

（九）树木与饮食

森林无论过去或现在，都是人类重要的食物资源库。随着工业化和城镇化的历史进程，人类越来越疏离森林，但林中各种食物并没有因此而失去它应有的价值。认识林中不同树种提供的食物，不但能使百姓餐桌更加多样，也为中国的饮食文化增添华彩篇章。

不同树种能为社会提供不同的食材。例如木本粮食树种能提供板栗、锥栗、枣、核桃等粮食类食物，木本油脂树种则提供茶油、橄榄油、沙棘油、文冠果油、松子油、柏籽油等各类食物油脂。以建阳、建瓯为中心的地区，已成为全国锥栗的主要产区。开发木本粮油树种，对保障我国粮食安全，意义重大。

其次，果树提供的果品，与饮食相关，不能小视。例如梨、苹果、柿、枣、油桃等林果是人类食物的有益补充，林果业是林业的一个重要产业。福建是林果重要产地，尤以闽侯的橄榄、莆田的枇杷、建阳的葡萄、平和的柚、永泰的李、漳浦的荔枝最具名气。闽侯橄榄有惠圆、长营、檀香等多个品种。鲜食以檀香为主，果小而圆、肉厚而脆、始带苦涩、嚼后甘甜，被誉为果中极品。闽侯县被国家授予"中国橄榄之乡"的称号。

树种提供的食物，最大莫过于竹类植物的副产品——竹笋了。竹笋是中国人传统的山珍美味。包括福建在内的南方各省林区，盛产毛竹，毛竹笋是寻常百姓餐桌上的菜谱。除毛竹笋外，还有诸多杂笋，如花壳笋、黄笋、苦笋、方笋等，各有千秋。毛竹笋还能制成笋干，以及各类笋制品，如酱笋、醉笋、咸笋和各色清水笋罐头，林林总总，不胜枚举。

茶树的叶片被称为"东方树叶"，制成的产品即茶叶，是中国人最喜欢的饮料，品茶是中国人最重要的生活方式。福建的武夷岩茶、安溪的铁观音、福安的坦洋功夫等名茶，全国驰名。不同树种还可制成如桦树液、槭糖浆、刺梨酒、松针福寿酒等饮料，供大众选择。树木的花叶如桂花、槐花、玉兰花、香椿等，也能食用，可谓"秀色可餐"。橘皮、桂皮、八角、丁香、胡椒等是木本调味佳品。松子仁是苏州采芝斋粽子糖的主要配料，具有独特风味，丰子恺、苏曼殊、慈禧嗜吃这种糖。松树花粉做成松黄饼，有益寿延年的妙用。松枝、松子、松针常用作烹饪佐料和燃料，如炒制碧螺春茶叶和武夷山的正山小种，需要松针做燃料，才算正宗。

（十）树木与名人

中华民族的血脉中有着浓烈的植树播绿基因，在华夏5000年文明历史中，流传有诸多礼赞树木的诗文。保存为数可观的古树名木，涉及柏、杨、柳、桃、榆、桂、樟、楠、梅、榕、松、银杏、娑罗树、皂角树、板栗、荔枝、龙眼、梨、丁香、紫藤、海棠、石榴等树种，是我国森林资源中的珍品，一份值得珍惜的自然和文化遗产。

古树名木能保存至今，其主要原因是这些树木有些是帝王将相、文人墨客和僧侣所植，且树木所处的地点多为寺庙道观和文化遗址，是构成自然景观的一部分，能较好得以关注和保护。名人在有意或无意间植下的树木，随着时光的沉淀和流传，树木以活态形式，叙述历史，散发出独特的人文气息，其宗教、文化和科学价值历久弥新。

长长的古树名木名单中，有陕西黄帝陵的黄帝手植轩辕柏，山东孔庙的孔子手植桧，浙江嵊州的王羲之手植樟，甘肃甘谷的李世民手植槐，陕西铜川的唐玄奘手植娑罗树，陕西略阳的李白手植银杏，广东新兴的禅宗六祖惠能手植荔枝，河北定州的苏东坡手植槐，安徽滁州的欧阳修手植梅，福建武夷山的朱熹手植桂，江苏苏州的唐寅手植罗汉松，西藏罗布林卡的七世达赖手植藏桃，湖南长沙的毛泽东手植板栗树，四川仪陇的朱德手植皂角树，云南昆明的周恩来手植油橄榄，深圳仙湖的邓小平手植高山榕，等等。①

斯人已逝，树木依然长青。1600年过去了，书圣王羲之手植的香樟，枝繁叶茂，气势雄伟。唐玄奘手植的娑罗树，树形健美，树冠如盖，年年结果，堪称奇绝。欧阳修手植的欧梅，老而未陨，根萌新枝，风韵犹存。徐渭手植的青藤，虬龙盘旋，欲上青天，展现无限的生机和活力。焦裕禄手植的泡桐，高大挺拔，不畏风沙，屹立在兰考大地上。当今天我们走近这些树木，依然要仰视才见，一种敬畏和尊重之情，油然而生。树因人在，人因树传。历史上的植树者、播绿者，似乎并没有远去，他们亲手栽植的树木还在，将会永驻在祖国的山河，留在人民心中。

（十一）树木与节庆

中国人除夕有贴门神的习俗，最早的门神是神荼和郁垒。据传黄帝请他俩驱鬼，用桃木梗（茎）削神荼、郁垒的形象立于门上，并在门上悬挂苇索，称作"悬苇"。后因雕刻桃木麻烦，只在桃木板上画出两人像，除夕更换，叫"仙木"或"桃符"。王安石《元日》诗"总把新桃换旧符"，旧符指的就是桃木。在民间，则简化为用松柏枝叶插门楣，以祛除鬼邪。除夕还要饮椒柏酒，即以椒花、柏木泡制的酒，还要饮用桃叶、茎熬成的汤，以压邪气。

清明节前为寒食节，需禁火冷食，清明节时要重新钻木取火。据《岁时广记》记载，在唐代，要在宫殿前用柳、榆两种树木，钻木取火。皇帝把钻取的柳、榆火种赠给近臣，达官权贵为炫耀自己，把传火的柳、榆条插在门前，演变为门口插柳条的风俗。清明扫墓或踏青归来，要折条柳枝以示青，大约是这种风俗的延续。

农历八月十五日，桂花盛开，桂树在中秋佳节扮演很重要角色。《淮南子》记载"月中有桂树"。古时月宫称桂宫，沈约《登台赏月》："桂宫袅袅落桂枝，露霜凄凄凝向霜。"中秋赏月，天上有月宫桂树，人间有桂花飘香，桂树给中秋增添欢乐和浪漫的氛围。九月九日为重阳节，重阳节这一天要登高、插茱萸、赏菊花、吃花糕。"九"在数字中为最大，有长久长寿之含意。1989年我国政府将重阳节定为老人节，以法制形式固定下来。老人节或重阳节插茱萸、登山、赏菊花、放风筝、吃重阳糕等风俗，至今还在延续。

改革开放以来，以文化搭台，经济唱戏，各类文化节层出不穷。中国竹文化节已先后在

① 国家林业局. 中国树木奇观. 北京：中国林业出版社，2003.

浙江安吉、湖南益阳、四川宜宾、湖北咸宁和福建武夷山成功举办五届，极大促进竹文化和竹产业的发展。此外，尚有福建永安的笋竹节、莆田的荔枝节，湖南广德的竹旅游文化节，重庆永川的国际茶文化节，浙江安吉的竹乡生态旅游节，金华的国际茶花节，黄岩的蜜橘节，长兴的银杏节，等等。通过节庆活动，创出名牌，带动经济发展，促进林农增收。

(十二)树木与森林城市

建设森林城市，旨在建构布局合理、功能齐备、树种多样的城市森林生态系统，以达到改善城市生态环境，拉近人与自然的距离，增强城市活力，提升城市文明品味之目的。目前，全国已有 58 个城市获得"国家森林城市"称号，城市融入森林，已成为生态文明建设的一条路径和发展趋势。

而在建构森林城市中，树种扮演重要角色。选择好的树种，既贯彻适地适树原则，是做好城市绿化的主要环节；不同树种的品性，还能体现不同城市的文化内涵和精神风貌，是城市的一道风景，一张名片，故诸多城市，发动群众，评选市树、市花。例如，福州以榕树为市树，天津以白蜡树为市树，重庆以黄桷树为市树，南宁以扁桃树为市树，南京以雪松为市树，北京以国槐为市树，长沙以香樟为市树，宜昌以柑橘为市树，成都以银杏为市树，沈阳以油松为市树，泉州市以刺桐为市树，厦门以凤凰木为市树，等等。凤凰木枝叶秀美，是典型的南国树种。夏日绿叶满树，红花簇簇，鲜艳异常，象征厦门特区如火如荼的腾飞景象。榕树硕大，树冠广大，铺天盖地，形成"独木成林"奇观。以榕树为福州市树，既承接闽台一带崇榕、敬榕的传统，又显示海峡两岸人民海纳百川、兼容天下的广宽胸襟，精准表达出福州作为沿海开放城市的精神风貌和特色。

五、福建树木的故事传说

　　人们认识和利用不同树木的过程，亦是与树木进行相互对话和交流的过程，这在不经意间留下有关树木的逸闻趣事，经过民间艺人的加工和传播，便是故事传说。故事传说是民间文化的一种样式，是最初的文学形式，因为故事性强，生动传神，极易流传，影响很大。有关树种的故事传说，既不乏认识树木的自然科学知识，又包含有丰富的文学因素和人类社会对美好生活的理想追求。

　　中国古代典籍流传诸多有关树木的故事传说，例如天梯建木的传说，燧木取火的传说，不死树的传说，桃林的传说，桑木的传说，枫木的传说，月中桂树的传说，等等。据《山海经·海外北经》记载："夸父与日逐走，入日。渴欲得饮，饮于河、渭，河、渭不足，北饮大泽，未至，道渴而死。弃其杖，化为邓林。"记述夸父逐日的著名神话故事。邓林即桃林，这是关于桃林的传说。枫木为槭树属，据《山海经》记载："……有木生山上，名曰枫木。枫木，蚩尤所弃其桎梏，是谓枫林。"另据《云笈七签·轩辕本记》称："黄帝杀蚩尤于黎山之丘，掷其械于大荒之中，宋山之上，后化为枫木之林。"这是有关枫木的传说。

　　福建地处亚热带，树种繁多，在闽人开发山林的过程中，同样有诸多有关树木的故事传说，并在民间流传，成为民间文学的有机部分。其故事传说按其性质，可分为4类。

（一）崇奉树木的故事传说

　　视树木为神的象征（神树），加以崇拜，是我国古代社会的一种重要文化现象。人们敬畏和崇拜树木，企望借助树木超自然的力量，消灾去祸，守护一方平安。

　　【福州崇榕敬榕的故事传说】闽台地区多崇拜和敬畏榕树，在两岸同胞心目中，榕树最具灵气，最能庇荫造福乡人，故村前屋后多植榕树。自北宋年间福州太守张伯玉编户植榕，倡导种植榕树，福州城内，处处榕荫。许多宫观，多伴有古榕树。如位于省府路肃威路裴仙宫的第一榕，胸径14.6米，为全省已知胸径最大的古榕。裴仙宫历年举办古榕节，旨在颂扬榕城的榕树文化。此外，尚有于山补山精舍的榕寿岩、五一路海潮寺的十八学士榕、华林寺的华林古榕、马尾罗星塔公园的中国塔榕、南门净慈庵的净慈骑墙榕等。树托庙存，庙借树灵。借助榕树，或祈福求子，或避邪驱凶，消灾去祸，榕树成为福州人崇拜的偶像。

　　【周宁鲤鱼溪古柳杉的故事传说】周宁县鲤鱼溪郑氏祠堂前，有1株千年古柳杉，树高25米，胸径219厘米，树腹中空，但枝叶茂盛，历经千载而不衰，村民敬奉为神树。据传，浦源郑氏始祖朝奉大夫郑尚，有一天在柳杉树下打盹，梦见自己乘一艘大船，满载金银珠宝沿鲤鱼溪而进，一觉醒来，悟为吉祥之兆，便决定在此建祠，以树为墙，美其名"灵墙"，并刻碑立于树前。郑氏祠堂前、中、后连成一体，形如巨船，千年古柳杉立于船头，相得益彰。

郑氏祠堂现为周宁县重点文物保护单位。

【古田罗汉松王的故事传说】罗汉松亦称土杉，为罗汉松科罗汉松属常绿乔木。其种子似头状，种托似袈裟，全形宛如披袈裟之罗汉，故而得名罗汉松。罗汉松王位于古田大甲镇前桃村岩富自然村，树高 15 米，胸径 134 厘米，年代久远。据传，该树植于商末周初，是全国最年长的罗汉松之一，被国家林业局编的《中国树木奇观》一书收录，是古田县之瑰宝。相传在古田建县（公元 741 年）之前就有岩富村了。岩富村村民为保一方平安，在山顶修建神庙，并在庙旁植一罗汉松，作为神树，顶礼膜拜，时时焚香，祈求平安。几千年风雨，该庙屡遭雷电袭击，数次重建，罗汉松王却巍然屹立，根深叶茂，永保一方平安。

【将乐红豆杉与济公和尚的故事传说】福建省将乐龙栖山国家级自然保护区有南方红豆杉成片分布或混生于常绿阔叶林间。在自然保护区将军顶的路旁，有 1 株千年红豆杉，高大挺拔，雄伟壮观。而在这树干 4 米高处的树丫处，竟生出一株高 3.1 米，胸径 10 厘米的棕榈树。据传说，当年济公和尚云游天下，到了将军顶，由于贪恋景色，不觉到了午时，就在红豆杉树下歇息，顺手把烂蒲扇插在红豆杉树丫上，睡着了。待一觉醒来，济公和尚急于赶路，便把这把蒲扇留在树上，蒲扇吸收龙栖山的日月精华，长成一株棕榈树。当地村民奉若神明，逢年过节要到棕榈树前供奉，以祈五谷丰登，岁岁平安。

【三明梅列崇拜古樟的故事传说】樟树枝叶繁茂，生机勃勃，被古人视为祥瑞的文化象征。南方传统民居中有"前樟后楝""前樟后朴"之说，即宅前要种植樟树，宅后要种楝树或朴树，把樟树视为"风水树""龙脉树"加以保护和崇拜。三明市梅列区陈垱村水尾自然村有株古樟，是由村里一位德高望重的前辈手植。陈垱人把这棵樟树视为神灵，喻为神树，在樟树四周砌上圆形围墙，将其供奉和崇拜。许多人一有心愿，就记在布条上，系上沙包，挂在树上，保佑实现自己的愿望，并成为一种习俗。至今，樟树下祭祀求福、烧香许愿的人不断。

无独有偶，德化县美湖乡有棵千年樟树王。每年农历三月十六日，小湖乡要在樟树公园举行祭樟树王活动，上千村民齐聚樟树下，祭拜祈福。

（二）名人植树爱树的故事传说

植树爱树是中华民族的优良传统，且代代相传。一些学者名人因有植树善举，而流传千古、流芳百世。

【雪峰寺闽王桎和祖师桎的故事传说】据史载，唐光启元年（885 年）正月，王审知随王绪起义军入闽。王审知率兵进攻福州时，军队所过之处，秋毫无犯，沿途百姓自请输米助饷。途径闽侯大湖乡雪峰寺时，受到开山始祖义存法师的热情款待。义存，俗姓曾，法号义存，赐号真觉，精通佛学禅理，僧徒遍及四海。他与王审知一见如故，两人结下杵臼之交。为纪念两人友谊，他俩联袂在寺前各植 1 株柳杉。王审知手植柳杉位于甬道西侧，树高 35.7 米，胸径 148 厘米；义存法师手植柳杉，位于甬道东侧，树高 40.5 米，胸径 153.7 厘米，两株古柳杉面对而立，美姿伟岸，传留至今。

【北宋福州太守张伯玉植榕的故事传说】张伯玉，字公达，福建建瓯县人。北宋天圣二年

(1024 年)登进士第，后又登书判拔萃科。至和年间，伯玉任严州副知州，嘉祐八年(1063年)，以度支郎中知越州(今浙江绍兴)。伯玉兴学育才，作出很大成绩。治平二年(1065 年)，伯玉移知福州，即令编户浚沟七尺，植榕绿化。数年后，福州城内"绿荫满城，暑不张盖"，伯玉植榕声名盛极一时。福州西门立有张伯玉的塑像，纪念这位为民播绿的太守。

【尤溪沈郎樟与朱熹的故事传说】朱熹，南宋著名理学家，儒家学说集大成者。据《紫阳朱氏建安谱》，朱熹于南宋建炎四年(1130 年)出生在今尤溪县城外南溪书院，乳名沈郎。南溪书院左侧，有两棵古樟树，据 1993 年《福建省民政概况》记载，这两棵古樟系朱熹所植，树龄已有 800 余年了。两棵古樟树高均在 30 米以上。雄伟挺拔，冠形犹如一把大伞，浓荫蔽地。因由朱熹所植，这两棵古樟被称为"沈郎樟"。1982 年，尤溪县人民政府在南溪书院修建"沈郎樟公园"。园内留有刘海粟、陈大羽、萧娴、彭冲等人题词碑刻，前来沈郎樟公园观瞻的海内外宾客，对沈郎樟无不驻足欣赏，赞叹不已。

【谷文昌绿化东山的故事】谷文昌，河南林州市人，1949 年随军南下，任东山县委书记。为改变东山"穷人岛""乞丐村""飞沙滩""秃头山"的面貌，谷文昌书记带领东山人民植树造林。经数次择树试验，选择木麻黄为海岛绿化树种。经过几年奋斗，木麻黄防护林带和片林形成一道一道防风墙，抵御风沙，东山岛变成绿洲。每逢清明节，东山人民自发前往谷文昌墓地，祭扫谷文昌。"先祭谷公，再祭祖宗"，已成为东山的佳话。1990 年东山县人民为谷文昌建了一座塑像。时任福建省委书记的陈光毅为谷文昌雕像题写"绿色丰碑"4 个大字。2001年，省林业厅在东山召开现场会，将谷文昌誉为"林人楷模"，号召全省林业干部职工向谷文昌学习。2003 年 2 月 21 日新华社发表长篇通讯《永远活在人民心中的县委书记——谷文昌》。2015 年 4 月 7 日，人民日报头版头条刊登长篇文章《"四有"书记谷文昌》。

【皮定均将军与菩提树的故事】1974 年，原福州军区司令员皮定均将军率我国军事代表团访问巴基斯坦，巴基斯坦国家领导人向代表团赠送 3 棵菩提树，作为中巴两国军队和两国人民友谊的象征。该菩提树种植在福州国家森林公园内，长势良好，成为公园 1700 多种树木中最珍贵的树种之一。其中最大的一棵，5 个枝干成若即若离之态，犹如 5 株合种。1993 年，森林公园在树旁立碑，以示纪念和保护。

(三)人树共处的故事传说

树木能产生林产品和林副产品，满足人们衣、食、住、行等诸多方面的需求，树木还是绿荫，一道景致，是人类家园的所在，与人类友好共处，亲如一家。

【荔城"宋家香"的故事传说】福建莆田因盛产荔枝，享有荔城的美称。1961 年，郭沫若来莆田视察时，曾留下"荔城无处不荔枝"的名句。荔城的盛名世人皆知。荔城有 1 株千年古荔，坐落在宋氏祠堂后，称"宋家香"。据传种植于唐玄宗天宝年间(742～755 年)，距今有1200 多年，蔡襄编著的《荔枝谱》有记载。树主曾请蔡襄品尝荔枝，蔡作诗并序答谢："世传此树已三百年……今虽老矣，实益繁滋，味益香滑，真佳树也。"南宋淳祐十二年(1250 年)，直秘阁知兴化军林希逸为"宋家香"题匾"品中第一"。1903 年美国传教士蒲鲁士把该果品种用高压枝术引种到佛罗里达州，获得成功。现美国、古巴、巴西等国都有引种，被誉为"果中之王""果中皇后"。

【橄榄的爱情故事传说】橄榄是福建名果，尤以闽侯、闽清一带为最。橄榄青而涩，但"苦尽甘来"，令人回味无穷。据李时珍《本草纲目》记载，橄榄有开胃下气，生津止渴，治喉咙痛的作用。宋代王禹对橄榄有"江东多果实，橄榄称珍奇"的描述。橄榄是嫁女儿时必备的一道菜。据说从前有一女子，在种橄榄的时候，与一男青年相识相爱，但他们的自主婚姻遭到家人反对，全说："不行，不行！"这位姑娘辣得很，见大家反对，端出一盘橄榄青果，说道："橄榄、橄榄，先涩后甜，姑娘要嫁，那个敢拦！"（"橄榄"与"敢拦"谐音）。大家见姑娘如此坚定，执意要嫁，并用橄榄表情言志，也只好作罢。橄榄成全一段美好的姻缘。后来，橄榄成为福州地区婚礼宴席上必备的一道菜。

【惠安闽王妃故里迎客松的故事传说】惠安张坂镇后边村锦田黄氏祖祠，为闽王王审知的王妃黄厥的诞生地。据惠安县志记载，闽王王审知纳黄厥为妃，黄氏进宫后保持民女本色，深得闽王宠爱。民间传说和《闽帝游山记》述及，黄氏进宫常思父母家人，每当风雨交加，便黯然泪下。闽王问其故，妃曰：我家地处海边，秋冬海风呼啸，屋瓦被风刮走，父母兄嫂居住破屋，不像在深宫内院。闽王说："赐汝母房屋可仿照王宫样式建造。"黄妃谢恩，并传令把"我府（母）住宅仿王宫建造。"闽南方言，"府"与"母"谐音，所以今天泉州一带民房留有王宫建筑的遗风。今锦田黄氏宗祠后的灵秀山，峰峦俊秀，宋代栽植的松树依然挺立，不亚黄山"迎客松"，被称为"锦田迎客松"。1992 年惠安县把其列为名木，加以保护。

【三明闽楠的故事传说】闽楠为我国珍贵用材树种，俗称楠木。三明市梅列区有种风俗，女方出嫁需要 2 件嫁妆：一件是 4 只用楠木做成的箱子，谐音"是男"，寓意 女方嫁入男方后生的头胎是男孩；另一件是 6 株楠木幼苗，待男方上门迎亲时，由女方的父亲上山把苗挖出，放上两双红筷子，再用红布捆好，一起带到男方，意为"快生男"。接亲时男方必须扛着这捆楠木苗赶路，以便在天黑前由新郎和新娘共同把 6 株楠木栽下。当女方生子后，男人所做的第一件事不是去看儿子，而是在自家山上或屋后栽 1 株楠木，以示庆祝。这种风俗一直延续至今。山区人之所以延续这种风俗，在于"楠"与"男"谐音，期望多栽楠，祈求男丁兴旺，社会发展。

【建瓯锥栗与吕蒙的故事传说】建瓯龙村下杉溪，有一座吕蒙王公庙，供奉三国时东吴大将军吕蒙。吕蒙不是建瓯人，龙村人何以敬之如神呢？原来这里有一段吕蒙与锥栗的故事。吕蒙有一身好武艺，很早就投奔吴王。吴王为平定福建，多次派吕蒙和他的姐夫带兵到建瓯。有一次吕蒙派兵攻打龙村，一时攻不下，天又下雪，吴军粮食跟不上，士兵吃不饱，产生怨言。为稳定军心，吕蒙就地找百姓筹粮。当地一老汉拿出一竹筐，里面装着许多浑身长刺的东西，老汉又用木槌一敲，剥掉外壳，露出黄色果肉，这就是本地山上出产的榛子（锥栗）。吕蒙得到老汉指点，派兵上山，果然捡到许多榛子，解决了军中缺粮问题，攻下寨子，进入建瓯城。吕蒙班师时把榛子（锥栗）进贡给吴王，这也是建瓯锥栗被百姓称为"贡榛"的由来。为感激吕蒙功德，当地建了寺庙，至今香火不断。

（四）树木奇异的故事传说

在巨大的自然力面前，或退缩，或想象和幻想一种超自然的神奇力量出现，战而胜之。树木神异的故事传说指的是民间流传的，借助树木的神异力量，而达到大众的某种目的和愿望。例如电影《天仙配》中槐树开口说话，成全七仙女与董永的姻缘；妈祖化草为木，成功救护商船等传说便是典型的例子。

【妈祖化草为木救护商船的故事传说】妈祖姓林名默娘，福建莆田湄洲人，其父林愿，宋朝初年为福建都巡检，母亲王氏。妈祖是海上救护神，被尊称为"迎贤灵女""神姑"。在林默娘 17 岁那年，一艘商船经过湄洲海域，忽然触礁，船底破漏，时刻有沉船危险。船上商人惊慌失措，高声呼救。正在家中诵经礼佛的默娘，隐约听到海上呼救声，就祭起铜符察看，发现商船触礁欲沉。默娘见状，在海边拔起数丛小草，抛向海面，顷刻间海面浮出无数根大杉木，似箭般飘向遇难商船。一根根杉木并列把商船架住，缓缓驶向湄洲屿。商人深感神奇，询问当地渔民，得知是神姑"化草为木"护舟救商，特地登门拜谢神姑救命之恩。妈祖行善济世，救苦救难，众口皆碑。

【郑成功以榕制敌的故事传说】郑成功为收复台湾，演绎一段"以榕制敌"的动人故事。郑成功奉命后，先屯兵厦门、漳州一带，日夜操练水兵。几次与荷兰军队小试，因荷军坚船利炮，郑军船小，奈何不得。郑军使用钩镰枪，又被荷军用腰刀砍断，没有用武之地。有一天，郑成功来到南山寺，遇到一位高僧，透露自己的烦恼。高僧听了，指点说："榕根可解此难，不妨一试。"郑成功按照高僧指点，截断榕树气根，用桐油浸泡一昼夜，让气根吸饱桐油，然后砍下气根。泡过桐油的榕根坚韧无比，装上钩镰，刀枪不入。闽南多榕树，收集榕根并非难事。没有多少时日，便用榕根柄钩镰装备士兵。荷军的腰刀无法砍断钩镰柄，惊呼"神棍"，郑军所向披靡，一举收复台湾。台湾收复后，郑成功称榕树为"大将军"，榕棍被称为"郑家棍"。

【长泰芦柑的故事传说】长泰芦柑因其品质上乘，被称为"柑中之冠"，长泰县也因此获得"中国芦柑之乡"的称号。原全国人大常委会副委员长彭冲为其亲笔题词："长泰芦柑，品质优良，柑中之冠。"关于"芦柑"一词的来历，民间流传着神奇的传说。相传长泰石铭里罗山寨（今岩溪镇石铭村）有一户罗姓人家，因祖上积德，生下"乞丐身，皇帝嘴"的奇人罗隐。罗隐凭着一张"皇帝嘴"给自己乞得美食，又给乡亲带去实惠。但后因罗隐道破天机，触怒玉皇大帝，被雷公电母劈死在破瓦窑中。瓦窑恰好紧邻一家员外的花园，园中生长柑橘，罗隐的真身被隐于柑橘之中。一日小姐到园中游玩，吃了园中柑橘后怀孕，却原来正是隐于柑橘之中罗隐的真身。小姐生下的男孩取名"甘罗"，而被罗隐用于投胎转世的柑橘，唤作"罗柑"。"罗"与"芦"谐音，口口相传，便成"芦柑"了。

【连江梅洋望梅而止的故事传说】距连江县城 13 公里处，有个山村叫梅洋，有刘、林、郑、王、吴等姓氏村民千余人。相传生于明代崇祯年间的哲达有两个儿子，长子尔昆，次子尔胤。在清顺治年间，哲达用担子挑着两个儿子和全部家当，在闽地寻找安居乐业之地。在连江县江南村的平原上，哲达得仙人梦中指点："西行，望梅而止"。哲达听信仙人的指引，沿着古老的驿道西行，在接近宦溪和亭江交界处，一条自东向西的溪流两岸，梅树盛开，如云如雪，很是好看。哲达自认找到梅花仙子的故乡，心中的桃花源，于是在梅溪定居。这就是今天的梅洋村。梅洋以"梅溪、梅峰、梅林"为独特景观，是一个集旅游、休闲、避暑为一体的胜地，正迎接各方游客的到来。

【**木棉树的爱情故事传说**】木棉，属木棉科，别称红棉、攀枝花、英雄树，为落叶大乔木，未叶而先花，且花瓣硕大、火红，故称英雄树。据传，清末年间，从化头甲西山麓下的一个村庄，有一对相互爱慕的青年男女，男的叫阿俊，女的叫凤儿。阿俊18岁时，要去海南参加海战，两人在木棉树下私订终身，承诺白头到老。阿俊走后，凤儿每天都要到木棉树下，在木棉树上缠一条黄布带，许下一个心愿。5年过去了，又过5年，依然没有阿俊的信息。凤儿的父母只好自作主张，把凤儿许给邻村一人家。婚礼的前一个晚上，凤儿穿上婚服，独自来到木棉树下，照样缠一条黄布带，许下最后心愿，然后静静躺在树下，闭上眼睛，永远地睡过去了。村民们惊讶地看到，木棉树上的黄布带忽地腾空而起，冲向天空。随风起舞的黄布条瞬间变成一双青年男女，向天际飞去。至今仍有人在这棵木棉树下，把黄布条抛挂在树上，祈福许愿，成为一种习俗。

【**台湾相思树的故事传说**】台湾相思，又名相思树、相思仔、台湾柳。有关台湾相思树有两个传说。很早以前，闽南一家三兄弟到台湾开发，经过努力，开垦出一大片土地，种植庄稼，收成很好。因离家久了，三兄弟相约回福建老家。不久再回台湾，不料他们开垦的土地被地主老爷霸占。兄弟3人一气之下把地主打死。为避追捕，兄弟3人跑到山上躲避。台湾山高林密，士兵不敢冒险，便放火烧山，可怜三兄弟被活活烧死。后来人们发现二人死时紧抱的一棵树，就是相思树。另一种传说，从前闽南某地有一对夫妻，因家境困难，丈夫决定去南洋谋生，相约3年回来。3年已过，妻子仍不见丈夫归来，在海边痛哭不止，悲伤过度，死在海边。不久，她死的地方长出1棵树，有人说这树是那妻子的化身，称之为相思树。

台湾海峡两岸的福建沿海和台湾，相思树特别多。1950年蒋介石败退台湾，强征壮丁去台湾，仅东山岛，就有4700名壮丁，以至台海两边家庭拆散，"八百寡妇"苦苦相思。而被迫去台湾的乡亲至今未能实现叶落归根的夙愿。他们在弥留之际，含泪求好友采撷"台湾相思"，寄回老家，栽种在父母或亡妻墓地旁，以表孝心和相思之情。不少台胞在回乡祭祖时，也要带上几株相思树，以表相思之情。诚谓：密密相思林，浓浓两岸情。

六、树木文化的精神意蕴

　　树木文化是森林文化的基本构架和基本成分。树木文化从某种意义上是森林文化的具体化或另一种表述。因而，当我们在叙述树木文化的时候，在很大程度上指的是森林文化，树木文化的性质和走向几乎决定森林文化的基本定位。几千年来，人类与森林朝夕相伴，具体说，就是人类与不同的树种朝夕相伴。当人们从不同层次，不同视域去认识和利用树木时，亦从不同层次和视域感知和反映树木，并深深地融入人类情感和品格的内涵，这就是我们要讨论的树木文化的精神意蕴，即树木文化在精神层面上的表述。

　　不能否认，在树木涉及的建筑、饮食、工艺、绘画、音乐、诗文、宗教、园林等文化领域，固然已看到人类精神层面的若干东西，但尚未深入，需要提升，需要进一步把融入树木之中人的品格、品性、品味揭示出来，使人类从某一树木身上，即能触摸到人所要追求的精神意蕴。

　　那么，在树木身上，寄托人的那些精神意蕴和理想追求呢？

(一)随遇而安的人生态度

　　树木对外部环境从不苛求。树木明白自身的守土职责，不断调整自身的生理特性，以适应不同的生态环境。不论低海拔或高海拔、干旱或湿润、山冈或坡地，只要有水分，树木便能倔强站立在那里，争夺空间，甚至土层瘠薄，岩石裸露地或盐碱地、滩涂，树木也能生存。不同树种的树木，从不以高傲者自居，而以贫者身份，随遇而安，既耐旱耐湿，又耐瘠耐薄，协调同大地的关系，表达对生命的独特体会。

　　树木对外部环境的适应性，传达的随遇而安的生存态度，这是问题的一面；另一方面，树木不是简单的被动适应，而是面对自然环境的严酷性作出挑战，这体现树木的耐性和顽强精神的另一面。

　　耐瘠薄的树种如黑松、马尾松、华山松、相思树等，以及黑桦、蒙古栎等。尤其是松类，不但耐瘠薄，甚至在岩石间、悬崖边，松类也能很好生长。人们在黄山、张家界、华山、泰山等风景区看到的树木，正是松类的英姿。在东南沿海，黑松迎风而立，简洁而挺拔。南方广大的贫瘠山地，马尾松以其独特的风采，获得美的个性。东北的红松为了适应北方的寒冷，不惜卸掉绿叶。木麻黄为适应海滩的盐碱地的恶劣环境，叶片全部退化，以枝代叶，简约至极，成为守卫绿色海疆的当家树种。

　　在西北荒漠地区，红柳、紫穗槐、白榆、沙拐枣、胡杨等树种，其顽强不屈的一面表现得更为突出。为抗击风沙、干旱和沙埋，一些树种的地上部分简化，叶片缩小（并具贮水细胞），直至在极干旱时，停止生长，出现假死状态。而地下根系部分则十分发达，其根幅为冠幅的几倍至几十倍，深入土地的湿润层，以适应荒漠地区严酷的生态环境，从而构成荒漠瀚海的森林景观，喊出生命的绝响。

在江南水乡泽国，沿着江河、湖泊、沼泽，落羽杉、水杉，组成水乡泽国的另一番森林景观。被称为红树林的森林群落，又能在潮间带生存。海潮涨时，沉入水下，海潮退后，呈现一片森林，人称"海底森林"。不同的树种，以其各自不同的坚韧和耐性，顽强占据陆地空间，为人类造绿护荫，保土守责，竭尽全力。

（二）和谐共生的生态内涵

竞争，优胜劣汰，适者生存，是自然界的一条基本法则。在不同树种之间，在不同群落之间，情况亦是如此。舍此，森林内将死寂一片，失去生机和活力。同时，与竞争法则并存的则是共生法则，即通过妥协或和解实现各物种间的共存共生。用生态学一句名言，自己活着，也让他人活着！

很明显，在不同树种和群落之间，既存在竞争和淘汰，也存在妥协与和解。竞争与淘汰，使自然界各物种相互制约，彼此节制，以体现生态的最大平衡性；妥协与和解，使自然界各物种之间相互包容，和谐共生，又体现生态的最大多样性，这才符合自然的本来面目。

遵循自然界共生法则，森林内接纳和包容不同科、属、种的树木，这里有高大的乔木，低矮的灌木，还有贴近大地的各类花草；既有松、杉、柏等针叶树，樟、楠、栲等阔叶树，还有禾本科的竹类植物，棕榈科的槟榔、椰子等树种。深根与浅根，耐旱与耐湿，喜阳与喜阴，耐酸与耐碱；不同生态性能的树木，各自找到自己生存的空间，被妥帖安置在不同生态位上，展示自身的风采。此外，还有藤本植物、攀援植物、寄生植物，等等，把林中的每一个生态位装得满满当当，形成热带雨林中特有的藤萝摇曳、"空中花园"的景象，为物种间的和谐共生作了最好的注释。

和谐共生的法则不但在不同树种和群落之间，还体现在整个森林生态系统及其过程中。林中有诸多动物，包括天上飞的、地上爬的、树上跳的。如果说森林是一座宫殿，一个舞台，那么林中动物则是这一舞台的主角。林中还有种类繁多、数量惊人的虫蚁、蜂、蝉、蜻蜓、蝴蝶等昆虫，它们是森林的重要媒介和不可或缺的成员。此外，林中尚有难以计数，肉眼看不见的微生物。微生物的分解作用，使枯枝落叶和动物残体还原为无机物，回归大地，归回环境。据有关资料，超过65%的野生动物和超过90%的植物物种存于林中，显现出自然界的最大多样性和共生。

（三）独立自主的品格品性

每一个生命都是一个独立的个体，都有一个自我的控制中心，树木亦是，且树木具有挺直峻拔的外在形象，更成为人类审美对象和崇高精神的偶像。不错，人类是高等动物中唯一能站立的动物，但在人类文明的进程中，由于社会结构和运行机制的不合理性，往往产生人性的扭曲。这就是说，由于各方面的约束，人们往往不能独立自由行使自身的意志，实现自己想要达到的目的。因此，人类外在形象的竖立和内心人格的独立，对人生来说，始终是一个永恒的主题。

在自然界的万千事项中，唯有树木直立挺拔，又不卑不亢、傲然天地间。人类在树木身上，看到自己，找到自我，体验独立自主的品格品性，并以松、竹、梅3个树种为典型，寄托人们的理想追求。

松树直立挺拔，形体高大，四季常青，大度从容，且适应性强，分布广泛，是守卫国土最忠实的卫士，深受国人喜爱，是被推荐的国树之一。在中国传统文化中，历来称松、竹、梅为岁寒三友，推松为首，是有其一定道理的。孔子说："岁寒后而知松柏之后凋也。"此后，历代颂松诗章比比皆是。近代有毛泽东的《题庐山仙人洞》、陶铸的《松树的风格》、陈毅的《青松》等。陈毅笔下的青松"挺且直"，能顶住大雪压顶，待雪化后，又呈现青松的高洁俊逸。张万舒的《黄山松》，描述松树在悬崖峭壁之上，"挺的硬、扎的稳、站的高"，任凭"九千里雷霆，八千里风雪"，松树照样"劈不倒、砍不动、轰不倒"。诗人写的是松树，赞颂的是不畏强权、独立自主的人格力量。

中国人尤喜爱竹类植物。因为竹子既有独立挺拔的身躯，兼有叶之青翠和飘逸，展现清淡、高雅的美学风格，同中国文人追求的素淡而又超俗的人格理想十分吻合。竹子受到文人墨客的推崇，还在于竹子的虚心劲节。白居易在《养竹记》中说，"竹本固，固以树德"；"竹性直，直以立身"；"竹节贞，贞以立志"。中国文人多以竹自比，正是借竹这一意象，表明自己的立身、立德、立志的意向。

司马光说"曲尽梅之体态"。梅花之所以受到中国人的喜爱，除了"其枝樛曲万状，苍薜鳞皱，封满花身"之外，人们看重梅花凌霜傲雪的坚强品质和独步早春的独立人格。"万花敢向雪中出，一枝独先天下春"。以一花之艳，报春信息，实属难得。大家熟知的歌剧《江姐》中的红梅赞："红岩上红梅开，千里冰霜脚下踩。"陈毅《红梅》："红梅不屈服，树树立风雪。"何香凝《题画》："一树梅花伴水仙，北风强烈志依然。"均借梅花以显示鲜明的革命立场和坚定的意志。

（四）坚韧固守的气质风范

人们在观赏树木时，触及视线的是地上部分的树干挺立，绿叶参差，而忽略地下部分根系的盘根错节，纵横交错。正是地下根系的巨大和复杂结构，支撑树木，也支撑森林。如果说树木的外在形态阐述树木独立自主的品格品性，那么，地下根系的作用，则表达树木的坚韧固守的贞节操守或气质风范了。从生态学角度，树木的根系作用，被界定为防风、固沙、保水、守土的生态功能，即担负国家生态和国土安全之重任。

树木最大的特征是有根系，且一旦扎根便坚韧不移，固守始终。树木的根系有主根型、侧根型和须根型3种，不同类型的根系，适应不同的生态环境，固守着山地、海滩、平原和荒漠，改变着地球的面貌，妆点祖国的河山。

郑板桥的《题竹石》诗这样写道:"咬定青山不放松,立根原在破岩中。千磨万击还坚韧,任尔东西南北风。"所谓的"咬定青山不放松,立根原在破岩中"。指的正是树木根系的巨大作用。树木的根系在地层形成一个盘根错节的特殊结构,紧紧咬住土层,使风沙不再弥漫,秃岭披上绿装,水土不再流失,水分得以涵养。土之不存,人将安附? 国土安全作为国家之根本利益,奠定了树木根系在社会和生态建设中的地位。

树木作为永不下岗的国土卫士,其坚韧固守的气质操守,并非一时一事的权宜,而在始终如一的坚守。如果没有人类的干扰和破坏,树木将世世代代延续下去,守住已扎根的领地,不言放弃。这是树木的天职,也是树木的本性。

纵观人类社会,人们遇到困难、曲折、变故和病痛时,往往会产生困惑、焦躁、动摇、退却,甚至变节,表现人类自身固有的自私性和缺陷性。而树木则能坦然面对。不管自然界的风雨如何拍打,云雾如何浸淫,环境如何变化,树木能保持本性,坚守天职,做到风雨不动(树木有根而不移),宠辱不惊(树木无言而不悔),真诚守信(树木贞节而不变),不卑不亢(树木大度而从容),一往情深(树木胸怀博大而接纳万物)。这些都是树木坚韧固守风范的展现。"俏也不争春,只把春来报,待到山花烂漫时,她在丛中笑。"不争名利,不以自己为大,固守本职,甘为自然界的普通一员,正因为此,才可能笑的最美,也笑到最后。

(五)团队协作的时代精神

树木不单是一株,而多以群落形式,存在于自然界。进入丛林,或步入林带,一簇簇、一行行林木,在地上,枝丫相交;在地下,错节盘根;形成团队,构成屏障,以抗击台风,阻挡风沙,保守国土。这便是树木的团队协作所体现的时代精神。

西汉《淮南子》记载:"木丛曰林。"森林是一个集合,一个群落,一个生命共同体,不单是乔木,还有灌木、草本、蕨类、苔藓、藻类等植物,约40多万种,共同支撑绿色大厦,护卫全球国土安全。

人类社会亦如此。要尊重个体、个性和自主性,但更需要倡导协作、协调和协同的团队精神。因为现代社会本身就是一个庞大和复杂的系统工程,尤其需要用系统观点,用集体智慧和团队协作,分析和处理问题,使整个社会运行健康、平稳和有序。这也是树木给人们的重要启示之一。[①]

---

① 苏祖荣,苏孝同. 森林文化学简论. 上海: 学林出版社,2004.

第二篇

各　论

一、杉木文化

(一)杉木分布与"绿色金库"

杉木 *Cunninghamia lanceolata*(Lamb.) Hook. ，别名沙木、沙树(西南)、刺杉(江西、安徽)，为杉科(Taxodiaceae)杉木属植物。

被著名林学家陈嵘教授誉为"万能之木"的杉木，是南方最主要的用材林造林树种。杉木生长快、产量高、材质好，且纹理通直、容易加工，用途极为广泛，包括建筑、造船、装饰、日用家具等。据《中国主要树种造林技术》报道，杉木速生丰产，中心产区20年生以前的林分，年平均胸径生长达1厘米，树高1米，每亩材积1立方米，丰产林还可超过0.5~1倍以上。福建南平延平区溪后村一片39年生杉木林，每亩蓄积量高达78立方米。杉木分布广，栽培区域达16个省(区)。黔东南、湘西南、桂北、粤北、赣南、闽北、浙南等地区是杉木的中心产区，也是我国南方用材林的主要基地。贵州锦屏的杉木，福建顺昌的高阳木，湖南的"会同广木"和"江华条木"，更是蜚声全国。

在闽北地区，流传"吃不尽的浦城米，砍不完的高阳杉"的话语，这并非说高阳杉砍不完，而表明顺昌地区杉木资源丰富。顺昌的杉木，除了具备纹理顺直、材质轻软、结构细致、不易开裂，又耐腐蚀等特点外，还具备"红心、材质细密、气味芬芳"等特质，这些卓尔不群的特点，使顺昌的杉木成为市场中的翘楚，深受江、浙、皖、沪等地客商的喜爱。早在新中国建立前，高阳杉就是上海十六浦码头木材市场开盘定价的依据。如今，以顺昌杉木加工的指接板、木栏杆、家具和装饰材料等产品，走出国门，远销东南亚和欧美等地。

新中国建立后，以顺昌洋口国有林场为代表的林业工作者不断致力于杉木良种繁育的科学研究，在建设杉木基因库、高世代杉木种子园建设等方面领先世界前沿，深受党和国家领导人的充分肯定。1958年，顺昌洋口国有林场获"农业社会主义建设先进单位"，周恩来总理为奖状亲笔签名；1963年，全国农业战线群英会，洋口林场再次评为全国先进单位，刘少奇主席在奖状上亲笔签名；1987年，全国科学大会上，洋口林场科研课题《杉木良种选育技术的研究》获全国科技进步一等奖。俞新妥教授指出，顺昌县高阳乡虎头山杉木林是国内人工针叶林分所罕见的高产林分，顺昌县是杉木中心产区的核心区，杉木栽培技术先进，不愧是"中国杉木之乡"。2005年，顺昌县摘取了中国唯一"杉木之乡"的荣誉称号。素有"绿色金库"之誉的福建省南平市王台镇，早在明代崇祯年间已开始普遍培植杉木。1919年春，溪后村魏声韵、魏声传、魏乃伟3位农民，在安槽下山地上用插条方法营造了3.33公顷杉木林，经精心培育，高大挺拔，长势喜人。1956年9月，经中国林业科学研究院薛宝田博士、南京林学院院长郑万钧教授及福建省林科所有关专家进行调查并做树干解析。经测定，每亩蓄积量高达 78.9 立方米，居全国之首，杉木堪称高产之最。周恩来总理在万隆会议上向外公布了这一成果，轰动了国内外林学界。

据 1985 年全林实测调查，王台溪后安槽下杉木丰产林每亩保存 81 棵，平均胸径 25.7 厘米，平均高度 26.2 米，每亩蓄积量仍达 49.3 立方米，部分高达 69 立方米。伟岸挺拔、直刺云天的杉木丰产林曾迎接过国家领导人、国际友人和林学界的众多学子。1961 年 1 月 13 日朱德委员长在福建省委书记叶飞的陪同下，到这里考察，称赞"杉木在默默无闻地生长，树木树人造福人民"，并在杉木王前留影。从 1965 年以来，先后到王台溪后杉木丰产林参观、视察的有 30 多位党和国家以及有关部门的领导人。1957 年全国造林会议在王台溪后召开，国内外许多专家实地考察了杉木丰产林。1958 年 12 月，被国务院授予"绿色金库"光荣称号。

（二）俞新妥的咏杉诗与福建杉木王

杉木不仅是优良用材，能满足社会的物质需求；饱经沧桑和经历大自然考验的杉木王，还记留历史上气候变迁，犹如一个活的气象站，具有重要的科学价值。

福建莱州林业试验场曾报道全省 10 株杉木王情况。俞新妥教授在详细调查福建全省杉木资料的基础上，发表福建"杉木王"调查记述，列出全省 20 株杉木王，其中有政和铁山 1 株，尤溪汤川 1 株，永泰同安 1 株，南平茂地 1 株，建瓯水北 1 株，闽清后佳 2 株，武平东留、湖店各 1 株，连城郭地 1 株，曲溪黄胜 2 株，曲溪罗胜 3 株，顺昌洋墩 1 株，屏南路下 1 株，长汀红山 1 株，宁德虎坝 1 株，上杭蛟洋 1 株。1980 年 12 月 14 日，俞新妥教授同杉木研究室余偕等 4 人，在连城曲溪乡罗胜村（海拔 1200 米）发现 1 株杉木王，为全省最大杉木王，位于罗胜村山中。这株杉木王挺立山间、状极雄伟。据传，宋天圣二年已有之，树龄已近千年。1980 年测定，该杉木王树高 36 米，胸径 1.45 米，冠幅 12.7 米，破福建杉木王记录，是杉木世界中真正的王者。俞新妥写有《咏连城"杉木王"》七律诗二首：

> 连城罗胜大杉木，挺拔葱茏向天矗。
> 入世于今九百年，山居默默何幽独。
> 树高三十又五米，胸围十八尺有余。
> 单株材积廿八尺，黛色斜阳照太虚。
>
> 巍巍耸立梅山巅，孤高扶持俨有仙。
> 雨露阳光天化育，风霜雷电质弥坚。
> 我来寻访惊初见，苍劲雄姿入紫烟。
> 人间多少盛衰事？且向圆心问纪年。

杉木王用圆心（年轮）记录千年的风风雨雨，也记录这位林学家一生的心路历程。

【政和铁山杉木王】位于政和县铁山乡锦屏村口，树高 47.5 米，胸径 160 厘米，冠幅 14.5 米，树龄 1000 多年。这株杉木王长在巨大的岩石上，根部深扎在岩石的贴山部，另一面裸露在小河岸边的峭壁上。经多年的风雨，树身和岩石的颜色相仿，石树一致，浑然一体。

只有抬头望树，才知是一株杉木。隔河而望，不见树根，好像树是插在岩石上。村里人担心其会倒下，遂在树边建一"立根亭"。如今这株杉木王依然挺拔常青，岿然不动。隔河而望，树下小河流淌，树梢蓝天白云，树边小亭相伴，风景奇特，令人惊叹。

民间传说，此树曾化为一青年举子考中状元，故称其为"状元杉""杉木仙"。远近村民对其敬若神明，紧挨着古杉建了一座状元杉庙；离小庙几步远处，立了一座八角状元亭。古桥、古庙、古亭掩映在古杉的绿荫丛中，构成一幅充满诗情古意的乡村优美画卷。

【宁德虎坝杉木王】位于宁德市虎贝乡彭家村，其树高14.5米，胸径272厘米，据《福建省珍稀古树录》记载，此株杉木种植于唐僖宗李儇光启年间（885～888年），距今1100多年，系彭氏祖先迁居至此时所植。据传，唐末古田杉洋彭氏三兄弟欲迁徙他处，一路寻址途经彭家墩，看到这里视野开阔，景色宜人，老二遂手劈杉木枝条倒插于此。第二年，老二返家又途经彭家墩，看到自己倒插的杉木枝竟然成活长出萌芽，认为这是一处风水宝地，遂举家迁居到彭家墩。这棵树是彭家村历史的见证，历经朝代更迭，至今生长旺盛，每年仍可结杉果50公斤以上，确属罕见。当地人把它誉为"神树"，因其树形呈伞状，又称为"伞树"。彭氏家谱有诗云："枝繁叶茂历悠悠，伴祖肇迁有千秋。馨竹国史传铭志，伞树家声万古流。"

【连城罗胜杉木王】该树王位于连城县曲溪乡罗胜村，据传宋天圣二年（1024年）已有之。2013年重新测定，胸径1.98米，树高38.3米，冠幅17米，单株材积近40立方米，是福建省单株材积最大的杉木，被福建省林业厅评为树王。树龄近千年，现已划入梅花山国家级自然保护区，受到了严格保护。

宋绍兴初年，罗胜村吴姓鼻祖从宁化、清流辗转迁徙至曲溪，暂居于同关寺。他非常喜欢曲溪清幽僻静的环境，决意在此觅一处风水宝地定居，但寻来找去，都未如愿。一日，他正在床上休寐，忽见一须发花白的老者飘然而至，对他说：此处是仙佛胜地，你可溯流而上，若看见一棵大杉树，这棵杉树乃是我的化身，你们便可在此处安居乐业，我会保护你们永远平安的。言毕，老者倏忽不见，吴什伍郎醒来发觉乃一梦，但老者的话却依然回响在耳边。他感到事有蹊跷，于是，便带着妻小沿溪而上，到达罗胜这个地方，果然看见一棵和梦中一样的巨大杉树，便在此定居，并不断繁衍壮大起来。从此，罗胜吴氏村民便将这株"杉木王"奉为神灵，长期香火祭祀。

【溪后杉木王】位于南平市延平区王台镇溪后村。据传，这株杉木王是该村先祖于1850年插条栽植的，迄今已有140多岁了。据1972年测定，树高26米，胸径95厘米，单株材积10.4立方米，虽然树梢早年被雷击折断，但全树仍然生长旺盛，枝繁叶茂，巍然耸立，享有"杉木王"的美誉。

【清流长校古杉木】清流县长校北邙山上有一片古杉木，相传为宋元祐三年（1088年）长校始祖李伍郎所植，山麓建有"李氏大宗庙"。古杉历经900余年，现尚存7株，仍苍翠挺拔，生机勃勃。树高均在16～17米，胸径159厘米，冠幅14米×14米，已被列为清流八景之一。

据《清流县志》记载，南宋名臣文天祥路过长校时，恰逢大雨倾盆，曾在一株古杉下避雨，那时古杉已有两层楼高了，文天祥有感而发，写下对联一副以赠清流："山高不碍干坤眼，地小能容宰相身。"明代尚书裴应章为古杉题诗："古树参天挺北邙，浮华云落考风霜。树前蔽日年年似，冢上翻飚处处扬。育节全凭深雨露，培根多是桓虞唐。家家告诫严毋伐，留与皇朝做栋梁。"长期以来，村民把古杉奉为风水树，当做神的化身，倍加爱护，古树历经沧桑，得以保存。

（三）万木林与妈祖救商的传说

【万木林的故事】万木林位于建瓯市西向 32 公里处，原名万木山，亦称万木园。在明代即负盛名，绘图、作记及吟咏者颇多。

据明嘉靖《建宁府志》等史料记载：万木林原为乡绅杨达卿（1305～1378 年）在元末饥荒之年（1354 年）以"植树一株、偿粟一斗"方式为民赈饥并募民营造的杉木林。后其孙杨荣（1371～1440 年）在明初建文元年（1399 年）考取了福建省第一名举人，随后官至工部尚书兼谨身殿大学士，其族人认为这是杨氏先人种树赈饥的德荫，这片林随即作为杨家"风水林"，并为官府所承认而封禁保护下来。因世袭封禁保护，而由原杉木人工林逐渐演替成为中亚热带常绿阔叶林。这是人类保护森林史与森林自然演替史相结合的典范，是先人留下的宝贵的自然遗产。1956 年，万木林被划定为省级自然保护区。

在保护区 189 公顷的区域内，古木参天，群芳竞秀，巨藤盘绕，有罗浮栲、细柄阿丁枫、沉水樟、观光木、浙江桂为优势树种的群落。美国森林生态学教授伯顿·巴恩斯称"这是一片神奇的森林，它具有复杂的动植物区系，在中国是最好的亚热带常绿阔叶林生态之一。"同时万木林也是野生动物的乐园，群猴嬉斗，百鸟争鸣。已知区内鸟类有 138 种，昆虫仅蝶类就有近百种，被列为国家重点保护的野生动物有 19 种，省级保护动物 218 种。正是："古树参天，万木荟集成林；珍稀树种，丰富资源无数。"

万木林如今还保留有"杨达卿纪念堂""杨太师牌坊——登瀛坊""佘岳公元帅庙"等人文景观和"方竹书院""棋盘座""龙凤阁""太保庙"和"新娘潭"等遗址。

【妈祖及杉木护舟救商的传说】据宋代史料文献记载，妈祖姓林名默娘，福建莆田湄洲人，其祖先原籍河南。父亲林愿，宋初官为福建都巡检，母亲王氏。

默娘幼年时聪明颖悟，8 岁便到私塾读书，不但能过目成诵，且精通文意。10 岁焚香礼佛，朝夕诵经未曾懈怠。13 岁那年有位老道士名玄通，飘然到林家化缘，默娘诚心恭邀入室，敬献香茗，且乐于施。此后老道士经常到林家化缘，默娘均能诚恳接待，老道士深为感动，传授"玄微秘法"，供日后救渡世人。16 岁时，有一天，结伴在庭院古井旁游戏。井中忽现一狰狞神人，手执铜符冉冉升上。同伴观之大惊一哄而散，默娘却十分镇定跪下膜拜。神人将手中铜符交予默娘后离去。默娘得此铜符，潜心精研，学得一身法术，灵通万变，热心助人，为乡里驱邪救危，人人爱戴。

17 岁时，春天，一艘商船经过湄洲屿海域，忽然遇到浓雾而触礁，船底破漏，时刻都有沉没的危险，船上商人个个惊慌失措，高声呼救。这时默娘正在家中诵经礼佛，隐约听到海上传来十分凄惨呼救声，就祭起铜符察看，发现一商船触礁欲沉，赶紧请渔民们出海搭救，可是海上风浪巨大浓雾茫茫，谁也不敢去冒险。默娘见此危状，急着在海边拔了数丛小草往海中一抛，顷刻海面浮出无数根大杉木，箭似般向遇难商船飘去，一根根并列把船驾住，缓缓驶到湄洲屿。商人深感神奇，赶紧询问当地渔民，才知道神姑"化草成木"护舟救商的事由，特地登门拜谢神姑救命之恩。妈祖日后更以大慈大悲、救苦救难的精神，行善济世，有口皆碑。

宋太宗雍熙四年（987年），默娘已二十八岁，农历九月九日那天，默娘早起梳洗换装，盛装打扮，似仙女一般，步出闺房，向几个姐姐告别说：今日乃重阳佳节，我欲登高远游以畅素怀，万望诸姐，孝敬双亲，共享天伦之乐，并依依不舍拜别双亲而去湄屿。九九重阳秋高气爽，湄洲山上金菊盛开，海风轻拂，潮音盈耳。妈祖缓步登上湄峰，站在一处摩崖巨石上，举目观澜，碧海连天，风平浪静，渔帆点点。这时从天空飘来一朵巨大彩云，传来阵阵轻妙鼓乐笛声，顷刻湄峰香雾缭绕，默娘端立彩云上，冉冉升空，云中许多金童玉女，握旌旗，顶彩伞，若隐若现簇拥着默娘升天了。日后，湄洲岛上时常香雾弥漫，曾有多人看到妈祖身着朱衣，飞翔海上，神灵屡显，救助遇难渔民无数。感其泽佑美德，人们在湄屿山上建祠供奉，尊称她为"通贤灵女"，并在湄峰摩崖刻上"升天古迹"四大字，士人相率祀之。

（四）杉木与福建土楼

福建土楼是山区大型夯土民居建筑。福建土楼依山就势，布局合理，吸收了中国传统建筑规划的"风水"理念，适应聚族而居的生活和防御的要求，又利用当地的生土、木材、鹅卵石等建筑材料，是一种自成体系，具有节约、坚固、防御性强特点和富美感的生土高层建筑类型。

在福建土楼建筑中，杉木发挥了很大的作用。

【行墙】夯土墙的模板，客家人称为"墙枋"，闽南人称为"墙筛"。模板高约40厘米，长1.5~2米，用5~7厘米厚的杉木板制成。一副模板筑成的一段土墙俗称一"版"。模板一端支在"墙钉"上，用"墙卡"牢牢地夹在已经夯好的土墙上，另一端由横搁在墙上的"墙针"支撑。模板端头的挡板下开两个小缺口，使竹片墙筋（俗称"拖骨"或"长筋"）能伸出来，使每一"版"土墙之间有很好的拉结。

为增加墙身的整体性，土墙内还配筋，即在水平方向设置"墙骨"。通常的做法是将毛竹劈成一寸多宽（约3~4厘米）的长竹片，作为竹筋夹在夯土墙之中，墙的高度方向每隔三四寸（约10~13厘米）放一层竹筋，其水平间距约6~7寸（约20~24厘米）。也有用小松木枝、小杉木枝作墙骨的。在方形土楼中，外墙的转角处还要特别布筋加固，即用较粗的杉木或长木板交叉固定成"L"型（当地称"勾股"），埋入墙中，通常每三"版"土墙放一组"勾股"拉结，以增强墙角的整体性。

【上梁】屋顶的木构架为穿斗式，其大木结构比较简单，与其他地区传统民居的做法大致相同。上屋顶的大梁，称为脊檩，要用上等杉木原木。最神圣的时刻，是请风水先生选定日子和时辰，举行"上红仪式"。由木匠在大梁上画八卦并开光、点红，在大梁正中对称地挂上两小包五谷和两小包钉子，祈求五谷丰登，人丁兴旺。

【内装修】内装修包括铺楼板、装门窗隔扇、安走廊栏杆、架楼梯、装饰祖堂，等等，主要木料为杉木和松木。外装修包括开窗洞，粉刷窗边框，安木窗、大门、装饰入口，制楼匾、门联、修台基、石阶，等等。主要材料是杉木。

【垫地基】土楼高四五层，墙又厚、自重又大，只有保证整座楼的墙很均匀地沉降，才不至于造成墙体开裂或倒塌，客家人在实践中摸出一套用松木垫墙基的方法。俗话说："陆上千年杉，水下万年松。"意思是杉木放在通风处可千年不腐。杉木大都用在大梁、门窗、楼板和楼梯等处。松木浸在水中可万年不烂。因此他们选用直径粗大的百年老松作基础材料，其木质赤色，油脂饱满，泡水不烂。直径50~60厘米粗大的松木一横一竖交叉摆放3层，形成木筏式的墙基，在木筏墙基上再砌石墙脚，这样大大加宽了基底面积，减轻了基础自重。这种木筏式墙基与石基相比有更好的整体性，因此能承受巨大的重荷并保持土楼均匀地沉降。福建省永定县湖坑镇南中村的树德楼建在溪边，现在还能在水下摸到粗松木垫的墙基，这座土楼至今上百年仍岿然不动。

（五）闽台送王船习俗与泉州后渚港宋船

【闽台送王船习俗】莆田东汾五帝庙位于莆田市灵川镇，每年五月初五是玉皇大帝圣诞节日，东汾村进行盛大的欢庆活动，同时举行传统、独特的隆重化船仪式。龙舟凤船制作精巧，以杉木和竹为空架，用白纸做底，手工色纸做色裱制而成，精工巧作，形象逼真。最大的一艘是玉皇大帝圣驾的龙舟，长二丈八尺，高六尺五寸，宽七尺，桅高二丈四尺。船上有纸制吹鼓楼、戏台、正极殿等。中央是玉皇大帝，两旁是田公元帅、文昌帝君、杨公太师、匡阜先生。两只船沿站立十将，往前两旁是八班皂隶，站在船首是两尊红绿面苏爷，苏爷手提铁链铁枷，准备捉拿妖怪，保佑四方民众。

黄昏时刻，方圆30里的观众蜂拥来至玉帝庙，两个殿场上人山人海，水泄不通。这时，南面惠安头北后帝明龙庙看到东汾火光冲天，举行接驾仪式，并开始演戏迎接。东汾正极殿在龙舟凤船化尽后开始演戏。传统是通宵达旦演出，不论有无观众，均要演到天亮，时下改为连演二台戏。

传说，以前五月初六早晨，人们纷纷来观看圣船出海留下的奇迹：青绿平坦的田野，禾苗挂满露珠，映光闪烁，中间却出现1条宽1丈的笔直痕迹，从殿场伸向海边，痕迹上禾苗没有露珠，且低弯头，表明是圣船的航迹。这航迹要等上午10时左右方能消失，亦为人间一奇。

【泉州后渚港宋船】宋代古船陈列在泉州海外交通史博物馆内，1974年在福建泉州后渚港出土。残长24.2米，残宽9.15米，残深1.98米。复原后总长34.55米，最大船宽9.9米，满载吃水3米，排水量374.4吨，是一艘方艄、高尾、尖底的福船类型的海船。船底有龙骨，由两段松木接成，长17.65米，前后两部分向上弯曲。连接龙骨的艏柱用樟木制成，长约4.5米。船壳用杉木制作。底板为双层结构；从船底的弯突处开始，船舷侧板增为3层结构。船板连接严密，综合使用了平接、槽口对切平接、鱼鳞叠接、鱼鳞对接等方法。侧板共厚18厘米，隙缝处以麻、竹茹和桐油灰填塞，再以铁钉钉合。此船有13个舱，各舱中间的隔板厚

10～12 厘米，与船壳用扁铁和勾钉接合，增加了船舶整体的横向强度，并具有隔水作用。这种船舱称水密隔舱，是中国造船技术上的重大发明。此前虽在唐代内河槽运船上出现过这种做法，但海船采用水密隔舱者，此船为较早，且为较具体的实例。隔舱板除靠近舯、艉处的两道外，其余都在底部凿有过水眼。过水眼可调剂进入舱内的海水，以维持船体平衡。它本身容易堵住，不影响船的抗沉能力。桅杆虽已不存，但从现有的前桅和中桅的底座看，至少应有 3 桅。艉部的舵座显示出，此船装有可升降的舵。船中的货物主要是香料和药物，并发现原来系在货物上的木牌签 96 件，还有铜钱 504 枚，最晚的为宋度宗咸淳七年（1271 年）所铸。此船可能属于管理宋宗室的南外宗正司所有，沉没的时间约为景炎二年（1274 年）。

（六）闽东北廊桥文化风俗

【廊桥】以杉木为原料的大型木桥。廊桥又称风雨桥、虹桥或厝桥。所谓"廊桥风雨，彩虹遗梦"。名曰风雨桥，是因它遮风挡雨。名曰虹桥，是因它形似彩虹，且与《清明上河图》中疑已失传的"虹桥"结构相似，技术相同。名曰厝桥，是因它桥上加盖廊屋，"厝"是"屋"的意思。明朝的陈世懋曾在《闽都疏》中感叹"闽中桥梁甲天下"，说的便是这风雨廊桥。

廊桥的整体构架基本为优质杉木建造。据悉，全国现存杉木拱廊桥不到 200 座，且大量分布闽东北和浙西南。这些古廊桥只是由于地处偏僻，才得以在现代道路交通的蚕食中保存下来。廊桥不仅是交通设施，还兼有驿站、祭祀、社交、贸易等方面的功能，廊桥代表着一种文化，一种乡土情感，是明清时期闽浙山区政治、经济、文化、民俗等诸多内容的重要载体。

【廊桥祀神】以福建寿宁乡间为例，廊桥已超出纯粹作为桥的功能，它结合了桥、亭、庙等建筑的功用。廊桥上供奉的神像有观世音菩萨，有关帝爷、文昌帝和财神爷赵公明，还有黄三相公、马仙等，喜佛者敬佛，喜神者敬神。

廊桥祀神的历史由来已久，但不论供奉的是佛是神，所供奉的神的坐向，一般坐下（游）朝上（游）。民间相传这有两层意义。一是神和佛都把西天视为发祥地，神佛喜西天，而河总向东流，故而桥神都背东面西。二是桥神面向流水，隐含面向滚滚财源，福气如水源源不竭的寓意。

每年的正月是祭祀最隆重的时候，其时，乡民们从四面八方汇聚到桥上，依次进行祭祀，摆上一整个猪头，奉供茶、酒，添几盘菜肴，上几炷香，磕头作揖，祷告祈福。虔诚的乡民既祷告廊桥的平安，又祈求来年的风调雨顺，合家团圆如意。平时，每月的初一、十五也常有人行祀。

闽东、浙南地区的端午"走桥"民俗是宗教信仰、楚俗遗存与神话传说相结合的产物。在福建屏南、周宁、政和一带端午节廊桥走桥习俗的时间，主要在五月初五，而浙江庆元则在五月初六。中国人的端午节主要民俗是赛龙舟、吃粽子。而闽东北一带山区，受河窄流浅用船少的限制，赛龙舟没条件，走桥祭屈原便凸显出来。

据木拱桥传统技艺传承人黄春财介绍，端午节屏南廊桥走桥习俗的主题是投粽祭屈。经过漫长的发展，屈原已经衍化为水神在民间广为流传。现存全国最长的木拱廊桥——万安桥，位于福建屏南县长桥镇长桥村，就一直流传着端午节走桥的信仰习俗。

【楹联诗文】闽浙廊桥的桥柱、桥亭上常题有古代文人墨客的情景并茂的遗诗题墨，赞叹廊桥之雄伟，讴歌工匠之艰辛，赞美河山之壮丽，抒发个人之情怀，为廊桥画龙点睛、锦上添花。

寿宁的一些廊桥依稀可见吟咏明代文学家冯梦龙的诗词，由于年代久远，廊壁斑驳霉坏，字迹模糊不清，无法仔细考究。闽东蕉城区虎坝乡媳妇桥的楹联，有两个上句写得很有气势："槛外花香清剑气""上下影摇波底月。"

闽东屏南县熙岭乡龙潭村回龙桥的一副楹联写得很有趣："水尾高山朝朝朝朝朝拱，桥头大树长长长长长生"。有些廊桥墙上还书有爱桥护桥的乡规民约，告诫过往行人，好自为之。

政和廊桥的楹联不乏有趣的藏头联。坂头花桥的藏头联为"花间鸟语欢迎我，桥下泉流远送人"。上洋桥的藏头联为"上心重建千载成，洋水长流万年兴"。该联值得玩味之处尚有"上心"二字，为具有古汉语韵味的方言表达式。

【造桥艺术】木拱廊桥是一种以杉木为料的直木贯架组合的编木木拱廊桥，在建筑学上称为迭梁拱桥。它采用以杉木为材料的梁木穿插的特殊而巧妙的结构形式，是我国木构建筑技术与艺术的集大成者。廊桥无柱，单跨飞越，既避免了洪水冲袭桥柱带来的毁塌，又可防止过往船只的磕碰。

木拱廊桥有几大优点。其一，结构简单。整体骨架由纵、横构件搭置，互相承托。其二，施工简便。构件类型少，便于加工、预制、安装及运输，以短构件拼接达到长跨度。节间装配完成，施工简便。其三，就地取材，闽浙山区盛产杉木，可就地取材，节省费用。其四，牢固耐久。据调查，木拱廊桥保护得好，其寿命可达200～300年，高寿者竟达500多年。

木拱廊桥的另一个特点是，构件标准化，用来建桥的木梁，只有大小长短的区别，甚至可以把桥拆下之后，用原有的这些构件异地重建，重修之后的廊桥，保存了原有的神韵，修旧如旧。在建筑构造上，木拱廊桥还特别注意防晒、防雨、防潮。廊屋覆盖整个桥面，屋檐出挑深远，拱骨外缘钉挡风板，桥下拱骨外露，通风良好保持干燥。

另外，闽浙廊桥以梁代碑，为造桥工匠留名留责。桥屋梁上的墨书，主要是记述建（修）桥的时间，捐俸的官员、寺庙，主持募款的缘首及协缘，建造的木匠、石匠，勘址的地理先生，书梁的手笔，一般出资人及捐款数额。

廊桥建造的龙头专业是木匠，木匠中又有主绳（主墨）、副绳（副墨）、木匠、锯匠之分。其中主绳相当于今天的总工程师，地位最高。以梁代碑，既提高了工匠的社会地位，又加强了他们的责任感，也为我们今天的研究留下了珍贵的史料。廊桥除了以梁代碑，也有单独建碑，不仅单列建桥时间、地点、人事，而且还书史写景，歌颂善者，激励后人。

唐寰澄著的《中国科学技术史·桥梁卷》中论述"浙江贯木拱建造的主墨多是福建人，可以认为南宋时福建较之浙江较早地引进改革虹桥"。浙江的木拱桥技术是由福建传入的，这一民间说法在浙江木拱桥的题刻上得到佐证：景宁梅崇桥、大地桥、大赤坑桥的梁书记录有福建籍主墨的姓名。

　　木拱桥的建造仍然延续着古老的传统，桥梁施工过程完全由手工操作，整个流程主要包括截苗木、建桥台、造拱架、架桥屋，其中造拱架是核心所在。木拱桥传统营造技艺沿用鲁班尺、墨斗、木叉马、斧、凿、刨、锯等传统木作工具。在该技艺被不断的实践过程中，传承人还改良并发明了水架柱、天门车、水平槽、木冲锤等造桥专用工具。

　　木拱桥传统营造技艺已传承千年，秉承口传心授、家族传承之特点，遵循着规仪严格的程序，形成世代相沿的传承谱系。屏南长桥黄氏世家、忠洋韦氏世家，周宁秀坑张氏世家，寿宁小坑何、郑世家等是最具代表性的传承世系。屏南黄春财、寿宁郑多金、泰顺董直机、周宁张昌云等主墨师傅是目前在世的杰出代表。

（七）福建风雨桥集锦

　　【屏南千乘桥】千乘桥坐落在屏南棠口村，采用杉木上等原料，始建于南宋理宗年间。桥长 62.7 米、宽 4.9 米，东有石阶 40 级，西有 15 级；一墩二孔，墩呈船形，为花岗岩石砌筑，墩尖端雕刻为鸡头形状；桥屋有 24 间 99 柱，悬山飞檐翘角顶，两边有条板椅，供行人憩息。千乘桥不仅廊桥自身美，所处的环境也很美。桥两岸风景秀丽，前人有"曲岸斜阳双羽泛，平桥流水数家分""十里烟霞迷处士，一潭素影斗婵娟"的题咏，就是该桥的最好写照。

　　【福州晋安多桥亭（状元桥）】该桥坐建于清嘉庆十六年（1811 年），位于晋安区店坂村，又名店坂桥，是福州市保存最完好的，以杉木材为原料的木撑式风雨桥，1992 年被列为区级文物保护单位。其建筑构造独特，横梁墨笔楷书"大清嘉庆十陆年辛未"，两端牌坊式样，桥头立有二石碑载修桥事。相传清代有一位雷姓书生进京赶考，夜至多桥亭，遇雨溪水陡涨，无法过溪；书生心如火燎，回想十年寒窗，竟要因此付诸东流，不由得伏地恸哭。当地畲民同情书生的遭遇，好心告诉书生：逢戌时，虔诚向玄帝祈愿，便可助其进京仕途通畅。书生如是做，遂在当地热情好客的畲族人家留宿一晚。翌日，果不其然，溪边一棵参天大树轰然倒下，正好架在溪面上，形成一座天然木桥。书生大喜，过桥之后，他对天许愿："此次进京若能高中，必在此修桥谢天恩。"后来，书生果然高中状元，载誉回乡，他不食前言，修建了这座桥以造福后人。多桥亭现已列入福州市文物保护点，其建筑构造独特，具有很高的研究与游览价值。

　　【永春东关桥】该桥坐落在永春关东镇，始建于南宋绍兴十五年（1145 年），又名通仙桥。东关历来是交通要冲，在泉永德公路通车之前，是永春、德化、大田通往泉州的必经之地。据载，南宋年间，这座桥是敞天桥，后来，为防止雨水侵蚀桥板及供行人歇脚，明弘治十三年（1500 年），当地人用杉木在桥上建造 20 间木屋，屋架、椽角和两篷，都是木隼结构。现存东关桥为清光绪元年（1875 年）复建，1929 年进行过修建。该桥长 85 米、宽 5 米，用辉绿岩和特大木料构筑，有 2 台、4 墩、5 孔。墩呈船形，用石条逐层丁顺配搭，互相叠压而成，两头尖形，以分水势；墩下以大松木作卧桩，承载整座桥梁，枯水时水清木现；墩上用巨石叠成 3 层支架大梁。每个桥孔都由 22 根长 16 米至 18 米的特大杉木作梁铺设成上、下两层。桥上以砖石砌墙，用木料作柱檩、桥板、护栏。

【**长汀永隆桥**】永隆桥位于策武乡当坑村，故又名当坑桥。此处距城 10 多公里，为古代汀西南入汀的主要通道。永隆桥始建于明代。清乾隆巳酉年(1798 年)汀州太守刘士毅重建，光绪戊申年(1908 年)重修。该桥为全圆杉木叠架而成的单拱廊屋桥，全长 27.7 米，跨度 18.7 米，宽 4.1 米，廊屋高 4.1 米，水面至桥面高 5.1 米。该桥由上、下 5 根直径约 40 厘米的大圆杉木分 2 层直跨当坑溪两岸，桥头分别由横竖 39 根圆杉木分 3 层托主屋架，屋架由 20 根圆杉木柱分两排立于桥两旁共 40 榀构成屋架，悬山顶，盖青瓦。两旁盖有雨披，桥内设有神台，并有休息座，是客家地区典型的屋桥建筑。它既是桥梁，又是避暑、乘凉、躲雨、歇脚的好场所。永隆桥建筑艺术高超，充分体现了长汀古代客家人的聪明才智和鲜明的建桥艺术风格。该桥造型独特、美观大方，具有较高的科研价值和艺术价值。1997 年被公布为第四批县级文物保护单位。

二、柳杉文化

(一)柳杉分布及利用价值

柳杉 *Cryptomeria fortunei* Hooibrenk ex Otto et Dier.，别名大杉(浙江兰溪)、孔雀杉(湖北)、密条杉(四川)、长叶柳杉(中国高等植物图鉴)、楹树、三春柳、红柳、柽(福建)。为杉科(Taxodiaceae)柳杉属植物。

柳杉是我国东部亚热带中山地区常见的针叶树种之一。天然林主要分布于浙江天目山、江西庐山、福建武夷山等深山中，四川、云南、贵州、江苏、安徽、河南、广东、广西等地局部有少量分布。福建主要分布在武夷山中山地区，闽北、闽东、闽西、闽中中山地区也有小片林分及散生大树。垂直分布海拔 700~1700 米。常零星混交于其他针叶树或阔叶树中，闽北、闽西北、闽东高海拔山区的许多村庄风口、水尾处保存有粗大挺拔的柳杉风水林，颇有特色。武夷山东北坡海拔 1600 米和梅花山主峰北麓海拔 1300 米的沟谷洼地，有小片柳杉天然林。

新中国建立后，福建省从 20 世纪 60 年代初，就在部分国营林场开展大规模人工造林。据福建省国营林场森林资源清查资料显示，截至 1978 年年末，福鼎后坪，霞浦杨梅岭、水门，周宁腊洋、香洋，屏南古峰，宁德福口，连江长龙，罗源城关(罗源)，福安蟾溪，寿宁景山，古田水库，闽侯白沙、南屿，仙游溪口，浦城寨下、石陂，大田黄城、梅林，沙县水南，泰宁城关(泰宁)，漳平五一，永定永红(仙祭)，上杭立新(白砂)，长汀红卫(楼子坝)，连城邱家山，龙海林下、清泉(九龙岭)，平和天马，漳浦中西，闽清白云山，莆田白云、黄龙，平潭林场，德化葛坑，永春大荣，南安五台山、罗山，安溪半林、白濑，省直洋口、莘口等 43 个国营林场柳杉人工林保存面积 1723 公顷(其中，福鼎后坪 572 公顷，霞浦杨梅岭 248 公顷，水门 269 公顷，闽清白云山 167 公顷，周宁香洋 55 公顷，腊洋 45 公顷)。

根据福建柳杉人工造林林分观察，栽培品种类型，按叶色分为灰色柳杉、青色柳杉和黄色柳杉；按冠形分为宽冠稀疏型、一般匀称型、窄冠浓密型、塔形和短丛型等 5 种类型；按叶形态分为长叶针型(叶长 1.7~2.4 厘米)、短叶刺针型(叶长 0.5~0.8 厘米)和介于两者之间的镰刀型(叶长 1.0~1.5 厘米)3 种类型；按心材颜色分为红杉、褐杉、黑杉等类型。这说明柳杉的品种改良潜力很大。

柳杉边材白色，心材红色。木材甚轻、收缩小，强度中等，次于杉木，质地较松，纹理通直，结构中等，施工容易，能刨成薄片，供制蒸笼材料。木材干燥易，不翘曲，少开裂。握钉力强，油漆性能中等，胶黏性良好，耐腐处理易。木材主要供房屋、桥梁建筑和车辆、船舶、家具、农具等，木材致密而有纹理的可作美术品材料。叶可作线香，树皮可盖房顶。

柳杉树姿雄伟优美，不仅是很好的园林风景树种，而且每公顷柳杉林每日能吸收60公斤二氧化硫，能净化空气，改善生态环境。

（二）建瓯天后宫神木妈祖

建瓯坑里天后宫采用埋藏于地下千年的神木——柳杉，雕成妈祖神像后，闻名海内外，瞻仰者络绎不绝。

古柳杉出土地点位于建瓯市玉山镇筹岭村。1998年6月上旬，阴雨连绵。6月20日午饭后，时任筹岭村村主任的林贵贤到大门洋养殖基地劳作。下午2时半左右，天空乌云密布，山雨欲来风满楼，突然传来一声巨响。林贵贤大吃一惊，抬头一看，蝙蝠仑已崩塌，疯狂的泥石流倾泻而下。林贵贤出于求生的本能，不由自主地朝着村口方向狂奔，跑出30多米，身后的泥石流仍然铺天盖地袭来，淹没了他的膝盖。林贵贤极力挣扎，从泥浆中拔出，幸运脱离了危险。回头一看，养殖基地变成了土堆，山体面貌改变了，溪涧改道了，田园不见了，但庆幸自己保住了性命。事后有人估算，这次泥石流土石方约50万立方米。说来奇怪，这次泥石流只滚到村口，便停止前进，因而，全村的房舍、人畜安然无恙。

泥石流过后，6月21日和22日，当地又连续暴雨，溪涧猛涨，建瓯市遭遇了200年未遇的大洪灾。筹岭村民也提心吊胆，生怕再闹泥石流灾害。村庄虽未被淹，但山崩处黄泥水（群众称之为洪水）一直流了半个月才澄清，而以往遇到山洪，最多1~2天就消失了。

洪灾过后不久，筹岭村村民、伐木能手余家生发现在泥石流崩塌的地方露出一棵巨树的树根和树干，树根表层似乎有点炭化。余家生用手触摸树根树干，闻到一股香气，既惊奇又兴奋。随后回家取来锯子，铲掉泥石，露出树干，打算锯成数段搬回家。说也奇怪，这位伐木能手猛一拉锯，锯子便断成两截。由于山崩地裂的神秘气氛依然笼罩在全村民众的心坎上，锯子断成两截的情形，更让村民发惊。余家生再也不敢"染指"这出土的巨木了，村民齐声称呼出土的大木头为"神木"。这一约定俗成从历史一直沿用至今。

随后，筹岭村组织力量进行了挖掘。出土的"神木"共有3件，其中最大的一段，长7米多，周长4人合抱，原木的上下粗细较匀称，质地坚硬，未见腐朽痕迹。另一段断木稍短，长近4米，直径较小。第三段为树头树根。据有经验的人判断，这样的段木是经过砍伐造材的，不是整株倒下埋入土里的。经过细辨树木年轮，最大的一段，树龄约893年。经过专家检验，埋入地下约1200年之久。至于是人为埋藏或因地壳变动所致，尚难鉴别。

建瓯是座文化古城，城西与城南皆有溪流，汇成闽江重要支流——建溪中段，下游水路距南平120公里，上游船可直溯建阳，小舢可直抵崇安（现武夷山市）、浦城及松溪、政和。因此，前人曾在城边高门头建过天后宫，塑造过妈祖像。直到"文化大革命"期间，与水南山上的宝塔同遭破坏。随着海峡两岸同胞民间往来的日益频繁，移居台湾的陈长婢先生不忘家乡古建筑，包括古塔和天后宫，提出重建天后宫的设想。鉴于其原址已作他用，即提议在坑里太保庙的南侧立宫，与观音殿等佛教禅林互相衬托，各得其所。同时又与坑里公园毗连，可供人们休闲游览。建议一经提出，得到当地民众积极响应。遂于1997年农历三月二十三日

(妈祖诞生日)动工修建。施工后，一切进展顺利，然而对妈祖神像如何塑造却一直定不下来。有的主张仿效莆田湄洲岛和平女神的造型，用巨石雕刻；有的主张要体现闽北林区特色，选用名木雕刻，真是众说纷纭，莫衷一是。

建瓯"6·22"洪灾过后不久，筹岭村村民余先茂到过建瓯城关，曾向熟人披露了"神木"出土的情况。陈长婢得悉此事后，立即邀约建瓯著名根雕工艺师朱文钦、李德友赴筹岭村实地考察。他们3人一见到"神木"都十分惊奇，那7米多长的古木，似乎浮现出妈祖的轮廓。他们3人有着同样的感觉，同样的见解，决定立即与筹岭村人诚恳协商。筹岭村原本也有意用"神木"雕神像，但考虑到建瓯古城需要，服从大局，就忍痛割爱，慷慨揖让。

7米多长的那段"神木"，重达10吨，在筹岭村民的热情帮助下，于1998年9月16日运抵建瓯城关坑里。经过再度认真比量，段木长度与大殿高度相适。这时，耐人寻味的巧事又一次出现。9月17日，福州市木雕厂著名工艺大师李华锋先生恰巧到建瓯办事。陈长婢等执事闻讯，能以省城工艺大师不期而遇，喜出望外，立即邀请李华锋工艺大师显示大手笔。李华锋大师见到那神奇的古木，立刻泛起了艺术创作的冲动，于是答应了坑里天后宫的请求，把自己的工作任务进行调整，挤出3个月时间，把那段"神木"精雕细琢，塑造出一座栩栩如生的和平女神——妈祖。

建瓯天后宫妈祖雕像完成后，勾起筹岭村村民的复杂心情，他们对"神木"的奉献一事，既感到无比高兴，又有不尽的惋惜。有人提出：筹岭村也应当利用另一段"神木"雕尊筹岭妈祖神像。日有所思，夜有所梦。有的村民竟然在梦里参与建造天后宫。此事一传十，十传百，更多的村民当真了，议论的人越来越多。村民经过一番酝酿，逐渐形成"开发大门洋，先建天后宫"的共识。毋庸讳言，在筹岭村村民中，不少人要求立庙造像是为了敬神。他们认为，1998年"6.20"泥石流和"6.22"闹水灾，全村的人畜无一损失，又赐予"神木"，完全是"神明保佑"，所以应当立庙敬神。

筹岭村村民众原打算利用4米那段"神木"，作为雕刻妈祖像的材料，后来经过深思熟虑，如果把那段"神木"用于雕刻，后人就看不到稀奇"神木"的原貌了，于是重新作出决定，雕塑妈祖神像的材料，改用当地盛产的香椿木材。

(三)闽王杉与祖师杉

柳杉，福州地区俗称"杉"。在福建省古老柳杉中，论树龄之老、知名度之大，首推闽侯县大湖乡雪峰所在地崇圣禅寺(亦称雪峰寺)天王殿甬道两旁2株对称的古柳杉。该地海拔900米，这2株柳杉栽植于唐末，夹道分列，彼此相靠，擦枝摩叶。在它们同侧路旁附近，还各立1株栽植于清代的柳杉。唐代栽植的树体高大，清代栽植的略逊一筹，两者犹如情侣，形影相随，难分难舍。据清乾隆版《福州府志》记载："大者两株，一为闽王手植，一为祖师杉。"这2株年逾千岁的唐代柳杉拔地而起，高耸云天，重绿叠翠，蔽天遮日，蔚为壮观，游人到此，陶然欲醉。

柳杉与历史上曾经主政福建29年的王审知有不解之缘。据史料记载：唐光启元年(885

年)正月，河南光州固县农民王审知随王绪起义军南征入闽，连陷汀州、漳州等地。唐景福元年(892年)，升为都监的王审知率兵进攻福州，军队所达之处，秋毫无犯，沿途百姓自请输米助饷，途经雪峰崇圣禅寺时，受到开山始祖义存高僧热情款待。义存，俗姓曾，法号真觉，精通佛学禅理，德高望重，闻名遐迩，僧徒遍及四海，他与王审知一见如故，结下杵臼之交。为纪念两人友谊，他俩联袂在寺前各植1株柳杉。五代后梁开平四年(910年)，王审知封为闽王，统治福建，遂愈加笃信佛教，器重义存高僧，先后资助90万贯，扩建雪峰崇圣禅寺，并尊义存为导义法师，屡延于王府讲经，名噪一时。自此以后，众僧视闽王和祖师手植的柳杉为镇寺法宝，精心培育，刻意保护，虽经千载历代不辍。千百年来，禅寺屡有兴废，数被劫难，但那2株唐代柳杉却在僧徒照护下幸免厄运。1941年5月，在大湖抗日战役中，王审知手植的柳杉，一粗大的侧枝被日本侵略军击中一炮，树干被震倾斜。1993年，禅寺舍款兴建高达10多米的钢筋混凝土梯形支架，支撑住此树主干，于是千年古木又逢春!

据1999年实地调查测量，王审知手植的柳杉位于甬道西侧，胸径148厘米，树高35.7米，树冠面积67平方米，树干向西倾斜，十多股粗大侧枝沿主干周围均衡而生；义存法师手植的柳杉位于甬道东侧，胸径153.7厘米，树高40.5米，树冠面积75平方米，苍劲挺拔，干大枝粗。两株柳杉面对而立，英姿伟岸，犹如巨人般傲立，似宝塔刺天，虽饱历沧桑，仍老而遒健，枝繁叶茂，气势不凡，风吹枝摇，犹如万马奔腾，动人心弦，令人叹为观止。

崇圣禅寺附近，还有一坐利用中空的枯柳杉头而建的枯木庵，其树腹中藏有柳杉碑，这在全国实属罕见。

(四)福州鼓岭柳杉王公园楹联

鼓岭柳杉王公园位于福州市晋安区东郊，与鼓山风景区相邻，公园所在地宜夏村平均海拔800米，气温比福州城区低4℃，夏日最高气温不超过30℃。民间有"昼省扇，夜盖棉"之说。自古以来，就是久负盛名的避暑胜地。它与江西庐山牯岭、浙江莫干山、河南鸡公山一起，被称为中国四大避暑胜地。

鼓岭作为避暑胜地，早在清朝光绪年间已经开始闻名。光绪十一年(1885年)夏天，一个偶然的机会，鼓岭成了避暑消夏的中心。当年住在福州仓前山的英国牧师伍丁擅长医术，被请到连江县出诊。病家心急如焚，就雇了一顶轿子，抬着伍丁牧师抄鼓岭这条近路走，当时福州城区烈日炎炎，热浪袭人，但到了鼓岭暑气全消。伍丁是个有心的人，从连江回到福州仓前山后，仍然十分向往鼓岭的气候环境，便对一位朋友、美国牧师任尼提起这件事。任尼在第二年(1886年)看中了鼓岭夏季凉爽宜人的气候和环境，在梁厝顶建起了一座避暑别墅。随后许多外籍人士及军政要人、名流豪绅纷纷来到鼓岭，大兴土木，先后建起300多座别墅，还成立了鼓岭联盟，瓜分土地。他们的建筑，除居住以外，还有教堂、医院、商行、领事馆、游泳池等。现代著名作家郁达夫在《闽游滴沥(四)》里，曾提及当时的别墅盛况。

鼓岭最为著名的名胜当属柳杉公园。公园内1棵高大魁伟的柳杉，群众称之为"柳杉王"，公园亦以此命名。该柳杉相传栽植于1300年前，胸径2.83米，树高23.4米，冠幅

23.2 米。该树一株分为二支主干，群众称一为"王"，一为"后"。柳杉"后"亭亭玉立，直通云霄，柳杉"王"紧紧拥抱"后"，"王"与"后"连体同生，因此树干"合二为一"，特别粗犷豪迈。"后"枝蒸蒸日上，托天摩日；"王"枝横空逶迤，虬曲苍劲。

柳杉王公园大门的造型如一座牌匾，上面书写着诸多名家的楹联，有的文采飞扬，有的绘声绘色，有的抒发情怀，颇为传神。

其一：秀岩峻拔千年寿环宇；杉柳称王十里浮绿烟。

上联描写鼓岭层峦叠嶂，怪石嶙峋的景致，而挺拔威武的柳杉王至今已有千余年的寿辰了；下联则描写柳杉华盖广被的景色。

其二：竹外泉声梦里初染碧；四边树影早来多闻香。

山涧清泉历来是文人墨客抒发胸臆的极致，鼓岭也不例外，山林石隙间常有泉源汩汩流淌，伴随着这清冽的泉声进入梦乡可谓是妙趣横生。而茂密的植被、婆娑的树影更是令人流连忘返。

其三：虬枝旁逸欲揽千山翠；灵气远播堪称万树王。

这副对联直奔主题，道出了柳杉王的壮美和魁梧。

其四：枝干摩霄沐紫阳；云霞掩映入苍茫。

在清晨阳光的映照下，在黄昏暮色的笼罩中，这株柳杉王呈现出多彩的风姿，令人目不暇接。

柳杉王公园门前还有一座古朴典雅的石牌坊，这座牌坊凝聚着岁月的流逝，展现着年轮的辗转。上面也有4副对联耐人寻味。

其一：曰柳曰杉兼具刚柔气禀；如松如柏弘扬盘错精神。

这副对联直抒胸臆地描写柳杉的外形特征，尤其是它宏大的气魄，读起来朗朗上口，铮铮有声。

其二：古树历千年撑天拔地；名园围十里观日赡云。

上联是对柳杉王的夸耀，下联则写到了鼓岭的又一胜地观日台。

其三：更上崔嵬大顶高峰在望；好探幽邃白云古洞犹存。

上联描述的是站在柳杉王公园环视四周，鼓岭诸峰一一在望；下联描述了鼓岭近邻的又一名胜白云洞。

其四：鸟语蝉声幽情更惬；松涛竹浪热恼全消。

此联颇有诗歌的意境，写出了鼓岭这一清凉胜境的特色。

（五）周宁鲤鱼溪与柳杉树的传说

周宁浦源鲤鱼溪畔，有两棵千年古柳杉，其树高 25.5 米，胸围分别为 138 厘米、119 厘米。其中一棵树腹中空而枝叶茂盛，历经千年而不衰，村民信奉为神树，美其名"灵樯"，并刻碑立于树前。此树栽植于北宋初年，至南宋嘉定二年（1208 年）已成长为郁郁苍苍的大树。相传，太上老君身边有个侍女，因流连周宁浦源鲤鱼溪美景，与浦源一位善良、能干的小伙子相恋成婚，因而触犯了天规。王母娘娘就令雷神劈其丈夫，侍女为救丈夫挺身而出，却不幸被雷神劈死。丈夫闻讯后伤心欲绝，抱着死去的妻子，从此不吃不喝。后来，他们就化作2棵默默无语的鸳鸯树，就是这2棵柳杉古树。

民间传说，从宁德迁居浦源的郑氏始祖朝奉大夫郑尚尊孔崇儒，因孔丘之子名鲤，便在溪中放养鲤鱼，一则能去污澄清溪水，二则可供观赏。至明朝洪武八年（1346年），郑氏八世祖晋十公订立公约，任何人都不得捕食溪中鲤鱼。不久暗中又指使自己的孙子到溪中捕捉一条小鲤鱼，然后当众宣布自家违反禁约，理应重罚，出钱办酒席宴请全村父老，重申禁约，以儆效尤。从此，爱鱼护鱼淳朴良风数百年世代相传，延续不断。郑氏八世祖晋十公，还在柳杉树下修建了一处鱼冢、石案、香炉，倘遇鲤鱼自然死亡，村民便举行葬礼，将其恭埋于鱼冢之中。这一特有的亲鱼民俗造就了鲤鱼闻人声而来，见人影而聚，人鱼同乐、鱼我无间的中华奇观——鲤鱼溪。

据说，有一天，浦源郑氏始祖郑尚劳作之余，在柳杉树下休息时打了个盹。梦中自己背靠一艘大船的桅杆，眼看着这艘满载金银财宝、绫罗绸缎和谷麦果品的大船沿着鲤鱼溪逆水而进，大船靠岸时，朝奉大夫一觉醒来，悟为吉祥之梦，便决定在此肇基建祠，以树为樯。尚公死后，郑氏子孙便遵嘱在此兴建祠堂。迄今800年，郑氏子孙在此地繁衍生息，形成了一个拥有800多户4000余人的大村庄。村民都认为是这2株千年灵檵树福荫子孙兴旺发达的缘故。这座独具一格的郑氏宗祠建设规模之大、文物保护之完好是不多见的。祠堂前中后三座连成一体，形如巨船，作为桅杆的千年古柳杉矗立船头，祠内数以百计的楹联匾额和龙头祖牌，流金溢彩，书法精湛，是周宁县重点文物保护单位。

（六）政和澄源柳杉王的传说

2013年，福建省绿化委员会和福建省林业厅联合组织，在全省行政区范围内，开展第一届十大树王评选活动。政和县澄源乡黄岭村1棵柳杉被评为福建柳杉王，其胸径3.23米，树高38.8米。据传植于唐代贞元年间，即黄岭建村之初，至今1200余年。

据《政和县志》及姓氏谱牒资料记载：唐宣宗大中年间，原任金紫禄大夫的叶延一和银青光禄大夫许延二兄弟，因遭奸人陷害而弃官。随后许延二定居在今政和县澄源乡上洋村。经过几代繁衍，人口渐多，上洋之地狭小，已难持续发展。于是，许氏子孙纷纷寻找新的地方创家立业。其中有位村民名叫许仕真，日夜苦苦思虑，不知往哪里安家。一天夜里，梦见一位银须绿袍老者对他说："明天晚上鸡啼头遍时，你即往东北方向走去，到天亮前你会在一个小村落遇到一位威武的绿袍将军。他伸臂指处，就是你可安家立业的地方。"许仕真梦中正想拉住老者问个究竟，可一伸手老人却不见了。许仕真醒来后觉得此事蹊跷，心想莫不是神仙指点于我？

于是，第二天晚上，许仕真按老者的话，鸡叫头遍就起身朝东北方向一路走去，到快天亮时，终于到了一个只有几户人家的小村口，但四处张望，不见一个人影，更没有见到绿袍将军。就在疑虑之时，忽然觉得有什么东西砸在身上，许仕真借着微弱的亮光，抬头一看，自己正站在一棵高大的柳杉树下，方才砸在身上的正是从树上掉下的小树枝。再看那满身披绿的柳杉，岂不就是一位威武的绿袍将军吗？柳杉树伸出的长长树枝，正指向前面的村子。因此，许仕真决定带领家人从上洋迁到黄岭，成了许氏在黄岭村的开基创业者。从此，许氏家族在黄岭不断发展壮大。

随着时间的推移，那棵柳杉越长越高大，人们开始相信它是神灵的化身，村民渐渐地对它顶礼膜拜，按节祭祀。村民传说，这棵柳杉王确有灵异，人们若在家里备办酒菜祭祀，祭案上的筷子往往会不翼而飞，而过后人们又往往在这棵柳杉树心的空洞中见到许多筷子。这种怪事许多老村民都言之凿凿，并认为是树神的示意，表示享受了祭祀。随后代代相传，神树的名气越来越大，方圆数十里无人不晓。人们崇敬神树，每次祭拜时，要在树下诵《安根经》，以祈神树根基牢固，永祐村庄。

当地还有一个习俗：小孩出生后，为了能平安长大，在取名时往往要加一个"楹"字（柳杉，政和当地俗称楹树），如陈楹某、许楹某，等等。意思是给树神当子女，从此太平吉利。如果小孩得了头痛脑热或夜啼等小毛病，人们就会到神树下供香挂红布，诵《解结经》。

（七）宁德虎贝黄家村传统柳杉蒸笼

每当走进宁德市蕉城区虎贝乡黄家村，看到这里的男女老少在自家的大庭小院里，忙着制作黄家传统的工艺品——黄家柳杉蒸笼。一层层蒸笼整整齐齐地堆叠着，在阳光照射下显得格外靓丽。黄家村地处海拔800多米，人口2500人，制造蒸笼已有900多年的历史。

相传，北宋绍圣四年（1097年），柳杉蒸笼由石洋村人黄一府发明始创。清乾隆年间，黄家村人制作的蒸笼等日常生活用品曾一度成为宫廷贡品。黄家蒸笼的制作工艺是柳杉片手缚技艺的典型遗存，在全国民间手工艺中独树一帜。1991年，黄家村村民、69岁彭世美老人曾受邀到日本东京、横滨、大阪巡回表演，现场制作蒸笼，获得了不小的反响。2009年，黄家蒸笼制作工艺被福建省列入非物质文化遗产保护名录。

黄家蒸笼，采用柳杉、毛竹、水藤等材料制作而成，具有易熟保温、造型美观、结实耐用等优点，从中蒸煮出的食物气味氤香，并久置不馊，一度成为闽东地区百姓追捧的蒸笼佳品。据介绍，制作一只原生态的黄家蒸笼，从备料到最后装入底屉完工，先后需要经过盘制腰箍、盘制底座（即水座或下包）、盘制笼盖、插板、制底屉等80多道大小工序。一位师傅要花上两天时间，才可制作出一只装7.5公斤的"饭甑"。

黄家蒸笼经营方式，过去主要靠"货郎式"走街串巷上门服务做蒸笼，随着社会发展和科技进步，从20世纪80年代以来，积极探索走蒸笼产业化发展道路。为了能在市场竞争中站稳脚跟，黄家蒸笼在制作工艺、材料等方面进行改进和技术创新。在工艺上，通过手工和机器相结合的方式编制蒸笼，使得外观更精巧，质量更优，也提高了工作效率。在原材料上，突破了只用柳杉的单一结构，转变为利用当地富有的毛竹和松木，减少柳杉的使用量，大大降低了生产成本。在造型上，除了传统圆形外，根据国际市场需要，编制出四方形、椭圆形、船形等深受"老外们"喜爱的新产品。而今，曾经仅在闽东北一带知名的黄家蒸笼走出国门，漂洋过海，在美国、日本、韩国等许多国家和地区都能看到它的身影。现在全村拥有 4 家蒸笼公司及 10 余家大规模蒸笼厂，还有许多家庭作坊，产品远销 10 多个国家和地区以及国内市场，享有较高的知名度。2010 年，全村蒸笼产业产值突破 8000 万元。2011 年 10 月，还成立了行业协会，将全村蒸笼产业形成一个整体，让黄家蒸笼的品牌文化得到更好的传承和发扬光大。

（八）福建省柳杉名木古树集锦

政和县澄源乡黄岭村头有 1 棵柳杉，其胸径 3.23 米，树高 38.8 米，冠幅 24 米。据传栽于唐贞元年间，即黄岭村建村之初，至今树龄已有 1200 余年。

福州市晋安区鼓岭乡宜夏村梁厝有 1 棵柳杉，其胸径 2.83 米，树高 23.4 米，冠幅 23.2 米，树龄 1300 多年。

闽侯县大湖乡大湖村村头有一个以抗日烈士名字命名的地方——"志雄关"。那里有 1 棵柳杉，其胸径约 2.96 米，树高 19.4 米，冠幅 14.6 米，树龄近 700 年。

泰宁县大田乡料坊村 1 棵柳杉，其胸径 2.77 米，树高 28.8 米，冠幅 20.9 米，估测树龄 900 多年。

将乐县西南部龙栖山国家级自然保护区石牌场有处柳杉群，共 12 棵，平均胸径约 1 米，平均树高 24 米，其中最大 1 棵胸径 1.3 米，树高 28 米。

屏南县双溪镇峭顶村茹溪大王殿有 1 棵柳杉，其胸径 2.66 米，树高 42.3 米，平均冠幅 24.7 米。

连城县莒溪镇铁山村罗地自然村有 1 棵柳杉，其胸径 2.34 米，树高 30 米，平均冠幅 15.1 米。

屏南县甘棠乡新田村天树门有 1 棵柳杉，其胸径 2.51 米，树高 30.9 米，平均冠幅 13 米。

闽侯县廷坪乡罗桥村有 1 棵柳杉，其胸径 2.26 米，树高 33.13 米，平均冠幅 20.2 米。

周宁县七步镇徐家山村有 1 棵柳杉，其胸径 2.43 米，树高 19.5 米，平均冠幅 14.35 米。

闽侯县大湖乡墙坪村有 1 棵柳杉，其胸径 2.37 米，树高 20.5 米，平均冠幅 16.2 米。

永春县一都乡吾珠村有 1 棵柳杉，其胸径 2.27 米，树高 52.6 米，胸围 7.26 米，冠幅东西长 12.7 米，南北长 15.6 米，树龄 1100 多年。

将乐县漠源乡坡坑村盖洋有 1 棵柳杉，其胸径 2.9 米，树高 39.6 米。

政和县铁山乡锦屏村有 1 棵柳杉，其胸径 2.36 米，树高 32.7 米，胸围 7.42 米，冠幅 20 米。

上杭县步云乡古炉村有一片 80 年生的柳杉林，平均胸径 0.51 米，树高 30 米。其中，最大者胸径 0.91 米，最高 36 米。

霞浦县从农乡承天村有 1 棵千年柳杉，其胸径需 9 人合抱，树高 50 余米。

三、水杉文化

（一）水杉特性及分布

水杉 *Metasequoia glyptostroboides* Hu et Cheng，别名东方红杉、黎明红杉，为杉科（Taxodiaceae）水杉属植物。中国特产，国家 I 级保护植物。水杉是古老的稀有树种，过去被认为早已在"冰期"时在世界上"绝迹"。可是，这个孑遗植物，却在我国湖北省利川县西部以周边地区与大自然的抗争中保存下来，并繁衍着。直到 20 世纪 40 年代，由我国科学家发现并加以鉴定。曾引起世界震动，被誉为植物界"活化石"。

水杉这一类植物最古老的化石发现于中生代下白垩世地层中，上白垩世时在北极圈内分布到北纬 80°~82° 的斯匹次卑尔根群岛。到了古近纪，分布扩大到欧洲大陆、西伯利亚、中国东北、朝鲜、日本、北美等北纬 35° 以北的广大地区。这一时期的水杉类植物生长繁茂，种类多，已知的化石种类达 10 种之多。但在第四纪时，北半球北部冰川降临，水杉类植物多受寒害灭绝。仅现存的这一种水杉得以保存在我国川鄂边境的一个很局限的范围内。

在我国保存下来的水杉，主要分布在湖北省利川县、四川省石柱县和湖南省龙山县相毗邻的地区。相对集中分布在利川县西部的小河周围一带，即在齐岳山以东，佛宝山以南，忠路镇西北，马前镇以西，南北长约 30 公里，东西宽约 20 公里，方圆仅 600 平方公里的范围内。沿着河沟两侧的冲积土和山麓附近，都是历史上由当地群众移植天然下种的野生苗于四旁隙地，经人工培育而成长起来的。这一地区现有水杉胸径在 20 厘米以上的植株达 5000 株之多。

新中国建立后，水杉开始在国内各地引种，栽培地区不断扩大，目前北起北京、延安、辽宁南部，南及两广、云贵高原，东临东海、黄海之滨及台湾，西至四川盆地都有栽培。特别是长江流域的江苏、浙江、上海、湖北、湖南、安徽、江西等省市大规模人工造林。

福建省引种栽培最早是 1948 年在福建师范学院生物系院内。根据观察，水杉幼树生长迅速，长势旺盛，开花结果后，生长转向缓慢，长势也差。新中国建立后，引种栽培规模进一步扩大。20 世纪 60 年代，部分国营林场开展试验人工造林。据国营林场森林资源清查资料显示，截至 1978 年年末，顺昌路马头、埔上，崇安汀浒（现武夷山下梅），清流大丰山，大田梅林，沙县水南，南平来舟等 7 个国营林场水杉人工林现保存面积 19.3 公顷（其中，路马头 9.9 公顷，大丰山 4.1 公顷，汀浒 2.1 公顷）。

水杉适应性强，生长迅速，树干通直圆满，能耐水湿和轻度盐碱。树姿优美挺拔，绿叶婆娑，秋叶经霜艳紫，是路旁、宅旁、水旁、村旁和园林绿化的观赏树种。

水杉外皮红色至棕褐色，纤维质松软，纵向浅裂，条片状剥落，树皮总厚度 3~8 毫米。

材表黄白色或灰黄白色，平滑。树干横切面上年轮明显，宽窄不甚均匀，早材黄白色，晚材暗红色或略带紫色，心边材急变，心材宽，木射线细，无树脂道。木材纹理通直，材质轻软，干缩差异小，易于加工，切削面光滑，油漆及胶接性能良好，适于作建筑、家具、农具、船舶、室内装饰等用；纤维素含量高，也是良好的造纸原料。

（二）水杉在我国发现始末

在我国未向世界公布发现活水杉之前，许多古生物学者都认为水杉早已在地球上灭绝了，要想了解古老而稀有的水杉，只能到化石中寻找它们的踪影。然而谁也不会想到，在中国居然可以看到活的水杉。我国发现和定名水杉，经历了一段漫长而曲折的过程。当中老一辈科学家们以其严谨的治学态度，广博的知识，精深的学术素养，对水杉的发现以及日后的研究工作作出了卓越的贡献。

1941年冬天，我国森林学家、国立中央大学森林系干铎教授在去重庆的路上，途经四川省万县谋道乡（1955年12月20日经国务院批准，将四川省万县的谋道、大兴、百胜三乡划归湖北省利川县）磨刀溪畔，发现路旁有几株参天古树，树高足有30多米。从下仰望，挺拔的树干直插云天，叶片呈羽毛状，小巧秀雅，在微风中不停地摇曳，宝塔状的树枝十分壮观。树前还有一个乡民自建的小庙，用于祭祀他们心目中的"神树"。干铎教授流连在树前不忍离去，突然发现树上挂着一块小牌，上面写着"水桫"。可凭干铎教授的经验，此树并非完全像水桫，要想弄清它的种名、属名，必须有完整的枝叶和果实的标本。遗憾的是，当时正值落叶季节，干铎教授只拾取了一些落在地上的枝叶。以后他把此事向同行、同事们多次提及，为水杉的发现奠定了基础。

1943年7月21日，中央林业实验所的王战先生，在赴湖北省神农架林区考察的路上，恰恰在万县病了。在休养期间，他从朋友那儿得知万县的磨刀溪有株"怪树"。于是王战去磨刀溪实地察看那株被当地群众称之为"水桫"的大树，并采集到一枝比较完整的枝叶标本，又从小庙的瓦沟里拾了若干个球果。后来，他将标本带回中央林业实验所，查找了一些有关资料，给标本定名为"水松"，存放在标本室。事隔两年，也就是1945年，国立中央大学森林系技术员吴中伦去王战先生处，得到了一份定名为"水松"的水杉标本，转交给了松柏科专家郑万钧教授。

1945年，郑万钧教授见到不完整的"水松"标本时，当即认定该标本是介于杉科和柏科之间的新属、新种，还有可能是个新科呢！他为此通宵达旦地研究标本，查阅书刊文献。当时郑万钧教授就明确指出，标本的枝和叶都是对生，球果种鳞也是对生，因此断定这个标本绝非水松。1946年2月至5月，郑万钧教授连续3次派人前往磨刀溪采集果叶标本，最终取得完整的模式标本。在做了详尽的描述之后，他又把标本资料寄给植物分类专家、北平静生生物调查所胡先骕教授，共同研讨。胡先骕在助手傅书遐的帮助下，查对出该树种和日本古生物学家三木茂于1941年从植物化石中定名的水杉同为一属。于是由胡先骕、郑万钧两人共同将该标本定名为水杉，并联名于1948年5月15日，在静生生物调查所《汇报（新编）》第一卷第二期正式发表《水杉新科及生存水杉新种》一文。确定了学名(*Metasequoia glyptostroboides* Hu et Cheng)，肯定了中国活化石——水杉的存在，明确了水杉在植物进化系统中的重要位置，得到了国内外植物学、树木学和古生物学界的关注、重视和高度评价。水杉在我国奇迹般的发现过程前后经历了8年时间。

(三)胡先骕与《水杉歌》

　　胡先骕，字步曾，号忏盦。江西省新建县人。植物分类学家，中国植物学的奠基人，中国生物学的创始人，享有世界声誉的植物学家。毕生从事中国植物分类学研究，是继钟观光后的又一位大规模植物标本采集者。一生发表植物学论文140余篇，发现1个新科6个新属和一百几十个新种。1946年底收到郑万钧寄来的薛纪如从四川省万县磨刀溪采集到的水杉枝、叶、花、果标本，进行研究并确定，它与日本古植物学家三木茂在1941年发表的两种植物化石同为一属植物。1948年5月15日，胡先骕与树木分类专家郑万钧共同发表给以新的学名(*Metasequoia glyptostroboides* Hu et Cheng)。这一发现使世界植物学界为之震惊。1954年，他还出版了《植物分类学简编》。

　　1961年，在水杉命名13年后，胡先骕先生写出长诗《水杉歌》，以纪念科学史上的这一重大发现。《水杉歌》诗词的发表，曾经过一番周折。原投稿国内某一著名诗刊，没被采用。《水杉歌》遭退稿被胡先骕的老友秉志得知，就建议胡先骕诗稿寄给陈毅。时任副总理陈毅元帅收到《水杉歌》后，不仅大为赞赏，还写了读后感，推荐到《人民日报》，《水杉歌》诗词终于1962年2月17日，在《人民日报》正式发表。诗前还刊有陈毅读后感："胡老此诗，介绍中国科学上的新发现，证明中国科学一定能够自立且有首创精神，并不需要俯仰随人。诗末结以'东风仁看压西风'，正足以大张吾军。此诗富典实、美歌咏，乃其余事，值得讽诵。"

　　胡先骕《水杉歌》诗词全文如下：

　　　　余自戊子与郑君万钧刊布水杉，迄今已十有三载，每欲形之咏歌，以牵涉科学范围颇广，惧敷陈事实，坠入理障，无以彰诗歌咏叹之美。新春多暇，试为长言，典实自琢，尚不刺目，或非人境庐捃摭名物之比耶。

　　　　　　　　　纪追白垩年一亿，莽莽坤维风景丽。
　　　　　　　　　特西斯海亘穷荒，赤道暖流而温煦。
　　　　　　　　　陆无山岳但坡陀，沧海横流沮洳多。
　　　　　　　　　密林丰薮蔽天日，冥云玄雾迷羲和。
　　　　　　　　　兽蹄鸟迹尚无朕，恐龙恶蜥横婆娑。
　　　　　　　　　水杉斯时乃特立，凌霄巨木环北极。
　　　　　　　　　虬枝铁干逾十围，肯与群株计寻尺。
　　　　　　　　　极方季节惟春冬，春日不落万卉荣。
　　　　　　　　　半载昏昏黯长夜，空张极焰光朦胧。
　　　　　　　　　光合无由叶乃落，习性余留犹似昨。

肃然一幅三纪图，　古今冬景同萧疏。
三纪山川生巨变，　造化洪炉恣鼓扇。
巍升珠穆朗玛峰，　去天尺五天为眩。
冰岩雪壑何庄严，　万山朝宗独南面。
冈达弯拿与华夏，　二陆通连成一片。
海枯风阻陆渐干，　积雪沍寒今乃见。
大地遂为冰被覆，　北球一白无丛绿。
众芳逷走入南荒，　万果沦亡稀剩族。
水杉大国成曹邻，　四大部洲绝侪类。
仅余川鄂千万里，　遗子残留弹丸地。
劫灰初认始三木，　胡郑挈几继前轨。
亿年远裔今幸存，　绝域闻风剧惊异。
群求珍植遍遐疆，　地无南北争传扬。
春风广被国五十，　到处孙枝郁莽苍。
中原饶富诚天府，　物阜民康难比数。
琪花琼草竞芳妍，　沾溉万方称鼻祖。
铁蕉银杏旧知名，　近有银杉堪继武。
博闻强识吾儒事，　笺疏草木虫鱼细。
致知格物久垂训，　一物不知真所耻。
西方林奈为魁硕，　东方大匠尊东璧。
如今科学益昌明，　已见泱泱飘汉帜。
化石龙骸夸禄丰，　水杉并世争长雄。
禄丰龙已成陈迹，　水杉今日犹葱茏。
如斯绩业岂易得，　宁辞皓首经为穷。
琅函宝笈正问世，　东风伫看压西风。

（四）舒婷的《水杉》诗

　　在福建地区歌颂水杉的作家，首推生于福建龙海石码镇的朦胧诗派的代表作家之一，福建庄重文文学奖获得者舒婷（原名龚佩瑜，女，1952 年出生）。

水　杉
舒　婷

水意很凉
静静
让错乱的云踪霞迹
沉卧于

冰清玉洁
落日
廓出斑驳的音阶
向浓荫幽暗的湾水
逆光隐去的
是能够次第弹响的那一只手吗
秋随心淡下浓来
与天　与水
各行其是却又百环千解
那一夜失眠
翻来覆去总躲不过你长长的一瞥
这些年
我天天绊在这道弦上
天天
在你欲明犹昧的画面上
醒醒
睡睡
直到我的脚又触到凉凉的
水意
暖和的小南风　穿扦
白蝴蝶
你把我叫做栀子花　且
不知道
你曾有一个水杉的名字
和一个逆光隐去的季节
我不说
我再不必说我曾是你的同类
有一瞬间
那白亮的秘密击穿你
当我叹息着
突然借你的手
凋谢

（五）国宝活化石水杉传播友谊

水杉不仅是研究古生物、古地质的活化石，也成了中国向世界各国人民传播友谊，进行学术和文化交流的纽带。早在水杉新种正式命名前，获悉中国发现水杉古树消息后，就引起了国际植物学界的普遍关注。不少世界著名植物学家、古生物学家远涉重洋，朝觐般地前来我国实地观瞻考察。

第一个得到水杉标本的外国人，是美国哈佛大学的麦雷尔教授。他于1946年和1948年1月5日，分别收到了郑万钧寄去的水杉蜡叶标本和水杉种子。随即免费寄赠给欧洲、大洋洲、亚洲、非洲以及北美洲和南美洲75个植物学研究机构、林业试验站和对水杉感兴趣的学者，极大地推动了水杉走向世界的进程。

最早对水杉感兴趣的，是美国加州大学生物系主任钱耐教授。1946年9月28日，钱耐教授在波士顿召开的美国植物学年会以及稍后在加州州立公园会议上，均报告了中国发现活水杉的消息，曾通过美国驻中国大使司徒雷登向当时的国民政府行政院院长胡适建议：成立水杉保护机构。1948年2月下旬，他与《旧金山纪事报》科学专栏作家希尔弗曼博士从加州出发，亲赴中国考察"活化石"水杉。

1948年5月15日，胡先骕和郑万钧正式发表水杉新种以后，更是轰动世界，前来我国实地考察参观的人员络绎不绝。外国学者最早前来考察水杉，是美国加利福尼亚科学院的格雷塞特博士和助手笛宥。他们于1948年7月底抵达中国，采集了534号植物标本。现存在哈佛大学植物标本馆的2041号标本是其中的第一号水杉标本。1948年7月，美国植物学、古生物学界又先后两次组团来华实地考察。

1956年1月8日，郭沫若率中国学术视察团访日回国不久，收到日本别府大学生物学研究室二宫淳一郎的信，获悉日本学者用水杉种子培育水杉"已迸芽""喜而赋"诗一首："闻道水杉种，青春已发芽。蜀山辞故国，别府结新家。树木犹如此，人生况有涯。再当游地狱，把酒醉流霞。"

1975年5月，美国哈佛大学阿诺德树木园赠给访美的中国植物代表团用有机玻璃镶嵌的水杉叶及果球标本，并附有华裔植物学家胡秀英博士一首诗："植物学家昔合作，水杉宝树得繁播；友谊互助今复燃，比活化石延年多。"

1980年10月，中美两国著名植物学家组成11人的联合考察队，对中国最早发现水杉天然分布的利川地区的生态环境、地势、土质、气候、植被等进行综合考察。

我国政府也多次把水杉作为友谊之树，惠赠友好国家。1972年，美国总统尼克松访华，周恩来总理送给尼克松的礼物就是水杉种子。尼克松回国后将心爱游艇命名为"水杉号"。当年尼克松回赠我国的礼物是美国红杉，而后定植于杭州。1982年，尼克松应邀再次访华，特地到杭州探望当年随同来华的绿色使者，在红杉树前听了管理者的介绍，尼克松欣喜不已。

1972年，周恩来曾将2公斤水杉种子赠给朝鲜最高领导人金日成，表达中朝友好情谊。1978年2月，邓小平赠给尼泊尔人民2棵水杉苗，并亲手种在皇家植物园，尼泊尔人民选它作"尼中友谊树"。

新中国建立以来，特别是改革开放后，先后有 80 多个国家和地区的植物学家亲赴利川考察引种。同时，每年有不少中外游客前来观光考察。据不完全统计，各国研究水杉发表的论文、著述达 700 多篇（部），其中，获得博士学位的专家有 76 人。水杉成为中国与世界各国传播友谊的使者。

从发现水杉到现在，这个古老树种表现出强大的生命力和适应性，不仅在国内大规模栽培，而且在国外，水杉引种遍及五大洲，已经在 50 多个国家和地区安家落户。

（六）土家族与水杉的传说

20 世纪 40 年代，我国林业专家在四川省万县谋道乡（1955 年划归湖北省利川县管辖，现隶属恩施土家族苗族自治州利川市谋道镇）一条小溪路边发现有 3 棵奇异、叫不出名字的参天古树。其中 1 棵高达 33 米，胸围 2 米，从下仰望，挺拔的树干直插云天，叶对生，羽毛状，树形似宝塔，大的树枝向上伸长，十分壮观。历经 8 年坚苦不懈的努力，我国最终向世人公布：1 亿年前称雄世界而后消失了 2000 万年的水杉，在中国内地一个偏僻的小村仍然活着。

这条小溪，名曰"磨刀溪"。相传三国时，五虎上将关羽路经此地，曾在小溪边磨刀而得名。据当地传说，关羽磨刀的那块石头，每逢天气变化，要下雨的时候，石头上就出现湿润像磨刀时那样的石浆。因此，当地村民十分尊奉关羽，认为出现这种现象是关羽显圣。后来民间自发在小溪边建立了关帝庙，纪念这位蜀国上将。当时关帝庙门前树有 2 只约两吨重、形象逼真的石狮，睁着一双大眼睛，虎视眈眈地注视着南来北往的行人。这个关帝庙曾被毁而重建过，现仅存石狮 1 只和 1 个石香钵。关帝庙里存放的石香钵，后来被当地群众用来当洗衣盆。改建后的关帝庙边墙，原来还清晰可见两副楹联。一副是赞颂关羽："大丈夫磨刀垂宇宙，士君子谋道贯古今"，这是 1905 年四川总督赵尔丰路过磨刀溪为关帝庙所题。另一幅楹联是赵尔丰专为磨刀溪人题的"既磨刀尚武，应谋道修文"。然而如今楹联已不复存在，不知是拆庙时被毁，或是埋在地下，现已无从查考。

水杉正式命名前就被当地先民所认识。水杉的中文名称来自于当地先民的命名。当地先民（主要为土家族）称"水杉"为"shuisha"，汉语也写为"水杪"，这在 20 世纪 40 年代的文献中已有记载。当地土家族一直把水杉当成宝树加以珍惜和爱护，人工造林的历史至少在 470 年以上。他们对这两种杉树（指杉木与水杉）的生物学和生态学特征有了比较正确的认识。虽然他们不了解水杉和杉木在植物分类学中的系统位置，但认识到水杉和山杉（杉木）是不同的植物。水杉是生长在水湿地的"杉"；而山杉是生长在山坡上的"杉"。

在中国 56 个民族中，有一个民族与水杉的保护息息相关，这就是土家族。水杉在我国自然分布，主要集中在武陵山区的鄂西、湘西、渝东所形成的极为狭窄的三角形地带。这个地带正是土家族的主要聚居地。这里不仅有着雄奇的自然风光和浓郁的民族风情，还有一段关于水杉的美丽传说。

在科学家正式命名水杉之前，土家族群众一直把它当成宝树，当成是成就土家族的天梯，加以珍惜和爱护。传说在很久很久以前，自然界接连不断的大雪把万物都冻死了，只剩下一对兄妹俩。

哥哥叫覃阿土希，妹妹叫覃阿土贞。兄妹俩看到大地处处是白茫茫的大雪，为了存活下去，到处奔波，想找出路。忽然看到路边有 1 棵大树，大风刮不动，大雪埋不住，青枝绿叶挺立云端。兄妹俩感到奇怪，就往这棵大树上爬，越往上爬越暖和，越往上爬越亮堂，再向上看时已经爬到了天宫。在天宫里，观音菩萨对他俩说："世上只剩下你们俩了，你们就下凡去成亲吧。"妹妹怕羞，菩萨指着她们爬上来的那棵大树说："它是水杉，你们可折一根树枝做一把伞，把脸遮住就不羞了"。因此，这个习俗就一代一代传承下来，土家族姑娘出嫁上轿时都兴打一把伞。

兄妹成亲后，生下了一个红球，球飞起来炸成许多小块儿，落到地上就变成了人。这些人就是后来的土家族人。因此，水杉一直受到土家族的爱戴，严加保护和繁衍至今。在利川的水杉大树，大多是零星分布在土家族村民房舍四周、沟渠两岸、田边地角。据当地统计，距农舍 20 米以内的有 2870 株，5 米以内的有 605 株，2 米以内的有 183 株，有 4 株被农舍包围在民房中间。

1991 年冬天，邓小平视察南方，来到深圳仙湖植物园，对陪同他参观的仙湖植物园主任陈覃清说："有一种古代树种，叫水杉。现在全国都有了。有一棵很大的，在三峡附近。"尔后，"小平同志说的那棵树"，便成了湖北恩施土家族苗族自治州利川市谋道镇那棵被称为"天下第一杉"的水杉王的代名词。

（七）水杉的利用价值

水杉除木材利用价值外，还有等待开发的生态疗养作用。例如，金叶水杉是近几年发展起来的一个栽培品种，树皮红褐色；叶片在整个生长期内，均呈现亮亮的金黄色，属新优彩叶乔木品种。生长快，年生长高度超过 1 米，直径超过 1 厘米。树干通直挺拔，高大秀颀，树冠呈宝塔圆锥形、姿态优美，叶色翠绿秀丽，枝叶繁茂，入秋后叶色金黄，当居彩叶树新秀大位。

水杉还具有"祛风燥湿，活血止痛"的功效。据《中国中药资源志要》记载，水杉叶、种子有清热解毒、消炎止痛之功效，用于痈疮肿毒、癣疮等症。《名医别录》将其列为中品，谓煮汤洗，可治臁疮。《本草纲目拾遗》载，杉木油治一切顽癣。现代药理学研究表明，水杉含有的多种黄酮类化合物，具有抗大鼠血小板聚集和改善血液流变性的作用。据《农家之友》2009 年第 19 期《水杉属化学成分及药理活性研究进展》(作者：欧容、牟新利、张丽莹、彭琴)报道，水杉具有抗心肌缺血、心律失常和心肌肥厚等作用。据《中药材》1997 年 10 月第 20 卷第 10 期(作者：宋二颖、雷荣爱)报道，水杉叶片挥发物中，含有大量镇咳、祛痰、平喘及消炎等作用的活性成分，主要是含 α-蒎烯、反式-丁香烯和日桂烯等。

据《中国生态农业学报》2010 年第 5 期《水杉种子挥发物质的鉴定及其抗菌活性测定》(杨

俊杰等)报道，水杉种子挥发油，对 8 种植物病原真菌有一定的抑制作用，可不同程度减少园林植物部分病害的发生。因此，在园林植物配置中应当充分加以利用。

水杉，不管是在医药化工，还是农林业应用等方面，都有着广阔的前景。

四、水松文化

（一）水松特征与分布

水松 *Glyptostrobus pensilis*（Staunt.）Koch，别名刺海松、刺海藻（屏南），为杉科水松属的单种属植物，中国特产。1999年9月9日国家林业局、农业部联合公布的《国家重点保护野生植物名录（第一批）》将水松列为国家级重点保护野生植物。

水松为半常绿乔木，高可达25米，胸径1.2米以上。生于湿地者树干基部膨大，其周围常有露出地面的膝状呼吸根，高可达70厘米。树皮褐色或淡灰褐色，长条片纵裂，树冠稀疏。叶螺旋状排列，形态多样。

水松为稀有珍贵的孑遗树种，在中生代上白垩世，水松属植物就已经出现在地球上，到新生代古近纪整个北半球已广泛分布，而且种类多，到第四纪冰川期以后，大多数水松植物先后灭绝，其化石在西欧、北美、日本和中国东北等地均有发现，已知有6种以上。中国科学院南京地质古生物研究所曾在吉林省延吉县三合镇采集到渐新世时期的欧洲水松化石标本。现只有水松1种留存于中国东南部，主要分布于广东珠江三角洲和福建中部及闽江下游海拔1000米以下地区；在广东东部、西部、福建北部、江西东部、广西东南部及云南屏边县大围山也有零星分布。此外，南京、武汉、上海、杭州等地早有栽培。据《福建森林》：水松在广西产于陆川、临桂、梧州、兴安等地，在江西产于全南、铅山、上饶、南城及庐山等地。福建天然水松产于浦城石陂镇梨岭村、屏南岭下乡上楼村、邵武水北乡龙湖村、建阳黄坑乡台石村、漳平永福镇福里村等地。

（二）八闽水松古树现身影

福建水松的历史悠久，代代相传。许多古老的水松穿越历史数百年乃至2000多年，至今仍然傲然挺立。

【漳平水松】该树位于漳平市永福镇李庄，这株水松高25米，直径3.1米，冠幅18米。在3~5米高处分成多主干向上生长，长势良好，树形高大如塔，雄伟苍劲。其庞大的根系像龙爪一样，深深地扎于地下。据林业部门技术人员测定，该树至少有2000多年的树龄，虽历经数千年风雨沧桑，却依然巍然挺立，每年开花结果，仍富有极强的生命力。据说清光绪年间该树曾被雷电所击，树干形成空心，但仍然枝叶茂盛，郁郁葱葱，结果累累，呈现出强大的生命力。

【屏南水松群】在屏南县的漈头、孔源、九洋等村庄，分布有小片水松林，每处数量在 30 株以下。其中九洋、孔源各有 1 株千年水松，高达 30 多米，胸径 1 米多。而在岭下乡上楼村的东峰尖北麓的沼泽地中，生长着一片天然水松林。春夏之交，站在上楼村的古道边，沼泽地中 72 株天然水松，枝繁叶茂，松果累累，树干遒劲挺拔。其中最大的 1 株高达 20 多米，胸径 80 多厘米。据专家考证，其树龄在千年以上。水松生长的沼泽地水分充沛，地表丛生着禾本科植物和蕨类植物，还可以看到水松的呼吸根。这片水松是已知目前发现的面积最大（约 0.3 公顷）、株数最多、最为集中的一片水松林。水松林系单层纯林，郁闭度 0.5 以上，外貌整齐，青绿色，林冠稀疏，立木分布较均匀，林龄虽大，但长势良好，生命力强，树干端直，林内光线充足。林下为烂泥地，在林缘稍干的林地上有弯蒴杜鹃、枸木、金樱子等。林下草本有莎草和水蓼等。岭下乡上楼水松林，被国家邮政总局作为孑遗植物水松的推荐地，入选《孑遗植物》特种邮票。上楼水松林终于走出方寸之地，成为国家的一张名片。为此屏南县举办《孑遗植物》特种邮票首发式，国家邮政总局、福建省邮政局的领导和有关专家、集邮爱好者参加了首发式。

屏南县另一片水松林，位于城关至漈头屏宁公路 3 公里处，这里生长着 24 株水松，与附近著名的"白水洋""屏南鸳鸯、猕猴省级自然保护区"等旅游景点连成一线，吸引了众多的游客前来观光。

【古田水松】在古田县吉巷乡的薛后、奎楼、塔洋、水竹洋，鹤塘镇的东际、井边，杉洋镇的楼下，大甲镇的林峰、卓洋乡的独峰，城西街道的莲桥、曹洋圪头，黄田镇的三保等地都发现有水松。

古田杉洋镇楼下村的水田中，有 1 棵水松，胸径达 148 厘米，树高 22.7 米，树梢曾被雷击断，冠幅 10 米，树龄至少在 600 年以上。水松一般独立生长，这株水松在 3 米以上分成 4 根主干向上生长，形似阔叶树，生长仍很旺盛。在它的旁边，村里人又栽植了数株小水松，约有 15 米高。据村里老人余祖铿介绍说，该村原名叫隘头村，又称岭头村、玉楼村，在乾隆年间从杉洋村迁到这里。当时这株水松和秃杉、红豆杉等都已经很大了，是上两代人的祖先种植留下的。原先有 5 株水松，现只剩下 2 株。

古田吉巷乡薛后村原来是水松最多的村，位于该村卓厝里田中的 4 株大水松于 20 世纪 80 年代至 90 年代先后枯死，至今仍然屹立不倒。这个村的坑头顶自然村"旧井坪"原有 3 株植于清雍正年间的古水松，20 世纪 70 年代时曾砍掉 2 株用于修建该村小学，剩下的 1 株胸径 108 厘米，树高 34.4 厘米，原为全县第二大水松，也于 2002 年因树基堆放石块，树基下的一条水沟枯干而死。该自然村于 20 世纪 70 年代初在"旧井坪"附近路坝下方的水田边上又栽了一排 10 株水松，后死了 1 株，现存 9 株，至 2005 年平均胸径已有 30 多厘米，平均树高 17 米多了。

古田县吉巷乡的前塔村的前坑垅有 2 株水松，2 株树高都为 36 米，胸径分别为 84.3 厘米、72.6 厘米。鹤塘镇的井边村洋中田中有 4 株水松，它们胸径分别为 54.1 厘米、48.7 厘米、57.3 厘米、54.1 厘米，树高 16~17 米（其中 2 株枯死）。鹤塘镇的东际村桥亭头有 3 株水松，胸径分别为 54.1 厘米、63.7 厘米、66.9 厘米，树高 27~29 米。大甲镇林峰村水尾宫前水田中有 1 株水松，胸径 40 多厘米，树高 17 米。

【建瓯水松】建瓯市东峰镇石呈村濠头自然村，有 3 株水松，其中 1 株树高 36.69 米，胸径 112 厘米，单株材积达 15 立方米，树龄约 500 年。目前该树生长仍然十分旺盛。

【浦城水松】浦城县石陂镇梨岭村旱林下山场，有 13 株水松，树高均在 30 米以上，最高达 41 米，最大胸径 88.5 厘米。

【永泰水松】永泰县大洋镇、长庆镇、霞拔乡等地均有水松分布。其中长庆镇福斗村 10 多株水松集中成片，老人记述，这些水松古树系他们祖宗迁移时，从原居住地带来移植于村旁的。据当地姓氏族谱记载，迁移时期始于明永乐二年（1404 年），距今已有 570 多年历史。霞拔乡福长村有 5 株水松，其中 1 株树高 24 米，胸径 80 厘米。大洋镇（樟洋镇）尤干村 1 株水松，树高 25 米，胸径 90 厘米，生长依然旺盛。

【周宁"五树大王"】周宁县七步乡七步村（原名蒲溪），有 5 株水松，树高最高达 38 米，胸径最大的为 98 厘米，单株立木蓄积量最多的为 11.74 立方米。传说系福州南台王的五位弟子种植的，树边建造南台王神祇，上题"南台胜境"匾额，左右对联写道："五树感应把守延寿德佑黎民，南台威灵坐镇蒲溪福庇群生""万载灵丘呈紫气，千年古树裕群黎""祥云频覆瑶坛净，瑞气长凝古迹新"。常年有人在此点香供奉，祈保安康。

周宁七步乡岭头村有 3 株树龄逾千年的水松。据该村彭氏村民说，他们的祖先南宋期间从周宁咸村迁居到此时，就有了这 3 株水松。水松树高达到 40.8 米，胸径为 125 厘米，立木蓄积量达 20.14 立方米。遗憾的是水松的主体枝干大都濒临干枯，仅有四分之一的皮层还顽强地活着，并伸长出一条粗壮的枝杈，缀满翠绿的树叶，宛若齐白石笔下垂老苍松，给人们以无尽的遐思。在树旁有座建于清代的许马将军神庙。古树与神庙相映成趣，引人遐思万千。

【福清水松】坐落在福清市海口镇里美村坊里自然村，有 1 株水松树高仅 6 米，但树干粗壮需 3 个大人合抱。树皮呈灰褐色，纵裂成不规则的条片。古水松虽过 500 多年，又老又残，却还能照样开花结实，每年在 5～6 月球花开放，10～12 月结出几十个球果，其生命力之旺盛，实属罕见，令人叹为观止。据里美俞氏族谱记载，俞氏八世孙俞景于明成化二十年（1484 年）在广东任按察司金事时，从广东带回 8 株水松树苗栽种在池塘边。这株古水松是其中的幸存者。这株水松已被列为第二批县级文物保护单位，立碑保护。

【蕉城水松】宁德市蕉城区九都胡坑尾村有 1 株水松，胸径达 130 厘米，树高 23 米，冠幅东西 2.5 米，南北 4 米。

【邵武水松】在邵武市水北乡龙湖村，有一片水松林，乔木层共有水松 10 株。经技术人员调查：其中 2 株树高为 8 米，8 株为伐后萌生，植株高 3～4 米，最大胸径 48 厘米，枝叶黄绿色，稍稀疏，林下灌木层种类较多。

此外，福鼎市西阳乡，永春县牛姆林省级自然保护区也有水松分布。

（三）水松的故事传说

【上楼水松故事传说】水松林位于屏南县上楼村东南处，传说当年这里一片水泽，无树木，风水先生告诉村民，因东南这个垭口空旷，致使该村钱财难聚、人丁不兴，必须种树挡住煞气、留住风水。为了营造宜居环境，村民们决定在垭口植树营造风水林。但由于沼泽地只长草而不长树，种树屡种屡败，村民在无奈之下只好到村南的陈靖姑庙中虔诚祷告，祈求神明保佑。陈靖姑托梦村民元宵节时隆重设坛，全村虔诚祭拜七天，方能得到上苍保佑。村民们按照陈夫人的指点设坛祭拜。到了第七天的傍晚，村民们看见村南上空祥云缭绕，继而听到垭口上撕裂般的一声巨响，远望垭口上顿时树影婆娑，村民们急忙跑到垭口一看，只见那片沼泽地已树木成林了，这样天降奇树村民们从未见过，其枝叶非杉非松非柏，与当地的柳杉倒有几分相像，人们感恩于上苍恩赐，也感恩于陈靖姑的托梦指点，就称这种不知名的树为"恩柴"（当地人称树为"柴"），又因为这种树能生长在水泽之中，于是村民都称之为"水恩柴"。从此，水松林就成为上楼村的风水林。为保护这片天赐的风水林，上楼村民制定了严格的村规民约，上楼村也因此人丁兴旺、富庶一方。为表示感恩，上楼村民自此每年元宵节都要到古田临水宫迎请陈夫人（香水）到该村举办庙会，拜谢上苍诸神和陈靖姑，并祈求保佑风调雨顺，国泰民安，此习俗一直保留至今。据传说，每年元宵节陈靖姑都会来上楼村，并到水松林漫步，不少村民都在水松林的雪地上看到陈夫人留下的弓鞋脚印。

这片水松林除了有神话外，还有一个真实的故事。传说当年闽东工农红军进驻上楼村时，因天色已晚，不拿群众一针一线的红军炊事班只好向村中的老乡借用柴火煮饭。第二天一早，立即派几个红军（士兵）上山砍柴还给老乡。由于时值冬季，水松都已落叶，这几个红军（士兵）上山时看到这一片落叶的水松，误以为这些树已枯死了，就砍了2棵，还好群众及时赶到阻止并说明原委。几个红军（士兵）一听惭愧不已，连连道歉，并拿银元作了赔偿。从此红军严格遵守"三大纪律、八项注意"的良好作风在这一带传为佳话。

【仙游余氏祠堂水松的传说】余立丰（1521～1564），字仲宇，福建仙游大济镇奎山（坑北村）人。幼年丧父，由寡母教养成才。19岁登科进士，任广东推官，嘉靖三十二年任琼山知县，即今海南省海口市琼山县。

明代海南琼州，倭寇掠劫，民不聊生。余立丰任职后，了解百姓疾苦，制定治琼十策：一是向少数民族宣传互不干扰，各民族间增强团结。二是组织民众武装保岛自卫。三是倡导廉政，严惩贪官。四是恢复渔业生产，鼓励垦荒造田。五是减少赋税。六是开辟商贸市场，抑制物价。七是开发"三亚通杂"诸市港，繁荣经济。八是兴学育才。九是发展渔业生产。十是提倡官员亲民。

余立丰在任期间始终贯彻治琼十策，使各民族团结一致，社会安定，倭寇不敢来岛劫掠，人民安居乐业，生产发展迅速，深受人民爱戴，人民称他为"卫国忠贤"。

嘉靖四十三年（1564年），立丰劳累致疾卒于任上，时年仅43岁，百姓悲痛不已。海瑞亲往故里吊悼，并特制联板，撰联亲书拜挽，并在仙游奎山余立丰故里池面山建立纪念堂，称"有序堂"，以纪念他在任职琼山期间的功劳。并在附近栽植水松19株，象征其任琼七品官和治琼十二年，传为佳话。

海瑞为他写下一副挽联：

执政逐诸氛，邦夷实靖民多福；

完真还造化，勋勒吾琼神祀乡。

——治生海瑞顿首拜挽

这一幅木刻长联板原挂在仙游奎山"有序堂"（余氏祠堂）内。联板长 2.62 米，宽 0.22 米，用丹漆书写，被定为县三级文物，今收藏在县博物馆内。"有序堂"1967 年列为县文物保护单位。

（四）水松古诗词

古老的水松林，激发了许多文人墨客的赞美。有歌颂水松历经世纪沧桑，依然健在："阅历冰川犹矍铄，欣看化石现山乡"。有形容水松品格高尚，可与松柏比肩："翠盖疏条挺十寻，流泉浅沼接轻阴。霜暄绿羽千年鹤，风袅微音万劫琴。入画同瞻天外客，逢时长守岁寒心。只因插翅游环宇，惹得骚人翘首吟。"有赞扬水松是天外来客，世上罕见："天生物外孑遗树，地育人间罕见松。"有描述水松稀珍，是树木中一奇葩："上楼本是孑遗家，胜地风光景物华。远古稀珍人宠爱，得天独厚一奇葩。"还有一首五言古风，概括地描写了水松这一树种的历史、分布、生物特征及其用途：

屏山多异木，珍奇数水松。
始生中生代，分布五洲同。
历劫冰川后，欧美觅无踪。
树种成孑遗，仅存华夏荣。
唯我钟灵地，集结茂林丰。
七十二成片，株株展雄风。
只因嗜水癖，扎根湿地中。
新叶随春发，盛夏显葱茏。
入秋叶似染，丛林一片红。
冬来叶果落，枝干似虬龙。
秋冬傲霜雪，春夏斗狂风。
材质耐水湿，树根软而松。
建桥堪大用，造船四海通。
浑身皆是宝，皮叶入药宗。
物以稀为贵，保护呼声隆。
走入方寸地，芳名举世崇。

水松有春（新叶随春发）、夏（盛夏显葱茏）、秋（秋冬傲霜雪）、冬（冬来叶果落）四时景色，木材又有广泛用途（材质耐水湿，树根软而松。建桥堪大用，造船四海通），浑身是宝，深得山区百姓喜爱，故从内心发出"物以稀为贵，保护呼声隆"的心声。

（五）水松根与福州软木画

软木画，又称软木雕、木画，民间雕刻工艺品，主要产于福建福州。它是陈春润、吴启棋、郑立溪等民间艺人一起研究、首创的。

吴启棋，福州郊区新店乡西园村人，是中国软木画开山鼻祖。宣统二年（1910 年），吴启棋入福建工艺传习所雕刻班学习木刻。民国三年，福建巡按使许世英从德国带回一片软木风景画片，交给当时"工艺传习所"的师傅陈春润仿制。陈春润便与吴启棋、郑立溪等人一起研究，先用西班牙、葡萄牙及阿拉伯进口的栓皮栎树的木栓层作主要原料，把这种质地轻、松、富有弹性且纹理细润的软木切削成薄片，运用中国各种传统技法，以刀代笔，用手工加以精雕细镂，制成纹理纤细的复杂画面，并利用画框内有限的空间，使景物形象立体化。后用水松根代替进口的"软木"，雕刻成各种花、草、树、山，按中国画稿，粘贴在厚纸板上，制成具有中国特色的"软木画"。吴启棋在"传实所"3 年毕业后，专事软木画生产，在总督府后（今省府路）开业，风行国内外。1936 年，文学家郭沫若特别致信吴启棋，表示十分赞赏他的作品。新中国建立后，吴启棋回西园村组织"软木画生产小组"。1956 年 6 月，吴启棋以其软木画参加"福建民间美术博物展览会"获奖。11 月，在"福建省民间美术工艺第一届老艺人代表大会"上作关于软木画生产问题的专门发言。1957 年吴启棋逝世，他的传人有吴学保、陈锟、陈庄等。

软木画是一种雕、画结合的手工艺品，色调纯朴，刻工精细，形象逼真，善于再现我国古代亭台楼阁、园林景色，画中有诗，使人观后身临其境。软木画运用浮雕、圆雕、透雕等技法，精雕细镂成花草树木、亭台楼阁、栈桥船舫和人物，再用通草做成白鹤、孔雀、麋鹿等鸟兽，按照画面设计，粘在衬纸上或雕刻成的花草树木上，配制成立体、半立体的木画，装在玻璃框里，成了独具一格的艺术品。其中借鉴中国园林框景的手法，构图新颖别致，画面层次分明，色彩古朴典雅。

国内外一些人士把软木画与脱胎漆器、寿山石雕同誉为福州工艺"三宝"，产品陈列于首都人民大会堂福建厅。软木画将中国民间精湛的雕刻技艺与中国绘画优美而深远的意境巧妙结合，独树一帜，产品已畅销海外 30 多个国家和地区，曾在世界博览会展出。建国后，作为世界上独一无二的民间手工艺品种，软木画艺的发展一直受到党和国家领导人的关心和支持。朱德、董必武和郭沫若等领导及社会知名人士曾亲临软木画的生产单位福州工艺木画厂参观。邓小平同志在参观软木画后留下"民间艺术精品"的题词。

（六）水松的其他经济价值

1. 药用价值

据《全国中草药汇编》，水松化学成分含双黄酮类化合物：扁柏黄酮。叶含蜡质。树皮含单宁，可提取栲胶。性味：苦、平。枝、叶、球果、树皮入药。功能主治：化气、止痛、胃痛、疝气疼痛、风湿关节炎、高血压、皮炎、烫伤等。

2. 综合利用价值

水松为我国特有的单种属植物、起源古老的孑遗树种，对研究杉科植物的系统发育、古植物学以及第四纪冰川期气候等都有较重要的科学价值。

水松木材淡红黄色，质轻软，纹理通直，结构细致，易加工，耐水湿，耐腐而不变形，比重 0.37~0.42，适合作建筑、桥梁、船舶、水闸板、家具、工艺品以及一些特殊工业等用材。水松还是造纸、制作木工艺品的好材料，水松板是制作面板、边框的好材料；水松纸色泽古朴、优雅，可作仿古装饰、卷烟包装，常用于制作香烟过滤嘴。水松干基膨大部分及根部木质轻松，比重 0.12，浮力大，是做恒温室、冷存库、救生圈、瓶塞、凉帽、软木雕等的软木材料。

水松根系发达，耐水浸，种植于河边、堤岸、农田边、水库旁、沼泽地等处，作固堤护岸以及农田防护林、防风林。当树干主伐利用以后，留下根桩在水中，形成密集根网，经久不朽，防浪护堤，甚为见效。水松树姿优美，宜作湖滨风景、庭园观赏树种。

（七）水松的失落与哭泣

水松是古老的孑遗树种，虽然经历了大约 1.14 亿年漫长的历史，但至今保存的数量却非常少，如此珍贵的树种，目前仅零星分布于我国南方的福建、江西、广东、广西、四川东南部、云南东南部屏边等地。这些仅存的水松数量极其有限，有的单株挺立，有的三五成群，能够像屏南县岭下乡上楼那样集结成林有 20 株以上的水松林，更为稀少。加上历代的沧桑历劫、气候变化等因素，分布范围仍然在不断缩小，而且目前人工种植数量也很少，总体数量有减无增。

因为水松喜欢生长在水湿条件较好的地方，而不能像其他树种一样大面积上山造林，只能在一些河边、渠旁、水塘边等地零星栽植。现在在水田中种植几乎没有。而且因近年来水田的面积逐年减少，原来生长在水田中的水松有许多被砍伐或耕作不当而枯死。这些水松大多生长在靠近村庄的水田中或沟渠旁。因为近年来乡村建设、水田改做食用菌菇房、建小水电水库以及耕田时破坏了侧根和膝状呼吸根等，致使水松枯死。例如因扩建民房、庙宇而死的古田县莲桥村车碓头庙旁胸径 56~72 厘米的 3 株水松于 20 世纪 80 年代枯死。古田县薛后村坑头顶自然村旧井坪原有 3 株水松，于 20 世纪 70 年代砍掉 2 株用于修建该村小学，剩下 1 株也于 2002 年因多种原因致死。因水田改为食用菌菇房，前塔村前坑垅 2 株水松和奎楼村门前水田中的 3 株水松已枯死。因建小水电水库，独峰村 3 株水松被砍伐。因水田荒芜缺水或耕作不当，薛后村的 4 株水松及黄田镇三保村的 6 株水松于 20 世纪 80 年代以前就已枯死。井边村仅有的 4 株水松也有 2 株已枯死。一些水松枯死十几二十年后仍然傲立，铁骨铮铮，枯而不倒。福清海口镇里美村坊里自然村原有 8 株水松，因扩建村舍被砍伐 6 株，枯死 1 株。这些数百年的古老水松除了自身因"年老体衰"外，人为因素是导致它们最终死亡的原因，它们在哭泣，希望人们能爱护它，保护它。

　　目前，这一古老的孑遗植物面临灭绝的危险。如何保护水松的珍稀物种资源，扩大水松种群规模已成为我国生物学者的重要科研项目，也是林业部门的当务之急。开展必要的保护措施以及种群恢复研究已是刻不容缓。我国的生物学家已在着手研究综合运用种群生态学、保护遗传学、繁殖生态学的理论与方法，系统地开展水松自然地理分布、种群数量特征、遗传多样性、扦插繁殖技术等方面的研究。探讨水松幼苗生长规律，试验不同因素对水松扦插繁殖生根率及生根性状的影响，建立良好的水松扦插繁殖体系，进一步揭示水松濒危规律并提出科学保护对策，使水松得以延续，这是现代林业科技工作者责无旁贷的神圣义务。

五、秃杉文化

（一）秃杉特征与利用价值

秃杉 *Taiwania flousiana* Gaussen，别名滇杉、土杉，为杉科台湾杉属植物。该属共 2 种，一种分布在我国大陆为秃杉，另一种分布在台湾，为台湾杉 *Taiwania cryptomerioides* Hayata。台湾杉属植物为我国特有种，是第三纪孑遗植物。远在新生代第三纪的早期古新世曾广泛分布于欧洲和亚洲东部，由于第四纪冰川期的影响，欧洲等地的台湾杉属植物已经灭绝。秃杉现仅存于我国云南西部怒江流域的贡山、福贡、盈江、腾冲、龙陵，澜沧江流域的兰坪、云龙，湖北西南部的利川毛坝，四川东南金阳，福建闽东屏南、古田、闽中的尤溪等，贵州东南苗岭山脉主峰雷公山一带的雷山、台江、剑河、丹寨等县，缅甸北部亦有少量残存。台湾杉又称台杉，最早是 1904 年在台湾中央山脉乌松坑海拔 2000 米处被发现，分布于台湾中央山脉、阿里山、玉山及太平山。秃杉为国家 Ⅱ 级保护植物。

根据历史资料记载：秃杉在我国明清至民国时期，广泛分布在台湾、闽西北和闽西南、湘西南和黔东南、鄂西南和川东北、滇东北和滇西北等 5 个地区。福建全省几乎都有分布，是资源最多的省份。陈嵘《中国树木分类学》（1973 版）记载：福建在民国期间仍是秃杉的重要分布区域之一。当时人们常把秃杉按杉木工艺成熟 30 年为轮伐期进行采伐利用，但秃杉生长缓慢，根据树干解析资料分析，工艺成熟期一般为 80 ~ 100 年。长期以来秃杉未达到工艺成熟期即被采伐，而采伐后的伐根，又不像杉木可以萌芽更新。这样长期不合理的采伐利用和人为破坏，致使秃杉资源在大部分地区已经灭绝，仅间断残存在少数地区。

秃杉与台湾杉十分相似，主要区别在于秃杉球果枝上的鳞状针叶较窄，横切面菱形，长与宽相近。球果种鳞 21 ~ 35 片；而台湾杉球果枝上的鳞状针叶较宽，横切面近三角形，长小于宽，球果种鳞通常只有 15 ~ 21 片。

秃杉心材淡紫褐色，边材淡红褐色，材质轻软，纹理直，结构细密，易加工。木材耐腐，可为建筑、家具、工艺雕刻、桥梁、舟车、胶合板、造纸等用材。同时，秃杉的树形美观，四季常绿，也可作为园林绿化、四旁美化、旅游景点的风景林、"风水林"、行道树等树种。秃杉树体高大、根系发达，防止水土流失、抗风雪能力强，是营造环境保护林、水源涵养林、水土保持林的优良树种。

秃杉和其他孑遗植物一样，对研究古植物区系、古地理、古气候变化、杉科植物的系统发育等都具有重要的科学价值。

（二）福建发现秃杉的始末

1984～1986 年，福建省正在进行农业区划工作，其中一项内容是林业区划和植被调查。期间，省林业厅森林资源管理站高兆蔚站长根据浙江省天目山曾发现过秃杉，告知古田县林业局负责植被调查的郑建官，询问这次植被调查是否发现秃杉。随后郑建官从时任古田县林业局副局长郑鹤龄得知此前南京林学院曾派人到古田调查，在杉洋镇楼下村发现 1 棵台湾杉。

1992 年，福建林学院树木分类专家郑清芳教授在给学生讲授秃杉的形态特征时，有一个屏南籍的学生说，我家乡有一种树很像郑教授讲的秃杉形态特征。郑教授便交代该同学暑假回去采一些枝叶标本寄来。在接到屏南籍学生寄来的树木标本后，郑教授初步判断是秃杉。因此，1992 年 6 月，屏南县林业局在《闽东林业》上发表了一篇屏南县发现秃杉的消息。

已经步入花甲之年的郑清芳教授，出于对事业执著追求，于 1992 年 8 月 11 日，邀请福建师范大学生物系林来官教授和福建林学院林毓银副教授共 3 人，趁暑假之机，顶着烈日，不惜辛劳，深入到古田县杉洋镇楼下村和屏南县路下乡富塘村开展实地考察。古田县林业局委派森林资源管理站副站长郑建官、林业科技推广站站长张振霖、杉洋林业站站长陈云等陪同考察。教授们在古田县楼下村小学后面的操场边发现一棵"参天大树"，与该村的"风水林"长在一起，当时测量胸径 158 厘米，树高 30 米，枝下高 4.4 米，生长健壮笔直，冠幅直径 20 米。经采集到的枝叶和球果辨认，确实是秃杉。对于这一重大发现，教授们高兴得跳起来，纷纷拿出相机进行拍照取证。还交代陪同考察的当地村干部：这是福建的好树，要很好地爱护和保护。同时，在这片"风水林"中，还发现另外 5 棵秃杉，它们的胸径分别是 188、49、34、23 和 7.5 厘米。

第二天，教授们在屏南县林业局林业科技推广站站长彭彪，路下乡副乡长、林业站站长杨声翠等人的陪同下进一步对秃杉进行考察。在屏南县路下乡海拔 880 米的富塘村，发现有 2 棵大秃杉和 1 棵江南油杉生长在一起，其中 1 棵秃杉特别高大挺拔，树梢直插云端。经测量，这株高大的秃杉上坡胸径达 183 厘米，树高 40 多米，冠幅东西 19 米，南北 24 米，枝下高 12.5 米，树干基部往斜坡下方斜展，成喇叭形。盘根错节的巨大根盘半径达 3～4 米，像榕树的根盘一样裸露在地表上，十分罕见、壮观。另一棵胸径也达 148 厘米，树高 31 米，冠幅东西 20 米，南北 19 米，枝下高 10.5 米。据当地村民介绍，树龄已有 600 余年。教授们在当地村民帮助下，采集了一些枝叶标本，并在地上找到数粒球果，拍了照。同时，又察看了碓坝塘小溪旁 11 棵秃杉，当时测定它们的胸径在 32～117 厘米之间。据村干部林世师介绍，这片树木是 58 年前(即 1934 年)由村民吴治杰等 4 人从邻近的富塘村挖取天然下种的野生幼苗移栽过来的。

通过在古田、屏南两县的考察，收集了标本，专家们证实了秃杉这个古老的物种在福建的存在。教授们说：不虚此行，没有白来，像这样大的秃杉，在全国都少有。郑清芳教授表示，秃杉过去在福建没有被发现，所以没有被收入到《福建植物志》中，看来今后还要搞补增本。郑清芳、林来官两位教授联合于 1993 年撰写《福建发现濒危植物—秃杉》的调查报告，并在 1994 年《福建林学院学报》上发表。正式对国内外公布福建发现秃杉。

随后，陆续又在古田县平湖镇南岭行政村南阳自然村、松吉乡（现为城西街道）下洋行政村燕坑自然村、吉巷乡崎坑行政村下崎坑自然村，屏南县熙岭乡三峰、圪头、余坑里村、甘棠镇上三登村，尤溪县中仙乡文井村、华阳村发现了秃杉古树踪迹。秃杉在屏南、古田、尤溪等地的相继发现，引起省内外许多专家、学者的关注。

正在进行秃杉引种造林试验（从云南引种）的德化葛坑国有林场场长、教授级高级工程师王挺良，听说屏南、古田发现秃杉，欣喜若狂，立即于 1994 年 3 月驱车专程到古田县的楼下、燕坑、南阳和屏南县的高塘、路下、山梨洋等地，详细考察了秃杉的生长状况、自然地理、生态环境、植被群落特征等资料，挖取土样，寻找掉落球果和种子，剪取嫩枝，带回去育苗、扦插、造林试验。并于 1996 年在《福建林业科技》23 卷（1）发表了《鹫峰山秃杉林的初步研究》。年已花甲的福建省来舟林业试验场教授级高工姜顺兴，1996 年曾两次到古田考察。并于 1999 年 11 月，与杨万民联合在《中国林副特产》杂志发表了《福建残存秃杉调查研究》论文。2000 年元旦，华南植物研究所葛学军研究员专程到古田县下崎坑、燕坑和尤溪县文井等地考察。随后，福建林业职业技术学院何国生副教授，福建省洋口国有林场副场长、高级工程师陈孝丑，德化葛坑国有林场副场长陈元品等科技人员也先后到屏南、古田、尤溪实地参观考察。

（三）王挺良与秃杉引种栽培

1986 年我国有关部门提出要扩大秃杉种群的数量和分布范围，并把它列为"七五"科技攻关课题。承担该课题的中国林业科学研究院林研所副研究员宋朝枢、张清华等人认真调查分析了秃杉的生长习性和原产地的环境条件，大胆提出淮河以南的广大地区作为秃杉的异地保存试验研究的地区。因此北至江苏苏南的宁镇丘陵、河南与湖北交界的鸡公山，南至广东、西至四川、东至浙江、福建都进行了大量的引种试验。

福建省在未发现秃杉之前也曾进行引种育苗繁殖造林，首次是 1975 年，其后省来舟林业试验场于 1979、1981、1991 年均有引种。当时在南平、顺昌、尤溪、三明、邵武、光泽等县、市曾开展造林试验，其营造的秃杉种源并非本省所产，大多从贵州雷山县引种。引种的秃杉表现良好，福建第一批引进的 15 年生秃杉，平均树高 8.5 米，胸径 16.8 厘米，冠幅 4 米。来舟林场第一批种源幼林 6 年生时，平均树高 4.27 米，胸径 7.27 厘米，冠幅 2.7 米。1987 年，福建还从台湾引种台湾杉种子，当年育成苗木。1988 年种植的台湾杉，7 年生平均树高 2.9 米，平均胸径 7.7 厘米，冠幅 3.2 米。屏南县路下乡海拔 1130 米的山梨洋村，利用当地秃杉野生苗，人工移栽的 38 年生秃杉，平均胸径 38.8 厘米，平均树高 16.5 米。

德化葛坑国有林场王挺良科研团队对福建秃杉引种栽培和推广应用作出了突出贡献。王挺良针对葛坑林场所处的自然地理状况，开始思考和探索适宜在中、高海拔地区栽培的秃杉引种试验。从 1989 年底开始，连续几年进行引种育苗，培育了大量优质苗木上山造林。特别是 1992 年主持福建省科委下达的"秃杉引种和优良无性系选育技术研究"课题后，全面开展了秃杉种源和配套栽培技术的研究，解决了秃杉育苗造林过程中一系列技术难题。其中关于秃杉的无性繁殖技术、幼林抚育季节探讨、秃杉与木荷、杉木混交造林模式、不同海拔高度种源试验以及杉木多代连栽迹地的秃杉幼林与杉木生长的秩次分析等都颇具新意，为南方中、高海拔地区秃杉造林积累了一套成熟的实用技术，可供林业生产借鉴参考，也为福建中、高海拔地区扩大造林树种奠定了基础。因此，王挺良获得了教授级高级工程师技术职称，1994 年享受国务院政府特殊津贴。王挺良对秃杉的研究成果，集中体现于 1995 年 6 月，由中国林业出版社出版的《秃杉》专著和 1997 年《林业科技通讯》增刊出版的《秃杉种源和配套栽培技术专集》。

　　王挺良在秃杉研究道路上历经千辛万苦，付出了巨大努力，坚持边试验、边总结、边推广。其秃杉引种栽培历程如下：第一次试验，1991 ~ 1992 年从贵州收集了 1 个种源种子，育苗造林，并选超级苗建立无性系采穗圃。第二次，由全国秃杉种源试验协作组安排来自云南省昌宁、腾冲、龙陵、福贡，湖北省利川县等 5 个种源和 17 个家系种子。1992 年育苗，1993 年造林。第三次，由葛坑林场直接从贵州省调进桥水、格头、雀乌、雷公山、小丹江的以及云南的混合种源种子，于 1994 年育苗，1995 年造林。在此期间，1993 ~ 1996 年，福建省又从贵州、云南调进秃杉种子 2 批，由福建省林业厅国有林场管理局安排到宁德、福州、三明、龙岩 4 个地市的部分国有林场进行扩大造林试验。从而秃杉在福建引种栽培取得了大面积推广应用。到 1997 年，仅德化葛坑国有林场已成片造林 2250 亩，并提供种子、苗木、技术，在泉州市的南安、永春、德化等县市造林 1650 亩；在宁德、南平、龙岩 3 个地区造林近 1800 亩；在杉木分布中心的省洋口国有林场、省来舟林业试验场造林 1050 多亩。多数幼林生长旺盛，表现良好，有的生长与杉木相近，甚至超过杉木，经济效益显著。尤溪经营林场（现尤溪国有林场）11.5 年生的秃杉，平均胸径达 14.5 厘米，平均树高 7.9 米，胸径比省定同龄杉木速生丰产林指标 12.5 厘米多 2.0 厘米，树高比省定同龄杉木速生丰产林指标 8.8 米低 0.9 米。

（四）福建秃杉古树集锦

　　福建省发现的秃杉古树，主要分布鹫峰山脉中段、南段的屏南县、古田县和戴云山脉北坡的尤溪县。

　　古田县杉洋镇楼下村小学后面的操场边有 1 棵秃杉，海拔 650 米，1992 年测量，其胸径 158 厘米，树高 30 米，枝下高 4.4 米，生长健壮笔直，冠幅直径 20 米。

　　古田县松吉乡（现为城西街道）下洋村燕坑自然村（海拔 365 米）有 1 棵秃杉，1993 年测量，其胸径为 238 厘米，现存树高 42 米。原先还有 3 ~ 4 米已断去。该树曾多次遭雷击，树龄在 800 年以上，单株树干材积达 72 立方米。

　　古田县平湖镇南岭行政村南阳自然村的柴坪头有 5 棵胸径都在 1 米以上的秃杉古树群。这 5 棵秃杉高大挺拔，只因年代久远，雷击、冰雪等自然灾害，树梢都枯死了一段，有的树干一侧或中央已腐朽。1992 年测定，上坡位胸径分别为 183、172、131、124、105 厘米，树高分别为 26、28、26、20、25 米，其中靠近小学厨房的 1 株基部下方有个树洞，可容纳 4 个小孩，树冠也最大。附近还生长着另外 4 棵秃杉。

古田县吉巷乡崎坑行政村下崎坑自然村有 1 棵秃杉，1995 年测定，其胸径 125.4 厘米，树高 25 米，枝下高 6 米，冠幅 17 米，枝繁叶茂，虽然已有数百年高寿，但看上去还很"年轻"，生长还十分旺盛。

屏南县路下乡海拔 880 米的富塘村有 2 株秃杉，其中 1 株特别高大挺拔，树梢直插云端。1992 年测量，这株秃杉上坡胸径达 183 厘米，树高 40 多米，冠幅东西 19 米，南北 24 米，枝下高 12.5 米，树干基部往斜坡下方斜展至少还有 2 米多高，成喇叭形。盘根错节的巨大根盘半径达 3~4 米，像榕树的根盘一样裸露在地表，十分罕见、壮观。另一棵胸径也达 148 厘米，树高 31 米，冠幅东西 20 米，南北 19 米，枝下高 10.5 米。据当地村民说，树龄已有 600 余年。

屏南县熙岭乡三峄、圪头、余坑里等村有 5 棵秃杉，其胸径都在 95 厘米以上。

屏南县甘棠镇上山登村有 1 棵秃杉，其胸径在 50 厘米以上。

尤溪县在海拔 800 多米的中仙乡文井村、华阳村有 3 棵秃杉，其中文井村一棵巨大的秃杉，其胸径达 245 厘米，树高 32 米，冠幅 12 米×14 米，需要 6 个成年人手牵手才能把这株大秃杉围住。根据当地村民介绍，树龄有 1000 年左右，至今依然枝繁叶茂，生长旺盛。

六、松树文化

松树，为松科(Pinaceae)松属(*Pinus*)植物的统称。松属植物是裸子植物中最大的类群，有"北半球森林之母"之称。

(一)松树种类及其分布

松属植物通常分为单维管束松亚属和双维管束松亚属，全世界共80余种，中国有22种10变种，分属于五针松、白皮松、长叶松、油松4个组。针叶多二针、三针、五针为一束。二针一束的有油松、樟子松、赤松、马尾松、黄山松、黑松、南亚松、兴凯湖松、巴山松、高山松(或三针)以及从欧美引种的北美短叶松、欧洲赤松、湿地松等。分布最广的为马尾松，北抵河南桐柏山、大别山、伏牛山南坡，陕西秦岭南坡，南到广西、广东、福建、海南岛、台湾北部，西达贵州金沙、黔西、安顺、黄果树一线和四川青衣江、大相岭一带，是中国南部主要用材树种。黄山松，是由黄山独特地貌、气候而形成的中国松树的一个变种，分布于浙江、安徽、湖北、湖南、江西、福建和台湾等省的高山地带；黄山松矮林是福建戴云山一大特色，在海拔1200米处，黄山松替代马尾松。

1961年，著名林学家郑万钧等通过考察和鉴定发现黄山松与台湾松是同一树种，于是将黄山松与台湾松合并为一种，改学名为 *Pinus taiwanensis*，仍保留"黄山松"这一中文学名。樟子松，"三北"主要优良造林树种，分布于大、小兴安岭等地。赤松，分布于黑龙江东部，吉林长白山区、辽宁中部至辽东半岛、山东胶东地区及江苏东北部云台山区及沿海上达海拔920米山区，常组成次生纯林，南京等地有栽培，日本、朝鲜、俄罗斯也有分布，模式标本采自日本。南亚松，分布于海南岛、广西南部海拔50~1200米丘陵台地及山地，海南岛白沙、屯昌山区有纯林，马来半岛、中南半岛及菲律宾也有分布。黑松原产日本及朝鲜南部海岸地区，大连、山东沿海和沂蒙山区，以及武汉、南京、上海、杭州等地有引种栽培；山东蒙山东部的塔山有60多年造林历史，生长旺盛；浙江北部沿海造林，生长良好；福建沿海有引种栽培，耐干旱、盐碱。

我国20世纪以来引进的国外松主要有：加勒比松、巴拉那松、辐射松、海岸松、湿地松、澳大利亚杂交松、火炬松、美国晚松、北美短叶松、长叶松、短叶松、马西姆松、卵果松、墨西哥松、台库努曼松、北美乔松、萌芽松、西黄松、脂松等。

福建闽侯南屿林场1934年从美国佛罗里达引进长叶松、湿地松、火炬松、短叶松4种。福建南屿林场的前身——福建省教育团公有林，由李先才教授等创办于1933年，从美国引种栽植的长叶松、湿地松等有80多年历史。第一代长叶松至今仅存10多株，第二代长叶松林近10公顷，湿地松林现有660多公顷，第一代湿地松最大的一株高31.5米，直径62.4厘米，仍生长旺盛。

（二）松树历史文化

松树历史文化十分悠久，人类早期的生产活动就与松等植物有密切关系，不但朝夕相伴，还有很深认识，如高大挺拔、长青不老等，因而也成了原始社会时期的自然崇拜对象。人工植松早见于墓坟、园囿、寺院（庙），后有道旁松、人工林栽培。

1. 古典书籍记松与人工植松

【古典书籍记松】浏览古籍，文人雅士对松情有独钟。他们歌以赞松，诗以咏松，文以记松，画以绘松，鸿篇妙文不胜枚举，丹青杰作传世甚多。古代早期典籍《诗经》中就有把松树作为美好事物及爱情的背景描述，如："山有乔松，隰有游龙"（《诗·郑风·山有扶苏》）和"如竹苞矣，如松茂矣"（《诗·小雅·斯干》）。先秦诸圣贤高士多有赞颂松柏之语。《礼记·礼器》载："松柏之有心也，贯四时而不改柯易叶"；《论语·子罕》："岁寒然后知松柏之后凋"，孔圣人将松柏并列，或有示德之不孤意；《庄子·让王》云："大寒既至，霜雪既降，吾是以知松柏之茂也"；《庄子·德充符》有"受命于地，唯松柏独也正，在冬夏青青；受命于天，唯尧舜独也正，在万物之首"将松柏与尧舜并称；《荀子·大略》则云"岁不寒，无以知松柏。事不难，无以知君子"将松柏与君子并列；《史记·龟筴（策）传》载："千岁之松，上有兔丝，下有茯苓"寓含吉祥、常青不老及奉献精神。东汉文学家刘桢有"岂不罹凝寒，松柏有本性"，赞高洁挺拔；东晋陶渊明在《归去来辞》中说"三径就荒，松菊犹存"及"景翳翳以将人，抚孤松而盘桓"抚松舒怀；在《饮酒二十首》中还有"青松在东园，众草没其姿。严霜珍异类，卓然见高枝"的赞词。南朝梁范云《咏寒松诗》："凌风知劲节，负雪见贞心"；唐李峤有"鹤栖君子树，风拂大夫枝，岁寒终不改，劲节幸君知"；宋苏轼有"不以时迁者，松柏也"等的赞松诗句。王安石《字说》："松为百木之长，犹公也，故字从公"；折"松"字，为"十八公"的有元代冯子振撰《十八公赋》、明代洪璐作《木公传》等名篇；清人陈扶摇《花镜》云："松为百木之长，……多节永年，皮粗如龙麟，叶细如马鬃，遇霜雪而不凋，历千年而不殒。"各种赞誉和比兴历代不绝。

【古代人工植松与松人工林】古人爱松，也爱植松，可追溯到最早的社树。《论语·八佾》："哀公问社于宰我（孔子学生），对曰：'夏后氏以松，殷人以柏、周人以栗……'"。社树可能就是古代最早的人工植树，"夏后氏以松"，夏代或禹之前就以封土立社，并植松为社树。古代凡社必植树，"社林"便是最早的人工林。西周以后，天子的社置于城中，民间的社大都置于郊外，社中一般植松、柏、栗、梓、槐等树木。唐·苏鹗《苏氏演义》卷上："《周礼》文：二十五家为社，各树其土所宜木。今村墅间，多以大树为社树，盖此始也。"《周礼》"二十五家为社"，这里的社已含有宗法体制的内容，所植树木皆乡土树种。汉代以后到南北朝，社逐步演化为地方行政单位，如村社、里社等。古人植松还多见于陵园、园苑、祠树、庙树等。

南朝宋元嘉元年（424年），建安郡守华谨之倡导植树，于今福建建瓯的黄花山植松1.5

万株，这可能就是我国历史上最早的成片松树人工林。宋苏东坡是一位喜好栽松和倡导栽松的人，他的《种松戏作诗》："我昔少年时，栽松满东岗。初移一寸阴，琐细如插秧"；他的《东坡杂记》还论述松树采种育苗、植树造林、抚育管理方面的生产技术；尤其感人的是他和苏辙在他父母和爱妻王弗的墓旁（四川眉山故里老翁山）植松"三万栽"，可见其对家人的感情至深。行道树，源于春秋时的"列树表道"，唐·夏言《九里松》诗云："百盘云蹬八千峰，飞盖穿行夹道松。"宋吴芾也说"古人常抱济人心，道上植松直到今"。还有村（社）边、道旁孤松或群松也多为人工种植，民俗中常定义为"风水树"或镇村"神树"。

2. 墓、坟丘植松

墓、坟植松，与远古以来丧葬制度有极深渊源。古代丧葬主要经历史前时期的原始葬法、野葬到墓穴、坟丘墓的过程。到有墓和坟丘时，才有墓区坟头松树的栽植。仰韶文化中后期，墓地任由植物覆盖，墓地周围森林茂密，受此影响，后来的墓地便人工植树。上古时期的人类祖先崇拜森林（自然崇拜）也逐步造成人死后归葬山林的习俗。古人相信灵魂不灭，归葬山林就可以得到山神和树神的保佑，还有祈求生殖繁衍的意义。

据考古发现，夏代始封土为坟，但坟丘矮，也不很大。大体夏、商、周（西周）的坟丘为上层统治者专有，并植树为坟茔标识，松柏为最高统治者专用之墓木。《周礼·春官》载："以爵为封丘之度，与其树数。"按照官爵的等级来定坟头封土的大小和植树多少，并形成制度森严的墓葬等级。秦汉时写的《春秋纬》载"天子坟高三仞树以松，诸侯半之树以柏，大夫八尺树以栾，士四尺树以槐，庶人无坟树以杨柳"。周时的最高统治者称"天子"，此制度最迟实行于周的早期无疑。春秋之后，墓主的身份和等级不断松懈，有着传统山林崇拜的贵族，坟头封土逐渐高大似山丘，并广种树木以模拟山林，满足祭祀凭吊和荫佑后世子孙健康长寿等的精神需求。墓茔植松柏槐等，取象征先人如松柏常青之意，故松柏也常被后世喻指墓地，有庄严肃穆之感。同时这一观念和坟头植松风俗始向民间流传、普及，松柏由贵族专用墓木到民间普及的坟头树，见证了我国封建等级观念的时代变迁。战国时，君主的坟墓称"陵"，含有高大的山丘之意。秦惠王则明文规定："民不得称陵。"民，指士、农、工、商，就是富可敌国的阔佬也不得将自己的坟墓称为陵，从此，陵就成了帝王坟墓的专有名词，也由此产生了后世陵寝树木文化。秦汉以后，墓葬"风水术"兴起，陵墓上的松、柏、槐等又多了风水的象征和意义。

秦以后的皇陵，也多植松、柏、槐等。洛阳北邙山是天下有名的墓葬区，据记载，这里有东汉、西晋、北魏皇帝的陵墓，当时流传着的《驱车上东门》诗云："驱车上东门，遥望郭北路；白杨何萧萧，松木夹广路。"浙江绍兴越城区攒宫山建有南宋高宗永思陵、孝宗永阜陵、光宗永崇陵、宁宗永茂陵、理宗永穆陵、度宗永绍陵六帝陵寝，称"宋六陵"；此外，还有北宋徽宗陵、宋哲宗后陵、宋徽宗后陵、宋高宗后陵，占地 2.25 平方公里（"文化大革命"时辟为茶园），为江南最大的皇陵区，时普遍植松，现仍古松寥落，撒布陵区。

明孝陵位于南京钟山南麓，为朱元璋与马皇后合葬陵墓，仿唐宋形制修建，历时 25 年建成，陵园内植松 10 万余株；北京明十三陵植松四五千株，著名者如思陵（朱由检帝吊死景山后，葬在先死的田贵妃坟上）古松等。

沈阳北陵即清昭陵——太宗皇太极陵寝（后辟为公园），称"全国闻名的古松聚集地"，因这里的古松是 1643 年从辽宁南部的千山移栽至此的，当时的数目大约有 5000 棵，现在保存的有 2300 多棵；清西陵位于河北保定易县，从建陵开始，清王朝就在永宁山下，易水河畔的陵寝内外，栽植了数以万计的松树，现在这里有古松 1.5 万株，青松翠柏 20 余万株，14 座陵寝掩映在松林之中，俨然一幅绚丽的山水画；清东陵称"河北最美丽的地方"，美在青松巨柏苍翠欲滴。古代帝陵植松、种柏，都含有皇族江山千秋万代之意。

3. 园林与松

在古典园林中，松是植物运用最普遍的一种，大凡园林则必不少松。《燕都游览记》："……堂前怪石蹲焉，栝子松（白皮松）倚之。"吕初泰《雅称》："松骨苍，宜高山，宜幽洞，宜怪石一片，宜修竹万杆，宜曲涧㶁㶁，宜寒烟漠漠。"在皇家园林中，松意象龙，体现统治者"艮古常青"思想。私家园林多因其"松骨苍，皮斑斓"，具成熟苍劲之美，与文人墨客情怀相契合，更含寓意深沉的组合构思，如松竹梅"岁寒三友"，松竹梅水月"五清图"，松竹萱兰寿石"五瑞图"等。现代白皮松、长白松、樟子松、赤松、欧洲赤松并称五大"美人松"，白皮松则被誉为松树中的"皇后"。陈从周（近现代著名的建筑、园林艺术家）《说园》："白皮松独步中国园林，因其体形松秀，株干古拙，虽少年已是成人之概。"如洛阳私家园林中的"松岛"（吴氏园）园中多古松（白皮松），数百年的古松参天，园东南隅"双松尤奇""松岛"由此得名。南方如苏州的网师园、拙政园、狮子林、留园、怡园以及扬州的何园中的白皮松（古松）、黑皮松等都是园林中的主景和配景。网师园"看松读画轩"有树龄都在 800 年的古松、古柏；"竹外一枝轩"左侧 1 株黑松及曲桥头 1 株树龄 200 年的白皮松，称"山石嶙峋、松柏横斜"景观。拙政园，水岸藤萝粉披，山岛林荫匝地，松林草坪、竹坞曲水，全园百分之八十为植物山水景观。园中的"听松风处"（"风入寒松声自古"）"得真亭""留听阁"等的松风（听涛）、松韵，银杏木雕刻的"三友"鹊飞罩，一派诗画，令人陶醉。

中国古代园林以景取胜，景物取名，植物命名者甚多。如万壑松风、梨花伴月、桐剪秋风、梧竹幽居、罗岗香雪……，极其普遍，充分反映出中国古代"以诗情画意写入园林"的特色。在漫长的园林建设史中，还形成了中国园林植物配置的程式，如松风柳韵（或崖松岸柳）、栽梅绕屋、槐荫当庭、移竹当窗、悬葛垂萝等，都反映出中国园林植物配置诗画特征。

【寺庙园林与公共园林】寺庙（主要指道庙佛寺）园林，即宗教园林，也是我国最重要的园林系统之一，起源于道教自然园林。终南山的"楼观台"（详见春秋时尹喜结草为楼迎老子，北面而师事之的故事）传为中国道教最早的宫观，即老子讲经论道，并著《道德经》以及死后埋葬的地方，公认的道教祖庭，号称"天下第一福地"，古籍赞美云："关中河山百二，以终南为最胜；终南千峰耸翠，以楼观为最名。"距今 3000 多年。民俗贺寿用语"寿比南山不老松"的南山，指的就是终南山，可见其松柏繁茂，尤以山上墨松为奇。据《终南仙境志》载："晋惠帝元康五年（295）复修，蒔木万株，连亘七里，给户三百，供洒扫。"现为楼观台森林公园。

佛教约东汉明帝时由印度传入，最早佛寺，洛阳白马寺植柏、梅、桂、牡丹等。东晋时僧人慧远在庐山营造东林寺："却负香炉之峰，傍带瀑布之壑；仍石垒基，即松栽构，清泉环阶，白云满室。复于寺内别置禅林，森树烟凝石径苔生。"（梁·慧皎《高僧传》）《洛阳伽蓝记》描述北魏洛阳城内外的许多寺庙"堂宇宏美，林木萧森""庭列修竹，檐拂高松""斜峰入牖，曲沼环堂"可见当时城内寺庙林立且多栽松的状况。自古名山僧占多，从两晋、南北朝到唐、宋之后，随着佛教、道教的几度繁盛，寺庙园林的发展在数量和规模上都十分可观，名山大岳几乎都有这种园林。松是分布最广的树种，凡山野、崖壑都离不开它的身影。寺庙大体在临泉、崖边、林中选址，所以多有松相伴。皇家园林有时代性，大体"朝亡宫毁"，或旧代园林被新代君主改造。寺庙园林则可以长久保存，因此千年古松名松多存于寺庙园林之中，如泰山五大夫松、洛阳青云宫华山白松、北京戒台寺古松、安徽青阳凤凰松、南京兴国寺（今中山公园）辽松、福建广化寺南山古松、山海关三清观奇松……

宗教园林皆开放性，具有公共园林性质，也可以说是早期的公共园林。真正意义上的公共园林，始于唐代的长安曲江池，当时的"长安八景"之一，重要节日，如上巳（三月初三）、晦日（月末一天）和重九（九月初九），是皇帝、达官贵族与民同乐的地方。宋代继承发展传统寺观、郡圃等公共园林；开放官署园林，称"吏民同乐""民安而君后乐"，将汴京御苑的金明池、琼林苑等皇家园林对市民开放，同时私家园林也开园赏春等，使公共园林发展达高峰期。近现代公共园林多由皇家、私家园林开放而来，并在上海、天津等地出现西方园林风格的租界公园。此一时期，中国古典园林有相当一部分被"改造"，同时也"改造"了古典园林中的古松和古树。现代园林"西学东渐"，中西合璧。北方公园仍然多见白皮松、油松，及叠石假山偃松等，南方公园，雪松、马尾松、云南松、白皮松、黄山松、五针松等却也常见。松、竹、梅"岁寒三友"依然结合建筑、石泉、楹联等元素来创造各种意境，成为"中西合璧"园林中重要的中国古典园林元素。

福建、台湾园林（包括皇家、私家园林、公共园林和寺庙园林）属以广东为代表的岭南园林体系，虽效仿北方、江南园林，却凭海临风，能将精美灵巧，庄重华缛集于一身，具有轻盈、自在与敞开的岭南特色。古典皇家园林始于西汉南越帝赵陀的宫苑。此后有南越王的四台、闽越王的桑溪（福州）、南汉的西御苑、闽王的西湖水晶宫等；而私园有广东的四大名园（顺德的清晖园、佛山的梁园、番禺的余荫山房、东莞的可园），广西的雁山、福建的菽庄花园、安海宅园，台湾的四大名园（板桥林家花园、新竹北郭园、雾峰莱园、台南吴园）等；公共园林有惠州西湖、桂林七星岩、福建清源山、福州"大梦山"（大梦松声、荷亭唱晚）、台湾龙湖岩等。台湾古典园林多仿效闽南园林。岭南园林多与因水为水，因山为山的自然要素结合。植物布景"四季繁花，热带风光"，多棕榈类、榕树、菠萝蜜、蜡梅花、南洋杉、凤凰木等珍贵古树及果树，松的人工景观相对较少。

松树多见于自然生态景观中的瀑布崖顶，泉涧两岸或山脊。如福州松坞，《三山志》记：松径极高大，国初已有之。有钱昱留题云："景致逼神仙，心幽道亦玄。僧闲来出世，松老不知年"；永泰青云山景区，万藤谷古松横生；闽侯响石崖明少保黄镐别业（园林别墅）有桂岩、鳌石诸胜，山畔万松如棘；宋翰林潘牥读书处的通谷山"药涧微风度，松涛乱影流"（曹学佺《游通谷洞》）等。

闽南近代多华侨园林，并由华侨园林向城市公园发展，中西合璧。现代园林，著名的如厦门园林植物园，植有中国金钱松、日本金松、南洋杉世界三大观赏树；近30多年的发展，公共园林遍布福建各地及许多乡村，如城市公园（各县市都有）、动植物园、森林公园、地质公园、名胜古迹，以及乡村的"森林人家"等，松类树种（马尾松、黑松、湿地松、火炬松等）

因其高大挺拔、古雅雄奇，在上述公园中常见。

福建寺庙园林非常发达，始于东汉，有 1500 年历史。全国重点佛教寺庙就有 142 个，道教《天地宫府图》说的"三十六洞天、七十二福地"福建就占了 4 个：第十三福地(焦源，今建阳境)；第十六洞天(武夷山大王峰，名"真升化玄天")；第二十七福地，洞宫山，在建州关隶镇五岭(今福建政和、周宁、屏南等县间之洞宫山)；第三十一福地，勒溪(沂溪)在建州建阳，传说汉时淮南华子期曾隐居此山炼丹得隐仙灵宝法，骖鸾而去。朱熹《芹溪九曲咏》第五曲咏云："五曲峰峦列翠屏，白云深处隐仙亭；子期一去无消息，唯有乔松万古青"(《建阳县志》)。道教"洞天福地"，庙观常依崖、临水、多松。著名的佛寺，如建于南北朝的莆田南山广化寺和建于唐代的福州涌泉寺、泉州开元寺和漳州南山寺合称福建四大丛林禅寺，松是比较普遍的景观之一。涌泉寺山门东有灵源洞，宋·李弥逊《游鼓山灵源洞》诗云："啼莺唤起清昼眠，洞松岩竹谈幽禅"；千年古刹莆田南山广化寺后山，有 10 多棵千年的参天古松，称"南山松柏"，清顺治年间始定"莆田二十四景"时，就把"南山松柏"列入其中。建于唐代的厦门南普陀寺面海背山，后山即"五老山"，现为万石植物园的一部分，也不乏松景。

在中国漫长的历史发展中，松柏被人们赋予了丰富的文化内涵，又因其树形优美、四季苍翠，成为造园重要的植物材料，被研究者总结为三大审美体验：自然美、意境美和比德美，比德美是松柏的品德美和精神美。

(三)松树崇拜与民俗

1. 社树崇拜、道教长生

原始艺术研究认为，农耕文化之前，一般说来，人类艺术只描绘动物而不描绘植物。"从动物装饰到植物装饰的过渡，是文化史上最大的进步——从狩猎生活到农业生活的过渡——的象征"(格罗塞《艺术的起源》)。这一论述成了艺术史学中的著名论断，概括了人类艺术发展的重要事实。艺术中的植物"比兴"都与原始宗教有关，源于植物崇拜。

松树崇拜，也见于"社树"崇拜。进入农耕社会之后，土地是第一重要的生产资料之一。古时的社，即土地、或土地神、祭祀土地神的地方。凡社必植树，称"社树"。为祈求风调雨顺，每年春、秋、冬 3 次祭社，是一种原始宗教形式。祭社同时，也常"祭树"，代表"祭社"，因而"社树"成了"社"的代表，具备了"神"的形象，并形成崇拜土地神一样崇拜社树的习俗。土地的延续使用，社树的长久树立，便蕴含祖先、宗族等内容，因而社树崇拜，还含有祖先、宗族崇拜的内容。松为社树最早见于夏后氏，即禹的时代。《淮南子·齐俗训》云："有虞氏之礼其社用土，夏后氏之礼其社用松，殷人之礼其社用石，周人之礼其社用栗。"据《周礼·春官》的记载，立社的地方"在中门之外，外门之内"，左边为宗庙，右边为社稷。筑土分青、黄、赤、白、黑 5 种颜色，并且依照东、南、西、北和中央 5 个方位配合栽植松、柏、栗、梓、槐 5 种树木。《初学记》卷十三引《尚书·无逸》："大社惟松，东社惟柏，南社惟梓，西社惟栗，北社为槐"。这是属于国家级的社树(最高统治者宗族的社树)，松是最受崇拜的社树之一。民间的社也属于血缘宗族立的社，"各以其野之所宜木，遂名其社与其野。"(《周礼·地官》)古代松也是分布最广的一种树木，以松为标记的宗社自当不在少数。近代以来常见保护很好的村旁古松等，都具有社树崇拜遗俗的特征。社树的宗教观念还包含有故国、乡里、福禄、国祚的意义。

树崇拜也与道教长生成仙思想结合，形成了道教独特的树崇拜观。道教吸收了树作为天地通道的作用，将它想象成道士成仙的一条道路。《历世真仙体道通鉴》记载有侯道华由松树飞升的传说，其飞升时"松上有云鹤盘旋，箫笙响亮，道华突飞在松顶坐……俄顷，云中音乐声幢幡隐隐，凌空而去。"唐·郑云叟以此题诗云："松顶留衣上玉霄，永传圣迹化中条。不知揖遍诸仙否？岂累如今隔两宵。"道教中以树作为升仙的途径，使古代原始宗教中树和飞鸟作为神的"天梯"的思想在道教中得到了继承和保留。道士还有服食松针、松花粉、松根，追求长生之习；松，也成为道教长生不老的重要原型。

2. 图腾崇拜

松树，还是云南澄江等地彝族的图腾崇拜。传说其始祖阿楼，在洪水滔天时代，从一个漂流到岸边破裂的竹筒中走出来，与一个由松树变成的怪女成亲，后其子孙繁衍而形成彝族。为了纪念这一怪女，把松树奉为始祖。当地彝族村寨都有一片被称为"民址"（彝语音译）的山林，栽有高大的松树。每年农历三月初三，村中长者率12岁以上男子举行大祭，向"松树神"祈福。彝族人崇松还表现在吃年夜饭时把松针撒在地上，松枝插在院子里和门前叫"松蓬"；用松针、松枝和醋熏蒸房间，象征新的一年庆吉平安；以及过年栽松等习俗。

达斡尔族人的大树崇拜，把老松树、稠李树、老柳树、桦树等尊为"翁古热"（神灵）崇拜。一些苗族聚居地，逢年过节寨里人都要拜树，祭拜村头古树林的枫树、松树、枞树、樟木等。

3. 辟邪祈福习俗

在民间最常见的是墓葬栽松习俗，主要沿袭皇家陵园"风水术"思想，如福建农村，尤其闽中和闽东一带古时墓葬，先看风水择地，后立墓栽松、立碑。常在墓顶和墓旁两侧种一小片松树，称"墓头树"，寓意常青不朽，荫庇子孙后代。

土家族祖坟亦多栽松树、柏树，以象征万古长青、子孙后代繁衍不息，所以对这些树要加以绝对保护。清明节前一天的寒食节，西北黄土塬出嫁的姑娘携女婿回娘家，他们头戴新枝柳圈，连续3年到新逝亲人坟墓上，插柳枝和彩纸糊成的花树，女婿则在坟顶栽麻黄树，四周植松柏树……

松柏还以其强大的生命力，被视为保护神，具有驱魔辟邪，祈福求安功能。传说古时藏族男子打仗或狩猎归来时，部族首领、老年人、妇女、儿童聚集寨外郊野，燃上一堆松柏枝和香草，并不断向出征者身上洒水，意为用烟和水驱除各种污秽之气。藏族民间多在山头垒石堆，石堆上插着经幡弓箭和用红黑颜色勾画过的松树枝，松枝上挂着哈达、羊毛、红布条等迎风飞舞，寓意松树的圣洁与驱邪镇鬼的法力。藏俗中还有一种既古老又普遍的祈祷形式"煨桑"。"桑"是藏语"祭礼烟火"之意，用松柏枝、艾蒿、石楠等香草叶，燃起霭霭烟雾，这种"煨桑"，是祷告天地诸神的仪式，烟雾可直达天神居住的地方（连接天地），松柏香气可取悦于神，希望赐福。

福建各地农村，尤其闽西客家人和畲族，在新中国建立前多有老树、大树崇拜，主要对村头、村尾的风水树樟、榕、枫、松、杉、银杏等烧香祭拜，祈福求安，避凶免灾。

（四）福建古松

1. 古松群落、古松林

【德化"小黄山"】德化石牛山省级森林公园素有"小黄山"之誉，南侧蜂仔峰顶（海拔 1759 米，面积数百亩），生长着上百年树龄、形状各异的"怪松"，树干饱含松脂，枝丫虬曲，松针粗短，高仅 3 米，树冠宽大，整个山头犹如一座壮观的盆景公园，成为罕见独特的自然景观。

【政和县松林岛】坐落在周弄坑村边乐平溪中有一块 1800 余平方米的沙洲，沙洲上生长着 160 余株参天古松，故名"松林岛"。岛上古松树多在 300 年以上，苍劲挺拔。夏秋时节，游人来这里避暑野炊，领略"山风鼓松涛，流水映彩云"的自然情趣。

【长汀县铁长乡张地村马尾松古树群】古树群位于马头岌自然村后山，这里有数百株百年古树刚劲挺拔，清新脱俗。

【漳平市双洋镇溪口村马尾松古树群】古树群位于麻坑自然村，面积 125 亩。相传为防止老虎作祟，当地老百姓栽植了这片松林，随后不断补栽，使这片松林得以保存下来，成了麻坑村的保护神。有相沿成俗的乡规民约：罚敢砍树者杀猪公处，因此这里的老松被称为"禁林松"。

【永泰县方广岩景区马尾松古树群】古树群位于葛岭村，这里有马尾松古树 200 余株，平均树龄 150 年。方广岩，属省级文物保护单位，因其天泉阁临渊架构而被称为东南悬空寺。方广岩天门有欧阳骏联句："寺凭松作径，天设石为门"。

【厦门古松村】同安莲花镇西坑村、汀溪镇半岭村、翔安吕塘村是有名的古松村。被誉为厦门"最美乡村"的同安莲花镇西坑村和翔安吕塘村，都有"独一无二"婀娜多姿不逊黄山松的古松林。西坑村位于同安、长泰、安溪三县交界处，整个村落横亘在大山腰，全村 800 年前从祖上幸存下来的古松至今还有 30 多棵；村口 2 棵千年古松相互簇拥，村尾有 7 棵 600 多岁（族谱为据）古松笑迎宾客；也有长在悬崖石壁上和山谷中，以及景观卓绝的梯田中的古松，年龄差不多一样老，迎风而立于蓝天白云间。村民说"古松是村里的风水树，松脂照明的年代都没人敢动它"。

吕塘村属临海小山村，有 50 多亩古松林，称"古松生态园"。因村里人早期从西南方向迁移而来，古松全都倾向西南（可能海风缘故），村里人都说古松有"灵性"视为"神树"崇拜。洪氏族谱载，这片古松柏林植于明朝洪武二十年（1388 年）有 600 多年历史。吕塘村古松还与相邻的古榕树群为伴，并有形态各异的石头点缀别有一番韵味。

汀溪镇半岭村口挺立 1 棵苍劲有力，翠叶欲滴如盖的参天古松，周围的 20 亩林地上，分布着近百棵古松，与半岭村古旧的青石房相伴。老人说，有半岭村就有松树，一代一代从祖辈传下来，树龄大约有四五百年；村民对这些古松很敬畏，不仅从没有人去砍，树下还经常能见得到村民祭拜的香火。

【仙游县百年老松第一村】书峰乡西坑村后山上，一棵棵绿意葱葱的参天大松树沿着山上的古驿道两旁绵延 2 公里，有 400 棵左右。为此，仙游县人民政府批准书峰乡西坑村正式更名为百松村。这里的大松树——马尾松，专家鉴定百年以上的就有 135 棵。老松苍劲雄伟，虬枝盘结，如苍龙凌波，如猛虎归山，有的树干粗得须三四个人环抱。2011 年，由电影《集结号》制作班底打造的《烟雨离歌》(又名《芦花寨》)曾取景于此。

2. 著名古松

【红军树和月亮树】位于南靖县龙山镇南坪村的二尖山上的 2 棵千年古松相隔 400 多米，遥相呼应，皆生长在红军走过的路旁，见证了红军攻克漳州之前的南靖决战。当年红军侦察地形和敌情时曾经在其中的 1 棵树下休息，这棵树便名"红军树"。"月亮树"低于"红军树"，因其树冠犹如天上"月亮中的树"而名。2 棵树极为宏伟壮观。村民视"红军树"和"月亮树"为宝树，呵护有加。

【光泽"龙爪松"】位于司前乡西口村管坳门前公路边。粗壮挺拔、朴实大方，更显示出不屈不挠的强盛生命力。树冠面积 1330 平方米，全树呈平顶状，枝繁叶茂，果实累累。各枝向四面自然弯曲延伸，近看形同"龙爪"，故称之为"龙爪松"。据坳村郑氏族谱记载，明万历(1573～1620 年)初期，泉州沿海郑氏一族为避倭乱迁徙至此，见此松奇特，故于此定居拓业，树龄当在 500 年左右。

【连城"织女松"】位于莒溪镇小莒村，粗壮挺拔。相传约 900 年前，在小莒村南面正中伸出一条蛇状岗发，在岗发前端长出了 1 棵小松树。小松树一天天茁壮成长，树形非常漂亮，像仙女下凡一般，古时称其为"万年福"。十里八乡的百姓认为这是老天爷的赐福，都称其为神奇的"织女松"，纷纷前往祭拜，祈祷神树为民化灾解难，保佑平安。据传 1930 年红军攻打龙岩上杭路经此地，老将军罗铭带领全军指战员鸣枪 3 响以祭拜此神树，从此部队屡战皆捷，战绩赫赫。如今，有越来越多的百姓采用不同的方式方法前来敬拜，古松树神采依旧。

【福建古松王】古松位于屏南县岭下乡葛畲村苏氏祖坟的正上方，胸径 1.6 米，树高 25.8 米，冠幅 15.8 米，树龄 200 余年。经评选为"福建马尾松王"。树主干离地 1.5 米处分为 3 根并排笔直的树干直径都在 1 米以上，高耸入云。远处看，酷似一根根"鹿茸"，昂首俏丽，当地人称为"鹿角松"。俗有"麒鹿出洋"的美丽传说。

【闽王后妃故乡迎客松】民间传说和《闽帝游山记》都述及此树。位于福建省惠安县滨海的张坂镇后边村，锦田黄氏宗祠(惠安县志记载，锦田黄氏祖祠，为闽王王审知王妃黄厥的诞生地)后的灵秀山陡岩峭壁石隙中，生长着宋代栽植的黄山松，距今已千年。风霜磨砺，树冠偏南倾斜，枝丫蜿蜒，与碧海、蓝天、绿茵相映成趣，形成独特景观。其绚丽之姿，不亚于黄山"迎客松"，被称为"锦田迎客松"。

此外还有诏安县官陂镇林畲村禾苍崇自然村的"松树王"；永定南溪土楼群中的衍香楼后 3 棵 200 余年的古松树奇观("三次树顶冒烟，千人观看")；著名的莆田南山广化寺千年古松；上杭县蛟潭村神奇古松树(可能寄生等原因，多人才能合抱的大松树上，一部分枝权上同时长出两种叶子，一种是松针，一种是像阔叶扁平状的叶子，均呈墨绿色，而树干上看不出嫁接的痕迹)；以及龙岩东肖森林公园古松；涵江六中古松，等等。

（五）松树在诗词散文中的文化意象

【以松比德】从春秋战国的《诗经》《论语》《庄子》《荀子》等诗词、散文论述，已形成以松比德的民族传统。《诗经》"松柏丸丸，松桷有挺；松柏斯兑，松桷有写"等诗句，反复赞美松的端直高大；《论语·子罕》，孔子曰"岁寒，然后知松柏之后凋"赞美松的高洁、坚韧；《庄子·德充符》（前引）松比尧舜、圣贤；《荀子·大略》则把松比君子；东晋陶渊明不与世俗同流合污，选择归隐田园，寄情于松，赞为"怀此贞秀姿，卓为霜下杰"，以"抚孤松而盘垣"而感到欣慰；唐·李峤《松》："岁寒终不改，劲节幸君知"；李白："太华生长松，亭亭凌霜雪。天与百尺高，岂为微飙折……愿君学长松，慎勿作桃李。受屈心不改，然后知君子。"松的高洁、守志不阿节操、坚韧和博大胸怀正符合古代哲者、文人的基本素养和追求，因而以松比德历代相沿。"种柳观生意，栽松养太和"（国民党大员，著名书法家于右任厅堂中悬挂的自己早年的墨宝）是一幅修养情操的对联。比德和高尚情操修养都是松树文化比兴中最普遍的"松树精神"。

【长寿象征】松树四季常青，寿享千年，为长寿的象征，古人称松为"苍颜叟"。松尊为"百木之长"，称"木公"，除长寿，还代表刚毅、奋进的精神，因其刚毅、奋进，所以长寿。东晋著名的道士、医药学家葛洪："大岭偃盖之松，大谷倒挂之柏，皆与天齐其长，与地等其久"，直言松柏与天地同寿。他在《抱朴子》中有这样的记述："南阳郦县山中有甘谷，水所以甘者，因谷上左右皆生苍松、甘菊，花粉堕入其中历世弥久，故水质为变，谷中居民食者无不长寿。"

唐·孟郊《西上经灵宝观》"青松多寿色，白石恒夜明"；徐铉（五代宋初文学家、书法家）赞松"虚韵风中远，寒青雪后浓"；宋僧无肇的《惜松》"不为栽松种茯苓，只缘山色四时青。老僧只恐移松去，留与青山作画屏"；元代诗僧元叟行端禅师《栽松》"钝镢横肩雪未消，不辞老步上苕荛。等闲种得灵根活，会看春风长绿条。"清陆惠心《咏松》"浸道无华争俏丽，长青更比一时芳"等都是在赞松的同时也景仰松树的长寿气质与品格。

林景熙《云梅舍记》载，"即其居累土为山，种梅百本，与乔松、修篁为岁寒友"，一方面取其玉洁冰清、傲立霜雪的高尚品格，一方面也将其视作常青不老、旺盛生命力的象征。松常与鹤为伍，皆视为仙物，"松鹤延年"寓意高洁长寿。在传统绘画领域，《松鹤延年》是一个重要题材，清代僧人虚谷之作尤为著名（此画作于光绪十五年）。现代人还把松柏作圣诞树。

【以松品人，以松自喻】李元礼是东汉名士，史称"天下楷模"。《世说新语·赏誉》评："世目李元礼，谡谡如劲松下风"。西晋名士和峤，为政清廉，甚得民心，其人品才能："峤森森如千丈松，虽礔砢多节目，施之大厦，有栋梁之用"。嵇康"萧萧如松下风，高而徐引"，嵇康身长七尺八寸，风姿特秀，因而有此一比。左思则以"郁郁涧底松"（《咏史》）自比寒族孤直之士的被压抑。南朝梁文学家江淹在《知己赋》中也以松自比"我筠心而松性，君全采而玉相"，说自己的心像竹子那样正直，而个性像松一样坚强。苏轼称"松、竹、梅"为"三益友"。他被贬黄州（今湖北黄冈）时因经济拮据而开荒种地，还在田边筑一小屋，取名"雪堂"，四壁画上雪花，院内种植松、柏、梅、竹等花木。一次，黄州知州徐君猷来访，见他的居所冷清萧瑟，问他坐卧起居，满眼皆雪，是否太寂寞、冷清，苏东坡指着窗外摇曳的花木，爽朗地笑道："风泉两部乐，松竹三益友"。此后不仅文人常自比"岁寒三友"，也入诗入画；民间的贺岁辞还有"松竹梅岁寒三友，桃李杏春暖一家"。

【松风松韵，友谊爱情】魏晋时有古琴名曲《风入松》，传为嵇康所作，后来也成为词牌名。李白"泠泠七弦上，静听松风寒""松风"常和琴声相联系，风雅清幽。唐代刘威有"风入寒松声自古，水归沧海意皆深"之句，松风传雅韵，听松风也就成为文人雅士的风雅之举。《南史》载"山中宰相"陶弘景(著名道、医、文大家)，特爱松风，庭院皆植松，每闻其响，欣然为乐。宋代的陆游则神会而诗"陶公妙诀吾能会，但听松风自得仙"。宋以后的文人对"松风"也多钟情，元代王冕《漫兴其二》："白月夜分双鹤舞，清风时听万松吟"，以及苏州园林中的"松风水阁""松籁阁"等题匾，"一亭秋月啸松""万壑松风酒一壶"等题联。此外，还有"松泉""松云""松月""松鹤"等。审美意象不仅入诗，而且也入画。

松因其坚忍执著，也象征友谊与爱情。松竹梅"三友"便是吉祥、友谊的象征。南朝乐府《冬歌》："我心如松柏，君情复何似……经霜不坠地，岁寒无异心"。苏东坡在他的发妻墓旁植松万本，称"松岗"，情寄《江城子·记梦》："十年生死两茫茫……明月夜，短松岗"。

古往今来，松寄托、凝聚着人们不断深刻的对理想品格、刚毅沉稳形象、清新古拙神姿的追求、崇敬与欣赏。吟松、唱松、记松、画松作品非常之多，文化意蕴十分丰富，难以概全。即使现代相关的小说、诗歌、散文，也常见于杂志、报端。松——留给我们的将是永恒的赞颂！

(六)松树的主要用途与利用价值

松属植物是北半球组成森林的最主要树种之一，有"原始公园"之称，保护价值极高。

松属植物集生态、景观、风水、文物、经济性利用、药用于一身，是大自然赐予的宝贵之物，用途广泛。

1. 生态价值

松树高大茂盛，组成的树林林分结构稳定，有着天然屏障作用，使强风减弱30%；能吸收转化空气中的二氧化硫、一氧化碳、氯化氢、硫化氢等有害气体，每公顷林地年吸收二氧化硫 $30 \sim 60$ 公斤；针叶能分泌一种杀菌素可杀灭松林中的有害细菌，清新空气，气味清香，净化空气作用明显。据研究，城市郊区的松林，在盛夏林中气温要比市区低 $2 \sim 5$℃，湿度要高出30%以上。松树根，有外生菌根，根系发达，持水能力很强；根系还分泌一种有机酸，分解吸收岩石中的矿物盐类养分，因此松树能在干旱少土的沙地，丘陵、山坡峰顶、悬崖峭壁、深壑幽谷中郁郁葱葱生长，既是保持水土又是无可争议的造林先锋树种。黄山松根部常常比树干长几倍、几十倍，由于树根很长很深，能顽强立于岩石之上，凌霜雪而不凋，永葆青春。

2. 观赏和景观保护价值

明代知名文学家袁宏道描写松树"虬曲幽郁；无风如涛……枝叶婆娑，松阴覆地，飘粉吹香，写影石路"，有着清雅、古拙千姿百态的之美，是中国很多风景区的重要景观成分，如辽宁千山、山东泰山、安徽黄山、江西庐山、福建石牛山等都以松树景色驰名。尤其黄山以松为首的松、云、石"三绝"景观驰名世界。同时众多的奇松、古松、道旁松、孤松等都与中国悠久的历史文化密切联系，入诗入画，不仅给人以美的感受，还具有游憩体疗作用，是珍贵的自然、人文历史遗产，有极为重要的保护和观赏价值。

3. 木材加工利用价值

松乃栋梁之材，晋代刘琨有"本自南山松，今为宫殿梁"句。树干可供建筑、电杆、枕木、矿柱、桥梁、农具、器具、家具等多种用途。各种松木的纤维素含量约为 50%~60%，木质素为 25%~30%，为制浆造纸工业重要的原料之一，同时也用作人造板材和薪炭材。从树干割取的松脂，可提取松香和松节油，制作樟脑等。产于红松、偃松、华山松等 20 种松树的种子，富含蛋白质和油脂，有食用价值。红松的种子名"海松子"，是一种滋补强壮剂。马尾松树皮又称"龙鳞"含鞣质、左旋海松酸，可浸提栲胶；粉碎后与其他原料混合，可压制成硬纤维板。《史记·龟策列传》：千岁之松"下有茯苓，上有兔丝……"松枝和松根还是培养名贵药材茯苓的原料。

福建造船历史非常悠久，相传春秋战国时吴王夫差曾在闽江口设厂造船，唐天宝年间在泉州建造海船。据《西山杂志》记载，泉州海船："舟之身长十八丈，次面宽四丈二尺许，高司长五尺余…银镶舱舷十五格。可贮货品二至四万担之多"；明、清时福建沿海的各种战船、海沧船、草撇船等统称福船，包括大福船。造船用材主要为福建产的松、杉、樟、楠木等。

"文房四宝"中早期的墨均为松烟墨。最早的松烟墨是汉代的"渝麋大墨"（渝麋，今陕西省渝阳县）。松烟墨是以松木为主要原料制成，东汉曹植曾赋诗说："墨出青松烟，笔出狡兔翰"，他肯定了松烟是墨的最早原料。东汉许慎《说文解字》称："墨者，黑也，松烟所成土也。"明代杨慎说："松烟墨深重而不姿媚，油烟墨姿媚而不深重。"

4. 药用价值

松树皮、松脂、松针、松花粉均可入药。皮有祛风、胜湿、祛瘀、敛疮等功效。《本草纲目》："痈疽疮口不合，生肌止血，治白秃、杖疮、汤火疮"。松脂又称松香，有祛风燥湿、排脓拔毒、生肌止痛、主痈疽恶疮，适用于痈疖疮疡、湿疹、外伤出血、烧烫伤等药用。

华山松、黄山松、马尾松、黑松、油松、云南松、红松等的松针中富含氨基酸及多种脂溶性和水溶性维生素，40 多种常量元素和微量元素及粗纤维，食松叶者可延年益寿，有防治高血压、冠心病、心脏病、糖尿病、中风、老年痴呆症、养生保健功效。松针可提取松针油，制取松针栲胶、松针浸膏。松针浸膏用于治疗皮肤病，对斑秃、慢性溃疡、急性湿疹、白塞氏综合征、隐翅虫皮炎、冻疮、固定性药疹、泛发性神经皮炎、小孩湿疹、红斑狼疮、龟头疮、青春痘等均有显著疗效。对治疗维生素 A 缺乏症、烫伤、癣病（如白癣、黄癣、发癣、脚癣）、毛囊炎、疖、汗腺炎、鼻臭症、萎缩鼻炎等疾病效果更佳；对阴道炎、尿道炎、外阴炎、子宫糜烂等疾病疗效显著。松针粉用作添加剂饲喂各种动物和鱼类，能促生长，防治相关疾病。可开发多种增强免疫、生发、降脂、安神、延缓衰老等保健食品、饮品和酒类，还可开发护肤品、洗发品、洗浴品、安眠枕等日用品。松针中含有能中和尼古丁的物质，可作"戒烟糖"；以松针代替笼布蒸小笼包子，其味道清香可口格外好吃。

松花粉，名松花、松黄，泛指马尾松、油松、红松、华山松和樟子松等松属植物雄蕊所产生的干燥花粉。历代医典，如汉《神农本草经》、唐《新修本草》、宋《本草衍义》、明《本草纲目》、清《本草从新》等均有记述。松花粉气味甘平无毒，祛风益气、收湿、止血，治中虚胃疼、久痢、诸疮湿烂、创伤出血，心腹寒热邪气，利小便，消淤血，润心肺，治产后壮热、头旋眩晕、头痛、颊素、口干唇焦、多烦躁渴、昏闷不爽，除风止血。久服轻身、益气力，延年。松花粉疗病胜似皮、叶及脂，亦可酿酒。

松花粉药膳，《食疗本草》中有用松花粉做汤、制馅、蒸饼、酿酒的记载；宋《山家清供》提到"松黄饼"的制作，该品"不唯香味清甘，亦能壮颜益志"。明《群芳谱》："二三月间抽穗生长，花三四寸，开时用布铺地，击取其蕊，名松黄，除风止血，治痢，和砂糖作并（饼）甚清香，宜速食不耐久留。"唐代白居易诗云"腹空先进松花酒，乐天知命了无忧。"宋代苏东坡说："一斤松花不可少，八两蒲黄切莫炒，槐花杏花各五钱，两斤白蜜一起捣，吃也好，浴也好，红白容颜直到老。"现代应用：保健品如国珍松花粉、破壁松花粉、破壁松花粉豆、松花粉护肝片等；婴幼儿食用品如松花钙奶粉、婴儿护肤品等。

七、油杉文化

(一)油杉属植物的分布与利用价值

油杉为松科(Pinaceae)油杉属(*Keteleeria*)植物的统称。其化石出现在欧洲、美国西部及日本的渐新世至上新世地层中。第四纪冰期后，残遗的油杉属植物仅分布于中国秦岭以南，雅砻江以东，长江中下游以南及台湾、海南岛。越南也有分布。油杉属共12种，1变种。包括海南油杉 *Keteleeria hainanensis*、黄枝油杉 *Keteleeria calcarea*、江南油杉 *Keteleeria cyclolepis*、矩鳞油杉 *Keteleeria oblonga*、油杉 *Keteleeria fortunei*、柔毛油杉 *Keteleeria pubescens*、台湾油杉 *Keteleeria formosana*、铁坚油杉 *Keteleeria davidiana*、旱地油杉 *Keteleeria xerophila*、云南油杉 *Keteleeria evelyniana*、蓑衣油杉 *Keteleeria evelyniana* var. *pendula* 威信油杉 *Keteleeria weixinensis* 等。除两种分布于越南外，其他均为中国特有种。其中分布区域较广的5种为：铁坚油杉、云南油杉、江南油杉、油杉和在石灰岩山地新发现的黄枝油杉。

油杉属树木树干端直，木材纹理直或斜，结构细致，硬度适中，干后不裂，含少量树脂，耐久用。可作房屋建筑、桥梁、家具、农具及木纤维工业原料等用材。树皮可提栲胶。如最为常见的铁坚油杉和油杉等。因各种油杉多生于交通方便的低海拔山区，故屡遭砍伐，破坏严重。除云南油杉尚保存一定面积的林分外，其他各种零星残存，资源极少。又因油杉球果的不孕性种子占绝大多数，林内缺乏幼苗、幼树，天然更新不良，亟待采取保护措施，促进天然更新和人工种植，以利油杉种质的保存和永续利用。

本属模式种油杉 *Keteleeria fortunei* (Murr.) Carr.，特产我国，为福建省省级重点保护植物。油杉是古老的孑遗树种，树形优雅美观，木材坚实耐用，种子含油率约52.5%，可制肥皂、润滑油。主要分布于福建东南部和南部，广东东部，广西南部等沿海丘陵地带。在福建福州、福建漳州、福建莆田、广东大埔、广西博白、广西上思等地有较大面积的分布。

由于人为干扰，破坏严重，目前成片油杉林极少，多散生在阔叶林中。现存的成片油杉林，多在寺庙附近和风景区，如福州的涌泉寺、莆田的西岩寺，已实行封禁保护。莆田油杉古树群主要分布为：城厢区广化寺有油杉古树7株，平均树龄300年；城厢区石室岩有油杉古树7株，平均树龄200年；涵江区大洋乡莲峰村现有古油杉7株。

龙岩市永定区高陂镇西陂村、黄田村和湖雷镇的湖瑶村尚存连片的油杉纯林，面积小的40平方米，大的达800平方米。其中，湖瑶村的一片平均胸径达32厘米，最大的胸径130厘米；黄田村一片天然油杉林，虽经多代采伐，生长仍很旺盛，已被当地列为重点保护树木。

在闽侯南屿镇太平山现存一小片油杉林，占地面积0.1公顷，大者胸径140厘米，树高32米，冠幅14.2米。植于明朝正德丙子年(1516年)，距离今有499年。该片油杉林现仍成丛连片，树冠茂盛，青翠葱郁。为保护古老油杉群，闽侯县政府于 2003 年将其列为县级文物保护单位，并立碑以记之。

在连城县曲溪乡素有"九龙江之源第一村"之称的冯地村，有 1 棵古油杉树似一名老卫士挺立在村口。冯地村地处梅花山腹地，海拔 1300 多米，年平均气温 16.9℃。这棵有 860 多岁的古油杉，树高 32.8 米，主干直立，要 4 人方可合抱。树冠层次分明，覆盖面积近 300 平方米。

（二）江南油杉王及"树神"的传说

江南油杉 *Keteleeria cyclolepis* Flous 为我国特有树种，是福建省省级保护植物。江南油杉树姿雄伟，枝叶繁茂而又浓绿，球果硕大，具有很高的观赏价值，适宜于园林、旷野栽培。江南油杉树冠常年翠绿葱郁，抵抗暴风雨袭击和防止水土流失的能力强，群众喜欢把它作为环境保护的好树种，常把它栽于村旁、山隘、路边，因树形雄伟美观，而被作为"风水林"和"风水树"，长期受到人们的保护。

福建长乐坛头龙峰书院有株江南油杉王。龙峰书院又称晦翁岩，因朱熹曾寓此讲学而命名。龙峰书院亦称三宝岩，因郑和下西洋，舟师驻泊太平港而得名。千年江南油杉王胸围 5 米多，树高 17 米，冠幅 26 米，目前老干虬枝，却显得生机勃发。

在福建省古田县大甲乡璋地村，发现有 7 株数百岁的江南油杉，其中最大的胸径达 175.4 厘米，树高 35.5 米，冠幅 27.28 米。据当地村民相传，此树为明朝永乐二年（1404 年）栽植，距今有 590 多年的历史。1991 年，古田县又在大桥镇隆德洋村发现 1 株更大的江南油杉，这株"鹤立鸡群"的江南油杉，主干通直圆满，胸径达 213.3 厘米，树高 40 米，冠幅 20.3 米，树龄约 600 余年。相距 50 多米处的另 1 株江南油杉，胸径也达 142.6 厘米，树高 38 米，树龄约 450 年。

福建省泰宁县发现 1 株江南油杉王，树高 35 米，胸径 160 厘米，其树冠覆盖面积约 300 平方米，树龄 400 多年。

福建省周宁县政府所在地狮城，原名周墩，又称东洋。明嘉靖三十五年（1556 年），福建按察使金事舒春芳拨款建筑城墙，并以城北狮子山为象征，遂称狮城。清雍正十三年（1735 年）狮城为宁德县县丞驻地，经堪舆家选定城中心 1 株江南油杉树前的风水宝地为治所。民国初年改建为中山堂，今重建为周宁县委、县政府综合大楼。这株苍茂翠绿、浓阴蔽日，树龄长达 1000 年的江南油杉王，奇异地植根于一块巨石之中，3 条粗根将巨石挤开 3 个大裂缝，油杉王傲然挺拔其上，临狂风而不动摇。该树高 33.5 米，胸径 212 厘米，树冠浓阴，覆盖面积达 642 平方米，单株材积 47.6 立方米。

相传以前，邻县福安晓洋村每年六月、七月、九月都有神戏。在演戏期间，总有一位身材魁梧、气宇轩昂的青年跻身台前观看，挡住了许多人的视线。清顺治二年（1645 年）六月初一，高个青年再次出现在晓洋村的戏台前。人们见他气度不凡，就问他哪里人。他回答："周墩人，罗姓，家住油杉树下。"因他看戏时挤在台前总挡住别人的视线，于是有福安好事者恶作剧，将一只草鞋偷偷系在其辫子上，并于散戏后尾随他去。直至周宁城北的江南油杉大树下，不见高个青年的影子，只见眼前草木森森，并无房舍，且大树上还挂着一只草鞋，于是恍然大悟，原来此人乃树神也。

后来，人们认定是这株江南油杉会显灵，遂在树前面建"大圣庙"，奉此树为"罗柴公"，并带着虔诚敬畏的心朝拜祭祀，几百年来，香火鼎盛。直至 2005 年，"罗柴公"因多方原因缺水而几近干枯，长安社区立即筹措资金近万元加以精心呵护，不仅保证了树根部常年有水缓灌，而且树干、枝叶也有水从上往下常年滴注。如今，这株德高望重的江南油杉王依旧风姿绰约，傲然屹立。

在福州闽侯竹岐镇源格村，分布有 3 处油杉群，株数 46 株，胸径大者 330 厘米，小者250 厘米，高约 25 米，成片成群分布。据传说，本村陈姓始祖由河南固始南迁福建永泰县。陈丕升夫妇用巨型朱笔为扁担，挑着两个儿子，于清康熙年间（1681 年）来到源格，在格顶休息。放下箩筐，直插朱笔于土地中。不料朱笔成活，成为油杉林。夫妇喜极，就在此定居。源格村繁衍至今已 13 世 580 多人。如今，油杉群如龙扎地，苍劲有力，枝叶相连，绿荫覆地。

（三）海底古森林及"沉东京，浮福建"的传说

1986 年，广东省地震局研究员徐起浩在福建省晋江市深沪湾看到海水退潮时，海滩上露出了一些黑色的树桩。经 C^{14} 测定，这些竟然是古油杉树桩，年代至少在距今 7000 年以上，是目前国内仅有、世界罕见的珍奇自然遗迹，并于 1992 年被国务院确定为国家级自然保护区。

海底古森林遗迹面积 31 平方公里，其中核心保护区 5 平方公里，主要分布在晋江深沪湾华峰村土地寮东北侧潮间带，呈东西走向。遗迹内有 24 株古树桩，其中 22 株在中潮区，2 株在低潮区。这些古树桩距岸最近的约 100 米，株间最小距离为 11 米。古树桩有时会被薄层沙掩埋，有时可露出滩面达 1 米。1990 年夏季进行现场调查时，凡在滩面上可以看到的古树桩，多露出滩面 1~10 厘米。在 24 株古树桩中，最大断面直径达 100 厘米，最小的断面直径30 厘米。有的断面略呈椭圆形，但多数为近圆形。

露出在滩面上的树干呈黑褐色或黑色，经人工揭露的树干部分，可见完好的树皮。树皮呈黑褐色，木质部分为深褐色。树干经长期风沙冲刷、海水侵蚀，出现了炭化及腐朽现象，较细的侧枝腐朽更为明显，主干部分，尤其是直径较大的主干，木质保存尚好，呈褐色，可分辨年轮。经用 MCESIS-1500 型高分辨率数字地震仪对 5 株古树干进行测量，初步判断古树干埋藏部分的长度可能为 20~25 米。

海底古森林在日本、英国、法国均有报道，据已掌握的资料，深沪湾古森林遗迹在树种及其濒危度、株数、近岸等方面有一定特色，在国内尚无第二例。其对于研究古海洋、古气候、古植物，研究台湾海峡地质构造、海平面升降运动，研究泉州古港海外交通史等都具有重要的意义，可提供大量可靠的难得的科学数据。也为研究木材抗腐蚀能力提供了实物

材料。

关于深沪湾海底古森林（油杉）遗址形成的原因，深沪湾自然保护区管理处的王副主任讲述了目前业界有3种不同的看法。其一，深沪湾这里原来是大山，有着茂密的森林，不过大地震爆发了，大地快速下沉，生长在地势较低的油杉，虽被海水迅速折断树枝，但树桩却得以保存下来，并被海水推平。经过数千年海水的洗刷，树桩在退潮时露出水面；其二，这是地质灾害的景观；其三，是环境变化引起海平面升降造成的结果。

此地还有一个美丽的传说。很久以前，没有台湾海峡，台湾与大陆相连，一个名叫"东京"的城市处在大陆与台湾中间。据说，有一头"地牛"驮载着这片大地，每5000年它就要翻一次身，舒展舒展筋骨。有一天，土地公掐指一算，"不得了，又快到了它翻身的日子"，如果它向左翻身，就会把整个福建掀翻，若是向右翻呢，就会把"东京"撂到海里。这该怎么办呢？土地公就同"地牛"商量，"'石狮吐血，铁树开花'时，你就可以翻身了"。

众所周知，"石狮吐血，铁树开花"，是不可能的事。不过，有一天，山呼海啸，山崩地裂，"地牛"翻身了，把"东京"沉到海底，"有一个喜欢恶作剧的屠户，故意把猪血抹在城隍庙前石狮子口中，又有一个卖花绸的故意把花朵插在铁树身上"。其实，从汕头南澳，到漳州东山、泉州的惠安，沿海渔民中都流传着"沉东京"的故事，只是保存下来的城市不一样而已。

晋江海底古森林遗址证明，晋江远古曾是植物繁茂、林木参天之地。劳动人民从实践中证明了森林可调节气候，保持水土，提供多种生活资源。在进行环境改造的同时，晋江先民注重保护生态平衡，使生态环境与人类生存和谐贯穿在劳动生产、日常生活中，对水资源、耕地、林木、山体、海港一系列生态环境进行保护。这一点从晋江前人遗存的碑记崖刻可以得到印证。晋江安海灵源山现存一方明万历四十六年的崖刻《泉州府告示》。告示提出对灵源山吴氏祖坟周围"植荫数千，延被附近"的林木保护"不许擅行侵伐，亦不许纵放牛羊践害。"否则予"究罪枷号示惩"。青阳镇大下浯村现存一座《浯里裕后铭》碑，正面镌文："浯冈西下，浯水东屯；无树则寒，有树则温，戕树者如戕其手足，培树者自培其子孙。"背面镌"司马吴震交立"。吴震交是明崇祯甲戌进士，曾任兵部主事、武选郎中、扬州知府等职，他以本乡地理位置需要入手，说明植树造林、改善生态环境的意义，又从福荫子孙的角度劝导乡人种树护树，言简意赅，说理透彻，有深刻的教育作用。青阳石鼓庙有《青阳乡约记》碑，碑文对青阳乡约实行之前"豪家僮仆，恣意采樵"的现象加以谴责，对实行乡约后"百谷果木赖以蕃，沟渠水利赖以疏"表示赞许。撰文者是嘉靖年间任四川布政使司左参政的洪富，这一倡导在当时乡社是具有一定影响力的。

（四）台湾油杉为台湾四大奇木之一

台湾油杉 *Keteleeria formosana* Hayata，英文名称为 Taiwan Cow-tail Fir 以及 David Keteleeria。

台湾油杉为台湾四大奇木之一，原种产中国大陆，亚种分布于台湾北部坪林、南部大武山区，呈不连续之分布，在植物地理上颇具研究价值。台湾油杉也是冰川期的孑遗植物之一，其族群数量极少。

台湾油杉为台湾特有种，属于冰河期的孑遗植物，呈不连续破碎分布于台湾南北两端：南部族群分布于枋寮山克拉油山附近海拔900米附近、大武山大竹溪台东林区海拔500米向阳坡地；北部则散布在姑婆寮溪之分水岭及礁溪、石牌之分水岭坪林棱线海拔300~600米处。是明令保护的稀有植物。

台湾油杉毬果内不孕性种子占多数，四周环境蔓草杂木丛生，天然竞争下幼苗生存不易，加上居民发展农业，扩张用地面积，天然母树破坏不少。今台湾油杉零星散布区皆划入自然保留区，不过90%以上都是属于人工造林。

(五)纸药树——柔毛油杉

福建省光泽县寨里镇的山谷盆地或房前屋后，生长着一种当地老幼皆知的"纸药树"，它就是国家Ⅱ级重点保护的珍贵树种——柔毛油杉 *Kceleeria pubescens* Cheng et L. K. Fu。柔毛油杉具有喜光、深根性、抗风力强等特点，较适应温暖的气候和湿润的酸性土壤。其材质坚硬，耐腐朽，是建筑、家具、桥梁的上等材料。柔毛油杉根茎部长年分泌出一种天然胶状液体，当地百姓取之用于制作"土纸"的粘合剂，故称"纸药树"；又因造纸业曾经是当地农户数百年来主要的农副业收入之一，且此树大都生长于房前屋后或路边村口，苍劲挺拔，郁郁葱葱，用之便利，观之悦目，因此无人不知，无人不晓。

长期以来，柔毛油杉一直被认为与福建无缘。然而，依照中国植被区划系统划分，光泽归属闽西北武夷山常绿槠栲类、半常绿栎类照叶林小区。从植物区系看，本区是典型的中国—日本区系植物成分，在漫长的地史变迁过程中，由于纬度和复杂的地貌条件的作用，本区成为许多起源古老的植物的"避难所"或新生类群的发源地。植物区系成分的南北过渡和东西过渡均在本区得到了较充分的体现。

光泽县许多村落，尤其是寨里镇大多数村庄，都发现大量柔毛油杉，仅目前有记载的半路、龚家湾、王坑、王家山、西溪、王家段等自然村周围，胸径60~160厘米的百年柔毛油杉就有近百株，胸径100厘米以上的有30余株。它们或独木矗立，或结伴相依，或成群结队自成群落，在崇山峻岭之下，姹紫嫣红之中，更显得碧翠傲然，春意无穷。大青村半路自然村生长着10多株柔毛油杉，其中最大的1株树高41米，胸围5.6米，主干端直，冠幅30米×32米，单株材积32.6立方米，树龄约500~600年，堪称柔毛油杉之王。

(六)油杉属树种新发现

中国植物分类学泰斗郑万钧教授在贵州省青岩采集了新油杉标本，经3次分类鉴定后，最终确认该树种是裸子植物门松科油杉属铁坚油杉 *Keteleeria davidiana* (Bertr.) Beissn. 的1个变种，遂以青岩的地名为这个古老的物种命了名，命名为"青岩油杉"。

据考察，青岩油杉在全球仅分布在我国贵州高原中部长江水系与珠江水系分水岭地带，并主要集中分布在珠江水系支源源头的青岩镇，分布范围约 80 公顷，在青岩镇歪脚村形成了约 6 公顷的青岩油杉生态群落。为了保护青岩油杉等古老物种的永续生存，2001 年 7 月，贵阳市正式批准成立了面积达 5662 公顷的贵阳市青岩油杉自然保护区。

青岩油杉具有古老而悠久的历史，青岩油杉有着不少的人文故事。其中最著名的就是和历史名人平刚的一段不解之缘。出生于青岩歪脚村的平刚曾担任孙中山领导的同盟会秘书长。一次，平刚回老家小住，忽然听说有驻军士兵正在砍伐飞云山上的"罗汉松"（即当时尚未证实的青岩油杉），他立即赶去制止，及时阻止了这场对稀有树种的砍伐行为，并说："你等记住，此山之树一棵都不能砍。今违抗，一命抵一树，绝不轻饶。"从此，这片油杉林再未被折损一棵。青岩油杉树干通直高大，材质坚硬细致，是优良的建筑用材，为特有用材及荒山绿化树种。

八、罗汉松文化

（一）罗汉松的分布与利用价值

罗汉松 *Podocarpus macrophyllus*（Thunb.）D. Don 别名罗汉杉、土杉、金钱松、仙柏、罗汉柏、江南柏。为罗汉松科（罗汉松属）常绿乔木。

罗汉松树高达 20 米，枝叶稠密，叶片螺旋状排列，条状披针形。种子卵形或球形，长 1.0 ~ 1.2 厘米，10 ~ 11 月成熟，初为深红色，后变为紫色，有白粉，梗长 1.0 ~ 1.5 厘米，花期 4 ~ 5 月。

罗汉松属亚热带树种，广泛分布于我国长江以南的江苏、浙江、福建、安徽、江西、湖南、四川、云南、贵州、广西、广东等地，日本亦有分布。福建招宝生态农庄在江西南昌百事通招宝主打的名贵树种种植基地，占地 130 多公顷，是目前全国最大的罗汉松培育基地。

罗汉松阴性，耐寒性弱，喜欢生长在阳光充足、温暖、湿润，且排水良好、质地疏松、肥沃、微酸性的砂质壤土或轻黏壤土上。它对有害气体的抗性比松、柏、杉类树种更强。

罗汉松四季常青，枝叶苍翠，树姿优美，风姿朴雅，具有很高的观赏价值，是公园和庭园理想的观赏树种。同时罗汉松可作花台绿篱栽植，亦可布置花坛或盆栽陈列于室内欣赏。罗汉松的枝条柔软，易于蟠扎，又可进行修剪整形，因而造型多样，常见有曲干式、斜干式、卧云式、悬崖式和提根式等，亦可整形为圆球形、圆锥形、多层球形。合理化布置庭院。提升观赏价值。罗汉松木材细致均匀，耐水湿，抗腐蚀，干后少裂，不易受虫害，是建筑、家具、雕刻的良材。种托稍甜，可食用。种子可药用，主治心胃气痛，大补元气，也可治血虚面色萎黄，温中补血。所以其利用价值很高。

（二）罗汉松名字的由来

罗汉松是幸福树、吉祥树、长寿树。它有许多美丽的传说。相传在广西苗族少数民族聚居地区，5000 多年前，炎黄二帝的部落曾与南方"九黎族"暴发一场血战。苗族是一个英勇善战的民族，他们勤劳聪慧，会铸造刀剑，掌握较为先进农耕技术。可是他们被炎黄二帝部落打败了。为了生存，苗族民众离乡背井，走进深山老林元宝山。一天，有一老人发现一种奇特树，这种树虽不很高大，却枝叶非常茂盛。奇特的是同样的树，有的树开花不结果，有的树结果不开花。树上挂满了一个个酷似人形的果实，像寺庙里穿着红色袈裟打坐念经的罗汉，当时老人将此树称为"罗汉树"。后来老人带领他的儿子把这种树的幼树移植到苗寨宅旁和附近山地，经过抚育管理，幼树快速生长。此树长得枝繁叶茂、粗壮挺拔，像一尊尊守护在村寨的山神。老人临终前嘱咐他的儿孙，对这种神树，今后不准砍伐烧火，要精心管护。子孙们牢记老人的话，一直把这种树当做神灵供奉，每当家里遇难题，都向神树烧香跪拜，祈求神树保佑，但每次都能化险为夷。这样世代相传，延续至今。

（三）罗汉松神韵

罗汉松名松非松，属罗汉松科。罗汉松因种子长在肥大鲜红的种托上如庙内身披袈裟的罗汉，故得名罗汉松。在中国传统文化中罗汉松象征着长寿、守财、寓意吉祥。在广东地区民间素有"家有罗汉松，世世不受穷""千年罗汉松、万代幸福根"的说法，所以人们把它看做招财进宝树。中国古代官员喜欢在庭院种植罗汉松，视它为自己官位的守护神。

罗汉松五行属木，栽东方或东南，利肝明目；栽南方，木旺火发，利心脑，还有很强聚财作用。罗汉松兼顾两方面特点，因四季常青，即可"生旺"，又可增加财气。另外，罗汉是梵文"阿罗汉"简称，佛教认为一个人修行的工夫不同，取得的成就也有高低之分。每一种成就叫做一个"果位"。阿罗汉果是小乘佛教修行达到的最高果位。获得这一果位，就可熄灭一切烦恼，圆满一切功德，也可以趋吉避凶，辟邪化煞。罗汉松是传说中招财进宝树，人们往往都在房前房后种上几株罗汉松，以求发达兴旺、安居乐业。

罗汉松神韵挺拔、清雅、横空，显示出一种朴实稳重雄浑苍劲的傲然气势。树型招展，像宽容大度的主人，挥展双臂，笑迎宾客，谦送友人，以不尽的仙来之韵契合着人的心境，是园林和庭院理想的观赏树种。由于罗汉松树型古雅，种子与种柄组合奇特，惹人喜爱，南方寺庙、庭院多有种植。可门前对植、中庭孤植或于墙垣一隅与假山、湖石相配。

（四）罗汉松神秘之说

广东省潮安县铁铺镇石丘头村小学校园内有 1 株罗汉松，备受村民宠爱。这株罗汉松树不高，树高仅 6 米，树冠也不大，远看像一把芭蕉扇伸出屋顶之上，树的外形弯向一侧，树皮外层严重剥落，有白蚁蛀食痕迹。幸运的是叶子还青翠浓密。这株貌不惊人的罗汉松，当地老百姓把它看成"镇村之宝"。历史上几次建设规划都因保护这株罗汉松而改变，花木买家多次上门许以重金购买，最终都被拒之门外。究其原因，据村里族谱记载，这株罗汉松是清朝咸丰元年(1851 年)从开元寺移植来的，距今 164 年。帮助移植的人是开元寺一个和尚。自这株罗汉松树栽植之后，这里无论是昔年的学堂或且是后来的学校，都是人才辈出，让当地人们感到自豪骄傲。据估计，清朝时期，村里十科 30 人中举；民国时期出了 50 多名大学生，他们有进入水师学堂的，有进黄埔军校的，也有考进北京清华大学的。新中国建立后，二三千人的石丘头村考上大学的就有 360 多人。人们早就把这株罗汉松视为吉祥树、成为镇村之宝。

相传，江西卢家洲村西边有一片森林，其间生长着 1 棵苍劲挺拔、枝繁叶茂的罗汉松。

这株树树高 28 米，围径 5.20 米，树龄在 1500 年以上。传说，卢家洲开基祖建村时，劈罗汉松枝叶，发现刀伤处流出一股淡红似血的浓浆。便认为该树像人一样有血性，对它敬畏异常，称为"老神树"。历代卢氏子孙对它倍加呵护，敬若神明。

明朝万历年间，江南一位罗姓员外在而立之年，为秉承广大祖德，重修祖房。建起一座气势辉煌的园林豪宅，显赫一时。可是，豪宅落成后，员外事业屡屡受挫，居家老小病患不断。眼看家道中落，员外整日忧心忡忡。一天，一位风水先生偶过豪宅觉察邪气缭绕，探问豪宅来历后，直言罗员外破坏祖荫后蹒跚而去，员外大是迷惑。夜里，员外梦见紫气东来，先祖驾鹤归来，给祖房院落的罗汉松修剪枝叶。梦醒，员外豁然开朗，差人在豪宅四周栽植数株罗汉松。从此员外家运昌盛，财丁两旺，富甲天下。当地群众就有罗汉松"开运招财"的风水效用之说。

（五）泰宁"宝树"古罗汉松

三明市泰宁县开善乡枫林村，有 1 株罗汉松。树高约 7 米，胸径 150 厘米，树冠如席棚，蔽日筛月，枝叶覆盖面积达 100 多平方米。

相传，这株古罗汉松是明代成化年间（1466～1487 年），由印度进贡给明王朝的珍贵树种。当时枫林村有位姓谢的村民在朝当太监，时常出入御花园，日久天长，因慕其珍稀，一日乘月黑风高，窃取 1 株移植家乡，渴望光宗耀祖，庇荫后人，取名"宝树"。

500 多年来，这株饱经风霜的古罗汉松，苍老遒劲，嵯峨挺拔，主干枝丫龙盘交错，层层叠叠，虽已树干空心，但树皮犹存，枝繁叶茂，四季苍翠，保持旺盛的生命力。

为纪念这株古罗汉松，很早以前，这里的群众在村旁盖起一座"瑞隆堂"寺院。至今古树、庙宇、阡陌交相辉映，给人以既古老又神奇的无穷遐想。

沧海桑田，斗转星移，古罗汉松的传奇在枫林村代代相传，历代村民把它视若珍宝，精心养护。善男信女将它视为"宝树"，顶礼膜拜。而奇怪的是，这株古树虽年年开花，但从未结果，始终独此一株，或许真和太监有缘。1982 年泰宁县人民政府将这株古罗汉松列为县级文物，加以保护。

（六）千年罗汉松

在福州市闽侯县洋里乡仙门自然村，分布有千年罗汉松。经测量，1 株较大的胸围 2.4 米，冠幅 9 米，高 16 米。该村地处海拔 600 米的山地峡谷间，土壤肥沃、湿润，适宜树木生长。如今罗汉松长势良好。有人曾出资 3 万元要买走 2 株罗汉松，被村民拒绝，祖宗留下的千年古树被保留下来。现今，罗汉松依然伴随着小溪流水欣然生长。

浙江临海小芝镇中岙村，有 1 株千年古树罗汉松，这株罗汉松为国家 I 级保护树木，树冠约 100 多平方米，远望它似一钵天然盆景，近看宛如一簇巨大的绿珊瑚，又像一把张开的巨形太阳伞，给人的第一感觉是："何年苍叟住禅林，百尺婆娑万蟹阴"。当地林业部门在树上挂着"中国第一罗汉松"牌子。

这株古罗汉松好似几株树合体盘旋长成，苍劲优雅。表层凹凸不平，奇形怪异，显得古朴端庄，生机勃勃。树干直径约2.5米，须五六个人合抱，似虬龙盘旋，凸起一个个大小不一的树节，显示出岁月的沧桑。枝叶碧绿繁茂，颇有闲看云卷云舒之姿。盘结交错的树根支撑着亭亭如盖的繁茂树冠，使人想起明代屠隆所作的《罗汉松》诗句："灵根岁月蹒跚久，老干风霜面壁深。"

当地村民认为，此树风霜难老，四季常青，长年枝繁叶茂。每年初夏开出淡清香的黄色小花，秋季结出累累果实，远远望去，满树红斑点点，结出的果实圆圆胖胖，外表泛紫色，酷似一尊尊披着袈裟正盘腿打坐的罗汉，守护村边，增添几分神气与灵气。当地群众把它当做一株老神树看待，视为村中吉祥物，看成"镇村之宝"，倍加呵护与珍惜。岁月无痕铸风骨，山水有情育精灵。虽经千年风霜，雪雨锤炼，但仍高大挺拔，英姿勃发，傲立于旮旯，犹如雕琢而成。有诗一首："宋树葳巍震五洲，霜风雪雨刻千虬；遮天百米神飘逸，罗汉蹒跚度众修。"

宁德市古田县大甲乡桃村岩富自然村有6株千年以上的古罗汉松。其中最大的1株据测定，树高15米，胸径134厘米，冠幅东西18.5米，南北17.2米。远观此树，枝繁叶茂，在树干2米以上分枝众多，树冠平展，形态十分美观。视其树皮，满是扭曲的皱纹和疔疤，像一位饱经风霜的老人；而观其枝叶翠绿浓密，又似精力旺盛的年轻小伙。相传此树植于商末周初，如此古老而硕大的罗汉松，确实让观看者惊叹不已。这株罗汉松至今已有3000年了。是全国最古老的罗汉松之一，被林业部录选《中国古树奇观》一书，是古田县之瑰宝。当地民众将它看成"神树"。祖上有训：无论大人小孩，都不能动其一枝一叶。所以人们时常清扫落叶，为树堆肥培土，此习俗代代相传。同时，村民为保佑民生平安，在山顶修建神庙，庙旁植1株罗汉松，顶礼膜拜。该庙虽屡遭雷电袭击，多次焚毁重建，但此树却巍然屹立，根深叶茂。

(七)"花瓶树"与"虎衙围墙"

福州市永泰县三洋鲍氏后裔鲍瑞源房前屋后的"花瓶树"与"虎衙围墙"，有一段辉煌家族历史，传为千古佳话，至今仍激励着三洋贤达人士，热心公益，造福乡里。据《永泰三洋鲍氏西祠族谱》记载，其鲍氏后裔元楚公召南，才干出类，家资巨富，生平乐善好施，功德不胜枚举。时逢明朝万历十九年(1591年)由于外江出现大饥荒，元楚公捐赠了一万两千石谷子(684吨)，用于救助灾民。当时督抚和府道把元楚公的义举上报朝廷，皇帝看后大加赞赏，称他为"财王"，赐他"旌奖义士"牌匾，准他著翰林冠带，建造"虎衙围墙"。同时，皇帝还从花瓶里取出一根树苗送给他，让他带回家种植，祝愿他日后钱财像这株树一样茁壮成长，万古长青。这株"花瓶树"后来经过专家鉴定确为罗汉松，它已经生长423年了。"花瓶树"成为参天大树，常年青翠，郁郁葱葱，胸围粗大，由两个成年人联手合抱还抱不拢，在全国极为罕见。

（八）古寺庙与罗汉松之缘

我国南方历代以来许多古寺庙内都栽植罗汉松，至今仍存留不少。福州市北峰有一座闻名国内外的福州五大禅寺之一——林阳寺，建于后唐长兴二年（931 年），距今已有 1000 多年历史。寺院四周峰峦叠嶂，古树参天。相传该寺开山祖师志端禅师（福州人，891～969 年）在建寺时亲手栽植 1 株罗汉松，如今树高 27 米，胸围 4.9 米，冠幅直径 15 米。此树树形高大挺直，苍劲雄伟，枝叶茂密，四季常青。无论其胸径，还是树高，或者树龄，都能与国内众多知名古罗汉松媲美。据查，湖南省长沙麓山寺后殿观音阁，有 1 株古罗汉松，号称"六朝松"，是建寺庙时所植，已有 1700 多岁了。这株树至今仍枝叶繁茂，为中国罗汉松古老树木中之元老。江西省卢山东林寺，有 1 株罗汉松，也称"六朝松"，是慧远和尚栽植的，至今已有 1600 多岁。四川省成都杜甫草堂内有 1 株罗汉松，为著名诗人杜甫栽植的四松之一，至今已有 1200 多岁。

龙虎嗣汉天师府"万法宗坛"院内有 2 株千年罗汉松，一雄一雌，并肩而生，现树高约 30 米，树干径粗约 1.5 米，3 个人都合抱不拢。据说此树由祖天师亲手栽植。

由于罗汉松四季常青，叶色碧绿，姿态优雅，树身如虬龙缠绕，枝叶若华盖蔽日，特别是罗汉松的种子形状像胖罗汉，在寺院庙宇中栽植，颇有诗意，更具园林特色。

（九）罗汉松的艺术造型

罗汉松艺术造型的宗旨是"因树造型""因材施艺"，运用高超的艺术的表现手法从普通的树形里挖掘出最高的艺术境界，最大限度地提升观赏价值。

常用的手法有剪、扎、压等。造型过程中必须根据树木本身自然美来进行艺术加工，因树制宜，美上加美，做到造型刚强有力，层次分明。

剪：利用罗汉松耐修剪和叶形小的特点，制作各种造型。通常有圆形、圆锥形、多层球形等。如修剪 3 层球时，先选择一主干明显通直的树木，当修剪设计为总高 2 米的 3 层球形，其球的大小，低层约 50 厘米，中间层约 40 厘米，上层约 30 厘米。修剪时，先剪去 1～2 层间 45 厘米和 2～3 层 35 厘米处树木主干的所有枝条，然后修剪 3 个球形。使 3 个球形大小从上到下逐渐变大，以求比例协调并有较好的观赏性。修剪以新枝抽梢 20～30 厘米为宜，多次修剪，使各层球圆实紧凑。

扎：扎法造型可先用结实的竹棍和强韧的麻绳，将竹棍和树木枝干用麻绳扎紧、绑实，再把竹棍的一端固定在树主干上，通过调整竹棍方向，使树枝干按照造型设计要求朝特定方向生长，达到造型目的。扎法造型适用于树龄较小的罗汉松，树龄较大的树木树干粗壮，造型难度大，效果不佳。

压：压法造型主要是通过将树木主干压弯、倾斜的方法，使树体在斜面上呈现出一种与直立层面不同的艺术美感。由于罗汉松的枝干似人的手臂，而簇生成半球状的叶着生在枝干顶部，好似人的手臂，配上压弯的树体，好像一位迎宾员正弯腰屈臂，欢迎宾客的到来，形象非常生动。树体压弯后，用木桩支撑倾斜的一端，防止树体因倾斜过度而倒伏。

（十）罗汉松之古诗词选

中岩长老子文送罗汉松
[宋]晁公溯

驻车凌云山，虽在官府中。
平生著幽禅，意与方袍同。
已杖菩萨竹，更来罗汉松。
天姿特高洁，厚叶非蒙茸。
铜柯既夭矫，玉蕤仍青葱。
上有五百士，下笑十八公。
皆披阇黎衣，如坐浮屠宫。
勿谓默不语，说法声摩空。

忆家园一绝
[明]赛涛

日望南云泪湿衣，家园梦想见依稀。
短墙曲巷池边屋，罗汉松青对紫薇。

螺山罗汉松
[明]屠隆

螺山两株松，不识何王代。合抱有数围，秀外而枯内。
枝干逼云霄，根核蟠石垒。斧斤既不入，霜雪亦不碎。
且以罗汉名，叶密罗汉儓。剃顶趺跏坐，参差复列队。
过海且十八，于今几千辈。罗汉如彼多，有兴曷无废。
皎皎日月光，时有浮云碍。硕果人不食，得兴民所戴。
惜哉此株松，而植在荒莱。大椿与山鹅，我来兹感慨。

千年罗汉松
[明]屠隆

何年苍叟住禅林，百尺婆娑万壑阴。
四果总来成佛印，一官原不受秦侵。

灵根岁月跏趺久，老干风霜面壁深。
谡谡回飙响空谷，犹闻清夜海潮音。

鸳鸯罗汉松
许为俊

挺拔粗壮气势雄，婀娜多姿淑女情。
长相厮守五百年，花果累累伴鸶鸣。
罗汉相叠成佳果，垂涎欲滴遐思生。
鸳鸯树下合个影，夫妻偕老百年春。

观中岙千年罗汉松
周稼华

千年名木藏岙中，罗汉天下第一松。
十里通幽桂花谷，八万子孙喜秋风。

七律·咏考坑千年罗汉松
月　影

枝繁叶茂立村前，古树英姿垅上翩。
赋记仙躯呵绿地，诗书圣体护蓝天。
常听墨客高声赞，惯见骚人细语怜。
沧海桑田经历远，考坑罗汉越千年。

鹧鸪天·盆养雀舌　罗汉松
火狐　远山文苑

雀舌罗汉落照间，满怀心事远苍烟。
盆松不耸参天树，挺立黄庭卧看山。
形啸傲，景衰残，东施效颦报开颜。
原知叵测造物主，著就英雄却等闲。

罗汉松赋
白　雪

月冷禅心净，霜浓梵相奇。
擎云凭直干，化雨赖繁枝。
十八罗汉坐，三千戒律持。
慈容规正道，护法劝皈依。

浪花·罗汉松

诗野·丁式　阳韵

全身不朽誉金刚，罗汉法名齐殿堂
玉饰银雕涵菊韵，铜浇铁铸透梅香。
根深立地三江颂，干壮擎天五岳彰。
应谢春风增靓色，鹅黄此处胜娥皇。

咏罗汉松

佚名·福建安溪县清水岩

昔传身似菩提树，今见手栽罗汉松。
诸品都空谁不好，只留苍骨老云峰。

九、南方红豆杉文化

(一)红豆杉分布及利用价值

南方红豆杉 *Taxus chinensis* var. *mairei*(Pilger)Rehd.，别名美丽红豆杉、榧子木，英文名 Chinese yew，为红豆杉科(Taxaceae)红豆杉属植物。红豆杉属植物是第四纪冰川期孑遗的古老树种之一。全球目前仅存野生红豆杉属植物2500多万株。由于在自然条件下红豆杉生长速度缓慢，再生能力差，1994年中国将其列为国家Ⅰ级保护植物，同时被全世界42个有红豆杉的国家称为“国宝”，联合国也明令禁止采伐，是名副其实的“植物界大熊猫”。

红豆杉属在全世界共有11种，除大洋洲的一种红豆杉产于南半球之外，其余红豆杉均产于北半球。目前我国有云南红豆杉、西藏红豆杉、东北红豆杉、红豆杉4个种和南方红豆杉1个变种。从全球范围看，亚洲的红豆杉储量最多，其中中国的红豆杉储量是全球储量的一半以上。东北红豆杉主要分布在吉林省和黑龙江省东部山区，辽宁东部山区也有少量分布。云南红豆杉主要分布在四川、云南、西藏三省交界地带高山中，总面积约9万平方公里，生长分散，多为林中散生木。红豆杉主要分布在长江以南的深山区，多为林中散生木。西藏红豆杉主要分布在西藏南部和东南部。福建作为我国红豆杉资源的主要分布区域，仅有1个变种——南方红豆杉。

红豆杉功能多用途广，是集药用、特种用材、绿色和造林为一体多效益的树种，也是短、中、长相结合的具有较高价值开发的树种，被人们形象地称之为珍贵的“黄金树”与“摇钱树”。从红豆杉树皮和枝叶中提取的紫杉醇，是国际上公认的防癌抗癌的药剂。它是继阿霉素及顺铂后最热点的抗癌新药，已成为世界销量第一，广谱性最好，活性最强的抗癌物。用于治疗晚期乳腺癌、肺癌、卵巢癌及头颈部癌、软组织癌和消化道癌。红豆杉枝叶用于治疗白血病、肾炎、糖尿病以及多囊性肾病。同时，它是园林绿化、美化的佳品，树形端直、枝叶浓密，凌冬不凋，苍翠宜人，姿态婆娑，尤其是果实成熟时，假种皮红色，红如珍珠，点缀于碧绿枝头，异常美丽，是优良珍稀园艺观赏树种。红豆杉木材质地坚硬，有“千枞万杉，当不得红榧一枝丫”的俗话。边材黄白色，心材赤红，纹理致密，不翘不裂，是建筑、高级家具、上等雕刻、室内装修等高档用材树种。

(二)红豆杉王

千百年来红豆杉的品性与文化备受世人推崇与赞美。宫殿、寺院以及一些亭台楼阁的雕梁画柱、生活艺术品无处不显现它的高贵身影。1953 年，陈嵘教授主编的《造林学各论》记载：红豆杉日本人称为"一位"，盖其木材雅致，用作朝笏为居大位者所执，其名犹如我国一品也。还有民间祖祠、房前屋后风水林、风水树的"兆雪"和"晴雨"，也为它披上了神秘面纱。如今作为国家 I 级保护的濒危物种，成为各地重点名木古树，实施管理和有效保护，唱响着生态文明之歌。

福建是南方红豆杉主要分布区域，据《中国南方红豆杉研究》《福建树木奇观》和《福建树王》记载，全省天然南方红豆杉总株数约 8.2 万株，占全国红豆杉调查株数总量的 7.6%。其中胸径大于 20 厘米的约 7000 株；胸径大于 1 米的约 500 株；胸径大于或者接近 2 米，树高超过或接近 30 米的有 6 株，堪称福建省"南方红豆杉之王"。

据福建省林业厅、省绿化办于 2013 年调查结果，福建南方红豆杉树王位于龙栖山国家级自然保护区田角村，其胸径 2.36 米，树高 37.8 米，冠幅 17.7 米。据估测，树龄达 1580 多年。该树千百年来，听林涛，观雪景，赏山花，和鸟鸣，沐浴世间最纯净的阳光雨露，得尽了天地日月精华，自然修成了一副好心性，便是千百年间所有的风雨雷电对它也丝毫未损。人们只要看到这棵古树，就会产生一种敬畏，尽管都 1500 多岁了，但依然生机勃勃，充满活力。盘膝坐在红豆杉树下，调整呼吸，悠然吐纳，顿觉胸中清气充沛，俗念全无。耳听林涛鸟语，目观绿树丛林，更觉天高地阔。有太阳的万丈光芒反射于身边的绝壁上，将浮云变成了万朵彩霞。渐渐的，芳香之息氤氲全身。

永春县横口乡福中村有 1 株南方红豆杉古树植于宋代，距今已有 1000 多年。该树位于村中土地庙桥亭边，其树高 36.3 米，胸径 1.91 米，冠幅 18.2 米，地径达 5 米。这株南方红豆杉树干木质部已腐烂，形成大树洞，由于根茎部膨大，活像一个"蒙古包"，可同时容纳 10 余人，人稍低头可以进出。树洞底部最宽处 3.7 米，较窄处 1.9 米，洞高 2.4 米，四周有不少"窗孔"，光线闪射，幻梦神奇，是独一无二的"树中殿堂"。虽说树干中空，但该树仍枝繁叶茂，生机盎然，保持旺盛的生命力，成为当地旅游的一大独特景观。

浦城县九牧乡黄碧村有 1 株南方红豆杉，树高 30 米，胸径 2.05 米，冠幅达 400 平方米，树干基部有空洞，在距地面 6 米处一分为二。该树树形优美，从远处看，好似一尊宝塔矗立在田头。

(三)红豆杉"兆雪"和"晴雨"之谜

据《福建树木奇观》记载：福建省永安市上坪乡九龙村有 1 株南方红豆杉，树龄约 200 年，树高 26 米，胸径 94 厘米。这株南方红豆杉不但树形优美，而且还有预报下雪的功能。据当地农民称：每当大雪降临的前一天凌晨，便会有一缕青烟（雾气）从树梢冲天而上。凡有此征兆，第二天必有雪飘落，大家便作好防寒准备，因此当地农民将此树称为"兆雪树"。究其原因是这株红豆杉的生境是高海拔的山地，空气湿润，树体蒸腾作用强烈，一旦天气骤冷，树冠上蒸腾的水汽便凝成烟雾，即农民所称的"青烟"。随着气温的继续趋冷，雪花相继飘落，这就是所谓的"兆雪"。

　　南平市延平区茂地镇宝珠村也有 1 株南方红豆杉，高 22 米，胸径 120 厘米，被称为"晴雨树"。其生境与永安九龙村的南方红豆杉类似。由于该树蒸腾作用强烈，在炎夏晴日，在阴凉的树冠下，树体蒸腾的水汽便会凝成雾气，甚至形成细小的水珠，如蒙蒙细雨，成为奇特的景观，村民便称之为"晴雨树"。人们在福建省闽侯大湖乡、尤溪县汤川乡以及浙江温州朱川村等地也发现南方红豆杉"晴雨"瑞兆，吸引了众多游客前来观赏，祈求吉祥平安。

（四）福建野生南方红豆杉群落

　　随着福建省对野生红豆杉群落的有效保护，使南方红豆杉逐渐演替成为该群落生态系统的"中枢"和主体，为红豆杉的群落演化提供了良好的生境条件。红豆杉尽显其生态之美，不仅为群众提供旅游休闲、感慨人生的亮丽场所，而且提供森林文化教育基地。千年历史的南方红豆杉也将重塑文化涵养，苗壮成长，庄重华贵、大气磅礴地走入寻常百姓家，成为植物界一颗绿色生态、熠辉宇内的璀璨明珠。

　　【上杭南方红豆杉生态园】位于上杭步云乡崇头村的野生红豆杉群落，可以说是梅花山植物资源的自然奇观之一。现设为南方红豆杉生态园，该园是目前中国唯一的南方红豆杉生态园。红豆杉生态园所处的海拔高度在 900～1200 米，面积 81.8 公顷。这片原始森林里耸立着 3000 余株南方红豆杉，最高的达 50 余米，最大的要 5 人合抱，有 2 株连体而生的姐妹红豆杉，其胸径都在 1 米左右，树龄分别达 600 年、1000 余年，形成我国特大红豆杉林奇观，实属全国罕见，是梅花山的自然奇观之一。红豆杉林里，浓荫如盖，一株株胸径都在 1 米左右的红豆杉直指苍穹。每年农历十一月初，一树又一树黄豆般大小的果实挂满枝头，就像一朵又一朵的红花缀于绿叶之间，红绿相映，煞是好看，引得斑鸠、竹鸡、山鸡、长尾雉等各种鸟禽飞集红豆杉林，百鸟鸣唱，争相啄食，热闹非凡。

　　【尤溪县天然南方红豆杉群落】位于尤溪县新阳镇龙上村，方圆几十公里的村落分布有上百株野生天然南方红豆杉，树龄达上百年的有二三十株，最长的树龄有 1000 多年，成了农民的"风水神树"。这些野生天然南方红豆杉有的单株生长，有的三三两两地分布在村落里的半山腰或山路旁。树姿优美，树干结实粗壮，苍劲挺拔，枝繁叶茂，色泽美观，郁郁葱葱，一派生机盎然。每年 12 月份，这些红豆杉树上便会结出一颗颗红彤彤的红豆果，外红里艳，宛如南国的相思豆，即可寄托人们的相思，又扮靓了方圆几十公里的山村，增添了一道亮丽的风景线。林业部门对这些红豆杉实施挂牌保护，日渐成为专家学者考察自然生态的绝妙之地，也为研究红豆杉的地理分布、生长适性、药用等提供了宝贵条件，逐步形成了打造乡村一张名片、一道风景、一方风水、一种文化、一个品牌的新农村生态建设的一大亮点。

　　【宁化县南方红豆杉群落】位于宁化海拔 800 多米的济村乡长坊村"名园古族"祠堂后山，在不足 600 平方米的山头上，生长着 20 余株树龄 500～1000 年的天然红豆杉，根连根、树连树，盘根错节生长其间。其中 1 棵树高 30 余米，直径约 1.5 米，树龄达千年的红豆杉尤为引人注目。其树干粗壮如盘，两名成年人试着合抱都抱不拢；树冠高耸入云，枝叶繁茂浓绿，百鸟栖息于此，争鸣梢间，蔚为壮观。由于地处偏僻，野生的古红豆杉不被外人所知，济村乡正对这一古红豆杉群进行保护。

【武平县南方红豆杉保护群落】梁野山国家级自然保护区是目前福建省乃至全国保持最完好的天然原始森林群落之一。其原始森林面积之大、生态保护之好、物种资源之丰富，令人惊叹。梁野山区内动植物资源丰富，区系成分复杂，起源古老。特别是国家Ⅰ级重点保护树种红豆杉，分布面积竟达 670 多公顷，种群结构之好、面积之大，堪称全国第一，被林业专家们誉为"国宝"，是中国第一个国家级的红豆杉自然保护区，也是唯一一个以南方红豆杉为保护对象的国家级自然保护区。

【长汀县南方红豆杉古树群】长汀县北部的圭龙山省级自然保护区大悲山片区，植物种类丰富，构成多样的森林植物群落。其中，以南方红豆杉群落最为有名，是汀江源头的重要水源涵养林。大悲山金顶海拔 1238 米，金顶下有一始建于元代的古庙——莲峰寺，寺旁古木葱茏，生长着保存完好的南方红豆杉混交林群落。其中，胸径 1 米左右的南方红豆杉就有 10 余株，群众奉为神树，世代加以保护，故而留存至今。每到秋冬季节，点点红豆飘坠林间，构成一道绝美的风景。

上述片片南方红豆杉群落，多少年来一直蒙着神秘的面纱，身上密布着岁月的痕迹，将自己深深地藏进了碧波万顷密林之间，采天地灵气，汲日月精华，把自己修炼成虚怀若谷、从容淡定的长者，一颗红心敛藏体内，让高贵身影穿越千年时光；也将自己融入芸芸众生之中，蘸乾坤雨露，吸人间烟火，炎炎夏季，婆娑姿态招来清风盈盈，布绿荫蕴涵；飒爽秋日，炽热内心化作晶莹红豆，寄幽幽情思，让守护者梦想与希冀。

（五）红豆杉文化内涵

古往今来，红豆杉被世人奉为"神树"，历代不少文人墨客寄树思情，赋予了它树语、诗词、曲赋等文化内涵，诉说着红豆杉千百年来的风风雨雨，寄托着人们对生活的殷殷向往。这里有它的高贵坚韧、风霜雪雨；也有它的温柔延绵，寄托相思；更有它的广泛用途，造福世人。

1. 花语文化

红豆杉的花语为高傲，是因为它能生长到二三十米高，高耸入云的红豆杉显得孤立而自傲。受到此花祝福的人，是属于只依自己价值观判定是非曲直，不在乎别人怎么说的人。因自视甚高，即使情人要弃你远走，也不会加以挽留，并且绝对不可能舍弃自傲。然而，如果稍为软化也许真的可挽回一切也说不定。

2. 树语文化

红豆杉是我国Ⅰ级保护野生植物，世界公认的"长寿树""健康树"和珍稀抗癌植物；它全天候吸入二氧化碳，呼出氧气，是时代环境的捍卫者、健康生活的保护者和人类社会的益友。在西方，红豆杉被视为拥有强大神秘力量的树种，甚至被认为是"永生之树"。

3. 园林文化

红豆杉树形美丽，果实成熟期红绿相映的颜色搭配令人陶醉，可广泛应用于水土保持和水源涵养、园艺观赏林，是新世纪改善生态环境，绿化美化秀美山川的优良树种。利用珍稀红豆杉树制作的高档桩景与盆景造型古朴典雅，整株造型含而不露、超凡脱俗，成为城市绿化和家居美化的新贵族，具有浓厚的生活气息和文化底蕴，也被人们形象地称为珍贵的"摇钱树"。

4. 诗赋文化

红豆杉

[现代]王秋惠

你从远古来
带着泥土的芬芳
青翠细叶，伴阗淅沥秋雨
如同古老的琴音
山色蒙蒙，雨意蒙蒙
千年的红豆杉啊
仿佛倾诉着浓郁的真情

你从诗中来
带着诗人的忧伤
把思念种成艳丽的红豆
和着伊人相思的泪珠
酿成浓清似酒
醉了秋山，醉了秋雨
也醉了伊人一管紫竹清箫

你从冰川来
带着冰雪的清纯
以高雅的躯体
凝结成金贵的紫杉醇
千年红豆杉啊
你用冰肌玉骨的深情
点亮了人类生命的希望
也圆了人类生命的希望

红豆杉赋

（明溪县红豆杉科技文化专题园内石刻）

武夷之东，瀚海之西。
洞天福地，邑曰明溪。

紫杉嘉木，亘古至今。

常青四季，果寄相思。

红豆杉者，

其性直，避邪祟。

安五脏，补六腑。

疗惊悸，消淤肿。

解百毒，通经脉。

一树皆宝，不数黄金，赞为神树。

红豆杉赋

刘永泰

武夷山脉，梁野仙山。天蓝地蕴，万顷绿妆；珍稀红豆杉，独罕耀其光。紫杉科属，常绿木乔，杉生红豆，相思最长。第四纪冰川遗存兮，历尽沧桑；亿万年星辰子遗兮，"活化石"宝。南海故国，誉为"神树"，客家民系，奉为珍宝。

红豆杉树，扎根深长。根系延伸山坳，纵横裸筋百丈。接地气，日日汲取养分积蓄能量；养灵气，年年智慧操守坚韧成长。钻地者，飞天高；根深者，叶必茂。

红豆杉树，虬枝如铁、身躯如钢。齐刷刷立于黄土，枝丫平展而舒张。古藤缠身，云雾缭绕，树表淡黄，树心丹红。怀淡泊而挺秀，拥雍容而端庄。不妒松柏之冬茂，不羡桃李之春芳。顺天时之节律，扬地利之悠长。春夏滋荣，不改坚强之质；秋冬凛冽，更铸风骨之刚，圈圈年轮纹理，木质坚硬铿锵。重水千钧，沉河坠江。干出世上惊天业，谱写人间动地章。如饱经风霜之长老，高举双臂昂然问苍；似学富五车之智者，默默凝视韬光养晦；像披盔戴甲之勇士，操戈执矛镇守四方；若闯荡环球之游子，大气磅礴遥望故乡。苍老神韵，向世间昭示无宁巨著；神圣生命，为人间演绎亘古乐章。

红豆杉叶，二列针状。葳蕤而滴翠，清绿而舒张。吸乾坤之精气，吐天地之大氧。绿满人间，功德无量。叶腋结豆，满面红光。粒粒真情见花开草长，颗颗相思证亘古绵长。思古？思今？思情？思乡？干、叶、皮、豆，治癌良方。载入李公圣典，流传民间偏方。黄金再贵有价，宝树功德无量。大美人间，大爱炎黄。嗟夫！加速医学研究兮，造福四面八方；提高科技含量兮，荫泽博爱无疆。

巍巍梁山，珍稀避难之藏；云梯石径，红豆杉群放光。登高眺望，神杉如处子列阵万马奔疆；俯瞰山腰，红豆似新月浴凉千年凝望。处峻岭则恬静肃穆，列山野则相思悠扬。风霜雨雪，独栖则气息怏怏；同心同德，群生则聚力成墙。拍案叫绝，红豆杉王！六十米高，奇观瞻仰；树腰胸围，七人合抱；金属敲击，中空铿锵；专家标明，"身份证"号。星光下月夜静思，烈焰中挺直脊梁。浩歌一曲，荡气回肠！

（六）红豆杉神奇传说

全国各地保留着许多与红豆杉有关的文化遗址，其多与历代名人息息相关。在民间也流传着诸多关于红豆杉的神奇传说。

相传唐代药王孙思邈外出游玩经过庐山时，发现了一片红豆杉林，深知红豆杉奇妙药效的他带回去 1 株并将其种子种在云台山上的炼丹洞门口（现为河南焦作云台山景区茱萸峰的药王洞）。沧海桑田、岁月更迁，药王离去 1400 余年后，当年药王亲自栽种的那棵古树依然挺拔守卫着药王的仙洞。唐代著名诗人钱起曾以"攀崖到天窗，入洞琼玉溜"的优美诗句，描写了这里的景色。

据《福建树王》记载，龙栖山自然保护区田角村的南方红豆杉树王有一段治病救人的传说。相传田角村有一财主，雇佣了很多长工。其中有位柴夫，心地善良，任劳任怨。一天柴夫在山上砍柴，看到天上有一奇鸟嘴里叼一粒种子，正好掉到他面前，柴夫认为是珍宝，认真保存，直到来年春天把它种下。后来这粒种子生根发芽，越长越大，就是现在的红豆杉。有一年田角的百姓都得了一场病，柴夫也不例外，他觉得难受，在红豆杉下刚入睡，便梦见树上有一仙女，手拿一些红果飘然送入柴夫嘴里，他顿感身体舒服，病情好转。这时仙女已远去，他赶紧喊："再给我一些红果，还有很多人需要呢！"，仙女说："那树上多得是"。醒来的柴夫就摘了很多果子给山下得病的人吃，结果人们的病都好了。

据《福建树木奇观》记载：在福建省将乐县龙栖山自然保护区将军顶的路旁，有 1 棵千年红豆杉，胸径 125 厘米，树高 24 米，树冠面积 350 平方米，树形高大挺拔，雄伟壮观。而在这树干 4 米高处的干杈间，竟稳稳地长着一棵高 3.1 米、胸径 10 厘米的棕榈树。据传说，当年济公和尚云游天下，到了将军顶，由于贪恋景色，不觉到了午时，就在这棵红豆杉树下休息。龙栖山山高林密，气候凉爽，济公和尚顺手把他的烂蒲扇插在红豆杉的树杈上就睡着了。一觉醒来，已是夜色蒙蒙，济公和尚急于赶路，就把这把烂扇子忘在红豆杉树上了。而这把蒲扇吸收了龙栖山的日月精华，竟也茁壮成长。当地村民奉若神明，逢年过节便要到树下供奉，以祈五谷丰登，岁岁平安。

福建周宁有一个又称"相思乡"的礼门乡，是一个生长红豆杉较多的乡镇。其中，秀坑村有红豆杉 36 株，溪山村有红豆杉 6 株，大碑村有红豆杉 5 株。这些红豆杉，最大的属大碑村的 1 株红豆杉，树龄 700 年，高 28 米，胸围 460 厘米。相传古时候，有一对倾心相爱的男女。男子出征边塞后却杳无音讯，年轻貌美的姑娘思念心切，每天都站在高山上，翘首等待着恋人归来。一天天、一年年过去了，姑娘望穿了秋水，流干了眼泪。之后，伤心欲绝的姑娘眼睛里竟淌出一颗颗鲜红的血滴，血滴落地时便凝固结粒，然后生根发芽，慢慢成长为参天大树。日复一日，春去秋来，大树结满了红色的果实，伴着姑娘心中的思念，慢慢地变成了人世间最美的红色心型种子——相思豆。悠悠岁月，礼门乡许许多多少男少女都以鲜艳的红豆来表达相思、寄托相恋之情，红豆成了他们表述爱情的载体和信物，也从中成全了许多美满的姻缘。

(七)中国红豆杉之乡——明溪县

2004 年 12 月，国家林业局授予明溪县"中国红豆杉之乡"称号。

明溪——闽西北的一座小山城，这里风光旖旎，山清水秀，气候温和，森林覆盖率达 80.6%。明溪县素有"绿海金仓"之称，境内野生动物 723 种，野生植物 1692 种。国家 I 级保护植物南方红豆杉在这里土生土长，历史悠久，数量繁多。据调查统计，在县境内海拔200～1000 米的深山里，大量分布有天然红豆杉，株数达 9000 多株，其中百年古树数千株，树龄最高的 1000 多年，最大胸径 196 厘米。明溪优异的生态环境像一块未雕刻的璞玉为红豆杉生长提供了得天独厚的自然条件。

明溪是南方红豆杉的原产地和中心产区，在县境内天然红豆杉连片分布的乡镇有夏阳乡、瀚仙镇、夏坊乡、枫溪乡。其中，夏阳乡紫云村东坑、枫溪乡的小雅、邓家、熊地更有大面积天然红豆杉群落分布。据调查，瀚仙镇黄连地村头的土地庙前有 1 棵红豆杉，胸径 196 厘米，高 32 米，冠幅 15.5 米，树龄 1000 多年，现在仍然长势良好。夏阳乡紫云村均峰寺前的红豆杉，树龄 650 年，胸径 163 厘米，树高 20 米，冠幅 14 米。盖洋镇林地村村头有 6 株红豆杉，平均胸径 100 厘米以上，最大 1 株胸径达 167 厘米。

提起明溪人工红豆杉起步历程，不能不想起一位林业老专家——余能健。他从事林业工作 40 余年，担任过明溪县林委主任，县政协副主席，在任期间重视森林资源的培育，同时又带头参与林业科技项目研究，其多项科研成果获取国家、省、市科技奖，为明溪林业事业作出突出贡献。他退休后，仍然退而不休，始终对林业事业有一种无限的追求，利用自己积累的经验继续从事林业科研，特别是开展人工红豆杉育苗和栽培技术的研究取得多项成果，为明溪县红豆杉产业的发展作出重大贡献。

红豆杉，浑身是宝，明溪县按照生态立县、科技兴县战略，做强红豆杉产业。现已建成大规模人工种植南方红豆杉基地，有两家紫杉醇提取提纯企业(南方制药、紫杉园生物技术)，年生产紫杉醇系列产品达 1000 多公斤。全县已建成 100 多公顷红豆杉盆景基地，1 家红豆杉叶枕加工厂和 3 家红豆杉工艺品加工企业。红豆杉产业增加了地方财政收入，扩大了林农增收。明溪以红豆杉为主业的生物医药产业正在不断发展壮大，明溪生物医药产业的快速发展必将成为明溪绿色经济发展的新亮点。

十、柏树文化

（一）柏树分布与利用价值

柏科是裸子植物门中属数最多的 1 个科，共有 22 属约 150 种，我国有 8 属 30 种。柏树文化所指的柏树是对柏科若干树种的泛称。

柏木 *Cupressus funebris* Endl. ，别名香扁柏、垂丝柏（四川），璎珞柏（浙江、江西），柏枝树、柏香树（贵州），为柏科（Cupressaceae），柏木属植物。

柏树亦称柏木。常绿乔木，树干通直，树高达 35 米，胸径 2 米，树皮淡灰褐色，叶片鳞叶形，交互对生，球花雌雄同株，单生枝顶，果近球形，径 0.8~1.2 厘米，种子微扁，长约 0.25 厘米，两侧具窄翅。

柏木是国家 II 级重点保护野生植物，分布于秦岭及长江流域以南的温暖地区。浙江、安徽、江西、福建、湖南、湖北、四川、贵州，以及云南中部，广东、广西北部，甘肃、陕西南部皆有分布。南北分布跨 900 公里，东西约 1700 公里，是亚热带代表性的针叶树种之一。

柏木对自然环境条件要求不高，适应性强，能耐干旱，耐瘠薄土壤，少见病虫危害。在钙质紫色砂岩、页岩、石灰岩发育的紫色土或石灰性土壤上，均能旺盛生长。

柏木树干通直，材质优良，结构细，有香气，耐湿抗腐，是建筑、家具、车船、农具的优良用材。枝叶根茎可提炼柏木油。提炼柏木油后的碎木，经粉碎成粉后作为香料。球果、根茎、枝叶具有药用功能，主治发热烦躁，小儿高烧、吐血。同时柏木树姿优美，树冠浓密，是城镇绿化、公园建设的优良树种。长江以南各省庭院、公园、陵园、古迹及风景区几乎都有柏木栽植。

除柏木外，被国人泛称为柏树的还有侧柏属、翠柏属、圆柏属、扁柏属等 8 个属的近 40 个种或变种。

（二）柏树名源考

柏树分枝稠密，枝叶浓密，树冠被枝叶包围，像一个墨绿色的大圆锥体。我国古代崇尚贝壳，以贝壳为货币。有专家认为崇尚贝壳源于生殖崇拜，而被古人崇尚的贝壳正是呈圆锥状。所以，柏树名称源自"贝""柏"字与"贝"字读音相近，"柏树"就是"贝树"，表示树冠像贝壳的一类树。由于柏树像贝壳，远古时期，柏树也有一定的生殖崇拜意义，我国人民在墓地周围种植柏树，象征着永生、转生、新生含义，是远古生殖崇拜的遗风流俗。

柏树斗寒傲雪、坚毅挺拔，乃百木之长，素为正气、高尚、长寿、不朽的象征。我国人民喜欢在墓地周围种植柏树，源于一种民间传说。相传古代有一恶兽，名叫魍魉，性喜盗食尸体、肝脏，夜间出来挖墓，取食尸体，此兽行迹迅速，神出鬼没，令人防不胜防。因其性畏虎怕柏，所以人们为逃避这种恶兽，常在墓地立石虎、植柏树。孔子曰"岁不寒，无以知松柏；事不难，无以知君子"。孔子崇尚松柏，他的老家曲阜孔陵、孔林和孔庙院内，至今古柏林立。

柏树在国外是情感的载体，柏树常出现在墓地，是后人对前人的敬仰和怀念。古罗马的棺木通常用柏木制成。希腊人和罗马人习惯将柏枝放入死者的灵柩中，是希望死者到另一世界能得以安宁幸福。而我国过去人们在死者的坟墓周围植柏，是对死者"长眠不朽"的宿愿。柏科拉丁文名 Cupressaceae，系引申自 Zyparissias（赛帕里西亚斯）。希腊神话记载：有一名叫赛帕里西亚斯的少年，爱好骑马和狩猎。一次狩猎时，误将神鹿射死，悲痛欲绝。爱神厄洛斯建议总神将赛帕里西亚斯变成柏树，让他终身陪伴神鹿，这就是柏树名字的由来。柏树成为长寿不朽的象征。

（三）千年柏木的英姿

汀州府试院千年柏木。在龙岩市长汀县博物馆内，保存着 2000 株千年古柏，其中 1 株树高 27.6 米，胸围 410 厘米，冠幅东西长 16.3 米，南北长 17.9 米。柏木枝叶苍劲，树冠回环互抱，缭绕于廊檐之上，气势极其雄伟。据专家鉴定，此 2 株柏树始植于唐大历年间，汀州筑城之时，距今已有 1200 多年历史，堪称我国的柏木王。传说清代大文豪纪晓岚莅汀州举试时，住汀州试院，夜间赏月，曾见二红衣作揖，乃答揖，红衣人遂飘于（两株）柏间慢慢隐去，于是拟联云："参天黛色常如此，点首朱衣或是君。"从此，人们认为这二红衣人是两柏的化身，乃尊双柏为"神树"。以其枝为避邪之物，常将它挂在门口驱赶恶魔。1983 年长汀县人民政府公布双柏为文物重点保护对象。

在闽粤赣三省交界处的武平县民主乡坪畲村生长着 1 株古柏木，这株柏木树高 17 米，胸径 128 厘米，冠幅东西向 19.8 米，南北向 17.5 米，该树有 1050 年历史，是我省最古老的柏木之一。坪畲村已有 800 多年历史，相传未有坪畲村，先有古柏木之说。

这株古柏虽然高龄，但仍郁郁葱葱，青翠嫩绿，树姿优美，雄伟壮观，令人钟爱。被人们称为"神柏"，当地群众视为吉祥之物，尽心呵护。他们像保护自己的生命一样保护这株古树，使其经历风霜雨雪的磨难和历代风云变幻的考验而幸存。

（四）古朴典雅的柏木家具和柏木药理

柏木材质坚实平滑、耐腐蚀，木材色黄、质细、气馥、耐水、多节疤等特性，制造出来的家具坚实、稳定不易变形以及防腐、防蚁、防臭、抗菌、保温等性能，古朴典雅，色彩鲜丽，木纹清晰，具有丰富的自然木结，充满艺术气息，给人们一种美的享受。

柏木家具呈现出前所未有的人性自然空间。柏木家具质地沉重，不易搬动，木质厚实，所营造的朴实原生风格，满足了现代人们追求自然的生活要求，古朴典雅的柏木家具是现代家具之上品，为人们所广泛喜爱。

同时，古代民间多用柏木做"柏木筲"和上好的棺木等。北京大堡台出土的古代王者墓葬内著名的"黄肠题凑"，即为上千根柏木方整齐堆叠而成的围障，可见其在木材中级别之高。柏木木材坚韧耐腐，古代军队多以柏木制作弓箭。

柏树可以安神补心，柏木发出的芳香气体具有清热解毒、燥湿杀虫的作用。据测试，其主要成分为莰萜、柠檬萜，这些物质不仅能杀灭细菌、病毒，净化空气，而且对人们具有松弛神经、稳定情绪的作用。人们吸入柏树的香味后，可使血压下降，大脑血流量减少，抑郁情绪得到缓解。

《唐本草》记载：柏木性味甘平，入心、肝、脾、肾、膀胱诸经，具有美容美肤保健作用。柏木缓解松弛神经，安抚波动情绪，减轻日常工作压力，有效收缩发肤毛孔，从而达到清洁肌肤，去屑、生发。同时对呼吸道感染等疾病有消炎、镇痛的疗效。

（五）龙柏树姿如虬龙蟠舞

龙柏为圆柏的变种，为圆柏属。

龙柏和柏木同属柏木科家族。龙柏外形像龙，分布在全国各地，为圆柏的种植变种。龙柏树形除天然成长成圆锥形外，也有的将其攀揉盘扎成龙、马、狮、象等动物形象，也有的修剪成圆球形、鼓形、半球形，单植或列杆，群植于城市园林。

龙柏常绿乔木，树姿葱郁叠翠，如同虬龙蟠舞，生动精美，是园林天井的珍贵树种，多植于庭院、公园，供园林绿化、美化观赏用。

龙柏树冠圆筒形，宛若盘龙，形似空宝，适宜栽植在高厦广场周围或作盆栽置用。它对多种有害气体具有吸收功能和除尘效果。

每当人们步入葱郁的柏林，望其九典多姿的枝叶下，吸入那沁人心脾的幽香，联想到这些千年古柏耐寒、长青的品性，极易给人心灵上的净化。

霞浦县水门乡芦阳村郑氏祠堂一侧，有1株古桧——圆柏，现树高8米，胸径75厘米，树冠面积120平方米。据查该古桧树龄达千年以上。古桧虽历经沧桑，至今仍四季常青，苍翠浓郁，巍峨耸立，脱尘绝俗，而干枝弯叠，却是盘枝错节，萦绕虬结，月下似盘龙夜卧，日间如彩凤展翅。

龙柏树是常绿小乔木，由于树型优美，树叶碧绿青翠，树冠圆筒形，宛若盘龙，形似宝塔，是一种名贵的庭园树，适宜栽植在广场高厦四周，或代盆栽布置用。龙柏树名称来源：据说是因为清朝乾隆皇帝曾经手摸过柏树之后，树木就弯弯曲曲长成龙的形状，因沾染了皇帝的灵气，故称之龙柏。后人传说，谁摸了此树，谁就会幸福美满，永葆青春。

(六)桧的古籍典故

桧是古时对柏树的统称,亦称圆柏,自古亦然。桧,古一名栝。公元前,我国古籍中便有桧的利用和栽培的记载。3000年前,中原、淮扬、江汉等地桧多有著名的大材。西周分封的诸侯国中,便有将桧作为国名(《诗经·桧风》)。帝尧舜之时,夏禹王其子启制订"夏后氏五十而贡"的租赋制度。荆扬之贡中,便有"椿干栝柏"(《诗经·夏书·禹贡》)。栝,指的就是桧。同时,古代对于桧、柏、枞、松这些针叶树种都能予以区别。桧不仅"性能耐寒,其材大,可为舟及棺椁"(《诗经·卫风·竹竿》),而且"其枝叶乍桧乍柏,一枝之间屡变"。清楚地记载着圆柏叶的形状,幼树时的针刺叶,随着树龄的增长,针叶逐渐被鳞片所代替。

桧在我国各地,特别是江淮一带有着悠久的栽培历史。桧不仅老干枯荣,寿高千古,且南北皆生,四海为家。南宋陆游撰《老学庵笔记》载,亳州太清宫多桧树,"桧花开时蜜蜂飞集其间,不可胜数。作蜜极香,而带微苦,谓之桧花蜜。"在欧阳修笔下,苍桧成亳州独特景物,"古郡谁云亳陋邦,蜂采桧花村落香",宋元祐六年欧阳修门生苏东坡知颍州,为官之余还考察了桧树,写下纪实性诗:"汝阴多老桧,处处屯苍云。地连丹砂井,物化青牛君。时有再生枝,还作左纽纹。王孙有古意,书室延清芬。应邻四孺子,不堕凡木群。体备松柏姿,气含芝术熏。初扶鹤立骨,未出龙缠筋……"。历史曾传闻亳州老君观,颍州(汝阴)灵坛观有老桧枯而再生。又相传亳州太清宫有八桧,八桧为老子手植,根株枝干皆左扭,但今都寿终谢世,踪迹全无。不过淮北和江南仍存有若干古桧。

(七)柏树民间传说

柏树早在我国民间有很多美丽的传说。号称世界柏树王园林就在西藏林芝地区,那里有一种巨柏,藏语叫"拉薪秀巴",有"生命柏树""灵魂柏树"之说。其中最大的1棵巨柏誉为"中国柏科之最",树高57米,径粗5.8米,树冠投影面积1亩有余,距今已有2600多年历史。当地群众奉为"神树",树枝上常年挂着信徒们敬献的无数经幡和哈达,逢年过节纷纷前来烧香朝拜、虔诚至极。

福建省莆仙地区,一些群众在人生礼仪中,常把月季(俗称张春)和侧柏的枝叶放在一起,象征"百子千孙",子孙兴旺。这里的柏谐音"百",春谐音"孙"。在婴儿满月仪式上,把月季侧柏插在婴儿的帽子上,也插在母亲的头上。生男孩,常把煮熟染红的鸡蛋一头磕破,插上侧柏,送给已婚未育的邻居朋友,寓引导育男婴之意。婴儿满四月、周岁的仪式,同样插上侧柏。在葬礼上,分送侧柏给参加葬礼的人,表达远离死亡、子孙兴旺的美好祝愿。莆仙民俗乔迁时,家里要挑一担水前往新居,水中撒上月季和侧柏,其寓意相同。

民间有记载谐音姓名笑话。从前,福建兴化县有一个人名叫能柏财,这人博学多才,深通簿记,擅长理财,可是商号都不敢聘用。究其原因,出自姓名连读,谐音为:"能破财。"商人的发财聚富为唯一目的,让"能破财"做账房先生,当然非常忌讳。此公虽腹有奇才,但难以获聘，抱恨终身。

（八）客家人与柏树之缘

福建省龙岩、三明、漳州地区以及与广东、江西省接壤地区，是我国客家人主要居住地。客家人喜爱柏树，他们与柏树相依为命，有不解之缘。

客家人的居住环境离不开柏树。人们发现凡是客家人居住的村庄、庙宇、社坛、寺庙、祖祠周围都有虬干曲枝的参天大树。据说，客家人的祖先从中原南迁时，携带的物品中就有柏树。

客家人的文化生活离不开柏树。客家人常把"柏"与"百"字相联系。客家人操办红白喜事，书写对联都与"柏"（百）有关。如祝寿有"柏翠松苍，人寿年丰""柏节松心宜晚翠，童颜鹤发胜当年""童颜鹤发寿星体，松姿柏态古稀年"，过年有"寒岁松柏茂，春暖杏花红"，结婚有"松柏常青，百年好合"，新居乔迁有"凤凰鸾飞龙吟虎啸，竹苞柏茂枝秀兰芬"，悼念先人或烈士有"松柏常青，永垂不朽""一生献忠心南山松柏常苍翠，九天含笑意故园桃李又芳菲"。

客家人乡土民俗离不开柏树。客家人向来崇尚真、善、美，而柏树就是真、善、美的化身。客家人总希望有"五星"（指福星、禄星、寿星、吉星、喜星）相照相伴，而柏树就在之中。因为柏树有长命百岁、百子千孙、百年好合、百病消除等之意。因此客家人迎亲嫁娶、乔迁志喜、庆贺寿诞、办满月酒、逢年过节以及办理丧事都要把柏树枝叶插挂在门楣上，以示吉利。一些客家人至今还保留春节除夕晚用柏叶烧水洗澡的传统，谓之洗涤旧年秽气，也有用柏水沐浴能益寿延年之说。

（九）柏树之诗词选录

病　柏
[唐]杜甫

有柏生崇冈，童童状车盖。偃蹇龙虎姿，主当风云会。
神明依正直，故老多再拜。岂知千年根，中路颜色坏。
出非不得地，蟠据亦高大。岁寒忽无凭，日夜柯叶改。
丹凤领九雏，哀鸣翔其外。鸱鸮志意满，养子穿穴内。
客从何乡来，伫立久吁怪。静求元精理，浩荡难倚赖。

古柏行
[唐]杜甫

孔明庙前有老柏，柯如青铜根如石。

霜皮溜雨四十围，黛色参天二千尺。
君臣已与时际会，树木犹为人爱惜。
云来气接巫峡长，月出寒通雪山白。
忆昨路绕锦亭东，先主武侯同閟宫。
崔嵬枝干郊原古，窈窕丹青户牖空。
落落盘踞虽得地，冥冥孤高多烈风。
扶持自是神明力，正直原因造化功。
大厦如倾要梁栋，万牛回首丘山重。
不露文章世已惊，未辞翦伐谁能送。
苦心岂免容蝼蚁，香叶终经宿鸾凤。
志士幽人莫怨嗟，古来材大难为用。

厅前柏

[唐]元稹

厅前柏，知君曾对罗希奭。
我本癫狂耽酒人，何事与君为对敌。
为对敌，洛阳城中花赤白。
花赤白，囚渐多，花之赤白奈尔何。

蜀 相

[唐]杜甫

丞相祠堂何处寻？锦官城外柏森森。
映阶碧草自春色，隔叶黄鹂空好音。
三顾频烦天下计，两朝开济老臣心。
出师未捷身先死，长使英雄泪满襟。

十一、福建柏文化

（一）第三纪孑遗珍稀植物福建柏

福建柏 *Fokienia hodginsii*（Dunn）Henry et Thomas，别名建柏、滇柏、杜杉、杜树、滇福建柏，为柏科（Cupressaceae）福建柏属常绿乔木。福建柏是国家 Ⅱ 级保护的特有珍贵用材树种，因最先在福建省采到标本而得名。福建柏产于我国，自然分布于南亚热带北部和中亚热带南部中山丘陵地带，主要产地有浙江南部（庆元、龙泉）、福建、广东北部（乐昌、乳源）、江西（井冈山）、湖南南部（宜章莽山）、贵州、广西（金秀、龙胜）、四川（江津）、云南东南部及中部安宁。越南北部也有分布。

福建柏为阳性树种，幼年喜阴蔽，要求温暖、湿润气候；在有机质较多、腐殖质层较厚、疏松、中性偏酸性的黄壤或红黄壤土上生长良好。多散生于海拔 1800 米以下温暖、湿润的常绿阔叶林中，个别地方有小片纯林。萌蘖力强，耐修剪。

福建柏是中国特有的第三纪孑遗的单种属植物，起源古老，谱系孤立，在研究柏科植物系统发育方面有科学意义。福建柏是稀有种，天然林人为砍伐破坏严重，因过度采伐，天然林面积日益缩小，生境恶化，现散生数量不多，更新能力弱。福建柏叶片绿色有光泽，树形美观，是良好的观赏树种和庭园绿化树种，也是良好的建筑用材，具有重要的利用和保护价值。

（二）福建柏命名的历史来源

福建柏是我国特有的古老树种，因最初发现于永泰县（旧称永福县），故定名福建柏，又称建柏。福建柏最先为英国一名船长 Hodginsii 于 1907 年 1 月 25 日在福建省采到标本（编号4507，存于香港植物园和英国丘园）。模式标本（Dunn917-HH3505，存于香港植物园和英国丘园）是英国著名植物分类学家 Dunn 于 1908 年在南平市蒙瞳洋三千八百坎采到的，并在林奈学会植物学杂志上发表新种，定名为 *Cupressus hodginsii* Dunn，即归为柏木属的一种。取种加词 Hodginsii 是为纪念该树种最先采集者英国船长的。1911 年，英国植物分类学家 Henryet 和 Thomas 重新创立福建柏属，福建柏的学名改为 *Fokienia hodginsii*（Dunn）Henryet et Thomas。

（三）福建柏王和福建柏古树

【福建柏树王】2013 年，福建省绿化委员会和福建省林业厅评选"福建十大树王"。福建柏树王位于建瓯市迪口镇中田村高村自然村的水尾，其胸径0.81米，树高34.9米，冠幅12米，是目前福建省最高的福建柏，生长健康，树形修长，树皮美观，如林中仙女。

【周宁福建柏古树】该树位于周宁县浦源镇吴山底村水尾，其胸径0.82米，树高18.5米，冠幅8.7米。据村中老人介绍，该村水尾原有3株福建柏，20世纪70年代被台风刮倒1株，现余2株，此树是其中较大的1株，树龄逾千年。与其他福建柏不同的是，该株福建柏的树皮平滑，呈紫褐色、树干旋扭状。

【明溪福建柏古树】在明溪县夏阳乡际头自然村厝后山岗上生长着1株珍贵的古树福建柏，树高33米，胸径98厘米，树冠冠幅15米，单株材积9.4立方米，堪称福建柏之雄。在古树东面下方有2座古老的木质结构的楼房大宅院。据说出生后一直住在该宅院，现年已70多岁的杨姓老人说，该树是当地一位名"洪宗公"的先祖，当年在朝廷做官时，通过宫廷园艺师傅把种植在皇宫庭院中的福建柏结果脱落的种子带回家乡繁殖，它栽植于明朝正德年间（1505～1521年），是建祖宅种植的宅荫（即风水树），迄今已有480多个春秋。自古以来，该村村民对这棵古树敬若神明，该树木至今仍然苍劲挺拔，枝叶浓密，生机勃勃，全然没有苍老之感，密密匝匝的侧枝像百手佛的佛手一样伸向天空。

【华安福建柏古树】华安县马坑乡和春村的1株福建柏，胸径73厘米，树高19.2米，树干离地面6.2米处分为两叉枝，树枝粗大，苍劲挺拔，枝叶浓密，生机勃勃，全然没有苍老之态。古树下方有3座楼房宅院，这里的人们敬奉古树为保护神。据该宅院80多岁老人说，该树是其第十二世祖于康熙元年建祖宅前种植的宅荫（即风水树），距今已有330多年了。

（四）天然福建柏群落

福建省内福建柏分布于福州、永泰、南平、闽清、闽侯、华安、龙岩、长汀、漳平、上杭、永安、仙游、永春、德化、安溪、大田、古田、连江、罗源和霞浦等县（市），目前只有零星小片的纯林或混交林。历史上，福建柏在福建省的分布区域较广，在永泰县白杜乡、华安县草仔山、闽西梅花山都有成片的天然林分布。福建柏的重点分布，一般在海拔150～1200米之间，多数分布于海拔600～1000米的山地丘陵中。如华安县马坑乡草仔山的福建柏生长在海拔1000米山地上；长汀县庵杰乡赖地村和铁长乡岭下凹坑的福建柏均生长在大悲山下海拔600～800米之间的丘陵山谷中。

由于人为破坏严重，我省天然福建柏纯林破坏严重，天然福建柏大树日见减少。据调查，在长汀圭龙山自然保护区保存有70多公顷天然福建柏林分，是我省存有面积最大的群落，部分为参天大树。华安县马坑乡草仔山村后有一片面积达0.33公顷的天然福建柏林，共计21株，最高的20米，胸径42厘米。德化戴云山自然保护区科考队在科考时发现一片大面积的福建柏林，有20多公顷，高约在5～8米之间。据科考专家中国工程院院士林鹏介绍，如此大面积的福建柏天然纯林，在我省已是非常少见。该片天然福建柏群落位于德化县赤水镇戴云村祖厝旁。据村民介绍，群落中原有最大的福建柏单株胸径1米多，树高25米，冠幅30多米。令人痛惜的是，几年前因发生严重虫害，群落中较大的福建柏个体大都已灭失。现存群落面积约 57 公顷，树木不大且零星分布，其中最大的福建柏单株胸径 50 多厘米，树高 20 米，冠幅 15 米。

(五) 福建柏人工培育

福建柏天然更新能力差，多用实生苗造林。1955 年，福建开始进行福建柏大面积人工栽培，闽侯南屿、仙游溪口、安溪半林、三明莘口等国营林场和连城新地采育场等都营造了大量的福建柏人工林。据 1979 年 10 月福建省国营林场调查资料记载，当时已营造福建柏人工林 1153 公顷，活立木蓄积量已达 11500 立方米以上。人工造林一般生长情况良好，安溪县半林林场 17 年生福建柏林平均胸径 12.6 厘米，树高 8.4 米；三明市莘口林场 13 年生福建柏林平均胸径 13.8 厘米，树高 8.0 米。2007 年，明溪国有林场在明溪城关乡的大坪头山场成功种植了 500 亩与杉木混交的人工林，该林分平均每亩 80 株，杉柏混交的人工林长势良好。同时，由于福建柏对林地条件要求没有杉木高，生长速度一般也不比同等立地条件下杉木慢，造林和管理成本也比杉木低，而抗病虫害性能却比杉木强。因此，在我省积极提倡多树种造林的情况下，福建柏就成为新兴的、较有发展前途的优良用材树种之一。

安溪白濑国有林场于 2001 年建成全国第一个福建柏优良种质基因库，现已建成福建柏种子园 20 多公顷、基因库 10 几公顷、示范林 20 公顷、子代测定林 6 公顷、采种林 34 公顷。2010 年该基地被省林业厅确定为省级重点林木良种基地，并作为我省第二批国家重点林木良种基地候选基地参加评审。该示范区通过多年的建设，提高了森林覆盖率，提升了涵养水源、净化空气、水土保持、调节气候等重大生态效应，改善生态环境，为经济社会实现可持续发展提供了良好的生态屏障。

(六) 客家母亲河天然福建柏林

在福建闽西客家母亲河——汀江河发源地，有一座神奇美丽的大悲山，这里群峰叠嶂，古木参天，奇花异草散生其中，珍禽走兽出没林间。最难得的是在南麓有一片小面积的天然福建柏林，像一颗璀璨的明珠，熠熠生辉。

这片天然福建柏林位于福建省长汀县庵杰乡长科村口的风水林之内，面积近 2 公顷，是以福建柏为优势树种组成的福建柏槠栲类混交林。福建柏多散生混交于毛竹、杉木和常绿阔叶次生林中，它的天然更新能力差，只能零散生长，难以自成优势林分，因而这片由大大小小的福建柏作为优势树种构成的天然福建柏林极为罕见。尤为珍贵的是，这里有 50 多株树龄愈百年的福建柏，高约 17 米，胸径 36 厘米。其中 1 株近 300 年树龄的福建柏古木，树高 21 米，胸径达 110 厘米，比现有资料记载最大胸径的福建柏还粗 30 厘米，堪称福建省"福建柏之王"，而且至今仍枝繁叶茂，生机盎然。

为更好地保护大悲山的珍稀动植物，长汀县人民政府于 1996 年批准设立大悲山自然保护小区，面积约 1014 公顷，这片珍贵罕见的天然福建柏林作为保护区内的核心区已得到更加严格的保护。

(七)德化戴云村"杜杉"治怪病

德化县赤水镇戴云村祖厝旁有一片天然福建柏群落。据传,在五代后梁开平年间(889年),戴云村开村鼻祖独自从漳州经仙游迁居于此地,初期,因常犯一种怪病(噎膈病和脘腹疼痛),生活不得安宁。一天,有位中药师采摘草药,路经此地,告诉他只要采用山上一种名为"杜杉"(即福建柏)的树木作药材,煮汤服后便可治愈。先祖按中药师所嘱,采用"杜杉"皮叶煮汤喝,不久怪病果真治愈,并且身体也日渐强壮起来。从此在戴云村安居乐业,娶妻生子,繁衍发展起来,并留下祖训:活的杜杉树不能砍,死树砍后皮能治病、材能家用。世代村民视"杜杉"为恩人,倍加珍惜,精心保护,久经岁月,便保存下了大片的"杜杉"天然群落。

(八)福建柏的利用价值

福建柏树干通直,材质优良,木材性质及用途与杉木相似,适应性强,生长较快,栽培管理容易,是我国南方一些省(区)的重要用材树种。

福建柏木材收缩度小,强度中等,质地略软,纹理匀直,结构密细,耐腐性好,加工容易,切面光滑,油漆性欠佳,胶黏性良好,握钉力中等,易干燥,干后材质稳定,耐久性良好;心材黄褐色,边材淡黄褐色,气干密度0.452克/立方厘米;木材物理力学性能比杉木好,工艺价值很高,是建筑、桥梁、农具、细木工、雕刻的优良用材,又是优良的胶合板材;群众习惯锯成木板,制作橱、柜、水桶和房屋板料等。

福建柏树根、树桩可蒸馏挥发油,为制造香皂之香料。

福建柏具有一定的药用价值,始载于《经济植物手册》。心材味辛,性温,入脾、胃、肾三经;具有降逆止呕、行气止痛之功效;主治胃寒、胃气上逆、恶心呕吐、噎膈、气滞脘腹疼痛等症。

福建柏树干挺拔、雄伟,树形优美,四季常绿,鳞叶紧密,蓝白相间,奇特可爱,是庭园绿化的优良树种。在园林中常作片植,亦可盆栽作桩景。树形优美,树干通直,适应性强,生长较快,材质优良,是我国南方的重要用材树种,又是庭园绿化的优良树种。

十二、银杏文化

(一)古老的孑遗植物"活化石"——银杏

银杏,因其种子形状似杏,中种皮骨质白色,类银色,故名。银杏 *Ginkgo biloba* L.,别名白果、公孙树、鸭脚树,属银杏科(Ginkgoaceae)银杏属的单种属植物,为我国特有。被称为"活化石""植物界的熊猫",列为国家 I 级重点保护植物。

银杏是种子植物中最古老的孑遗植物,起源于距今 3 亿多年前的古生代石炭纪,到了中生代的侏罗纪至白垩纪为繁盛期,曾广泛分布于北半球的欧、亚、北美洲,白垩纪晚期开始衰退。在中生代的早期晚三叠纪(距今 1.95 亿至 2.3 亿年),从福建地质上划分的大坑组、文宾山组的植物化石来看,银杏类的化石就有陕西舌叶银杏、美丽裂银杏、极小裂银杏、基尔豪马特裂银杏、敏斯特裂银杏(相似种)和奇丽楔银杏等。到新生代第四纪冰川期后,绝大多数银杏类植物从地球上消失,仅在我国保留银杏 1 种。宋代,银杏由我国传播到日本,后又传到欧洲,再传到南、北美洲,目前除非洲与南极洲外的五大洲都有种植。

许多专家考察浙江天目山,湖北大洪山、神农架,云南腾冲等偏僻山区,发现了自然繁衍的古银杏群。自然资源考察人员还在湖北和四川的深山谷地发现银杏与水杉、珙桐等孑遗植物相伴而生。浙江天目山的野生银杏生长在海拔 500~1000 米的天然林中,与金钱松、柳杉、榧树、蓝果树、天目木姜子、香果树等名贵树种混生。此外在江苏邳州、山东郯城、浙江西部山区、湖北宜昌雾渡河镇、安陆市、大别山等地也有野生、半野生银杏群落分布。

福建银杏主要分布在闽北、闽西北、闽中、闽东西北部山区,大多为人工栽植,有的可以追溯到 1000 多年前的唐末或北宋时期。福建浦城县有散生野生银杏,九牧乡渭潭村吴墩头自然村的一株古银杏,胸围 1120 厘米(相当胸径 3.57 米)野生古银杏堪称"银杏之王"。

我国栽培银杏的历史悠久,可追溯到汉末三国,那时已盛产于江南。唐朝时期广泛植于中原,宋朝时黄河流域已普遍种植。明朝戴羲撰《养余月令》(1640)记载"银杏,即白果,俗名'鸭脚',以其叶像也。雌者两棱,雄者三棱,须合种之。"明邝璠撰《便民图纂》(1502)记载"银杏春初种于肥地,候长成小树,来春和土移栽。"清陈扶摇撰《花镜》(1688)记载"二月,移栽银杏……枣……""三月,分栽银杏……栗……枣……""正月,扦插……银杏、杨、柳……",说明我国明代以后栽培银杏已经有了丰富的经验。

由于银杏是种子植物中起源最为古老,又是我国的特有树种,在选"国树"时我国著名林业专家何凤仙、林协、史继孔等 44 位同仁曾联名推荐银杏为国树。这些专家称:古老伟大的中华不能没有国树,而银杏是我国特有的"活化石",它不择土壤、耐寒抗风、巍然挺拔、古朴典雅,是中华民族古老文明的象征。早在 20 世纪 30 年代,郭沫若先生把银杏誉为"东方的圣者"。外国植物学家称中国植物区系为"银杏植物区系"。四川成都、辽宁丹东、浙江临安、山东郯城把银杏定为市树或县树，在神州大地，以银杏、白果命名的乡镇和村庄更是数不胜数。银杏还作为绿衣使者，由国家领导人作为礼品赠送到五大洲许多国家定居繁殖，传播友谊。

（二）福建银杏古树拾零

　　浦城县散生有大量古银杏，其中尤以海拔 900 米的九牧乡渭潭村吴墩头自然村的 1 株千年古银杏堪称"银杏之王"。树高 35.8 米，胸围 1120 厘米，为罕见的野生银杏。每年华盖亭亭、果实累累，令人赞叹不已。

　　德化戴云山海拔 1800 米，层峦叠嶂，这里分布着 20 多株古银杏，其中分布在葛坑村的 1 株为唐代种植的古银杏，有"神树"之称，树高 32.5 米，胸围 640 厘米，人称"戴云银杏王"。

　　大田县广平镇万宅村坑口自然村古银杏树群，现还保存古银杏 21 株，此外，在龙宫、圩坪、岩兜自然村也还各有 1 株。这些古银杏胸径平均有 140 厘米，树冠宽 10.5 米至 12.5 米，单株（白果）年产量 60 公斤左右。据说，这群银杏植于宋代。传说有一名叫余成观的人，当年在漳州任知府，人称"二府公"，一次回乡探亲时，带回银杏树苗送给亲戚朋友栽植，村民奉古树为"神树"，相约只可任其自然生长，不可砍伐破坏。

　　周宁县礼门乡秋楼村岔溪，有两株雌雄银杏，树龄在 700 年左右。雄的 1 株旁边有 11 株牙条，高约 26 米，树围 540 厘米；雌的一株高约 25 米，树围 570 厘米。2 株银杏在一山坡上下相距 20 米左右，美誉为"夫妻寿仙"，又被称为"夫妻银杏王"。

　　光泽县止马镇有一丛银杏，共 16 株，同出一个树兜，胸径（合并）358 厘米，其中"曾祖父"年近千岁，树高为 23 米，胸径 75 厘米；"祖父母"年龄约 500 岁，"父母辈"共 4 株，树龄在 80～100 岁之间，高 16 米，平均胸径 26 厘米；"小字辈"有 8 株，年龄 20~30 岁，平均胸径 26 厘米。这四世同堂的银杏树，无论老幼皆生机勃勃，欣欣向荣，同享天伦之乐。

　　泰宁县大田乡垒际村海拔 1000 米的七宝庵也有一丛古银杏树。这株植于 1000 多年前盛唐时期的古银杏，树高 35 米，胸径 61 厘米，树冠形如宝塔，直插入云，极为庄严美观。而这株古树露出地面的侧根，衍生着 63 株子孙树，儿孙满堂，环绕膝下，生机旺盛，令人叹为观止。

　　永春县仙夹乡夹际村祖祠边，生长着一株雌雄同株的"夫妻"银杏树。银杏树通常雌雄异株，同株的极为稀少。相传这株奇特银杏树是 300 多年前，该村一对夫妻结婚时女方陪嫁种植的。这株"夫妻"银杏树的树干距地面 60 厘米处分叉为两支主干，一支为雄树，另一支为雌树。雄树高 16.1 米，胸围 315 厘米，冠幅 9.3 米；雌树高 14.7 米，冠幅 9.2 米。如今，雄树生机盎然，枝叶繁茂；雌树虽有几处枯梢，但仍然结果累累，每年结果几十公斤。

　　古田县泮洋乡后山村海拔 950 米的陈皮洋自然村和淮溪村海拔 420 米的上墩自然村现有 2 株古银杏，都是雌雄同株的。胸径分别为 43 厘米、47 厘米，树高分别为 8 米、13 米。这 2 株古银杏都是明朝洪武年间种植的。

古田县泮洋乡淮溪村海拔 420 米的上墩自然村，有 1 株明代种植的高大银杏耸立在村头路边的小斜坡上，经 1998 年 5 月测量，胸径 116 厘米，树高 21 米，冠幅东西 14.3 米，南北 16.5 米，枝下高 3.5 米。虽已空心，但树冠还很茂密。在树干下方根际处路边一侧还萌生出两枝相距 1 米，径粗分别为 20 厘米和 30 厘米、高 5 米的小银杏树，紧贴树干生长。这株银杏每年都能结一、两百斤果，多时能结三、四百斤。目前这株银杏枝叶繁茂，生长仍很旺盛。

尤溪县中仙乡善邻村龙门场自然村和相邻的山坑自然村有一片福建最大的古银杏群。在方圆几百亩内，现存的古银杏树有 353 株，平均胸径 50 厘米，最大的达 160 厘米，树高 16 米。这片古银杏树群始植于南宋年间，最长树龄达 800 多年。据记载，这里的银杏大多系明初开采银矿工人所植。现存的古银杏树最高年份平均每株产干果达 100~200 公斤。龙门场古银杏虽历经沧桑，却以其特有的顽强生命力，苍劲挺拔，枝繁叶茂，果实累累，绿叶葱葱。

武夷山自然保护区庙湾有 1 株银杏古树，高 20 米以上，胸围 6 米以上，据专家考察，树龄至少有七八百年，是国内少见的野生银杏古树。它枝叶繁茂，树形奇特古雅，远处观望，似美丽的华盖。

（三）美丽的传说与传记

银杏树有一个别称，叫"公孙树"。为什么叫公孙树有两种说法：一种是因银杏树长寿且结实慢，公公种下树，孙子才能吃到果；另一种说法是银杏树容易在其树干基部不断萌芽，长出新树，或在其附近从根部露出表土的地方长出新树，子子孙孙生活在一起，故称"公孙树"。

相传从前银杏很少，只有神仙吕洞宾那里有 1 株，每年只结 8 粒果子，8 个神仙每个只能分到 1 粒，作为鲜果，很是稀奇。有一年，天宫王母娘娘到吕洞宾府做客，此时，正是白果成熟的季节，王母娘娘看到金色的银杏果子，很喜爱，于是趁众仙不备之机，摘了 2 个藏在袖子里，不料被果童发现告诉了吕洞宾，吕洞宾很生气，派张果老骑驴去追赶，追到途中，王母无奈，只好把果子扔下，恰巧那 2 粒银杏种子落在观竹寺里，第二年竟长出了 2 棵小白果树。这 2 棵白果树怪神乎，一日出土，二日长叶，三日分枝，当中有两枝最长的，一枝指向西天"瑶池"，另一枝指向洞宾仙府，不几天就长成了大树。当地老百姓都它叫"神树"。寺里的长老很高兴，可是到了春天，这 2 棵树光开花就不结果子，长老又感到非常失望，于是让小和尚烧香祈祷，求神仙帮忙。这件事惊动了果仙韩湘子，托梦给长老说："这两棵树一公一母，不成亲不能结果子……"长老听后，便选吉日良辰为其举行婚礼，并用红线牵引，将分枝联在一起，并祝祷："白果女，白果男，红线牵引结良缘，今日行婚礼，结果敬人间……阿弥陀佛！"说也奇怪，第二天果然结出果子，从此白果树开始在这里生儿育女，这一带成了世界出名的银杏之乡。不过，那时每根枝条上，只结"三双一单"7 个果子，称为七仙果，它能消灾避难，医治百病，直到今天，白果仍被医学界视为名贵良药，为人们防治百病。

据周宁民间传说，在很早以前，礼门乡秋楼村民过着男耕女织的平静生活。后来，由于外来蝙蝠精作祟，大人小孩常常生病，家禽家畜也不断失踪。村民祷告之后，观音菩萨便委派银杏仙子下凡为百姓祛病消灾。银杏仙子下凡后，化作1棵银杏树长在岔溪岸边一个孤身青年的茅草屋前。此后，银杏树受到青年的精心护理，银杏仙子也悄悄照顾青年的饮食起居。一天，青年射伤了正在吞吃儿童的蝙蝠精，蝙蝠精便在溪中放毒，秋楼村的大多老少和青年都因此染上瘟疫。银杏仙子遂以银杏果救活青年。青年醒后，见门前银杏果实满枝，受到启发，随之用银杏果治愈村中染病的乡亲。后来青年与银杏仙子合力斗败蝙蝠精，并互生爱慕之心。为了让幸福永驻人间，他们就化做2株银杏树，从此根枝相连，守望着一方平安。如今，这2株雌雄银杏成了当地人们心中的神树，还时常引得外地游客前来观赏。

尤溪县龙门场自然村的兴起以及银杏古树群的出现，实际上与这里银矿资源的开采和炼矿史有关。据尤溪县有关资料记载：这里银矿储量大于200吨。因银矿质量特别好，朝廷特别喜欢。南宋开禧二年（1206年），龙门场就已开始采矿炼银。宝庆二年（1226年），兵部尚书翁景生遭贬谪漳州路尤溪县聚贤里早达，掌管银炉18炉，采矿108硐。至今，龙门场一带还留有古代采硐及炉碴遗迹，矿渣遍布全村，堆积厚度达3米以上，足见规模之大，产量之多。据说古时炼银需加入以银杏为主原料的配方（注：银杏能释放微量的氰化氢，氰化氢虽是一种剧毒物，但也是提炼金银的常用化学品），用这种原料炼出的银既纯又好。而尤门场当时没有银杏，只得从外地购进，费时费工又费本。为了把炼银业办下去，该大臣便在尤门场引种银杏，使得银杏在此地遍种成林。此外，当地还流传说，在炼银过程中会释放出大量的热气和毒素，百姓深受其害，而食用银杏果正好有解毒、清凉和降火的功效。为了生存，老百姓们开始大量植种银杏，因而，龙门场便形成了一片福建省最大的古银杏群落。

（四）宁化银杏

相传福建宁化安远乡伍坊村岭下1株800年古银杏，具有"泛黄光"之景致。每年只要在月明星稀的晚上看到这棵树"泛黄光"，当年这个村的银杏就丰收！其实，这种泛黄光现象就是银杏雄树在盛花期花粉量大，花粉又呈金黄色，随风飘移进行自然授粉，在月光下的空气中呈现黄色，形成了村民所说的"泛黄光"。后来村民们把银杏树"泛黄光"当做吉祥征兆。

银杏民俗代代相传。宁化很早前就有把银杏果（核）炒熟、外壳染红、作为陪嫁的吉祥物，在佛事时也把炒熟染红的银杏果（核）作为结缘贡品。老百姓常将银杏作为风水树种植在村旁、路旁、宅旁、水旁这些四旁地，不仅起到绿化、美化作用，还作为摇钱树，增加经济收入。

宁化民间用银杏种仁陈种（常温下放置1年以上），捣碎炖服，治小儿夜间遗尿。宁化民间用银杏鲜种仁炖汤加少许蜂蜜，每天睡前服用，治疗高血压。宁化民间用银杏鲜种仁生食治疗高血压，成人每天早晨生吃3~5粒，坚持1~2年，效果极为明显。用银杏叶以土法制成饮用茶，每天少量饮用，也能达到同样的降血压效果。宁化民间用银杏种仁炖肉、煲汤、炒食等，具有保健、美容、提高免疫力等功效。

据古生物化石考证：距今2.8亿年前的古生代二叠纪时期，宁化湖村、泉上等地已被原始大森林覆盖，后经"造山运动"被埋没于地下而形成煤层。距今 1.9 亿年至 1.3 亿年的中生代侏罗纪、白垩纪时期，境内已是裸子植物的天下。由于受新生代第四纪冰川影响甚微，宁化现有常绿阔叶林中还留存银杏、福建柏、三尖杉、南方红豆杉等 10 余种子遗植物。在宁化目前保留的上千年古银杏中，多数被考证为人工种植，是否仍保留有起源天然则无法考证，但能说明一点，宁化对银杏的认识和种植历史至少有 1000 多年。

宁化县各地依传统不同对银杏树和银杏果的称谓不一，多数称"鸭脚树""鸭脚子"，有的称"白果树""白果"。清代李世熊修纂康熙版《宁化县志》记载："银杏，即白果、鸭脚子，叶似鸭脚。宋初始入贡，改呼银杏。"又如安远乡伍坊村，村里的古银杏是伍氏先祖伍必金公当时从山东安定迁居伍坊时带来，因此延续山东称呼，叫"白果"。

宁化记载银杏较早的文献有伍氏、付氏等族谱和明崇祯八年版《宁化县志》、清代李世熊修纂康熙版《宁化县志》等。从宁化境内现有的上千年古银杏树看出，宁化种植银杏历史悠久，可追溯到宋代。如，湖村镇石下村上坪山自然村白云庵右侧 1 株现存最大的雌银杏树龄已有 1000 多年。宁化种植银杏不仅历史悠久，而且种植规模大、品种多、质量好。银杏果、叶、苗远销各地。据安远乡伍坊村村里老人讲述，20 世纪 30~40 年代，在银杏果采收时节，长汀的客商都会到村里收购白果，价格一般是 3 个银元 1 斗。另据《宁化林业志》记载，"1982 年后白果产量大增，1982~1989 年间产白果 16.52 吨，年均 2.36 吨，1988 年最高产量达 6 吨"。

在宁化境内现有 100 年以上古银杏树 130 株（雄株 11 株、雌株 119 株），其中，800 年以上的古银杏就有 10 株。据考证，这些古银杏均是由户主的祖先种植并代代相传下来的，安远乡伍坊村岭下的 800 年古银杏，是该村伍氏的始祖伍必金亲手种植，种植时一共种了 2 株，1 雌 1 雄，2 棵树相距 100 米左右，已记入其伍氏族谱；雄树已于 50 多年前，因树体老化空心，树洞中黄蜂做窝，被当地村民烧蜂时烧死。雌株现仍然正常生长结实，伍姓传至现在已有 33 代，故该银杏树的年龄约为 800 年左右。宁化县 50 年生以上的银杏古树或大树，均有户主，部分也已记入族谱。

宁化民间对银杏雌雄异株奇特现象早有传闻。清代李世熊修纂康熙版《宁化县志》记载：银杏"其树二更开花，随即卸落，人罕见之，一枝结百十，状如楝子，经霜乃熟。烂去肉取核为果，核二头尖，三棱为雄，二棱为雌，树必雌雄同种，相望乃结实。或雌树临水照影亦可。或凿一孔，内雄木一块泥之，亦结实。阴阳相感之妙如此"。民间如是说：一是银杏雌花与普通花完全不同，状如火柴，古人不认为是花而想象是花朵在夜间开放并脱落，而难得一见。二是银杏花粉传播距离远，有时在空旷地的单株银杏也结果，实事上没有雄株的花粉是不能结果的，并不存在"阴阳相感之妙"。

郭沫若，原名开贞，祖籍福建省宁化县龙上下里七都，即今福建省宁化县石壁镇。1892 年 11 月 16 日生于四川乐山沙湾镇，郭沫若生前曾为宁化影剧院等处题字留念。郭沫若先生终生热爱银杏。1942 年 5 月 29 日，郭老在重庆《新华日报》上发表了赞颂银杏的《银杏》散文，郭老把银杏的风貌、银杏的品质抒写得淋漓尽致。并热情洋溢地首先提出银杏应作为中国的"国树"。

(五)银杏的利用价值

1. 食用价值

银杏果俗称白果。每 100 克白果含蛋白质 6.4 克、脂肪 2.4 克、碳水化合物 36 克、粗纤维 1.2 克、蔗糖 52 克、还原糖 1.1 克、钙 10 毫克、磷 218 毫克、铁 1 毫克、维生素 A 320 毫克、维生素 B_2 50 毫克，以及白果醇、白果酚、白果酸等多种成分。营养丰富，食用养生延年。

银杏在宋代被列为皇家贡品。民间用银杏种仁炖肉、煲汤、炒食等，具有保健、美容、提高免疫力等功效。历史习俗把银杏果炒熟后染红，作为女儿结婚时的陪嫁吉祥物，在做佛事时，把炒熟染红的银杏果作为结缘供品。成都青城山地区的传统名菜——白果烧鸡，是青城"四绝"(洞天贡茶、白果烧鸡、青城泡菜、洞天乳酒)之一。青城山地区的"白果芋泥"，也是当地的一道名菜。此外，用银杏叶研制的银杏叶饮料、银杏桃果汁、银杏啤酒、银杏茶等保健品目前已在市场上流通。

2. 药用价值

明代李时珍的《本草纲目》记载银杏："小苦微甘，性温有小毒，生食引疳解酒，熟食益人。熟食温肺益气、定喘嗽，缩小便，止白浊；生食降痰、消毒、杀虫；嚼浆涂鼻面手足，去皶皰、黑干黯、皱皴及疥癣疳蠹、阴虱。"

清代张璐璐的《本经逢源》中载白果有降痰、清毒杀虫之功能，可治疗"疮疥、疽瘤、乳痈溃烂、牙齿虫龋、小儿腹泻、赤白带下、慢性淋浊、遗精遗尿等症"。

中医素以银杏种仁治疗支气管哮喘、慢性气管炎、肺结核、白带、淋浊、遗精、小儿腹泻虫积、肠风脏毒、小便频数、疥癣、漆疮、白癜风等病症。

银杏叶具有重要的药用价值。中国科学院植物所等单位于 20 世纪 60 年代用银杏叶研制出舒血宁针剂，经试验对冠心病、心绞痛、脑血管疾病有一定疗效。银杏叶可降血清胆固醇、治疗高血压、脑血管痉挛等疾病。目前，市场上各种银杏制剂如"天保宁""银可络""三九银杏叶""银杏叶片""银杏活性乳"等作为治疗心血管疾病的药品。

银杏还可用于制作农药的原材料。银杏外种皮提取物对苹果炭疽病等 11 种植物病菌的抑制率达 88%~100%。醇提取物对丝棉木金星尺蠖的防治率较高，同时可防治叶螨、桃蚜、二化螟等害虫。用银杏叶煮沸、浸泡，取其药液喷红蜘蛛、菜青虫，防虫率达 90% 以上，而且无残留。

3. 观赏美化价值

银杏的叶片具有独特形状的扇形，树形美观，树姿雄伟壮丽，春天嫩绿，夏季浓阴，秋天金黄一片，是具有很好观赏价值的绿化、美化树种。其寿命长、病虫害少，被认为是无公害的树种。在我国许多名山大川、古刹寺庵常有高大挺拔的古银杏，它们追溯古今、历尽沧桑，给人以神秘莫测之感。历代文人墨客涉足寺院都留下了许多咏银杏诗文辞赋，镌碑以书风景之美妙。福建省尤溪县以龙门场古银杏群为特色，与该处的古民居、天然溶洞、古炼银场等景观融为一体，开辟为尤溪县古银杏森林公园，并开发为福建省摄影创作基地。吸引了不少游客来此观光摄影。

银杏可制作精美盆景。由于银杏姿态优美，树叶、树形美观，枝干柔软，容易弯曲造型，容易嫁接、整形，是中国盆景的常用树种，具有很高的观赏价值。一盆干粗、枝曲、根露、造型独特、苍劲潇洒、妙趣横生的银杏盆景，把大自然中的银杏雄姿浓缩在盆器之中，更令人赏心悦目。

4. 木材利用价值

银杏木材素有"银香木"或"银木"之称。银杏木材材质较松软，纹理直、结构细，不翘不裂，容易加工、耐腐、抗虫蛀，有药香味，易着漆。可为工艺雕刻、精美家具、装修木料、乐器、绘图板、铅笔等文化用品及一些工艺品。由于银杏过去在我国主要作为果树、风景树、药用等目的栽培，而且数量较少，同时银杏又是国家Ⅰ级重点保护植物，因此对银杏的木材利用也仅限于一些枯死木、风折木和被淘汰的植株。今后随着银杏的大量发展，对银杏木材利用的需求也会日益增多。

（六）银杏之诗词选录

辋川集·文杏馆
［唐］王维

文杏裁为梁，香茅结为宇，
不知栋里云，当作人间雨。

鸭　脚
［北宋］欧阳修

鸭脚生江南，名实未相浮。
绛囊因入贡，银杏贵中州。

答梅宛陵圣俞见赠
［北宋］欧阳修

鹅毛赠千里，所重以其人。
鸭脚虽百个，得之诚可珍。

银　杏
［北宋］苏东坡

四壁峰山，满目清秀如画；

一树擎天，圈圈点点文章。

无 题

[清]乾隆

古柯不计数人围，叶茂枝繁绿荫肥。

世外沧桑阅如幻，开山大定记依稀。

（北京西山大觉寺有2株古银杏，树冠硕大，阴布满院。清代乾隆皇帝到此巡视时，曾题诗描述古树雄姿）

无 题

[清]史朴

五峰高峙瑞去深，秦寺云昌历宋全。

代出名僧存梵塔，名殊常寺号禅林。

岩称虎啸驯何迹，石出鸡鸣叩有音。

古柏高枝银杏实，几千年物到而今。

（清代河北遵化州进士史村到禅林寺巡视时留下赞颂银杏树的诗句）

瑞鹧鸪·双银杏

[南宋]李清照

风韵雍容未甚都，尊前柑橘可为奴。

谁怜流落江湖上，玉骨冰肌未肯枯。

谁教并蒂连枝摘，醉后明皇倚太真。

居士擘开真有意，要吟风味两家新。

银杏歌

[清]李善济

天师洞前有银杏，罗列青城百八景。

玲珑高出白云溪，苍翠横铺孤鹤顶。

我来树下久盘桓，四面荫浓夏亦寒。

石碣仙踪今已渺，班荆聊当古人看。

故国从来艳乔木，况甘隐沦绝尘俗。

状如虬怒远飞扬，势如蠖曲时起伏。

姿如凤舞云千霄，气如龙蟠栖岩谷。

盘根错节几经秋，欲考年轮空踯躅。

……

银杏歌

[民国]老鹤

天师洞前多老林，中有银杏气箫森，
大逾十围高百尺，孤根下蟠九渊深。
拔地参天形古性，神物不知始何代，
道士但云已千年，苍苍独余古时黛。
奇倔直似六朝松，枝头常有白云封，
凡鸟恶禽不敢巢，夜深往往鸣天风。
独恨游人少题咏，肉眼不识孤高性。
……
年年洞口饱霜雪，生有奇骨那能折。
地老天荒不改柯，鬼神呵护皆臆说。
世人但知泰岱松，此物灵异将毋同，
歌罢绕树三太息，如此婆娑老树无人识。

咏银杏

周谷城

六朝古物越千年，古寺禅林尽荡然。
银杏一株今尚在，从知润物有渊源。

鹧鸪天

厉以宁

莫道红湖巧遇迟，萍踪难得两心知，
青莲自幸身无染，银杏何愁鬓有丝。
堤上路，画中词，升潮也有落潮时，
江风吹尽三秋雾，笑待来年绿满枝。

十三、樟树文化

（一）樟树特性及分布

樟 *Cinnamomum camphora*(L.) Presl，别名香樟、芳樟、樟木、油樟、小叶樟，为樟科（Lauraceae）樟属植物。樟树为亚热带常绿阔叶林的代表树种，是我国重要的材用和特种经济树种，全株散发樟树的特有清香气息，故在民间多称其为香樟。樟树为常绿乔木，高可达 30 米以上，枝叶浓密，树冠发达，呈球形或半球形，覆盖面积大。天然生长的樟树，形态常有变异，依叶形大小与香气不同，可分为香樟和臭樟两个品种。香樟叶薄小，具清香气味，含樟脑量多，含樟油量少；臭樟叶厚大，微具臭味，含樟油量多，含樟脑量少。

樟树分布在在长江以南的台湾、福建、江西、广东、广西、湖南、湖北、云南、浙江等地，越南、朝鲜、日本亦有分布。福建省除少数岛屿以外，各县均有分布，多生长于海拔 500~600 米以下的低山、丘陵平原，越往南，其垂直分布越高。樟树适生于土层深厚、湿润肥沃、pH 值酸性至中性的黄壤、黄红壤和红壤，人工造林以四旁空地或山坡中下部平缓地或溪谷肥沃地为宜，忌石灰质、盐碱土和干燥贫瘠的林地。

科学研究证明，樟树所散发出的化学物质，有净化有毒空气的能力，有抗癌功效，过滤出清新干净的空气，沁人心脾。长期生活在有樟树的环境中会避免患上很多疑难病症。因此，樟树成为南方许多城市园林绿化的首选良木，深受公众的青睐。樟树在福建省内分布广泛，龙岩、漳平、福安、德化、永泰等市(县)都确定樟树为"市树(县树)"。自古以来，福建百姓喜欢在房前屋后种植樟树，民间常以"风水树""风水林"加以保护，全省各地至今保留众多数百年、甚至千年以上的古樟树。

（二）八闽古樟多

陈嵘在《中国树木分类学》中记述："樟树产中国东南沿海诸省，尤以福建为最。"古籍《闽产录异》也曾记载："今漳州多樟，亦出樟脑，或曰漳州即以樟树得名。"这充分说明了樟树在福建分布之广，栽种之早，是福建著名的珍贵乡土树种之一。

【福建樟树王】2013 年福建省绿化委员会和福建省林业厅评选"十大树王"，德化县美湖乡小湖村古樟树被评为福建樟树王。该树王胸径 5.32 米，树高 25.5 米，冠幅 37.4 米，虽历经千年风霜，仍茁壮挺拔，枝繁叶茂，如擎天大伞，荫庇人间大地。据当地老人介绍，这株古樟的树干内曾腐朽成一个大洞，洞里能摆放一张方桌，如今洞却不见了，原来年年生长的新生皮层不仅将洞口密封起来，而且把立在树下的一块墓道碑的基部也包裹了三分之一。可见这棵古樟还不断地外长内壮，其顽强的生命令人叹为观止。

【莆田荔城古樟树】莆田市荔城东山有1株樟树，据明朝陈衷瑜编《林子本行实录》考证，此树植于东晋，距今已有1680年，因树形"古、大、奇"而名扬四方，国内外参观者络绎不绝，该树高20米，胸围1380厘米，离地2米许分为3杈，每杈径粗100多厘米，枝干横斜，树冠蔽地667多平方米，俨然庞然大物。该古樟长势奇特，枝干盘绕屈曲，龙蟠虬舞，两枝丫早已凋萎，而另一丫仅存活树皮宽30厘米，仅靠占树干面积不足1/10的树皮输送养分，古樟依然存活且生机盎然。

【光泽崇仁千年古樟树】光泽县崇仁乡政府背后临河生长着1株别有洞天的千年古樟树，胸围1420厘米（直径452厘米），冠幅东西21米，南北21.6米。树干上部干枯，树高至枯干的顶端27米，至绿叶处15米。全树20余洞，可谓"千疮百孔"。树洞底部内长4.3米，宽3，2米，洞高直达枯梢顶部，若在洞内置两张大圆桌或两张床，尚绰绰有余。干枯的树干外现在仅剩一圈10~30厘米的厚皮裹着。古樟虽已老态龙钟，仍绿叶婆娑，生意盎然，当地群众敬之为神树佛洞而顶礼膜拜。夏秋常有人借宿于洞内，仰面而视，洞大而天小，偶尔窥得星光数点，别有一番情趣，倘若河面微风吹来，那种清爽惬意的感觉令人流连忘返。

【漳州芝山千年唐樟】福建省漳州市芗城区芝山镇林内乡良璞自然村的普济庵前，生长着1株千年唐樟，其树干3米处分3个大杈，在杈上长着1株百岁榕树，形成樟抱榕之势。古樟树高20米，胸径达178厘米，树冠面积近300平方米，寄生的榕树胸径133厘米，向东枝条长达10米，极具观赏价值。当地政府已拨出款项，对樟抱榕加以保护，使这一自然奇观面貌焕然一新，以更好的姿态供游客观赏。

【建瓯万木林沉水樟树群】福建省建瓯万木林省级自然保护区山谷中下部的沉水樟，由于立地条件优越，加以长期封禁，形成方圆近13.3公顷的沉水樟群落。其群落面积之大，沉水樟树体之高大，在我国实属罕见。据调查，胸径在100厘米以上的沉水樟多达百余株，其中最大的1株，树龄300余年，树高达36米，胸径181厘米。这株4个人才能合抱的巨树，可称得上"沉水樟王"。另1株沉水樟巨树，树高亦达到32米，胸径164厘米。

据史料记载，建瓯万木林沉水樟生长地段，在13世纪中叶（元朝）为人工杉木林。后被散生阔叶林间的沉水樟逐渐替代，自然演替成沉水樟顶极群落，如今尚保存不少阔叶大树，包括树龄有600余年的沉水樟母树。沉水樟，顾名思义，其木材会沉入水底。这种木材富含芳香油，经化验发现，樟油含黄樟油素高达98%以上，比水的密度大，因而会沉于水底，故被称为沉水樟。沉水樟野生资源已日渐减少，成为我国濒危树种，现为国家重点保护植物。

【漳平市榉仔洲公园古樟树群】位于漳平市区漳平大桥东边的榉仔洲公园，是福建省内有名的"樟树主题公园"。别看公园面积只有6.67公顷，园中却是"藏龙卧虎"，九龙江沿着公园缓缓流过，园内共有97棵古樟树"坐镇"其中，株株树形高大雄伟，树冠高雅隽永，有如历尽沧桑的老翁，挺着硬朗的身躯，俯视着林中漫步的游客。据记载，这些古樟树大多种于明末清初，树龄300~500年，树群中的"长老"已经有750余岁"高寿"。

据《漳平地方志》记载：明成化七年（1471年）漳平建县，南昌举人、首任县令陈栗莅漳任职5年。他设署理事，建县治于东，建庙学于西；辟大街以为市肆，建仓库以贮征输；立坛墠，置铺舍，建分司。在有条不紊地完成这些繁重的工程后，陈县令率属吏来到榉子洲种树，美化一方水土。古人在榉仔洲广植榉树、樟树的善举，是寄望漳平新邑"水木清华，文明教化，士子登科，'举子'如林"，贤才辈出。

【武平县树子坝古樟树群】位于武平县城中心，平川河东岸的树子坝公园，面积1.8公顷，园内有古樟树、红豆杉、芒果、木棉等树种，绿化覆盖率达70%以上。分布在公园中的43棵古樟树最为引人瞩目，每株树龄都有200多年，生长旺盛，高大挺拔，枝繁叶茂。树子坝公园周围居民众多，一年四季来这里散步、纳凉、娱乐的市民如织，园内古樟树群郁郁葱葱、景色优美，成为武平县城广大市民休闲的好去处。它与平川河沿岸的河滨文化公园遥相呼应，形成一道生态、自然、迷人的绿色风景线。

(三)樟树与名人

【朱熹与母子樟】在福建建阳宋代朱熹讲学之处的考亭村破石庙前，有2棵罕见的古樟树——母子樟。远远望去，像把绿盖大伞撑在溪边，很是雄伟壮观。古樟大者，高36.2米，胸围956厘米，树冠覆盖900多平方米，谓"母"樟。其根部附生1株小樟树，高约20米，胸围368厘米，为"子"樟。两树相间2.2米，根连根，冠相叠，似母子相依为命，情深谊长。"母"樟苍老遒劲，嵯峨挺拔，盘根错节，姿态奇特，其主干裸露隆起两个似乳房的大疙瘩。在树干高2.2米处，有一蛋形的小洞，洞口高40厘米，宽30厘米。洞内有尊佛像，当地人尊曰"将军爷"，若用手电照其内，头像清晰可见。村里老人说，从前在樟树的分叉处放有一尊佛像，随着树木的生长，天长地久，佛像便被包进了树里。当地群众认为这是樟树之神，代代相传，至今还有在洞口插上一面面纸做的"将军旗"的习俗。"子"樟生机盎然，似伟岸少年，英姿勃勃，气魄雄伟。张开的两个枝正如伸开的双臂，枝繁叶茂的树冠缭绕母冠，像孝顺的儿了抚摸着母亲的鬓发。这两株珍稀的母子樟，虽久经千载盛夏严冬，至今仍树体苍劲，长势旺盛。为保护这两株古老奇樟树，当地群众集资在母子樟周围填上沃土，用石块筑砌起一圈高3米多、直径5米多的围墙。地面铺着水泥，四周还筑一圈坐式栏杆。每当盛夏季节，樟树下成为休憩的好场所，村里男女老幼齐聚树下，摇扇纳凉，说古道今。

【邓小平厦门植樟】1984年2月7日，中国改革开放的总设计师——邓小平同志来到厦门视察。2月9日，在视察湖里工业区后，邓小平同志题词"把经济特区办得更快些更好些"。

1984年2月10日上午，邓小平同志冒雨在厦门市园林植物园南洋杉草地上，亲手种植了1株大叶樟。1984年3月，中央确定：厦门经济特区扩大到厦门全岛。从此，厦门经济特区进入了新的发展阶段。这株由邓小平同志手植的大叶樟，正是在特定的历史时期，见证了厦门经济特区的建设发展，见证了我国的改革开放，成为游客来厦门观光旅游的重要景点，成为福建省十分珍贵、有着重要纪念意义的名木。这棵大叶樟是中国特有树种，能长千年。

【习近平手植香樟】在长汀县水保科教园"公仆林"内，有1株习近平同志亲手种植的香樟。长汀县水保科教园原名"河田世纪生态园"，于2000年4月成立，是发动社会力量参与水土流失治理的示范点。时任福建省省长的习近平同志听到此事后，委托秘书于2000年9月12

日向河田世纪生态园捐种纪念树款1000元。2001年10月13日，习近平同志在省直有关部门和龙岩市领导的陪同下，以全国人大代表身份专程视察长汀水土保持工作，并在水保科教园亲植樟树。如今，这棵樟树茁壮成长，椭圆形冠幅已达10多米宽，并与周边的纪念林一起，见证了党和国家领导人对植树造林和水土保持工作的关心支持。

2011年年底，时任中共中央政治局常委、中央书记处书记、国家副主席的习近平同志，对《人民日报》有关长汀水土流失治理的报道作出重要批示，要求中央政策研究室牵头组成联合调研组深入长汀实地调研。2012年1月8日，习近平同志又在调研组报送的《关于支持福建长汀推进水土流失治理工作的意见和建议》上作出重要批示。在短短1个月时间内，习近平同志对长汀水土流失治理工作作出两次重要批示，体现了党中央、国务院对福建工作的关心重视，体现了对福建人民特别是老区人民的深切关怀。

【李侗与千年古樟】福建南平市延平区炉下镇政府大院内有1株樟树，树高22米，胸径290厘米，有5根分权，每根直径约40厘米，枝干长满青苔和附生物。树干基部内已空心，形成两个树洞。两洞相距30厘米，其中一洞高约90厘米，宽约50厘米，树洞内宽2米余。据《南平县志》记载，宋代年间杜溪里龙门村（今镇政府大院）就有此古樟，至今已有1000多岁高龄了，仍枝叶茂盛，时有开花结果。延平四贤之一的李侗先生，生于宋元祐八年（1093年），世居剑浦县崇仁里（今炉下镇下岚村），先生24岁时师从罗从彦先生，学有所成，9年后回到故里下岚村，闭门读书40余年，学识大进。相传南宋绍兴二十三年（1153年），理学家朱熹到樟岚求学于李侗，俩人常往来于乡村之间讲学，传授学术，常在大樟树下休息，谈论理学之道。一日，李侗应林重寺长老之邀前去讲学，清晨经过此树，阵阵清风徐来，清新隽永，树上鸟鸣婉转，更显得幽静深邃，他心旷神怡，即兴吟诗《翠云岩次阵默堂韵》："济具游丹洞，穿林惹翠云，迩来多野趣，殊觉少尘纷，笑口花迎客，临岩鸟唤群，真机皆自得，此道与平分。"如今，这株千年古樟依然临风低吟，似乎在诉说着沧桑岁月，引发人们遐想联翩。

（四）樟树崇拜与人文精神

【樟树的崇拜】中国人在长期植樟用樟的历史过程中，形成了崇拜樟树的文化现象。

一是神树的象征。古代文献中对古代崇拜樟树神记载较多。《神异经》载："东方荒外有豫樟焉，此树主九州，其高千尺，围百尺，本上三百丈。本如有条枝，敷张如帐。枝主一州，南北并列，面向西南，有九力士操斧伐之，以占九州吉凶。"明《庐陵县志》亦载："古樟在长冈庙前，树大五十围，垂阴二十亩，垂枝接地，从枝末可履而上。上有连枝，下无恶草，往来于此休息，傍有庙神最灵，不可犯"。清宣鼎的《夜雨秋灯录·续集》卷一记载樟柳神能坐在县衙门的大堂上，用自己的预测神通为百姓审理冤枉。古人认为樟树具有神异功能，故被视为神灵之物而加以崇拜之。

梅列区陈墩村水尾桥有株古樟，是由村里一位德高望重的古人亲手栽下的，由于古人威名远播，受人敬仰，使得陈墩村百姓对其种下樟树也视若神灵，将其喻为"神树"。后人在樟树四周砌上了圆形围墙，将它供奉起来。许多人一有心愿，就写在布条上，并系上沙包，挂在树上，希望能保佑其实现自己的愿望，这也逐渐成为当地的一种习俗，至今，也常能看到树下祈福祭祀，烧香求愿的人们。

二是吉祥的象征。樟树繁茂，生机勃发，被古代人视为祥瑞的文化象征。《礼纬·斗威仪》称："君政讼平，豫章常来生。"意为生长良好的大樟树是盛世太平的象征。因为人们相信樟树能够驱赶邪恶，帮助人们逢凶化吉。所以南方传统民居中，有"前樟后楝""前樟后朴"之说。即宅前要种樟树，宅后要种楝树或朴树。

三是祥瑞的象征。古人深受"天人感应"思想的影响，樟树的荣枯被视为兴衰灾祥的祥瑞征兆之象征。

四是科第的象征。樟树木纹美观，故以文喻樟，雅韵悠远而明其理；以樟喻文，才高意深而耀其纹。明代医家李时珍《本草纲目》说："其木理多文章，故谓之樟"。因此，有樟必有才，樟树即是贤才之代称。

五是风水的象征。风水理论认为藏风、得水、乘生气是理想的风水环境。山林具挡风聚气、藏水聚水的功能，因而把"土高水深，郁草林茂"（《葬书·内篇》）看成是理想的风水环境。这样就把对风水山、风水林（树）的崇拜和对祖先的崇拜观念融为一体，使得其神秘色彩更加凝重、神圣。樟树是"贵气"树种，抗霜傲雪，四季常青，树形高大，冠盖浓阴广覆，寿命久长。遭万劫能再生，人们把它视为"风水树（林）""龙脉树"而加以崇拜，种植在居宅、村落、坟园墓地，严加保护、禁止砍伐。

【樟树的人文精神】樟树是中国具有浓厚人文色彩的树种之一，千百年来樟树所体现的人文精神被人们广为崇尚：

一是长寿的象征。樟树的寿命长，可与松柏的年龄比肩，人们对她进行顶礼膜拜、祭祀，视为长寿的象征，希望能够像樟树一样，健康长寿。人们还视樟树为神树而祭拜，以此来获得思想上的安慰和精神上的解脱。

二是多子多福的象征。人类自产生以后，就一直与树木相伴而生，常把树木看作是一种超自然的神灵象征。樟树因具有旺盛的生命力，被人们加以祭拜，表达了一种美好的意愿。樟树根蘖能力强，萌发力旺盛，1株大树旁边能够不断生长出许多葱茂的小树，有四代、五代等多代同堂，由此类比联想到家族的子孙繁衍，无穷无尽。因此，人们种植樟树还体现了他们祈求生殖、子孙昌旺的心理象征意义。那相依相偎、多代同堂，则是人们世代相传的和睦亲情、敬老爱幼的传统美德之象征。所以人们喜种植在村落为风水树。

三是仁爱的象征。樟树高大挺拔，彬彬有礼，极具儒家风范，体现其"仁爱"之精神。樟树干擎云天、浓阴华盖，具有仁者的风度，在漫长的人类历史长河中，樟树的生存过程真正体现了儒家的"天将降大任于斯人也，必先苦其心志，劳其筋骨，饿其体肤，空乏其身"（《孟子·告子下》）的修身准则。根固于中华大地，广施仁德，成为集材用、药用和观赏于一体的重要物种资源，向世界奉献"仁爱"之心。

四是"孝"的象征。"孝"是中国人伦理道德的基础，甲骨文中"孝"的意思是参天大树，上面枝繁叶茂，下面根深蒂固。"孝"使得五千年灿烂辉煌的中华文明绵绵不断、生生不息。大樟树就是"孝"直观形象的参照，它是一代又一代历史文化的物化，呼吸于天地之间，凝聚在孝道之上。

五是谦逊的操守象征。樟树不随俗、不喧哗，一年四季，始终不懈地维护着自身常绿乔木的形象，在默默中进行着错季的叶落程序，几乎不为常人所觉察。它的老叶一直要等到后来者能自立时才放心地、悄无声息地退出生命、化作尘土，从而演绎了自然界稀见的朴素无华的荣枯相续。因而，被人们视为谦逊淡然的操守象征。

（五）民间传说和趣闻轶事

【"木""章"同宗的传说】德化县美湖乡小湖村有1株千年古樟。据《德化县志》载，这株古樟植于唐代。据传在唐末五代时，有姓章和姓林两人为避黄巢起义战乱到了小湖村，两人筋疲力尽，躺在樟树下，倦极而眠，梦见一位身披树叶的老翁站在面前，对他们说了4句隐语："两氏与吾本同宗，巧遇机缘会一堂，来年同登龙虎榜，衣锦荣归济四乡。"他俩醒来身旁只见这棵樟树，恍然大悟，老翁所指"同宗"不正是林字的"木"旁加上"章"字成"樟"吗？于是，他们便在这樟树旁建屋定居，日夜攻读，后来果然双双高中，名垂青史。村民为纪念他们，便在樟树旁建起了一座"章公庙"，又称"小龙庙"或"显应庙"。此庙至今尚存。据当地老人介绍，这株千年古树的树干内部曾腐朽成一个大洞，洞里能摆放一张方桌，如今树洞却不见，原来年年生长的新生皮层把洞口密封起来。可见这棵老樟还不断地外长内壮，顽强的生命力令人叹为观止。美湖千年古樟曾收入全国樟树王之列，许多报刊还相继作了报道，具有较高的历史文物观赏价值和研究价值。

【南安"状元樟"传奇】福建省南安市翔云镇翔云村樟树脚有1株千年香樟，据当地梁氏族谱记载，早在唐昭宗光化一年（898年）就有这株樟树，因其历史悠久，号称"第一樟"。该处地名"樟树脚"便由此而来。这株香樟又叫状元樟。

传说在唐代，翔云镇有人中了状元，奇怪的是，送榜人找遍整个翔云镇，也无法找到状元。眼看时间一天天过去，送榜人心里焦急万分。有一天，他又饥又渴躺在这株樟树下休息，不知不觉便睡着了，梦见有人对他说："我就是状元，榜我拿走了，你请回吧！"他一高兴便醒了过来，果真发现身上的状元榜不见了。当下也不再寻找，回去复命了。那么，状元榜是谁拿走了呢？后来人们才发现，状元榜正在这株樟树上高高挂着呢！当地人从此就叫这株樟树为"状元樟"。这株状元樟历经沧桑，现在仍然伟岸繁茂，"老当益壮"，俨然一副饱学之士的样子，更增添传奇色彩。状元樟树干硕大，六七个人手拉手也围不过来，据测量，胸径达270厘米，树冠东西宽23米，南北长30米，覆盖面积600多平方米。神奇的是，树干基部有一个2.2平方米的空洞，可容置一张八仙桌，成为一大奇观。

【浦城"樟九围"多个传说】浦城县永兴镇永兴村大桥头龟山庵北侧有大古樟和大枫树2棵，是元代建龟山寺前后栽下的。其中1棵大古樟，高30余米，树干丈余，开4个大杈，形似巨伞，曾有人丈量过，胸围手拉手要9人围大，故名"樟九围"。樟树在上殿，枫树在下殿，可称谓"夫妻树"。这棵颇有"阅历"全县之冠的大古樟，不但在西乡永兴，而且在整个浦城，乃至闽北一些县市都流传着它神奇迷人的传说故事。

一传说"樟九围"会化为蛇精。说的是"樟九围"早期化为大蟒蛇精。这一巨蟒，每到深夜就会出现。有一夜，巨蟒尾挂在树上，头延伸到树下碓中偷吃米糠（亦说头伸进三、五百米远的西溪对岸梁木盛碓中觅食米糠），这一出现，被一夜游高僧发现，其后，该僧就在大古樟树上钉一个大铜钉，从此，巨蟒不复出现。

二传说"樟九围"会化人。说它会化成个大米商贩老板，到福州经销大米，自称"樟九围"老板，生意越做越大，在福州一带颇有声誉，并常约人到它的家乡——浦城西乡做客。话说有一次，"樟九围"到福州贩米，把人家钱收来，米尚未发出去。福州米老板来浦城西乡找他。米老板问遍西乡街，不管小孩、大人或老人都不知道有其人。后来人越聚越多，七嘴八舌。有人问："米老板，你说'九围'姓张？请问是弓长的张？还是立早的章？"米老板回答说："没问清楚。"在大家议论纷纷之际，也有人说是古樟树。这时有人自告奋勇地拿来谷席绳对大古樟进行圈围测量，结果刚好是人的九围大。很清楚，到福州去贩米的就是"樟九围"古樟树。从此，大樟树的绰号"樟九围"就扬名开了。

三传说"樟九围"是樟树精。因"樟九围"要出世，数次到江西贵溪张天师鬼王那里讨口水（请示批准）。一次，它千里迢迢来到张天师家中讨口水，问张天师："天师，我要去出世了。""你是站着去，还是躺着去?!"天师反问。"九围"回答："我要站着去。"张天师听后大怒："你怎能站着去?! 站着去，不把西乡一带的老百姓全淹死吗？不能站着去，要去只能躺着去。""樟九围"坚持要站着去出世，但张天师未批准。又一次，"樟九围"又去江西张天师家中讨口水，要去出世。不巧，张天师不在家，适逢张师娘在麻地里做麻。"九围"忙向张师娘讨麻水。她问："请问贵客何方人氏?""九围"忙回答说："吾是福建浦城西乡'樟九围'。"接着，它连续多次向她讨麻水。讨一次给几滴；再讨一次又给几滴；后来，张师娘火了，把碗中剩下的水全给它。"樟九围"满心欢喜回到西乡家中。傍晚，张天师外出回到家中，张师娘向丈夫汇报了"樟九围"讨麻水之事。张天师一听，说声："不好，这妖精要作孽了。"当天深夜，张天师来到西乡"樟九围"住地，趁它熟睡时，用 7 个大铜钉钉在大古樟上。在钉铜钉时，"樟九围"被惊醒，见是张天师来破它的道行，不能去出世了。它流着眼泪，恳求天师手下留情。张天师板着脸孔说："叫你不要站着去，你偏要站着去，你是自讨苦吃啊!"接着，天师又说："你如若想去出世，除非你的枝叶要贴着田上，还要老老实实地躺着去，否则休想!""樟九围"听了张天师的话，连连点头道谢。后来"樟九围"年年向下弯枝垂叶，枝叶贴着田土。现在"樟九围"的枝叶果真离田土只有一人高了，也快贴田土了。

【古田县樟树城门】古田县凤都镇桃源村里，生长着 1 株十分奇特的古樟树。这株树的基部呈弧形拱门状，犹如一座城门，宽 2.95 米，高 2 米。由于它生长在村口的路中央，便理所当然地成为村里人畜、机动车辆进出的必经之门。这株有趣的"城门"古樟是如何生长起来的? 据村里的老人介绍，这株樟树是先祖明初洪武二年迁来此地时所栽，当时种在距路边 10 多米的山坡上。当它长到 1 米多粗时，被狂风暴雨刮倒，连根带土滑至现今位置。树倒下后，主干横卧于小溪上，搭成"独木桥"，一根侧枝却扎入土中萌蘖长成新的主枝。一条主根因开路裸露出来，形成了今天的"城门"。经测定，这株树龄 620 年的老樟树，树高已达 21 米，拱门顶向上生长的主干直径达 138 厘米。其特异形态吸引了不少游客前来观赏。

【连江青芝山樟抱榕】福建省连江县琯头镇拱屿村著名的风景名胜区青芝山，有 1 株苍劲的古樟树，怀中抱着 1 株长势茂盛的榕树。一眼望去，樟抱榕，榕依樟，樟榕浑然一体，像一对情人依依话别，难舍难分。又像母子舐犊情深，呵护备至。这就是奇异的连江县琯头镇"樟抱榕"。据考查，樟抱榕的母体为 1 株相传植于宋初（960~976 年）的樟树，树龄已逾千年，树高 20 米，胸径 210 厘米。在樟树的分叉处，萌生 1 株榕树，生根发芽，苗壮成长，根系深深地扎进了樟树的枝干，长成了 1 株树高 12 米、胸径 130 厘米的榕树。现在看来，母体古樟饱经沧桑，已日趋苍老，枝叶稀疏，呈暮年之态。而怀抱而生之榕树，却枝叶茂密，郁郁葱葱，许许多多榕树的气根，环绕古樟主干，扎入沃土，呈现出勃勃生机。

【尤溪"沈郎樟"之名由来】朱熹是南宋著名的理学家、文学家和教育家。据《紫阳朱氏建安谱》记载，南宋建炎四年（1130 年）农历九月十五日午时，朱熹出生于南剑州沈溪县（今尤溪县）城外毓秀峰下南溪别墅书院（今南溪书院），乳名沈郎，故后人称他所植的这 2 株樟树为"沈郎樟"。

古樟树植于福建尤溪县城南公山麓南溪书院左侧。据 1933 年《福建省民政概况》记载：这 2 株古樟树系朱熹所植，树龄当已 800 余年了，现胸径分别为 108 厘米和 78 厘米，树高均达 30 余米。两树均雄伟挺拔，冲霄而上，枝干匀称舒展，葱翠隽秀，冠形犹如一把大伞，浓阴蔽地，四季常青，形神皆古，邑人有诗赞曰："身价能留千古树，根须可做栋梁材。"南溪书院坐落在南公山之麓的毓秀峰下，玉溪荡漾，虹桥晓月，郁郁苍苍的山川，秀色多娇，孕育出一代名儒。朱熹的父亲朱松在尤溪县县尉任期满后，寄居在挚友郑义斋的南溪别墅，设馆教学，朱熹出生于此。宋嘉熙元年（1237 年），尤溪县令李修在朱熹的诞生地兴建南溪书院。1987 年，尤溪县人民政府在南溪书院旁修建"沈郎樟公园"，园内两樟树巍然耸立，亭榭错落。彭冲等国家领导人及刘海粟、陈大羽、萧娴等 40 余位名家赞颂朱熹的题词碑刻环列四周，前来"沈郎樟公园"瞻仰的海内外贵宾游客，对这 2 株"沈郎樟"无不驻足欣赏，赞叹不已。

【连城四堡"神树"】连城县四堡乡黄坑村，有 1 棵 3 人才能合抱的古樟树，相传有 400 年历史了。该树屹立在村中的小河边，树枝虬结横斜，造型怪异，优美多姿，横跨小河，树阴覆盖约 1 亩地。夏日农闲，村民们都聚集在树下的小桥上乘凉闲聊，头上蝉鸣鸟歌，四周浓阴翳密，桥下流水潺潺，境幽气清，极富乡村风情。由于历史久远，村民们都把这棵树当"树神"看待，逢年过节都到树下进香供奉，祈求"树神"保佑风调雨顺，村庄兴旺。相传，很久以前，村人想把古樟树出卖，以便把所得用于造桥。买主前来看后，计划先采割樟油卖钱，再把树砍伐出卖。于是先试着割开树口，只见樟油汩汩流淌，很是高兴，打算第二天来采割樟油，可是，当他请来采割师傅，准备要采樟油时，却发现一滴油也不出了。买主觉得这是一棵神树，慑于神威，只好放弃买树的打算。从此，村人再也不敢有卖树的打算了，而且把这棵树当作"树神"，时常香烛敬奉，加以保护。

【同安后埔"樟王公"和"樟王婆"】福建省厦门市同安区新圩镇后埔村黄氏祖厝门口，生长着 2 株有千年树龄的古樟。这一对古樟，树形老态龙钟，树根相连，冠盖相叠，其状宛如一对年老的公婆，相依相偎。据传说，古时候有一李姓的壮士赴京考中武进士，后失踪，皇帝派人寻至后埔村，只见官袍悬挂在樟树上，却不见李进士，后赐封樟树为"樟王"。当地村民从此奉古樟为神树，在樟树上悬红袍，在村口建"保安宫"，将 1 株樟树供称为"樟王公"，顶礼膜拜，将“樟王公”旁边另1株樟树尊称为“樟王婆”。这对古樟不仅形象相依酷似情侣，而且生性有别。樟王公树高14.18米，胸围880厘米，冠幅18米×18米，约10年方开花一次，主干已空心，洞内可摆一圆桌，现仍生长旺盛，生意盎然，在离地3.25米处分出4支直径约100厘米的支杈，枝繁叶茂。在“樟王公”右侧的“樟王婆”则文静婀娜，年年开花，现树高已14.72米，胸围590厘米，冠幅17米×17米，树干稍倾斜，根隆起裸露，虬曲多姿。

据同安区《后埔黄家族谱》记载，黄氏于唐垂拱年间(685~688年)，从河南海宁府固始县入闽在后埔开基，繁衍至今人口上万。其三世祖兴建黄氏祖厝时，周围森林茂密，直至明代嘉靖年间(1522~1566年)，后埔村仍是林茂物丰。邑人林希元为祖所作墓志铭记载：这一带“物产桑麻之衣，竹木之材”。这2株古樟应为当时天然林木，几经沧桑幸存下来的。

【大田县中元节“挂火”祈古樟】福建省大田县建设镇建设村林氏宗祠前，耸立着1棵大樟树，树干胸围1010厘米，树高28米，树冠遮阴面积905平方米。树形老态龙钟，超尘绝俗，裸露的树根盘结，犹如硕大的龙爪，紧紧地抓住地面，树干和枝杈恰似群龙出海，翻滚腾空，咄咄逼人。近观，古樟如历尽沧桑的老翁，形神兼古，挺着那硬朗的身躯，俯视着匆匆来去的行人游客；远看，那高大雄伟的树冠，高雅隽永，像是在向游人挥手召唤，又像是在指引路人行程。据传说：在林氏远祖定居此地时，这株古樟就已巍然屹立在那里。据此算来，树龄已逾千年。从前，农村点油灯缺油，而樟脑油是上好灯油，为防止被人砍去榨樟油，林氏族人在树兜周围钉进几箩筐铁钉，才保得古樟存活至今。村人视古樟为氏族兴旺发达的保护神，每年农历正月十五中元节日，全村举行民间的节日盛会——龙灯会。傍晚，全村各户都会来这树下相聚“挂火”(即接取火种)，祈求吉利顺遂，生活红火。

(六)樟树诗文

樟树四季常青，干形圆浑，枝稠叶密，姿态雄伟，深受人们喜爱，古代文人墨客吟咏很多。

南朝梁江淹曾写有《闽中草木颂十五首》。《豫樟颂》是其中一首，诗中对樟树雄姿进行了生动的描述：“伊南有材，榧桂榧椒，下贯金壤，上笼赤霄，盘薄广结，稍瑟曾乔，七年乃识，非日终朝。”

唐敬括《豫章赋》赋樟树是：“根坎 ，慧天纲，郁四气，焕三光。矗缩云霄，离披翼张，一擢而其秀颖发，七年而其材莫当”。还赋樟树的形姿是：“尔其孤干直指，交茎乳倾。绀叶烟绿，朱华日明。掩灵之光价，夺若木之芳荣。卉不暇植，蔓不及萦，总此之美。”

唐白居易《寓意》诗有：“豫章生深山，七年而后知。挺高二百尺，本末皆十围。”句，赞美樟树的形姿挺拔之美。

清龚鼎孽《樟树行》长诗有：“古樟轮困异枯柏，植根江岸无水石”“今来荒野忽有此，数亩阴雪争天风”“寒翠宁因晚岁凋，孤撑不畏狂澜送”“自古全生贵不材，樟乎匠石忧终用”的诗句。称颂古樟树的神姿和经冬不凋的品性。

(七)樟树利用价值

樟树是我国著名的珍贵乡土用材树种，福建是全国著名的樟木和樟脑产地。樟树的利用价值很高，具体如下。

1. 美化、净化环境

樟树树形优美、高大挺拔，婀娜多姿，有绿化、香化环境的功能，加上寿命极长，在我国各地农村的古樟树都是当地人们心目中的"风水树"，老百姓甚至历代官方都轻易不敢动它，使众多的古樟树被保护下来。樟树对二氧化硫有较强的抗性，并能在氟化氢气体污染的地方生长，是绿化厂、矿区的优良树种，特别是在有特殊污染源的厂矿，樟树是不可替代的绿化树种。

2. 水土保持

樟树是深根植物，抗台风。台湾、福建、广东、浙江等地沿海每年夏秋台风不断，包括数百岁的榕树都经常被连根拔起，唯独从来不见樟树被风吹倒过。樟树树高，能耐短时间水浸，非常适于种植在河边低谷地带，起到护坡抗洪作用，种在山上的樟树更是水土保持的最大功臣。

3. 优质木材

樟木是木材王国中的珍品，为"樟""梓""楠""椆"四大名木之首。樟树木材致密美观，具有香味，抗虫蛀，自古以来就受到国人一致的赞扬和喜爱，用于建筑材料，几乎无与伦比。用于制作橱柜、箱子、船只，千年不朽。在很早以前，福建民间就用樟木制造船舶和家具。1975 年，连江县浦口乡挖掘到一艘战国末期（2000 多年前）的古独木舟，舟体就是用一段长 7.1 米，直径 1.6 米的巨大樟树树干制成的。泉州发现的宋代古船，其连接船柱和船舱的肋骨，用的也是樟木。

4. 药物利用

《本草纲目》记载樟材气味辛，温，无毒。主治恶气中恶、心腹痛鬼疰、霍乱腹胀、宿食不消、常吐酸臭水。煎汤，浴脚气疗癣风痒。作鞋，除脚气。还可治手足痛风等。樟叶、樟花、樟果、樟树皮、樟根也有用作药物的记载。

5. 制取樟脑等高档化工原料

我国从什么时候开始制造樟脑，现在已无从稽考了。《本草纲目》称"樟脑出韶州、漳州"。李时珍还在书中介绍了樟脑的制法，说明明代樟脑已经是很普通的物品了。台湾从明末清初开始大量制造樟脑，最盛时达到每年数千吨的规模。樟叶可以提取左旋芳樟醇、右旋芳樟醇、桉叶油素、龙脑、柠檬醛、黄樟油素等高档化工原料。采用分馏手段可从樟油里提取桉叶油素、芳樟醇、黄樟油素等作为香料使用。厦门牡丹香化实业有限公司采用"纯种芳樟"种植，鲜叶平均得油率 1.2%，油中的芳樟醇（其中左旋体占 99%）含量为 95%。

6. 饲养樟蚕制丝

历史上中国、印度、缅甸、越南等国均有樟蚕制丝工艺。中国多见于广东、台湾、广西、福建、江西、湖南等地。大约在公元 885 年前后已有记载。樟蚕丝置于水中透明无影，又坚韧耐水，尤其适用于制作钓鱼丝，还可用于医用伤口缝合线（蚕肠线），樟蚕丝的头尾部分，可制作牙刷和各种刷子，樟蚕丝经醋浸泡后拉丝可作为弓弦，强度极大，也是纺织品上等原料。

7. 用作食品香料

樟树叶可制作"香叶"用于卤制品的制作。四川、重庆有一道名菜叫做"樟茶鸭"，色泽红亮、外酥里嫩，带着浓厚的樟木和花茶香味，口感香酥。据说当年慈禧太后对樟茶鸭特别钟爱，常用之欢宴群臣。

8. 用来驱蚊、避邪、止瘟疫

樟木粉和樟脑都是制作卫生香、神香和驱蚊香的材料。我国几千年来就有在端午节和其他日子里熏烧艾蒿、樟叶等驱蚊、避邪、止瘟疫的习俗。

9. 制作根雕工艺品

樟树根或巨大粗犷、或玲珑小巧、错落有致、造型各异、材质优良、不腐不蛀、香味好且持久，是制作根雕的最佳材料。用于雕刻，更是上品，至今福建惠安等地仍大量使用樟木雕刻佛像。

十四、楠木文化

（一）楠木特性及分布

楠木是樟科楠属和润楠属各树种的统称。

楠木在福建最著名的是闽楠。闽楠 *Phoebe bournei*（Hemsl.）Yang，别名楠木（福建）、桢楠（四川）、滇楠（云南），为樟科楠属植物。闽楠为我国珍贵用材树种，是以福建简称"闽"命名的中国特有种，国家 Ⅱ 级保护植物。楠木是名贵的用材树种，被誉为"木中金子"，素以材质优良而闻名。楠木干形通直，木材芳香耐久，淡黄色，有香气，材质致密坚韧，不易反翘开裂，加工容易，削面光滑，纹理美观，为上等建筑家具、工艺雕刻及造船之良材。在古老的建筑中，如北京十三陵有 2 人合抱的楠木柱，经久不腐。

楠木以金丝楠木木材名气最大，是我国特有的珍贵木材。其木材主要出自于桢楠、闽楠、紫楠、浙江楠和利川楠，自古以来就是皇家专用木材。楠木古称"大木"，明、清两代大规模用于宫殿、陵墓、王府等建筑。历史上金丝楠木专用于皇家宫殿、少数寺庙的建筑和家具，古代封建帝王龙椅宝座都要选用优质楠木制作。承德避暑山庄的"澹泊敬诚"正殿俗称"楠木殿"，因全部以楠木建造，不施油漆彩绘，素雅庄重，经百年沧桑。武夷山白岩的"架壑船棺"为楠木凿成古棺，历尽了 3000 多年风霜雪雨而存留下来，至今保存完好不朽。北京明十三陵棱恩殿的 60 根浑圆通直的大立柱，就是用楠木制作的。

在民间楠木更是达官贵人首选的珍材，用楠木制作的罗汉床、太师椅以及雕刻的飞檐、牌匾、楹联等，多为珍贵的藏品。用楠木制作的棺材，更是老人们梦寐以求的"归宿"之物。

闽楠主要分布在四川、贵州、湖南、湖北、江西、浙江和福建等地，海拔在 1000 米以下的沟谷、山洼、山坡下部及河边台地。在福建主要分布在沟谷常绿阔叶林中，偶有小面积成片天然纯林（沙县等地）。楠木对立地要求严格，在阴坡或阳坡下部山脚地带生长良好，要求排水良好的山洼、山谷冲积地或河边，土层深厚、腐殖质含量高、土质疏松、湿润、富含有机质的中性土或微酸壤土或沙壤土。

福建省沙县罗卜岩的楠木林，是福建省保存较完整的常绿阔叶林顶极群落。政和东平、三明梅列、南平宝珠、浦城水北渡头等处，也保存有较完整的闽楠林。

（二）福建楠木古树群

【政和闽楠古树群】政和县东平镇凤头村有片闽楠古树群，面积约 7 公顷，成材楠木上千棵，其中树龄最长的近 600 年，最大胸径达 160 厘米以上，树高约 38 米。相传这片楠木林是在宋代时由村民所植，成林于明朝。历经数十代人的保护管理，如今仍郁郁葱葱，生机勃勃，被中国经济林协会命名为"中国第一楠木林"。

当地民间相信如此壮观雄伟的树林一定是神灵的化身。传说在抗日战争时期，日本鬼子侵占建瓯城后，听说政和县东平镇凤头村有片巨大无比历史悠久的古楠木林，便企图前来砍伐楠木做枪柄。在一个月冷星稀的夜晚，林中最大的"楠木王"化成一个身着银袍的巨大长者，挨家挨户呼唤村民，要求连夜想法保护风水林。村民们从梦中惊醒，大家连忙入夜进林将铁制马钉之类钉入楠树中。次日，一大群日本兵带着斧锯进林砍楠木，但奇怪的是竟砍不入，日本人疑有神助不敢造次，因此楠木林逃过一劫。楠木林树中还有许多的斧锯痕迹保留至今。这件事传开后，凤头楠木林的名声就更大了，每年农历十一月十一日人们备办祭品到林中祭拜"树王"和山神"徐圣公王"，祈求风调雨顺，国泰民安。在东平只要谈起凤头楠木林，人们就会啧啧称奇，津津乐道，什么状元树、八仙树、将军树、发财树、七星拱月等，有关楠木林的传奇故事总也说不够。

【沙县天然闽楠群落】福建省沙县富口镇荷山村与明溪县地美村交界处的沙县罗卜岩省级自然保护区内，有一片面积 23.3 公顷的楠木纯林，这是国内目前发现的面积最大的一片天然楠木林。罗卜岩省级自然保护区是国内唯一以闽楠为主要保护对象的自然保护区，闽楠天然分布面积 60 多公顷。经调查，胸径 30～85 厘米，高近 30 米的闽楠近百株，株株树干通直，生机盎然，群落内幼苗和幼树俯仰皆是，堪称福建"森林瑰宝"！

保护区内的森林属于亚热带常绿阔叶林，树种繁杂，有 55 科 107 属 194 种，主要有楠木、米槠、马尾松三大类，另外还有黄樟、红皮桐、南方红豆杉、穗花杉、百日青等珍稀树木交错相生，遍布林间，巍巍然如绿色丰碑，气势极其壮观。而最珍贵的当属以闽楠为主的楠木林。楠木为樟科楠属，我国有 30 多种，而罗卜岩就有七八种，除闽楠之外，还有红楠、紫楠、刨花楠等。

罗卜岩有数以万计的楠木异龄林，多为中、幼龄林，其中也不乏大树，株株树干通直，生机盎然。正因为罗卜岩到处悬崖绝壁，远离人烟，才繁衍保留下一片绿色天地。茂密幽深的森林还庇佑了众多奇禽异兽。保护区内有珍稀的云豹、鬣羚、黑熊、小灵猫、猕猴及色彩斑斓的各种飞鸟。

【三明梅列区闽楠古树群】三明梅列区现有 3 个闽楠树群，保存完好。共有 160 多棵闽楠，其中陈大镇碧溪村神坑 180 年以上的有 11 棵，陈大镇长溪村溪坽 110 年以上的有 70 棵，洋溪镇孝坑村池山 120 年以上有 80 棵。

自古以来，梅列村民视闽楠群为镇村之宝、风水之林，保留着只种不砍的民俗，还制定村规民约对这些闽楠群给予重点保护。这些闽楠群在丈量历史岁月的沧桑，给人带来精神慰藉的同时，也保护了当地的生态环境。它们有着深刻的历史文化内涵，有着浓郁的生态文化底蕴，那深厚的根基总是被人们所崇拜。梅列的闽楠群，是蓄势待发的希望，是真挚情感的流露，是绿色生态的创造，还有比这更美好的文化吗？

【建瓯万木林闽楠资源】建瓯万木林中珍稀植物资源丰富，林中保存有大量的楠木。另外还有国家重点保护的野生植物南方红豆杉，其木材结构细致，心材紫红色，故又名紫杉。林中最大 1 株南方红豆杉胸径 123 厘米，树高 31 米。万木林中还有国家 Ⅱ 级保护植物 24 种，其中观光木为木兰科观光木属单种属稀有树种，为纪念发现该树种的我国生物学家钟观光教授而取名为"观光木"。因花美芳香，亦名香花木，是优良用材兼观赏树种，林中最大 1 株胸径达 136 厘米，高 32 米，为全国之最。此外，还有福建省重点保护野生植物 16 种。有小面积成片分布的福建省特有树种——福建含笑。闽楠是我国特有的珍稀用材树种。在万木林中，闽楠资源丰富，胸径达 60 厘米以上的颇多。可喜的是在万木林中，闽楠天然更新良好，在群落各林层均有分布。

(三) 福建闽楠树王和古树

【福建闽楠王】2013 年，福建省绿化委员会和福建省林业厅评选"十大树王"。其中闽楠王就在浦城县水北街镇翁村。在翁村后门山，有 3 株巨大的楠木古树站成一排，如一家三口肩并肩地守护着山下的村庄，当地群众亲切地称之为"吉祥三宝"。从翁村村部望去，2 株粗壮的楠木古树枝叶交错，像一对恩爱的夫妻紧紧依偎在一起。其中，"丈夫"站在最右边，胸径 1.73 米，树高 32.5 米，冠幅 28.2 米，枝繁叶茂，干直腰圆，2013 年勇夺福建"闽楠王"桂冠。"妻子"紧挨在"丈夫"左侧，胸径 1.5 米，树高 32.5 米。在距离"夫妻树"左侧 20 多米的地方，另一株楠木胸径 1.18 米，树形相对瘦小，被当地群众视为"夫妻树"的"宝贝儿子"，一家三口甜甜蜜蜜，其乐融融。

【永安洪田闽楠古树】在永安市洪田镇政府驻地东南面 3 公里处的生卿村，有 1 棵已生长 200 多年的楠木，当地人称它为"百年神树"。此树高 30 余米，独木成林，势若鹤立鸡群，胸径 1.73 米，枝繁叶茂，遮天蔽日，高大挺拔，郁郁葱葱。

【三明梅列闽楠古树】在梅列区的洋溪镇下坑村，有 1 棵最大的闽楠，树高 23 米，围径达 4.5 米，树冠 10 米，迄今有 500 多年历史。清朝年间，朝廷派兵到村里来准备砍下这棵闽楠作为贡木。刚砍了一个口子，就被发现了，村里的男女老少自发赶过来，手牵着手围着闽楠，说："要砍这树，就先把我们砍了吧。"这棵古树才得以保存。这棵古树几经磨难，现在依然树干粗大，树冠如盖，郁郁葱葱，象征着生命力的顽强。

(四) 楠木与古建筑

【楠木与宫殿建筑】据周京南在《楠木与清代帝王》一文所述：明清两代一些重要的宫殿建筑都是使用楠木做栋梁的。因其材大，坚实且不易糟朽，故明代采办楠木的官吏络绎于途。清代康熙初年，为兴建太和殿，特派官员赴浙江、福建、广东、广西、湖南、湖北、四川等地采办楠木。据《钦定大清会典》记载："凡修建宫殿所需物材攻石炼灰皆于京西山麓，楠木采于湖南、福建、四川、广东"。

在紫禁城内，楠木多用于帝王之家豪华的室内装修。如紫禁城内专供乾隆帝退朝后休闲消遣听戏的倦勤斋内，其内楼梯及扶手、栏杆，内部戏台两边仿竹栅栏全部使用楠木。乾隆花园里面的古华轩天花顶板通体使用楠木。在紫禁城内的西六宫，慈禧太后居住的寝宫储秀宫，装修极为奢华，其中在正间后边的万寿万福裙板镶玻璃罩背，皆采用了名贵的楠木制作。在皇家园林的建筑装修中，楠木成为不可或缺的重要材料。

据《清宫档案》记载：圆明园内的多个宫殿内部采用楠木装修。

清代宫殿，金丝楠木家具也成为重要的室内陈设家具。北海公园内的仿膳饭馆，原址是清代皇家苑囿西苑的漪澜堂。当年这个漪澜堂最大的特色便是它的内部各个开间，都陈设有楠木宝座床。在清代宫中皇子接受启蒙教育的毓庆宫建筑区中，也配备有楠木家具，在其正殿惇本殿里，陈设有一件体形高大的楠木雕龙顶竖柜。楠木与帝王家居生活密不可分。

【建阳书坊楠木厅】建阳市书坊乡是中国的雕版印刷之乡，"理学名邦""南闽阙里"和"图书之府"，其境内太阳山还是抗战时期中共福建省委驻地。书坊乡仅有万余人口，但拥有楠木厅、拿坑十三石拱桥等多处文物古迹。目前书坊乡政府正全力抢救这些古文化、古建筑，使它们不至于湮灭在历史的长河之中。走过几条街，穿过几个巷，到了康宁路，一座明清时期的徽派建筑展现在眼前。在院子里，可看到"得清如许"几个石刻字。古民宅隔壁是一座古色古香的双层小楼，后面，是一条古街，里面有许多明清时代的民宅厝房，还有许多旧式木板门店铺。在这里可以看到，双口井、楠木厅已被保护起来了。百年老宅楠木厅坐落于此处。书坊原名崇化里，为宋元时期全国三大雕版印刷中心之一。楠木厅从1903年开始建造，历时3年建成。建造时动用木匠200多人，泥水工300多人，由于民居中柱子、横梁、窗户大多用名贵楠木建造，故名楠木厅。

【福州青年会楠木建筑】福州青年会是用楠木建造的西式建筑。福州青年会为闽籍爱国华侨领袖黄乃裳筹建。他接任福州基督教青年会会长后，为了让青年会成员有个固定的活动会所，于1912年筹建该会所。美国总统西奥多·罗斯福还捐资12万美元。当时大楼建筑面积为8000多平方米，采用了大量的楠木材料。曾是福州近代最早、最大的一座综合大楼。

"青年会主楼面朝闽江，从沿江的角度看青年会最美。"福州老人陈兆奋指着当年的老照片说。现为中国管理科学研究院学术委员会特约研究员的陈老先生，20世纪40年代曾就读于福州青年会商业学校。他回忆：当时青年会一层为西餐厅、学生会部、理发厅和淋浴室、电影院、会议室等，中间是大厅，后楼地下室为游泳池，楼上还有健身房、图书馆和阅览室。在闽江口建造以木材为主要材料的西式建筑，且能保存久远，其奥秘就在于当时青年会建筑用的木材多为楠木。

【建瓯孔庙楠木柱】建瓯孔庙大成殿由34根大楠木组成柱群。孔庙位于建瓯市城区东北隅，始建于北宋宝元年间（1039~1040年），几经毁圮重建。庙的周围筑有高墙，配以门坊，黄瓦红垣，金碧辉煌。虽说比不上山东曲阜孔庙，但也确实是八闽府级孔庙之冠。明太师杨荣曾誉此为"东南伟观"。

现存大成殿重建于清同治八年（1869年），落成于光绪五年（1879年），两庑及戟门为民国年间修建。现为省级重点文物保护单位。孔庙由照壁、棂星门、墨池、戟门、两庑、拜台、大成殿组成封闭式古建筑群落，占地4688平方米。大成殿由34根大楠木组成柱群，按宋代营造法式，利用"歪材正用"的原理，构成独特和高超的建筑工艺，气势轩昂，十分壮观。殿内正中祀孔子塑像，两旁为四配（颜回、曾参、孔及、孟轲）。"万世师表"和"斯文在兹"两块匾额悬于大成殿明间正中，分别为清圣祖康熙和德宗光绪御书，是清代皇帝颁给孔庙十块匾额中的第一块和第十块。庙内现存有清康熙年间御制石碑1块。

（五）东方神木金丝楠

【金丝楠木国人的瑰宝】闽楠的木材归类为金丝楠。《博物要览》载："楠木有三种，一曰香楠，又名紫楠；二曰金丝楠；三曰水楠。南方者多香楠，木微紫而清香，纹美。金丝者出川涧中，木纹有金丝。楠木之至美者，向阳处或结成人物山水之纹。水楠山色清而木质甚松，如水杨之类，惟可做桌凳之类。"按照著名木器鉴定家张德祥先生的引语：香楠木微紫而清香，纹理美。金丝楠出川涧中，木纹向明之处有金丝，至美者，可自然结成山水，人物之纹。水楠色清而木质甚松，用做明清家具木材的多为水楠。楠木制品讲究本色，不能上漆上蜡，因为上漆打蜡后楠木的颜色会发黑，不仅失去原有的色泽，还极为难看。楠木中以金丝楠木为最佳。

金丝楠木其材色呈金黄色泽，顺着纹理方向，有着排列有序的"金丝"，所以称"金丝楠木"。中国林业科学院木材工业研究所著名木材研究专家杨家驹先生言："金丝楠是国人引以为豪的瑰宝"。历史上金丝楠木专用于皇家宫殿、少数寺庙的建筑和家具。民间如有人擅用，会因逾越礼制而获重刑。北京故宫现存古建筑多为楠木构筑，如天安门城楼的木质构件，均为金丝楠木所建成。藏书楼、文渊阁、乐寿堂、太和殿等的室内装修及宫廷日用家具等，多为楠木为主或以紫檀、黄花梨等硬木为边框、楠木为芯板制作。还有明成祖朱棣的长陵"棱恩殿"，是以金丝楠木作巨柱。

【福建首家桢楠博物馆】福州市三坊七巷安民巷鄢家花厅内的桢楠文化艺术博物馆，是全省首家金丝楠木博物馆。安民巷民居鄢家花厅建于清乾隆年间。馆内现展出由楠木中精品"东方神木"桢楠（金丝楠木）制成的中国古典高级家具，品种齐全繁多，且用材年份跨度很大，既有上万年的古沉木，也有近代的新木。馆长郑先生多年从四川、贵州等地收集拆房旧料，遍访苏州老工匠，严格按照明清家具款式打磨而成，材质优良，色泽气味独特，在全国同类展馆展品中档次较高、工艺最精、品种最全。

馆中藏品有明朝款式书房四件套、田家青款式六件套、"王者之气"大屏案几、桢楠老料卧室系列家具、清朝款式中堂拾件套等。其中，明朝家具四件套采用5000年以上桢楠古沉木为原料，按照明朝款式精心制作而成，分多宝阁1对、书画桌1张、四出头官帽椅1对。书画桌采用的是罕见的楠木古沉木整块面板，在国内无出其右者。

素有"东方神木"美誉的金丝楠木，地造天成、钟灵毓秀，其淡雅的色泽、温润的木性、恬静幽远的清香，洋溢着雍锦大气、温华不奢的特质。这种卓尔不群的个性魅力正与中国传统文化所追求的"内敛平和、恬淡虚泊"高贵精神契合无间。桢楠文化艺术博物馆在三坊七巷落户，既能为新时期进一步续承楠木文化搭建一个很好平台，也为古老历史街区传统文化多样性增加了一个新的亮点。

【金丝楠稀有特性】历史上楠、樟、梓、椆并称为四大名木，而楠木居首，足见人们对楠木的喜爱程度。在中国古代建筑中，金丝楠木一直被视为最理想、最珍贵、最高级别的建筑用材，被广泛应用于宫殿苑囿、坛庙陵寝的建造当中。自古以来，金丝楠木有"神木"之称。在过去储运金丝楠木的北京神木厂和大木厂还设有"木神庙"专司祭祀金丝楠木。

金丝楠木有着一系列无与伦比的优点和特殊的木材质地：一是金丝楠具有神奇的耐腐防腐驱虫保鲜功能。金丝楠千年不腐，万年不朽。近代考古发掘的汉代以后王侯古墓葬和帝王墓大多是金丝楠木制作的棺椁，不仅棺椁工程历经千百年甚至 2000 年完好无损。中国自古以来最重要的文化典籍都用金丝楠制作的书柜和书匣子盛装，可以历经千年而不坏。金丝楠阴沉木置地，百步之内，蚊蝇不见。二是金丝楠质地温润柔和、细腻似脂，光滑似绸，有如婴儿之肌肤，冬暖夏凉，益身护体。抚摸金丝楠，可以感受到木的微温和大自然的律动，能达物我相融、天人合一之化境。三是金丝楠具有璀璨如金和辉煌多变之美。金丝楠在不同颜色、不同强弱的光线照耀下有不同的视觉美感，纵使光源固定，从不同的角度欣赏也有全然不同的观感。金丝楠的美是流动的、立体的、纵深的，步移景换，光影摇曳，金波如幻，令人心醉神迷。金丝楠就像一个千变美人，等待有缘人去欣赏、去发现。四是金丝楠具有摄人心魄的气场，气场来自于它的王者之香。进入金丝楠器物布置的房间，一股幽香之气扑面而来，顿觉心旷神怡。它的香味淡淡的，静雅而清透。你刻意去闻，香气已经缥缈；蓦然回首，突感馨香一片。中国自古以来就有"楠香寿人"的记载，久居楠香之屋，可以延年益寿。用现代的科学观点解释，金丝楠木发出的香味持续而精准地刺激人的神经系统，从而有助于人的身心健康。在生活节奏高度紧张、功名利禄喧嚣烦恼的今天，金丝楠家具陈设实为我们精神栖息的桃源之地。五是金丝楠木的药用功能十分突出。六是金丝楠具感知阴阳交替和气候变化的神奇功能，在古代被视为制作祭器和神器的最佳材料。在皇家宗庙和敕封的庙宇道观，主要的神像和佛像都是用金丝楠木制作。

（六）武夷山悬棺葬

上古时期的福建武夷山（原为福建崇安），是七闽族（史书上称呼）"武夷闽"的生活之地。据古书记载，古时武夷山有"悬棺数千"，经过数千年岁月沧桑，至今仍保存有悬棺近 20 处。据欧潭生专家在《再论先秦闽族与闽文化》和（福建武夷）李子在《武夷山悬棺探密》中的论述：武夷山悬棺地处崇安白岩，悬棺葬是在福建省博物馆主持下科学清理的。棺木完整，经福建林学院林学系专家鉴定，悬棺用的是当地生长的楠木（闽楠）制造的。虽年代久远，烘干时仍发出香气。棺内人骨架 1 具，保存基本完好，经鉴定系 55～66 岁男性。随葬器物有龟状木盘、纺织品残片（有大麻、苎麻、丝、棉 4 种质料），还有猪下颌骨 1 块。据专家判断：武夷山白岩悬棺葬是商末周初的闽族墓葬，也是我国自东向西广为分布的悬棺葬中年代最早的一处。

1978 年 9 月 15 日，福建省博物馆梅华全等考古科研人员开始向这个千古悬疑冲击。他们历尽艰难，把一具悬棺从垂直 50 余米的白崖洞上成功取下。悬棺为船形，故亦称"船形棺"。经国家有关科研和权威单位 C^{14} 实验测定，船形棺成棺年代大致在距今 3200～3700 年之间，相当于商代期间。参考成棺年代迟于武夷山的江西圆形棺在距今 2800~2500 年之间，相当于春秋至战国期间，总体推定武夷山悬棺处在我国历史上的商周时期。

从制作技术上看，船棺采用了刨、凿、砍、削、锯等多种工具和多种工序。棺中随葬物除有粗细篾席以及麻织品外，最引人注目的有两种物品，即棺内往往有鳖壳龟甲或者木制龟形板，还有伴放黑、棕两色卵石的现象。

船棺取材楠木，用树干直径近 1 米的楠木制作而就。巨大成熟的古楠木坚硬如铁，要砍倒如此大楠木，石器根本不敢问津，就是初期的青铜器也莫奈它何，即使鼎盛时期的青铜斧也难以胜任它。除非如同铁器并达到钢化的程度。要在坚如磐石的巨木中刳出空柩，并且要剖编出棺中的随葬品篾席，也须有这样的刀斧！因此长期以来人们对古闽人制作船棺的利器只能作"天问式"的想象。但在武夷山市紧邻的浦城县土墩墓一打开，就奏响了古闽人铸冶技术的时代最强音：当年楚王墓发掘中得到的"越王剑"，唐代僧人在福州鼓山疏浚欧冶池得到的青铜剑，以及松溪湛卢山冶炼炉遗址的发现，证实了 2500 年前春秋时期越王派欧冶子隐居古闽地打造出的"越王剑"果真是天下无双。如今在浦城土墩墓里的发现更是出人意料：比越王允常早 1000 年的西周，古闽地已不是一把而是一批这样的无敌锋镝，至今还闪着寒光！由此，如何砍倒巨大楠木并刳出空柩的问题也就不难理解。

船棺的"船型"暗示出古闽族人的起源。棺椁被制成船形，与自古流行于东南沿海疍民的独木舟不但造型相似，连用材也大多一致，它揭示出了古闽人与海洋的紧密性。

船棺随葬的"双色"卵石，让我们重新认识了古闽族的特征。曾有人认为船棺随葬黑、棕卵石，意味着是古闽人的生殖崇拜。其实，它应当是七闽族人的祖宗崇拜，或者叫做肤色崇拜。

闽，在东汉许慎的《说文解字》注释为："闽，东南越，蛇种。"后世人们更接过许氏的诠释，干脆把"闽"与蛇的关系钉实："闽为山地，多出蛇之类，故门下增虫字，以示其特性。""蛇种"的界定，从此把闽人与蛇崇拜紧紧绑缚在一起。

船棺随葬的"龟形板"，让我们重新认识了古闽族的图腾崇拜。中华民族自古就视龟为神，它与龙、凤、麟一样是中国四大灵物，而它在和农耕民族相比中，更受水上民族的特别推崇，龟与水文化最密切，是水上民族的"水母"。因此龟既是古闽人眼中的神尊，也是他们与祖宗的联系，自然就成了古闽族的图腾崇拜。这就是随葬品中为什么总有龟壳鳖甲，或者龟形板的原因。

悬棺葬这种独特葬俗，最早起源于武夷山，然后发展到江西、浙江，东南到台湾等邻近地区。随着闽族的迁移和文化交流自东向西扩展到湖南、湖北、广东、广西、四川等省区和陕西南部，远至云贵高原，绵亘万里。随着范围的扩大，各地悬棺的 C^{14} 测定年代也依次递减，从商末周初到春秋、战国、汉、晋、唐、宋乃至明、清。

（七）楠木典故和传说故事

【**"楠"字的组成**】"楠"字的组成是木和南。南为极尊之属，而木中之南的"楠"木自然便为极尊之木，成为木中之礼器，参天之用物。这就不难理解作为软木之王的金丝楠为什么会受到皇家所重用——作宫廷尊贵器品、祭器、棺材之用。明代谢在杭在《五杂俎》中提到："楠木生楚蜀者，深山穷谷不知年岁，百丈之干，半埋沙土，故截以为棺，谓之沙板。佳板解之中有纹理，坚如铁石。试之者，以暑月做盒，盛生肉经数宿启之，色不变也。"

古人对南方非常重视，皇帝面南，祭祀在南……，这种情形都跟五行理念有关系。在古人的认知当中，南，为极尊之位！因为，五行中，南方属火，火主礼敬，主神明，是礼之所现。天是'虚无'的代表，为神明之界属，故古人与"天"的沟通、祭祀、精神、求索等，都是面南而坐。

古人认为皇帝为"天子"，因此，几千年来皇帝都是面南而坐。北京的天坛就是"祭天"的地方，在所有祭祀场所的最南面。这些都是"天人合一"的体现。并且，这种思维理念贯穿到了社会生活的各个方向中。

【楠木与男丁兴旺】在福建三明梅列，问当地人为什么喜欢种闽楠？答曰：就是因为"楠"与"男"谐音。闽楠就当之无愧地成了风水树。古时生活多艰，需要靠有力气的男人上山扛木、采药、狩猎来养家糊口，都希望能够多生男丁以缓轻生活困苦。这是一种许愿，也是一种寄托，这种风俗一直流传到现在。所以，你看到哪个村子的闽楠最多，就说明这个村子一定男丁兴旺。由生活之"难"，到渴望生命之"男"，再以"楠"树为寄托，正是这一代又一代的山里人，把闽楠一棵又一棵地种在了这片土地上，把希望和现实一次又一次地扎根于大山里，古老的礼俗，是那样的虔诚，有一种被文化浸润到心灵深处的感觉。

【沙县罗卜岩徐圣公】福建省沙县富口镇荷山村与明溪县地美村交界处的罗卜岩，有一片楠木纯林，这是国内目前发现的面积最大的一片天然楠木林。这片楠树林在当地有许多神奇的传说：据凤头村石碑文记载，宋徽宗政和年间，上天界的徐公尊者奉玉皇大帝旨携带楠木树种到人间，意在寻找一片人杰地灵的风水宝地种植。时尊者乘祥云在凤头的上空，见此处地处奖山山脉的南端，西南延伸，四面群山环绕，极是俊秀雄伟，山间常有祥云瑞光盘绕，钟灵毓秀。便毅然在此安居，并将所携带的楠木树苗种植于此。玉皇大帝知后更封他在此作了山神，被封为"徐圣公王菩萨"，庇佑社下子女安康。

【楠木"嫁妆"风俗】在福建三明梅列陈大台溪村，女儿出嫁有两样嫁妆是女方必不可少的。一件是 4 只用楠木做成的箱子，谐音"是男"，寓意女儿嫁入男方后生的头胎就是男孩。另外一件是 6 株楠木幼苗，不过这苗要事先在山上选好，等男方上门迎亲时，才能由女方的父亲上山把苗挖下来，放上两双红筷子，并用红绸缎把红筷子和楠木苗捆在一起，谐音"快生男"，而数字 6 就是"六六大顺"，意寓女儿能顺顺利利地生男孩。

由于山路陡峭难行的原因，男方一定要赶在上午到女方家迎娶新娘，这样才能在天黑前回到家里完婚。女方父亲把捆好的楠木苗亲自交到新郎手上后，一路上必须由新郎扛着这捆楠木苗赶路，绝对不准别人代劳。到男方家后，新郎和新娘做的第一件事就是把这 6 株楠木苗赶快栽下去，坑是事先就挖好了的，有的男方还会请风水先生来看一下风水，以选择合适的方位种楠木。宴席散后，新郎和新娘还要在村里最古老的 1 棵楠木下"沾风水"，要顶礼膜拜，希望树神把"生男"的福气传递给自己。

婚后第二天，新娘的兄弟就要前往探望，看男方有没有把楠木苗栽下去。若栽下去了，就说明新娘在夫家有地位。女方怀孕期间，双方父母都会在古楠木下祷告，保佑"生男"。当女方生子后，男人所做的第一件事并不是前去看儿子，而是扛着锄头，在自家的山上或者是房前屋后亲手种 1 棵楠木，以示庆祝，这种风俗也一直保存至今。

【金丝楠木与包公棺木】在福建南靖县和溪镇联桥村，因为金丝楠木与千古名相包公挂上关系。

河南文物保护部门决定重新修缮包公墓，因为存放包公遗骨的金丝楠木棺材已经在动乱中受到了严重损害。为了保护文物，抢救历史遗迹，更为了还原历史的真相，文物部门特别成立了合肥包公墓园筹委会。墓园筹委会管理员决定根据历史资料记载的样式重新修缮制作包公棺木，原料仍然使用金丝楠木。

但该项举措面临的首个难题就是金丝楠木的稀缺难找。一方面是对历史和千古名相的尊重；另一方面又面临着原材料的奇缺。仅仅是寻找金丝楠木这一件事就耗费了整整 13 年。最后，他们把希望寄托在盛产各种珍稀树种的福建省。1986 年 12 月，包公墓园筹委会管理员在漳州南靖县和溪镇联桥村一位名叫包浩源的花甲老人家里找到了金丝楠木。更为巧合的是，包浩源老人竟是包公的 35 代后裔。原来，包浩源老人的先祖最初是从包公为官的河南开封迁来此地，一代又一代的包家血脉无时不在盼着有朝一日能重返合肥寻根问祖拜祭先人。得知来意，包浩源老人当即领着他们到自家的自留山上寻找并备齐了重修包公墓所需的金丝楠木，并且坚辞不收木材款。包公墓由此得以重新修复。人们在缅怀千古名相包公的时候，清正廉明著称于世的包公在千年以后使用自己后人提供的木材做棺木而不费公款。这近于传奇的巧合，也最终让联桥村与包公的千年之缘得以延续，并且成为了一桩脍炙人口的美谈。

十五、锥栗文化

(一)锥栗特性与分布

锥栗 *Castanea henryi*(Skan)Rehd. et Wils. ，别名"榛子""栗子"，为壳斗科(Fagaceae)栗属植物。

世界栗属植物有 10 多个种，其坚果均可供食用。作为经济栽培的主要有栗(中国板栗) *Castanea mollissima*、锥栗 *C. hmneyi*、欧洲栗 *C. sativa*、日本栗 *C. crenata* 和美洲栗 *C. dentata* 等 5 个种。

锥栗是我国南方栽培最早的木本粮食果树。春天开出满树乳黄色、细碎的栗花。夏天里结出一簇簇长满了绿刺的栗苞，每个栗苞内通常结果 1 粒。中秋节前后，栗刺变黄，栗苞裂开，露出成熟的栗果。栗果状如圆锥，坚硬的外壳红褐亮泽。咬开栗壳，剥掉一层依附的绒毛，一粒淡黄、饱满、结实的栗肉就呈现在人们的眼前。嚼之，生脆、淡甜、糯香。

锥栗树作为乔木树栽培，适应性强，寿命长，树形高大、树干通直、材质坚硬、纹理细腻、用途广泛。闽北、江西、浙南、湖南、鄂西、广东、广西北部、四川等地，常与其他阔叶树混生成林。垂直分布带在我国东部的福建、江西等地多生于海拔 1000 米山地；在西部如四川、湖北则生于海拔 600 ~ 2000 米的中低山地带。锥栗作为经济作物栽培，主要为福建、浙江两省。浙江锥栗产地，主要为龙泉、庆元、兰溪、缙云等县。

福建锥栗产地，主要为建瓯、建阳、政和、浦城、武夷山、顺昌、邵武、泰宁等地。特别是南平、三明两市，几乎每县(市)均有锥栗分布，近年闽侯县大湖乡马境村于海拔 700 米山地引种建瓯锥栗生长结果正常，现已投产。福建锥栗栽培在全国品种最多，面积最大，产量最高；而建瓯市锥栗面积、产量和品种资源，均为全国之最。

《本草纲目》十八卷二十九部记载："栗之大者为板栗；中心扁子为栗楔；稍小者为山栗，山栗之圆而末尖者为锥栗；圆小如橡子者为莘栗；小如指者为茅栗"。在我国，栗子主要有 3 个品种：锥栗、板栗、茅栗。锥栗系材用两用树种，为落叶乔木，高达 10 ~ 20 米。苞内坚果仅 1 粒，球状卵形，底圆而上尖，其形似锥，故名"锥栗"。其果肉营养含量高，肉质比板栗更嫩，涩皮也较板栗易剥。锥栗经济性状优异，尤其含糖量高，居世界食用栗之冠，且其适应性、抗逆性强，除具备栗属植物耐寒、耐旱、耐瘠薄等通性外，对真菌性病害的抗(耐)病力特强，具抗(耐)栗胴枯病的遗传基因。锥栗具有大力发展的优势。

福建野生锥栗资源极其丰富。野生锥栗主要分布于南平、三明两市所辖的近 20 个县(市)，海拔 500 米以上的丘陵山区。据不完全统计，迄今全省野生锥栗分布总面积在 2 万公顷以上。近年来，在建阳、邵武、将乐、泰宁等县(市)，陆续发现有连片纯天然锥栗林分布。例如，建阳市小湖乡莲花芯山一片就有70公顷以上；邵武市和平、大阜岗、金坑、桂林、沿山、城郊等乡镇有2000公顷以上；将乐县万安镇有两片野生锥栗面积在400公顷以上。福建迄今发现野生锥栗面积最大、分布最广的地方是泰宁县。

建瓯锥栗果形独特，玲珑秀美，果仁大而呈金黄色，品质糯而香甜，其果品品质和商品价值高居世界食用栗之首，受到世人青睐。以锥栗为原料的传统工艺加工的食品种类也日益增多。

（二）锥栗栽培历史悠久

人类食用栗子的历史可以追溯到几十万年前。在中国，其可考历史可追溯到6000多年前的中国西安半坡遗址和浙江余姚河姆渡遗址。在河姆渡出土文物中，即有成堆的栗壳，说明那时先民就已知道采集与食用野生栗子。建瓯与余姚同属越地，相距仅数百里，地理气候相仿。由此可知，其时建瓯土著民已经利用野生栗子。这一事实在闽北古汉城遗址发现文物中得到佐证。该遗址为汉时闽越王余善所建王城，位于建瓯县城西北约50公里，在王城出土文物中，亦有成堆锥栗壳发现。

有意识地将栗子作为"木本粮食"加以栽培，可以追溯到3000年前的春秋时期。中国第一部反映春秋时期各国风俗的诗歌集《诗经》中，就有关于栗子的诗句："阪有漆，隰有栗""树之榛栗"，等等。

秦国吕不韦主编的《吕氏春秋》中记载："果有三美者，有冀山之栗"。"冀山之栗"所指为今燕山山脉所产的板栗。春秋时期一些国家对栽栗有功之士实行嘉奖。公元前3世纪《韩非子》记载"秦饥，应侯谓王曰：五苑之枣、栗请发与之"。西汉司马迁在《史记·货殖列传》中记载："燕，秦千树栗……其人皆与千户侯"。《苏秦传》中亦记载"秦说燕文侯曰：南有碣石、雁门之饶，北有枣、栗之利，民虽不细作，而足于枣、栗矣，此所谓天府也"之说。可见在3000年前，我国黄河流域的栗树栽培已进入旺盛时期。东汉公元25年《四民月令》记载"栗宜采树垫（作砧木）"。就已有栗、榛的人工种植、食用、嫁接方法。

汉以后，有关栗的记载增多。三国时著名文人陆机的《毛诗·草木鱼虫疏》称："五方皆有栗"。陆机为今上海松江人，可知其时包括福建在内的南方栽培栗子也很普遍。北魏贾思勰所著的《齐民要术》中记载了8种栗，并详细叙述栗的种植和栗果贮藏方法。唐、宋、元、明各代的各种古农书，均有关于栗的记载。这些记载充分说明，古代社会不但重视栗的栽培，同时也对栗的养生功效有了较为深入的认识。

后魏《齐民要术》（535年）记载："栗种而不栽，栗初熟出壳，即于屋里埋于湿土中。至春二月悉芽出，出而种之，既生数年，不用掌近……""藏高栗法：取粮灰淋，取汁渍栗，日中晒，令栗肉焦燥，可不畏虫，得至后年春夏；藏生栗法：著器中，旷细沙可爆，以盆覆之，至后年二月皆生芽不虫者也"。"栗初熟出壳，即于屋里埋着土中，埋必须深，勿令冻撤，若路远者以韦囊虚之，停三日已上及见风日者则不复生矣，至春二月，悉生芽，出而种之"。由此可见，早在1500年前古人就已详细记载了栗的储藏、播种育苗和栽植的情况。

宋代《图经本草》(1061 年)记载，"栗欲干，莫如曝；欲生，莫如润"。《本草衍义》"栗欲干收，莫如曝之；欲湿收，莫如润沙藏之，至夏初尚如新也"。《物类相感志》"收栗不蛀，以栗蒲烧灰淋汁，浇二宿，出之候干，置盆中，用沙覆之"。《格物粗谈》"霜后取沉水栗一斗，用盐一斤调水，浸栗令没。轻宿漉起晾干。用竹篮或粗麻布袋，挂背日通风处，日摇动一二次，至来春不损，不蛀，不坏"。900 多年前就总结了栗的许多储存经验，这些经验至今还在建瓯的栗农中广为沿用。

明代《种树书》(1403)记载，"九月霜降乃熟，其苞自裂而子坠者，乃可久藏，苞未裂者，易腐也"。"栗采时要得披残，明年其枝叶益茂"。说明栗采收，应自然成熟则果实易储藏，否则易烂果。同时还记载栗收获后，要进行修剪，次年才能更丰收之道理。《便民图纂》(1502 年)记载"二三月间，取别树生子大者接之"，说明栗选择优良单株进行嫁接。《养余月令》(1640 年)记载，"种栗，用肥熟地，则苗易生"。说明选择好的立地类型，锥栗生长就好的道理。

清代《花镜》(1688 年)记载，"种向阳地"，说明种植栗应选择向阳的坡向。

(三)中国锥栗之乡

【建瓯锥栗】福建建瓯是"中国锥栗之乡"。建瓯地处我国东南丘陵腹地，古为"百越"之地，秦时属闽中郡，汉时属会稽郡。1000 多年来，建瓯所辖疆域多有变化，但一直是闽北地区郡、州、府、路治所在地及政治、经济、文化中心。

建瓯市锥栗面积、产量和品种资源，均为全国之最。据 20 世纪 90 年代调查统计，建瓯市 12 个乡镇 100 个行政村，有锥栗面积 5600 多公顷，年总产量近 160 万公斤，其中主要分布在龙村、水源、川石、房道等乡。

建瓯锥栗的独特优势，千百年来一直受到人们的青睐。据嘉靖《建宁府志》所载，早在宋代已将锥栗作为一年一度祭祀孔子的祭品，明代时作为贡品之一，以"贡闽榛"而著名一时。直到今天，一些老栗农仍自豪地将建瓯锥栗称为"贡榛"。而在民间，直到今天农村仍然将锥栗和红枣作为女方的陪嫁物之一，以寓"早立门户"之意。

在建瓯市的革命老区村东游镇河岭村杭坑自然村，发现了 1 棵树龄 300 多年的野生锥栗树，这是迄今为止建瓯发现保留最大的野生锥栗树之一，当地村民都称之为"锥栗树王"。这棵高大茂盛的野生锥栗树，粗壮的树干，茂密的枝叶，像是一把绿色的大伞屹立在山腰上。其胸围达 3.9 米，需 3 个成年人才能合抱。令人惊讶的是，该树生长的锥栗竟与现在人工栽种的锥栗果实差不多大小，当地人称为"甜榛"。果实色泽圆润如"油榛"，捡起生吃，感觉特别绵、脆、香、甜，口感很好。当地村民说这个锥栗树种叫"糖榛"，每年都开花结果，而且产量还很高。可能是天然的基因变异，虽然是实生苗长大的百年老锥栗树，至今还焕发勃勃生机，而且品质优良，当地村民都用它做接穗培育幼苗。这也使得当地锥栗继承了野生纯种的习性，大大提高了锥栗的品质。这棵树的历史悠久，几百年来深受当地村民的重点保护。

【政和锥栗】政和锥栗资源丰富，品种优良，所生产的坚果粒大圆亮，质量上乘，风味佳美，营养价值高，其面积和总产量位居全国第二。

2001 年 8 月政和县被国家林业局授予"中国锥栗之乡"称号，同年"大真王"锥栗品牌被国家工商局认可使用，被福建省消委评为"绿色消费推荐产品"，2002 年政和"大真王"锥栗被中国经济林协会评审为"中国名优果品"。

政和县地处武夷山脉东南麓，属中亚热带海洋性季风气候，气候温和湿润，雨量充沛，土壤肥沃，年均温 16.8℃，年降雨量 1760mm，加上政和"山高水冷"的得天独厚自然地理条件，非常适宜锥栗生长。早在清朝康熙年间就有人工栽培记载。锥栗资源丰富，品种优良。政和县是锥栗的发源地和主产区，据 2004 年调查，政和县锥栗面积达 10000 多公顷，占经济林总面积 55%，总产量达 12000 吨，产品储藏保鲜能力强，占产品总产量的 75%。

政和县处在南平市"V"字形的锥栗产业带上，蕴藏着丰富的锥栗资源，全县都有锥栗分布。种植面积达万亩以上的乡镇有 8 个；种植千亩以上的行政村有 56 个。据专业调查，政和现有锥栗品种达 30 多个，政和当地主栽优良品种具有果大圆亮、丰产稳产、品质优良、适应性和抗逆性强的特点。经过十几年的选优嫁接栽培管理，选出的优良品种有：白露仔、处暑红、油榛、乌壳长芒、黄榛、材榛等 10 余种，确保了良种多样化在生产上的推广应用。全县锥栗优良品种栽培面积占全县锥栗总面积的 90%。

【建阳锥栗】建阳锥栗，也称苏源锥栗、陈地锥栗，俗称榛子、毛榛、栗子、珍珠栗。

建阳锥栗主要产地在建阳市漳墩镇、水吉镇一带，已有数百年的历史，主要品种有白露子、油榛、黄榛、乌壳长芒等。产区除漳墩、水吉外，还分布于回龙、小湖、书坊、徐市、莒口等地。优良品种以漳墩"苏源锥栗"和水吉"陈地锥栗"为代表，年产量在 500 吨左右。

《三苦堂》诗云："少小登山拣果榛，单衣赤脚饮风尘，长芒刺我无暇顾，只为甜沙口润津。"锥栗富含人体所需维生素，其成分主要为淀粉、糖分、氨基酸、蛋白质等。建阳对锥栗的"采拣与放置、分类与保管、加工与食用"等有一定讲究。自然张"嘴"落地的锥栗，说明已熟透了，这样的锥栗要及时采拣，采拣后一定要散开放置几天时间，以便让其淀粉更多地转化成糖分，使其味更加清香甜美。

锥栗食用加工方法是"蒸"或"炒"熟即可食用。关键是掌握锥栗加工的最佳时机才能达到最佳的食用效果。炒锥栗时，一般要用小刀先将锥栗划一小口，让空气进入壳里，这样炒熟后容易"脱膜"方便食用。但冷却后"膜"又紧附栗肉，食用时可用微波炉加热即可脱膜。"炒"锥栗有"火气"，怕"热"的人不宜多食用，但"蒸"锥栗就不存在这个问题。不过，蒸出来的锥栗暂时因膨胀"不脱膜"，需晾晒一两天(半干脱膜)后才方便食用，此时应是最佳食用时机和最美的食用效果。破壳后一粒粒金黄色或古铜色的栗果，真让人胃口大开。好食者用"比蜜甜，不可言"来形容其甜味。

【泰宁锥栗】泰宁是福建锥栗的重要产区。泰宁野生锥栗资源丰富，是福建迄今发现野生锥栗面积最大、分布最广的县。据普查，全县野生锥栗面积近 6000 公顷，广泛分布于龙湖、开善、上青、新桥、龙安、大布、大田、梅口、下渠等 9 个乡镇。其中相对集中连片，每公顷 225 棵以上的有近 3000 公顷，且大部分集中分布于龙湖、开善、上青等 3 个乡镇。

目前，泰宁县人工栽培的锥栗已达 4000 多公顷，大部分处于盛果期，年产果 3000 多吨，年产值 3000 多万元。该县成立了锥栗协会，积极做好锥栗统一销售、对外推介、招商引资等工作。开善乡儒坊村锥栗种植大户江其仕介绍说。"锥栗市场良好，不仅在建瓯等省内城市畅销，更远销到广东、上海等沿海省份。"锥栗种植是开善乡的重点农业项目。近年来，该乡不断加大对锥栗种植户的扶持力度。政府除了出台优惠政策外，还积极协助锥农做好林业贴息贷款工作，派技术人员到山场进行指导。锥栗种植已成为泰宁县重点发展的农业项目。

（四）建瓯锥栗传说

在建瓯，流传着一些古代名人与锥栗的传说故事，特别是明初内阁重臣杨荣，对建瓯锥栗的传播，起到了十分重要的作用。

【吕蒙与锥栗】建瓯龙村下杉溪，有一座吕蒙王公庙，里边供奉的是三国时的东吴大将吕蒙。吕蒙不是本地人，龙村人何以敬之如神呢？原来，这里有一段吕蒙与锥栗的故事。大家都知道龙村是建瓯锥栗的原产地，却不知道榛子出名跟吕蒙有关系。吕蒙年纪很轻的时候，就有一身好武艺。为了施展他的抱负，很早就投奔吴王，打了不少胜仗，深得赏识。吴王为了平定福建，多次派吕蒙和他的姐夫带兵到建瓯。

那时候的龙村是一座重要关寨，地势非常险要。吴军进入建瓯时，在龙村遇到了顽强的抵抗。一连几个月攻不下。为此，带兵主将吕蒙姐夫非常着急，下令士兵无论如何要在下雪前攻下寨子。可是，士兵们缺衣少食，哪还有多少力气继续攻打？

一天早晨，天气格外寒冷，吕蒙走到帐外，突然看到前边一阵喧哗。走过去一看，原来是手下的士兵抓到了几个敌人奸细，正要杀头。看见有长官过来，那些人连忙大叫冤枉，说他们都是当地百姓，上山干活的。吕蒙仔细一看，只见他们衣衫褴褛，面色黝黑，背着竹筐，其中还有一个白发苍苍的老汉，不像敌兵的样子。于是吩咐士兵将他们放了。可是士兵却说是主将下的令。吕蒙心想，姐夫怎么那么不分好歹，见人就杀。于是又去见姐夫，劝他把那些百姓放了。并说如果能对当地百姓宽厚，就能取得他们帮助，尽早攻下寨子。姐夫从小就喜欢吕蒙，此时听了他的话，感到有道理，当即下令将那几个人放了，同时贴出布告不准乱杀百姓。那几个人死里逃生，对吕蒙感激不尽。说回去后一定要劝说村里百姓，不要跟东吴作对。

虽然如此，寨子一时还是攻不下。雪下来了，吴军粮草运输跟不上，士兵吃不饱饭，开始有怨言了。无奈之下，吕蒙姐夫下了死命令，集中全力攻寨。吕蒙心想，这样硬攻硬打怎么行？不如就地找百姓筹粮，以稳军心。姐夫命令吕蒙去办。吕蒙带了一小队士兵，按照老汉留下的地点，找到了他们。听吕蒙说了情况后，老汉沉思一番，对吕蒙说：龙村这地方山高水冷人少，一时没法筹到许多稻米。吕蒙一听急了，这可怎么办？老汉却说不要紧，我请你看一个宝贝。说着拿出一个竹筐，里边装着许多浑身长刺的东西。见吕蒙疑惑，老汉用竹夹夹出一个，使劲一踩。刺壳吱的一声破裂，滚出一粒紫红色圆溜溜，一端有个小尖嘴的东西。随后，老汉又用木槌把那宝贝一敲，剥掉红壳，露出白肉来，"将军请尝尝。"吕蒙从未见过此物，半信半疑地送到嘴里，一咬，哇哈，脆生生，甜滋滋的，味道不错啊。

老汉说"此宝名榛子（即为建瓯当地锥栗），本地山上所出。我们平时就靠它补充稻米不足，渡过饥荒。将军心地仁慈，对我们有再生之德，因此特将此宝献给将军……"

吕蒙得到老汉的指点，立即派士兵按老汉所说的办法，果然捡到了许多榛子，解决了军中缺粮问题。士兵肚子饱了，气势大振，很快就攻下了寨子，顺利进入了建瓯城。

吕蒙班师时，把龙村榛子带到会稽，进贡给吴王。吴王尝了之后大为赞叹，下令将榛子作为贡品，这也是建瓯锥栗最初被百姓传为"贡榛"的由来。当地百姓感激吕蒙的功德，特意建了祀庙，尊他为吕蒙王公，至今香火不断。

【陆游与锥栗】陆游一生留下 2000 多首诗词，其中不少名篇佳作。但是很少人知道，陆游曾做过两首与建瓯锥栗有关的诗歌，并有一段有趣的故事。

公元 1178 年（淳熙五年），陆游 54 岁，是个鬓发胡须花白的小老头了，被朝廷派到建瓯任"提举福建常平茶公事"。这个职务，只不过是替皇帝管理一下福建茶事而已，地位不高，也很清闲。这令年轻时就立志"上马击狂胡，下马草军书"的他感到非常失落。临行前，丞相少傅周必大为他饯行，并作诗相赠：

> 暮年桑苎毁茶经，应为征行不到闽。
> 今有云孙持使节，好因贡焙祀茶人。

桑苎指"桑苎翁"，即被后人尊为茶圣的陆羽，是陆游的一位先祖。陆所写的《茶经》是中国第一部专门茶书。因为他没有到过福建，不了解福建的茶，因此该书中没有提到闽茶。而在宋代，建瓯北苑的龙凤团茶，品质极其精良，是朝廷设立的"贡焙"，生产皇帝专用"御茶"，其贵重达到"茶价胜黄金"的程度。周必大借这个事情，鼓励陆游，说其实这个职位还是不错的，当年你的先祖因为没有到过那里，遗憾到几乎要毁了茶经。而你（陆游又名云孙）今天有机会到那里当茶官，可以弥补先祖的遗憾了。

这么一说，陆游心情又坦然了。其实，陆游也是个爱茶之人，早就闻知北苑茶的大名。早年时曾得到皇帝赐的一饼茶，珍惜得天天拿手上呢。

陆游不再忧愤，甚至为孝宗皇帝的安排感到庆幸。随后，他搬到城东三十里的北苑茶园里居住。周边是郁郁葱葱的茶园，远处是苍苍茫茫的青山，风景优美，环境幽静，非常合符陆游的心境。很快的，他熟悉了北苑茶，也了解了建瓯的各种特产。其中锥栗引起了他的极大兴趣。这种圆滚滚红亮亮的壳果，不仅外形奇特，味道也相当美。很早前，他就读过苏东坡所写的一首栗子诗：

> 老去自添腰脚病，山翁服栗旧佳方。
> 客来此说晨兴晚，三咽徐收白玉浆。

当时他还年轻，对苏东坡的这首诗感受不深。如今，他是年过半百的老人了，牙齿开始松动，身体时有不适，特别是在爬山时，常感到腿脚无力。看到锥栗，便想起了这诗。但他不知道建瓯锥栗与苏东坡所说的栗子有什么不同。为此，他向茶园的老茶工询问。老茶工不识字，也从未出过远门，说不出个所以然，却知道山上哪儿有锥栗采，也知道锥栗有补脾胃，健腿脚的功能。于是陆游大为高兴，当即托他们买了许多锥栗，藏在房间里，既当点心又当补药，天天食用。一段时间后，身体居然好了许多。为此，陆游大为感慨，挥笔写下了

"夜食炒栗有感"一诗：

> 齿根浮动叹吾衰，山栗炮燔疗夜饥。
> 唤起少年京辇梦，和宁门外早朝来。

陆游不仅自己喜欢吃锥栗，还时常用以招待来客。一天晚上，有朋友来访，两人一边喝酒一边谈天说地，各抒胸怀。不知不觉间，就到了深夜，不由得饥肠咕噜。陆游当即点燃灶火，烹煮锥栗和芋子。此时一轮明月高挂天空，茶园披着银光，远处的山林时有风声和鸟鸣传来，风景极美，宁静的茶园月夜下，又飘起了栗香，也激起了陆游的诗兴。

> 有客相与饮，酒尽惟清言。坐久饥肠鸣，殷如车轮翻。
> 烹栗煨芋魁，味美敌熊蹯。一饱失百忧，抵掌谈羲轩。
> 意倦客辞去，秉炬送柴门。林间鸟惊起，落月倾金盆。

就在诗酒与锥栗中，陆游在建瓯渡过了难忘的一年时间。等到又开始下雪的时节，朝廷一纸诏书，陆游改到江西任新职。于是，这位漂流一生的大诗人，重新开始了新的旅程。他在建瓯时所作的包括这两首锥栗诗在内的许多诗词，则永远留在了建瓯乡亲父老的记忆中。

【杨荣与锥栗】杨荣，字勉仁，建安（今建瓯）人。为明初内阁重臣，先后经历5个皇帝，同杨仕奇、杨溥一起称为"三杨辅政"。因他官至太子少傅工部尚书，死后又敕封为左柱国太师，是典型的"五朝元老"，所以建瓯民间都尊称他为"杨太师"。杨荣自小聪明，好学上进，富有才华，琴棋书法兼精，又是明初风靡一时的"台阁体"诗派领袖。写了不少诗歌，也有一些关于栗子的诗，其中有一首颇为传奇。

杨荣的祖父杨达卿是建瓯房道元代乡绅，平时乐善好施，有一年为了救济灾民，用"有于吾山种木一株者，酬之斗栗"的方式，在房道大富山造了数千亩树林，号为万木林并告诫族人要好好保护，不得乱砍滥伐。杨荣少年读书之余常到林中嬉戏，栗熟时节也常与小伙伴们捡拾锥栗。杨荣入辅政后，为纪念先祖的德行，亲手绘制了万木林图并作了一篇图记，呈送给明成祖。成祖看了之后大为赞赏，下旨表彰。杨荣将图记刻石立碑，借助朝廷权力有效地保护了万木林。这片树林历610余年依然郁郁葱葱，成为中国南方历史最久面积最大的人工保护林。如今，国家为此专门建立了保护区，成为世界闻名的森林科研基地。

杨荣在朝为官几十年，深谙"伴君如伴虎"的道理。为人低调谨慎，十分注意处理各种关系。每年都要从家乡运来许多土特产，作为"乡仪"，分送给同僚。这些乡仪中，就有产于万木林的锥栗。这些从南方带来的锥栗，外观上与北方产的板栗不一样，味道也比板栗更为清脆，为此深得同僚们的欢喜。杨荣也因此颇为得意。然而始料不及的是，就因为这些锥栗，差点让杨荣丢了脑袋。

杨荣最后辅助的一个皇帝是明英宗朱祁镇，其时他已经历四朝皇帝，将近古稀之年，是朝中少有的几个德高望重的老臣。杨荣一生虽然处事谨慎，但他奉行的是"外圆内方"策略，坚持操守，不与朝中小人同流合污。并在皇帝面前婉言告谏不要犯"亲小人，远君子"的错误。为此，引起了朝中小人们的嫉恨，便想方设法要除掉杨荣。当时有一个宦官王振，凭着自小追随英宗，得到英宗信任，成为英宗时的宦官之首，主管司礼监，并帮助皇帝管理内外奏章公文，其至代皇帝批阅奏章，名为"批红"。王振利用批红机会，做了不少谋私利的手脚，并企图凌驾于内阁之上。为此，杨荣与内阁大臣们进行了坚决的抵制。王振的许多阴谋遇挫，心中越发憎恨杨荣。他左思右想，终于想到了一条陷害杨荣的诡计。

王振打听到杨荣每年都有送锥栗等乡仪给同僚的习惯，又打听到杨荣很喜欢家乡的锥栗，还常画"栗图"送给朋友。于是便想方设法搞到一张杨荣的栗图，琢磨半天后，带进皇宫。有一天，趁英宗与小宦官们玩得高兴之际，便将栗图拿给英宗看。英宗初一看，见那栗子画的形象生动，还颇为赞赏。但王振却说：圣上啊，别小看这幅栗图，杨荣画它是别有意图的。你看，他把这栗子画的浑身是尖刺，还有一个裂口，分明是借图自况，自许为要用口来讥刺皇上……英宗本不是什么明君，平时就不喜欢杨荣们老是在他耳朵边说大道理，此时听王振这么一说，顿时大怒，立即命人将杨荣传进宫内责问。

杨荣急匆匆地赶进皇宫，见英宗一脸怒气，而王振在一旁幸灾乐祸，一时摸不到头脑。直到见英宗拿出自己画的栗图，问他什么意思，这才明白了怎么一回事。很快镇定下来，并不急于回答。而是在栗图上方空白之处，当场题写了一首七言诗：

> 山果经霜欲熟时，苞如刺猬碧参差；
> 早知战栗承天意，不遣龙沙涕泪垂。

题完诗后，杨荣将画重新呈上，英宗一看，怒气便消退了许多。杨荣见机告诉英宗，此画用意是表达自己对皇上的一颗忠心，你看那锥栗，外表虽然全是刺，内里却有一颗赤红滚圆的心啊。这一说，英宗转怒为喜，"既然你把你家乡的栗子说得这么好，那就带点来给朕尝尝！"

杨荣马上把锥栗送进宫中让英宗品尝，英宗果然也十分喜欢。自此后，杨荣在送乡仪的同时，也会送一份锥栗进宫。建瓯的锥栗，就这样名传京城，而建瓯的人也自豪地把锥栗称为"贡闽榛"。

（五）风俗民情

【"早立"之意】在所有坚果中，栗子是最普通也是最珍贵的，因而古人将其与桃、杏、李、枣并称"五果"。常常用来作为初次见面的礼物。孔子整理的《礼记》中，就将"栗"与枣等作为必不可少的"妇人之挚"（妇女们相互馈赠的礼品）之一。直到今天，建瓯民间婚礼中，仍然保留着这一习俗，将栗与枣作为新娘的陪嫁物之一，以示"早立"之意。除此以外，在一些重大的祭祀活动中，栗也是不可或缺的祭品。明代《嘉靖建宁府志》中，就有将栗子作为祭孔的果品相关记载。

【早添丁早结果】建瓯民间结婚用的"五子果"（红枣、花生、桂圆、瓜子、锥栗），以示"早生贵子来"。（建瓯方言"栗"与"来"同音）。锥栗果成熟期正值中秋、国庆两节，女儿出嫁后第一年中秋节，娘家要给女儿送"灯（丁）"及"五子果"，其中锥栗是"五子果"中必备的一种果品，象征着女儿吃了锥栗能"早添丁，早结果"。

【"榛阳"与争上】锥栗是特优食品，纯香甘甜，美味可口，别具一格。建瓯在"重阳节"

时，家家户户要包榛粽，曰"榛阳"。"榛"与"争"同音，"阳"与"上"同音。所以"榛阳"有争上之意。包榛粽时，用纯净上白糯米、淘洗干净，精水浸透，加少许苏打，鲜榛仁当粽心，大竹箬包糯米粽。

【周武食栗治腰疾】古代有个名叫周武的人，患腰腿无力症，行走困难，百药无效。有一次，他的朋友陪他到栗树下游玩，他因好奇便尝了一个栗子，越吃越甜美，于是饱餐一顿。几天之后，他的腰腿痼疾竟霍然而愈，已能行走自如。这则医话，可能有些夸张，但栗子有补肾壮腰健腿的功效，确是事实。

【苏东坡嚼栗】宋代文学家苏东坡，晚年身患腰腿痛的毛病，也常常食栗来治疗。后来有位客人告诉他一种慢慢嚼食栗子的食疗方法：每天早晨和晚上，把新鲜的栗子放在口中细细咀嚼，直到满口白浆，然后再一次又一次地慢慢吞咽下去，就能收到更好的补益治病的效果，苏东坡有感于此，特赋诗吟咏："老去自添腰脚病，山翁服栗旧佳方。客来此说晨兴晚，三咽徐收白玉浆。"

【陆游啖栗子】南宋诗人陆游一生坎坷，却能活到 85 岁高龄，这与他一生注重饮食养生有很大关系。他对锥栗很有感情，曾在《老学庵笔记》中对糖炒栗子的由来作了生动的记述。他喜欢啖栗子，深谙栗子的养生作用，晚年齿根浮动，常食用栗子治疗。

【吴宽栗粥方】明代诗人吴宽讲究栗子的食用方法，喜欢用锥栗和米一起煮粥，以增加营养。他在《煮栗粥》诗中写道："腰痛人言食栗强，齿牙谁信栗尤妨。慢熬细切和新米，即是前人栗粥方。"字里行间反映了诗人对栗子粥的钟爱，也道出了锥栗粥能补肾气、益腰脚之功效。

【慈禧栗子粉】清代的慈禧太后，为了养生保健，也常吃含有栗子粉的御膳糕点。砂炒板栗，又香又甜，是现代人们喜吃的风味食品。栗子炖鸡，尤其鲜美，而且有补肾健脾的食疗功效。

(六)诗词歌赋

夜泊黄山闻殷十四吴吟

[唐]李白

昨夜谁为吴会吟，风生万壑振空林。
龙惊不敢水中卧，猿啸时闻岩下音。
我宿黄山碧溪月，听之却罢松间琴。
朝来果是沧洲逸，酤酒醍盘饭霜栗。
半酣更发江海声，客愁顿向杯中失。

从驿次草堂复到东屯二首
[唐]杜甫

峡内归田客，江边借马骑。非寻戴安道，似向习家池。
峡险风烟僻，天寒橘柚垂。筑场看敛积，一学楚人为。
短景难高卧，衰年强此身。山家蒸栗暖，野饭谢麋新。
世路知交薄，门庭畏客频。牧童斯在眼，田父实为邻。

登村东古冢
[唐]白居易

高低古时冢，上有牛羊道。独立最高头，悠哉此怀抱。
回头向村望，但见荒田草。村人不爱花，多种栗与枣。
自来此村住，不觉风光好。花少莺亦稀，年年春暗老。

山　禽
[唐]张籍

山禽毛如白练带，栖我庭前栗树枝。
猕猴半夜来取栗，一双中林向月飞。

赠外孙
[宋]王安石

南山新长凤凰雏，眉目分明画不如。
年小从他爱梨栗，长成须读五车书。

夜食炒栗有感
[宋]陆游

齿根浮动叹吾衰，山栗炮燔疗夜饥。
唤起少年京辇梦，和宁门外早朝来。

黄鹤洞中仙·继重阳韵
[宋]马钰

不敢心狂走。极谢师真守。芋栗今番六次餐，美味常甘口。
不作东叟。不恋东风柳。参从风仙物外游，共饮长生酒。

无调名·与丹阳

[元]王哲

粟与芋，芋与粟。两般滋味休教失。

性与命，命与性。两般出入通贤圣。

都要知，都要知。便是长生固久时。

休想瑶台并阆苑，六家珍宝出天。

食　栗

[清]乾隆

小熟大者生，大熟小者焦。大小得均熟，所待火候调。

惟盘陈立几，献岁同春椒。何须学高士，围炉芋魁烧。

(七)保健养生与药用功效

　　明代著名医药学家李时珍就在《本草纲目》中写道："栗，肾之果也，肾病宜食之。栗能通肾、益气，厚肠胃补肾气。生食治腰脚不遂，疗骨断筋碎、肿痛淤血，久必强健"。根据现代科学分析，栗子的营养成分相当丰富，其中淀粉40%~70%，蛋白质≥6%，脂肪≤3%，水溶性总糖≥9%；还含有17种氨基酸和多种维生素，其中维生素C含量高达30.2~40.8毫克/100克。而且还具养胃、健脾、补肝、强肾、养颜作用。

　　传统中医药在实践基础上，对栗子的养生治病功能有较为深切的认识，归纳起来，大体上有几个方面。①益脾胃：宜脾虚胃寒，消化不良，腹泻、病后虚弱。②固肾气：宜肾亏气弱，可治久婚不育，尿频等症。③通经强筋：宜老少腿脚无力，手足酸软。④解毒去瘀：生栗捣烂敷于患处，可治跌打损伤，筋骨肿痛，而且有止痛止血，吸收脓毒的作用，有刺硬壳为风栗壳，具有收敛、祛痰、散结等功效。⑤其他功效：栗树叶子煎汤内服可治哮喘、咳嗽；鲜叶外用可治皮肤炎症；栗树皮煎汤内服可治痢疾，外洗可除丹毒；风栗壳(栗子的毛壳)三四个烧成炭，研成药末，可治痔疮出血，用风栗壳药末涂于外伤患处还可止血；花能治疗瘰疬和腹泻；根治疝气。在建瓯民间，栗果有养胃、健脾、补肾、强筋、活血等功能，天然野生锥栗树根文火煎饮汤，用于治疗风湿性关节炎，效果良好。

　　栗子的药用古文献：①《别录》：主益气，厚肠胃，补肾气，令人忍饥。②《千金·食治》：生食之，主治腰脚不遂。③《唐本草》：嚼生者涂病上，疗筋骨断碎、疼痛、肿瘀。④《本草纲目》：栗，肾之果也，肾病宜食之；栗能通肾、益气，厚肠胃补肾气；生食治腰脚不遂，疗骨断筋碎、肿痛淤血，久必强健。⑤《本草图经》：活血，栗苞当心者谓栗楔，活血尤佳。⑥《滇南本草》：治山岚嶂气，疟疾，或水泻不止，或红白痢疾，用火煅为末，每服三钱，姜汤下；生吃止吐血、衄血、便血，一切血症俱可用。⑦《经验方》栗楔风干，每日空心食7枚，再食猪肾粥，治肾虚腰膝无力。⑧《食物本草》：治小儿脚弱无力，三四岁尚不能行步，日以生栗与食。⑨《玉楸药解》栗子，补中助气，充虚益馁，培土实脾，诸物莫逮；但多食则气滞难消，少啖则气达易克耳。⑩《备急方》：治小儿疳疮，捣栗子涂之。⑪《濒湖集简方》：治金刃斧伤，独壳大栗研敷，或仓卒捣敷亦可。⑫江西《草药手册》：栗肉半斤，煮瘦肉服，治气管炎。⑬《浙江天目山药植志》：栗果捣烂敷患处。治筋骨肿痛。

（八）锥栗食谱与食用价值

栗子是一种天然健康食品。它有着百变的吃法：既可以鲜吃，也可以熟吃；既可以咸吃，也可以甜吃，还可以半甜半咸地吃；既可以当粮食吃，也可以当菜吃，还可以当零食吃。把锥栗当饭吃，那也是常有的事。在建瓯农村，有用锥栗粉代米粉喂养幼儿的习惯。

把锥栗当菜吃，又有煮、炒、炖、煨、焖等各种烹饪手法。建瓯人就喜欢把"榛子煨排骨"作为节日佳肴。而武夷山、浦城等地则有"榛子炖肉"的传统美味。这两道菜都有一个共同的特点，就是栗子吸收了肉油后，栗子的味道更加甜美、糯沙、浓香，而排骨和猪肉则香而不腻，整道菜入味十分，叫人百食不厌。至于在各大宾馆酒楼，那建瓯锥栗更因为色泽亮、外表美、味道好而广受欢迎。

如果把锥栗作为零食，那可是一档绿色营养保健食品。现在市场上有多种多样的栗子食品：即食锥栗、锥栗糕、栗子饼、栗子蜜饯、栗子粉、栗子酱、栗子罐头、栗子巧克力等，品种琳琅满目。

建瓯锥栗的著名食品或食谱有：①糖炒栗子：糖炒栗子虽说是零食一种，历史悠久。宋代有记载："堆盘栗子炒深黄，客到长谈索酒尝；寒火三更灯半灺，门前高喊'灌香糖'"，经糖炒，栗子被糖汁浸透，粒粒红紫发亮，栗肉金黄，色泽深红，油光发亮，分外诱人。②盐煮栗子：香糯鲜咸，风味独殊。亦可先起油锅，投葱姜煸炒后，再下栗子，加清水煮，香味俱佳。③栗子粥：有补血、补肾气、强筋骨、治腰酸，减少胆固醇、油脂摄入过多和缓解平日学习工作过度疲劳等作用。④清汤榛：纯冽甘甜，淳美可口，荤素皆宜。⑤煮榛：锥栗果收成时候，榛农普遍以煮榛敬客，既是下酒菜，又可当点心，一家人会在电视机前，摆上一盆煮榛，边看、边吃，却也别有风味。⑥榛仔煨排骨：榛仔黄如金珠十分中看，味厚甜美香沙，榛仔吸了油而不腻，排骨得榛仔味甜更为鲜美，相得益彰，令人食之不厌。⑦栗子烧肉：将肉炖到微酥时，把剥好的栗子倒进，一直炖到肉和栗子都酥烂，大显栗子美味。⑧栗子烧鸡：在炒锅上火烧热，倒入少许菜油，放入白糖，将剥壳后的栗子炒成红色，再倒入鸡块煸炒，待鸡块、栗子烂熟，味道鲜香。⑨鳝鱼荸荠栗子汤：色白汤清，微酸，口感鲜嫩，养精益气，润肺补肾，对虚弱体质、腰酸腿软、月经不调、干咳少痰、气短乏力等均有辅助治疗作用。⑩栗子焖羊肉：对于一些受不了膻味，但又想享受羊肉的人来说，这道菜最适合他们了；因为栗子养生，萝卜能吸收羊肉的腥气，而桂皮、八角和姜则能增加羊肉的香气。⑪栗子莴条：栗子去壳，掰成两半，莴苣心切成长条，加入鸡汤、鸡粉和盐继续烧5分钟左右，见汤汁较少时即可装盘上桌。其"香脆糯鲜"口味齐全。

以上锥栗食品或食谱，是福建建瓯等地民间传统的农家菜谱。锥栗食谱天然生态环保，具有强身健体之功效。

十六、格氏栲文化

（一）格氏栲分布及利用价值

格氏栲 *Castanopsis kawakamii* Hay.，别名青钩栲、赤枝栲、吊皮锥（广东）、赤栲（台湾），属壳斗科栲属常绿阔叶大乔木。最高可达 60 米，胸径 1.5 米，单株材积 20 立方米，是材中壮汉。人们一定要问："格氏栲怎么带了点洋味呢?"这是因为在 20 世纪 30 年代，英国有位叫格瑞米的植物学家在我国华南地区考察，首先采集到这一树种的标本，根据国际植物学命名惯例，遂定名为"格氏栲"。

格氏栲主要分布于福建、广东、广西、湖南等地海拔 200～1000 米及台湾海拔 2400～2900 米的天然林内。福建三明、永安、大田、连城、新罗、永定、武平等地均有分布。

格氏栲树形美观，四季常绿，花期长达 20～30 天，3 月中下旬开花，每当花开季节，格氏栲披上新装，优雅得像一位白衣仙子。

格氏栲板根突兀，根系深延，极利水土保持。格氏栲木材坚实、耐腐、材色艳丽，是优质的用材。格氏栲的树皮还可提炼栲胶，是重要的工业原料。种子香甜可口，素有"小板栗"之称。

格氏栲果实属坚果类，淀粉含量很高。果实的碳水化合物达到 77%，与粮谷类的 75% 相当；鲜格氏栲果实的淀粉含量为 40%，是马铃薯的 2.4 倍。鲜格氏栲果实的蛋白质含量为 4%~5%。格氏栲果实的维生素 B_1、B_2 含量丰富，维生素 B_2 的含量是大米的 4 倍。格氏栲果实所含的维生素 C 比西红柿要多，是苹果的 10 多倍。格氏栲果实所含的矿物质也很全面，有钾、镁、铁、锌、锰等，比苹果、梨等普通水果高，尤其是含钾突出，比富含钾的苹果还高 4 倍。格氏栲果实有健脾胃、益气、补肾、强心的功用，主治反胃、吐血、便血等症，老少皆宜。格氏栲果实富含柔软的膳食纤维，血糖指数比米饭低，糖尿病人也可适量品尝它。

（二）凤毛麟角的格氏栲林

距福建省三明市西南 20 多公里处的莘口镇境内，有一片被植物学家誉为"凤毛麟角"的格氏栲林。它东西宽 2.5 公里，南北长 4 公里，总面积 1125.6 公顷，是世界上面积最大的格氏栲群落。这里属武夷山东伸支脉，海拔一般在 250～500 米，最高峰为 640 米。亚热带低山丘陵地貌和温暖湿润的气候为格氏栲林的生长提供了优越的自然条件。漫步在绿阴如盖的林中，犹如步入世外桃源。丰富的植被类型组成了色彩斑斓、层次错落的自然立体画面。那悬挂如垂帘的高攀古藤，那松鼠惊跳、百鸟和鸣的情景，更构成了一幅动态美与静态美和谐相融的森林景观。登上通天塔，眼前碧绿如茵、整齐优美的林相，自然流畅的线条，处处给人以美的享受。

当然，林中最引人注目的便是优势树种——格氏栲了。格氏栲树冠常年浓绿，冠幅十分庞大，树形通直优美。在三明格氏栲林中，高大的格氏栲树比比皆是，树高均在20米以上，树龄约150年。从侧方远眺，状如夏日积云；上方鸟瞰，尤似绿色波涛。林内2株格氏栲树王，高达30多米，胸径140厘米以上，伟岸壮观。格氏栲树突兀的辐射状板根，仿若热带或南亚热带的雨林奇观，灰褐色的格氏栲树皮，有的纵裂长条形，有的浅裂鳞片状，条条重叠悬挂树上，如同裹上蓑衣(因之又有人称它为吊皮栲)，更添几分野趣。每年3月，格氏栲花开放时，无数缤纷的白花覆满树冠，如北国寒冬，银装素裹，其后逐日变幻着色彩，先是粉粉的白，再而淡淡的绿，接着是一片橙黄的花的海洋，美不胜收。格氏栲种子富含淀粉，香甜可口，有"小板栗"之称。格氏栲材质坚硬，耐腐蚀，山上倒木经几十年，心材尚未腐烂，是一种珍贵的优良用材树种。

格氏栲林内资源丰富，物种繁多。据不完全调查统计，有维管束植物143科353属1000多种，除优势树种格氏栲外，还有米槠、长瓣短柱茶、闽鄂山茶、木荚红豆树、少叶黄杞、福建青冈、细叶香桂、樟树、观光木、南方红豆杉、闽楠等珍稀树种；有福建山樱花、华幌伞枫、毛枪、省藤、建兰、方竹等近百种观赏植物；有大片砂仁和金钱莲、七叶一枝花、百两金、麦冬、山姜等近百种珍贵药用植物；还有灵芝、红菇、牛肝菌、梨菇等几十种食用及药用菌类；这里还活跃着白颈长尾雉、白鹇、蟒蛇、穿山甲、云豹、果子狸、黑熊等珍禽异兽近300种；这些使这片格氏栲林成为重要的物种基因库。

三明格氏栲林的形成历经数百年的沧桑历史。在400~500年之前，这里还是人工经营的毛竹与阔叶树的混交林，农民为了加工笋干需要，将其他阔叶树伐去，留下了混生于竹林内的格氏栲，因为用格氏栲制的炭，燃烧值高，熏烤笋干特别好，所以毛竹与格氏栲同时被视为经营的目的树种。后因战乱与瘟疫，该地区人口锐减，毛竹林渐变荒芜，由此格氏栲大量繁生，并在高度上超过毛竹，庞大的格氏栲林冠覆盖了林分，喜光的毛竹失去了生存所必需的光照环境，无法再出笋繁殖，毛竹林遂为格氏栲林所取代。

据《永安县志》载，明正统十三年(1448年)前，天灾兵祸，民不聊生。格氏栲林一带系永安、归化(明溪)接壤处，偏僻荒凉，农民邓茂七揭竿起义，并以此为据点(林内有一处"将军寨"遗址可做佐证)，战火不断，一次竟"斩俘以万计"。传说格氏栲正是在这片浸透着鲜血的土地上生长起来的，材色正是在这期间染成红褐色，因此当地居民又称它为"红柯"。

1958年，著名林学家郑万钧教授提议在这里建立格氏栲自然保护区。目前格氏栲林已成为集生态、教育、旅游为一体的多功能省级森林类型自然保护区。

(三)古树异木

走进格氏栲自然保护区，像进入一座绿色的宫殿。这里有许多古树异木，既是自然的神奇造化，又充满人间的生活情趣。

【格氏栲树王】格氏栲树王高达 60 米，胸径 1.5 米，要六七个人才能合围，是格氏栲之王，已有 500 年历史。栲树的大板根深扎土层，硕大躯干拔地而起，颇具王者霸气。人们在栲树王前留张影，定能得到它的庇护，事业顺利，更上一层楼。

【迎客栲】黄山有迎客松，格氏栲自然保护区内有迎客栲。它凭借着顽强的生命力和不屈的生长力，历经百年风采依旧。栲树的枝丫正向游客招手："欢迎您，欢迎您来格氏栲林观光旅游。"门额上"格氏栲林"4 个大字，出自书法家陈奋武之手，字迹苍劲有力，引导人们探寻栲林的奥秘。

【栲林美少女、美男子】栲林美少女指一株株亭亭玉立的栲树，像青春少女，合着大自然的节律翩翩起舞。美男子指林中的马尾松，个个伟岸挺拔。格氏栲的树枝招展，而相比之下；马尾松的身材却显得干练。原来，这是马尾松与格氏栲争夺阳光的结果。阳光是绿色植物光合作用的能源。马尾松为了生存的需要，发挥顶芽的优势作用，往上生长。如今，它们大都超过栲树，直插云霄了。

【生死恋】在格氏栲天然林中，有 2 株树长在一起，不幸的是其中 1 株被雷电击中枯死，1 株活 1 株死，抱在一起死了也不分离，人们称它为——"生死恋"。自然现象造就这个景点，人们亦要遵循大自然的生长规律，保持原始自然状态，不管它是生长或消亡。

【情人树】在五木湖边，有 1 棵树长得非常有特点，树干不高但姿势夸张。有人叫它"歪脖子树"，也有人叫它"情人树"。因为下方正巧有张长椅，且面对五木湖，所以，很多情侣都喜欢在这儿留影。

【关公胡须】指青藤与格氏栲树共生现象，可算是栲林一绝。这藤的最大特点在于有须，其实这些须只是藤的不定根，但由于会随季节的变化而变色就显得更加特别了。春夏变红了，到了秋天又变黑了。因为很像武将的长须，人们就形象地称之为关公胡须了。也有人称之为龙须藤。这 2 棵藤纠缠在左右 2 棵树上，在空中形成一个"V"字形，代表胜利与祝福。

（四）格氏栲林的传说与文化遗址

【济公活佛五指化大树】古老的天然格氏栲林是如何形成的？近代有人考察研究，认为是在毛竹林里经自然更新逐步形成的。不过民间却另有传说，说几百年前，这里流行瘟疫，老百姓纷纷背井离乡。村里的老人就在山里的土地庙里焚香祷告，求菩萨显灵。济公活佛正好云游到此，他找到了洒瘟疫种子的妖怪，和他在这里斗法。最后，济公用 5 根手指化作 5 棵大树把妖怪钉在山上，这 5 棵大树就是格氏栲的母树。几百年后，繁衍成万亩格氏栲林。说来也怪，栲树那纵裂、浅裂的树皮就像济公那身破烂的僧衣。济公不再躲在房梁上，而是端坐莲花台享受人间的供奉。

【十八寨】三明格氏栲天然林区有个十八寨古村，传说在唐代的时候，住着一个叫杨月川的年轻人。有一天，他上山砍柴，发现有两位白胡子老人在月下对弈，周围 5 位仙女载歌载舞。他一时看出了神，忘了下山的时间，等到日暮西山的时候，发现怎也找不到原来的寨子了。真是"山中方一日，世上已千年"。后来，他在松树下发现一本道书，就在这里搭草庐修道成仙了。后来，他还做了不少好事，现在忠山村还有他的道场，人们还在祭祀着他。据说，月朗星稀的时候，松树就会化作白胡子老寿星，细心的您一定会找到那5位仙子吧。

【四将军树故事】格氏栲自然保护区林中深处，有4株古老的格氏栲树，尽管已经干枯，但仍相依相伴，百年来屹立不倒。相传明朝农民起义军邓茂七手下有4员大将，情同手足。部队驻扎在将军寨时，有一天游玩到此，看到这4株栲树枝繁叶茂，威武挺拔，于是就在这里搓土成香，结拜兄弟，希望兄弟齐心，永不分离。后来在一场激战中，起义军全军覆没，4位将军也血染疆场。说来也怪，这4株栲树也相继枯萎。凄美的故事流传至今，人们将这个故事形容为半生缘，一世情。

【古代衙门惊堂木】格氏栲的树干伟岸、洒脱，令人肃然起敬。栲树，材质坚硬而耐腐，是优质材料。古代县衙门里的惊堂木就是用花纹奇特、造型好的栲树板根做成，敲起来清脆、威严。

【五木湖】"森林"两个字由5个木构成，格氏栲自然保护区有一个湖，也叫"五木湖"。它处在格氏栲林的腹部地带，湖水碧绿，与格氏栲林极为协调。这个湖虽小，但作用很不一般，它起到调节气温的作用，气温一般在20℃左右，比林外气温低10℃。传说，有位僧人云游到此，赞叹这里是起庙盖寺的风水宝地，定会成为名山宝刹。

【栲林禅院】栲林书院的祖殿是从三明城关按原貌迁移至自然保护区内的，栲林书院体现了"奇、特、巧"三景。"奇"在密林之中竟有这块空地，容禅院藏身。"特"在为了保护1株栲树，把它围在禅院墙内。门内有木，是个"闲"字，表达出家人闲适的心境。"巧"在栲林禅院所处的这座山像一个木鱼，而狭长的五木湖是槌柄，圆形的放生池则是槌球，潺潺水声即是五木湖的柄槌敲击木鱼敲发出的声音。栲林禅院与五木湖相互映衬，构成一个绝好的风水格局，叫做"泉涌木鱼"。

【腾龙阁】腾龙阁，又称瞭望塔，位于自然保护区最高处，是游客最喜欢的景点之一。腾龙阁的塔身高26米，由5根水泥柱支撑着，螺旋式上长的塔梯充分展示了塔身的艺术感染力，塔檐为重岩悬山式的建筑结构，简洁明快的设计思路，使腾龙阁与周围环境融合在一起。作为瞭望塔，用于观察森林火情，格氏栲自然保护区连续40年来未出过火警，腾龙阁功不可没。腾龙阁还是观赏栲林的最佳处，如果是栲树开花的季节，站在腾龙阁塔顶，环顾四周景象，火树银花，连绵不断，美不胜收，留给您的感觉是"似山似海，似树似花，似梦似幻"。

（五）格氏栲颂赞诗文

三明格氏栲自然保护区以其幽静的环境和独特的美，引来诸多游客驻足观赏，文人墨客还留下赞颂格氏栲林的散文随笔，记录格氏栲林的点点滴滴。如杨朝楼的《漫步格氏栲》、林文钦的《神奇的格氏栲林》、武松建的《中国格氏栲》等，这些文章从不同侧面，描述三明格氏栲的外貌、特征和蕴含的文化内涵。

格氏栲林是幽静的。"漫步林中，栲树多挺拔奇伟，高可三四十米，如此高挺的树木却冠盖如云，在林中几乎望不见天空，偶有斑斑点点的阳光漏下来，恍觉那是千年前遗留下来的珠光宝气，使这一片景区更增添了一种雍容华贵的气质。从沟涧爬过对岸，悄悄缠住栲树的古藤，随着栲树的生长，竟是隔岸缠绕依依不舍，其缠绵状令人不禁莞尔。"

格氏栲是美丽的。"当阳春三月，这是格氏栲盛花期，山上一拨墨绿，一拨鹅黄，间杂着一歇又一歇米黄色的花，层层烘染，在雾霭朦胧中，兴许有些像间浓间淡的积云吧。格氏栲树皮灰褐中带着紫色，有的长条形如身披蓑衣，有的如鳞片层层叠叠，正是它的皮终日吊着，所以才叫吊皮栲。"

"石坝上是个湖，因为在森林的包围中，所以叫五木湖。四周密匝匝参天大树围着的湖出奇地幽静，风儿清清，湖面水平如镜，仿佛咳嗽一声便会荡起层层涟漪……沿五木湖拾级而上，顷刻便置身幽林中了，好似刚到水边就扎了个猛子，痛快得淋漓尽致。我忽然想起这些年时髦的森林浴，于是我们便做了一回浴客。林子的空气，甜中带着一丝清凉，让人舌底生津，山风吹来，更是通体舒爽，俗暑气全消。满山满树的绿，像溶剂一般，我们便在这绿海中，漫漶开去，最后竟至融化了。"

格氏栲林充满生命的气场，"格氏栲生命力极强，它的主干顶芽受伤，就会努力生出侧芽来，所以这里很多树成双成对或三五成丛，森森郁郁，成栲林中显著的风景"。

在三明格氏栲森林公园的万绿丛中，几块巨大的岩石上，王汉斌、张廷发、项南等领导人的红字题词格外醒目，项南同志的题词是：

山中稀世宝，

人称格氏栲。

风雷加战乱，

千年压不倒。

项南同志的题词，贴切地道出了格氏栲林的沧桑历史和存在的价值。风雨指政治风云可能对格氏栲带来的破坏，战乱指兵祸。格氏栲能保护下来，不但应感谢郑万钧教授的倡议，也应感谢党的好政策，感谢三明人民为全国留下这样一份珍贵的自然遗产。

1999 年，张廷发老将军到此参观，题写了"格氏栲林，世界之最"8 个大字。三明格氏栲是我国至今发现的面积最大的格氏栲原始群落，区内有近千种植物，300 多种珍禽异兽，400多种昆虫，被誉为"绿色明珠"，称为"世界之最"，并不为过。

十七、福建青冈文化

（一）福建青冈特性及分布

福建青冈 *Cyclobalanopsis chungii*（Metc.）Hsu et Jen，别名：黄槠、黄丝槠、黄丝稠木、槠木、红槠、铁槠，属壳斗科（Fagaceae）青冈属。

福建青冈分布于福建、广东、广西、湖南、江西，年平均气温 18～21℃，年降水量 1400～2000 毫米，海拔 200～800 米的背阴坡或山谷。在福建省分布于永泰、闽清、尤溪、安溪、华安沙县、永安、将乐、漳平、永定、长汀等地。适宜低山丘陵，土层深厚、肥沃、湿润的立地。

青冈属共有 150 种，主要分布在亚洲热带、亚热带，我国有 77 种及 3 变种，分布于秦岭、淮河流域以南各地，为组成常绿阔叶林的主要树种之一。福建青冈生长于背阴山坡、山谷疏林或密林中。通常生长在山谷土壤湿润的密林中，为常绿乔木，高可达 15 米。

福建省还分布有另一个树种：学名青冈 *Cyclobalanopsis glauca*（Thunb.）Oerst，别名青冈栎，也是同属于壳斗科 Fagaceae 青冈属。由于同属但不同种，常与福建青冈混淆误认。在福建省内，青冈属树种达 14 种。福建农林大学郑清芳教授于 1979 年 8 月发表的《福建壳斗科新植物》一文，正式公布在福建发现的新种有：在宁德霍童发现的新种——突脉青冈；在平和国强发现的新种——倒卵叶青冈；在上杭梅花山发现的新种——梅花山青冈。同时，郑教授于 1976 年在长汀县发现一生长很快的新种——闽西青冈。这些新种与福建青冈一样，作为福建的特有树种，将得到重点保护和开发。

福建青冈木材为辐射孔材，红褐色、黄褐色或灰白色，材质重至甚重，硬至甚硬，强度甚强，收缩性大，耐腐力强，黄红褐色，耐磨、耐腐、耐水湿，油漆及胶着性良好，但难干燥，可作码头工程、动力机械基础垫木，船舶、车辆、农具、纺织工业、木工工具、体育器材等用材。壳斗、树皮富含单宁，可提制栲胶，种子富含淀粉可供作饲料、酿酒和工业用淀粉。

（二）世界稀有、中华之最

福建闽清黄槠林国家级自然保护区内拥有"世界稀有、中华之最"的黄槠（福建青冈）林 1 万多公顷，是当今世界稀有、中国最大的特有植物黄槠林保护区。

保护区地处戴云山脉东北麓的福建省闽清县雄江镇梅洋村，其天然福建青冈面积之大，长势之好，在福建省内外均属罕见。1985 年 8 月，福建省人民政府批准将这片森林划定为省级自然保护区。2012 年晋升为国家级自然保护区。

在保护区内，以福建青冈为优势树种的常绿阔叶林，生长在海拔近 600 米的河谷山坡上，山体母岩属坡积凝灰岩。岩缝、岩坎土壤肥沃，福建青冈在这里生长良好，一般树高 20 米，胸径 30 厘米，最大高 26 米，胸径 60 厘米。一株株深灰色的端直树干上点缀有锈色白斑，树皮有皱裂的直纹，枝丫繁茂，密叶分披，树身缠绕着藤蔓，显示出原生状态的风姿。在近熟林和中龄林周围，幼树三五成群，竞相生长，其裸根部位常有未定芽萌发成丛株，更有一番生机盎然的景色。林中还伴生着栲树、甜槠、木荷、枫香、樟树等树种，形成结构稳定的森林群落。福建青冈果实苦涩，鸟鼠嫌食，落果容易发芽，幼树萌芽力强，即使在较瘠薄的石质陡坡上，也能茁壮生长。

据调查，这片森林在 60 多年前曾遭受严重破坏，福建青冈被大量采伐，烧成上等木炭运往福州出售。此后，因人迹罕至，福建青冈凭借天然之力，又一代代地勃发成林。

闽清县黄楮林自然保护区的建立，对发展优良树种的种源基地和研究福建和华南植物区系成分的联系等，都有一定的科学价值，已日益引起人们的重视。福建黄楮林自然保护区位于闽江中游，生物多样性丰富，是闽江流域优质水源的最后补给地，每年可向闽江补给约 1.2 亿立方米的优质水，是福建建设生态省战略布局中闽东南功能区的重要组成部分，是福州市的重要生态屏障，是研究祖国大陆和台湾地区生物多样性特别是动物的相互关系的理想区域，是福建自然保护区特别是戴云山脉自然保护区森林群落的重要组成部分。

（三）长汀归龙山福建青冈

归龙山位于福建省龙岩市长汀县四都镇，属汀江源国家级自然保护区。

长汀县归龙山自然保护区内，有 100 多株胸径 70~80 厘米的福建青冈林，面积 4 公顷，胸径 1 米以上的就有 8 株，其中有 1 株胸径达 1.75 米，是长汀县内最大的福建青冈。据县林业局教授级高工林木木说，福建青冈是优质的硬木，珍贵的用材树种，省级重点保护树种，福建青冈树种生长在海拔 200~800 米的背阴山坡、山谷或密林中。与化香树组成常绿落叶混交林。福建青冈木材红褐色，材质坚实，硬重，耐腐，供造船、建筑、桥梁、枕木、车辆等用材，是珍贵的用材树种。

归龙山为长汀名山，屹立于长汀、江西瑞金、会昌之间，一山跨两省三县。山上林木葱葱，层峦叠嶂，物种丰富，生态系统完好。山顶龟龙寺历史悠久，虽地僻山高，路途遥远，但数百年来香火旺盛，至今不衰。

汀江源国家级自然保护区内动植物资源非常丰富，风景秀丽，是长汀县内植物资源最丰富的地区。主要以中亚热带常绿阔叶树为主，林内珍稀特有树种多，特别是全国唯一最大面积的国家 II 级保护植物伞花木群落（此项目由中国科学院武汉植物园高浦新博士调查确认），福建省唯一最大面积的天然黑锥林群落，集中成片面积达 66 公顷；长汀圭龙山省级自然保护区内还有成片的福建柏群落、南方红豆杉群落、浙江楠、沉水樟等国家 I、II 级保护植物，以及特有树种，福建青冈、悦色含笑等，还有丰富多彩的真菌类植物。保护区内尚存有少量的大鲵，还发现有华南虎的踪迹。区内野生动物达 490 多种，其中国家级野生动物 73 种。

（四）云中山福建青冈群落

福建安溪云中山省级自然保护区内，发现有大量的福建青冈林分布。

安溪云中山省级自然保护区位于安溪县西北部，处于福田、感德和桃舟三乡交界处，区内生物资源丰富。保护区主要保护对象为晋江、九龙江源头森林生态系统，珍稀野生动植物资源。属于森林生态系统类型自然保护区。云中山是戴云山脉东南的延伸，主峰太华尖海拔1600 米，是安溪县第一高峰。由于地处中亚热南缘，属于中亚热带常绿阔叶林南部亚地带区域。

福建农林大学和省林科院专家（黄雍容、马祥庆、叶功富、庄凯、陈杰、黄河）对安溪云中山自然保护区的福建青冈天然林群落进行调查研究后认为：云中山自然保护区植被资源丰富，该保护区在海拔 270~500 米处，分布有以福建青冈为建群种的常绿阔叶林。长期以来，对福建青冈资源的不合理开发利用，导致福建青冈天然林资源受到严重破坏。又由于其天然更新困难，目前在福建省内存留的福建青冈纯林较少，仅在闽清黄楮林、安溪云中山和建瓯川石乡后坪村有较大面积的天然林存留。近些年有关福建青冈的研究逐渐增多，主要集中在植物生活型特征、恢复过程中植物物种多样性的变化、植物区系、主要种群生态位、数量特征及其生产力、土壤肥力与水源涵养功能、天然林生长规律、遗传多态、种子雨和种子库等方面。

福建林业专家对云中山自然保护区的福建青冈群落的现状进行调查，对该群落特征进行系统分析，了解该群落的种类组成、结构、物种多样性特征及该种群的演替程度和年龄结构，以期为保护和合理经营福建青冈次生林提供科学依据，为该群落的恢复和重建提供参考。

调查研究结果表明，福建青冈林分更新慢，种群进展较难。福建青冈种群年龄结构呈纺锤形，即中间级别的个体数量多，而幼树和老树级别的个体数量较少，认为是衰退种群的表现。林业专家调查结果认为，安溪云中山自然保护区内发现的福建青冈林，对于研究福建青冈的自然分布、植物特性以及群落演替等，都具有重要的科学价值。

（五）福建青冈古树

【闽清饭宅村黄楮王】闽清县饭宅村有株黄楮王，树高 15 米，胸径 26.5 厘米。福建青冈落果易发芽，幼树萌芽力强，适生性高。永泰、闽侯、福清天然林群落中多有散生。

【千年黄楮树王】千年黄楮树王位于屏南县降龙村后门山，在原始生态林中生长着 2 株千年黄楮树王，乡亲们都称它为"大柴槠"（chou），胸径分别为 2.5 米和 2.3 米。据传，1458 年，降龙村韩氏肇基始祖财什公迁徙途中遇见 2 株大树在林中犹如鹤立鸡群，顶天立地，遮天蔽日，坚信此处必是吉祥之地，并在山脚下安营扎寨，开疆拓土，繁衍生息，"大柴楪"也因此而得名。如今又 500 多年过去了，"大柴楪"虽历经沧桑，树心朽空，仍枝繁叶茂，相依相偎，矗立苍穹，默默地守护着一方水土，见证着历史的变迁和村庄的发展。

【明溪盖洋福建青冈林】盖洋镇位于明溪县西北部，镇机关所在地距县城 25 公里。经调查，盖洋镇分布有福建青冈。林内还分布有银杏、南方红豆杉、水杉、水松、罗汉松、格氏栲、木荚红豆树等珍贵树种。盖洋镇有部分地区属火山地貌，由于玄武岩风化成紫色土，土壤肥沃，被当地人称为"神仙土"。盖洋属中亚热带季风气候区，四季分明，日照充足，气候温湿，雨量充沛，森林资源丰富，山间林木葱郁，繁花浪漫。所以适宜福建青冈等优良珍贵树种的繁育生长。

【华安贡鸭山福建青冈】贡鸭山森林公园内分布有大量福建青冈。贡鸭山森林公园位于福建省漳州市华安县西北部马坑乡草仔山村境内，距离华安县城 28 公里。风景区由贡神峰（海拔 1276 米）、麒麟峰（海拔 1369 米）和三畲峰（海拔 1411 米）3 座紧紧连在一起的山峰组成。贡神和麒麟两峰呈凹字形，称为贡神架。森林公园植被为天然常绿阔叶林，森林覆盖率达 95% 以上。1993 年 7 月，由福建林学院部分专家教授组成的调查组对贡鸭山进行综合科学考察。调查结果表明：山上共有植物种类 120 科 273 属 428 种。其中，国家及省级重点保护植物有穗花杉、福建柏、福建青冈、红锥、红豆树等，是一个难得的植物天然基因库和种源基地。贡鸭山被认定是福建省除武夷山和梅花山 2 个国家级自然保护区外，植物生态保存最完好的天然基因库。

（六）黄楮林温泉

黄楮林自然保护区内有丰富的温泉资源。森林温泉景区属低山丘陵地貌，地形差异大，沟谷纵横，周围群山环绕，峰峦叠嶂。平均海拔 300 米，百丈漈观瀑区所在的海拔 300 米，百丈漈观景区所在的海拔为 400 米。属亚热带季风气候，年平均气温 19.7 度，降水量充沛，年均相对湿度 83%。气候特点主要表现为四季温凉湿润，年平均温度和夏季温度皆较县城低，是避暑消夏的好去处。区内溪水发源于白云山顶凤凰湖，向北注入水口库区，其水量丰富，水流湍急，峡谷纵横其间。风景区内流泉飞瀑，风韵独具，景致迷人，有著名的百丈漈、阿公潭瀑布。

黄楮林温泉有 3 个露天泉眼，汇成了日出水量 800 吨的泉源，开辟出大小 18 个纯天然露天温泉浴池。这些浴池分布在山坳两侧，在"中国温泉第一溪"百米溪流的上端，以栈桥、石级为"脉络"，四处通达。它们中有的呈梯田，或梅花状散落在半山坡上；有的以天然的石窟为浴池，藏于浓阴之中；有的池子则别出心裁建在干涸的瀑布之下。

黄楮林温泉富含碳酸氢钠，被誉为"美人汤"，水温 52℃，出水量大，具有美容、润肤、软化角质等功效。黄楮林温泉以谷底天池为中心，周围大小各异的泉池均凭天然地势、自然环境和景观，从四周山腰到谷底，星罗棋布、错落有致，宛若绿色海洋上点点水珠，闪烁不停，具有"虽为人作，宛如天开"的效果。步入景区，飞瀑流泉，水木清华，碧翠嫣然，山林竟相有色，山泉潺潺有声。特别是夜晚，星月辉映，万籁俱寂，更增添青山幽谷的野趣。

黄楮林温泉除了奇特的自然景观和独特的温泉，更重要的是其温泉水质具有特有功效，被誉为"中国温泉第一溪"，名扬中外。其常年水温保持在52℃，为碳酸泉，pH 值 7.3，属弱碱性，水质晶莹剔透、纯正润滑、无异味，富含对人体有益的四氧化硫、氟、钾、碘、钠、钙等多种微量元素。对心血管病、痛风、关节炎、皮肤病、神经炎、痔疮等具有很好的疗效；对减肥、美容、洁肤等具有很好效果，因而深受广大宾客的喜爱。

十八、桉树文化

（一）桉树特性及分布

桉树，别名有加利、优加丽、蚊子树，为桃金娘科（Myrtaceae）桉属 *Eucalyptus* L. Herit. 树种的统称。是世界著名的三大速生树种之一。

桉树遗传资源丰富，现有 800 多种，主要分布于澳大利亚，仅几种分布于其他国家。如剥桉 *E. deglupta* 分布在巴布亚新几内亚、印度尼西亚和菲律宾；尾叶桉 *E. urophylla*、山地尾叶桉 *E. orophila* 和维塔尾叶桉 *E. wetarensis* 分布于印度尼西亚帝汶岛。另有几种桉树既分布于新几内亚和印度尼西亚，又分布在澳大利亚北部。桉树天然水平分布在修正的华莱士线以东，北纬 7°至南纬 43°39′；垂直分布范围从海平面到海拔 1800 米高山。如分布在海拔 1400～1800 米高山的雪桉；分布在海拔 1100～1400 米的蓝桉；生长在海拔 300～500 米的王桉。

桉树于 1770 年始被发现并定名，其适生范围广，大约在 1804 年从大洋洲引种到巴黎，1890 年引种到中国。目前已成功引种到南纬 45°和北纬 45°之间的 100 多个国家和地区。约占世界人工林面积 10%。在中国，水平分布以北纬 23°为中心，南至海南省三亚，北至陕西省阳平关；垂直分布从海拔 4.5～2300 米均有分布。福建南部，在海拔 700 米以下的低山丘陵生长良好。

（二）考古工作者在国内发现桉树化石

1982 年，中国科学院青藏高原综合考察队古植物专业组在四川省西部地区海拔 3700 米的理塘县晚始新世地层中，采集到 40 多个桉属植物化石标本，这些化石中有桉树叶子印痕化石，还有果实和花蕾化石。这些化石初步鉴定是热鲁桉 *E. relaecsis*，且与现在的细叶桉、赤桉相似。这是继考察队 1974～1975 年在西藏日喀则地区和冈底斯山发现有狭叶桉化石后再次在川西高原的发现。

桉属植物化石在川西高原的发现及其意义：从植物地理学方面看，专家认为，可以设想在四五千万年以前的晚始新世。四川西部和西藏分布着大片的常绿阔叶林。那时，上述地区气候温暖干热，十分适宜桉树生长。后来，约在数百万年前，强烈的喜马拉雅山造山运动，使四川西部和西藏地区地壳隆起，桉树植物因不适应高寒的气候而消失。桉树适生区逐步南移，经马来西亚到达大洋洲，以至现今澳大利亚成了桉树植物的主要分布中心。

我国始新世晚期地层发现的化石，比有记载的在澳大利亚渐新世地层中发现的最早的同样桉树类化石要早 1000 万年左右。这对桉树植物起源的研究有重要价值，为确立地质年代和研究古地理、古植被、古气候也提供了依据。

(三)福建桉树引种史话

福建省早在清朝光绪二十年(1894 年)就引种野桉 *E. rudis* 到福州魁岐(原协和大学)。1912 年厦门鼓浪屿引种赤桉 *E. canaldulensis*(原法驻厦领事馆)和野桉(*E. rudis*)。1916 年南平引种野桉、细叶桉 *E. tereticornis*(军区学校)。1917 年，福州、闽侯引种柠檬桉 *E. citriodora*。1935~1939 年，福建全省桉树育苗 722522 株，植树造林 40528 株，公路植树 33085 株。当时广泛种植的主要为大叶桉、柠檬桉、细叶桉和赤桉 4 个品种。这一时期多是零星种植。

1953~1960 年，以福建省漳州林场(现龙海林下国有林场)为桉树造林试验场，并在沿海各县大力营造桉树林。据龙溪地区(即现漳州市)不完全统计，8 年共营造大叶桉为主的桉树林 2000 多公顷。但由于缺乏经验，忽视适地适树，在山地营造的大面积大叶桉林，多数生长不良。

1966~1976 年，桉树遭大量破坏，一度曾被视为淘汰树种。

20 世纪 70 年代，为了选择适于福建栽培的桉树优良种类，厦门市园林处等单位引种桉树 260 多种，存活的 90 多种，其中生长较好的有柠檬桉、窿缘桉、赤桉、细叶桉等。这一阶段，桉树除了作为城乡绿化外，一些地方在山地种植了柠檬桉片林，作为用材和提取桉叶油，获得了一定的经济效益。

1976~1980 年福建省先后召开桉树技术座谈会，正确评价桉树的作用，并给桉树造林发放补贴，桉树造林逐渐得到重视和发展。1986 年，龙溪地区林业局方玉霖等人从澳大利亚引种 12 种桉树 64 个种源，在长泰县开展试验，当年造林，当年郁闭成林，促进林业学术界研究桉树热的再次兴起。龙溪地区营造以柠檬桉为主，以及窿缘桉、细叶桉等各种桉树 2000 多公顷，其中仅龙海县就有 600 多公顷。

20 世纪 80 年代后期开始，桉树主要以培育短周期工业原料林为目标，开展较大规模的试验、示范推广。

1986 年，中国林科院与澳大利亚国际农业研究中心合作，在福建省连江陀市国有林场、福清灵石国有林场和长泰岩溪镇圭后村等地，开展巨桉、柳桉、粗皮桉、树脂桉、小果灰桉、斑叶桉、白桉、尾叶桉、托里桉、昆士兰桉、柠檬桉、赤桉、窿缘桉等 13 个树种，64 个种源的对比试验。

1991 年，长泰岩溪国有林场率先从广西引进巴西巨尾桉组培苗上山试验造林。

1992 年，三明市引进巨桉、柳桉、邓恩桉、亮果桉、蓝桉、直杆蓝桉树种，开展树种/种源/家系试验。

1994 年，由中国林业科学院林业研究所、热带林业研究所提供巨桉的种源和家系种子，分别在华安、永安和南安开展种源家系试验研究。同年，泉州市林业局引进巨桉 30 多个家系在五台山国有林场开展选育试验。

1995 年，福建省速生丰产用材林基地办公室与福建省林业科学研究院、漳州市林业局以及长泰岩溪国有林场等单位合作。引进巨桉、尾叶桉、邓恩桉等树种/种源 19 个，在长泰岩溪国有林场进行引种试验，为良种选育与遗传改良提供了很好的基因资源。1995 年以来，闽北地区的南平市林业委员会（现南平市林业局）引进了巨桉、邓恩桉、苯沁桉等 14 个树种。

1996 年，由福建省林木种苗总站负责引进的巨桉 31 个种源、400 个家系，分别在永安国有林场、平和天马国有林场进行试验。1997 年引进邓恩桉 10 个种源和 300 个家系，在顺昌埔上国有林场进行试验。2001 年引进柳桉 90 个家系、赤桉 115 个家系，分别在永安国有林场、仙游溪口国有林场、永安林业（集团）股份有限公司基地进行试验，极大地丰富了福建省的桉树种质资源。

1998 年以来，在闽西地区，龙岩市林业局林木种苗站先后引进了巨桉、邓恩桉、柳桉、粗皮桉、尾叶桉、尾巨桉等树种和种源。

2003 年，由龙岩市林业科学研究所、福建省林业科学研究院和省林木种苗总站联合攻关《耐寒速生桉树选育与产业化应用》（省科技厅重大项目），从澳大利亚引进邓恩桉 51 个优良家系，在闽西北地区开展试验研究。同时引进了 10 多个优良无性系，在福建省范围内开展区域试验并扩繁应用。

漳州市是福建省最早引进尾巨桉、巨尾桉、尾叶桉等桉树新品种的地区，也是桉树无性系研究、开发和应用最发达的设区市之一，共引进了 50 多个无性系。目前，尾巨桉、巨尾桉、尾叶桉、赤桉、巨桉、尾赤桉等优良无性系在生产上得到广泛应用。

福建省先后从澳大利亚等国及国内其他省区引进了大叶桉、柠檬桉、细叶桉、赤桉、巨桉、巨尾桉、尾叶桉、尾巨桉、柳桉、异色桉、邓恩桉、粗皮桉、双胁蓝桉、直干蓝桉、多枝桉、斑皮桉、斑叶桉、弹丸桉、白桃花心桉、苯沁桉、扫枝桉、卡美昆桉、毛皮桉、托里斯桉、昆士兰桉等约 260 多个树种，100 个种源，1000 多个家系和 60 多个无性系。

从福建省桉树引种结果表明：除闽西北少数县（市）极端低温 −9.5℃（建宁、泰宁等）和闽东、闽中地区海拔在 800 米以上的周宁、寿宁、屏南、古田、柘荣、政和和德化、大田等县（市）外，其他地区均有分布。柠檬桉对气温比较敏感，主要分布在年均温 19℃以上的南亚热带地区县（市），北缘只能到南平。窿缘桉分布比柠檬桉广，北缘可达闽东地区的福鼎、福安和闽北地区的顺昌、建瓯一带。赤桉、大叶桉更耐寒些，除低温区和高海拔县（市）外，全省均有分布。巨桉、尾叶桉以及它们的自然杂交种巨尾桉。1984 年，从巴西引种到广西东门林场，1990 年引入福建省栽植。其中，在闽北山区建瓯县试验，遇到 1991~1992 年异常低温全部冻死。但永安东坡林场（现永安国有林场）、顺昌城关、连江陀市国有林场和长泰岩溪国有林场的巨尾桉试验林生长良好。

福建省历史上也保存一些桉树大树。例如，永春县城关大桥南侧的大街旁，生长着 1 株高大的柠檬桉。该树为 1947 年栽植的。1998 年测定树高 37 米，胸径 130 厘米，树冠冠幅 37 平方米，材积 12.8 立方米，堪称"福建之最"。

（四）桉树产业发展趋势

福建引种桉树，虽然时间较早，但是规模经营时间不长。据1988年全省县级森林资源小班调查汇总和森林资源动态变化估测，全省桉树林分面积达十几万公顷。其中，成片造林的，以柠檬桉为主，占90%左右；其次是巨尾桉、巨桉等，林分面积不及10%；其他桉树品种，多数形不成规模经营，长期处于四旁种植范围，全省散生桉树，大约700万株。

1995年，福建省实现绿化达标之后，省委、省政府于同年12月29日作出《关于巩固绿化成果发展绿色产业建设林业强省的决定》，强调造林工作要调整、优化林种树种结构，提高林地产出率。随后，省政府决定实施世界银行贷款造林项目，省林业厅组织开展了《福建南方山地桉树丰产栽培研究》《多种阔叶树速生丰产技术》等多项省级课题研究，探索阔叶树种造林、桉树区域造林和营造混交林等新技术新方法。并在福建世行项目区成功科学地营造了桉树速生丰产林。

1998年8月18日，福建省林学会造林专业委员会与福建省速生丰产用材林基地办公室在长泰县联合召开"福建桉树山地造林学术研讨会"。研讨会分析了福建桉树造林的现状、经验教训及发展前景，会议形成了《福建桉树山地造林研讨会纪要》。1999年9月15日，福建省林学会造林专业委员会与福建省速生丰产用材林基地办公室在永安市联合召开"全省短周期工业原料林基地建设学术研讨会"，会议就短周期工业原料林的概念界定、培育目标、造林技术、经营模式、政策措施等问题进行研讨，并形成《福建省短周期工业原料林基地建设学术研讨会纪要》。这两次学术研讨会，为福建省桉树山地造林和短周期工业原料林基地建设决策提供了科学依据。在引种试验取得成功的基础上，20世纪90年代，福建省主要在漳州、三明两市推广桉树规模经营。

进入21世纪，桉树成为短周期工业原料林基地建设的首选树种。从而桉树造林面积大幅增加。桉树造林面积2001年为17000多公顷，占全省当年造林总面积的2.2%；2002年为4300多多公顷，占全省当年造林总面积的6.34%；2003年为13000多公顷，占全省当年造林总面积的26.42%；2004年为22000多公顷，占全省当年造林总面积的31.55%；2005年为38000公顷，占全省当年造林总面积的31.94%。"十五"期间福建省累计新造桉树80000多公顷，占全省同期造林总面积的20.71%。"十一五"期间，继续发展桉树规模造林。然而，2008年1月14日至2月中旬，福建全省出现持续低温阴雨，连续低温、冻雨、雨凇、雨夹雪、大雪等灾害天气，南平、三明、龙岩、宁德4个设区市、27个县（市、区）受灾，包括桉树在内的林木遭受重大损失。之后，总结经验教训，发展桉树的步伐作了科学调整。截至2011年，福建全省种植桉树保存面积约250000多公顷（其中漳州市175000多公顷）。目前桉树包括从育苗、造林、经营、加工利用在内，初步形成一项完整的产业。

在桉树被引进中国的100多年来，桉树产业已呈蓬勃发展之势。它不仅是造纸的重要原料，还给种植桉树的人带来了巨大的经济效益。在近期召开的桉树研讨会上，更有学者提出了桉树文化之于中国。可见，桉树已逐步进入中国人的视野。随着桉树在中国的苗壮成长，桉树的精神也将在国人的心中逐渐渗透。从桉树登陆中国，到桉树产业蓬勃发展，再到桉树精神融入中国文化，让我们翘首以盼。

（五）桉树的形象、品格、情操

桉树文化是人们对于桉树精神价值的认识、理解、审视和鉴赏。是对桉树所具有的经济价值和生态价值科学认知之外的另一种社会价值的承认。桉树文化折射出当代森林资源经营思想中的哲学和艺术内涵。

桉树是澳大利亚的国树，象征着吃苦耐劳、顽强发展的民族精神。

在桉树文化范畴，莫晓勇教授特别推荐了 gumtree 在新浪博客中发表的《桉树八品——形象、品格、情操》：

桉树是澳大利亚的国家精神和文化象征。桉树在澳大利亚形成地球上独特的森林地理景观。桉树是英国植物学家与库克船长去大洋洲探险时发现的，见证了澳大利亚历史。桉树是澳大利亚绘画、摄影和诗歌等文学艺术描绘对象，在某种意义上，桉树是澳大利亚的国家精神和文化象征。

桉树具有坚毅精神和强韧性格。桉树从湿润肥沃的海滨到干旱酷热的沙漠，从热带平原到飞雪的高山，适应各种各样的生存环境。桉树多姿多彩，1000 多种桉树，形态各异，形成丰富的生物多样性。

桉树刚正端直，不屈不阿，挺拔伟岸，向上奋进。王桉 *Eucalyptus regnans* 树高 100 多米，是地球上最高的被子植物。

桉树生命顽强，忍辱负重，生命不息，生长不止。桉树不休眠，一年四季，不停生长。罗宾桉 *Eucalyptus recurva* 实际上是一种树高不到 2 米的灌木，所有个体都从一个庞大的根系萌蘖而生，分蘖繁衍，形成单一的林分，已经存活了 13000 年！

桉树最少自私基因，最多利人精神。桉树以最高的光合作用效率把二氧化碳和水转化成人类所需要的木材和生物能，保护和改善人类生态环境。

桉树从不顾虑富贵贫寒，四海为家，哪里需要哪里扎根。桉树生于东海之滨，也可生长在维多利亚大沙漠！地球上从热带到温带，100 多个国家和地区引种栽培桉树！

桉树从不计较地位高低，尊荣卑微，哪里需要哪里献身。桉树既能作栋梁之材，悉尼歌剧院的建筑使用多种桉树木材，身居广厦而不受宠若惊；桉树在非洲和南美用作薪材，为百姓炊饭取暖，燃于釜底且欣然不泣。

桉树像春蚕吐丝，似凤凰涅槃，洗礼升华，化身为纸。桉树木材是最优良的制浆造纸原料，成为精神文化的物质载体，承载语言符号，传播人类文明！

（六）桉树典故与传说

【桉树之都】据说，埃塞俄比亚的孟尼利克二世定都亚的斯亚贝巴不久，发现这里虽然风景优美，花卉很多，但是可用做柴薪的树木并不多，当地群众生产生活困难，民生问题成了当政者心腹之患。因此，孟尼利克二世心中萌生迁都之意。消息传开，有人向这位君主进言：与其另觅新都，不如就地广为植树。孟尼利克二世采纳了这项建议，从 1905 年开始，引进生长较快的桉树，号召百姓广为栽种。同时，孟尼利克二世决定，由国家廉价提供树苗，免征种植树木的土地税。这样，在不到 20 年的时间里，桉树长满全城，枝叶繁茂，成为绿色海洋，在城市四周形成一个宽阔的绿化带。从此，亚的斯亚贝巴这座城市，所需的建筑材料和柴薪民生问题都得到解决，首都也没有再搬迁。目前，埃塞俄比亚的首都亚的斯亚贝巴的桉树林总计有 50 多平方公里，城市建设所需木材的 90% 依靠桉树来解决。因此，埃塞俄比亚的首都亚的斯亚贝巴成了名副其实的"桉树之都"。

【**桉树帮人找金矿**】据《布里斯班时报》报道：澳大利亚科工组织（CSIRO）科学家发现，在金矿上面，桉树根系在吸收水分时会带动土壤中的黄金微粒向上移动，并沉积在桉树叶子的维管束组织里，其直径相当头发丝的 1/5，肉眼可见。桉叶里有痕量的地方，可能蕴藏丰富的黄金。除黄金之外，桉树还能吸收和储存其他金属元素，诸如锌或铜，只要分析桉树叶子的矿物成分，无须钻探，便可探知矿藏。这是一种既节约而且环境友好的找矿方法。这项研究的领导者 Lintern 说，这是迄今为止首次在生物组织中见到黄金，而它恰恰是在桉树的叶子之中。

【**色彩丰富的树皮**】彩虹桉，又名"剥桉"（*Eucalyptus deglupta*），也被形象地称之为"棉兰老岛口香糖"，是在北半球发现的唯一的一种桉树。它的树皮拥有黄色、绿色、橙色甚至于紫色等多种颜色。"彩虹"这个名字也正是源于这种奇特的特征。这种高度可达到 70 米的树，凭借其丰富多彩的颜色著称。这种与众不同的彩色现象因树皮在不同时间脱落所致。不同颜色代表树皮的不同年龄。新脱落的外皮所在位置由亮绿色的内皮取代。随着时间流逝，树皮颜色逐渐变暗，由蓝色变成紫色，而后又变成橙色和栗色。

如果想与彩虹桉树近距离接触，你最好前往印度尼西亚、巴布亚新几内亚或者菲律宾，这些地方是彩虹桉树的原产地。作为一种奇树，彩虹桉树也已被引入南美洲、马来西亚、斯里兰卡、中国以及其他国家。

【**树木世界里的最高塔**】在澳大利亚生长着一种高耸入云的巨树，它们一般都高达百米以上，最高的竟达 156 米，比美洲巨杉还高 14 米，相当于 50 层楼的高度，难怪人们把它称为"树木世界里的最高塔"。鸟在树顶上歌唱，在树下听起来，就像蚊子的嗡嗡声一样。这种树木叫杏仁桉或杏仁香桉。它的树干较少枝杈，笔直向上，逐渐变细，到了顶端，才生长出枝叶。这种树形有利于避免风害。杏仁桉的树基也粗得惊人，最大的直径近 10 米，接近一座普通楼房的跨度。这样高大的树木，地下的根也扎得又深又广，便于吸收足够的水分和防止大风把树刮倒。叶子生得很奇怪，一般的叶是表面朝天，而它是侧面朝天，像挂在树枝上一样，与阳光的投射方向平行。这种古怪的长相是为了适应气候干燥、阳光强烈的环境，减少阳光直射，防止水分过度蒸发。杏仁桉虽然高大，但它的种子却很小，每粒约为 1~2 毫米，20 粒种子才有一粒米大。可是它生长极快，是世界上最速生的树种之一，五六年就能长成 10 多米高，胸径 40 多厘米的大树。

【澳洲土著人的桉树情缘】澳大利亚当地土著人的生活离不开浑身是宝的桉树。桉树可以当储水罐，有一种桉树的树干是空的，不少树干里面充盈了可以饮用的水。在没有水的地方，土著人用木棒敲敲树干，就知道里面有没有水。桉树的花呈缨状，为粉红色。以桉树花为食的蜜蜂产蜜量很高，蜂农可以从一个蜂箱里抽出近20公斤的蜂蜜。一些桉树的叶子含桉树脑，是制药的重要材料，还可以作为添加剂做水果糖。土著人还用桉树干做成管乐器，吹出他们心中的哀与乐。随着时代的发展，当地土著人桉树的用途越来越广，盖房子，做家具，当电线杆和铁路枕木，真是无所不能。

（七）桉树的利用价值

1. 木材产品的利用

多数桉树木材重、硬、耐久，可用于建筑、枕木、矿柱、家具、火柴、旋制品、器具、船舶、电杆以及薪柴。柠檬桉在福建广泛用于造船，粗大的桉树长材是船体"龙骨"的特殊用材，一株难觅，极为珍贵，船厂常出重金求购。蓝桉、细叶桉用于建筑码头、桥梁、矿柱和桩木。传统的桉树工业化利用，径级较大的桉树，通过旋切成单板，作为芯板生产胶合板或单板层积材；小径级、枝丫材或难以旋切的桉树加工成木片，用于造纸或生产纤维板。如今，我国成功地开发了高性能桉木重组材、桉木单板层积材、竹桉复合材料、厚芯桉树实木复合板材和无醛桉木胶合板制造技术等，桉树的综合利用率可以提高至90%以上。在澳大利亚、南非和巴西，多利用桉树生产家具，有些桉树家具进入中国，商品名叫"澳洲楠木"。巨桉、尾叶桉、巨尾桉、尾巨桉纤维含量高、均匀度好、造纸性能好，是制浆造纸的好材料。有些桉树的木材、枝丫材可作食用菌原料。

2. 非木质产品的利用

有些桉树的树皮、木材和树叶含有单宁，可浸提栲胶。有些桉树树叶含有精油，蓝马里桉、多苞桉、辐射桉可提取医药用油；辐射桉变种和丰桉类型可提取工业用油；毛皮桉、柠檬桉、柠檬铁皮桉可提取香料用油。桉叶油主治：疏风解表，清热解毒，化痰理气，杀虫止痒；对感冒、高热喘咳、百日咳、脘腹胀痛、腹泻、痢疾、钩虫病、丝虫病、疟疾、风湿痛、湿疹、疥癣、烧烫伤、外伤出血等有一定疗效。桉树叶能够释放香茅醛、桉叶油素等物质，散发出来的气味不利蚊子生存，因此，桉树林里的蚊虫相对较少。大叶桉、小叶桉、柠檬桉等桉类树种是很好的蜜源树种，梨果桉平均每朵花的泌蜜量可达1毫升；蜜味桉和铁木桉花蜜蔗糖含量在20%以上。桉树蜂蜜质量与"荔枝蜜"相当。其蜜呈琥珀色，有刺激气味，桉醇味较重，日久渐轻，有特殊的桉树花香味。桉树蜜口感独特，酸而不酸，甜而不腻，酸中带甜，酸甜之中略带咸味，酸甜之中带有一丝丝的辣喉酸涩，给你意犹未尽的甜蜜。

3. 理想的园林树种

在中国造园艺术中，桉树被视为吉祥的植物。与榕树一样，所谓"大人植大树，大树育大人"，年轻人植下此树，当其长至30层楼房高的树中"巨人"时，将成为植树人的守护神，祐主人功名戴顶、儿孙满堂，成为人中之龙。素有"林中仙女"之称的柠檬桉，树干通直圆满，树皮光滑，灰色或灰红色，十分美观，享有"美人腿"之美誉。桉树树姿优美，四季常青，树叶含芳香油，有杀菌驱蚊作用，可提炼香油，是疗养区、住宅区、医院和公共绿地的良好绿化树种。

十九、红豆树文化

（一）红豆树特性与分布

红豆树 *Ormosia hosiei* Hemsl. et Wils. 为豆科（Leguminosae）红豆树属树种是 1906 年 Hemsl. et Wils. 根据在我国采集的标本，在丘园杂志上发表的种。红豆树别名鄂西红豆、何氏红豆，福建民间俗称花梨木、酸枝木、黑樟丝、枪树、相思子、草花梨、刨刀木等。红豆树树高可达 40 米，胸径可达 200 厘米，树冠开展，枝叶茂密、浓绿，树姿优雅清秀，种子鲜红艳丽，木材纹理美观，文化意涵深刻。红豆树集珍贵用材、庭园观赏、景观文化于一体，为中国主要特色名贵硬木树种，国家 II 级重点保护野生植物。在 2004 年中国环境与发展国际合作委员会生物多样性工作组应用 IUCN 的红色名录等级标准确定的《中国物种红色名录》中，红豆树确定为中国特有树种和易危（VU）等级的濒危树种。

红豆树心材纹理美观，耐磨耐腐，纵切面色泽深浅交错成雅致花纹，是上等家具、工艺雕刻、特种装饰和镶嵌良材。树干多叉或自然扭曲，使木材纹理产生扭曲，加上木质纤维、导管组织和细胞内有色充填物，形成美丽别致的木材纹理，木材刨光后，有时会呈现出类似于波浪、人、鱼、船、鸟禽等形态，民间称"留影树"或"会照相的树"。

红豆树在红豆树属树种中占有重要地位。红豆树属树种全世界约有 120 种，主要分布在我国至东南亚、热带美洲和澳大利亚西北部等地区。我国有 35 种 2 个变种，福建有 7 种。

红豆树在我国原产福建、江苏、安徽、浙江、江西、河南、湖北、湖南、贵州、四川、陕西及甘肃等地。主要生长在溪河江湖沿岸、村落附近。红豆树是红豆树属树种中树形最大、分布最北、经济价值最高的珍贵用材树种。福建是红豆树原生地之一，全省北至武夷山，南至龙海市，西至武平县，东至福鼎市均有红豆树分布。红豆树较耐寒，在土壤肥沃，水分条件好的沟谷、山洼、山脚、溪流河边、房前屋后等地生长迅速。

（二）红豆树栽培历史

福建开展红豆树人工栽培历史悠久，民间相传宋朝嘉祐元年（1056 年）福州知州蔡襄在任期间，曾大规模发动百姓种植。至今发现有历史记载的为《古田县志》：明嘉靖六年（1527 年）知县周浩等大力提倡农民植树，其中就栽有不少相思子（即红豆树）；民国二十四年至二十八年（1935～1939 年）在福建屏南谷口至平湖公路两侧及下古田北门等地栽植"总理纪念林"，有马尾松、杉木、相思子等，一些当年种植的红豆树至今尚在。目前，福建常见红豆树巨木生长于古寺庙、古村落、古坟墓周边。经确证：福州晋安区日溪乡日溪村 1 株胸径 120.1 厘米的红豆树古树，种植于己亥年（明朝万历二十七年），即公元 1599 年，距今 410 余年，福建古田县钱坂村红豆树人工林分也已达 350 年。

20 世纪 60 年代中期，福建曾在 20 余个国有林场系统布设红豆树科研试验林，至 2003 年全省仍保存红豆树人工试验林 40 多公顷。1975 年红豆树确定为福建珍贵乡土树种的主攻树种，在三明市莘口镇小湖林场召开全省珍贵用材树种造林现场会。

随着古典家具文化的兴起，社会对红豆树等珍贵树种用材的需求量越来越大，市场价格越来越高，资源供求矛盾日益突出。1999 年，福建省再次启动红豆树栽培研究并大力促进红豆树发展，实施了中央财政"珍贵树种红豆树优良种质推广示范"项目、福建省红豆树景观栽培示范项目、福建仙游县珍贵树种红豆树种苗繁育推广示范项目、福建省红豆树人工林推广示范项目、福建省红豆树母树林改建项目、福建省种苗科技攻关项目等工程项目，推动了福建省红豆树大力发展。在国家的推动下，浙江、江西、广东、四川、江苏等省的红豆树产业也相应发展，至今红豆树已成为全国热门的发展树种，对防止现存红豆树种质资源消减和衰退，防止种质资源的群体、个体遗传丢失，防止优良种质濒危或灭绝，保护生物多样性这一全球性问题具有重大意义。对保证红豆树种质资源的科学保育、长久利用和促进社会经济发展具有重要作用。

（三）红豆树古树名木与典故

红豆树分布在全国 15 省（自治区），但因采伐利用和人为破坏，各地尚存有数量稀少的古树名木。福建保存的红豆树古树较多，经调查，红豆树古树有 174 株。其中，国家一级为 19 株，平均树龄 584 年，平均树高 19 米，平均胸径 146 厘米；国家二级 53 株，平均树龄 358 年，平均树高 21 米，平均胸径 117 厘米；国家三级 102 株，平均树龄 162 年，平均树高 17 米，平均胸径 76 厘米。这些古树，分布在福建省的 28 个县（市、区）98 个行政村，地处自然生态保护较好的边远山区。如周宁、古田、屏南、浦城、政和、松溪、德化等地。保存较完好的红豆树自然小种群 12 处。

福建的红豆树古树，在宁德地区分布最广，保存最多，栽培历史最悠久，也最为典型。

福建省目前发现的最大红豆树，生长在福安市溪柄镇楼下村，位于全国重点文物保护单位狮峰寺北面约 100 米处。其胸围 760 厘米（胸径 241.9 厘米），树高 28.8 米，冠幅南北 34 米、东西 25 米，树冠庞大，雄伟壮观，经林业专家考证，该树堪称"八闽红豆树王"。福建现存红豆树天然林群落中，面积最大、保存红豆树林木株数最多的林分，位于福安市溪柄镇水田村后门山，该群落面积约 3.3 公顷。

福建现存树龄最长的人工红豆树古树群，位于古田县平湖镇钱坂村长潭河的河边（小地名"水尾河"），该群落沿河岸分布长达 350 多米，面积约 0.8 公顷，胸径达 60 厘米以上的参天古树有 35 株，胸径 100 厘米以上有 4 株，最大的 1 株达 125 厘米，树高 25 米。据当时村里的老人洪正衡和村委会主任林方汀介绍，钱坂村（又称"一保"），是老祖宗于清初（约 1645

年)从古田县城的一保迁来后不久,在水尾河边一带栽植的红豆树等"风水树"。

乾隆三十七年(1772 年),知县万友正看中这里的红豆树,带着数名衙役来到钱坂,住在林家祠堂,说是奉旨前来砍伐这里的红豆树供作"皇材"。村民们听到这个消息后,个个心急如焚,与知县万友正争执起来,一方要强行砍伐,一方不让砍伐。把这个祠堂都给闹翻了,最后村民们推举洪正衡的曾祖父洪其梁代表村民出面与知县万友正进行交涉。善于言辞的洪其梁摆事实、讲道理,严正指出栽种这片树林是为了保护河岸不受洪水冲刷,保护河岸后的一大片良田,如果县衙一定要在这里砍伐"皇材",则要求免除这一大片良田的"皇粮"。知县听了觉得很为难,同时也认为村民说的也十分在理,因此放弃了砍伐"皇材"。几天后,知县派人敲锣打鼓而来,扛来一块雕刻有"齿德兼伏"4 个大字的牌匾送给洪其梁,赞扬其能说善辩,以理服人,热心为村民做好事,称他德高望重。这块匾一直悬挂在洪家大厅,直到"文化大革命"期间,因"破四旧"而被迫摘下,做了猪圈围栏而朽。

自古以来,古田人们就喜欢栽植红豆树,宋嘉祐六年(1056 年)福州太守蔡襄、明嘉靖六年(1527)知县周告等都大力提倡农民植树,其中就栽有不少红豆树。这些红豆树古树主要分布在黄田镇汶洋村,城西街道办事处的下洋、宝溪,平湖镇的玉库、钱坂、官州、下嵩州,吉巷乡的山坂洋、曲斗、北墩,崎坑下古善,杉洋镇宝桥以及当时属古田县管辖的屏南县长桥镇和棠口乡上培村。其中,北墩村的龙阳岗瓦窑坪陈泽武及其夫人姚佳城的墓地边,生长着 1 株胸围达到 152 厘米、树高 24.5 米的红豆树,据墓主的碑文推断,该树龄已达 260 年以上。

福建武夷山天游峰妙高台有棵红豆树。据民间传说,从前有位少妇,名叫红豆。她的丈夫到福建武夷山来培植香菇,久无音讯。红豆心中牵挂,焦急不安,前来寻夫。她踏遍武夷山的山庄菇寮寻找丈夫,却始终不见丈夫的踪影。当她再次登上九曲溪畔的天游峰,向远处眺望时,只见叠翠的峰峦,云雾缭绕,虚无缥缈;寂寞的丛林,烟雨飘摇,一片迷蒙。上哪儿去找丈夫呢?红豆不禁泪如雨下。一连几天,红豆白天黑夜地站在那里翘首远望,不吃不喝也不动。有一天凌晨,人们发现少妇已然不见,但在她一直站立的地方,却长出了 1 棵树,树上掉下了一粒粒鲜红光亮的豆粒。人们传说这豆粒是少妇红豆思念丈夫的心和泪变成的,从此就叫它为"红豆"。

福建华安贡鸭山红豆树是由 4 棵红豆树紧紧连接一起形成的,犹如两对情人或夫妻紧紧相抱,互诉衷情,亲密无间,又称"夫妻树"。华安贡鸭山,从贡神峰一直延伸到麒麟峰,连绵不断,重山耸翠,瑰丽壮阔,四周林木苍莽,绿海涛涌,大树参天,古木交柯,遮天蔽日,万木竞秀,争奇斗异,藤萝交错,野趣横生。红豆树"夫妻树"就是其间的稀奇珍贵树木之一。

福建泰宁县风景如画的上清溪畔,生长着 12 株红豆树古树,至今已有 500 年。其中最大的 1 株胸径达 135 厘米,树高 15 米。这片红豆树古树群落,历经自然界数百年千锤百炼的磨砺,饱经沧桑,以顽强的生命力生存繁衍。它们有的雄健挺拔,直冲云霄,蔚为壮观;有的古老苍劲,嵯峨挺拔,盘根错节,姿态奇特;有的枯木逢春,老树开新枝,仍生机盎然。

福建松溪县城关的烈士陵园中种植了 20 余株红豆树,树体高大、古朴端庄,树叶苍翠欲滴,生机勃勃,树冠遮天蔽日,成为人们休闲娱乐、晨练健身的绝佳场所。屏南县一中校园内红豆树绿化区构成美丽的校园景观，使红豆文化与校园文化在这里交相辉映，尽显文化背景和高雅情趣。

（四）红豆树民俗文化

红豆树种子亮丽、鲜艳、火红、圆润，具有丰富和深刻的民族文化意涵，"红"代表着"红红火火、吉祥如意""豆"代表着"蓬勃向上，强劲生命力"。所以，在植树节、清明节、重阳节、七夕节、情人节等中华民族传统节日中，红豆树成为人们焕发民俗古风的载体和寄附情感的依托。红豆树迎合了国民的普遍情感，艳丽红豆以其清新脱俗的美，受到钟情男女的青睐，时而点缀在霓裳的衣角，时而独占美人的胸前。相思红豆情侣手机链、红豆情侣戒指、红豆吊坠、红豆耳环、红豆手链、相思红豆脚链、金银铜红豆饰品、红豆胸针、相思红豆漂流瓶、相思红豆许愿瓶、相思红豆爱情魔蛋、情侣红豆香包等一系列红豆情侣礼品，构成别具一格的文化风景。

红豆树花瓣洁白如雪、滑润似玉、清新纯洁，盛花时节满树银花闪烁，蝶形花的外形酷似一只蝴蝶屹立枝头，在微风摇曳中，蝶影纷飞，别具一番风景。当百花凋零时纷纷扬扬飘落的花瓣似雪白纯洁的雪花，给人以眷念大地的豪情和实现"叶落归根，回归自然"的寄托。

红豆树树冠庞大、浓荫覆地，是典型的城镇乡村"风水树"，常被百姓视为神树。有此神树生存的宝地必有光宗耀祖、荫及后代子孙的贵人现世。红豆树根深叶茂隐含人丁兴旺，红豆树根深蒂固隐含着云游在外的游子故土难移、乡情深重。

红豆树根系发达，虬根变化多端，在溪流岩石缝隙间夹石而生；在石壁上匍匐而行，充分地坦露根的情怀和婀娜多姿的优美曲线。红豆树具有极强的萌芽能力，其根系横向伸展可从不同部位长出新株、形成典型的连根树，再造"在天愿为比翼鸟，在地化为连理枝"的梁山伯与祝英台的古老传说。红豆树古树，通常在其树桩处或其附近萌发新株，形成典型的"公孙树"种群结构，使其世代繁衍，民间意含为"世代同堂，儿孙满堂"。在民间，红豆树俗称为"相思子"，在一些地方常见陵墓四周有高大的红豆树古树，那是墓主的后人在其先辈陵前种植"相思子"以寄托对亲人怀念。红豆树根系具极强的萌生能力，百年老树的树干也能萌生新枝。所以，红豆树大树移植容易成活，这是红豆树生理特性赋予了其迁地种植的优越条件，使红豆树优良景观效果得以更好地发挥。

（五）红豆树人文情怀

红豆树景观是森林文化中的一枝灿烂之花。"江头学种相思子，树成寄与望乡人"，这里的红豆是诗人寄予远行之人作为纪念的礼物。"别来种得相思子，几度飞花燕子回。夜夜相思凭月寄，年年红豆望君归"则反映了云游异乡客子们深厚的乡情。"岭南女子绝无伦，窈窕婀娜气自芬。最是年年春雨后，撷奖红豆报佳人"。白居易的"在天愿作比翼鸟，在地愿为连理枝"，牛希济的"红豆不堪看，满眼相思泪"，韩偓的"罗囊绣两凤凰，玉合雕双鸂鶒，中有兰膏渍红豆，每回拈着长相忆"，曹雪芹的"滴不尽相思血泪抛红豆，开不完春柳春花满画楼，睡不稳纱窗风雨黄昏后，忘不了新愁与旧愁，咽不下玉粒金莼噎满喉……"等，都反映出绵绵相思无绝期的深厚情怀。

以红豆树寄托相思情感，古籍有多处记载。一是曹丕《列异传》记载有"韩凭夫妻死，作梓，号曰相思树"。二是晋代干宝在《搜神记》中记载"宋康王舍人韩凭，娶妻何氏，美。康王夺之。凭怨，王囚之，论为城旦。妻密遗凭书，缪其辞曰：'其雨淫淫，河大水深，日出当心。'既而王得其书，以示左右；左右莫解其意。臣苏贺对曰：'其雨淫淫，言愁且思也；河大水深，不得往来也；日出当心，心有死志也。'俄而凭乃自杀。其妻乃阴腐其衣。王与之登台，妻遂自投台；左右揽之，衣不中手而死。遗书于带曰：'王利其生，妾利其死，愿以尸骨，赐凭合葬！'王怒，弗听，使里人埋之，冢相望也。王曰：'尔夫妇相爱不已，若能使冢合，则吾弗阻也。'宿昔之间，便有大梓木生于二冢之端，旬日而大盈抱。屈体相就，根交于下，枝错于上。又有鸳鸯雌雄各一，恒栖树上，晨夕不去，交颈悲鸣，音声感人。宋人哀之，遂号其木曰相思树。相思之名，起于此也。南人谓此禽即韩凭夫妇之精魂。今睢阳有韩凭城，其歌谣至今犹存。"三是梁代的任昉《述异记》中记载了"战国时，卫国苦秦之难，有民从征，戍秦不返，其妻思之而卒。既葬，冢上生木，枝叶皆向夫所在而倾，因谓之相思木"；四是晋·左太冲《吴都赋》记载"楠榴之木，相思之树"。五是北宋·李颀《古今诗话》中记载"相思子圆而红。故老言：昔有人殁于边，其妻思之，哭于树下而卒，因以名之"。

"红豆生南国，春来发几枝，愿君多采撷，此物最相思"，这是唐代诗人王维根据当时社会的民族风情写就的脍炙人口的《相思》诗，红豆是千年以来人们表达纯洁爱情的象征、吉兆祥和之物。

红豆树高大茂盛，被民间认为是吸取天地之灵气精结而成，千百年来人们用来表达爱情、友情、亲情、咏赞相思和爱情，使红豆成为我国独特的文化产品。在民间，红豆和玉一样，被认为是有灵性的开运吉祥神物，除装饰外还常被用于表达爱情、祈求幸福，很多地方至今保留着红豆的习俗，以红豆表白相思情感、寄托爱意：爱情——少男少女将相思豆做成项链手环，佩带身上，用以相赠，增进情谊，得让爱情永久；婚嫁——男女婚嫁时，新娘在手腕或颈上佩戴鲜红的相思豆所串成的手环或项链，以象征男女双方心连心白头偕老；夫妻——夫妻枕下各放 6 颗许过愿的相思豆，可祈夫妻同心，百年好合。

顾山红豆树已被世界植物大辞典命名为"戴氏红豆树"，该树位于江苏省江阴市顾山镇红豆村的红豆院内。这棵稀珍红豆树古树，高大挺拔，枝干支撑到数十米外，形同巨伞，虽历尽千年沧桑，但仍生机盎然，枝繁叶茂。相传 1400 多年前，梁代著名文学家昭明太子萧统，在顾山编纂《昭明文选》时亲手种植，并流传一段萧统太子与尼姑相爱的动人故事。当时南梁武帝笃信佛教，在国内兴建了 480 座寺院。顾山兴建的是"香山观音禅寺"，寺内还建造了一楼阁，名为"文选楼"。太子萧统代父出家香山寺。一日，太子下山来到当时的集市古塘视察民情。偶见一法号叫慧如的美丽动人尼姑，无意中谈及释家精义，太子见慧如才思敏慧，顿生爱慕之情，跟踪到草庵，又就释家经义深淡而不舍，以后多次去草庵谈情说爱。但由于一个是太子，一个是尼姑，终难成夫妻，尼姑相思成疾而终。太子闻讯，痛哭不已，含泪种下双红豆，并将草庵题名红豆庵，满怀相思悲苦离去。

据《江阴县志》载：此树历经千年到元代曾一度衰败成枯树，但到乾隆年间忽又在古树干上萌生 4 个新技，一直长到现在，犹如虬龙老树。该树由于古老、奇异、珍稀，不少名人写文赋诗，赞颂有加。1918 年，徐九镛写有《顾山访红豆树记》。1934 年，吴宜生写有《顾山红豆记》。"五·四"运动时期著名诗人曾写过三首《双红豆》。新四军地下党员吴秋岩烈士也曾写了《顾山红豆树记》。此外还有周瘦鹃、曹聚仁、海啸、夏丏尊等名人著文记述此树。1949 年初期，顾山红豆村人民，曾精选 8 粒大红豆寄给毛泽东主席，以表达对人民领袖的感激与眷念之情。毛主席特意让中央办公厅回信，对顾山人民表示感谢。1981 年 8 月 20 日，江阴县人民政府对此树发出文告，列为重点文物保护单位。1982 年 3 月又建造了红豆院，红豆树得到有效保护。上海电视台 3 次来红豆树下分别拍摄了《红豆村里红豆树》《红豆树发新枝》《红豆树下相思多》等短片，向全国作了介绍。

（六）红豆树植物景观

红豆树景观与红豆文化的耦合，是绵延千年的古朴文化习俗。红豆树景观的高雅情趣和深邃的文化内涵，有挖掘不尽的体裁和无限的扩展空间。红豆树斑块景观、红豆谷景观、红豆岛景观、红豆雨景观、红豆树景观与社会文化的耦合等都是有待挖掘与扩展的景观资源。这些内涵深邃的红豆景观文化意境，是人类应用景观生态原理设计与构筑园林景观的直观依据和蓝本。

【斑块景观】现存红豆树斑块，多数是其他林木被破坏后，红豆树被当地居民视为"风水树"得以幸存下来的。通常风水林、风水树是村庄农民的一块休闲绿地和森林氧吧，在炎夏常见农民三五成群聚集于红豆树庞大树冠下休憩、赋闲、沟通交流。这些红豆树景观，是以红豆树斑块为景观主体，以农田、乡村房屋群落、乡间道路、池塘为景观本底，所构成的一组远近有致、高低交错的田园风景。

【廊道景观】当溪河源头有红豆树大树生存时，在其溪谷中、下游两岸常有红豆树分布。大自然是山随水转、水抱山流；而红豆树种子却是"豆随水漂，种繁两岸"。大自然别具匠心地创作了一幅引人入胜的红豆谷景观。红豆谷景观，依山傍水，山廓为骨，森林为裳，溪河为带；用山的宏大厚重为背景，以水的轻盈柔和变化多端为陪衬；以天的蓝、水的碧、树的青、叶的绿、花的白、霜叶的红为颜色基调；以鸟的鸣声、风的呼声、泉流的幽咽声、兽的吼叫声、森林树木的呼啸与摇曳声为声音基调；以百花芬芳为香的基调；配以溪流两侧峻峭秀逸的岩崖、高耸挺立的山峰，逶迤曲折的山岭、石木叠翠的山坡、怪石嶙峋的岩岸；构筑一条以红豆树为主要景观要素，以大自然的山、水、石、森林、蓝天、白云等为景观本底，相互搭配组合，交相辉映且交融成趣的红豆谷景观。这是又一幅绝妙的红豆树廊道式自然风情画卷。

【红豆雨景观】每年 10 月份后，红豆树荚果成熟开裂，点点鲜艳血红的红豆种子挂满树冠，在阳光下闪耀红色光彩，在阵阵秋风的摇曳下随风掉落，形成别具情趣的红豆雨景观。

(七)红豆树木质景观

红豆树边材、心材区别明显。边材有浅黄色、白色、浅黄褐色3种；心材有红褐色、黑色2种。心材价值高，有"紫檀"之誉。红豆树心材具有别致的美丽花纹，时而见有类似鱼形、鸟兽等动物图案，极易赋予多彩的民间神话传说体裁，为雕刻家提供艺术创作空间与智慧灵光。质地坚硬、纹理细密、色泽深沉、坚韧圆润、稳定性好、旋切性佳、耐磨损和耐腐蚀等优越材质特性，赋予了还璞归真、高贵典雅的珍贵用材工艺景观价值，使红豆树木材成为大自然赐予人类创作精美家具与雕刻的不可多得的优良名贵材料。福州鼓山涌泉寺内，有一张"香桌"，是镇寺之宝，其桌料就是红豆树木材。福建湛卢宝剑、浙江龙泉宝剑，其剑柄、剑鞘，主要为红豆树心材所制。

红豆树木材的景观制作、艺术化创新、文化精髓嵌入，使木材价值升华为技术工艺的价值、文化的价值、技术创新的价值，实现将森林产业链扩展拉长。笔者从福建仙游木雕工艺城、闽侯木雕工艺城、建瓯根雕城、建阳木雕城、武夷山艺术品一条街等地，深刻领悟到红豆树木质景观的价值升华过程。艺术的价值就在于化腐朽为神奇、化一般为独特精品。同样一块红豆树木材，在家具制作家手上，它们成为家具精品；在雕刻家手上，它们成为一件件巧夺天工的艺术品；在森林文化大师手上，它们成为森林文化的优质品牌。笔者奢望把红豆树从简单的木材价值，推进一步升华为森林文化的价值，使华夏民族五千年博大精深的森林文化价值得以进一步升华。

根据笔者探索的一些红豆树家具作品、木雕工艺作品、民间用品，大概可归结为五大类型。一是古典家具。红豆树木材家具制作配合艺术雕刻，体现古拙秀雅和厚重的文化积垫，具有独特的东方文化风格。二是工艺雕刻作品。在许多木雕陈设工艺品中，也不乏红豆树木材制作的精品。红豆树的枣褐色木材，常常是实用与艺术的结合品，集中了木材自身价值、实用器具价值、美学装饰价值、雕刻艺术价值、森林文化价值。三是建筑装潢与雕刻。具有古朴典雅、富丽华贵格调的建筑木雕装饰作品，主要出现在园林、寺庙、宫殿等地，特别是用木雕装饰古建筑，如雕梁画栋，雕饰门楣、屋椽、窗格、栏杆、飞罩挂络等。四是民间实用器具。主要有餐桌椅、柜、长桌、几、座、案、架、落地灯、壁灯、漆器屏风、木刻屏风等。五是融合现代文明要素的仿古家具与新型家具。红豆树木材制作的现代家具，主要有卧房家具、客厅家具、餐厅家具、书房家具、办公家具、酒店家具等。其造型与工艺设计特点主要有3类：即简洁流畅，不作雕饰的仿明式风格；厚重庄严，雕饰繁冗的仿清式风格；糅合中西方设计理念风格的家具，以及红豆树茶座、茶盘、根雕等现代艺术雕刻作品。

1. 红豆树根雕、木雕景观与艺术

根雕。根雕又称"根的艺术"或"根艺"。我国根雕艺术的历史源远流长，祖先采用木、玉、骨、石以及贝壳等物制作装饰品，同时也采用树根或竹根制作装饰品。1982年，湖北省荆州地区博物馆清理马山一号楚墓时发现了我国战国时期的根雕艺术作品"辟邪"，它是现存最早的根雕作品，足见根艺文化的古老。根雕艺术，注重原材料的材质美、自然美、形态

美、肌理美，借鉴现代艺术的抽象化思维形式，进行构思立意、艺术创作及工艺处理。

红豆树根雕的原材料具有木材质感优良、形态多样、肌理独特、颜色红润等丰富特质，为根艺创作提供"奇、特、怪、妙"的创作空间。

红豆树根雕作品——姜太公钓鱼。是利用一段被河水冲刷之后，又在泥沙中沉埋数年的红豆树朽木。福建根雕艺术家根据其原材料的自然形态，"七分天成，三分人工"地因材施艺，因势造型和艺术化凿刻创作，其刻功细腻、造型独特、形象生动、文化内涵深刻，把根艺作品的神韵和古老文化题材淋漓尽致地表现在世人面前。"姜太公钓鱼"作品，不仅化腐朽为神奇地巧妙体现艺术性，而且具有较高文化性。

红豆树根雕作品——毛竹。是福建建瓯根雕艺术家，取材红豆树心腐根段，巧借天然地应用残缺美进行艺术创作。因材施艺，美有所用地有意保留天然树皮根杈疤节和抱石，整个作品的艺术风格浑然一体，生动体现建瓯"中国毛竹之乡"这一地方特色和美誉。

红豆树根雕作品——老寿星。是一件年代较悠久的民间根艺作品，此作的着力点放在老寿星面部表情的细致刻画，其表情丰富，慈祥老人溢满幸福的微笑，神采奕奕，利用木材自然纹理雕刻的胡须自然流畅，恰到好处地体现老人的长寿和健康。

红豆树木材的质地坚硬、光滑细腻、纹理清晰、柔劲和韧性适中，加上其木质肌理（又称年轮木纹）特殊，更能显现和暴露木雕作品的神韵，这是其他树种所没有的特殊材质。红豆树木材纹理作为一种装饰因素，常常随其作品体积的起伏转折而呈流动，有规则排列的线纹在造型的变化下呈现的扭曲，既规则又富变化。红豆树木质肌理和造型变化的融合，更能赋予审美者的新鲜感、惊奇感和审美刺激性。

红豆树木雕作品——观音。是一件圆雕作品，端庄慈祥的观音，梳高髻，戴头冠，端庄典雅、华贵雍容地站在盛开的莲座上。作品在艺术创作中，突出了三维空间的艺术效果，瓜子脸丰盈富态，脸带慈祥亲切的笑容，溢满端庄仁爱的祥和之气，袍服线条刚劲简朴，线条干脆利落，穿着与脸部形成鲜明对比，微风中轻盈飘起，静态与动感的结合，更显飘洒流畅和典雅祥瑞气质，整体形象均衡、概括、集中、凝练，同时又有变化、有对比、有韵律，超凡脱俗、干净利落。

在文化意涵上，由于观世音菩萨是佛教中慈悲和智慧的象征，救苦解难的象征，平等无私的象征，无论在佛教还是在民间信仰中都具有极其重要的地位，雕刻家迎合民俗意趣，对观音形象进行神化和美化，将形体、表情、气质、意味等较充分体现在作品中，将佛教文化、民间传奇和大众诉求结合到工艺创作上，通俗而不失雅趣，形象且独具魅力，富有观赏性且文化内涵丰富。

2. 红豆树家具文化与艺术

红豆树家具作品类型主要有：一是古典家具。红豆树木材家具制作配合艺术雕刻，体现古拙秀雅和厚重的文化积淀，具有独特的东方文化风格。长期以来，江苏、浙江、湖南、江西、福建、广东、上海等地，都视红豆树等红木家具为贵重的上乘之品，将其置于厅堂等醒目位置以彰显主人的富贵与显赫。二是民间实用器具。

红豆树家具美感，分别体现在色泽、材质和造型3个方面。

红豆树心材的天然本色，在家具创作上具有极强的表现力。其固有的红褐色泽，给人予温馨宜人的暖色调，淡雅细腻的质感，在视觉上、触觉上给人以心理与生理上的感受与联想，赋予了木质家具的精神意境。

红豆树木材本身质地所展现出来的材质美感，是家具设计创造的物质基础和重要艺术要素，也是传统家具最重要的组成部分，材质传载着它的功能、形态，被赋予了强烈的民族风格、精神追求和鲜明特性。

红豆树木质家具造型就是按照艺术造型法则将天然材料设计制造成可视可触，具有一定形式和功能意义的结构实体。其造型过程是传递视觉与触觉的美感信息过程，通过造型法则与艺术技巧，将点、线、面、体、质地、色彩以及多样与统一、对比与和谐、均衡与稳定、节奏与韵律、模拟与仿生等造型要素，结合至红豆树的材质肌理和色泽变化中，从而显现红豆树材质的天然美和强化材质的工艺美。

红豆树家具作品——罗汉床。该床通体以精选的红豆树木材制成，鼓腿彭牙式，大挖内翻马蹄，直牙条，通体光素无雕饰。围子用攒接法做成曲尺式，简约明快，色泽鲜亮，器形稳重；造型的突出特点是侧脚收分明显，在视觉上给人以稳重感；床面配以小炕几，成天作之合。

俗话称"一张椅子半部书"，罗汉床作品同样展现了中华家具文化的深厚内涵，它是高档名贵的硬木和传统国粹文化的精妙融合，集聚静穆古朴、庄重典雅、神韵内涵、文化气质于一体，是森林文化的典型代表。它承载着森林文化悠久古远的历史价值，无论是笨拙神秘的商周家具、春秋战国秦汉时期浪漫神奇的短型家具，还是魏晋南北朝时期婉雅秀逸的渐高家具、宋元时期的简洁隽秀的高型家具，抑或是古典精美的明式家具、雍容华贵的清式家具，无不具有强烈的民族风格和历史文化特色。

（八）红豆树诗词与歌赋

相　思

[唐]王维

红豆生南国，
春来发几枝，
愿君多采撷，
此物最相思。

新添声杨柳枝词

[唐]温庭筠

井底点灯深烛伊，
共郎长行莫围棋。
玲珑骰子安红豆，

入骨相思知不知?

伊川歌
[唐]王维

清风明月苦相思,
荡子从戎十载余。
征人去日殷勤嘱,
归燕来时数附书。

江南逢李龟年
[唐]杜甫

岐王宅里寻常见,
崔九堂前几度闻。
正是江南好风景,
落花时节又逢君。

生查子
[唐]牛希济

新月曲如眉,
未有团圆意;
红豆不堪看,
满眼相思泪。

玉合
[唐]韩偓

罗囊绣两凤凰,
玉合雕双鸂鶒;
中有兰膏渍红豆,
每回拈着长相忆。

竹枝词
[唐]伍瑞隆

蝴蝶花开蝴蝶飞,
鹧鸪草长鹧鸪啼。

庭前种得相思树，

落尽相思人未归。

酒泉子

[唐]温庭筠

罗带惹香，

犹系别时红豆。

泪痕新，金缕旧，断离肠。

一双娇燕语雕梁，还是去年时节。

绿阴浓，芳草歇，柳花狂。

天仙子

[五代]和凝

柳色披衫金缕凤，

纤手轻捻红豆弄。

翠娥双敛正含情，

桃花洞，瑶台梦，

一片春愁谁与共。

河满子

[宋]晏几道

对镜偷匀玉箸，背人学写银钩。

系谁红豆罗带角，心情正着春游。

那日杨花陌上，多时杏子墙头。

眼底关山无奈，梦中云雨空休。

问看几许怜才意，两蛾藏尽离愁。

难拚此回肠断，终须锁定红楼。

悼亡诗

[清]王士禛

陌上莺啼细草薰，

鱼鳞风皱水成纹。

江南红豆相思苦，

岁岁花开一忆君。

红豆词

[清]曹雪芹

滴不尽相思血泪抛红豆，
开不完春柳春花满画楼，
睡不稳纱窗风雨黄昏后，
忘不了新愁与旧愁，
咽不下玉粒金莼噎满喉，
照不见菱花镜里形容瘦，
展不开的眉头，
挨不明的更漏，
恰便似遮不住的青山隐隐，
流不断的绿水悠悠。

浣溪沙

[清]纳兰性德

莲漏三声烛半条，
杏花微雨湿轻绡，
那将红豆寄无聊，
春色已看浓似酒，
归期安得信如潮，
离魂入夜倩谁招。

二十、相思树文化

(一)相思树特性及分布

台湾相思 *Acacia confusa* Merr. ，别名相思树、相思仔、松柏仔、台湾柳。为豆科(Mimosaceae)金合欢属，又称相思树属，常绿乔木。高达15米，胸径在40~60厘米。相思树种类繁多，约有1200多种，是热带多用途树种，遍布全世界热带地区，尤以澳大利亚种类最多，约有300多种。原产我国的只有台湾相思1种，已成为福建省东南、闽南主要造林树种。20世纪60~70年代，我国又先后引种大叶相思、肯氏相思、马占相思、丝毛相思和厚荚相思等。近几年闽北引种耐寒树种如黑木相思、灰木相思等。相思类树种在闽南不同类型土壤上表现出较强的适应性和速生性。相思类树种不仅适合于营造防护林、薪炭林、用材林、食用菌专用林，也可作为四旁绿化的重要树种。

台湾相思原产台湾省。福建、广东、广西、海南等省区皆有栽培。性喜光，根深材韧，抗风力强。根系发达，具根瘤，能固定大气中的游离氮。萌芽力强，生长较快。对土壤要求不严，耐干旱瘠薄，病虫害少。除营造防护林、薪炭林、用材林等林种外，当前也用于石场复绿、山坡绿化、生态绿化等，既可用苗木植树造林，也可以直接用种子撒播。

我国近年来新种植的相思类树种大多是从国外引进的。在福建引种的相思类树种主要有：厚荚相思 *Acacia crassicarpa*、马占相思 *A. mangium*、卷荚相思 *A. contin*、纹荚相思 *A. aulacocarpa*、薄荚相思 *A. leptocar-pa*、灰木相思 *A. implexa*、大叶相思 *Acacia auriculaeformis* 等。其中厚荚相思、马占相思在福建长势良好。马占相思原产澳大利亚昆士兰沿海，以及巴布亚新几内亚和印度尼西亚的热带湿润地区，具有出材率高，木材硬度适中、纹理美观等特点，是一种多用途树种。20世纪60年代以来，许多国家和地区先后引种成功。我国于1979年从澳大利亚引入，先后在广东、广西、海南、福建栽培成功。

台湾相思树姿优美，茎部挺拔粗壮，枝条婀娜多姿，如柳枝般柔软。夏秋花开季节，浓密的枝叶间会绽放出一朵朵金黄色的软绵绵的小花，很细很密，毛茸茸、黄灿灿的，散发阵阵清香。如从高处远眺，满山层层叠叠的恍如被洒上碎金，令人赏心悦目。每到金秋季节，相思树便能结出一串串的荚果，内有4~8颗种子，形似扁豆，颜色黑褐，虽稍逊于红豆，却饱含着团圆的诱惑，另有一番独特的魅力，惹人生爱。

(二)相思树的传说

相思树象征着爱情，这与相思树的传说有关。台湾相思树在福建称之为"番仔松柏"，更多人称之为"相思仔"或"台湾相思"。在闽南地区流传着多种不同版本的爱情传说，诉说着相思树的故事。

【她落泪的墓地竟长出小树苗】多情的相思必有多情的传说，台湾相思树的来历，也有一段催人泪下的传说。从前，在福建闽南地区，有对恩爱夫妻，丈夫为生活所迫到台湾打工，他与爱妻相约，不管钱赚多少，3 年后一定回家团聚。丈夫离家后，妻子朝朝倚门盼夫归，夜夜伴灯思君返。不料，一年后传来噩耗：丈夫在伐木时不幸被倒下的大树砸死。妻子悲恸欲绝，寻到丈夫墓地，日夜痛哭，哭干了泪水哭断了魂。说也怪，清明节期间在她落泪的墓地上竟长出 1 株不知名的小树苗，后人便称此树为"台湾相思"，以赞扬夫妻坚贞不二，矢志不渝的爱情。随着海峡两岸的交流交往，台湾相思树在祖国大陆传宗接代。当游客踏上东南沿海地区，无论在路旁海边还是乱石崖畔、贫瘠干旱的荒坡，常可见到百态千姿的台湾相思树。

【兄弟三人死时紧紧抱住一棵树】传说，很早以前闽南一家三兄弟，因为生活困难，跟着同乡到宝岛台湾从事开发。经过他们的努力，开垦出一大片土地种植庄稼，收成很好，他们好不高兴！因为他们离家久了，相约回家看看再回到台湾继续经营那片土地。他们回福建不久又再去台湾，一看，原来他们开发的土地全被地主老爷霸占了。兄弟三人一气之下把地主打死。这下惹祸了，官府说他们造反，派兵抓捕，兄弟三人闻讯跑到高山躲避。因为台湾山高树密，士兵不敢冒险，便放火烧山，把三兄弟活活烧死了。后来人们见到他们兄弟三人死时紧紧抱住一棵树，那就是相思树。他们老家的人得知凶讯，悲痛非常，后来人们在他们家乡福建种起这种树，很快遍布闽南各地，人们称之为"台湾相思"。

【东山岛相思林的爱情故事】闽南东山岛的相思林隐藏着一个令人回肠荡气、美丽动人的爱情故事：山下村庄的阿昌和英英青梅竹马，两小无猜，虽然日子清贫，但谁都认为他们会平安幸福一辈子。然而意想不到的是，东山岛解放前夕，败退的蒋军残部将阿昌抓去做壮丁，以至他们在以后漫漫的岁月里朝朝暮暮苦苦相思。英英发誓非阿昌不嫁，她坚信她的昌哥一定会回来！为了排遣相思之苦，她开始在山上遍种台湾相思，那时看似浪漫的相思，却包含了太多的痛苦、焦灼、牵挂、无奈！所幸上天悯惜这对有情人，改革开放，国门敞开，阿昌凭着坚强信念已在台湾站稳脚跟，苦苦思念着英英而未娶妻的阿昌想尽办法回到家乡投资办厂。虽已是两鬓斑白，但相思人终于团聚，有情人终成眷属。英英带阿昌去山上看相思林，奇怪的是以前一直顺着山势对着台湾方向倾斜的相思树竟然都不再向同一方向倾斜，而干涸已久的飞瀑泉竟也涌出清泉。两人相拥而泣，并决定在相思林地创办工厂，他们在山上建房并继续种树，长相厮守，也因此有了今日满山葳蕤的相思树，在浩浩长风里永远演绎着她妩媚濡染的寄托。

【桦生和丹儿的爱情故事】相传 800 多年以前，凤凰山脚下有一个地主，地主家有个女儿，知书达理，聪明贤惠，乳名叫丹儿，长得是羞花闭月般的容貌，如同山上开放的牡丹花。地主家有一个长工，名叫桦生，他忠厚勤劳，心地善良，开朗乐观，劳动之余能唱出很美妙的山歌，据说歌声能引来凤凰在山间翱翔。日久天长，丹儿爱上了桦生，桦生也深为丹儿真情所感，十分强烈地爱着丹儿。终于有一天，地主知道了这件事，他极为恼怒，自己的女儿怎能嫁给一个身无分文的小长工？他不顾女儿的真情表白和苦苦哀求，执意要拆散这一对青年男女自己选择的爱情。在一个月黑风高之夜，派人害死了桦生。丹儿知道桦生死了，悲愤万分，便悬梁自尽，一缕香魂追那桦生而去。丹儿的丫环深深为这惊天动地的一幕震惊与感动，她不愿面对这残忍的现实，也随丹儿自杀了。地主见女儿死了，又悲又恨。出于恨，他决意不让他们的心愿实现，便将两人分别埋于小河的两边，他想用这个办法来惩处这一对恋人。然而令地主没想到的是，丹儿和桦生坟上各长出了1棵树，隔着河，互相向河当中倾斜，两棵树长到了一起。丫环坟上也长出了1棵树，与他们若即若离。正是这段惊天地泣鬼神的爱情，造就了大自然奇迹，因为这两棵树恰似一对恋人相依，故名"相思树"。

历代以来这些凄婉而动人的相思树传说虽然发生的时间不同、地域不同，但均把相思树的源头归于男女间忠贞的爱情故事。可见相思树作为爱情的象征早已深入人心、家喻户晓了。

（三）梁启超与《台湾竹枝词》

相思树底说相思，思郎恨郎郎不知。

1895 年，腐败无能的清政府在日本胁迫下签订不平等的《马关条约》，将台湾割让给日本后，台湾同胞在村落、城镇广为栽植相思树，寄托思念祖国、盼望早日回到祖国怀抱的眷恋深情。如今台湾相思树之多，与那段历史有密切关系。

1911 年农历二月二十八日，戊戌变法失败后流亡海外的梁启超乘笠户丸轮离日本到达鸡笼，开始了他的台湾之游。面对破碎故土、遗民逸士，任公不免触景生情，化为诗词。在他游历台湾所创作的百首诗词中，大多格调低沉，十有七八为嚼泪伤心之作。其中，最有特色的便是他改编台湾民歌而成的 10 首《台湾竹枝词》。其小序及词文如下：

晚凉步墟落，辄闻男女相从而歌。译其词意，恻恻然若不胜谷风小弁之怨者。乃掇拾成什，为遗黎写哀云尔。

郎家住在三重浦，妾家住在白石湖。路头相望无几步，郎试回头见妾无？
韭菜花开心一枝，花正黄时叶正肥。愿郎摘花连叶摘，到死心头不肯离。
相思树底说相思，思郎恨郎郎不知。树头结得相思子，可是郎行思妾时？
手握柴刀入柴山，柴心未断做柴攀。郎自薄情出手易，柴枝离树何时还？
郎捶大鼓妾打锣，稽首天西妈祖婆。今生够受相思苦，乞取他生无折磨。
绿荫阴处打槟榔，蘸得蒟酱待劝郎。愿郎到口莫嫌涩，个中甘美郎细尝。
芋芒花开直胜笔，梧桐揣尾西照日。郎如雾里向阳花，妾似风前出头叶。
教郎早来郎恰晚，教郎大步郎宽宽。满拟待郎十年好，五年未满愁心肝。
蕉叶长大难遮阳，蔗花虽好不禁霜。蕉肥蔗老有人食，欲寄郎行愁路长。
郎行赠妾猩猩木，妾赠郎行蝴蝶兰。猩红血泪有时尽，蝶翅低垂那得干？

诗中有："相思树底说相思，思郎恨郎郎不知。树头结得相思子，可是郎行思妾时？"的句子读后令人伤感。这诗从表面看是思郎之作，但深层却是暗含着台湾同胞思念祖国之情，暗含着台湾同胞吁请祖国不要忘记他们的大声呼喊。正在北京参加全国会试的 18 省 1200 名举人，表示强烈的愤慨。梁启超和康有为等 603 人又联名上书光绪皇帝，反对割台议和。但是腐败无能的清政府还是签署了《马关条约》，爱国者的血泪到头来只是使南国红豆又添了几分相思；台湾同胞呢，他们拼却满腔英雄血，染得宝岛红豆更为殷红。

（四）相思树下望台湾

在台湾和大陆的福建闽南民间，共同流传着一首脍炙人口的歌谣《相思树下望台湾》，唱出了两岸同胞期盼祖国统一的殷切心声：

相思树下望台湾

相思树下望台湾，咫尺海峡一水间。
峡中多少相思泪，夜夜听见涛声咽。
相思树下望台湾，南柯梦魂凭往还，
问君几时返故土，问君何日再团圆。
相思树下望台湾，咫尺海峡一水间，
峡中多少相思泪，夜夜听见涛声咽。
相思树下望台湾。长夜梦魂凭往还，
问君几时返故土，骨肉何日得团圆。

相思树，成了海峡两岸亲人思亲寄情再好不过的有生命力的信物。"台湾相思"这树名是为两岸分离的亲人而取的。它有一缕乡思，一片哀怨，默默思索亲人相思的成因；它也有一种骨气，一瓣归心，殷殷期盼着团圆的明月挂在海峡上空！

在台湾海峡两岸，福建、广东和台湾等地都生长着大片的台湾相思。这种富有传奇色彩和相思寄情的台湾相思树，别有一番独特的魅力，深得两岸同胞宠爱。清明节是个充满回忆和思念的日子，多少年来，两岸离散亲人种相思、寄相思、话相思、写相思、咏相思，逐渐交织成了一种亲情绵绵的相思文化！

与台湾隔海相望的福建东山岛，台湾相思树特别多。新中国建立初期，仅 6 万多人口的东山岛因就因有 4000 多名青壮年被抓到台湾，而形成寡妇村，"八百活寡"在漫漫岁月里苦苦相思。而被迫去了台湾的乡亲们有的至死未能实现叶落归根的夙愿。他们在弥留之际，含泪相求好友采撷"台湾相思"寄回老家，栽种在父母或亡妻墓地旁边，以表孝心和相思之情。

在厦门鼓浪屿，生长着大量的台湾相思树。叶子细细弯弯，像少女的眉毛，春天满树盛开着黄色的小花，风一吹便落英缤纷，犹如少女相思的眼泪。别看它的树干细长，却比那些看上去粗壮的榕树还不怕台风。海峡两岸相思树，海峡两岸焰火红。随着祖国不断地强盛壮大，台湾海峡的波涛一定会化作一道彩虹，迎接从海峡那边归来的同胞！

厦门鼓浪屿岛上，有一座高 18 米、用 265 块花岗岩雕成的郑成功的巨型雕像，他面向着东方，目光永远凝视着这片大海，守望着他曾亲手收复的台湾。1661 年，郑成功率领数万名将士自厦门出发，穿越台湾海峡，登上台湾岛，围攻荷兰总督，击溃敌人从巴达维雅派来的援兵，历经 8 个月的战斗终于收复了台湾。台湾人民为纪念这位民族英雄，在台南市建了一座郑成功祠，同样也竖立了一尊郑成功的雕像。如今，台湾海峡涛声依旧，两岸同胞血浓于水。我们拥有共同的民族英雄，共同的海浪涛声，两岸同胞却只能隔海相望。

闻一多先生的《七子之歌》唱遍全国。有一首名为《台湾》的诗中写道："我们是东海捧出的珍珠一串，琉球是我的群弟，我就是台湾。我胸中还氤氲着郑氏的英魂，精忠的赤血点染了我的家传。……母亲！我要回来，母亲！"

在郑成功的故乡泉州南安，无论在路旁舍边，还是乱石荒坡，常可见到千姿百态的台湾相思树。据说，这是当年许多跟随郑成功收复台湾的将士，把台湾的相思树种子，带回闽南故乡栽种，一代代繁衍生长起来的，郁郁葱葱的相思树林犹如绿色的屏障，围护着一代民族英雄的英灵，海内外慕名前来瞻仰拜谒的人群络绎不绝。许多少小离家的台湾乡亲回到故土家园，相思树唤起他们多少亲切难忘的乡土回忆。难怪台湾相思一年四季都郁郁葱葱，风姿绰约，御狂风，固泥沙，表现出一种固我疆土的本色。

在台湾岛上，漫山遍野的相思树到处可见。据说台湾同胞回大陆探亲，常常不忘带回几片相思树叶，大陆亲人赴台湾观光，也总要摘下台湾相思树叶带回。这寄托的是一份怎样的思念之情！随着历史上海峡两岸的交流交往，台湾相思树也在大陆传宗接代。在福建、广东、浙江沿海地区，无论在路旁海边还是乱石崖畔，贫瘠干旱的荒坡，常可见到百态千姿的台湾相思树。

台湾相思树，成了海峡两岸亲人思亲寄情再好不过的有生命力的信物。每年清明节，台湾居民家属越过海峡来到大陆给亡故的亲人扫墓，都习惯地随身带来台湾相思树，种下对亲人的哀思之情。不论台湾相思树是从大陆传到台湾，还是从台湾传至大陆，这棵美丽的小树已经成为海峡两岸人们心中美好的象征。

（五）文化意蕴和品牌文化

【相思树文化意蕴】"行人难久留，各言长相思。"这是汉代李陵的诗句，更是民间的传统俗谚。我国因为其历史文化的源远流长和人们对情感的寄托，所以赋予了相思树丰富的文化意蕴，令人回味无穷。古老的相思，不仅蕴含爱情、亲情和友情，还有对家国故土的热爱与思念。为了反映这种强烈的相思之情，人们在生活环境里寻求寄托物品，于是就出现了"相思鸟""相思豆""相思树"等品牌名称。相思树也作为这些寄托物之一，体现了相思品牌文化。

【相思树坚贞本质】台湾相思树是坚贞的，即使焚烧成木炭，其本质仍然坚硬，挥发出强势的余热，散发了淡淡的幽香。用相思树木炭烧煮泉水，冲泡功夫茶，品著后令人悠闲惬意，回味无穷。在台风正面吹袭的时候，相思树可以庇护村人，台风过后台湾相思树依然巍然屹立，没有倒下！它木质坚硬，树纹扭曲，不轻言放弃，不轻易就范，这就是相思树的本质。

【余光中与《相思树下》】著名诗人余光中的《相思树下》由南京大学出版社正式出版发行。余光中先生迄今写作发表诗歌作品约千首，出版原创诗集共 19 种。从其中精选 200 余首，依主题编成怀乡、怀古、风物、情爱4卷。各卷书名依次为《乡愁四韵》《翠玉白菜》《你是那虹》《相思树下》，合为《余光中诗丛》。四卷虽各有主题，但多数作品都与文化上的乡愁或中国结相关，相互联系较为紧密，可以视为一体。（余光中，1928年生，福建永春人，曾任台湾师范大学、台湾政治大学、香港中文大学、高雄中山大学教授。对诗、散文、评论、翻译均有贡献。）

【厦门相思古道】厦门相思古道起于梧村山（古称向天狮山）西坡董内岩，止于梧村山后，约800米。古道两旁是漫山遍野的相思树，婆娑互倚着顺着山势向外倾斜，作倾诉状。进古道之前，先见一座始建于明末的紫竹林寺（原名宝山岩寺），据说寺左山麓有一"宝山圣泉"，曾是厦门二十四景之一。泉旁一株三四百年树龄的古榕郁郁葱葱，抚须而立，它或许就是圣泉的化身。这样生机盎然的古榕和满山青葱的相思树如果没有暗流的滋润怎能与日月同寿？古道旁的山岩上有一碑文："此路崎岖险窄，行人每过维艰，是岁甲戌出资修造自董内岩边至向天狮山后止，虽未尽平坦，然亦颇无窒碍，是为志。"落款是"嘉庆二十年乙亥九月张永标勒石"。据此推算，相思古道已有200多岁。

【电视连续剧《相思树》】电视连续剧《相思树》是著名导演孙周，在阔别电视剧行业23年后再次执导的29集电视连续剧。该剧由吴秀波、浦蒲、孙淳、陈数等人主演，制片人郭新强。2008年1月在央视一套黄金时间播出。相思树具有诗情画意的民俗文化，备受众多文学家、艺术家的赞叹。除著名导演孙周拍摄的电视剧《相思树》外，1949年钟泯、邵慕水根据黄宗江同名电影剧本改编越剧《相思树》。著名作家顾伟丽创作了小说《相思树》。他们都以不同的手法描绘与赞颂相思树。

【相思树王】泉州南安市东田镇凤巢村有2棵从隋末生长至今的古树。令人叹为观止的是，其中1棵千年相思树高达30多米，被人们称为"相思王"。据南安市林业及文物保护部门人员介绍，如此高的相思树不仅在闽南地区乃至全国都是罕见的。一进凤巢村，相思树便映入眼帘，古树高达30多米，树干底部周长3.9米，两个成年人都合抱不来。古树虽历经千年风雨沧桑，但仍盘根错节、枝叶繁茂，焕发着旺盛的生命力。更令人称奇的是，相思树上长满了不知名的寄生草和小树，蔚为奇观。据传，隋末此处有一座名叫栖隐院的寺院，僧侣众多，是外地来的僧人为寄托思乡之情而栽种的。离相思树30多米开外，还有1棵从隋末生长至今的榕树，高度在30米左右，其树干特别巨大，胸围长达9.2米。古榕一边的树干因早年遭到雷击，已经枯死。但另一边仍枝叶繁密，覆盖面积达1亩多地。夏日炎炎的时候，这里也成了村民们纳凉的好去处。

（六）相思树的利用价值

1. 园林绿化观赏价值

相思树树冠苍翠绿荫，为优良而低维护的遮阴树、行道树、园景树、防风树、护坡树。在庭园、校园、公园、游乐区、庙宇等，均可单植、列植、群植，尤适于海滨绿化。

相思树开花的季节，那细细弯弯的叶子，像少女的眉毛。一到夏天，满树盛开着黄色的小花，风一吹便落英缤纷，犹如少女相思的眼泪，令人不由得心生怜爱。夏天里是黄色的小花，秋天里是火红的果实，相思树动人的身姿在海风中轻轻摇摆，成为海峡两岸最浪漫的风景线。

在寒冷的冬天，当大部分花木树叶已相继枯萎凋零时，相思树仍枝繁叶茂、青翠欲滴，而且花期长，花量丰富，花色艳丽，花味香甜浓郁，令人叹为观止。因此，相思树值得在园林绿化中大力推广。

2. 环保生态价值

台湾相思树随遇而安的品格，成为我国南方沿海丘陵荒山首选的造林树种。它适宜干燥贫瘠、水土流失地生长，纵使种子被鸟儿吃食，而又随鸟粪排落到半风化的岩层或石缝间，也能安家落户。它的根系深而庞大，落脚到哪里，那里的泥沙就被固定。它的根须还长满根瘤菌，能把空气中游离的氮固定在土壤中增加肥力，故又有"天然小化肥厂"誉称。可贵的是，它一年四季依然那样葳蕤葱绿，风姿绰约，御狂风，固泥沙，表现出英勇顽强的本色。

相思树适应性非常强，在各种环境中都能正常生长，根部有根瘤，有固氮的作用，能把空气中的氮固定下来，形成养分，对增加土壤的肥力很有好处。

相思树耐干旱瘠薄。性喜光喜暖和，对土壤条件要求不高，不论酸性土，沙质土和黏性大的土壤，都能生长；对水分要求不高，不怕河岸间歇性的水淹或浸渍。相思树根深材韧，抗风力、抗虫力都强，十二级台风也难把它刮倒。它根系发达，生长迅速，病虫害少，只要种下去都能成活，稍加管理，很快成荫。

相思类树种具有抗逆性强、抗风耐旱、萌蘖力强等优点，还具有混交的优势，可以防止病虫害的发生，改造林相。相思树防火优势非常明显，在一定程度上能起到阻火作用，能为防患火灾发挥重要的保护作用，即使过火烧掉，主干和基部一般都会萌芽，继续生长。相思树还可作为护堤及沿海绿化树种，用于建立水土保持及防风林带，丰富防护林树种结构，美化护堤及海滨森林景观，实现林地可持续利用。

3. 木材加工和工业原料利用价值

相思树的干、皮、根、枝叶都可利用。树干是一种很好的木材，因为坚韧细密，有弹性，是船、桨橹、车辆、家具、农具、枕木的用材，也是培育白木耳的好材料。树皮含有较多的鞣质，可提取栲胶，是鞣革工业的原料，民间用于鞣染渔网。花含芳香油，可作调香原料。树叶富含养分，可以作动物饲料，也是良好的绿肥。树根可作染料。台湾相思种子还可提取胶质，作胶合板胶粘剂。

用相思树木材制作的产品主要特性是：材质坚韧、细腻均匀、纹理多带黑色，纹理与木节比较夸张抽象，带条状条纹，自然散开；不易开裂，抗菌抗白蚁，耐腐蚀。相思树心材呈黑褐色或巧克力色，高贵典雅，纹理生动，结构均匀，强度及抗冲击韧性好，很耐腐，是良好的家具、农具和特殊的用具用材。

（七）诗赋相思树

相　思

[唐]李商隐

相思树上合欢枝，
紫凤青鸾共羽仪。
肠断秦台吹管客，
日西春尽到来迟。

代别情人

[唐]李白

清水本不动，桃花发岸傍。
桃花弄水色，波荡摇春光。
我悦子容艳，子倾我文章。
风吹绿琴去，曲度紫鸳鸯。
昔作一水鱼，今成两枝鸟。
哀哀长鸡鸣，夜夜达五晓。
起折相思树，归赠知寸心。
覆水不可收，行云难重寻。
天涯有度鸟，莫绝瑶华音。

秋清曲

[明]刘绩

吴纱织雾围香玉，八尺银屏画生绿。
睡鸭揿氤惹梦长，重城漏板声相续。
西风渐渐吹兰唐，云波微茫连洞房。
芙蓉腻脸啼秋露，怨绿愁红俱断肠。
交河万里知何处，咽咻金鸡报天曙。
玉鬃骏马归不归，含情自折相思树。

生查子

[清]纳兰性德

惆怅彩云飞，
碧落知何许？
不见合欢花，
空倚相思树。
总是别时情，
那得分明语。
判得最长宵，
数尽厌厌雨。

相思树

梁启超

终日思君君不知，
长门买赋更无期
山山绿遍相思树，
正是江南草长时。

台湾相思树

憨夫

分离时愈久，愈积相思愁与苦。
隔海长相思，相思泪洒相思雨。
相思泪润土，土地长出相思树。
相思树茂着黄花，花盛吐丝香浓郁。
台湾相思树两岸，枝叶相交花共语。
互吐相思情，互赠好礼物。
但愿两岸合，再无相思苦；
相思泪化香丝雨，再润香思树。

二十一、凤凰木文化

（一）凤凰木特性及分布

　　凤凰木 *Delonix regia*（Boj.）Raf.，别名红花楹、凤凰树、火树、影树、金凤花等，为豆科（Leguminosae）云实亚科（Caesalpinioideae）凤凰木属植物，热带落叶乔木树种。全世界仅 3 种。我国引入栽培的仅 1 种。

　　凤凰木，原产非洲马达加斯加岛等地，据说有欧洲航海家前往该岛，远远看到树花通红，惊呼"森林失火了"。由此，凤凰木得了"火树"之名（Flame of Forest），并以其灿烂夺目的华丽花色、如巨伞般广展的树形、细碎又密集的绿叶之美，传遍了热带各地。

　　凤凰木是马达加斯加共和国的国树，厦门市、台湾台南市市树，广东汕头市的市花，云南开远市市树市花。民国时期广东湛江市的市花，汕头大学、厦门大学的校花。

　　凤凰木因"叶如飞凰之羽，花若丹凤之冠"而名，非常美丽、温馨。高可达 20 米以上，胸径可达 1 米左右，有很高的观赏和利用价值。和许多豆科植物一样，凤凰木的根部也有根瘤菌，且为适应高温多雨的气候，树干基部长有板根，耐旱，可在有盐分的环境中生长，但不耐盐碱。世界热带地区和中国南部及台湾多有引种。

　　凤凰木原产非洲的马达加斯加，为野生濒危物种，世界各地凡适合地区多有移栽或引种，广泛分布于非洲、热带亚洲及暖亚热带地区，主要生长在美国北马里亚纳群岛、菲律宾以及波多黎各等地。在美国，凤凰木还生长在佛罗里达州、夏威夷州、德克萨斯州南部的瑞欧格兰山谷、亚利桑那州及加利福尼亚州的沙漠地区、美属维尔京群岛和关岛。凤凰木在加勒比海及澳大利亚等地区亦有大面积栽植。在印度凤凰木被称为高莫哈树（Gulmohar 孔雀花）。在马来西亚，还可看见开黄色花的凤凰木。中国台湾、海南、福建、广东、澳门、香港、广西、云南等地也有引种栽培。

（二）凤凰木引种和栽培历史

　　【中国引种历史】凤凰木何时传入我国，有不同看法。何家庆著的《中国外来植物》认为最早于 1897 年引入台湾。而吴中伦等编著《国外树种引种概论》和詹志勇著《细说洋紫荆》则说是 16 世纪由澳门引入。吴著还谈到："最初传入，可能先引种到澳门的凤凰山，故名凤凰木……《植物名实图考》即有记载。"《植物名实图考》吴其浚印行于 1848 年的植物学名著，其中关于凤凰木的有："凤凰花，树叶似槐，生于澳门之凤凰山"。无独有偶，书中提及的澳门凤凰山，正是当时不少中国植物转运国外的中转站。因此，厦门乃至中国其他地方的凤凰木极有可能是从此处引进的。因此有关专家进一步推断认为，凤凰木之所以称为"凤凰"，是因为它种植于澳门凤凰山，而非现今人们所认为的花、叶形似凤凰。毕竟凤凰本身，也只是传说中的形象。另据柯秉刚《澳门凤凰花正艳》："最早把凤凰木移植到澳门的是葡萄牙人，凤凰木栽在澳门的凤凰山上，也即现在的白鸽巢公园。"若凤凰木16世纪就传入澳门，则澳门凤凰山的凤凰木，也有近400多年历史(1557年葡萄牙人取得澳门居住权；1887年12月1日，葡萄牙占领澳门，澳门开始被葡萄牙强行租借)。就目前所知，迄今存活最老的一棵凤凰木古树，是清乾隆三年(1738)植于海南儋州东坡书院的那棵，历270余年沧桑，仍生机蓬勃，可能也是引种于澳门。如是，则与16世纪引入中国的说法较接近。台湾自1897年至20世纪初三度引进栽种，使得台湾到处可见凤凰木，尤其是气候"四季如春"的台湾南部。

【厦门凤凰木引种历史】厦门的凤凰木可能是由澳门引入，至于何时、由何人引进，尚无法考证。据民国《厦门市志》："(凤凰木)民国初，厦门始有。"新编《厦门市志·卷五城市建设》说："厦门行道树种最早用凤凰木(公园东、西、南路等)，部分用木麻黄(厦禾路)。"《厦门市志》中，还有一段这样的描述："民国十五年至二十二年间，公园南、东、西路开始种植凤凰木100多株。"寥寥二十几字，却成了可考证的有关厦门最早种植凤凰木的文字资料。同样《厦门市志》还记载，新中国成立前，厦门市区的行道树不超过200株，由此可见，凤凰木早在80多年前，就得到了厦门民众的青睐。厦门的植物专家曾在厦门大学植物标本馆查到产于厦门的标注1923年的凤凰木标本，可见早在1923年以前厦门就已经有种植凤凰木，这比《厦门市志》的描述又早了许多年。可见福建厦门引种栽培已有约100年历史，凤凰木已成为厦门近现代文化不可或缺的一部分。福建漳州和泉州一些地区也有栽培或生产凤凰木种苗。福州曾有过试种，却未见开花者，故没有发展。近些年厦门植物园与厦门华侨引种园都已成功地从巴西引种黄花凤凰木。

【凤凰木太空育种】国内外百年来对凤凰树品种的选育和改良工作没有突破。国内仅在提高种子发芽率和栽培等方面做过一些试验与研究，至今仍以采种或购种播种育苗的方式，满足各地园林绿化苗木需求。厦门市凤凰木太空诱变育种始于2006年，结合2005年开始的福建省太空水产育种研究进行。为纪念厦门市树凤凰木命名20周年，省水产研究所在第22颗返回式科学与试验卫星上，在开展水产太空育种实验的同时，也搭载了凤凰树种子2颗，在太空遨游了18天后，落户鼓浪屿厦门华侨亚热带植物引种园种植。这两颗太空种的"母树"，位于鼓浪屿轮渡广场上。太空种返回后，并在母树旁立碑纪念。据调查，这2颗太空种子只1颗发芽，在温室中培育了1年之后，2007年3月，将1米高的幼苗植于园中，半年后已长成3米多高的"小巨人"。

(三)凤凰木的传说

传说常常是对许多自然现象的意识化，可以解读反映前人的人生观、价值观以及他们就自然环境传达给子孙后代的信息，从而了解历史文化的变迁。凤凰木(或花)传说和记述，正反映这种信息和变迁，与现代的凤凰木文化是一种传承。

【厦门鹭岛的传说与文化】传说中的厦门岛，很早以前寸草不生，荒无人烟。一群南归的白鹭爱上这个小岛，定居下来。白鹭们用自己的嘴啄、爪挖来开拓自己的家园：挖出许多泉眼，让清泉水流淌，衔来花草种子，播撒在岛上，让绿草葱葱百花齐放；引来许多鸟儿筑巢，蜜蜂、蝴蝶采集花粉，荒岛变成得热闹非凡，五彩缤纷。然而白鹭们的努力成果却遭到盘踞在东海底下的蛇王嫉妒，欲霸占这个由白鹭们建设的美丽小岛，于是率领蛇妖兴风作浪发动战争。经过一场殊死搏斗，领头的大白鹭王重创蛇王，赶走了蛇妖，但大白鹭王也身受重伤。后来在大白鹭王受伤时流过鲜血的那一块土地上，长出一棵挺拔的大树，那树上伸出的枝叶就像大白鹭王张开的翅膀，树上开的花，也像大白鹭王流过的鲜血一样火红。这种树木，就被称"凤凰木"，这种树开的花，就称"凤凰花"。从此厦门岛就有了凤凰木和凤凰花，从此厦门岛就有了新名字——"鹭岛"。

这个民间传说故事，虽不过是近代以来民间智者的虚构，但却寄托了人们对白鹭，对凤凰木，对大自然，乃至对厦门岛的热爱和歌颂，对建设厦门，维护厦门生态环境的贡献和怀念。1986 年 10 月 23 日，厦门市人民代表大会第 23 次会议通过的白鹭为厦门市市鸟，凤凰木为厦门市市树，三角梅为厦门市市花，厦门市鸟、市树、市花的评选通过，也与这个美丽传说有着难以割舍的渊源关系。市鸟、市树、市花，是厦门文化的概括，显示了近代以来中西文化交流、"延平文化"海纳百川的特色。（"延平文化"即郑成功为代表的历史文化，郑成功封号延平郡王，1927 年在鼓浪屿辟建延平公园，作为永久纪念这位民族英雄的标志）延平文化是闽台纽带，有两个鲜明特征，一是反对外来入侵，二是对外开放，经济和文化联姻，兼纳并存。市鸟、市树、市花，代表着这种精神，以及人文社会和自然环境的和谐美好。

【南宁——凤凰城的传说】很久以前，南宁也称"五象城"，因传说五头神象帮助人们耕作，驱除猛兽而名。接着这块美丽的地方又引来一只非常热爱这片土地的凤凰，为防止野兽袭击，它飞到高高的青石顶上，配合大象，承担起瞭望放哨的职责。后来为纪念大象对这里的开拓者难以忘怀的帮助，在凤凰站立的地方修了"五象"塔，这只凤凰从此也就站立在"五象"塔上，不再飞走了。凤凰是吉祥鸟，人间美好的象征，从此南宁不仅多了个凤凰城的别称，也就有了枝叶繁茂，花闹枝头的凤凰木。凤凰木，本是外来树种，由于老南宁人的热爱和这个传说，早已融入南宁文化，成了南宁民间文化的一部分。

【台南市徽】第二次世界大战后，光复回归后的台南市的市徽，1969 年，由市民苏仲民设计，其背景为凤凰花瓣，寓意吉祥美丽和繁荣。台南历史上为郑成功收复台湾后的首府，市内普遍种植凤凰树，有凤凰城之称。凤凰花又是台南市市花，因此以凤凰花作为市徽背景。凤凰花与凤凰城之别名相得益彰，彰显台南深厚的凤凰木历史文化……

（四）凤凰木诗歌散文及文化意象

郭沫若《百花齐放》，张爱玲《倾城之恋》描写过凤凰花，姜育恒、陈楚生、张明敏等众多的歌者唱过凤凰花，花与诗的研究者徐初眉在《花语诗韵》中说："蓝天白云下衬此景树，见后令人终生难忘。"很多文艺作品都有它的身影。厦门国际马拉松赛之所以摒弃原有的吉祥物"小浪花",选择市树、市鸟、市花为厦门国际马拉松赛的吉祥物,是希望通过大家熟悉的市树、市鸟、市花来表达厦门的人文精神。凤凰木、凤凰花象征吉祥如意,民间留传将凤凰树植于门前有鸿运和生意红红火火的好兆头。

在能够查阅到的许许多多散文和民俗小品中,都记载着许多老年人在凤凰木的树影花光下绵长的回忆,也荡漾着许许多多年轻人的梦想和爱意;美丽、绯红与祥和是凤凰木的形象,热情、坚韧、顽强是凤凰木的性格,凤凰木以鲜红盛大的花色使人炫目、引人抒写。

【寓意长寿健康】论述凤凰木长寿的资料极为少见,唯澳门人情有独钟,除花的惊艳魅力外还在于喜爱凤凰木有较长寿命,常见两三百年古树仍枝繁叶茂繁花似锦,且有很强的萌芽力。树木专家也认为,若不受病虫危害侵扰,凤凰木寿命较长(在现代科技条件下,病虫侵扰是可以预防的)。柯秉刚在《凤凰花正艳》散文中说,在澳门凤凰山,现在人们难以见到凤凰木的子孙辈,然而要想见见它的祖公祖婆则绝对有机会,从公园大门进去,人们就会发现一株树龄最高的凤凰木。这可能就是澳门人喜爱的长寿凤凰木,"尽管有骄阳高照……树高叶密,经过过滤的海风徐徐吹来,少了狂躁,多了凉爽。"此外长寿凤凰木,还有前述植于海南儋州东坡书院者。在厦门台风常袭,花落虽无以重发,但被折断的枝头却极易重新泛绿;许多隐于街巷或庭院的凤凰木,比之路边的其他行道树,枝叶往往更繁茂,躯干也更粗大,或许这正是生命力的彰显,特别是花开时节,更给人以蒸蒸日上的意象。

【美丽、青春、热情、美好和生命象征】散文家曾这样描述:"凤凰花恣肆烂漫、云蒸霞蔚般的浓烈、艳丽,美得令人心颤,美得富有诗意"。"凤凰木恣纵开花,热情胜于六月骄阳。"凤凰花开,起初只是一点点的羞涩的红,之后是灿烂的满天红,到最后依旧是倔强无比的残红。哪怕是被暴风雨打蔫了、吹残了,落在地上,红心依旧,或"凋而不败",留在树上。坚强的身躯更是傲然屹立,感天动地,因而使人铭记。凤凰花,不是花中的"高帅富",却是花中的"真善美"。在热带南方的水边、园中、院中,树冠翠绿,滋养的是水;花影婆娑,沐浴的是火,红彤彤的一身,洗净了世间的尘埃,洗净了人间的烦恼,透着热情,透着亮丽,也象征着美好、积极的人生。

凡间的花,都是开给人看,供观赏的,只有凤凰树上的花,给人感觉它是一种精神,一种心意,一种情感寄托。

凤凰花更主要的还是青春的象征,诗人吟过,歌手唱过。吟唱过的歌和诗如《你可曾看过凤凰花》《凤凰花》《凤凰花季》《凤凰花又开》《毕业纪念册》《凤凰花开的路口》以及《骊歌》《青春骊歌》,还有《毕业生》《久违的事》《凤凰树》……缘于在南方青年心目中,凤凰木有着特殊意义的年少青春意象。清新舒展的绿叶,如学生年华;炽烈淋漓的红花,像少年热血,似少女红颜;热力激情张扬奔放,也有点年少不经事,又分明带点青春时的浓愁;尤其花期主要开在五六月,临近学期结束乃至毕业,难免触目惘怅。

凤凰花是青春的花,浪漫的花。涌动着青春活力、缤纷的理想和热烈的追求。美丽的花前月下,有着许许多多情侣的缠绵倩影、许许多多甜蜜、动人的爱情传说。凤凰花的大红之花,是吉祥之花,是人们追求美好生活的象征。

凤凰花又如"凤凰涅槃"以生命和美丽的终结换取人世的祥和与幸福。通过花落叶枯经受轮回，又以更美好的形态获得重生，向人间撒播美丽。

【离别思念的情怀】张集益《树木家族——台湾树木的写真记录》中说，"凤凰花对学子而言，充满离愁感伤""在校园内总要种上几棵，才有味道"，凤凰花为离别染上祝福的颜色。

在厦门大学，几乎每个学生的心中，都有凤凰花情结。这是因为厦大校园里的凤凰木，花开两季，一季在6～7月，送走老生；一季则在9月，迎来新生。也因此凤凰花被赋予离别、思念的花语。情到深处，有感而发的还有：凤凰花像是"厦大毕业生开的花"，在厦门生活过的人的一种心灵文化……

（五）凤凰木景观文化

凤凰树高大挺拔，冬天落叶，春天吐绿，夏天开花，枝秀叶美，是典型的南国树种，有重要的观赏价值和景观文化。

陈策在《华南优良园林树木图谱》中这样描述："凤凰木是重要的观花乔木，开花的时候，绿树红花，丽极一时，十分壮观，是南国一大佳景，给人以盛夏富丽堂皇之感"；"因其叶如飞凰之羽、花若丹凤之冠而得名。每当盛花季节，红艳悦目，远望如烽火当空，故有'火树'之称。"凤凰木的美丽灿烂由此可知。

凤凰木鲜红或橙色的花朵配合鲜绿色的羽状复叶，被誉为世上最具鲜艳色彩的树木之一、著名的热带观赏树种。我国南方城市绿化、植物园和公园栽种颇盛。在百花竞艳、万木争春的大好春光里，凤凰树却长期休眠，宛如不知有春，直到绿肥红瘦之际，才初展新羽露娇翠，给人以初夏的清新感受。凤凰木总是在五月的夏天，长满了有如飞凤之羽的叶子之后，才烘云托月般地开出一身的花来，像是在迎接一年之中，最热烈的季节到来。盛夏，花红叶艳，满树如火，给人以盛夏的富丽堂皇之感。同时在凤凰花开的日子里，花落而色不凋，天上地下，绯红一片，景致独特，煞是好看。经历了仲夏酷暑的洗礼后，凤凰树以串串果实迎来了金黄灿烂的秋天，饱满而坚实的凤凰果，富有顽强的生命力。凤凰木适合园林、行道树、庭院、水滨、广场等处种植，绿化、美化、香化环境。

在热带和暖亚热带，凤凰木和凤凰花、景观丰富多彩。在菲律宾、马来西亚，靠着海边古老的凤凰树观赏太平洋上最美丽的日落，这一刻将会成为刻骨铭心的记忆。在太平洋上的度假胜地塞班岛（太平洋岛屿美国托管地的首府）凤凰树遍地，每年4～8月，凤凰花竞相绽放，灿烂热情，美不胜收。塞班岛的海滩大道两旁，一律是高大挺拔的凤凰树，坐上敞篷小汽车，在海滩大道凤凰树的树阴下缓缓行驶，抬眼便是火红的烧开来的凤凰花，浪漫至极。

在厦门市的夏天，凤凰花随处可见，像市府大道、白鹭洲周边、公园路、湖明路、莲花二村、中山公园、厦大校园、海沧大曦山公园凤凰木绿道等地，都是观赏凤凰花的好地方，如火如荼的凤凰花，就像热情好客的厦门人，欢迎八方宾朋。特别是故宫路，旧时就种有不少凤凰木，曾是儿童天然的乐园。2004年起，厦门举办凤凰花旅游节（5月），每两年1次，进一步推广凤凰木文化。

台南市昔有凤凰花城的美名。六月盛开的凤凰花，给人以醉梦惊醒却又如醉的感觉，满街满巷的凤凰木，似烧着火一样。

台南的东丰路，一路蔓延的橙红景致美不胜收，成为许多人慢步树下绿阴、欣赏花期的最佳景点。此外，初夏时节前往台南，还可顺着安平运河沿岸观赏水色与花景结合的美丽图景。

澳门的凤凰山，因在清代时遍植凤凰木而名。山上的凤凰树枝叶密布成荫，亭亭如盖，长椭圆形羽状小叶宛如凤凰羽毛，远远望去，犹如一群风姿绰约的凤凰栖息于山巅。葡萄牙人入侵澳门后，葡萄牙富商马葵士在此处修建寓所，因此君酷爱饲养白鸽，栖于檐宇，远观若巢，又名"白鸽巢"。后来此处辟为公园就称白鸽巢公园至今，这里的凤凰花是夏天人们休闲观赏的重要景致。

凤凰木在珠江三角洲人称"龙船花"，广泛种植于学校、乡村、城市主干道旁；在侨乡开平、台山碉楼星罗棋布的乡间，艳丽的凤凰树与承载着华侨历史文化的碉楼交相辉映，成为一道独特而亮丽的风景线。潮汕人习惯称凤凰花为"金凤花"，作为汕头市花，潮汕人还按金凤花的形状制作金凤坛，现为汕头的八景之一。金凤坛上的大型雕塑为"金凤花"，直径28米，高11米，雕塑上由一朵艺术夸张变形的金凤花瓣和花蕊组成喷泉，日间珠玉四射，夜晚五彩缤纷，从空中俯瞰活脱脱的就是一朵漂亮的凤凰花。10多年来，深圳的绿化，广种凤凰木作行道树与景观树，东湖公园、洪湖公园、莲花山公园、华侨城生态公园等都是观赏凤凰花的好地方；莲花山公园的东南面坡地种植有上万株凤凰木，凤凰木花开，满山红遍，形成非常壮丽的自然景观。而东湖公园的杜鹃园旁，河对面有1棵很大的凤凰木则花开得声势浩大，绚丽壮观。

海南多奇葩，令人惊艳的则是凤凰花。5月是南海休渔季，一艘艘渔船回到三亚市三亚河上，盛开的朵朵凤凰花，映衬着渔船，仿佛一幅美丽的风情画。这时三亚市的山地、林间、田园、公园、街道，放眼望去，似乎都是凤凰花绽放的世界，"木棉树花开红了半空，凤凰树花开红了一城"（现代资深记者、诗人郭小川诗句）那是红的铺天盖地的花海。

入夏云南开远市的凤凰花在每棵树上绽放出来，把一条条街道变得如活泼的火龙，将这个滇南城市衬托得热烈非凡。西双版纳热带植物园内有"热带三把火"：即火焰花、木棉花、凤凰花。凤凰花开，是大自然赋予人类一个相当有品位的花之盛事。美丽飘逸的凤凰树，在西双版纳每年4月迎着傣历新年花开枝头，像火，像晚霞，一直燃烧到9月。那里的老人们至今还记着一件令人难忘的往事：1961年4月13日（泼水节），在曼听公园火红的凤凰花树下，周恩来总理兴致勃勃地换上傣族服装，手持银盆与各族人民泼水祝福……

广西南宁市有凤凰城的别称，在许多老南宁人的记忆中，与这个别称相伴的还有20世纪50~60年代满城的凤凰木。每年凤凰木开花时花盖绿叶，火红的花朵犹如涅槃的凤凰一般壮美。浦北县白石水镇碧水山庄里生长着1棵高大挺拔的近百年凤凰树，美得令人流连忘返，从每年的4~8月美丽不断延续，由写意画般的枝丫、火红的花、茂密的叶子、尺把长的豆角，这时的树上既有花，也有叶和扁豆角，美丽得令人魂牵梦萦。此外台中、海口、广州黄花岗公园、肇庆、南涧彝族自治县等都有迷人的凤凰木和凤凰花景观。

（六）凤凰木的利用价值

1. 生态环保价值

凤凰木树冠伞状横展而下垂，扁圆而开展，且浓密宽大而招风，担任着保湿保温、增肥，遮阴和吸附汽车尾气等重要角色。

（1）保湿保温增肥和防风作用。在盛夏，1棵7~8厘米胸径的凤凰木小树，最大冠幅可达8~10平方米，其每年落叶量约3.1公斤，提供良好的地表覆盖，起到保土、改善土壤有机质含量和结构、增加土壤肥力的作用。凤凰木根系有固氮根瘤菌，在干旱、贫瘠的沙壤地也能良好生长。凤凰木根系发达，基部有板状根，抗风能力强，在沿海狂暴的飓风中坚韧、刚强、尽心尽责，守护着南国这一方净土。

（2）行道树遮阴和小气候效应。凤凰木树冠遮光率在50%~70%之间，因树木分枝较多，遮阴效果比较均匀，且通风好，树冠内温度比外界裸露处低3~6℃。夏季凤凰木覆盖之地，温度一般维持在23~28℃，树冠内相对湿度比外界裸露地高10%~20%。

（3）吸附汽车尾气的作用。据福建林业科学院厦门城市林业研究所对凤凰木、羊蹄甲、杧果树和高山榕等厦门行道树，在吸附汽车尾气产生的一氧化碳（CO）和颗粒物方面的研究，比较分析结果：能力最强的是凤凰木，吸附率为28.5%；其次为杧果树22.5%，高山榕21.5%，羊蹄甲15%左右。

2. 木材及花果的利用价值

凤凰树木材致密，质轻有弹性，可作为家具、用具、板材、造纸原料及户外防腐木、防腐地板、庭院花架防腐木等。花主要用于观赏，凤凰花的醇和水提取物可灭蛔虫。凤凰木的荚果（豆荚）微弯呈镰刀形（像一把弯刀），扁平下垂，秋末（11月）果熟后木质化，呈深褐色，长30~60厘米，在加勒比海地区还被用作敲打乐器，称为"沙沙"或"沙球"。据年长者的回忆，在20世纪50~60年代，调皮的孩子会爬上树摘下"弯刀"嬉戏，不失为孩子们难得的玩具（南宁市）。在西双版纳，凤凰木的花瓣和果肉还是孩子们喜爱的"零食"（花瓣带有酸甜味），称果荚为"马刀"，每次摘到马刀后，孩子们都会扮成骑兵开始作战的游戏，马刀伴他们度过儿时的幸福时光。

3. 药用价值

凤凰木的化学成分：木材含β-谷甾醇、羽扇豆醇、槲皮素、脯氨酸、赖氨酸、丙氨酸、缬氨酸、酪氨酸、葡萄糖、半乳糖和鼠李糖；树皮含赤藓醇、羽扇豆醇、β-谷甾醇；花含β-谷甾醇、葡萄糖苷、三十一烷、三十一醇、原儿茶酸、槲皮素、类胡萝卜素；花芽含2-酮戊二酸、草酰乙酸、二羟乙酸和丙酮酸；种子含半乳甘露聚糖。

凤凰木的树皮，性味甘、淡、寒，归肝经，平肝潜阳。用于治疗肝阳上亢、高血压、头晕、目眩、烦躁。凤凰树叶浸出液，对赤拟谷盗（一种害虫）生长有抑制作用，还能引起其幼虫重量减轻、体积减小、发育差，导致幼虫和蛹大量死亡。茎皮的水提取物，对猫和猕猴有催吐作用及中枢神经的抑制作用。花的醇和水提取物有灭蛔虫作用。但凤凰花和种子有毒，误食种子中毒，会有头晕、流涎、腹胀、腹痛、腹泻等消化道症状。

(七)凤凰木与名人文化

【郭沫若的"凤凰花诗"】据《郭沫若年谱》，郭老从未到过澳门，然而他在1958年写的一本名为《百花齐放》的诗集，以100种花卉入诗时，竟然把澳门的凤凰花列入其中。全诗如下：

> 我们是大乔木，原名本叫攀霞拿，
> 种在澳门凤凰山上，故名凤凰花。
> 干和叶都像马缨花而比它更大，
> 花满枝头，周年开放，高攀着云霞。
> 花冠五瓣，面红背黄，凑集在一团，
> 结成长条荚果，每超过一尺有半。
> 清晨迎风畅开，花落后色不凋残，
> 你看，天上地下真个是绯红一片！

【张爱玲与凤凰木】张爱玲就不止一次写到凤凰木。《倾城之恋》中的白流苏与范柳原流落到香港，在浅水湾，他告诉她，这种英国人称为"野火花"、广东人称为"影树"的"南边的特产""它是红得不能再红了，红得不可收拾，一蓬蓬一蓬蓬的小花，窝在参天大树上，壁栗剥落燃烧着，一路烧过去，把那紫蓝的天也熏红了。"然后，"他们似乎是跌到镜子里面，凉的凉，烫的烫，野火花直烧上身来。"——那是乱世男女的情欲之花，虽是彷徨的燃烧，最后也终能在同样轰轰烈烈的战火中爱情落定。在张爱玲笔下，在这场传奇中，凤凰木从盛开到归于沉寂，见证着他们情感发展的整个过程。

二十二、刺桐文化

（一）刺桐特性及分布

刺桐 *Erythrina variegata* Linn.，别名山芙蓉、空桐树、木本象牙红、海桐，为豆科（Leguminosae）刺桐属植物。

刺桐原产于印度、马来西亚、西印度群岛、非洲东南部及北美洲等地。唐宋以来，福建有多地引种，但栽培得最多的是泉州，自古以来称泉州城为刺桐城。台湾的刺桐源于泉州。明末郑成功收复台湾，带去刺桐，并在台南建半月城，刺桐花至今仍在台湾岛上盛开。目前，我国福建、广东、广西、海南、台湾、浙江、贵州、四川、江苏等地均有栽培。

刺桐是一种落叶大乔木，树形似梧桐，枝有黑色圆锥形的棘刺，故称刺桐。其农历三、四月间开花，颜色深红。晋《南方草木状》记："刺桐，其木为材。三月三时枝叶繁密，后有花，赤色，间生叶间，旁照他物皆朱，殷然三五房，凋则三五复发，如是者竟岁。"此树有的叶先萌而花后来，有的先抽花序而后绽出嫩芽。古泉州民间善爱先叶后花的，视之为五谷丰登的瑞兆，称之"瑞桐"；若先花后叶，则视为歉收之征兆。

刺桐树身高大挺拔，枝叶茂盛，喜强光照射，否则开花不良。花期每年3月份，花色鲜红，花形如辣椒，花序颀长，若远望去，每一只花序就好似一串熟透了的火红的辣椒。刺桐的羽状复叶具3小叶，小叶长宽15～30厘米，宽卵形或菱状卵形，早春枝端抽出总状花序，长15厘米，花大、蝶形、密集，有橙红、紫红等色。荚果壳厚，念珠状，种子暗红色。适合单植于草地或建筑物旁，可供公园、绿地及风景区美化，又是公路及市街的优良行道树。刺桐木材白色而质地轻软，可制木屐或玩具。刺桐树叶、树皮和树根可入药，有解热和利尿的功效。

刺桐属植物约200种，常见的观赏种还有龙牙花（*E. corallodendron* Linn.），又名珊瑚刺桐、象牙红，为灌木或小乔木，羽状复叶具3小叶，叶片较小，长宽在3～10厘米，稀疏总状花序，花深红色；鹦哥花（*E. arborescens* Roxb.）又名刺木通、大叶刺桐、乔木刺桐，小乔木，羽状复叶的3小叶较大，长宽在8～20厘米，顶生小叶近肾形，侧生小叶宽心形，花密集生于总状花序顶部，鲜红色。

刺桐是福建泉州市的市树、市花，是泉州人心中的树。无论离乡背井、漂洋过海，只要一看到刺桐，只要一想到刺桐，就会想念故乡，就忧如看到父老乡亲。远走他乡的游子总忘不了花团锦簇的故乡。刺桐也是闽南人心中的一种乡愁。泉州人黄新民在《刺桐树——泉州人》一文说："刺桐花如此摄人心魄的美，促使我以近乎虔诚的态度去观察它。它的花形简约，色彩淡雅。每朵花只有5片绸片般润泽的瘦长花瓣，看起来高雅精致。"五代时期泉州人刘昌怀赴京赶考，在京都留下了思乡的佳句："唯有夜来蝴蝶梦，翩翩飞入刺桐花。"

（二）五代节度使留从效环城遍植刺桐

刺桐城是福建泉州的雅号。泉州港古称刺桐港。清道光《晋江县志》载："（泉州）子城环植刺桐，故曰刺桐城。"

刺桐高大繁茂、花红似火，成为泉州一大特征而名闻中外。因此，刺桐花被定为泉州市花。寓意；红红火火，吉祥富贵。《闽产录异》："刺桐产泉州。官廨、书院处处植之。"

至和年间（1054～1056年），僧洞源《泉南录》载："刺桐花，泉州有之，故谓之刺桐城。"

刺桐原产东南亚，南北朝时由泉州商人从海外带回，广为传种，后来发展到"南海至福州皆有之，丛生繁茂"。唐朝宝历二年（826年），泉州郡牧乌重儒曾筑十里沙堤，夹植刺桐。唐代曹松《送陈樵书归泉州》诗中有"帝都须早入，莫被刺桐迷"。

五代时，留从效被南唐国封为清源军节度使（后封晋江王），拥据漳泉二州达一十七载，对泉州城垣重加版筑，"旁植刺桐环绕"。自此以后，刺桐与泉州更是结下不解之缘。这种美丽得叫人心醉的花，红遍古城。

张文璟在《千家罗绮管弦鸣　四海皆知刺桐城》一文中指出：唐末五代以来，中原经济残破，北方人士大量南迁，王潮、王审邦、王审知兄弟入闽就是其中最大的一支，形成了两晋以来汉人移民入闽的第二次高潮。而泉州在王审邦、王延彬父子以及留从效和陈洪进相继主政下，"境内升平"，人口大量增加。

唐代时期的泉州城，周围只有三里，设四城门，即东行春、西肃清、南崇阳、北泉山；唐天祐年间扩大西城门。而在南唐保大四年（946年），留从效又建罗城和翼城。城高1.8丈，城门从4个扩大到7个，包括东仁风、西义成、南镇南、北朝天、东南通淮、西南通津、临漳，范围从3里扩大为20里，为唐城的7倍。

五代时，泉州的海外交通贸易继续发展。闽王王审知重视海外贸易，注意招引"海中蛮夷商贾"。其子王延彬治泉时，多发"蛮舶"。后来，留从效主泉时，为适应海外交通的日益发展，扩建了泉州城，并在城的四周环植刺桐。

据《八闽通志》《宋史·漳泉留氏》一文所述：留从效（906～962年），字元范，福建泉州永春人。幼年丧父，以孝顺母亲、尊敬兄长名闻乡里。很喜欢读书，尤其喜欢读兵书。留从效出身寒微，了解百姓疾苦。留从效在泉州一心把勤俭养育百姓作为该做的事情，平时穿一身布衣，将公服放在衙门的中门旁边，外出和处理公务时才穿上。经常说我向来贫贱，不可忘本。泉州城市狭窄，教百姓拓宽街道，兴建高楼。辖区内很平安，百姓很爱戴他。每年秋天都举行考试取明经、进士，称之为"秋堂"。宋初，从效就上表自称藩属国，贡奉不绝。宋太祖遣使厚赐留从效，并加慰勉，泉、漳二州得以安宁。宋建隆三年（962年），从效背发疽病故，享年五十七。留从效家眷爱赤湖山水之胜，定居枫亭之赤湖，后人把留从效居住之所，称曰"留宅"，沿用至今。

北宋仁宗天圣甲子（1024年）进士吕造，赋有《刺桐城》诗云：闽海云霞绕刺桐，往年城郭为谁封？就是说的留从效环城遍植刺桐的事。历来多有赞颂。

(三)《马可·波罗游记》以刺桐称泉州

9世纪的阿拉伯地理学家伊本考尔大贝，在他的著作中介绍中国的贸易大港，自南而北的排列顺序是：一交州，二广州，三泉州，四扬州。以后又有变更形成了广州、泉州，明州(宁波)三港竞争的局面。北宋初期，三港以广州最盛，明州次之，泉州居后。北宋中期，泉州港开始赶上并超过明州，跃居全国第二。南宋初年又逐步赶上广州并驾齐驱。到了南宋末年，泉州港一举超过了广州执全国对外贸易之牛耳，进入极盛时期。直至元代，泉州港还一直领先于国内诸港。

元代，意大利旅行家马可·波罗于1292年初从泉州起航离开中国。归后在其《马可·波罗游记》(也称马可·波罗行记)中，亦以刺桐称泉州。《马可·波罗游记》记述："宏伟秀丽的Zai tun(泉州)是世界上最大的港口之一，大批商人云集这里，货物堆积如山，的确难以想象……"，就是以刺桐的音译来称泉州。可见当时刺桐别名的应用甚至超过泉州本名。

福建泉州原称刺桐港，就是当年有太多的刺桐树。从晋朝开始，城内就遍植刺桐树，有刺桐城和刺桐港的美名。当年郑和下西洋就是从这里出发的，这里曾经是中国与外国文化交流和经济贸易的重要窗口和枢纽。马可·波罗有这样的描述："阿拉伯的港口有任何一艘满载香料、药品和珍宝的船驶向天主教的世界，就一定有十艘在驶向中国的刺桐！"这里说的刺桐就是刺桐港，即如今的泉州。刺桐就这样从文化的角度嵌进了历史。

14世纪中叶，摩洛哥旅行家伊本·拔图泰在其游记中也写道："刺桐城的港口是世界大港之一，甚至是世界上最大的港口。"这两位中古大旅行家所说的"刺桐港"，就是我国福建的泉州港。

马可·波罗此行是从行在(杭州)出发，经信州(江西上饶)进入福建，然后从格陵(建宁)、武干(尤溪)、温敢(永春)而后到达泉州的。当时，泉州正处在对外通商贸易的全盛时期，外国商人、传教士、旅行家接踵而至，亚非各国商船也频繁出入，一片繁荣景象。其繁荣兴盛可与亚历山大港媲美！泉州的"刺桐缎"畅销于南洋、印度和欧洲。迪云(德化)制造的碗及瓷器既多且美。泉州的对外贸易营利很高，政府可得巨额税收，是元朝国库收入的重要来源之一。在当时，泉州等地还使用纸币，是重要的流通媒介。马可·波罗离开泉州后，一路上历尽艰辛，辗转了两年多才到达目的地——波斯，而后又海陆兼程，于元贞元年(1295年)才到达了久别的故乡意大利的威尼斯。

为纪念710年前意大利旅行家马可·波罗，泉州市建造了一座马可·波罗纪念钟楼，千年古港增添了一处永久性的标志建筑。此次建成的纪念钟楼高15.88米，由4根罗马石柱、自鸣报时四面巨钟、马可·波罗铜像3个部分组成。钟面直径1.292米，寓意马可·波罗自泉州港回航的时间。马可·波罗(Marco Polo)(1254年9月15日至1324年1月8日)。出生于意大利威尼斯，是13世纪意大利的世界著名旅行家和商人。17岁时跟随父亲和叔叔，途经中东，历时4年多到达中国。他在中国游历了17年，曾访问当时中国元朝的许多古城，到过西南部的云南和东南地区。在狱中口述了大量有关中国的故事，其狱友鲁斯蒂谦写下著名的《马可·波罗游记》，记述了他在东方最富有的国家——中国的见闻，特别是对刺桐港（泉州港）的描述，激起了欧洲人对东方的热烈向往，也对丝绸之路的开辟产生了巨大的影响。

（四）刺桐—泉州市树市花

刺桐是中国历史名城——福建省泉州市的市树、市花。

泉州是国务院首批公布的历史名城、海上丝绸之路的起点、东亚文化之都、世界宗教博物馆，联合国教科文组织确认的多元文化中心和文化交流的重要城市。

泉州市市树、市花的评选工作始于1984年年初，由泉州市绿化办等单位联合发出评选市树、市花的征询意见书，并在《泉州晚报》辟专栏，进行历时3个月的专题讨论。在广泛征求意见的基础上，1986年8月，市树、市花评议会在泉州市召开，泉州市各有关部门、知名人士、专家学者参加会议。经票选，到会者同意刺桐树为泉州市市树。但对于市花尚无一致意见。1986年12月的市花评选会议上，市花评选工作扩大到各县区，更广泛地征求意见，会议取得一致看法，将刺桐花和含笑花同时作为泉州市市花。1987年10月，泉州市人大常委会第十一次会议正式通过，确定刺桐花、含笑花为泉州市市花。

将刺桐作为市花兼市树的理由包括：泉州市与刺桐历史渊源极深，引种始于5~6世纪，后广植并发展至极盛时期，泉州被称作刺桐城；刺桐花色艳冠美，深得人们喜爱，并为古今诗人所赞咏；刺桐是泉州市的象征，在泉州生长良好，繁殖容易，适应性强。

马可·波罗在他的《马可·波罗游记》中以他亲眼见到的情况，认为当时的刺桐港（泉州港）比埃及的亚历山大港更为繁荣。刺桐花红似火，成为泉州一大特征，泉州也因此而名闻海内外。因此，刺桐花成为了泉州的一种标志，被定为泉州市市花。它的寓意是：红红火火，吉祥富贵，充满了人们对未来的美好希望。泉州人爱刺桐花，把它作为"瑞木"，历代文人墨客也留下了不少吟咏刺桐花的佳句，有诗云："初见枝头万绿浓，忽惊火军欲烧空。"可见刺桐开花时的壮丽景象。

刺桐树是何时传入泉州？中国海外交通史研究会副会长、泉州海交馆名誉馆长王连茂，泉州海交馆文博研究员陈丽华，以及《泉州学》研究所所长林少川等专家们，介绍了泉州与刺桐结缘之谜。专家们说：从五代南唐保大二年（944年）起，统治泉州的清源军节度使留从效扩建泉州城，环城遍植刺桐。但泉州文史界考证认为，若从史料记载比留从效更早的一些晚唐诗人咏泉州刺桐花树的诗篇来看，晋代《南方草木状》已有刺桐的记载，至隋、唐，泉州种植刺桐，已蔚然成风。唐代诗人陈陶《泉州刺桐花咏》6首中，就有"海曲春深满郡霞""猗猗小艳夹通衢"极言刺桐美景。晚唐诗人曹松《送友人归泉州》提醒友人："帝京须早入，莫被刺桐迷。"说明在晋代开始，泉州已引种栽培刺桐树。5~6世纪，泉州与海外友好往来，刺桐作为观赏植物被引种到泉州更加频繁；9世纪形成栽植刺桐热潮，晚唐进入繁荣阶段。至于五代留从效环城种刺桐，只不过是由官府出面并写入"史书"。

刺桐花朵盛开时像一顶翠盖，照得满树红彤彤。她性耐温热，有50多个品种，由海舶传到我国福建、云南等地。"刺桐适应性强，随便栽植即能成活，一舶运到泉州就很快安家落户了。"古人认为这是吉祥的象征，多栽种刺桐可增添瑞彩。此外，刺桐花色红艳美丽、夏季叶茂浓荫蔽日等优点，博得泉州人民的喜爱。刺桐有刺，还可作住宅、园圃、村子防范的篱笆，这也是古代泉州人喜爱并广泛种植刺桐的原因。

刺桐树是沿着海上丝绸之路传入泉州的。早在南朝时，泉州的港口就与海外交通，刺桐不断由东南亚引种到泉州。唐代，泉州的海外交通迅速发展，当时"秋来海有幽都雁，船到城添外国人"，已是"南海番舶"常至，外商"来往通流"，呈现"市井十洲人"景象。随着海外交通与贸易的兴盛，刺桐从最初由外国商人的零星传入，到晚唐、五代形成竞植刺桐的风气，并进入极盛时期。

庄小芳在《泉州市因刺桐而闻名》一文中对刺桐有感而发：刺桐，刚硬的名字，却有如霞的风姿。泉州因刺桐而闻名，刺桐也因泉州而闻名，刺桐是泉州繁盛时期的象征。每年春末夏初，望不尽风樯鳞集，乘着潮水而来的各国的客人纷纷从后渚港登陆上岸。他们带来异国的明珠、珊瑚和香料，摆在异乡的街上，与美丽的刺桐树交相辉映。他们被这样的人民感动了，同时惊叹刺桐的美丽，便将对它的盛誉传到了恒河、幼发拉底河、尼罗河，传到了世界的各个角落。

泉州市现已建成刺桐公园。公园以刺桐树命名，刺桐作为骨干树种，辅以榕树、芒果、盆架木等树种，将乔灌花草融合一体，通过丰富空间层次和色彩达到植物造景的艺术效果。春天，一树树灿若云霞的刺桐花绽开热情似火的笑容，美不胜收，置身其中，令人流连忘返。刺桐公园位于泉州市丰泽区刺桐路和津淮街交汇处的西北侧，属休闲娱乐的公园，占地面积 3.67 公顷，于 1995 年动工建设，1997 年建成投入使用。公园位置适宜，交通便捷，是一处休息游玩的好场所。公园充分利用花草、树木、水体、建筑小品、地形处理等构园要素，采用自然式和规划式相结合，叠山理水的造园手法，将时代特点和传统内涵融为一体，营造出了具有典雅别致风格的园林景观。

（五）刺桐风俗典故

【**刺桐计时**】在古代，沙漏时钟记载着光阴的流逝。但是你听说过用刺桐来计时吗？刺桐曾被一些地方的人们看作时间的标志。比如有史料记载在 300 多年前，台湾山里的平埔族同胞们没有日历，甚至没有年岁，不能分辨四时，而是以山上的刺桐花开为一年，过着逍遥自在的生活。日出日落为一天，花开花谢又一年。这样自然美丽的时钟带着淳朴的乡趣，也是人们心中的图腾所向。

【**刺桐花开测丰年**】在我国一些地方的民俗里，人们曾以刺桐开花的情况来预测年成：如头年花期偏晚，且花势繁盛，那么就认为来年一定会五谷丰登，六畜兴旺，否则相反；还有一种说法是刺桐每年先萌芽后开花，则其年丰，否则反之。所以刺桐又名"瑞桐"，代表着吉祥如意。

【**保护神的化身**】阿根廷人普遍喜欢刺桐，并以之为国花，这可能与当地的一个古老传说有关：据说当时阿根廷境内，有许多地区常遭水灾，可是说也奇怪，只要有刺桐的地方，就不会被洪水淹没。因此，人们就把刺桐看成是保护神的化身，四处广为栽培，并更进一步将它推举为国花。每年元旦节，阿根廷人都要将许多新鲜的刺桐花瓣撒向水面，然后跳入水中，用这些花瓣搓揉自己的身体，以表示去掉以往的污垢，得到新年的好运。

【东山岛刺桐来源之谜】17 世纪上叶中叶，荷兰海盗、东瀛倭寇不断骚扰福建东山海境，警报频繁。另一方面，郑成功的军事力量在沿海不断增强，使大清皇位屡受挑战和威胁。于是清廷于 1664 年颁发"禁界、迁界"法令，施行强制手段，强令东山岛居民沿岛筑砌八尺高的隔离墙，设卡盘查各色人等。从此有了"八尺门"的地名。位于"圈外"的村落，一把火焚为废墟，田园山林统统毁弃。就这样，许多东山岛男女老少背井离乡到了泉州，一住就是 17 年。其实当时泉州古城也在遭遇同样的劫难命运，但仍然敞开胸襟热情地拥抱接纳他们。受苦人对受苦人，共同熬过漫长黑暗的日月。戒严宣布解除后，重返家园的东山难民，特地选择将泉州的刺桐树带到东山岛栽植，表达对泉州人患难之交的感激。从此，东山岛诞生了这全新的树种，诞生了有生命的象征物。

【为刺桐花斗诗】自古就有关于刺桐是先叶后花、还是先花后叶的争论。宋普济和尚在《五灯会元》一书中说：刺桐每年先萌芽后开花，则其年丰，否则反是，所以刺桐又名"瑞桐"。因为这一点，在宋代还引出一场小小的争论哩！争论的一方是作为廉访使来泉的丁谓，他很希望能先看到刺桐的青叶，使泉州年谷丰熟，于是写下一首诗："闻得乡人说刺桐，叶先花发卜年丰。我今到此忧民切，只爱青青不爱红。"争论的另一方是到泉州来当郡守的王十朋，他与丁谓抱有相同的愿望，但他不相信先芽后花或先花后芽那一套谶语。为此也写下了一首诗："初见枝头万绿浓，忽惊火伞欲烧空。花先花后年俱熟，莫道时人不爱红。"

【刺桐与台湾】刺桐与台湾原住民有着颇密切的关系。刺桐富四季变化，春天从枯枝中绽放艳红似火的花，初夏发出嫩叶，秋天枝茂叶盛绿意盎然，冬天叶落枝枯。人们很自然地就用它来作为季节性的指标，所以有"四季树"之名。因为早期没有日历，无法分辨四时，定日月年岁，而以刺桐花开代表新一年的开始，从古，刺桐就具时间之象征。不论是台湾岛上的平埔族人、卑南族人、阿美族人、排湾族人，还是居住在兰屿岛上的雅美族人，都是以刺桐开花的季节做为工作历的指标。每年农历二三月，当火红的刺桐盛开花朵时，就是平埔族人的捕鱼季节，靠海部落的男人开始整理竹排、渔具，进行招鱼祭的仪式，准备在海祭之后即出海捕飞鱼；刺桐盛花之际，平地的部落也会举行盛大祭典，迎接丰年、祭祀祖灵。台东的卑南族人同样以刺桐花汛作为工作历的指标，花开之时就该种地瓜；火红的花朵还提醒族人，为避免迷路或发生危险得结伴而行，因为花绽放之时正是惊蛰之后，百物复苏的时节。阿美族人常在宅地田园的外围种上刺桐作为记号，甚至视其为神的树。每当进行除秽的时候，会利用刺桐的叶片将屋里的秽气驱赶出去。刺桐花落又花开，也象征平埔族人的代代相传生生不息。

【刺桐邮票】著名的邮票设计家闫炳武携带着《海峡西岸建设》的邮票设计图稿，在省邮协领导的陪同下，来到泉州深入基层征求意见。历史文化古城泉州是海峡西岸的一颗明珠，作为泉州地区的报选题材——中国闽台缘博物馆新近落成，巍然屹立于泉州西湖北侧，背依千峰叠秀的清源山，是唯一一座以闽台文化为专题的国家级博物馆。邮票设计以正面透视手法，表现丽日蓝天下的外圆内方的建筑物，图稿右下方的一簇鲜花是众多常见的花朵簇拥的一株朱顶红，毫无地方特色。在座的几位泉州本乡本土邮人，几乎同时提出把那一簇鲜花改为泉州的市花——刺桐花。后经修改后正式发行的《海峡西岸建设》邮票上，便有刺桐的标志。

（六）刺桐的利用价值

1. 观赏价值

人们喜欢刺桐树，主要是喜欢其花的艳丽。它有着血液一样的颜色，如红霞，似火焰，像只只燃烧的火鸟。它还有一个名字叫象牙红，那是因为它美丽硕大的花朵状如象牙。确实，那一簇一簇的花，大如手掌，花色鲜红，很是喜人，远远望去，就像是一串串熟透了的红辣椒，斑斓成一片红霞。刺桐有辣椒的热烈，自然让人精神为之一振；有红霞的迷醉，自然让人心晕。也许这正是刺桐诱人的魅力所在，它不仅有一种外在美丽，还有一种精神的力量。刺桐带着热情，带着美好的祝福给人间添上百般乐趣。

刺桐的主要价值在于观赏。暮春初夏之际，或橙红，或紫红，丛丛簇簇，似红霞映天，他物尽染。刺桐适合单植于草地或建筑物旁，可供公园、绿地及风景区美化，又是公路及市街的优良行道树。

刺桐树身挺拔，枝叶茂盛，喜欢强光照射，每年3月是花色鲜红的时节。刺桐花花序颀长，花一枚枚辣椒似地，一丛丛还像手掌伸直的五指，极富个性，真是花中的另类。刺桐花红得如此热烈，文人墨客当然不会放过，常常被人引用的是宋朝王十朋的："初见枝头万绿浓，忽惊火伞欲烧空"，把刺桐花开的热情与热烈渲染得十分到位。刺桐花开的时候难有"枝头万绿浓"的风姿，而多为先花后叶，一派枝秃花红，于是它与梅花、木棉花组成了"红花不要绿叶扶"的"孤傲联盟"。

2. 药用价值

树叶、树皮和树根可入药，有解热和利尿的功效。树皮或根皮入药，称海桐皮，可祛风湿、舒筋通络、治风湿麻木、腰腿筋骨疼痛、跌打损伤，对横纹肌有松弛作用，对中枢神经有镇静作用。但有积蓄作用，毒性主要表现为心肌及心脏传导系统的抑制。树叶、树皮和树根可入药，有解热和利尿的功效。树皮可治皮肤病，传说剥其树皮泡在水中洗澡可止痒。

古代药典文献论述刺桐的药用价值：①《本草求真》：海桐皮，能入肝经血分，祛风除湿，及行经络，以达病所。用者须审病，自外至则可，若风自内成，未可妄用，须随症酌治可耳。②《海药本草》：主腰脚不遂，顽痹腿膝疼痛，霍乱，赤白泻痢，血痢，疥癣。③《日华子本草》：治血脉麻痹疼痛，及煎洗目赤。④《开宝本草》：主霍乱中恶，赤白久痢，除甘匿、疥癣。牙齿虫痛，并煮服及含之，水浸洗目，除肤赤。⑤《纲目》：能行经络，达病所，又入血分及去风杀虫。⑥《岭南采药录》：生肌，止痛，散血，凉皮肤，敷跌打。⑦《南宁市药物志》：消肿，散瘀，止痛。疗咳嗽，止产后淤血疼痛。⑧《贵州草药》：解热祛瘀，解毒生肌。治乳痈，骨折。

3. 园林价值

刺桐适应性强，树态优美，树干苍劲古朴，花繁且艳丽，花形独特，花期长，具有较高的观赏价值。在园林绿化中独具一格，孤植，群植，列植于草坪上，道路旁，庭园中或与其他花木配植，显得鲜艳夺目，是公园、广场、庭院、道路绿化的优良树种。刺桐喜欢高温、湿润、向阳的环境和排水良好而肥沃的砂质壤土。春季约 3~5 月开蝶形花，花色鲜红，盛开时全树几无叶片，耀眼醒目。开花时热情洋溢，极富热带风情。除观花、赏树型外，也可用于行道树，公园、校园之花树，亦供海滨防风之用。

4. 木材利用价值

刺桐木材具极厚之髓部，年轮明显，边、心材区分不易，材质色白、轻软、有弹性，可用于木屐、玩具等；又因材质轻，常用来制造渔网浮子。亦有利用其粗大的树干做谷仓的隔板，防止鼠辈肆虐。在波利尼西亚一带，因其干材松软，被用来制作独木舟的船外浮杆，以利船只平衡稳定。台湾阿美族人则用做捕鱼的渔网浮子和蒸煮米饭的蒸斗；卑南族人则用来做板凳、蒸斗或引火生柴。

（七）诗赋刺桐

泉州刺桐花咏兼呈赵使君（六首）

[唐]陈陶

其一：仿佛三株植世间，风光满地赤城闲。无因秉烛看奇树，长伴刘公醉玉山。
其二：海曲春深满郡霞，越人多种刺桐花。可怜虎竹西楼色，锦帐三千阿母家。
其三：石氏金园无此艳，南都旧赋乏灵材。只因赤帝宫中树，丹凤新衔出世来。
其四：猗猗小艳夹通衢，晴日熏风笑越姝。只是红芳移不得，刺桐屏障满中都。
其五：不胜攀折怅年华，红树南看见海涯。故园春风归去尽，何人堪寄一枝花？
其六：赤帝尝闻海上游，三千幢盖拥炎州。今来树似离宫色，红翠斜欹千二楼。

唐朝诗人陈陶，在懿宗大中时游学长安，后隐居洪州西山。工诗，善天文历象，游闽中时，曾经路过泉州，写有《泉州刺桐花咏兼呈赵使君》六首。

送友人归泉州

[唐]曹松

帝京须早入，
莫被刺桐迷。

刺桐花

[唐]王毂

南国清和烟雨辰，刺桐夹道花开新；

林梢簇簇红霞烂，暑天别觉生精神；
秾英斗火欺朱槿，栖鹤惊飞翅忧烬；
直疑青帝去匆匆，收拾春风浑不尽。

南乡子
[五代]李珣

相见处，
晚晴天，
刺桐花下越台前。
暗里回眸深属意，
遗双翠，
骑象背人先过水。

菩萨蛮
[五代]李珣

回塘风起波纹细，
刺桐花里门斜闭。

刺 桐
[宋]丁谓

闻得乡人说刺桐，
叶先花发卜年丰。
我今到此忧民切，
只爱青青不爱红。

刺 桐
[宋]王十朋

初见枝头万绿浓，
忽惊火伞欲烧空。
花先花后年俱熟，
莫道时人不爱红。

刺桐城
[北宋]吕造

闽海云霞绕刺桐，

往年城郭为谁封？
鹧鸪啼因悲前事，
豆蔻香消减旧容。

刺桐花

[宋]陈宓

尽护绕城家，炎风盛际花。
漫天何所似，汉帜杂云霞。

咏刺桐

[南宋]刘克庄

闽人务本亦知书，
若不樵耕必业儒。
唯有刺桐南郭外，
朝为原宪暮陶朱。

咏刺桐

[元]张翥

安得梦中时化蝶
翩然飞入刺桐花。

咏刺桐

[明]何乔远

宋家南外刺桐新，
凤凰台榭冢麒麟。
至今十万编户满，
犹有当年龙种人。

忆王孙·刺桐花底是儿家

[清]纳兰性德

刺桐花底是儿家，
已拆秋千未采茶。
睡起重寻好梦赊。
忆交加，
倚著闲窗数落花。

刺桐花

[词]李政豪

秋去冬来　花谢花开，
好像人生是一场等待。
昨日的梦已不再重来，
千年的刺桐花已开。
未来的未来，
能否被我们主宰。
看这一片鲜红的刺桐花，
红遍了整个泉州大地，
它意味着一种喜气。
百年的寺庙依犹在，
千年的刺桐花已开。
刺桐花　刺桐花，
飘飘摇摇，
屹立在风中。
刺桐花　刺桐花，
活在人们心中的一朵花。
刺桐花　刺桐花，
多么红艳美丽的花。
刺桐花　刺桐花，
飘飘摇摇，
屹立梦中。
刺桐花　刺桐花，
好想对她说句心里的话。
刺桐花　刺桐花，
她的家乡美如画呀，
她的家乡美如画。
刺桐花　刺桐花，
她的家乡　姑娘美如水呀，
她的家乡　姑娘美如水。

咏泉州

郭沫若

刺桐花谢刺桐城，法界桑莲接大瀛。
石塔双擎天浩浩，香炉独剩铁铮铮。
亚非自古多兄弟，唐宋以来有会盟。
收复台澎今又届，乘风破浪待群英。

二十三、枫树文化

(一)树种特性及分布

枫树，主要指槭树科槭树属与金缕梅科枫香树属两大类。枫者"风也"，稍有轻风，叶子摇戈，"哗哗"作响，给人招风应风之印象而得名。在中国传统文化中，鉴于古诗词的形态描述，古代文人的传承，以及民俗赏叶的习惯，枫树成了'红叶'的代名词。

【枫香树属枫树】枫香树(*Liquidambar formosana* var. *monticola* Rehd.)，别名枫树、边紫、路路通，台湾称香胶树等，为金缕梅科(Hamamelidaceae)枫香树属植物。《尔雅·释木》"枫，欇欇"。《郭注》"树似白杨，叶圆岐，有脂而香，今之枫香是也"。枫香树模式标本，于1864年由英国采集家奥德汉(Oldham, Richard)在台湾淡水采集，大部分标本送往丘园，另一部分送往大英博物馆，交由植物学家进行研究，正式学名由植物学家汉斯(Hance)赋予，1866年发表于法国自然科学年报上，一直沿用至今，现时模式标本仍存放于大英博物馆。

枫香树属世界仅5种(也有资料记6种)，我国2种，1个变种，即枫香树、缺萼枫香树、山枫香树。枫香树分布于秦岭、淮河以南各省份，以及老挝、越南北部地区，多见于海拔1500米以下山地；缺萼枫香树，分布于四川、安徽、湖北、江苏、浙江、江西、广东、广西及贵州等地，分布海拔600~1000米；山枫香树，又称光叶枫香，小乔木，为枫香树的变种，分布于四川、湖北、贵州、广西、福建、广东等地的山区，多见于500米以上的森林中。国外的2个种：苏合枫香树，分布于土耳其西南部和希腊的罗得岛地区；北美枫香树，为大型乔木，树干笔直高耸，分布于北美洲东部从纽约州到墨西哥东部，以及危地马拉。

【槭属枫树】槭树科(Aceraceae)槭树属(*Aceraceae*)树种，俗称"枫树"。槭属全世界约200种，分常绿与落叶两大类。广布于北温带的亚洲、欧洲、美洲三个洲，中国有140余种，其中129种为中国特有。主要分布在西南、华东、华中、华北及东北南部。长江流域是世界槭树的现代分布中心，约100种；长江上游的横断山脉区域(含甘肃南部、四川西部、云南北部)具有槭属植物衍生条件，可能是槭属植物的起源地之一。我国最具观赏性的槭属枫树为五角枫(色木槭)、鸡爪槭(鸡爪枫)、元宝枫(平基槭)、三角枫(丫枫、鸡枫)、茶条槭(华北茶条)5种。

福建槭树属自然分布种至少20种以上。据有关调查，福建武夷山自然保护区有槭属植物18种(含2变种)，福州绿地中栽植的槭树共有16种7个变种，其中鸡爪槭古树1株，位于福建师大附中内。福建主要槭树科植物有福州槭、武夷槭、羊角槭、三角槭、鸡爪槭、五裂槭、岭南槭、紫果槭、樟叶槭、中华槭、青榨槭、苦茶槭、建始槭、长柄槭等。福建槭树属枫树多零星分布，或散见于群山，或布景于公园庭院，较大面积成片枫林尚未发现。

我国枫树引种、育种工作开展较晚，大约近几十年内在庐山（江西）、中山（南京）、上海、昆明等植物园展开，引进国外种百余种，并对国内种进行筛选培育。引进主要栽培种有：挪威枫、大枫树、黑糖枫、银白枫和红糖枫。以及主要用于园林观赏和盆栽品种的数十种（含人工培育种），如适于园林造景配植、孤植的有红舞妓、七彩枫、色梦想、五色枝垂、扇流、青姬、鸭立泽、绿龙、蝉羽、澳洲红、黑血红，等等。盆景类：黄金枫、红墨、宝山、加贺帘、绿羽毛，等等。近些年，引种成功的美国红花槭（美国红枫）栽培品种——十月辉煌和夕阳红等将是中国未来几十年较流行的风景树种。

（二）枫树园林价值及综合利用

中国枫树资源十分丰富，且用途广泛，材用、药用全身是宝，尤其秋天的枫叶，经历了生命匆匆的一季，由青翠的绿色变成静美的红色，用另一种方式彰显着生命的顽强。现分别枫香树属和槭树属植物述之。

【枫香树属枫香树】 以枫香树为代表，是我国重要的用材及观赏树种。木材纹理通直细致，色泽鲜艳，干燥后抗压耐腐，作建筑材，有"梁阁千年枫"之称。木材有特殊气味，耐腐防虫，抗白蚁，是上好的家具、人造板用材，板材用作茶叶装箱最为理想。枝干可供培植食用菌；叶可供饲养天蚕蛾；落叶压干后可作书签等。枫香树的果实又称枫实、枫香果、枫球子。枫实，中医又名路路通，味苦性平，可镇痛及通经利尿，用来治疗湿热肿毒等症。树干韧皮部可割取树脂，枫香树脂含桂皮醇、桂皮酸、左旋龙脑等，香气幽雅持久，可调配多种香精及供制线香，还有药用功能：活血、生机止痛、解毒，可代"苏合香"作祛痰剂等。枝、叶、果含精油，可作香料工业原料。蒴果干后还可作干燥花素材，树皮可制烤胶。枫香生长快、落叶量大，是珍贵乡土树种中生态价值比较突出的一种。涵养水源能力强，耐火，利于改善土壤结构，增加有机质和酶活性，在针阔混交林营造中，是理想的针叶树伴生树种。

现代文献资料表明，枫香树属植物的研究主要集中于枫香树、苏合枫香树和北美枫香树3种，研究涉及树脂、果实、叶子、树皮和木材。枫香树属植物中所分离得到的化学成分大致可归纳为：萜类、黄酮类、酚酸类、苯丙素类、挥发油和其他。有保肝、抗血栓、抗血小板凝聚、止血的作用。据有关报道，北美枫香的果还是研制抗禽流感病毒的有效原材料。

枫香树干通直，高可达40米，气势雄伟，美丽壮观，是南方著名的红叶树种，如苏州天平山，江西婺源长溪村，贵州红枫湖，福建的西普陀山、明溪均峰山等红叶观赏地，都是以枫香树为主的景观。枫香树深秋霜后叶色红艳，灿若披霞，幻为春红，故古人称之为"丹枫"。《群芳谱》记："叶圆作歧，有三角而香，霜后丹"；清陈淏子《花镜》："一经霜后，黄尽皆赤，故名丹枫，秋色之最佳者"。适宜在中低山、丘陵营造风景林，或在园林、庭院中，孤植、丛植、群植作为主景；山边、池（河）畔以枫香为上木，下栽常绿小乔木，间以槭类，入秋层林尽染，分外壮观，若以松、柏为背景，则画意倍增，如陆游的"数树丹枫映苍桧"。孤植或丛植于草坪、旷地，或伴以银杏、无患子等黄叶树种，对丰富园林景观效果尤佳。又因枫香具有较强的耐火性和对有毒气体的抗性，当为厂矿区绿化之首选。植于行道旁，春夏季绿阴遮天，秋冬观赏红叶，使人愉悦。有一些地方的枫香树成为守护村口的"风水树"和地名树。

【槭树属枫树】多乔木。树干笔直，材质坚硬、细密，可做车轮、家具、农具、单板、地板、鞋楦头、乐器、雕塑材料、建筑材料等；种子含优质脂肪，可榨油供食用（不饱和脂肪酸达 88.7%）或工业应用；槭树汁芳香无毒，含有人体所需的各种营养物质；加拿大的糖槭树汁可制取枫糖。经过处理的槭树汁，具有独特的风味，最有名的用法是涂在煎饼及鸡蛋饼上，也可以用于槭糖奶油、槭糖蛋糕、饼干、烤豆子、冰淇淋、烤火腿、糖霜、糖渍马铃薯以及烤苹果中，爱用者声称它是"无法取代的食品"。在加拿大，每年都要举行盛大的"槭树节"，以槭叶为标志的商品和印刷品比比皆是。

槭树属枫树，大多挺拔潇洒，清秀宜人，且在世界众多的红叶树种中，落叶槭树独树一帜，极具魅力。其秋叶或红、或紫、或黄，连翅果也一样多姿多彩，美若霞锦。全国乃至世界著名赏枫胜地和风景区多为槭属枫树组成。如"中国枫叶之都"辽宁本溪的秋叶，"姹紫嫣红，百态纷呈"；被称"自然奇观，金秋画卷"的长白山红叶谷；内蒙古兴安盟境内万山红遍，百万亩五角枫树层林尽染……。以槭属枫树为主的多树种红叶景观，如安徽黄山风景区各色秋叶与奇山怪石相映成趣；像一幅美妙"红枫夕照图"的贵州红枫湖；"金陵第一名秀山"的栖霞山，"霜叶红于二月花"的长沙岳麓山（以上二山均为中国自古赏枫四大名胜，其他二个：北京香山，红叶树主要为漆树科的黄栌；苏州天坪山，为枫香树）；四川雅安宝兴，夹金山森林公园红叶；四川九寨沟和米亚罗"雪山与红叶交织成的梦幻奇境"……以及加拿大最著名的赏枫地阿岗昆省立公园；美国宾夕法尼亚州的松溪谷、阿列格尼国家森林区、大伯科诺州立公园；日本北海道大雪山国立公园中的层云峡红叶观赏景区；韩国观赏枫叶名山雪岳山、智异山……

槭属如鸡爪枫、元宝枫、三角枫、青枫等形色俱佳，可作庇阴树、行道树、或风景园林中的大型常绿树种的伴生树，群植、孤植主景树，或与其他秋色叶树配置，彼此衬托掩映，增添并丰富秋景色彩之美。在我国，古人对槭树红叶的观赏价值早有认识。如西晋人潘岳在秋兴赋中有"庭树槭以洒落兮，劲风戾而吹帷。"可见在西晋以前，我国人民已将槭树栽在庭院中观赏，并受到文人学士、骚人墨客的青睐，吟咏描绘。如明人柳应芳《赋得千山红树送姚园客还闽》"萧萧浅绛霜初醉，槭槭深红雨复然。染得千林秋一色，还家只当是春天"。由于槭树之美得到历代文人们的共识，在各地园林风景中栽培的槭树也较普遍。

（三）福建枫树景观

福建枫树（含槭属、枫香树属树种）全省各地均有分布，但以枫香树秋叶（深秋或初冬红叶）景观最具特色。

所有红叶景观，几乎都是枫香树红叶为主，槭、漆、乌桕、柿子、香椿为辅，以及青松翠竹相互映衬的南国秋韵。枫香树红叶热烈灿烂，却又斑驳多姿。如上杭西普陀山，霞浦榕枫公园，仙游大蜚山，明溪紫云森林公园，泉州清源山，德化南埕，莆田枫叶塘，龙岩龙硿洞和厦门同安流枫溪，等等。屏南白水洋景区内的红叶树主要有乌桕、香椿、槭树等 10 多个品种零星分布。秋霜之后，色彩斑斓，在青松翠竹碧水映衬下，也是难得一见，别有情趣的霜天图景。

被称为"江南最大的纯枫香林"的景区，位于霞浦县杨家溪畔的渡头村，自然生长于 20 世纪 50 年代初期，1.1 万余株，约 250 亩。这片林子，纯的不长其他杂树，每当入冬之后，枫叶黄里透红，远望如一片绯云停驻，近观似一股烈焰腾空，近些年常被国内的"追枫"者称之为"中国赏红叶五大胜地之一"。杨家溪相传因北宋名将杨文广平定南蛮十八洞而得名，是自古出入闽省的必经之地，至今还保留有秦汉时期修建的古驿道——通津路和始建于明嘉靖年间的闽东最长古桥——通津石桥。杨家溪畔的"榕枫公园"在枫树林间，有 17 丛古榕树，最早 1 株植于南宋。好像是为了配合枫树的表情，榕树一年四季常青的叶子，衬得冬日的红枫愈加美丽多姿。古榕树群"千年古榕"与天然的枫香树林"万株红枫"，组成巧夺天工的树木奇观。

福建的红叶景致虽然少了一点北方红叶铺天盖地的霸气，但却也多了几许温润多姿，人见人爱的柔情。入冬时节，走进武夷山自然保护区青龙、龙川大峡谷耀眼如霞的红叶，飘动着暖意，洋溢着热情，哪怕隆冬也觉温馨。九曲溪畔御茶园故址上，2 棵千年老枫树，高高枝干，伞形树冠，像"烧天烛"一样映红溪水，通天灿烂，令人一见难忘。霜风一过，多彩的叶子斑斓呈现，或三五成群，或一株独秀，除枫香和槭叶外，银杏、乌桕、盐肤木、小丛漆树等数十种落叶乔木和灌木的叶子，还有那草丛中的秋红莓，灌木林里的和尚果等也变红，红得各有深浅，或紫或黄，如同打翻了的调色板一般，色调别样，与庞大的枫香树红叶组成了万绿山中争红斗艳的秀丽风景。还有一种叫做鹅掌枫的枫叶，叶面硕大如鹅掌，叶脉红得通亮，十分吸引人的眼球，但有时随风飘零的枫叶，却也给人们留下一丝隐隐的离情别绪。

龙岩龙硿洞素有"华东第一洞"之誉，经霜后火红的枫树、黄栌点缀于参天古木和满山翠竹之间，别有一番韵味，如果要观赏富有层次感的红叶，这里却是一个绝佳的去处。若在有雾的早晨，火红的枫叶在逐渐升腾的岚霭中若隐若现，宛如一幅水墨画。

当秋风吹过，乍暖还寒时节，有着三明市高山生态"后花园""绿海云都"之美誉的明溪县紫云森林公园，近万亩枫香树、槭树、乌桕、拟赤杨等组成的秋冬季相，由翠绿变嫩黄，由嫩黄变浅红，由浅红变殷红，待到深秋，"万木霜天红烂漫"，呈现出一派"火"的海洋，不禁使人怀有"紫云红叶胜似火，赏秋何必到香山"的感叹！

（四）福建枫树与宗教文化

福建枫树红叶与宗教文化相联系，俗话说"天下名山僧占多"。

位于龙岩上杭县的西普陀山，是"被遗忘的四大禅宗"之一，枯藤老树，奇石遍布，它曾与厦门南普陀、浙江普陀山、锦州北普陀合称中国佛教"四大禅宗"名山，历史悠久，名闻天下；"普陀日月千秋照，山里枫林万代红"，这里千亩枫香林"福建之最，全国罕见"，据说上杭西普陀山香林大师的法名"香林"就缘起于"枫香林"。更特别的是，此处枫树皆"成双成对"，两株长在一起，紧紧依偎，仿佛一对对新婚夫妻，故而又称为连理树或鸳鸯树。更有现代人寄语美称"热恋中的枫树林"。

福建仙游大蜚山（省级森林公园）近万棵枫树红叶，在蓝天白云映衬下光彩夺目。这里拥有多姿多彩的森林景观和动静相宜的水体资源，以及内涵丰富的宗教文化。自古多有僧人道士隐居修炼于此，也吸引了不少寄情山水的文人墨客，留下了 10 余座庙宇，众多的摩崖石刻。如闻名遐迩的九龙岩寺，典雅端庄的海霖寺，香火旺盛的附凤寺，历尽沧桑的古驿道，浩气长存的五百洗（1563 年 11 月 7 日，进犯仙游城的倭寇被戚家军追击遁逃至此，500 名顽敌奔窜到瀑布山时被戚家军堵住歼灭殆尽。后人为纪念戚家军的辉煌战果，就称此地为"五百洗"），见证历史的江霞溪等。

"秀丽东南清源山，巧夺天工弥陀岩"，泉州清源山每年元旦前后，山上的枫树、黄连木、漆树酝酿了整整一年的赤红情怀，撩起了人们对于这座宗教名山的无数遐想。这里的弥陀岩"幽谷梵音"，重修的弥陀岩寺古刹便坐落于此。弥陀岩山门柱镌有明代书法家张瑞图（泉州晋江人）撰写的一副楹联："每庆安澜堪纵目，时观膏亩可停骖"，这里正是登高远眺，把酒临风的好去处。据泉州府志记载，清源山开发于秦代，唐时"儒、道、释"三家竞相占地经营，兼有伊斯兰教、摩尼教、印度教的活动踪迹，逐步发展为多种宗教兼容并蓄的文化名山；还留下许多元代以来的岩雕、石刻等古迹；因此一年一度的红叶，伴随晨钟暮鼓飞舞飘荡，自有别样神韵、别样精彩，叫人难以忘怀。

福建枫香树还有着耐人寻味的古韵与记载。中国四大赏枫胜地之一的苏州"天平山古枫"，是从福建引种栽培的。明万历年间（1573～1619 年），范仲淹十七世孙范允临辞去福建参议之职后，从福建带回 380 棵枫香树幼苗，回到苏州祖茔地的天平山，植于山前。当年范允临种下的枫香树，如今只剩下 139 棵，最大的枫树高 27 米，需 3 人合抱。

在福州市鼓山涌泉寺里，有 1 棵长了兰花的千年古枫树，有 30 多米高，枝叶繁茂，一小簇兰花长在树干 20 米高分杈上，存活了 50 多年。据说这一小簇兰花是朱德元帅在 20 世纪 60 年代参观鼓山涌泉寺时最先发现的。在普雨法师盛邀下，朱德便在长着兰花的这棵枫树旁的圆形门上方，挥毫题下"兰花圃" 3 个字。如今，从树上移栽下来的寄生兰花，早已培植成园，每逢年初，新兰放蕊，花香四溢，这里便成了鼓山新的景点，也给古枫树景观增添了新韵。

（五）枫树历史文化

"枫"字在甲骨文中有过讨论，有人把尚未被释读的第 1468 号字读为"从木，凤（风）声"为枫的古字，但学界未认可。不过在未被释读的 2000 多个甲骨文字中即使有"枫"也并不奇怪。"枫"字在商周时的金文大小篆中却多见。

古时枫树自然分布很广，尤其长江两岸，如魏晋时阮籍的《咏怀诗》"湛湛长江水，上有枫树林"；唐代元结《杂曲歌辞·欸乃曲》咏"千里枫林烟雨深，无朝无暮有猿声"等。枫树也和其他许多树种一样与人类朝夕相处，息息相关，自然存在树与人的相关故事，在没有文字的年代，口耳相传便成唯一形式。

关于枫木的最早古典籍记述，见于《山海经·大荒南经》："有木生山上，名曰枫木。蚩尤所弃其桎梏，是为枫木。"传说中 因枫木是蚩尤和黄帝大战后"掷戒于大荒之中，宋山之上，后化枫木之林"，所以后世也常把枫木当有神性之物，如南朝任昉的《述异记》："南中枫木之老者为人形，亦呼为灵枫，盖瘿瘤也"；唐末五代的《谭景升化书》："老枫化为羽人，无情而之有情也"等。

历经各代演化，曾出现过众多民间树神敬畏与崇拜。如德化县桂阳乡洪田村有 1 株郁郁葱葱两百多岁的古枫香树，一直被村民尊为神树保护，每逢过节都会有人前来瞻仰祈福。周宁民间流传的"皇帝嘴乞丐命"的罗隐唱"枫柴"的故事。云南丽江玉水山寨的古树神泉，神泉（源自玉龙雪山雪水）出自圣树下，那圣树都是千年古枫树，虬枝盘曲，枝叶婆娑，绿阴匝地，大树底下是东巴祭祀之地，而那棵特大的枫树被称为母神树。因为对自然生态的崇拜，每年新年伊始，纳西人总到这里朝拜，设东巴祭署仪式，祈求自然神赐予他们风调雨顺、五谷丰登的年景。在南方许多村寨和汉族村庄，对古枫烧香祁愿情景也并不少见。

秦汉以后，就记载有"园林植枫"，如西汉刘歆《西京杂记》中说"上林苑有枫四株"。东汉许慎《说文解字》中记曰："枫木，汉宫殿中多植之，故称枫宸。"曹魏时代的何晏在《景福殿赋》中云："兰若充庭，槐枫被宸。"《晋宫阁名》（成书于晋陆矶后，郦道元前，存有此二人之作之争议）"华林园，枫香三株"；潘岳《秋兴赋》也云："庭树槭以洒落兮，劲风戾 而吹帷。"可见汉至西晋时枫槭红叶树种，已在庭、园中普遍种植，含观赏之义。南方的古村落（尤其临河村寨）亦多植枫，或枫、樟、松丛植。种植于村口的枫香树，古俗中视为风水树或镇寨镇村树，予以保护。

红叶，主要以枫树叶子秋色变化而产生的一道靓丽风景，此外还有黄栌、乌桕等的秋色叶。由于文人的审美观和情韵的表达，使红叶极具魅力，如"溪头云出摇红叶""映阶红叶翻""千林红叶同春赏""乍看红叶一枝横""山厨烟火烧红叶""马嘶红叶萧萧晚"……能收集到的红叶诗句的诗有 550 多首。作为观赏的红叶，最早见于诗人笔端的可能就数南朝谢灵运的《晚出西射堂》："晓霜枫叶丹，夕曛岚气阴"，但也免不了带点"悲秋"。最红的可爱娇羞的当杨万里的《秋山》莫属："小枫一夜偷天酒，却情孤松掩醉容"，在他眼里，枫叶就像小姑娘偷饮了王母娘娘的"天酒"，染红了脸不好意思，而让翠绿的青松来掩盖醉容。

人们赞美花朵，然而，红叶更具意韵，美得深沉厚重。作家的笔抒写红叶、诗人的笔歌颂红叶，人们爱红叶也爱得更为执著。那经过秋霜洗礼变红了的叶子，可爱得使唐代诗人特别着迷，所以构思出许多"红叶题诗流水传书"的动人故事，从此红叶也多了一种功能："红叶传情，红叶良媒"，中国古时候"二月二请红叶"（"请红叶"即请媒人）的风俗习惯，便源于此（民谚"二月二，龙抬头"这一天主要是祭祀"龙"，"请红叶"日子选在这天，也是为了祈求神龙赐福，天遂人愿）。红叶题诗的故事，如顾况的"红叶题诗，风流点娇""落榜举人于佑娶题诗红叶宫女韩氏的故事"等 。

红叶题诗，主要为唐代宫女渴望爱情的宫怨诗，如"一片红叶御河边，一种相思题叶笺。千秋佳话卢舍人，百年姻缘诗叶牵""流水何太急，深宫尽日闲。殷勤谢红叶，好去到人间""愁见莺啼柳絮飞，上阳宫女断肠时。君思不闲东流水，叶上题诗寄于谁？""一联佳句随流水，十载幽情满素怀。今日却成鸾凤友，方知红叶是良媒"等。此后，红叶也成了封建"媒人"的代称。红叶传情，红叶良媒，虽不过是唐代文人的杜撰，但也为后来的文学创作提供演绎资料和思维，如宋代孙光宪《北梦琐言》中的一些故事等，不失为红叶文化中的趣事、佳话。

枫树是壮族的图腾崇拜。壮族民间普遍存在着樟树、枫树、木棉树、榕树崇拜。在他们的神话传说中，樟树是宇宙开辟时最早出现的树木，有顶天之功；人们从枫树身上找到了火种，有献火之功；木棉是壮族始祖神布洛陀的战士，在与敌人站斗时，它们手执火把，英勇顽强，就连牺牲时也都站立着，变成了满身红花的木棉树；榕树则枝繁叶茂，象征子孙昌盛。因此，在壮族的村寨边都种有这些树木，各村寨所建立的社亭（敬奉村寨保护神之地）周围，也要种植这些树木。

苗族最古老的图腾崇拜是枫树，苗语称枫树为"妈妈树"，由自然神崇拜而祖先崇拜。《中国苗学》说：苗族先民认为，包括人在内的天地万物都起源于枫木。人类的始祖姜央是直接由白枫所生的"妹榜妹留"（苗语，蝴蝶妈妈）生出来的。《轩辕本记》"黄帝杀蚩尤于黎山之丘，掷戒于大荒之中，宋山之上，后化枫木之林。"蚩尤是敬奉枫木的远古苗族部落联盟首领，黄帝用枫木做成桎梏囚禁蚩尤，辱其祖先以示惩戒，也说明苗民以枫树为图腾崇拜由来已久。

枫树崇拜在贵州黔东南流行最广，体现这种信仰的古歌《枫木歌》《苗族史诗》中的《古枫歌》等也保存最为完整。古时的苗民以渔猎采集为生，是一个不断迁徙的民族。迁移中择地居住时，有以枫树决定去留的习俗。即每迁一地都需先种枫树1株，成活了便长久定居下来，不成活则立即再迁移。自古苗族村寨的寨前寨后或高坡地带一般都栽培有高大枫树，称护寨树。对护寨枫，逢年过节都制备"三牲"行仪式尊严的祭拜。黔东南苗族，7年一小祭，13年一大祭的"鼓社节"（也叫"打鼓祭祖"节）用的鼓，必须是枫木制。立鼓为长官，也是在唤起对图腾崇拜、部落战争和部落迁徙的历史记忆。生活在贵州大深山里的瑶光苗寨（千户大寨）还举行"枫树粑节"，吟唱《苗族古歌》《苗族史诗》，跳"枫摆舞"等。

（六）枫树文学意象

枫树在文学上的意象形成，更早于人们对枫树观赏价值的认识。纵观历代枫树在文学上的描述，最美的枫叶诗出现在唐代，即流传千古，脍炙人口的《山行》。晚唐诗人杜牧的《山行》："停车坐爱枫林晚，霜叶红于二月花。"咏物言志，歌颂的是大自然的秋色美，是对生命的礼赞，一改"悲秋"萧然之气，令人耳目一新。并由此在主流社会逐渐形成了像早春"寻梅"一样，入秋"追枫"的习俗。

枫树在文学上的意象，主要是悲秋、离别（离愁）。"悲秋"意象，源于《楚辞·招魂》："湛湛江水兮，上有枫。目极千里兮，伤心悲。"屈原用江水和江边的枫树来表达"伤心悲"，并非枫树本身具有悲愁意蕴，不过只是表达悲凉情绪的一种背景。但在中国文学上却已产生深远影响。此后枫树所象征的凄婉悲凉，也成为文学表现的一个典型。以唐诗中的表现最为突出："白云一片去悠悠，青枫浦上不胜愁"（张若虚《春江花月夜》）；"玉露凋伤枫树林，巫山巫峡气萧森"(杜甫《秋兴八首》之一);"枫树夜猿愁自断,女萝山鬼语相邀"(李商隐《楚宫》);"三秋梅雨愁枫叶,一夜篷舟宿苇花"(温庭筠《西江上送渔父》);"月落乌啼霜满天,江枫渔火对愁眠"(张继《枫桥夜泊》);" 浔阳江头夜送客,枫叶荻花秋瑟瑟。"(白居易《琵琶行》)等。

唐人离别诗中也大量融入枫树形象,如元稹:"江豚逐高浪,枫树摇去魂";卢象"淮南枫叶落,灞岸桃花开";刘长卿:"桂香留客处,枫暗泊孤舟";司空曙:"青枫江色晚,楚客独伤悲"……大多数情况下,枫在诗词中只是随手拈来的"悲秋"背景,到陈陶"楚岸青枫树,长随送远心"(《溢城赠别》);陈端"旧楚枫犹在,前隋柳已疏"(《元承宅送胡睿及第东归谨省》)等经过诗人情感化合与点染而升华,成了表达离愁悲秋的意象。如果认真体会下所谓秋景中的"悲","悲秋"意象皆蕴含悲秋背景之中。被称"悲秋"之祖的宋玉(屈原学生)在《九辩》中说:"悲哉,秋之为气也,萧瑟兮草木摇落而变衰……"这其实就是对"悲秋"定义。

虽历代咏枫诗词不断,"追枫者"逐增,因多寄情于落叶的感怀,层林尽染中体会到生命的短暂,悲秋的诗词总是多于自然、活泼、舒展的赏枫诗词,或赏枫的同时流露出悲秋的心情。如"袅猿枫子落,过雨荔枝香"(唐·李端);"枫树有枝犹带血,征袍多泪易沾尘"(明·袁中道);"长江极目带枫林,匹马孤云不可寻";"山远天高烟水寒,两岸楼台枫叶丹"(明·徐霖);"枫斑竹染啼血,灵风神雨纷飘"(清·王士禛)等。枫树诗中最受人称道的当推元代杨朝英的《双调·清江引》:"秋深最好枫树叶,染透猩猩血。风浪楚天秋,霜浸吴江月,明日落红多去也"(猩猩血是一种最红的血)。"悲秋"似乎成了诗人们的群体行为。

在民间,由于枫叶敢于抵抗秋天的肃杀之气,还象征坚毅、勇于克服困难、敢于展示自我的劳动者;一年一度的由绿转红,象征着对往事的回忆、人生的沉淀、情感的永恒及岁月的轮回,也含有对昔日的伊人的眷恋等。

(七)枫树(红叶)诗词选

咏枫或带有"枫"诗句的诗,从唐代到明朝约200多首,不及咏红叶诗多,其实红叶诗的绝大多数指也是"枫叶红",不过在遣词中已抽象为颜色美,但枫树和枫叶有割不断的联系。元代剧作家王实甫在他的《西厢记》里所作的秋景描写"西风紧,北雁南飞,晓来谁染枫林醉?";前朝的杨万里说"小枫一夜偷天酒,却倩孤松掩醉客"(前引);到了清朝赵翼《野步》诗中变成"最是秋风管闲事,红他枫叶白人头""谁染枫林醉?"这就是文学语言的回答,是枫叶、红叶,也是枫树、枫林。

枫树(红叶)诗词摘选如下:

山　行

[唐]杜牧

远上寒山石径斜，
白云生处有人家。
停车坐爱枫林晚，
霜叶红于二月花。

秋兴八首其一

[唐]杜甫

玉露凋伤枫树林，
巫山巫峡气萧森。
江间波浪兼天涌，
塞上风云接地阴。
丛菊两开他日泪，
孤舟一系故园心。
寒衣处处催刀尺，
白帝城高急暮砧。

枫桥夜泊

[唐]张继

月落乌啼霜满天，
江枫渔火对愁眠。
姑苏城外寒山寺，
夜半钟声到客船。

江陵愁望有寄

[唐]鱼玄机

枫叶千枝复万枝，
江桥掩映暮帆迟。
忆君心似西江水，
日夜东流无歇时。

三闾庙

〔唐〕戴叔伦

沅湘流不尽，
屈子怨何深。
日暮秋风起，
萧萧枫树林。

（三闾庙是奉祀春秋时楚国三闾大夫屈原的庙宇，据《清一统志》记载，庙在长沙府湘阴县北六十里，今汨罗县境。此诗为凭吊屈原而作。）

红　叶

〔唐〕吴融

露染霜干片片轻，
斜阳照处转烘明。
和烟飘落九秋色，
随浪泛将千里情。
几夜月中藏鸟影，
谁家庭际伴蛩声。
一时衰飒无多恨，
看着清风彩剪成。

红　叶

〔唐〕罗隐

不奈荒城畔，
那堪晚照中。
野晴霜泡绿，
山冷雨催红。
游子灞陵道，
美人长信宫。
等闲居岁暮，
摇落意无穷。

和杜录事题

〔唐〕白居易

寒山十月旦，

霜叶一时新。
似烧非因火，
如花不待春。
连行排绛帐，
乱落剪红巾。
解驻篮舆看，
风前唯两人。

长相思

[南唐]李煜

一重山，
两重山，
山远天高烟水寒，
相思枫叶丹。
鞠花开，
鞠花残，
塞雁高飞人未还，
一帘风月闲。

秋　山

[宋]杨万里

乌桕平生老染工，
错将铁皂作猩红。
小枫一夜偷天酒，
却倩孤松掩醉容。

金陵怀古

[唐]司空曙

辇路江枫暗，
宫廷野草春。
伤心庾开府，
老作北朝臣。

谢亭送别

[唐]许浑

劳歌一曲解行舟,
红叶青山水急流。
日暮酒醒人已远,
满天风雨下西楼。

水亭有怀

[宋]陆游

渔村把酒对丹枫,
水驿凭轩送去鸿。
道路半年行不到,
江山万里看无穷。

题朱陵观三首

[宋]张明中

一雨丝丝弄小春,
物情何许旧还新。
青枫忽换红装束,
却笑松杉满面尘

春日三首

[宋]范成大

双鲤无书直万金,
画桥新绿一篙深。
青苹白芷皆愁思,
不独江枫动客心。

渔父醉

[宋]黄今是

丹枫万点照人绯,
鲈鳝千丝带水肥。
花影芙蓉江上酒,
佳人谁唤醉翁归。

渡　头

[宋]陆游

苍桧丹枫古渡头，
小桥横处系孤舟。
范宽只恐今犹在，
写出山阴一片秋。

江口有怀二首

[宋]白玉蟾

丹枫偷落风无觉，
白鹭微行鱼不知。
两地南楼今夜月，
一般清皎百般思。

四明山中十绝·仙山

[宋]戴表元

仙在人间不易寻，
当时已道是山深。
可怜华表标题处，
夜夜猿啼枫树林。

山水图

[明]唐寅

空山绝人迹，
阒寂如隔世。
泉头自趺坐，
鹃声出枫树。

（八）枫树的药用价值

　　枫香树脂入药，味辛、微苦，性平，归肝、脾经，中药名为枫香脂，别名枫脂、胶香、白胶、白胶香、芸香等，始载于《新修本草》。《本草纲目拾遗》记载为（一切痈疽疮疥，金疮吐衄咯血，活血生肌，止痛解毒。烧过揩牙，永无牙疾）。药材主产于福建、云南、江西、浙江庆元及龙泉等地，为中医临床用药。具活血止痛、止血、生肌、凉血、解毒等功效。主治外伤出血、跌打损伤、痈疽肿痛、牙痛、衄血、吐血、咯血、金疮出血等症状。现代药理研究表明，枫香脂具止血、抗血栓形成、抗血小板聚集、抗心律失常、抗缺氧、扩张冠状动脉等作用，临床应用于急性肠胃炎等治疗上。

中药枫香脂，于夏季7~8月间选择树龄逾20年以上的粗壮大树，从树根起每隔15~20厘米交错割裂凿开一洞，使树脂从树干割裂处流出，直到10月至翌年4月间采收，自然干燥或晒干。本品质地脆弱易碎，断面具玻璃样光泽呈类圆颗粒状或不规则块状，大小不一，表面淡黄色至黄棕色，半透明或不透明，直径多在0.5~1厘米之间，少数为3厘米。气清香，燃烧时更浓，味淡。

枫香树以干燥成熟果序入药：味苦，性平，归肝、肾经，孕妇忌用。中药名为路路通，别名枫香果、枫球、枫果、枫实、九室子、狼眼、狼目等，始载于《本草纲目拾遗》。原文记载为"辟瘴却瘟，明目，除湿，舒筋络拘弯，周身痹痛，手脚及腰痛。"药材主产于福建、湖南、湖北、陕西、江苏、浙江、安徽等地，为中医临床用药，归祛风湿、风寒湿药。具利水通经、消肿、祛风活络、除湿、疏肝等功效，主治关节痹痛、胃痛、水肿胀满、麻木拘挛、乳少、经闭、湿疹等症状。现代药理研究表明路路通具抗肝损伤、调节免疫、抗炎等作用，临床应用于产后缺乳、不射精症、增生性骨关节炎、突发性耳聋等治疗上。因路路通具有良好的护肝作用，台湾常被用作防治肝炎的药物。

枫香树于冬季果实成熟后采收，采收后洗净除去杂质后晒干。本品质地坚硬，不易破开；果序呈圆球形，由多枚小蒴果聚合而成，表面灰棕色至棕褐色，有多数尖刺状宿存萼齿及鸟喙状花柱，弯曲或常折断，去除后呈现多数蜂窝状小孔，直径约2~3厘米；基部具圆柱形果柄，常折断或仅有果柄痕，长3~4.5厘米；小蒴果顶端开裂，形成蜂窝状小孔，可见种子多数，种子发育不全者多角形，细小，直径约1毫米，种子发育完全者扁平长圆形，少数，黄棕色至棕褐色，具翅；体轻，气微香，味淡。传统经验则认为以色黄、个大及无果梗者为佳。

槭树属植物富含黄酮、单宁酸、苯丙类、萜、甾类、生物碱，及二芳基庚烷衍生物类化合物，含有一定生理活性物质。常见的槭属药用植物有：三角槭、青榨槭、安徽槭、罗浮槭等数十种。如地锦槭、茶条槭、鸡爪槭等的幼叶嫩芽，常被用开水冲泡当茶饮，有祛除风湿、散瘀消肿、清肝明目等药效；果实能清热解毒，清咽利喉；鸡爪槭的枝、叶夏季采收晒干，切段作药，有行气止痛，解毒消痈等功效；元宝枫根或根皮可祛除风湿、关节扭伤疼痛、骨折等症；毛果槭被日本民众视为一种治疗眼睛疾病和肝病的良药。

二十四、木棉文化

（一）木棉特性及分布

木棉 *Bombax malabaricum* DC.，别名英雄树、莫连、红茉莉、红棉、攀枝花，为木棉科（Bombacaceae）木棉属落叶大乔木。树高 10～30 米，树干上长满扁圆状皮刺，枝条水平轮状排列，向四方展开，树姿优美，绿阴如盖。花期 2～4 月，花大，径约 12 厘米，单生。掌状复叶，小叶 5～7 片，长椭圆形。6～8 月，椭圆形木质蒴果成熟，5 瓣裂开，露出洁白绢丝状纤维，种子藏于纤维中，别有风趣。

木棉在我国主要分布于福建、广东、广西、海南、云南、四川、贵州、江西、台湾等省份，以及印度、东南亚、澳大利亚北部一带的热带、亚热带地区海拔 1700 米以下的干热河谷、稀树草原及沟谷季雨林中。

木棉在南方是旺族，分布很广，身躯笔直伟岸，枝干舒展。花红如血，硕大如碗，春天先叶开放。而那褐色的蓓蕾，如无数蹲在枝头的春鸟，当盛开之际，则又恍如千百盏璀璨的繁灯，把天空映得一片通红。历来对木棉情有所钟的人们，常爱伫立于木棉树下，翘首仰望，心潮澎湃，泛起了"不待扬鞭自奋蹄"的遐思。因此，历来被人们视为英雄的象征。

木棉花期常因气候变化而异。如若春暖较早，开花亦早；春暖推迟，则开花亦迟。大多从"春分"至"清明"开放，到"谷雨"前后开完。岭南地区常把木棉花看做是"天气测报器"，一当花朵盛开便预示天气不会再冷，床上的棉被可以卷藏起来了。当花谢后便进入结实期，每个果实大似鸭蛋，富含木质，到"夏至"时成熟，能自动裂开，随着风向飞散出洁白的棉絮和暗褐色的种子，为流传后代做出最后的冲刺。

木棉树全身是宝，是具有多种用途的经济树种。木棉生长迅速，木材为散孔材，管孔甚少，肉眼下明显见到，木材显浅灰褐色或浅黄褐色，心边材无明显区别。木材微有光泽，无特殊气味，纹理直，木质轻软，干缩系数小，材质轻软，可供蒸笼、包装箱和船板之用。木棉纤维属果实纤维，纤维附着于蒴果内壁，由内壁细胞发育、生长而成。木棉纤维在蒴果壳体内壁的附着力小，分开容易，初加工比较方便，不需要像棉花那样经过轧棉加工，只要手工将木棉种子剔出或装入箩筐中筛动，木棉种子就会自行沉底，所获得的木棉纤维可以直接用作填充料或纺纱。长期以来，木棉纤维因其长度较短、强度低、抱合力差和缺乏弹性，难以单独纺纱，导致其在纺织方面的应用具有很大的局限性。但是木棉纤维短而细软，无拈曲，中空度高达 86% 以上，远超人工纤维（25%～40%）和其他任何天然材料。它不易被水浸湿，且耐压性好，保暖性好，天然抗菌，不蛀不霉，在光泽、吸湿性和保暖性方面具有独特优势。可以广泛应用在内衣、毛衣、T 恤、衬衫、牛仔、呢绒服装、滑雪衫、袜子以及被褥、床垫、床单、床罩、线毯、枕套、靠垫、面巾、浴巾、浴衣等家纺类产品中，可作中高档服装家纺面料、中高档被褥絮片、枕芯、靠垫等的填充料、旅游娱乐用品和隔热、吸声材料，工业开发前景广阔。

（二）木棉由来的争议

木棉原产何地？至今尚有争议。一说在我国的四川南部、云南、贵州、广西、广东、海南等地有自然分布；一说木棉原产于南亚、东南亚直至澳大利亚东北部，系古代由海上丝绸之路传入我国华南。但不论来自何方，早在2000多年前，我国就有栽培木棉的记载。最早见载于晋·葛洪的《西京杂记》：西汉时，南越王赵佗向汉帝进贡烽火木，高一丈二尺，一本三柯，至夜光景欲燃。其中的"烽火木"就是木棉树。清初文学家屈大均所著《广东新语》曰："望之如亿万华灯，烧空尽赤，花绝大，子如槟榔，五六月熟，开裂，中有绵飞空如雪。"基本上概括了木棉花的生态。"……南海祠前，有十余株（木棉）最古。岁二月，视融生朝，是花盛发，观者至数千人，光气熊熊，映颜面如赭。……（西江）夹岸多是木棉，身长十余丈，直穿古榕而出，千枝万条，如珊瑚琅玕丛生。花垂至地，其落而随流者，又如水灯出没，染波欲红。自孟春至仲春，连村接野，无处不开，诚天下之丽景也。"

南宋诗人谢枋得有诗云："嘉树种木棉，天何厚八闽，厥土不宜桑，桑事殊艰辛。木棉收千株，八口不忧贫……"可见福建省种植木棉的历史也是源远流长。目前，我国各地常见栽培的还有美丽异木棉、青皮木棉（美人树）、吉贝木棉等近缘种。

（三）"英雄树"与"英雄花"

木棉花不但名称多，而且有典故。其中，流传最为久远的当属"英雄树""英雄花"了。传说五指山有位黎族老英雄名叫吉贝，常常带领人民打败异族的侵犯。一次因叛徒告密，被敌人围困在大山上，身中数箭，仍屹立山巅，身躯化为一株木棉树，箭翎变为树枝，鲜血化成殷红的花朵。所以将木棉树叫"吉贝"，以纪念这位民族老英雄。其英雄树的名称就是由此而来的。后人为纪念他，尊称木棉为英雄树，把木棉花称为英雄花。黎族人民为了表示对民族英雄吉贝的怀念与崇敬，每逢男女结婚之日，都要精心种植一株木棉树。相传宋代苏东坡被贬海南时，当地黎族人民曾经赠他木棉制成的吉贝布衣，苏东坡以诗致谢："遗我吉贝衣，海风令夕寒"。不过，最早称木棉为"英雄"的则是明末清初著名诗人陈恭尹（1631～1700年）。他是广东顺德县龙山乡人，清军攻陷广州后，陈恭尹之父陈邦彦曾起义抗清，不幸兵败被杀。陈恭尹悲愤难平，一生坎坷，仍坚持继承父志从事反清斗争，并以弘扬木棉风格来鼓励民众抗清救国。他在《木棉花歌》中形容木棉花"浓须大面好英雄，壮气高冠何落落"，在当时激发群众的斗志，产生了深远的影响。

1840年，英国军舰驶入中国南方的珠江口岸，爆发了举世瞩目的鸦片战争。当时林则徐麾下的战将关天培率领将士在阵前宣誓："人在炮台在，与敌人血战到底！"他们将大炮紧靠在巨大的木棉树旁，向侵略者炮轰，打退英军一次又一次的进攻，使英军难以靠岸登陆。英方经一再增援后，用密集炮火向清军摧来，有不少战士光荣牺牲了。那棵木棉树被打得遍体伤痕，树顶也被折断了一半。但 100 多年来，它仍然屹立在虎门的江边，岁岁吐露新芽，年年绽开红花。

（四）木棉的风俗民情

　　福建漳州很早就有种植木棉的记载。北宋彭乘在《续墨客挥犀》中记载："闽岭以南，土人竞植木棉，采其花为布，号吉贝布，或把棉花染成五色，织成花布。"南宋末年，名人谢枋得收到闽人刘纯父惠赠的棉布时，以长诗《谢刘纯父惠木棉布》答谢，其中就有"嘉树种木棉，天何厚八闽"。《漳州掌故》里称：在宋朝，漳州已经有以"木棉"作为地名的乡村，可见木棉之盛。该村附近木棉庵前有一石碑，系明代抗倭名将俞大猷所立，高 3 米多，上刻"宋郑虎臣诛贾似道于此"10 个大字。相传，南宋末年卖国奸相贾似道被贬谪到岭南，由福安县尉郑虎臣押送。途经木棉庵时，贾似道企图逃脱被郑虎臣所诛。石碑旁边还有一组小石碑，碑文刻诗。如明人的"当年误国岂堪论，窜逐遐方暴日奔。谁道虎臣成劲节，木棉千古一碑存"。而如今，木棉村已没有当年的"木棉树"，但木棉庵依然香火旺盛，善男信女，络绎不绝。

　　从古至今，岭南广州及其周边地区民众有广种木棉树的传统，如今广州城里处处可见高大的木棉树，每到春暖花开季节的夜晚，人们就会聚集在木棉树下，一旦有木棉花飘落，便会争相拾起，带回家中晒干备用。而在众多的木棉树中，又以南海神庙前的 10 余株最为古老。每年旧历二月，木棉花盛开，每天来观者达数千人，场面热闹，清朝人屈大均以《南海神祠古木棉花歌》颂之。现在南海神庙仍有两棵古木棉，久经风霜，挺拔依然。且粤人有以木棉为棉絮，做棉衣、棉被、枕垫的传统。唐代诗人李琮有"衣裁木上棉"之句。宋代郑熊《番禺杂记》载："木棉树高二三丈，切类桐木，二三月花既谢，芯为绵。彼人织之为毯，洁白如雪，温暖无比。"木棉花还可以做药，每逢春末采集，晒干，经拣除杂质和清理洁净后，用水煎服，可清热去湿。

　　相比之下，云南省西双版纳的傣族民众对木棉的利用巧妙而又充分。在汉文古籍中有许多傣族织锦的记载。傣族织锦就取材于木棉的果絮，称为"桐棉"，闻名中原。傣族人民有用木棉的花絮或纤维作枕头、床褥的填充材料的传统，十分柔软舒适；而在餐桌上，以木棉花瓣为食材烹制的菜肴也时有出现。此外，在傣族情歌中，少女们常把自己心爱的小伙子夸作高大的木棉树，而那红红火火的木棉花就象征着执著而热恋的爱情。

　　此外，木棉在香港也十分受人喜爱。尤其是位于香港公园附近的红棉道婚姻注册处，是香港人结婚的热门地点。每当木棉花开的时候，许多香港人就会选择在此登记结婚。红棉道两旁的木棉树也就成了许许多多美好姻缘的见证了。而红棉道也因此赢得了金钟红棉道的美称。

(五)木棉树的爱情传说

相传，清末年间，从化头甲西山麓下的一个小村庄里，有一对深深相爱、青梅竹马的年轻男女，男的叫阿俊，女的叫凤儿。阿俊18岁时，要代表村里去遥远的南海参加海战。二人依依不舍，在村头的木棉树下私订终身，相约两人要白头偕老。

阿俊走后，凤儿每天都去村头的木棉树那里，在木棉树上缠一条黄布条，默默地许下一个愿望，天天如此，月月如此。每当村里的人经过时，都会好奇地问她："凤儿，今天又许什么愿了啊？"每次凤儿只是害羞地笑笑，低头不语。其实，木棉树知道，她所有的愿望只有一个——心爱的阿俊能够早日归来与她白头偕老。

5年过去了，海战也结束了，却依旧没有阿俊的消息。只是村头的木棉花上缠满了黄布条，每年木棉花开的时候，红色的木棉花和黄色的布条相映显得格外鲜艳夺目，村里人久而久之，都习惯并喜欢上了这棵独特的木棉。然而，在凤儿眼里，每多一条黄布条就如在心里多扎了一针。木棉树越夺目，她的心就越痛。她最喜欢起风的日子站在木棉树下，仰头看着随风飘扬的黄布条，静静地感受着风儿将她的思念捎去给心爱的阿俊。

又过了5年，有关阿俊去向的消息说法各异：有的说他升官后远走他乡了；有的说他残废了不想连累凤儿客居他乡了；有的说他在海战中牺牲了……村里的人都劝凤儿别等了，找户人家早点嫁。附近的村镇也有很多人来提亲，凤儿都执意拒绝了。在漫长的等待和思念中，美丽善良的凤儿一天一天地憔悴下去。父母心急又心痛，四处托人为她提亲，凤儿置之不理，依然是每天去木棉树下，缠上一条黄布条，默默地许愿，默默地流泪……

终于，凤儿的父母自作主张，把凤儿许给了邻村的一户人家。凤儿没有反抗，只是经常一个人静静地坐在村头的木棉树下，两眼望着远方……婚礼的前一个晚上，凤儿穿上了那套父母为她精心准备的让全村女子都羡慕、嫉妒的礼服，独自来到了木棉树下。婚礼当天，全村人都集合在头甲山麓下，等待着欢送新娘。然而所有人都惊呆了，村头的木棉树上全部缠满了黄布条，穿着鲜艳婚服的凤儿静静地躺在树下，眼睛轻轻地闭着，脸带着笑容，她永远地睡过去了。

当人们正惊讶地看着这一幕时，木棉树的黄布条忽地腾空而起，冲向天空。这时，村民们看着随风飞舞的黄布条在空中变成了凤儿和阿俊，他们牵着手亲密地向天际飞去……从那一天起，头甲西山麓下的木棉树多了一个传说：无论男女，只要将写有自己愿望的黄布条挂在树上，虔诚地祈祷，他们的愿望就会实现。久而久之，人们来到这棵木棉树下，会把预先准备好的黄布条抛挂在树上，祈福许愿，后来形成了一种习俗。

每年木棉花开时，海内外有心人总要到这株许愿树下抛彩许愿，亲手挂上黄布条，以期愿望成真。

(六)木棉的诗词歌赋

木棉是一种平凡的观赏树木，但它却有几许不同凡响的内涵，给予世人许多深沉的启迪。古往今来，许多诗人对木棉花都深为赏识。

三月一十雨寒

[宋]杨万里

姚黄魏紫向谁赊，郁李樱桃也没些。
却是南中春色别，满城都是木棉花。

曲池陪宴即事上窦中丞

[唐]熊孺登

水自山阿绕座来，珊瑚堂上木棉开。
欲知举目无情罚，一片花流酒一杯。

咏木棉

[宋]苏东坡

海南人不作寒食，而以上巳上冢。予携一瓢酒，寻诸生，皆出矣。独老符秀才在，因与饮，至醉。符盖儋人安贫守静者也：

老鸦衔肉纸飞灰，万里家山安在哉。
苍耳林中太白过，鹿门山下德公回。
管宁投老终归去，王式当年本不来。
记取城南上巳日，木棉花落刺桐开。

潮惠道中

[宋]刘克庄

春深绝不见妍华，极目黄茅际白沙。
几树半天红似染，居人云是木棉花。

木棉花歌

[明]陈恭尹

粤江二月三月来，千树万树朱花开。
有如尧时十月出沧海，又似魏宫万炬环高台。
覆之如铃仰如爵，赤瓣熊熊星有角。
浓须大面好英雄，壮气高冠何落落！

木棉花

[明]谭湘

佗罗千万臂，伸屈欲摩空。
天地二三月，江山一半红。
孤高巢火凤，错落嫁春风。
漫拟珊瑚贡，仙人碧海东。

南海神祠古木棉花歌

[清]屈大均

十丈珊瑚是木棉，花开红比朝霞鲜。天南树树皆烽火，不及攀枝花可怜！
南海祠前十余树，祝融旌节花中驻。烛龙衔出似金盘，火凤巢来成绛羽。
收香一一立花须，吐绶纷纷饮花乳。参天古干争盘拿，花时无叶何纷葩！
白缀枝枝蝴蝶茧，红烧朵朵芙蓉砂。受命炎州丽无匹，太阳烈气成嘉实。
扶桑久已摧为薪，独有此花擎日出！高高交映波罗东，雨露曾分扶荔宫。
扶持赤帝南溟上，吐纳丹心大火中。二月花开三月叶，半天飞落人争接。
东风乱剪猩红绒，儿女拾来柔可折。正及春祠百谷王，神灵不使马蹄蹀。
还怜飞絮白如霜，织为绁布做衣裳。银钗叩罢双铜鼓，岁岁看花水殿旁。

木　棉

[清]谭敬昭

剑漓独出冠群芳，紫佩既写足额顽。
芍药蔷薇小儿女，东风南国大文章。
三山不改云霞色，百宝平分日月光。
彩笔可曾干气象，越王台畔又斜阳。

春日杂诗

[清]丘逢甲

极目春城夕照中，落花飞絮木棉风。
绝无衣被苍生用，空负遮天作异红。

木棉花(二首)

[清]宋湘

(一)

丹魂拍拍气熊熊，倔强虬龙烛照空。

人到海头馋眼孔，花真汉后有英雄。
越王台畔春初日，广利祠前夜半风。
万道红光掣南斗，为谁名压荔枝红？

（二）

历落钦崎可笑身，赤腾腾气独精神。
祝融以德火其木，雷电成章天始春。
要对此花须壮士，即谈芳绪亦佳人。
不然闲却江干老，未肯沿街卖一婚。

咏木棉
[现代]朱光撰

1959 年，广州市长朱光撰《望江南·广州好》50 首，其中也有：

广州好，人道木棉雄。
落叶开花飞火凤，参天擎日舞丹龙。
三月正春风。

新制绫袄成感而有咏
[唐]白居易

水波文袄造新成，绫软绵匀温复轻。
晨兴好拥向阳坐，晚出宜披蹋雪行。
鹤氅毳疏无实事，木棉花冷得虚名。
宴安往往叹侵夜，卧稳昏昏睡到明。
百姓多寒无可救，一身独暖亦何情。
心中为念农桑苦，耳里如闻饥冻声。
争得大裘长万丈，与君都盖洛阳城？

李卫公（德裕）
[唐]李商隐

绛纱弟子音尘绝，鸾镜佳人旧会稀。
今日致身歌舞地，木棉花暖鹧鸪飞。

竹 枝
[唐]皇甫松

槟榔花发鹧鸪啼，雄飞烟瘴雌亦飞。

木棉花尽荔支垂，千花万花待郎归。
芙蓉并蒂一心连，花侵槅子眼应穿。
筵中蜡烛泪珠红，合欢桃核两人同。
斜江风起动横波，劈开莲子苦心多。
山头桃花谷底杏，两花窈窕遥相映。

满江红·木棉花

[清]张锦芳

十丈晴红，高照彻，尉佗城郭。浓绿处，数株烘染，驿楼江阁。一簇晨霞标乍起，九枝海日光齐跃。似炎宫，火伞殿前张，飘丹彟。龙衔烛，行寥廓。鹃啼血，巢跗萼。经百花飞尽，东风犹恶。歌舞同铺云锦乱，扶宵潮动珊瑚落。纵吹残，尚得一回看，翻阶药。

野 步

[清]赵翼人

峭寒催换木棉裘，倚仗郊原作近游。
最是秋风管闲事，红他枫叶白人头。

近现代文学作品中，也有许多描述木棉的，其中流传最广的当属舒婷的《致橡树》：

致橡树

舒婷

我如果爱你——
绝不像攀援的凌霄花，
借你的高枝炫耀自己；
我如果爱你——
绝不学痴情的鸟儿，
为绿阴重复单调的歌曲；
也不止像泉源，
常年送来清凉的慰藉；
也不止像险峰，增加你的高度，
衬托你的威仪。
甚至日光。
甚至春雨。
不，这些都还不够！
我必须是你近旁的一株木棉，
作为树的形象和你站在一起。

根，紧握在地下；

叶，相触在云里。

每一阵风吹过，

我们都互相致意，

但没有人，

听懂我们的言语。

你有你的铜枝铁干，

像刀、像剑，

也像戟；

我有我红硕的花朵，

像沉重的叹息，

又像英勇的火炬。

我们分担寒潮、风雷、霹雳；

我们共享雾霭、流岚、虹霓。

仿佛永远分离，

却又终身相依。

这才是伟大的爱情，

坚贞就在这里：

爱——

不仅爱你伟岸的身躯，

也爱你坚持的位置，足下的土地。

这是一首经典的爱情诗，语言清丽活泼，读起来朗朗上口。诗人将自己比喻为一株木棉，一株在橡树身旁跟橡树并排站立的木棉，来表达一种爱情的理想和信念，通过亲切具体的形象来发挥，鲜明地昭示了一种独立、平等、互相依存又相互扶持、理解对方的存在意义，又珍视自身生存价值的爱情观。

（七）木棉文化的传承

木棉树在福建广为种植，其中又以闽南地区最为普及。许多地方都可见到高达二三十米的大树，每到春季开花时节，远远就可以看到高高的大树上，顶着红艳艳的花朵，灿若蒸霞，耀眼夺目，引来不少过往民众驻足观赏和赞美。甚至漳州民间流传着"木棉树，开花早，春暖和，烂秧少"的谚语。而在广西崇左地区，则有一条远近闻名的景阳木棉道。景阳木棉道位于广西壮族自治区崇左市大新县宝圩乡景阳村的壮志河畔，长约 2 公里。壮志河宽 10 余米，终年流水不息，河的两岸长满了高大的木棉树，密密层层地种在如画的背景上。倘若是三四月份，火红的木棉花齐整地开放，在阳光下远看就像是千万颗红星在闪耀，倘若走近细看，如茵的草地上也落满了红红的花朵，也有落在水里的，像一艘艘小红船在缓缓地移动，惹得一大群小鱼在它身旁边绕来绕去，好不热闹。在这个季节里，没有什么可以和木棉花争奇斗艳！景阳木棉道的木棉花更是当仁不让。

木棉树高大雄伟，春季红花盛开。由于四季气候的演变，木棉一边结实，一边萌芽吐叶，刚脱下红装，很快换上绿裳。尽管它没有松树那么盘根虬枝，也没有柳树那么随风婀娜的风貌，但它凭着顽强的灵性，不畏"树大招风"，有时遇上台风袭击，四处飞沙走石，墙倒屋倾，它竟遒劲不屈，顶天立地，表现出旺盛的生命力。更可贵的是，木棉同别的树木一起群居时，它从不遮天蔽日，势压群芳，而是本着粗生快长，蓬勃向上的特性，超越其他树种的生长速度，让彼此都能共享阳光雨露，相互依存，欣欣向荣，是优良的行道树、庭荫树和风景树，适用于公园美化、街景营造、水边种植和庭院布置，群植、列植、孤植均宜。据调查，我国种植木棉以广东、福建、台湾、广西崇左和四川攀枝花最为普遍，有许多以木棉为主景树营造的园林景观和旅游景区。广西崇左的景阳木棉道、香港金钟木棉道、广州黄埔的南海神庙、佛山千灯湖、海南昌化木棉风情镇、三亚南山，以及厦门鼓浪屿景区等景区都是人们观赏木棉开花与木棉景观的理想选择。

木棉花是广州的市花。早在 20 世纪 30 年代，广州就曾被确定木棉花为市花。1982 年，广州市绿化委员会又组织开展市花评选活动，木棉花再次被选为市花，象征着广州人民蓬勃向上、热情豪迈的英雄气概。因此木棉文化早已融入广州市民的生活。在广州，不仅有黄埔南海神庙前树龄千年以上，依然富有生机的"木棉元老"，而且处处可见红棉花(因为木棉开红花，所以在当地也叫红棉花)、"红棉亭""红棉路""红棉广场"。就连广东奥林匹克体育场的看台，也将每个小区设计得像花瓣，合起来像一朵盛开的木棉花。目前，中国南方航空、广州花园酒店、广州电视台使用的标志有木棉花的图案，而广东电视台以往也曾使用木棉花标志。

木棉不仅是广州市的市花，也是四川省攀枝花市、广西壮族自治区崇左市、台湾高雄市和台中市的市花，金门县县花。木棉还是南美洲阿根廷的国花。

木棉花的花语为珍惜身边人，珍惜身边的幸福。

二十五、木麻黄文化

（一）木麻黄分布及引种栽培

木麻黄 *Casuarina equisetifolia* Forst.，别名驳骨树、马尾树、澳洲松，属木麻黄科（Casuarinaceae）木麻黄属植物，为外来树种。

木麻黄原产于澳大利亚东北部、北部及太平洋各岛。细枝木麻黄分布于澳大利亚东部，由新南威尔士南部到昆士兰和北岭土；粗枝木麻黄原产澳大利亚昆士兰、维多利亚以南，澳大利亚的南部和西部，生长在沿潮水海滩至内地。木麻黄科不同树种间的生态特性差异很大，生态适应幅度的变化范围很宽。水平分布范围大约在南纬35°至北纬23°，东经60°~150°之间。垂直分布从海平面潮线开始，直达海拔高3000米。在我国浙江南部以南均有引种，从滨海沙滩至海拔700米的地区，均能正常生长发育。

福建引种的主要是木麻黄、细枝木麻黄、粗枝木麻黄3个品种。福建引种木麻黄，最早是1919年由华侨从印尼引进到泉州，1920年引进到厦门，此后又陆续从海外引进到晋江、同安等县。当时都是零星栽植。新中国建立后，为治理沿海沙荒，福建省先后建立了东山赤山、漳浦下蔡、惠安赤湖、晋江坫头、长乐大鹤和平潭等6处沿海防护林国营林场，大规模引种木麻黄科植物，开展治沙示范造林。1958年以来，福建沿海地区营造了大面积的木麻黄防护林，建成了3000多公里的绿色屏障，有效地抵御风沙危害，改善了沿海地区群众的生产生活和生存环境。据福建省国营林场森林资源清查资料显示，截至1978年年末，上述6处国营林场营造的木麻黄片林保存面积达2272公顷。20世纪50年代，东山赤山国营林场采用壮苗、客土、深栽、密植等办法营造大面积沿海防风固沙林，取得成功，逐步推广到全省各地。现在沿海岸南起绍安、东山县，直至东北部的福鼎县，成为木麻黄主要栽培区。内地山区各县亦有零星栽培，大多数引种栽培比较耐寒的粗枝木麻黄。

（二）先拜谷公，再拜祖宗

踏入福建东山岛，只见处处生机勃勃。在赤山国有林场一个松柏苍翠、鲜花盛开的山头，用辉绿岩雕成的碑上，写着："谷文昌同志万古长青"。碑前，竖立着一座白色花岗岩雕成的谷文昌塑像，上面镌刻着省委书记陈光毅的题词："绿色丰碑"。

东山人民有一句口头禅："看到木麻黄，想起谷文昌"。东山岛位于祖国东南，北回归线从岛的南端穿过。亚热带的气候原该催春一切生物，然而，在东山的历史上记载的却是狂风的侵害，浊浪排空、飞沙走石、湮庄吞田……"穷人岛""乞丐村""飞沙滩""秃头山"。据旧县志记载：在新中国成立前的近百年间，全县被"沙虎"吞噬了 13 个村庄，1000 多间民房和 3 万多亩耕地。那时的东山岛，贫穷荒凉，是个饿岛、死岛。世世代代尝不尽无林的苦，祖祖辈辈做不完绿色的梦。

谷文昌何许人也？谷文昌：1915 年出生于河南省林县南湾村的一户贫农家庭。1943 年 8 月参加村农民抗日救国会，不久担任村农会主席。1944 年 3 月加入中国共产党，成为当地早期党员之一。1945 年 3 月担任抗日民主政府林北县第七区区长。1948 年 8 月任区委书记。1949 年 1 月被编入南下干部长江支队第五大队三中队五小队，任小队长。1950 年 5 月 12 日随军解放东山县，历任城关区区委书记、县委组织部部长、县长。1955 年起任县委书记。1964 年调离东山，任福建省林业厅副厅长。

谷文昌在东山整整工作 14 个年头，与木麻黄结下不解之缘。特别在担任县长、县委书记期间，为官一任，造福一方。谷文昌面对东山穷山恶水的自然环境，立下铮铮誓言"不种活木麻黄，不制服风沙，就让风沙把我埋掉！"随后，在天寒地冻，风狂沙飞的日子里，谷文昌率领县林业科技人员，一步一个脚印，逆着风向探风口，顺着风口查沙丘。凛冽的风沙，打在脸上，扑进眼里。他眯着眼睛，捂着脸部，侧着身子，顽强地走在队伍前头，用血肉之躯去感受狂风的力度，飞沙的流向。渴了，沾一沾行军壶里的冷水，饿了，啃一啃冰凉的馒头。从苏峰山到澳角村，从亲营山到南门湾。他踏遍了东山的 412 个山头，把一个一个风口的风力，一座座沙丘的位置，详细地记录下来，绘在图上。还深入乡村，走进千家万户，问计于民，到陈城镇山口村蹲点，到白埕村亲自试种木麻黄。

1957 年，在白埕村沙滩上挖出了泥炭土，发现沙丘旁生长着 3 棵挺拔的木麻黄。这是农民林日长 3 年前扫墓路过西山岩林场时，顺手拔回来种植的。谷文昌获悉后，兴奋得彻夜不眠。第二天就把正在县里参加扩干会的 300 多名县、区、乡干部，拉到木麻黄树旁，说："木麻黄在这里能种活，在别处也一定能种活。这 3 棵木麻黄，就是东山的希望！"因此，东山人民在谷文昌带领下，试种抗风、耐旱、耐盐碱的木麻黄获得成功，开启了东山县植树造林、防风固沙的新篇章。1958 年，县委向全县人民发出"全党总动员，全民齐行动，上战秃头山，下战飞沙滩，绿化全海岛，建设新东山"的号召。谷文昌动员和带领全县人民掀起轰轰烈烈的群众运动，经过 8 年矢志不移的艰苦努力，至 1966 年，全县共营造了沙滩防风固沙林带 2267 公顷，水土保持林 4333 公顷，农田林带网 166 条，总长 184 公里。公路两旁都栽上了木麻黄，初步形成基干林带、农田林网，沙荒成片林相配套的东海绿洲。从此，东山县的生态环境发生了翻天覆地的变化，终于把一个荒岛变成了宝岛。谷文昌用自己的言行赢得了老百姓的信任和敬仰。

2003 年 2 月，时任中共中央组织部部长张全景同志采写了长篇通讯《永远活在人民心中的县委书记——谷文昌》，新华社全文播发。18 集电视连续剧《谷文昌》2009 年 6 月正式播出。政声人去后，丰碑在人间。谷文昌精神永存。现在每年"先拜谷公，再拜祖宗"，已成为当地老百姓的习俗。当下从空中俯视，蝴蝶形的东山岛，绿裹春妆，逐浪翩跹，仿佛从东海上飞起一只绿蝴蝶。它的翅上镶着一条玉带，外缘又嵌着一道银环，更显娇媚动人，犹如东海中的一颗明珠。这银环和玉带，就是东山岛的沙滩和绵延的海岸防风林带。那葱郁的如卫士般的木麻黄树，沿海边巍立，千丛万株，俨然一道长城似的屏障。

黄文忠同志撰写的一篇歌颂谷文昌的文稿在《闽北日报》刊载：

谷文昌——木麻黄

黄文忠

说起谷文昌，

便想起木麻黄，

喊一声：谷文昌——

便有无边的树涛轰响。

站在五十年代。

东山岛的海岬。

面对一贫如洗的土地，

县委书记谷文昌，

睿智地看到了。

沙里的金、

风中的墙。

于是，他用一双，

握过锄把和枪杆的手，

牵来一双双、千万双。

渴望改变命运的手；让一株株绿色的生命，

扎根在泛着碱花的百里荒滩。

谷文昌——木麻黄，

就这样结下生死之缘，

就这样获得同样的生命形态：

有最深的根，

有最直的杆，

有最细密而柔韧的叶，

有盖过大海的力量。

今天，当我徜徉在

木麻黄浓阴遮蔽的沙滩，

眼前总飘忽着一盏，

小小马灯的光。

我知道，再不会有人，

提着它驱赶黑暗。

可是，当我忽然，

　　　　　看到远方矗立的灯塔，

　　　　　就有了情不自禁的联想。

（三）一夜沙埋十八村

　　平潭岛（也称海坛岛）地处台湾海峡西北部。由于独特的地形地貌，在大气环流和浩瀚海洋作用下形成了季风明显的海洋性气候，冬无严寒，夏无酷暑，霜雪罕见，干雨季分明，蒸发量大于降雨量，风害突出，属我国强风区之一。全县有 5 大风口，平均每年 8 级以上大风100 多天。昔日每逢大风来临，岛上飞沙走石，遮天盖地。

　　据《平潭县志》记载，（芦洋）埔尾十八村，一夕风起沙拥，田庐尽废；西部野鹅山周围，清初有 13 个村庄，雍正年间（1723～1735）尽被风沙压废。于是当地流传一首民谣："君山脚下是芦洋，天灾人祸苦凄凉；三块茹干一碗汤，风沙糠等垫肚肠；狂风过处黄沙起，一夜沙埋十八庄。"肆虐的风沙和旧的社会制度给海岛人民带来了深重的灾难，也长期制约了平潭的经济发展和区位优势的发挥。

　　当地诗人姚伯秀在目睹平潭风沙为害造成的惨景，有感于风沙无情、人民困苦和社会黑暗，写下《过故乡感怀》诗一首。诗云：

　　　　　风停沙定草萋萋，一望荒凉心碎之。

　　　　　田舍沉埋闻鬼哭，饥寒煎迫恻人啼。

　　　　　路横饿骨官无睹，地尽废墟景可悲。

　　　　　嗟已不毛君识否？营栖归再叹何时！

　　风沙灾害对平潭人民造成的危害由此可见一斑。

　　新中国建立以后，平潭岛历届县委、县政府都将造林绿化作为改变海岛生态环境和发展经济的"生命林"和"保安林"摆到首位任务，高度重视。20 世纪 50 年代，发动群众垦荒耕作，在沙地上栽植管茅、老鼠箣、龙舌兰、圆叶蔓荆等适生沙地的草本，并在风口地带采取挑土压沙、泥浆灌沙和修筑防沙堤等工程措施。虽提倡造林绿化，但由于未找到适宜滨海沙地生长的乔木树种，因而治沙效果甚微。后来总结经验，继续探索，多次组织人员到广东省电白县和本省东山县取经，先后引进包括木麻黄在内的 180 多种乔灌木树种进行试验。终于 1960年和 1961 年先后在滨海沙地上引种木麻黄成功，在丘陵山地上引种黑松成功，从而找到治理沙荒的有效途径。随后大规模营造了以木麻黄为主的防风固沙林、农田防护林和水土保持林。到 1967 年，全县在滨海平原区共营造海岸基干林带、防风固沙林、农田防护林带、护路林 2498 公顷，使绝大部分风沙被固定下来，基本控制了风沙危害。海岛生态环境出现了转折，森林覆盖率由新中国成立初期 0.7% 提高到 15% 左右。据有关部门定位观测，由于森林覆盖率增加，土地侵蚀强度明显下降。全岛侵蚀指数从 0.68 下降到 0.32，降低了一半，其中风沙地从 0.72 降到 0.19。造林后 10 年，气象因子也显著变化，年平均风速降低 16.7%，大风日数减少 36.1%。同时扩大了耕地，提高了复种指数，促进了农业稳产高产，农村经济得到快速发展。到 1994 年，在全县 3755 公顷风沙林业用地中，已造林 3558 公顷，绿化程度

94.8%。其中海岸基干林带42公里，面积621公顷，防风固沙林面积2613公顷，农田防护林和护路林长度455公里，面积226公顷，果园面积140公顷，森林覆盖率达到30.7%，80%以上林木得到更新换代和混交改造，形成了带、网、片、点布局和林种结构比较合理的防护林体系，风沙化土地和水土流失得到有效治理。在防护林庇护下，不仅原来准备搬迁的89个村庄没有迁移，还在昔日沙埔上开辟了32个新村。过去黄沙蔽日的龙王头沙滩，现在成为拥有5万居民的绿色县城。海岛"秋冬沙打脸，酷暑沙烫脚，吃饭沙落碗，睡觉沙满床"的状况已成为历史。

2009年5月14日，国务院正式发布关于支持海西发展的若干意见，要求进一步探索在福建沿海有条件的岛屿，设立两岸合作的海关特殊监管的区域。平潭的区位优势和良好的生态环境，理所当然地成为首选区域。同年8月4日，福建省出台贯彻落实国务院若干意见的实施意见，确定平潭作为综合实验区。从此，平潭迎来了大开发大发展的千载难逢的机遇，区位优势得到全面提升和开发利用。平潭将开启海峡两岸合作互利共赢新篇章，而木麻黄这个治沙先锋树种，将为海岛环境建设继续发挥保驾护航作用。

（四）惠安女与木麻黄

惠安妇女向来以勤劳贤惠吃苦著称，沿海地区男人多出海从事捕鱼、搞运输，内陆地区男人多以建筑和石雕等工艺谋生。因此，田间地头农活主要靠妇女承担，甚至在基建工地上，抬砖瓦、扛石头、拌水泥、扎钢筋，都可以看到她们的身影。20世纪50年代，惠安有一处水库，因为是以妇女劳力为主建设起来的，当时被命名为"惠女水库"，充分体现了妇女半边天的作用。

小岞地处惠安东部沿海突出部，是惠安最大的风沙口。盐碱滩地上寸草不生、淡水奇缺，农田被成片侵蚀，房子也建不成，附近居民饱受煎熬：狂风一来，黄沙铺天盖地，海水漫进屋里，赶上吃饭的时候，端起碗，一口饭，一口沙。

1966年，花样年华的20个女人，为了建设美丽家园，造福子孙后代，不约而同地走进七里湖，办起了林场，选择了从事造林、护林的生涯。当时他们不仅没有一分钱报酬，还要从家里自带口粮。两斤地瓜二两米，就是一天的口粮。日夜整地修田，筑沙堤，挑客土，培育苗木，挖沙种树。眼看20多亩木麻黄苗一天天抽芽成长，八九月间，东北季风来了，昼夜猛刮，刚种下的整片幼苗顷刻被细沙盖住。而立冬到冬至，东北季风再度来袭，这片树苗几乎全军覆灭。就这样，年年栽树，年年补种，年复一年，长期坚守，竟然没有1株成活。但是，20名惠安女子，却以一种近乎天真的坚持，守得云开见月明。

当时她们也吃不下，睡不着，一直在想：怎样才能把树种活？经过无数次试验，一位叫陈丽英的党员干部摸索出"要防风，深挖沟，筑沙堤，下客土"的创新方法。先在靠近沙堤避风的地方，选择一亩多东西走向的沙地作为试验地块，在上面开了7条沟，每条沟长20米，宽1米，深1.5米，行距3米，株距0.5米。沟土垒在两岸作为防沙壕，然后在沟底造林。她们往下挖了1米多深，发现原来上面一层都是粗沙，底下的才是细沙。粗沙没法蓄水，以致树苗干枯死亡。终于找出了症结所在。经过一年精心管理，一亩试验地果然获得了成功。经惠安县林业局验收，成活率达到95%以上。这种"挖沟防风植树"的造林经验，还被省林业厅在全省推广，参观学习者纷至沓来。

林场此后数十年中，一步一个脚印，从无到有，在沙荒地上竖起了一道70多公顷的绿色屏障。一边造林，一边护林。20世纪80年代初，这一带还比较穷，烧饭取暖用的还是烧柴草。天寒地冻的12月，因为担心林木被盗伐，她们晚上轮班抱着被子到树下睡觉，守护林场资产。每次抓住偷树的人，都和对方仔仔细细讲道理，讲种树是多么的不容易，讲这片木麻黄树林对周边家园环境和群众生产生活息息相关的意义。以情晓理，以理服人，让偷树者理解了她们的辛苦，从此就不再来了。周围很多群众发现偷伐行为，也会帮忙劝止。由于她们的努力，盗伐现象几乎绝迹。

多年来，作为场长，陈丽英总是将困难的活儿留给自己，每天天一亮就带头到林场干活。而林场姐妹之间也始终彼此照料，互相支持。肩并肩一起走，历经数十年，仍然是齐齐整整的20个人。有的人年岁大、生病退出，还会让自己的女儿加入进来。为什么这些惠安女能几十年执著坚持下来，"艰苦但很快活"，是她们说得最多的一句话。

小岞林场除了管护好现有林地，还积极谋划新一轮创业。目前，以副养林的多种产业化经营模式已初见成效：每年育苗80多亩，种植玉米、花生、甘薯、大小麦等农作物70多亩。养鸡场、养猪场、养牛场办起来了，每个成员每月能领到1000多元工资。今后，小岞林场还将建起一个大棚蔬菜基地，扩大养鸡场规模，引进更新、更好的品种，建设一个多产业、高效益、生态型的现代化林场。这是继惠安八女跨海、惠女水库之后，小岞林场成为当代惠女精神的又一面旗帜。

(五)灯塔卫士

漳浦县古雷半岛最高处建有一座灯塔，为南来北往的海上渔民指引方向。灯塔工作人员饱受风沙之苦，木麻黄却担当着灯塔的卫士。灯塔位于古雷头，四面临海，又居山尖，所以那儿的风就刮得特别凶，即使在平常的日子里，海风也经常发威，大声呼号地席卷而来。人站在灯塔门口，风迎面扑来，毫不客气地撩起你的衣服，弄乱你的头发，那股气势，仿佛要把人推倒才罢休。风的放肆，让人毛骨悚然，而不怕风的木麻黄长年累月与大自然搏斗，在大门口站岗放哨。其伤痕累累，生长奇特，体现在灯塔入门处那棵被称为"灯塔卫士"的木麻黄。通常木麻黄，每棵都挺笔直，碎碎的针叶聚拢在一起，像一根根可爱的纺线梭子。而眼前这棵木麻黄，枝叶呈旗状生长。近门的一旁，针叶稀稀拉拉，像七八十岁老人的胡须；而另一旁，针叶渐密，绿意盎然。这是木麻黄长年累月与海风战斗的结果。因为近门风大，树一发新芽便被吹折，所以就有了"左倾右斜"特殊形状。

灯塔工作人员说，这棵木麻黄就像猫一样有九条命。它能生活到现在，经历了好几次起死回生。小的时候，刚种下去的树苗，不时就会被狂风连根拔起，而后找来竹篾编成箩筐，四周罩上渔网，每晚都把它罩得严严实实，只有待白天阳光灿烂的时候才掀开这层防护罩，让它尽情吸收阳光。就这样，这棵木麻黄像襁褓中的婴儿，在细心呵护下，日渐成长。长大后的木麻黄，也时刻经受着海风的骚扰。尤其是近墙一边的枝叶，总是长不起来，往往在萌芽状态时，就在某个夜晚或凌晨，被强盗一样的风横扫摧残。树也是聪明的，它深知达尔文"适者生存"的进化原则。所以当它发现自己奈何不了海风的时候，就自觉地把枝叶努力朝背风的一旁生长，天长日久，古雷头灯塔就有了一棵形状奇特的树。

尽管形状奇异，但是古雷头灯塔的工作人员却亲昵地把这棵木麻黄称为"灯塔卫士"，把它当成是灯塔的一员。灯塔远离村庄，平时人迹罕至，尤其是夜晚来临的时候，对付无边无际的寂寞便成了工作人员难于逾越的情感。许多人初到灯塔上班，几乎要打退堂鼓。但看到了门边的那棵木麻黄，几经风雨的摧残，却百折不挠，经受了热带风暴"珍珠"洗礼之后，树木断枝折骨，奄奄一息，很多人都向它投来怜惜的目光，估计它活不成了。但是没想到来年一开春，树干又生枝发芽，呈现出勃勃生机。他们的心灵在那时被震撼了，立誓要坚守灯塔工作，环境越是艰苦，意志越是坚不可摧。木麻黄忠贞不渝地陪伴着他们，也无时无刻地激励着他们。

（六）军魂永存——木麻黄

木麻黄十分适应沿海地带的栽植，又能抗击风暴的袭击。因此，20世纪50～60年代，它就成了中国东南沿海一带绿化的主打树种。海边、地头、庭院、荒山……到处都能见到它的身影。

福建省东山县是个海岛县，风灾是主要的灾害。部队的营区里，以木麻黄为主组成了特有的绿化网带：墙边路旁、房前屋后、阵地四周，它那高大挺拔的身姿，为战士们挡风遮阳，成为军营十分醒目的标志：哪里有一片片茂密的木麻黄，哪里就肯定是军营。

木麻黄和新疆的小白杨一样，能替战士们阻挡强劲的海风，使菜地里的小苗能茁壮成长；树阴下，战士们在学习、娱乐。炎夏时，房屋前后的树阴使室内温度比其他的房子低了许多。木麻黄的枝干粗壮直溜，是战士们盖猪圈、建工具棚的好材料，用较粗的树枝做成的锹把锄柄也挺好用的。

木麻黄的树叶（小枝条）像细针粗线，一根根从枝条上垂下来。海风穿过枝条针叶时发出的"呜呜"声，就像松涛一样：好似北方冬天刮大风时，森林里发出的呼啸。木麻黄发出的呼啸声会随着风的劲与轻，忽长忽短忽强忽弱……既像是在轻声诉说又好像是在低声吟唱。战士们最喜欢听这树涛声，无事时就喜欢独自坐在树阴下，听着风的吟唱树的和声……这是这世界上最惬意的时刻了！尤其是心情不好的时候，在树下听一会儿这树涛声，就会渐渐开朗起来。如果是坐在海边的木麻黄树阴下，凭风观海，海涛声伴着木麻黄的吟唱，那意境真是难以想象的爽快呀！

唯有让战士们为难的地方就是它的落叶。营房里茂密的木麻黄林，落下的针叶和果实铺在地面上厚厚一层。由于针叶十分好烧，火旺灰少，老百姓们都爱用竹箅扒回去当燃料。那时候农村不供应煤（只有城市居民凭票供应一些煤），沿海地区的农民们没山打柴，就只好一把把地烧这木麻黄的针叶了。

这些年来，城市园林化提高了层次，注意多树种搭配，使城市由原来的木麻黄、银桦树、相思树等几种主打树种，扩大为凤凰木、芒果、洋紫荆、高山榕、紫薇、棚架树等数十种既美观又实用的新树种。木麻黄在繁花似锦的闹市里慢慢隐退了，就像军人在没有战争和自然灾害来临时没人关注一样，在人们的眼中悄悄地淡漠了。可它们又和军人一样，仍顽强地伫立在它们应该守卫的地方。耐着寂寞、贫瘠、风暴……用枝繁叶茂的枝干、树阴，用自己全身的一切，为这世界，为着人们服务着。

（七）木麻黄的利用价值

木麻黄是一种热带乔木，材质坚重，可供建筑、矿柱、家具、造纸用材，又是人造丝的好原料。树皮可提制栲胶，也可制备染料。枝叶是家畜饲料，种子可饲养家禽。树冠塔形，姿态优雅，为庭园绿化树种。

木麻黄是深根性树种，扎根深，叶面小，抗风力强。据测定，一条 10 米高的木麻黄林带，在背风的 150 米以内，风速平均降低 50% 以上，在 250 米以内，风速平均降低 30% 以上。它耐瘠、耐碱、耐旱，不怕海潮，不怕沙埋，生长迅速，适于在高温多雨的海边沙滩上生长。木麻黄的根系带有菌根菌（菌根菌是一种最好的自然肥源），能固定空气中的氮素，供应树木生长需要，所以能够在连草都无法生长的沿海流动沙丘上生长。它是南方沿海防护林，特别是沿海基干林带建设中不可替代的重要树种，亦是福建省引进外来树种最为成功的树种之一。据有关部门的调查，栽种在海滩上的木麻黄每天能长高 1 厘米左右，在多雨的秋季每天能长高 2 厘米。海南岛文昌县 1956 年春天栽下的单株木麻黄，8 年时间就高达 28 米，胸高直径 29 厘米。

木麻黄的叶、果实、茎都有一定的药效。其化学性质如下：

木麻黄的叶和果实：含羽扇豆醇、蒲公英赛醇、计曼尼醇、黏霉烯醇、羽扇烯酮、β-香树脂醇、蒲公英赛醇乙酸酯、β-香树脂醇乙酸酯等三萜成分；β-谷甾醇、豆甾醇、菜油甾醇、胆甾醇、24-甲基-5-胆甾烯-3β-醇、24-乙基-5-胆甾烯-3β-醇、24-乙基-5,22-胆甾二烯-3β-醇等甾醇成分；胡桃苷、阿福豆苷、三叶豆苷、异槲皮素等黄酮类成分；色氨酸、亮氨酸、缬氨酸、甘氨酸等氨基酸成分。

木麻黄的茎、果及心材还含酚性及鞣质成分：右旋儿茶精、右旋没食子儿茶精、左旋表儿茶精、左旋表没食子儿茶精、没食子酸、原儿茶酸、没食子酸甲酯、左旋表儿茶精-3-没食子酸酯、左旋表没食子儿茶精-3-没食子酸酯、氢醌，以及莽草酸、奎宁酸。

据《新华本草纲要》记载：木麻黄性微苦，温。温寒行气，止咳化痰。可用于治疗疝气、寒湿泄泻、慢性咳嗽。

二十六、漆树文化

（一）漆树特性及分布

漆树 *Toxicodendron verniciluum*（Stokes）F. A. Barkl.，别名山漆，为漆树科（Anacardiaceae）漆树属植物。落叶乔木。福建各地多灌木状小山漆，闽中农家小孩常称"咬人树"，夏秋季节到山上砍柴时，只要眼睛看到或身体接触到漆树，就会被"咬"。被咬的症状为：脸、手或大腿皮痒、发疹，习惯上就拿生韭菜搓擦。被"咬"多次后就不怕了。农村大人、小孩多有亲身经历。

生漆的发现、利用和经营历史非常悠久。7000 年前河姆渡遗址出土的就有朱漆木碗，四五千年前良渚文化遗址出土有黑漆陶罐、棕红色漆陶杯、嵌玉高柄朱漆杯……。"舜作食器""禹作祭器"，夏代发现雕花漆器，经战国至汉的繁荣与发展趋于普及。技法种类有描金、填漆、镶嵌、螺钿、雕漆、刻漆、填彩、戗金、漆绘、金银平脱等层出不穷。福州脱胎漆艺、莆田金漆木雕、泉州厦门的漆线雕装饰技艺等，在传承我国数千年漆文化艺术传统的基础上应运而生，以独特的民族风格和地方特色，享誉国内外，在我国漆艺、漆器创作发展的历史长河中占有着重要地位。

经营漆树主要用于采割漆液，制作生漆。漆树木材坚韧、纹理细致美观、耐腐，在建筑、加工细木工板，以及生产乐器、家具、装饰材料等方面也有重要用途；种仁可榨油；果皮所含油脂（漆蜡）可制甘油、油墨、肥皂；山漆树的根、皮、叶、果和干漆片均入药，能解毒、止血、散瘀、消肿、通经、驱虫、镇咳，主治跌打损伤。该物种为中国植物图谱数据库收录的有毒植物，其毒性在树的汁液。

漆树是我国重要的经济树种，从漆树韧皮部采割的脂液即生漆，是一种珍贵的原生态涂料，它创造了我国古代灿烂的文化，产生了大量的林副特产。

漆树分大木漆和小木漆两大类，即野生和人工栽培两种经营方式。人们在长期栽培利用中，除保留相当数量的天然野生种外，由于原生种的变异，还形成了如阳高大木、阳高小木、佛坪野生、南郑野生、石泉野生、高八尺、金州红、大红袍等许多栽培品种和三倍体新种等。据 20 世纪 80 年代以来的调查统计，全国发现漆树品种 200 多个，栽培品种 130 多个，其中优良种 46 个，特优种 14 个。如陕西秦岭分布有自然变异的三倍体种（大红袍）、浙江的金漆树、贵州的单叶和多枝漆树、云南的大花和喙果漆树等，提供了大量的遗传多样性良种资源储备，为我国漆树的深入研究和繁育打下了基础。

野生和人工栽培漆树遍及全国 23 个省份，以陕西、湖北、贵州、四川、云南 5 个省最多，湖南、江西、安徽、浙江、福建、台湾、山西、河北等省其次，其他如广东、广西、辽宁、北京、山东等地也有漆树资源分布。漆树自然生长的垂直海拔多在 200～2500 米之间，最高可达 3800 米左右。秦岭、大巴山、武当山、巫山、武陵山、大娄山、乌蒙山一带为我国漆树中心产区。据调查，全国产漆县 500 余个，其中重点县 161 个，以陕西、贵州、四川、重庆、湖北、云南居多。在国外，印度、日本、缅甸、柬埔寨、越南、老挝、泰国、朝鲜等周边国家也有分布。

(二)漆及其历史延革

采割漆液的漆树，历史以来多以天然分散的野生资源为主。大木漆为主的天然林，属散生或混生，偶有小片纯林；小木漆为主的人工林，多四旁零星种植；近年来，两者都有粮漆混作和间作的人工林。漆树人工林主要分布在陕西的安康、商洛、汉中 3 个市，面积或株数约占秦巴山人工林的 70%（2002 年）。

漆树因外皮损伤分泌漆液到结膜，古人是有所观察的，久而久之便学会了利用，把它涂刷到器物上，这便有了最初漆器。从采集漆液（脂）到生产性割脂，从野漆树到人工栽培，便顺理成章，渐进发展，因此也就有了后来的漆业。

《诗经·秦风》："阪有漆，湿有栗。"古时秦地坡上长漆，低处长栗，很常见。《山海经》中也多处提到漆树，如《西山经》："虢山，其木多漆棕……英鞮之山，上多漆木。"可以推想，史前就有很多野生漆树，并与人的关系很密切，从没离过人们的视野。《诗经·国风》："定之方中，作于楚宫，揆之以日，作于楚室，树之榛、栗、桐、梓、漆"。择好地、选好日子建宫室，在宫殿庙宇旁植树，这都是我国古代风俗。漆树成为榛、栗、梓等诸经济树种之一，并植于林园，并非偶然，源于它的社会用途和经济性。春秋战国时，已出现成片种植漆树的"漆园"，庄子年轻时曾在自己家乡宋国蒙地当过漆园小吏。到西汉已曾大面积经营，如《史记·货殖传》记："陈夏千亩漆 ……此其人皆与千户侯等"。

福建漆树以浦城小木漆为主，分布于海拔 1500 米以下山地，明万历时出产生漆。清以来，农民租山种漆，俗称"斤漆担粮"。清末民初年产生漆约五十担（《浦城县志》）。清光绪二十八年(1902 年)，建瓯县南科村试种南京漆苗二三百株成功，培育出"建瓯小木"优良品种，所产生漆可与台湾漆媲美。北京人民大会堂台湾厅所用生漆，即取自建瓯县南科村漆。1979年，全省确定 4 个生漆生产重点基地，浦城占 3 个，分别在中墩、黎处、排栅三地。浦城小木漆具有开割早、树皮厚、漆量多、漆酚含量高、抗逆性强、漆质佳等优点。1981 年被全国生漆鉴定会正式命名为"浦城小木漆"，列为全国优良品种。近年，全县小木漆种植面积达1.4 万亩，100 多万株，占全省生漆资源一半以上。

生漆是我国重要的林副特产，是历史上"树割漆，蚕吐丝，蜂做蜜"的三大宝之一。生漆俗称"土漆"，又称"大漆"或"国漆"，是优良的天然树脂涂料和防腐剂，素有"涂料之王"的美称，堪称"国宝"。

漆的主要成分为漆酚、漆酶、树脂质、水分等。采割下来的生漆，漆酚占 60%～80%，漆酶和其他含氮物占 10% 以下，树胶约 3%～6%，水分 10%～30%，经滤渣、去除大部水分、加桐油或熟亚麻油调制而成。漆膜有漆酚香，黑色或褐色，坚硬、明亮典雅，附着力、耐久性和防腐蚀性强，耐热性高，有良好的电绝缘性能和一定的防辐射性能，具有防腐、防锈、耐强酸强碱、耐磨、隔水防潮、防霉杀菌等特性。历史上曾用以涂饰宫殿、庙宇、车船、棺椁和家庭用具。现代则广泛用于航空、卫星、国防军工、舰船、工业设备、地下工程、城市建设、印染、医药、食品容器、民用家具、工艺美术品、文物寺庙古建筑保护等防腐和装饰，是重要的传统出口产品之一。从古至今，我国生漆采割，仍为小生产经营，"百里千刀一斤漆"，生产环境十分艰苦，人工采割技术发展非常缓慢。

从树上（韧皮部）采割下来的漆液，成乳白状，与空气接触后变成栗壳色，干后呈褐色，"白赛雪、红似血、黑如铁"。古代也有这样的说法"凡漆不言色者皆黑"，所以"漆者黑"黑到极致，黑中透亮，"黑如釉，明如镜"，黑褐色是中国生漆的基色。古人用阳光曝晒或炭火加热的办法制作熟漆，其精制品有红、黑推光漆（不加油类、有硬度、耐推光）。加工过的生漆（加热时间短），是半熟漆，有用于底胎和揩光两种。本色（红褐色）的熟漆为半透明体，加入颜料后就能够调制出各种色漆。朱、黑为主色调的我国漆器，朱、黑底色是用天然朱砂和木炭粉调制。

考古学界在河姆渡遗址第三文化层发掘出一只髹漆木碗，经化学方法和光谱分析，系天然生漆，距今已有六七千年历史。木碗所以能够保存至今，在于涂了生漆的缘故。可见我国对于漆树认识、利用和生漆的发现、生产、应用历史非常悠久。

"漆"甲骨文为"桼"，偏旁缺"水""水"何来，"桼"，上木、中人、下水，意为人割木流液为水。东汉许慎《说文解字》释"桼"曰："桼，木汁也，可以髹物，从木，象形，桼如水滴而下也。"清代段玉裁注曰："木汁名桼，因名其木曰桼。今字作漆而桼废矣。漆，水名也。非木汁也。"古人造字，形意明确，说明我们的祖先对漆树和漆早有认识。《书经·夏书禹贡》有载："兖州，厥贡漆、丝。豫州，厥贡漆、枲、烯、纩宁"。大体夏代兖州、豫州人工经营的漆树已有相当数量，由下层奴隶主驱使奴隶为上层奴隶主贵族生产，属上层奴隶主专用。《庄子·人世间》载："桂可食，故伐之，漆可用，故割之"（道家崇尚自然，意不能恣意而为，本文反引之），此皆可看作中国最早关于采割生漆的记载。

（三）中国漆器艺术文化

漆器是中华民族对人类文明的重大贡献。我国的漆工艺可以上溯到遥远的新石器时代，随后有过战国至秦汉的辉煌、宋元的鼎盛和明清的绚丽，留下了大量时代可考、工艺精湛、造型奇特的髹饰珍品。历朝历代数量众多的随葬品出土后都发现有大量的漆器。

现发现的最早漆器，见于7000年前河姆渡文化遗址出土的朱漆木碗，在此后的3000～5000年间，江苏吴江梅堰新石器时代遗址中发现棕色漆彩绘陶器，辽宁敖汉旗大甸子古墓中出土的觚形薄胎朱漆器，浙江余杭下溪湾村瑶山良渚文化遗址出土的漆碗、嵌玉高柄朱漆杯及漆绘彩陶罐，山西襄汾陶寺文山文化遗址出土彩绘木器等，由此佐证了漆文化发展的悠久历史。

　　《韩非子·十过》曰："尧禅天下，虞舜受之，作为食器，斩山木而财之，削锯修之迹，流漆墨其上，输之于宫，以为食器，诸侯以为益侈，国之不服者十三。舜禅天下，而传之于禹，禹作为祭品，黑漆其外，而朱画其内……觞酌有采，而樽俎有饰，此弥侈矣，而国之不服者三十三。"在尧、舜、禹时代，社会发生了财产地位上的分化，并以器物上是否髹饰彩漆为标志。许多部族（小国）认为，舜、禹的漆器，先"斩山木"制胎、上漆（舜的黑漆食具，禹的黑面红里祭器，还在杯、勺、酒器上描花纹）太过奢侈，遭到越来越多小国的反对，可见当时的漆器非常珍贵，只供上层统治者享用。

　　《史记》对这一时期漆的使用说的更明确："漆之为用也，始于书竹简；而舜作食器，黑漆之；禹作祭器，黑漆其外，朱画其内。"所以元代吾丘衍《学古篇》载："上古无笔墨，以竹挺席漆书竹上"，此话并非虚言，且漆书竹简，上溯时间还更前于尧舜。

　　夏、商、西周为漆器发展的奠基期。兖州和豫州凡漆均为上层奴隶主所用。夏代的木胎漆器不仅用于祭祀，也用于日常生活，并发现有雕花漆器。

　　商代出土的漆器随葬品 20 多处，有碗、豆、盒、钵、盘、瓿、罍、鼓等各种器型，并有漆绘、雕花、镶嵌绿松石、螺钿、贴金箔等技法。西周在继承商代漆器工艺的基础上发展，增加杯、俎、壶、彝等品种，以北京琉璃河燕国墓出土的漆器工艺为代表，发展镶嵌蚌片和蚌泡的技法，还发现白色漆料和仿铜器作品。用蚌泡镶嵌是周代漆工艺非常流行的一种装饰手法。彩绘，漆绘图案丰富，主要为贵族常用食器。西周时代漆器的重要性仅次于青铜器。

　　春秋战国是中国漆器发展的重要阶段，战国漆器及其工艺进入第一个繁荣期。主要成就：厚木胎向薄木胎、夹胎发展，漆器越来越轻巧和精致，并融入新兴的地主阶层趋向大众化；漆器从木器中分离出来成为独立的手工业门类；漆器制作社会化，内部分工细致，出现"物勒工名"的品牌技艺和产品。有如夹纻胎新工艺、用金属加固的扣器的发明，以及金银描绘技法和针刻工艺等漆艺创新。特点"朱画其内，墨染其外"，黑地朱漆彩绘。使用彩绘颜色：有红、黑、黄、蓝、翠绿、褐、金、银、银灰等 9 种。花纹图案三角形、菱形、方块等，更多使用点纹、目纹、涡云纹、云气纹、圈点纹、夔纹和龙凤纹。

　　秦汉时代漆器承楚发展，且造型精巧，达漆艺鼎盛期。史典籍如《史记·货殖列传》载："木器髹者千枚""漆千斗"；《盐铁论·散不足》曰："中者野王纻器，金错蜀杯""今良民文杯画案""彩画丹漆"；汉人崔寔《政论》说："农夫辍耒而雕镂"（广大农民丢下农具，争当漆工）；扬雄《蜀都赋》：汉代成都的漆器作坊"雕镂扣器，百伎千工"等多有记述。可见当时的漆器产品不仅全社会流行，生产规模巨大，而且生产者也有较高的收入。此时期漆器大致可分实用、仿青铜、仿动物造型 3 类。仿青铜器类，具有礼器性质，用于陪葬，也可实用；动物造型漆具以实用为基础，增添装饰情趣，还蕴含某种图腾意味。秦代漆器以湖北云梦县出土的云梦漆器为代表，云梦文饰挥洒流畅，结构缜密，有一定的写意性。汉代，人们对漆器的重视远远超过铜器，髹漆具有实用性和强烈的装饰性；出现如漆鼎、漆壶、漆钫等大件器物和成套器皿（多子盒）；漆器的使用世俗化，成为身份和社会地位的重要象征；漆礼器代替铜礼器用于祭祀。四川的广汉、蜀已成新兴的漆器中心。

　　《史记》中有豫州贡漆之说。漆器手工业主要由官家经营，此后历代相袭，各朝均设官办作坊。据有关研究汉代后期的漆器艺术和漆面绘画者所述：漆器艺术已传到了日本、朝鲜。

并经中亚的波斯和阿拉伯人传到了一些欧洲国家。17 世纪，英国、法国、德国先后学习研究我国漆艺文化，并在此基础上不断发展、创新，形成了各具特色的漆工艺。我国的精美漆器和制漆技艺，远在汉唐时期就传到日本、朝鲜、泰国、缅甸、印度、法国、德国、意大利等欧亚各国。

唐代漆器工艺超越前代，镂刻錾凿，精妙绝伦。如稠漆堆塑成型的凸起花纹的堆漆；用贝壳裁切成物象，上施线雕，在漆面上镶嵌成纹的螺钿器；用金、银花片镶嵌而成的金银平脱器等。唐代漆器，面对自然和生活，出现了大量花草飞禽、出行游乐等世俗化的生活场景，将人们领入到一个鸟语花香的春天意境。这种富丽、丰腴、典雅和富有生命力的艺术风格表现了鼎盛时期的封建经济和文化的时代特点。河南、陕西等地出土的银平脱朱漆镜盒、金银平脱天马鸾凤漆背镜、金银平脱镂金丝鸾衔绶带漆背镜、银平脱舞禽花树狩兽神仙纹漆背镜，以及陕西扶风法门寺出土的秘色瓷平脱漆碗等，其工艺精湛，富丽堂皇，光彩夺目，是我国古代金银平脱漆工艺最高成就的体现。圈叠木胎漆器，是唐五代漆工艺的一项新技，胎体轻薄，胎骨不易豁裂、变形，还具有造型丰富的许多优点，湖北监利、扬州唐城、宁波等文化遗址多有出土。五代《漆经》问世，已佚。

宋漆工艺以质朴的造型取胜，最能体现时代特点的，即素髹漆器。素漆，又名"一色漆""无文漆"，仅以色漆髹饰漆器。其成就主要体现为高档品漆艺臻于成熟，如雕漆、戗金银、描金堆漆、螺钿等工艺的发展。但若论揭示时代风格，素髹漆器的地位则更显重要。一色漆、雕漆，历代文人著录颇多，极尽推崇与赞誉。宋承唐制，一些重要手工业部门，为朝廷垄断，如生漆，归后苑造作所掌管。但除官营漆器坊外，私营漆器坊也普遍发展，漆器产品往往题刻年款、产地、名号、工匠姓名。据《元史》载，世祖中统元年，政府设油漆局，配备提领、同提领、副提领掌管两都宫殿髹漆之工；至元十二年油漆局属工部掌管，配备大使、副使职司。民间的漆器作坊也很发达，嘉兴便是元代生产漆器的重要中心，名匠辈出。

元代由宋代漆艺之百花齐放而进入锦上添花，以致盛极一时，其中以螺钿、戗金银、雕漆著名。《格古要论》记："洪武初，抄没苏人沈万三家，条凳、椅、桌，螺钿剔红最妙"。当时的薄螺钿技艺也已相当成熟。陶宗仪《辍耕录》述及戗金、戗银工艺颇详，其法得自嘉兴杨汇的漆工。

明代在中国漆史上的重大贡献便是《髹饰录》的问世。《髹饰录》自五代《漆经》失传以来，成为中国漆艺史上的第一部专著，明隆庆间安徽新安名匠黄成（字大成）所著。把漆器的品种划分为 14 大类，101 种。此书后经嘉兴名匠杨明逐条注析，更加翔实，成为一本唐代至明代的重要技法史料。

清代漆器全盛期在康、雍、乾三帝，并在前代技艺的基础上有所发展。漆器中有"养心殿造办处"款识。此后渐衰，官营漆坊渐为民营取代。至光绪二十二年（1896 年）已无官营作坊，北京宫廷雕漆技艺几乎失传。民间漆器则以鲜明地方特色，形成各自的制漆中心。如：苏州雕漆；扬州漆镶嵌；福州脱胎漆等。苏州、南京、福州、贵州、杭州、江西、广州、四川、山西等均为重要产地，有金漆、描金、彩漆、填漆、戗金、堆起、识文描金、螺钿、百宝嵌等品类 20 种。

（四）福建漆器

福建漆器发展可以追溯到汉唐。东汉佛教传入中国，西晋初，佛教传入闽地，到唐代更加兴盛。唐漆文化"兼收并蓄"，漆艺与制琴工艺结合产生"透明漆髹涂"工艺；漆艺与铜镜装饰相结合产生"金银平脱"工艺；漆艺与金属工艺相结合产生"宝装镶嵌"工艺；漆艺与佛教造像相结合产生"罩金""贴箔"工艺。常言道："佛要金装"，闽南的"佛妆"工艺、八闽民间的"金漆"工艺也正是在这样的历史背景下发展起来的。

宋代是福建漆艺发展史上的一个重要时期，由于官方的倡导和扶持，福建漆艺制作开始形成规模。宋熙宁（1068~1077 年）时，官府在福州设立都作院，内设漆作。标志着以福州为中心的八闽漆艺步入兴盛阶段。从典籍与出土文物来看，宋代福州漆艺最突出的成果是"雕漆"。主要有"剔红"和"剔犀"两种。明代《格古要论》中有"福州旧做者，色黄滑地圆花儿者，谓之福犀，坚且薄，亦难得，有云者是也"。"福犀"是指福州雕云纹的黄色"剔犀"（剔雕刀口断面，能清晰地看到不同色层的丰富变化，犹如犀牛角横断面之肌理，故命名"剔犀"）。闽清白樟乡宋墓出土的"剔犀小圆盒"与文献介绍的"福犀"特征相吻合，确是极为难得的艺术珍品。

"佛妆"对福建漆艺发展起过重要作用。除使用金漆髹饰佛身外，宋元时期，闽南艺人在传统"沥粉""泥线雕"等工艺的启发下，发明"漆线雕"。明代"漆线雕"技法多与"粉雕"手法配合，运用在佛像衣饰纹样上。清初装饰部位也由原来平面局部造型扩展到佛身全面装饰，并与"堆漆"工艺巧妙配合，形成浅浮雕效果。

随着福建海外贸易的发展，中日之间的漆艺交往也愈加频繁，许多身怀绝技的漆艺匠师东渡扶桑，以雕漆为业。其中最著名的是明末八闽漆工欧阳云台，他的"云台雕"技冠东瀛，风靡一时。明末清初，剧作家李渔的《笠翁一家言全集·偶集》中提及："游三山，见所制器皿，无非雕漆……八闽之为雕漆，数百年于兹矣。四方之购此者，亦百千万亿其人矣……"明末清初福州漆艺以"雕漆"闻名者，唯魏兰如、王孟明技艺高超。

明初雕漆作品开始大量流入日本，交流和竞争，使两国漆艺匠师在技术、工艺创新上也费尽心机，他们利用"漆冻脱印"法来仿制"雕漆"，福州漆工称之为"印锦"（日本漆工称之为"堆锦"）。直至晚清，"沈绍安兰记"的老板沈幼兰，高薪聘请毛厚端在传统"印锦"基础上加贴金箔，制成"金锦"而大获成功后，"印锦"工艺的价值得以体现，成为福州传统漆工艺的一项经典装饰工艺。

中日之间漆艺的相互交流和学习，一直是八闽漆艺历史的重要组成部分。日本漆艺中的各种彩绘和用金技法，均源自我国。到镰仓至江户初期（相当于我国明代），日本漆艺逐渐摆脱了中国的影响，尤其发轫于平安时代的"莳绘"技艺，到江户时代成了日本最重要的特色漆艺。"莳绘"的制法是在漆液描绘的图式上洒以金银粉，然后罩透明漆磨显其纹。日本漆艺家松田权六在《漆论》中剖析莳绘技法时指出：莳绘的"雏形称作末金镂"。明宣德年间，由于统治者欣赏，曾派遣民间漆艺匠师前往日本学习"泥金漆画"（"莳绘"）。其中以苏州杨埙（也有研究指称杨埙为闽籍福州人）最受推崇，送绰号"杨倭漆"（明代称日本漆艺为"倭漆"），他把日本的"泥金漆画"，运用于传统山水、人物画创作上，并融入了"金箔与螺钿"工艺，使"泥金漆画"更加五彩斑斓。

清乾隆嘉庆年间，福建福州沈绍安发明了"脱胎漆器"，髹漆装饰中就采用了"泥金"技法。后又经沈氏5代人的不断发展创新，更臻成熟，称这套沈氏"泥金"法为"薄料"。它是福州近代漆艺纹式的重要技法。光绪三十年，福州创立福建省工艺传习所，设漆器制造科，招收学员，从日本聘请教师，又培养造就李芝卿等一批漆艺专业人才。先后有40多家漆器店铺纷纷开业，漆器成为福州一大工艺行业。

民国十二年初，在福州屏山创办福建惠儿院，内设木工科、漆工科等专业，半工半读，聘李芝卿任漆工科技师。民国二十二年，全行业经营店坊55户，雇工419人，其中"沈绍安兰记"坊生意兴隆，雇工30人，在行业中首屈一指。后由于抗战、内战，福建各地漆坊倒闭、歇业，直至新中国成立逐步恢复。漆画兴起，福州又成为现代漆画的发祥之地。

福建漆器（艺）除上述外，最常见的还有木竹胎、皮胎以及合成树脂胎漆器等。传统装饰技法有黑推光、色推光、薄料漆、彩漆晕金、锦纹、朱漆描金、嵌银上彩、雕漆、台花、嵌螺钿。创新的还有宝石闪光、沉花、堆漆浮雕、仿彩窑变、变涂、仿青铜等技法，并且把髹漆技艺同玉雕、石雕、牙雕、木雕、角雕艺术结合起来，使漆器的表面装饰琳琅满目，更加丰富多彩。

【福州脱胎漆器】福建福州沈绍安是福州脱胎漆器的始祖。福州脱胎漆器是继承我国古代优秀漆文化发展起来的。它品类之多，器型之大在全国漆器行业首屈一指，曾被收藏为宫廷珍品，新中国成立后又被列为国家礼品赠送外宾，世界各方人士曾用"珍贵的黑宝石""东方难得的珍品""髹饰之光""人间国宝"等词句来形容福州脱胎漆器的精美。郭沫若生前曾做诗倍加赞誉，称赞福州脱胎漆器是"天下谅无双，人间疑独绝"。

中国2010年上海世界博览会福建馆"四大镇馆之宝"之一的脱胎漆器花瓶，来自闽侯县的一个小乡村，闽侯县荆溪镇厚屿村制作。这对花瓶高3.6米，直径1.5米，是目前国内最大的脱胎漆器花瓶。

【木竹胎漆器】宋代木胎漆器就有剔红、剔犀艺术品类。福建的剔犀又称"福犀"，是指雕云纹的黄色剔犀。如闽清白樟乡宋墓出土的剔犀小圆盒等。南宋古墓出土的漆器与漆器残片中，有漆奁、漆粉盒、刻花髹漆木尺等，可以反映当时福州漆器在制胎、髹饰、镶嵌等方面的成就。明以来中日之间艺漆艺交往频繁，对福建漆艺发展也有一定影响。清代的脱胎漆器髹饰工艺，主要传承木胎漆器的雕漆、彩绘、戗金、缧细、填漆、堆漆……技法。民国以来融入日本的变涂、莳绘等漆艺。

福建是我国重要林区，树木资源丰富，木器制胎多选用柯木、枣木、楠木、樟木、龙眼木、紫心木、榉木、杉木等优质木料制坯胎后，打磨、上漆。制胎和髹漆工艺十分精湛，尤其福州的木胎漆器闻名古今中外。晚清木胎山水人物漆器，工艺复杂，做工精致，木胎薄的使人惊讶，绘画非常有意境，是不可多得的案头赏物，在当时可谓"一物难求"的观赏漆器。福州木胎漆器特点：轻巧、坚固，再加上彩绘、上色、印锦、台花等各种装饰，玲珑美观，具有很高的艺术欣赏性，令人喜爱。主要产品，如艺术品八仙、屏风、挂联、博古架、挂框、花瓶，薄木五套盒、六角盒、扇形盒、五果盒、手巾盒等，以及桌、椅、柜、箱、橱、盆、碗，还有烟具、茶具、酒具等高档用品。还有竹木混合胎漆器，如清代的"竹编木胎漆器双凤盘"等。

竹胎漆器在闽南地区及东南亚诸国广泛流行，已成为闽南文化的组成部分，有500多年的历史。早年是民间嫁女的必备妆奁品、陪嫁品，也是迎神祭祖、寿诞喜庆、访亲会友等重大节日装盛物品的器具或馈赠礼品。当年闽南人漂洋出海，客居东南亚，漆篮成为华侨乡情的承载。回乡华侨临别时为寄托乡思总要带上几个漆篮。永春漆篮闻名国内外。永春漆篮产龙水村，制作精细，竹编"薄如纱，细如丝"，竹篮、盘等编成后，经石灰水煮篮胚、整型、割篾头、抹桐油灰、裱布、髹漆、漆画堆雕、饻金描红等30多道工序才能完成。俗话说"竹篮打水一场空"，可永春漆篮盛水不漏，轻巧坚固。

【闽南漆线雕】漆线雕是我国髹饰工艺中的独特技法，闽南传统漆物工艺。原为泉州佛雕装饰工序之一。自唐代彩塑兴盛以来，漆线雕便被应用于佛像装饰，俗称"妆佛"，有1400多年的历史。现于永春县仙洞山真宝殿偏殿祀奉的一尊隋代古佛"毗卢遮那佛"，其衣襟、袖口上就饰有精美的漆线雕。清乾隆至道光年间是"漆线雕"发展的鼎盛时期，表现为技法成熟，工艺运用更加灵活多变。艺人们利用漆线层层堆叠，配合"贴金箔""配彩"等工艺手段，使作品呈现出"错彩镂金，雕绘满眼"的艺术效果。漆线雕做工精细雅致，形象逼真生动，风格古朴庄重，画面栩栩如生，堪称艺苑奇葩，中国一绝。在闽南长期以来一直作为一种特殊行业广泛流传。

传统泉州漆线雕制作工序：漆线土制作、粉底，设计造型、做底胎、搓线、漆线雕塑、上明漆、粉白土、安金漆、贴金箔（安金填彩）等。在作品的创作上，雕塑是首要的；就艺术的特殊美感而言，漆线装饰技艺是关键。

古代泉州宗教信仰可谓丰富多彩，大小寺庙林立，为佛雕工匠提供了良好的艺术创作环境。泉州佛雕艺人受宋元时的沥粉和泥线雕的启发，用熟桐油、大漆、旧砖粉等原料经反复舂、捶、揉、捻，成为富有韧性的漆线土，再用手工搓成细如发丝的"漆线"，运用盘、结、绕、堆等工艺，在佛像坯体上修饰出各种图案。明武宗年间，永春佛雕传人吕天孚，塑广泽尊王金身的漆线雕，精美绝伦，至今仍保存完好。清嘉庆元年（1796年），著名的安海"庐山国"佛雕第三代传人邱朝凤、邱朝攀应台湾鹿港龙山寺之聘，携眷入台，在海峡东岸传播泉州佛雕、漆线雕技艺。到近代，泉州佛雕艺人将漆线雕广泛应用于工艺品雕塑，并通过厦门口岸将漆线雕工艺品销往全国各地和海外。现存的清代漆线雕佛，有塑造于咸丰年间的广泽尊王神像、塑于清宣统二年的关帝神像等。目前泉州漆线雕产业主要集中于泉州台商投资区张坂镇，技艺传播很广，遍及闽南各地，甚至海外。

厦门漆线雕装饰工艺，源于泉州，有200多年的历史。以民间传统题材创作最为突出，曾为清廷藏品，以精细的漆线经特殊制作方法缠绕出各种金碧辉煌的人物和动物形象，誉"中国艺宝"。清代晚期主要应用于民间佛像彩塑的服饰、盔甲、器具上，有专门经营漆线装饰神佛像的商铺，产品销往南洋一带。现代藏品：大型漆线装饰雕塑"郑成功收复台湾"、"孙悟空大闹天宫"，以及瓶、盘、仿古器皿、台屏等。漆线装饰雕像已成为现代厦门主要传统工艺品。

【莆田金漆木雕】金漆木雕，是在木雕的基础上发展起来，主要流行于广东潮州、福建莆田、浙江青田地区。源于唐代木雕神像金身，及后来庙宇、寺院和官宦、商贾豪宅的雕梁画栋装饰。唐至元，"金漆"还是一种天然涂料，其髹饰效果与漆料中加金无异，多由朝鲜、日本进口。据史料记载，唐代浙江台州黄岩县东镇山是国内已知的唯一产地，并常贡"金漆"为宫廷使用，直到南宋嘉定年间中断。明朝一开国，即遭倭寇侵扰，明政府出台海禁政策，从而八闽天然"金漆"来路断绝。明清两代八闽漆工基本上都是使用调入色料（鸡冠雄黄、姜黄、石黄等作为色料调和大漆）或金箔粉的"金漆"进行髹涂。

明代莆田金漆木雕已十分成熟，并大量运用浮雕、圆雕等技法，表现神像与历史人物故事题材。清乾隆、嘉庆年间达全盛。金漆木雕成为身份地位和显耀华贵的工艺品，并广泛用于厅堂、居室中的门、窗、屏风、几案、挂屏、横匾、床榻、橱柜、睡枕以及神龛、神像、神牌、馔盒、香炉罩、烛台等。八闽建筑装饰为何用"金髹"，佛像为何要"金装"，《髹饰录》中："人君有和，魑魅无犯"的观点可作为一种诠释。福建金漆木雕，有看不透的风景，道不完的故事。

（五）沈绍安与福州脱胎漆器

福州脱胎漆器在我国漆史上具有重要意义。清乾隆、嘉庆年间，福州漆工沈绍安受传统建筑修缮技术"粘麻压灰"工艺的启发，对汉代"纻器"的成型工艺进行不断地研究和创新，发明了著名的"脱胎漆器"（恢复"纻"的基础上发展）。沈绍安因此被尊奉为脱胎漆器的始祖。

福州脱胎漆器，为清代中国"四大"（其他三大：扬州、平遥、成都）漆器之一，其特征是"色彩瑰丽，光亮如镜"。福州脱胎漆器与北京的景泰蓝、江西的景德镇瓷器并称为中国传统工艺的"三宝"，享誉国内外。其最经典的器型工艺称作"脱胎"，意即脱去胎内模后的干漆胎，质地有布、麻、绢。因以泥、石膏、木质等材料塑形为模，用生漆（大漆）裱以麻布数层至数十层，阴干后脱去内摸，而名"脱胎"。渊源于汉唐"纻"器，《髹饰录》杨明注之"重布胎"，较之竹木胎、金属胎、陶胎，体质更轻巧，器型更自由，是古代漆器中技术含量最高的胎骨制作工艺。"脱胎"工艺自南北朝始被大量应用于造佛像。唐代达到顶峰时流传到日本，被称作"干漆造"。日本漆艺界将"脱胎"称作"脱活干漆"，将"夹纻"称作"木心干漆"，注意到"脱胎"与"夹纻"的区别。佛教《唐招提寺缘起拔书略集》记载，"卢舍那佛坐像"（"脱活干漆"佛像）的作者是鉴真大师的弟子昙静，昙静乃八闽僧人，以擅长"脱胎漆像"而闻名。据此可以推测，唐代福建地区已经有人掌握"脱胎佛像"的制作工艺。

沈绍安漆艺传到第五代沈正镐、沈正恂兄弟时，为沈家"黄金时代"。鸦片战争之后，福州辟为五口通商口岸之一，脱胎漆器也由内销逐渐转向外销。开始模仿西式造型，出口烟具、茶具、咖啡具、手提杖、花瓶及日用餐具等。

清光绪二十四年（1898年），沈正镐选送《莲花盘》《茶叶箱》漆器参加法国巴黎国际博览会，获头等金牌与得奖执照。光绪三十一年，闽浙总督许应骙以沈正镐、沈正恂所制脱胎漆器进贡慈禧太后，受到西太后赏识，御赐沈氏两兄弟商部四等勋章、五品顶戴官衔，并鼓励出口。开始制造博古围屏、花鸟雕刻围屏、大花瓶等大型产品及西式文具、书夹、灯罩、套盘、五味具等。

清宣统二年(1910 年)，沈氏兄弟以镐记、恂记为牌号，选送脱胎漆器《桃盘》《福禄寿禧人物》及瓶、盒等数十件制品，参加在南京举办的南洋劝业会，获一等商勋、四品顶戴荣誉官衔。同年，沈正恂《古铜色荷叶瓶》参加美国圣路易斯博览会，获头等金牌和执照奖。从而声誉大震，脱胎漆器成大宗出口产品，"建漆"之名远播，风行海外。外国友人赞之为"珍贵的黑宝石""东方珍品""迷人的中国少女眼睛"，成为国际交流中的馈赠佳品。第一次世界大战结束后，出口猛增至历史最高峰，并创新有天蓝、葱绿、苹果绿、古铜色等彩漆和研发出"台花""印锦"等福州脱胎漆器特有的技法。

民国十二年之后，"沈绍安兰记"老板沈幼兰在上海、厦门、香港、越南西贡等地设代理机构。20 世纪 30~40 年代，受战乱影响，行业凋敝，工匠流散。

中华人民共和国成立后，"沈绍安兰记"坊，经历由公私合营、国营经营到改革开放转制经营等的体制变革，破产解散，但也留下不寻常足迹。在漆艺造诣上，发展了宝石闪光、沉花、堆漆浮雕、雕漆、仿彩窑变、变涂、仿青铜等技法。长沙马王堆汉墓出土时，福州漆艺匠师完成了汉代漆器修复、复制。福建漆艺匠师还留下许多不朽名作：沈绍安后裔沈忠英、沈玲瑜重新髹饰祖遗大型脱胎漆器《鳌鱼桃盘》《松鹤大瓶》《珊瑚桃盘》《普陀岩观音》《李铁拐立像》等 10 多件作品献给国家。沈正镐遗作《竹根瓶》《荷叶瓶》《提篮观音》(称福州脱胎漆器"三宝")；李芝卿、高秀泉等制作的《葵花瓶》《蟹青走兽瓶》《雕漆淡绿金山水扁瓶》收藏于福建省博物馆。并为北京人民大会堂福建厅、国宴厅、休息厅，创制《紫退雕填青牡丹花闪光大花瓶》《荷叶瓶》《九狮鼎》等 71 种 947 件等陈列品；完成北京人民大会堂台湾厅室内装饰品296 件；为香港宝莲寺和日本创制《四大天王》《力士金刚》大型佛像；《仿西汉雕填纹瓶》《大孔雀纹嵌钻瓶》列为国家珍品收藏；《台彩三角马王堆图案瓶》《彩陶瓶》《紫地雕填镶嵌牡丹圆盘》《红透明脱胎瓶》《脱金蒂糖缸》《脱流三脚瓶》被中国工艺美术馆收藏。

(六)福建漆画

在中国数千年漆艺历史长河中，漆画作为中国的独立画种，还不到 1 个世纪，但若作为装饰纹样依附于器物的"漆画"，却可以追溯到 3000 多年以前的战国。如河南信阳长台山出土的战国彩绘漆瑟，以及西汉马王堆出土的黑地漆棺画，山西大同北魏司马金龙墓出土的漆画屏风，等等。尤其北魏漆画屏风，以烈女传为题材，作品构图、人物造型等各方面都与顾恺之(东晋著名画家)传世作品《女史箴图》十分相似，是漆画史上的典范之作。

现代漆画源于漆器画，但又区别于器画。器画注重器物的艺术美，而现代漆画则追求精神文化层面的艺术表达，是"脱胎"于漆器而独立的画种。李芝卿、沈福文、雷圭元 3 位漆艺大师为发展中国漆画做出了开拓性的贡献，确立了漆画纯绘画艺术门类的地位，成为中国现代漆画的奠基人。1962 年，"越南磨漆画展"先后在北京和上海展出，对我国美术界产生了很大影响，随后福建、四川、山西、北京、广东、江西、天津、江苏等地的一些画家也纷纷开始了漆画的自我探索，并逐渐形成了漆画家群体。

福建漆画源于福州脱胎漆器。从沈绍安起就重视器画，如现存故宫博物院的沈氏作品《彩绘描金花鸟纹长方形漆盒》上的漆画就极为精美。据介绍，脱胎器漆画是采用黑漆、朱漆、透明漆、金银、螺钿、蛋壳等材料，先用一套做底漆的功夫，再用熟漆作画，经髹色、剔填、镶嵌、晕金，配以罩明、戗刻、打磨、揩擦、退光等工艺手段完成。产生一种使画面深沉古朴、瑰丽神奇、韵味无穷的艺术效果。整个脱胎漆器的工艺手段都可以用到漆画上，也适用于建筑和现代壁画。

福建现代漆画以脱胎器画为借鉴，得益于"沈绍安兰记"漆艺大师李芝卿的罩明、变涂（彰髹）、磨绘等髹饰技法运用（使画作迷离斑驳、神奇变幻、含蓄蕴借，美不胜收），及他与高秀泉、郑益坤等的早期漆画探索。尤其李芝卿的《武夷夕照》（叶剑英题词："夕阳衔山，余晖无限"）大画屏，绘画性很强，远处似云似水的红色背景透射出浓烈的漆画之美，被艺术界视为中国漆画的萌芽之作。福州漆画与脱胎漆器是并蒂开放的姐妹花。福建漆画家沐浴在如此得天独厚漆文化氛围之中，占有先天优势，使得福建现代漆画艺术在全国独树一帜，并一直处于最领先的地位。其中，陈文灿等的《武夷之春》（4m×10m）陈列于人民大会堂福建厅。

1964年，王和举、黄匡白等的《盐场》最早以独立画种参加第六届全国美展，并获奖。70年代之后，林沅的《郑成功收复台湾》，陈文灿主持创作的《武夷之春》《双潭映月》《日月潭》大型漆画分别陈列于人民大会堂福建厅和台湾厅。陈金华创作的大型单体双面漆画屏风《国色天香图》和《青翠云霄图》被置于人民大会堂委员长厅。继第六届全国美术展览之后，历届全国美术展览福建漆画获奖最多、级别最高，连夺第七、第九、第十，3届全国美术展览金牌（泉州陈立德、厦门苏国伟、福州汤志义）。2009年中国美术界"新中国美术60年"展览，漆画这一画种总共挑出10件作品入展，其中福建籍作者沈福文、黄唯中、王和举、郑力为、陈立德、蓝丽娜和汤志义7人就占了7件。福建现代漆画，可谓人才荟萃，创新不断。

（七）漆之诗词选录

寄乌龙山贾泰处士
［唐］贯休

庭果色如丹，相思夕照残。
云边踏烧去，月下把书看。
涧水仙居共，窗风漆树寒。
吾君方侧席，未可便怀安。

漆树行
（元）王冕

东园漆树三丈长，绿叶花润枝昂藏。

虫蚁不食鸟不啄，皮肤破碎成痍疮。

野人摩抚重太息，受辱匪因临道旁。

九天降气疏涩液，大家小家来取将。

陶盆纸笼攒待满，手中白刃磨秋霜。

况兼时令值肃杀，苟无正性安敢当？

所愿天下尽光泽，岂辞一身多损伤？

君不见西郊樗栎百尺强，薜荔裹缚蝼蚁房，此物安可升庙廊？

吴歌(六首)之一

[明]刘基

树头挂网枉求虾，泥里无金空拨沙。

刺漆树边栽枸橘，几时开得牡丹花。

二十七、红树林文化

（一）树种特性及分布

红树林指生长在热带、亚热带海岸潮间带上部，受周期性潮水浸淹，以红树植物为主体的常绿灌木或乔木组成的潮滩湿地木本生物群落。组成的物种还包括草本、藤本红树。它生长于陆地与海洋交界带的浅海滩涂，是陆地向海洋过渡的特殊生态系统。

红树林群落的组成以红树科的种类为主。

福建红树林组成的主要树种有：红树科红树属木榄 *Bruguiera gymnorrhiza*、秋茄 *Kandelia candel*，爵床科老鼠簕属的老鼠簕 *Acanthus ilicifolius*、厦门老鼠簕 *A. xiamenensis*，大戟科海漆属的海漆 *Excoecaria agallocha*，紫金牛科蜡烛果属的蜡烛果 *Aegiceras cormiculatum*，马鞭草科海榄雌属的海榄雌（白骨壤）*Avicennia marina*。

素有"海洋卫士"之称的红树林，是热带、亚热带海岸潮间带特有的木本植物群落。它幽秘神奇，倚海而生，潮涨而隐，潮退而现。

红树林的重要生态效益是它的防风消浪、促淤保滩、固岸护堤、净化海水和空气的功能。盘根错节的发达根系能有效地滞留陆地来沙，减少近岸海域的含沙量；茂密高大的枝体宛如一道道绿色长城，有效抵御风浪袭击。

红树林能以凋落物的方式，通过食物链转换，为海洋动物提供良好的生长发育环境。同时，由于红树林区内潮沟发达，能吸引深水区的动物来到红树林区内觅食栖息，生长繁殖。由于红树林生长于热带和亚热带，并拥有丰富的鸟类食物资源，所以红树林区是候鸟的越冬场和迁徙中转站，更是各种海鸟的觅食栖息，生长繁殖的场所。红树林中的所有生物及其无机环境构成了湿地生态系统，对人类有很高的间接利用价值。红树林因受潮汐的影响，具有水陆两栖现象，其结构与功能既不同于陆地生态系统，也不同于海洋生态系统，是一种独特的海陆边缘生态系统。

红树林的分布虽受气候限制，但海流的作用使它的分布超出了热带海区。在北美大西洋沿岸，红树林到达百慕大群岛，在亚洲则见于日本南部，它们都超过北纬32°的界线。在南半球红树林分布范围比北半球更远离赤道，可见于南纬42°的新西兰北部。我国的红树植物共有 37 种，分属 20 科 25 属（另有资料为 16 科 20 属 31 种）。主要分布于广西、广东、海南、福建、台湾和浙江南部海岸。

福建省是中国红树林自然分布最北的省份，也是中国人工营造红树林历史最悠久的省份。福建省沿海居民对红树林在生态保护方面的功能早就有所认识，并有 100 多年人工营造红树林作为海岸防护林的历史。至 1965 年前后，福建红树林面积达 719 公顷，23 个沿海县

(市)有红树林分布。但是，由于围海造田、城市建设、乱砍滥伐、兴建养殖场等，至 1979 年已降至 302 公顷。20 世纪 80 年代末仅剩 260 公顷（不包括新近人工栽种面积），比 1965 年减少 64%，只有 7 个县(市)有成片的红树林分布。现有的红树林大多处于严重退化状态。

(二)红树林趣闻

【胎生和胎萌】胎生和胎萌是红树林的主要特征。果实成熟后留在母树上，并迅速长出长达 20~30 厘米的胚根，然后由母体脱落，插入泥滩里，扎根并长成新个体，这就是红树林的繁殖特点，即胎生。但有些不具备胚生的红树林种类则有一种潜在的胎萌现象，如白骨壤和桐花树的胚，在果实成熟后发育成幼苗的雏形，一旦脱离母树，能迅速发芽生根，即为胎萌。

【名称由来】红树林中文名称源自于红树科植物体内含有大量单宁，当单宁在空气中氧化，其附着的枝干呈红褐色，故得名。东南亚常将红树的树皮提炼红色染料，马来人于是称它的树皮为"红树皮"，而中文名称则叫做红树。英文则以"Mangrove"来通称所有的红树林植物，该字是由西班牙文中的树(Mangle)和英文中的树丛(Grove)所组成。

【潮汐林】红树林又有"潮汐林"的别称。涨潮时，海水侵入河口区域，淹没红树林的生育地，红树林的树身下半部都泡在水中，只露出上半部，看起来像是长在水面上的森林。在海水退潮之后，河流下游至出海口间，会露出泥质或沙质的滩地，这片滩地被称为"潮间带"地区，分布有大片的红树林。

【耐盐林】红树林植物对盐土的适应能力比任何陆生植物都强。据测定，红树林带外缘的海水含盐量为 3.2%~3.4%，内缘的含盐量为 1.98%~2.2%。在河流出口处，海水的含盐量要低些。在生理方面，红树植物的细胞内渗透压很高。这有利于红树植物从海水中吸收水分。细胞内渗透压的大小与环境的变化有密切的关系。另一生理适应是泌盐现象。某些种类在叶肉内有泌盐细胞，能把叶内的含盐水液排出叶面，干燥后现出白色的盐晶体。

【对环境适应和演化】红树林的生长必须克服很多苛刻的条件，例如海水盐度、泥土层不够厚和稳定、潮汐、海风等。但就在这样的环境中，红树林的相应演化为：有的长出气根，帮助呼吸；有的长出板根，帮助支撑；还有的有胚轴(种子先在里面培育一段时间，能从母体吸收营养)，有的种子也有漂浮组织，方便漂流及插入沙地。

【气根和地下根】红树林生育地的土质松软、受潮水冲刷、缺氧，因此红树林植物的根系多分布很浅但很广，得以支撑树体并利于进行呼吸。根部内并有通气道，在缺氧的土壤中，更利于气体交换。红树林的根系分为气根和地下根两类。气根由主干或较低的分枝长出，悬垂向下生长，进入土壤后形成支持根，可进行呼吸并具有支持植株作用。水笔仔、红海榄属于此类。水笔仔的气根还可向侧方延伸，最后形成板状的支持根，有更佳的支撑作用。地下根有由支持根长出的，也有在地下形成纵走根后，由此向上长出散生的呼吸根，直立露出土面。海茄苳有分布很广的呼吸根。

【叶的特性】红树林植物叶片的表皮角质层厚，具储水组织、排水器和栓质层，气孔凹陷或为密毛状体所包围，以减少水分丧失。有的叶片则具有盐腺，以调节组织的盐分。水笔仔可借由老叶的脱落来排除多余的盐分。

【高矮悬殊】温度对红树林的分布和群落的结构及外貌起着决定性的作用。赤道地区的红树林高达 30 米，组成的种类也最复杂，并表现出某些陆生热带森林群落的外貌和结构，林内出现藤本和附生植物等。在热带的边缘地区，如在中国海南岛，红树林一般高达 10~15 米。随着纬度升高，温度降低，红树林高不足 1 米，构成红树林的种类也减至 1~2 种。

【庞大家族】红树林的成分以红树科的种类为主，红树科有 16 属 120 种，一部分生长在内陆，一部分组成红树林，如红树属、木榄属、秋茄树属、角果木属。此外还有使君子科的锥果木和榄李属、紫金牛科的桐花树（蜡烛果属）、海桑科的海桑属、马鞭草科的海榄雌（白骨壤）、楝科的木果楝属、茜草科的瓶花木、大戟科的海漆、棕榈科的尼帕棕榈属等。在红树林边缘还有一些草本和小灌木，如马鞭草科的苦郎树（假茉莉）、蕨类的金蕨、爵床科的老鼠簕、藜科的盐角草、禾本科的盐地鼠尾粟等。在靠近红树林群落的边缘还有一些伴生的所谓半红树林的成分，它们都具有一定的耐盐力，如海杧果、黄槿、银叶树、露兜树、海棠果、无毛水黄皮、刺桐。

（三）海滩卫士——秋茄树

秋茄树 *Kandelia candel* 是福建红树林群落中的主要组成树种。它是一种生长在热带、亚热带海滨泥滩上的小乔木，叶子呈青绿色，树皮、木材为红褐色，因而被列为红树植物。秋茄树是北半球分布最北缘的红树植物，北端分布到日本九州，是红树中最抗寒的品种。从我国的海南岛到浙江省瑞安市的海滨，都有秋茄的足迹。福建省九龙江口的龙海市，因其特殊的地带性，成为秋茄树生长最好的中心产区，不仅生长发育快，而且存在大面积纯林，以树高超过 10 米创下秋茄树高的记录，我国大陆沿海各处的秋茄树均无法与之媲美。

秋茄树生长在低海拔（2.7 米）的泥质滩涂上。它具有特殊的生理技能和生态机理，耐水渍、盐渍，能将海水中的水分通过非代谢性超滤作用分解出来，向植物细胞输送，满足植物生存的需要；又能将从海水中吸入的多余盐分分泌出来。它树皮富含单宁，不怕海水腐蚀。秋茄树根部十分发达，树根从根茎基部沿一个方向拱起成板状根，以防风浪袭击；有从树茎基部长出，向四周拱状下伸，这些钉入泥滩的支柱根，起到了支撑树干的作用；还有从树头长出的、专司植物呼吸的呼吸根（这种气根，根皮有气孔，根内有气道，具有在缺氧的情况下生存的能力）。秋茄树奇形怪状的根系，不仅景观奇特，而且还能网罗碎屑，促进土壤的形成，从而创造新生地。

秋茄树有鲜明的"胎生"习性，这是陆生植物所罕见的。秋茄树的聚伞花系腋生，结果很多。果实留在母树上生长发育发芽，从果实里长出新的胚轴，由小到大，长约 15~25 厘米，形状像蔬菜类的茄子一样，挂满枝头，随风摇曳，成熟的胚轴由青绿色转为紫黄色或者金黄色，十分美观。秋茄树的挂果期很长，从当年的 7~8 月形成幼果，到翌年 6 月初，不间断分期分批成熟，可长时间观赏到胚轴。一般 1 个秋茄的果实里，只有 1 粒种子萌发，只生 1 胎，而福建的秋茄树却与众不同，常有双胞胎或多胎现象，1 个果实里能同时穿出两条或三条幼苗胚轴。由母树上"怀胎"长胚轴，伸长到成熟的幼苗形成后，才坠落插入淤泥，长根固定，成长为新株。

秋茄树有很高的价值。它萌芽力很强，萌发出众多的枝叶，形成枝繁叶茂的高大树冠，能有效地削弱大风大浪形成的冲击力，起到防风防浪护堤的作用，保护村庄、农田，保护人民生命财产安全。秋茄树林还为鱼、虾、蟹、贝类提供栖息繁衍场所。闽南脍炙人口的佳肴"土笋冻"的原料"土钉"，也盛产于秋茄树林下。秋茄树林也是鸟类觅食、栖息的天堂。秋茄树除了可保护生态环境外，还有直接的经济价值，它可作鞣料、染料、燃料、饲料，木材可作建筑材料，树皮富含单宁，可提炼栲胶。

（四）情系红树林

一位叫陈锦林的业余养蜂者写下了《情系红树林》一文：20世纪70年代初，第一次来厦门，除了对许多景点如鼓浪屿、万石山植物园、集美陈嘉庚"鳌园"等"相看两不厌"外，家人嗔怪："连海边的红树林也爱上了。"

那天，路过正退潮中的筼筜港，看见海面随海浪荡漾着一大片绿色树木，是密密匝匝生长在海泥中的一片灌木，褐红坚韧的枝干，深绿浑厚的叶片，阳光照，海风吹，金光闪烁，上下起伏。我正诧异"怎么海里也长树木？"当地渔民告诉我："那是俗称'加定'的红树林。"

海滩上一棵棵红树胖手胀足，相互勾连成蜿蜒连绵的树林护卫着海岸，任潮起潮落，默默地承受着海浪、台风、海暴潮等温柔的抚摸或无情的拍打。多么忠诚可敬的海上绿色长城啊！这里还是一个温馨和谐的生物世界：鱼儿在红树林脚下的海水里自在悠游；覆盖在海礁上的海苔长在红树林里遍地可见；羽色各异的鸟儿在红树林间快活地啭鸣翻飞；海泥里的螺、贝等多得叫不出名字；狡黠的红脚蟹在滩涂上钻洞遁逃；调皮的跳跳鱼蹦到红树林枝上眺望；体态轻盈的海鸥在盘旋；两腿如线的白鹭在觅食……啊！红树林，你维系着这和谐的海洋自然生态环境。

我是业余养蜂者，靠蜜蜂引路，我发现烈日下蜜蜂在采红树林的花粉。其花白色，粉淡黄色。看着"蜜蜂两股大如茧"，能在缺花断粉的盛夏，采到蜂儿赖以生存繁殖的花粉，真真难能可贵，便欣然撰文《红树林——度夏的好粉源》发表。心目中的红树林更可敬了。

20世纪90年代，女儿定居厦门，我也退休了，有更多的日子生活在厦门。开辟为特区的厦门越变越漂亮了，昔日的筼筜港已是靓丽骄人的筼筜湖了，思念中的红树林不见了，《怀念红树林》一文表达了我的牵挂和呼唤。2011年2月2日是第15个"世界湿地日"，我写了《栽下红树林，引来金凤凰》一文，有幸荣获征文二等奖，这应是我数十年前在厦门恋上红树林的结晶。

如今，欣喜地看到新建的海沧湖栽下红树林，截污后的集美海边又生长着郁郁葱葱的红树林，厦门湾开辟出"红树林保护区"等。值得借鉴的是：同为特区的深圳建有全国首家的"红树林公园"，向全民普及宣传红树林对海洋自然生态环境的保护作用。愿同为特区、同为滨海城市的厦门也建设有厦门海洋特色的"红树林海洋（湿地）公园"，以对全民，特别是青少年一代开展经常性的关注海洋自然生态环境、关注海洋与渔业的教育，为创建海洋经济强省的伟大战略而作贡献！

（五）福建红树林自然保护区

【福建漳江口红树林国家级自然保护区】福建漳江口红树林国家级自然保护区（简称漳江口保护区）位于福建省漳州市云霄县漳江入海口。主要保护对象以红树林湿地生态系统、濒危野生动植物物种、东南沿海水产种质资源为主。主要湿地类型有红树林、滩涂、水域组成的河口湿地等。

保护区于1992年元月成立，1997年7月经福建省人民政府批准为省级自然保护区，2003年6月经国务院批准升格为国家级自然保护区，2008年被列入《国际重要湿地名录》。

漳江口保护区内植被类型分为红树林、滨海盐沼、滨海沙生植被3个植被型，有白骨壤林等13个群系，有秋茄树—老鼠簕等22个群丛。区内有维管束植物224种，有红树植物5科6属6种，盐沼植物16科27属29种1变种，滨海植物59科152属184种。

漳江口保护区位于台风多发区，1955～1980年间影响云霄的台风达150次，年平均台风影响5.8次。红树林湿地是该区域的保护者，在稳固海岸、抵抗台风侵蚀方面有重要作用。

【福建闽江河口湿地国家级自然保护区】闽江河口湿地国家级自然保护区坐落于福州市的长乐市和马尾区境内，位于长乐市东北部和马尾区东南部交界处闽江入海口区域。地跨长乐市的潭头镇、文岭镇、梅花镇和马尾区的琅岐镇等4个镇12个行政村。保护区主要保护对象为红树林群落等滨海湿地生态系统、众多濒危动物物种和丰富的水鸟资源。属海洋与海岸生态系统类型（湿地类型）自然保护区。

2001年长乐市人民政府批准建立了鳝鱼滩自然保护小区。2003年进行扩区，经长乐市人民政府批准建立了长乐闽江河口湿地县级自然保护区，面积2921公顷。2006年长乐市和马尾区人民政府作出决定，以长乐闽江河口湿地县级自然保护区为基础进行重新规划，共同申报。2007年，经省政府闽政文〔2007〕426号批准正式建立福建闽江河口湿地省级自然保护区，总面积3129公顷。2013年升格为国家级自然保护区。

【福建龙海九龙江口红树林省级自然保护区】龙海九龙江口红树林省级自然保护区位于福建省龙海市九龙江入海口。保护区总面积为420.2公顷，包括甘文片、大涂洲片和浮宫片3块。主要保护对象为红树林生态系统、濒危野生动植物物种和湿地鸟类等，属海洋与海岸生态系统类型（湿地生态类型）自然保护区。

1988年经省政府批准建立了龙海县红树林保护区。2001年经龙海市编办批准，保护区名称变更为龙海九龙江口红树林省级自然保护区管理处。2006年12月综合考虑红树林资源保护与地方经济发展的现实需要，经省政府批准，保护区进行了范围调整，并重新确定界限和功能区划分，保护区面积扩大到420.2公顷，由甘文片、大涂洲片和浮宫片3个部分组成。

【福建泉州湾河口湿地省级自然保护区】福建泉州湾河口湿地省级自然保护区位于福建泉州市境内，地跨惠安、洛江、丰泽、晋江、石狮5个县（市、区）。保护区总面积7045公顷。

保护区主要保护对象为河口湿地生态系统、红树林及其栖息的中华白海豚、黄嘴白鹭等珍稀野生动物。属海洋与海岸生态系统类型（湿地生态类型）自然保护区。2001 年经省政府批准成立省级自然保护区，面积 7039 公顷。

泉州湾河口湿地是中国重要湿地之一，是中国亚热带河口滩涂湿地的典型代表。1994 年，在《中国生物多样性保护行动计划》的"中国优先保护生态系统项目"中被规划为优先项目。2000 年被列入《中国湿地保护行动计划》的"中国重要湿地名录"。

（六）红树林的利用价值

红树林作为一种特殊的湿地生态系统，在固岸护堤、发展近海渔业、维持生物多样性、开发生态旅游等方面具有重要的作用。红树林另一重要生态效益是它的防风消浪、促淤保滩、固岸护堤、净化海水和空气的功能。盘根错节的发达根系能有效地滞留陆地来沙，减少近岸海域的含沙量；茂密高大的枝体宛如一道道绿色长城，有效抵御风浪袭击。红树林的工业、药用等经济价值也很高。它的用途包括农具、造船（肋材和肋梁）、普通重型建筑（椽子、梁、桁）、海洋和桥梁建筑（水下、无船蛆的水域）、栅栏和木桩等。

红树林具有广泛的经济效益。首先，它是海洋初级生产者之一，是许多海洋鱼虾贝类的栖息、觅食、繁殖的良好场所；其次，红树林由于其根系发达，枝叶茂盛，是海岸防护的优良物种，能使沿岸居民的生命财产和农田在风暴潮灾的侵害下，避免或减少损失；其三，许多红树植物可为人们提供建材、柴薪、食品、饲料、药物和其他工业原料；其四，红树林本身及红树林区内的动植物、微生物等蕴藏着可以适应咸淡水交替的环境生存的丰富的基因库；其五，红树林湿地是水鸟迁徙的歇脚和繁殖地；其六，可利用红树林的景观资源，开辟旅游景区和文化教育基地。

红树以凋落物的方式，通过食物链转换，为海洋动物提供良好的生长发育环境，同时，由于红树林区内潮沟发达，吸引深水区的动物来到红树林区内觅食栖息，生长繁殖。并拥有丰富的鸟类食物资源，所以红树林区是候鸟的越冬场和迁徙的中转站，更是各种海鸟的觅食栖息，生长繁殖的场所。

红树林具有药用价值。红树林为人们带来大量日常保健自然产品，如木榄和海莲类的果皮可用来止血和制作调味品，它的根能够榨汁，是亚洲女人经常使用的贵重香料。在印度，木榄和海莲类的叶常用于控制血压。斐济的岛民利用海漆类的红树林树叶放入牙齿的齿洞中以减轻牙疼。据说红树林的果汁擦在身体上可以减轻风湿病的疼痛。在哥伦比亚的太平洋海岸的人们浸泡大红树的树皮，制成漱口剂来治疗咽喉疼。在印度尼西亚和泰国，用红树林的果实榨的油，用于点油灯，还能驱蚊和治疗昆虫叮咬和痢疾发烧。

红树林对保持海洋生物多样性也有很大的作用。它是海洋生物的栖息地，是生物繁殖、觅食的好地方。每年水鸟、候鸟迁徙时都要经过红树林。素有"海洋卫士"之称的红树林，是热带、亚热带海岸潮间带特有的木本植物群落，它幽秘神奇、倚海而生，潮涨而隐、潮退而现。

二十八、菩提树文化

（一）菩提树特性及分布

菩提树 *Ficus religiosa* L.，别名印度菩提树、菩提榕、思维树、觉树等，为桑科（Morace-ae）榕属常绿大乔木。树冠卵圆形至广伞形，幼时附生于其他树上，高达 15～25 米，胸径 30～50 厘米；树皮灰色，树干凹凸不平；枝有气生根，下垂如须；侧枝多数向四周扩展；叶革质，三角状卵形，果实球形至扁球形，成熟时红色。雄花、虫瘿花和雌花生于同一幼果内壁；子房光滑，球形；花柱纤细，柱头狭窄；花期 3～4 月，果期 5～6 月。

菩提树主要分布于马来西亚、泰国、越南、不丹、斯里兰卡、尼泊尔、巴基斯坦及印度。相传梁武帝天监元年（公元 502 年），印度僧人智药三藏从西竺引种菩提树于广州王园寺（后改名光孝寺）坛前。从那以后，我国才开始有了菩提树，并在南方各省寺庙中广为种植。如今，我国的海南、台湾、广东、广西及福建南部、云南南部均有栽培。

菩提树的梵语原名"毕钵罗树"（Pippala），因佛教的创始人释迦牟尼在菩提树下悟道而得名。"菩提"一词为梵文 Bodhi 的音译，意思是觉悟、智慧，用以指人忽如睡醒，豁然开悟，突入彻悟途径，顿悟真理，达到超凡脱俗的境界等。菩提树属于小乘佛教的五树六花中的一种。佛教一直都视菩提树为圣树。在印度、斯里兰卡、缅甸各地的丛林寺庙中，普遍栽植菩提树，印度则定之为国树。

菩提树叶色深绿，有光泽，不沾灰尘，也许正因为如此，唐朝初年禅宗六祖慧能才有了那句超越千年的"菩提本无树，明镜亦非台。本来无一物，何处惹尘埃"的感慨，并成为佛家"四大皆空"理论的经典名句。

菩提树不仅身世丰富，而且用途十分广泛。它树干粗壮雄伟，树冠亭亭如盖，既可做行道树，又可供观赏，是一种生长慢、寿命长的常绿景观树，适于寺院、街道、公园种植。菩提树叶片心型，前端细长似尾，在植物学上被称作"滴水叶尖"，非常漂亮，如将其长期浸于寒泉，洗去叶肉，则可得到清晰透明、薄如轻纱的网状叶脉，名曰"菩提纱"，制成书签，可防虫蛀。《浮生六记》《广东新语》《广州府志》里均有记载。尼泊尔当地将此作为旅游工艺品。每年的五月，光孝寺的僧人都会将采摘来的菩提树叶制成椎笠帽，或者裱册写经、绘制佛像、制作竹笠、灯帷。旧时广州人在元宵节时，喜欢摘菩提叶制"菩提纱灯"，据说这种风俗一直流传到清代。菩提树枝干上常会长出许多气生根，形成"独树成林"景观。菩提树还有药用价值，根、花、叶均可入药。叶有消肿止痛功效，外用可治跌打肿痛，可随采随用，也可晒干存贮备用。花入药有发汗解热、镇痛之效。树皮汁液漱口可治牙痛、口腔炎和痛风，帮助溃疡愈合。咀嚼菩提树根，还可以预防牙周病。菩提树还是治疗哮喘、糖尿病、腹泻等的传统中药，其对抗癌症、心血管疾病、神经炎性疾病、神经精神疾病、寄生虫感染等都有显著效果。此外，菩提树枝干富含白色乳汁，取出后可制硬性树胶。

(二)佛与菩提

菩提树与佛教渊源颇深。据传说，2580 多年前，佛祖释迦牟尼原是古印度北部的迦毗罗卫国净饭王(今尼泊尔境内)的王子乔答摩·悉达多，他年轻时为摆脱生老病死轮回之苦，解救受苦受难的众生，毅然放弃继承王位和舒适的王族生活，出家修行，寻求人生的真谛。经过多年的修炼，终于有一次在菩提树下静坐了 49 天，战胜了各种邪恶诱惑，在天将拂晓，启明星升起的时候，获得大彻大悟，终成佛陀。

相传，释迦牟尼佛在菩提树下打坐修道时，菩提树神便以树叶为释迦佛挡风遮雨，保护他安心修道，故而得名。她被认为是佛教最早的护法神。在佛寺里，她的形象特点是两手拿一树枝，打扮成年轻妇女的样子。据《大唐西域记》，佛陀成道后，在菩提树下蹀步七日，异花随迹，放异光明。为报树恩，目不暂舍，故此瞻望。这时有五百青雀飞来，绕菩萨三匝而去，十分殊胜，人天欢喜。为此，信众们常常带着鲜花等物品来供养佛陀。佛陀常常外出说法，信众有时遇不上世尊，他们很扫兴。后来阿难陀把这件事告诉佛陀，佛陀对阿难说："世间有 3 种器物应受礼拜——佛骨舍利、佛像和菩提树。礼拜菩提树吧，这和礼拜如来功德一样大，因为它帮助我圆正佛果。"正由于此，东南亚佛教国家信徒常焚香散花，绕树礼拜，万分敬仰，沿袭成俗。

(三)菩提保护众生

按照印度教的说法，菩提树是印度教三大主神之一毗湿奴的一种化身。因此，它具有特别重要的宗教色彩。印度教还认为菩提树是神仙们居住的地方，毗湿奴和妻子拉克希米女神在每月初一的那个黑夜就居住在菩提树上。毗湿奴住在树根，拉克希米住在树干，纳拉扬住在树枝，哈里王住在树叶，而所有的神都住在菩提树的果实里。

印度教徒相信菩提树凝聚着各种美德，它有能力使人实现愿望和解脱罪责。许多印度教妇女认为，经常向菩提树祈祷，定期给菩提树浇水，并且围绕着菩提树行走，可以得到保佑生出好孩子，尤其是儿子。这是因为，这样做会使居住在树上的神灵们高兴，便恩赐这些愿望得到结果。为了实现愿望，还有一种习惯就是围着树干绕线绳。当看到菩提树干上缠绕着一圈圈的线绳时，就知道这是信徒们祈祷的结果。据说，在星期六给树根浇上一点点油，然后在旁边点上一盏油灯，有利于摆脱各种困境。

在印度等佛教国家，修行的人要保证在寺庙的范围内至少有 1 棵菩提树。他们认为，在日出之前，贫困的阴影笼罩着菩提树，但在日出之后，就由拉克希米女神接管了。因此，在日出前是禁止对菩提树祈祷的。而且，在他们的眼里，砍伐或毁坏菩提树就等同于谋杀了一个婆罗门。

（四）圣树的后代

作为一个与印度有着相同信仰的国家，斯里兰卡有着世界上树龄最长的菩提树即"圣树"繁衍的后代。据考证，世界上树龄最长的菩提树是生长在斯里兰卡中央省的阿努拉达普拉，树龄已达 2200 多年，被当地人称为"大圣树"。树高约 20 多米，枝繁叶茂，遮天蔽日，像一把巨伞，覆盖着一大片地面。

据历史记载，公元前 247 年，印度阿育王派遣他的大儿子摩晒陀罗汉前往斯里兰卡传播佛教，结果效果很好，很快在整个岛国广泛风行，深得人心。而且，斯里兰卡的蒂萨国王一位年轻漂亮的公主，急切的要求出家做比丘尼。阿育王得知这个消息，立即准备派他的女儿僧伽密多到斯里兰卡去，帮助那位公主受戒。"父王，要带一些什么礼物去呢?"女儿临行前问道。始祖释迦牟尼不是在菩提树下，启蒙"得道成佛"的吗? 阿育王想了想说："你就带一枝迦耶的菩提树枝条去吧!"为此，阿育王亲自去了迦耶，让人们从那棵菩提树上小心地割下一根枝条，栽插在一个高约 23 厘米的金色瓷瓶里，并举行了一番庄严的欢送仪式。阿育王女儿僧伽密多带着一位老尼和一些年轻的比丘尼，还有专门照料菩提树的工艺匠人，登上一艘装饰华丽的大船，朝着斯里兰卡最北部的港口城市徐徐驶去。喜出望外的蒂萨国王亲临港口去迎接"神圣的礼物"，举行了隆重的迎接仪式，盛大的欢迎队伍，把它护送到阿努拉达普拉，沿途城乡居民，倾巢而出，虔诚朝拜。"神圣的礼品"从阿努拉达普拉北门入城，穿越南门，被迎送到指定的地点。在文武百官和平民百姓，成千上万人欢呼的植树仪式中，国王亲手在一个高台上种下了阿育王派人送来的"圣树"。为了栽培这棵圣树，国王安排武士，日夜警卫在高台周围，自己也在附近专修的营房里护树 3 天。并且，特地指令他的儿子，专门负责浇灌，精心管理，不得丝毫马虎。不久，这枝从印度来的"圣树"，萌发了 8 个嫩绿的新枝条，后来又长出 30 个分枝，这些分枝又适时地移栽到斯里兰卡的其他地方。今天，斯里兰卡的 1 万多座寺庙，都有 1 棵或几棵"圣树"的子孙，受到信徒们的崇拜。2200 多年前在斯里兰卡安家落户的古树，巨大的主干虽然显得"老态龙钟"，但借助于一根根的铁柱支撑，仍然生命力旺盛，顽强地生长着，成了当今世界上树龄最老的菩提树。

（五）中国名树——菩提树

菩提树自梁武帝天监元年(502 年)引入我国后开始在南方各地的寺庙中广为传播种植，并成为中国名树。其中，最为珍贵的当属浙江普陀山文物展览馆内至今陈列着的 4 片菩提树叶。据说那是从佛陀静坐成道的那棵菩提树上采摘下来的，所以历来被人们视为珍宝，倍加珍惜。说菩提是中国名树，不仅因为它是佛教圣树，而且它在我国各地还流传着许多感人的故事。

【菩提树与"和平共处五项原则"】在中印两国交往历史上，菩提树还有一段感人经历。1954 年，印度前总理尼赫鲁来华访问，带来了 1 株从佛陀打坐成道时的那棵菩提树上取下的枝条培育成的小树苗，赠送给我国领导人毛泽东和周恩来，以示中印两国人民的友谊。毛主席、周总理随即将该树转赠给中国佛教协会，佛教协会将其植于北京西山一佛寺内。受"文化大革命"影响，菩提树经众僧多次转移、保护而幸存，目前仍委身于北京香山植物园的玻璃温室内。在植物园职工的精心养护下，这棵菩提树目前长势良好，枝繁叶茂，欣欣向荣，象征着"和平共处五项原则"永放光芒，中印两国人民友谊永存。

【菩提树与中泰两国友谊】在云南省景洪市郊曼厅公园旁边，有 1 棵树干十分粗大，需要 5 个成年人张开双臂才能合围的菩提树，其树龄虽已 800 多年，但长势依然旺盛，枝叶成荫。相传，此树与泰国的 1 株同龄的菩提树是"兄弟树"，系当时中泰两国两位身居王位的挚友互植。这两位挚友原来都是有志的平民，经过艰苦努力，奋发拼搏，分别在泰国和西双版纳获得王位，那位泰王前来西双版纳亲手种下这株菩提树，西双版纳王也远赴泰国种下 1 株菩提树。他们共同的愿望是让两株菩提树同生共长，中泰两国人民永远和平共处，友谊长存。至今，西双版纳的傣族群众仍然十分爱护这株菩提树。

【菩提树与傣族人民的情缘】在西双版纳，傣族人民信奉小乘佛教，对菩提树十分敬重、虔诚，几乎每个村寨和寺庙的附近都栽种了许多菩提树。如果谁有家人患病、猪瘟、鸡死、五谷歉收，就要在村寨和寺庙附近栽种一些菩提树，乞求佛祖的保佑。每到佛节，善男信女们就在大菩提树干上拴线，献贡品，顶礼膜拜。傣家人什么树都可以砍伐，但菩提树却是不能砍伐的，即使是菩提树的枯枝落叶也不能当柴烧，砍伐菩提树就是对佛的不敬，就是罪过。中华人民共和国成立前，傣族封建领主制定的法律里甚至有"砍伐菩提树，子女罚作寺奴"的规定。而在傣族文学艺术作品里，菩提树则是神圣、吉祥和高尚的象征。人们在举行婚礼时总会唱道："今天是菩提升天的日子"。在情歌里，少女们则会对心爱的男友唱道："你是高大的菩提树"或"你像枝叶繁茂的菩提树"等。此外，在傣家人的谚语里，还有"不要抛弃父母，不要砍菩提树"这样的词句，菩提树已成为傣族群众的精神信仰。

在西双版纳，菩提树随处可见，但其中有 2 株却特别值得一提。1 株就是前述的由泰国国王亲手种植的那株菩提树，另 1 株在景洪市勐龙镇曼达赫村，胸径近 2 米。人们通常所见的菩提树都是青枝绿叶，而这株菩提树则在生长青枝绿叶的同时，还会长出一种白色枝条，白如霜雪，毫无青绿之色，且每年都长，每次仅长出一至二枝，绝不超额。据当地民间传说，当年佛祖释迦牟尼出游传教时，曾在这株菩提树下小憩，于是，此树感佛祖厚爱之恩，特长出白色枝条作为回报。当地傣族群众视此树为"神树"，在其四周砌起砖墙进行保护。每年此树长出白色枝条时，膜拜者、参观者纷至沓来，络绎不绝。

（六）八闽菩提树

【厦门的佛家圣树】厦门著名旅游景点南普陀寺方丈楼前有 1 棵百年树龄的菩提树，有厦门的佛家圣树之称。它不仅是厦门众多菩提树中树龄最大，而且它于中日甲午海战时破土而出，童年就体验了战火与硝烟，亲历了世事的变迁，到如今已有百年的修为。晨钟暮鼓中，常有高僧往来，凭借着"有利地形"，可以经常聆听方丈在室内读经诵佛，成为人们传说中最具灵性的 1 棵佛树。后人为此曾题诗曰："青青菩提树，宝象庄严处。经过多少岁月，依然苍翠如故。仰参菩提树，遥望故乡路。几多朝朝暮暮，漫漫云烟无数。历经坎坷终无悔，未教年华虚度。面对大千世界，功过从何数。愿此身化作菩提，护众生光照千古。"

【泉州开元寺百年菩提】泉州开元寺建于唐垂拱二年(686 年)，年代久远，初名莲花道场，唐开元二十六年(738 年)更名开元寺，是我国东南沿海重要的文物古迹，也是福建省内规模最大的佛教寺院。历史上曾有无数高僧在此停留过，或以佛学著作称胜，或以诗词文章闻名，或弘道扬名，或入世献身，人们比较熟悉的"念佛不忘救国、救国不忘念佛"，集佛学、书法、金石、音乐、绘画、诗文于一身的现代律宗高僧弘一法师就曾在此研习经书多年。寺内莲宫梵宇，焕彩流金，刺桐掩映，古榕垂阴。不仅有"三树同根"的千年老桑树，还有大雄宝殿外一左一右 2 株菩提树，这 2 株苍劲挺拔绿阴浓翳的菩提树是由住持和尚纯信从厦门南普陀寺移植来，树形极其高大，树干需两个成年人才能合抱，满树都是不见缝隙的浓绿叶子，饱满拙朴，给人以安详宁静的感受。而这样对称的两棵菩提树在现代寺庙中已经极为罕见。

【福州植物园巴基斯坦菩提树】在福州植物园(福州国家森林公园)珍稀植物园中，有 1 株原福州军区司令员皮定钧将军 1974 年率我国军事友好代表团应邀访问巴基斯坦时，巴基斯坦国家领导人赠送的巴基斯坦菩提树。皮将军回国后，就将此树种植于福州植物园，至今长势良好，成为该园 1700 多种树木中最珍贵的树种之一。该树共有 5 个枝干，呈若即若离之态，犹如 5 株合种。目前该树高近 8 米，树冠面积超过 10 平方米，整个树形似孔雀开屏，已成为中巴两国军队和两国人民友谊的象征。1993 年，福州国家森林公园管理处已在树旁立碑，以示纪念和保护。

（七）菩提树古诗词句选

有关菩提树的诗句，除广为流传的"菩提本无树，明镜亦非台。本来无一物，何处惹尘埃"外，还有许多，如：

百千万劫菩提种，八十三年功德林。（唐·白居易《钵塔院如大师》）

天香开茉莉，梵树落菩提。（唐·李群玉《法性寺六祖戒坛》）

身是菩提树，心如明镜台。（唐·神秀《偈一》）

若欲学菩提，但看此模样。（宋·释慧勤《偈六首》）

驴年斫倒菩提树，羞见新州个老卢。（宋·释绍昙《偈颂十九首》）

赵州教人急走过，狸奴倒上菩提树。（宋·释如珙《偈颂二十首》）

念念舍离诸恶趣，心心克取佛菩提。（宋·释守净《偈二十七首》）

善护菩提树有年，金枝玉叶荫儿孙。（宋·释绍昙《偈颂一百一十七首》）

菩提无树镜非台，虚净光明不受埃。（宋·释正觉《偈颂二百零五首》）

十里松门国清路，饭猿台上菩提树。（唐·皮日休《寄题天台国清寺齐梁体》）

功德海中游戏，菩提树下清凉。（宋·李石《扇子诗》）

我惊唤作菩提树，为是如来幻化身。（宋·唐仲友《蜡梅十五绝和陈天予韵》）

天风吹铃语不烦，菩提树杪碧阑干。（宋·戴应魁《凌源阁》）

僧腊菩提树，禅心菡萏花。（宋·盛松坡《乌石山僧舍》）

誓坐菩提树，高跻寂灭场。（宋·释智圆《湖居感伤》）

一尘不惹菩提树，四大俱空兜率天。（宋·杨公远《次文长老》）

佛国菩提树，庄园不系舟。（宋·舒邦佐《隐几》）

看灯元是菩提叶，依然会说菩提法。（宋·辛弃疾《菩萨蛮》）

教参熟，是菩提无树，明镜非台。（宋·陈人杰《沁园春》）

菩提司非树，刀圭诧灵丹。（宋·刘黻《和此阳先生感兴诗二十首》）

芦竹丛高荫石阑，菩提香远出林端。（宋·艾性夫《题龟峰僧阁》）

鱼鸟身如游极乐，猿猴心似发菩提。（宋·蔡蒙古《阴那山》）

优婆塞倾椰子酒，须菩提讲莲花经。（宋·陈延龄《大安院》）

世纲走逃如脱兔，菩提了了无他路。（宋·陈祖仁《释宗显重修宝梵院》）

良哉须菩提，为众非草草。（宋·郭针孔《读金刚经》）

了知菩提长，念起我何曾。（宋·洪迈《梅花》）

须知欲到菩提岸，好似常悬般若船。（宋·黄圭《太湖山》）

山僧自觉菩提长，心境都将付卧轮。（宋·苏轼《题过所画枯木竹石三首》）

翰墨场中老伏波，菩提坊里病维摩。（宋·黄庭坚《病起荆江亭即事十首》之二）

众生心水净，菩提影中现。（宋·黄庭坚《澄心亭颂》）

阎浮提中大福田，莲花会上菩提记。（宋·黄庭坚《南山罗汉赞十六首》）

菩提熏种，慈氏言参。（宋·黄庭坚《头陀赞》）

衣钵相传旧，菩提漫尔栽。（宋·李乔木《舟次南华寺》）

明镜偷神秀，菩提犯卧轮。（宋·刘克庄《杂咏一百首·卢能》）

菩提有树镜无尘，玉兔怀胎入紫宸。（宋·释心月《北宗赞》）

居士应无垢，菩提各有因。（宋·袁说友《慈感寺四月八日浴佛会》）

明镜非台火里沤，菩提有树空中橛。（明·空室禅师《示秀禅人》）

身是菩提树，已非凡草木。（清·曾燠《罗汉松》）

忆菩提非树，那椿公案，触而且背，早落言诠。（当代·启功《戏题时贤画达摩像六段》）

问明镜非台，菩提非树，境由心起，可得分明？（当代·梁羽生《沁园春》）

菩提非有树，般若本无知。（现代·马一浮《和啬庵山中杂题二十二绝》）

二十九、榕树文化

（一）榕树特性及分布

榕树 *Ficus microcarpa* L. f. ，别名小叶榕、白榕、细叶榕树，为桑科（Moraceae）榕属常绿大乔木。榕树生长快、生命力强。作为绿化树种，能抗旱、耐酷热、防涝和改善生态环境。榕树还能有效地吸收有害气体，净化空气，其树皮纤维可织麻袋、制绳，树皮可提取栲胶，气根、树皮和叶芽可作为清热解表药用。榕树分布在雨量充沛，无霜期长，暖热多雨的地带。主要包括中国南部、印度、缅甸、马来西亚、越南、菲律宾、印度尼西亚、泰国、孟加拉国、日本南部、澳大利亚、新西兰等地。

福建省榕树主要分布在东部沿海及南部的霞浦、蕉城、连江、福清、南靖、龙海、福州、莆田、泉州、厦门、诏安、漳浦、同安、永定和上杭等地。根据调查资料，榕树在福建自然分布北缘为霞浦县，该县牙城溪边有 10 多株姿态古拙的古榕，高 10～15 米。在南平地区也有引种榕树。

榕树于 1985 年被福州市政府定为"市树"；1997 年被福建省人大常委会定为"省树"。在 1998 年纪念福州建城 2200 年时，福州电视台拍摄的电视系列专题片《福州二千二百年》的第一集也是以"榕之寿"为名。

孟加拉国有 1 棵 900 多年的著名古榕，树高 40 米，树冠居世界之最，可容纳几千人集会或乘凉休息。巨大的树冠有 4300 多支柱气根，像一片小森林，是"独木成林"的典型代表。日本有 1 株最出名的榕树，被冲绳县指定为"日本冲绳岛天然纪念植物"，树高 19 米，树冠东西长 31 米，南北宽 34 米，冠幅 1054 平方米，胸围 10.1 米，树龄约 250 年，位于冲绳县大兼处道路中央，并设置石标牌，题刻解说词。

（二）榕树：福州的一张文化名片

福建省福州市素以"榕城"著称于史。福州榕树的自然起源与栽培历史为全国之最，有史可考，至少已有 1253 年以上。据《福州建设者》（1991 年版）介绍，福州在唐朝之前已大量自然繁衍榕树，并有"榕城"之称。北宋人乐史撰写的《太平寰宇记》卷《福州·土产·榕》中记述榕树："其大十围，凌冬不凋。郡城中独盛，故号'榕城'。"相传宋时张伯玉任福州太守时，进行"编户植榕"，并亲自倡导示范。地方志上记载，时为宋代治平年间，福州 4.8 平方公里的古城内外植上万株榕树和其他树，呈现"绿阴满城，暑不张盖"的景观。为纪念张伯玉倡导植榕之功，在福州市内建造起张伯玉的塑像。如今福州大街小巷、房前屋后榕树遍布，千百龄以上的古榕树屡见不鲜，这些榕树历经沧桑，成为福州 2000 年文化古城的历史见证，也为培育榕树文化提供源头活水。

福州植榕的历史悠久，清郭柏苍《闽产录异》中记录了"冶山旧有古榕，传为汉时物"。冶山在福州台江大庙山附近。据史料，从公元 904 年起，王审之为闽王时就开始植榕。

据资料，我国有榕树树种 120 余种，福建省占了 25 种，福州榕树数量 16 万株以上，古榕不下千株，一级古榕（树龄 300 年以上）有 23 株。全国 660 多座大小城市中，福州是唯独以榕树著称的城市，堪称全国之最。

1. 榕城十大古榕

【榕树王】位于福州北郊八一水库北畔森林公园，传说为宋代张伯玉在福州"编户植榕"时所栽，树高 20 多米，冠幅 1300 余平方米，因树冠为福州榕树之首，所以称"榕树王"。

【第一榕】位于福州市省府路肃威路裴仙宫内，树干胸围 14.6 米，8 个大人才能合抱，树高 22.3 米，冠幅直径 28 米，为全省迄今为止已知的胸围最大的古榕。

【龙墙榕】位于福州八一七北路安泰河边朱紫坊，龙墙榕根裸露攀附着石壁，形成一堵墙，根须拂水，铁干虬枝，宛如蟠龙腾跃。

【编网榕】位于福州大庙山（现福州四中校园内），树干与气根交叉生长编成网状，如同巨型鱼篓。

【寿岩榕】位于福州于山风景区戚公祠补山精舍巨岩，状若悬岩菊。相传清道光 16 年有人在此大摆宴席为榕树祝寿，并在岩壁刻上行书"寿"字，字径达 2.22 米，岩壁被称为"榕寿岩"。

【人字榕】位于福州杨桥路高峰桥边，一束须根飘飞北岸长成树根，形成一树跨河两岸的人字，构成天然的三角形穹门，来往船只可从人字榕下驶过，伸手可触及榕树树根，榕阴遍及两岸。

【合抱榕】位于福州杨桥路双抛桥，传说古时一对青年男女相爱，因家长反对，不得如愿，双双投河殉情。之后两岸长出两株榕树，枝叶相拥相抱，后成为三坊七巷的一处景观。

【华林古榕】位于福州华林路省政府门口环岛内，相传为北宋干德二年（964 年）建福州华林寺时所植，原在华林寺庭院绿地内，1986 年拓宽道路时被移址省政府门口环岛内。

【双龙戏凤榕】位于福州鼓楼区五一路龙华大厦旁的 2 棵榕树（一为小叶榕、一为笔管榕）寄生在 1 棵枫树上，3 棵树成为一体，园林专家取谐音将其命名为"双龙（榕）戏凤（枫）"。

【中国塔榕】位于福州马尾罗星塔公园内，是马尾唯一的 1 棵一级古榕，是马尾船政文化、马江海战等福州历史的见证。当年荷兰人驶船来到马尾，远远看到罗星塔，惊为"中国塔"，因此古榕被称之为"中国塔榕"。

2. 榕树与历史人物

榕与闽越王无诸，十八学士榕与唐国公程咬金，700 里驿道植榕与蔡襄，榕树王与张伯玉，宋帝泰山榕与南宋皇帝端宗，百骑将军榕与张经，思儿亭榕与戚继光，思贤亭榕与林则徐，还有名人翁承瓒、陈塑、程师孟、李纲、陆游等都留下了与榕树有关的故事和诗文。

南宋名相李纲在福州任职时，曾为榕树赋文评说，榕树不宜造船，做窗容易被虫蛀，烧火没火焰，故无人砍伐它。但榕树长成巨树却可以荫庇数亩土地，"垂一方之美阴，来万里之清风"，数百年后绿阴依旧，成了无用中之大用。清乾隆年间，福州知府李拔，在衙门内（今省府路工交大院）建"榕阴堂"，并作跋文时，指出榕树"在一邑则阴一邑，在一郡则阴一郡，在天下则阴天下"，还以榕树自勉，以造福百姓为己任，体现了中国文人官员的良知与美德。

历代不少高僧，生前为福州百姓做了大量好事后，多在榕树中盘坐羽化。人们为表达崇敬怀念之情，将他们尊为神仙，与榕树联系一起建祠供奉。如肃威路的"裴仙爷"等，其传说故事，加上历代文人的渲染，大多带有神话色彩，形成了福州民俗文化中一道亮丽的风景线。

3. 榕树文学作品

在中国现当代文坛上，以榕树为题赋诗作文的篇章很多，有的散文还被编入课本，脍炙人口，陶冶了几代人。如巴金的《鸟的天堂》、黄河浪的《故乡的榕树》。前者描写榕树须根扎进土地长成气根柱，进而连成一片独木成林，大树冠成为千万只小鸟的天堂，富有情趣。后者把榕树须根低垂，浓阴蔽地，树冠如巨伞，冬御寒风，夏防炎日，让周围群众获益匪浅的情节描写得生动感人。

福州市的文化、新闻单位，以榕树为名的出版刊物也不少。如新中国建立后，由福州市文联主办的不定期刊物有《榕树新歌》《新榕花》和《榕花》；由省文联、省作协出版的书籍有《榕树文学丛刊》。十一届三中全会后，随着经济建设的发展，人们对精神文化生活的需求越来越迫切，各种文学期刊如雨后春笋般出现，其中，以榕树为刊名、副刊名、栏目名等的就有福州文联主办的《榕花》《榕树》，福州晚报的专栏《榕荫晚钟》，福州日报的副刊《榕树下》。

4. 榕树文学研究探讨

《榕树》编辑部曾与福州市文联、作协于1993年邀请浙江富阳、湖南湘西、福建漳州等地专家学者前来参加"榕树乡土文学研讨会"。福州文化生活报也曾以榕树为题，组织专业、业余作者著文立说，抒发己见，为提升福州与榕树的知名度做了大量的宣传工作。

5. 榕树的文化精神

概括起来有：榕树充满生机、容易成活、四季常青、长盛不衰、奋发有为的精神；能耐瘠薄、坚忍不拔，在墙头岩缝中顽强生长，有立根大地的精神；冒寒暑、顶风雨、从容不屈，富有勇敢拼搏的精神；不论树与树、枝与枝、气根与气根，一旦紧靠、融为一体，显现精诚合作的精神。榕树还是城乡绿化美化佳品，在古城福州，不论公园、道路、社区、庭院、郊野，几经扩种，现有榕树达10余万株，既成榕城绿化先锋，又象征振兴与构筑大福州的与时俱进精神。

（三）福建古榕巡礼

闽台地区人们种榕护榕，喜爱榕树，无论处在村头、河畔、山边或位于祠堂、寺庙、书院，都有榕树的身影。每一株榕树都是一个活的文物，一个天然公园、一个独特的地理标志，给人留下深深的乡愁。

【福建榕树王】位于闽侯县青口镇东台村下社自然村，2013 年被福建省林业厅评为"福建榕树王"。其胸径 4.73 米，树高 24.45 米，冠幅 45.6 米。这株榕树王屹立在半山腰，树形十分奇特优美：一是树干古朴苍老，主干约需 12 名成年人手拉手才能围住。二是树枝上筑有鸟巢，并寄生多种植物，小鸟常在枝叶间嬉戏。三是树枝横跨形成天然拱门，树主干在离地约 1.5 米处分权为两大枝，向两边横向生长，其中一枝往山坡上延伸并扎了根，这子根需要 4 名成年人才能合抱，并与母根形成一个跨度 14.6 米的天然拱门；另一枝则跨过山下的小溪，在对面的尖峰山扎了根，后因一场山洪被折断。如今，这株藏在深山始露容、历经千年风雨、天然造化的"门型古榕"，吸引着众多游客慕名前来观光。

【榕城第一古榕树】位于鼓楼区肃威路裴仙宫内，称"榕城第一古榕树"。该树为桑科小叶榕，其树干胸围 14.6 米，高 22 米，是福建省迄今已知胸围最大的古榕树，相传该树为宋代古树，树龄约 1000 年左右，其树冠庞大雄伟，浓阴蔽地，四季常青，基干苍老错节，酷似饱经沧桑的慈祥老者，下垂的气根随风飘拂，如神仙下凡，奇特有趣，在榕城各榕树中最具有特色，深受福州市民的喜爱。此处为宋代福州两大古园林之一——"乐圃"的旧址，又为福州香火最盛的道观之一——裴仙宫的所在地，该树既古色古香、又仙风道骨。1997 年 12 月 17 日，在该树下举行了"榕城第一古榕树"石碑揭幕仪式，此碑由裴仙宫道长捐立，福建省老领导伍洪祥题词。

【福州榕树王】位于福州植物园（福州国家森林公园）。相传，在北宋治平年间，福州太守张伯玉倡导"编户植榕"，3 位武官在此练武时植下这株古榕树，树龄已近千年。这株古榕胸径 318 厘米，树高 20 米，10 多个大枝干向四面水平伸展，如群龙腾空而起，扑向苍天，蔚为壮观。由于没有气根柱地，为了支持沉重的横向枝干，人们塑造工 8 根混凝土水泥柱，支撑起越来越向外伸长的古榕枝干。榕树枝叶繁茂，遮天蔽日，树冠盖地达 1330 多平方米。板根古拙苍劲，像一位饱经风霜的倔强老人，仪表端庄，正襟危坐，屹立在森林公园的青山绿水之间，形成森林公园的一大景观，吸引了众多游客前来观光。党和国家领导人朱德、杨尚昆、乔石、朱镕基等先后前来目睹榕姿。

【古榕抱龙眼树】位于南靖县船场镇溪口自然村。这株古榕树紧紧拥抱老龙眼树，景观奇异。其榕树高 17.5 米，胸围 3.4 米，冠幅 17.7 米×11.8 米，龙眼树树高 10 米，2 株树于 3.5 米处分权。迄今古树参天，翠绿欲滴。村里的人们常在这幽静的环境中纳凉品茗，听鸟啼蝉鸣。据当地 84 岁老翁李金塔说，从懂事起就看到这棵大榕树紧抱着龙眼树。那时的龙眼树比箩筐还大，枝繁叶茂，十分旺盛，丰收年可采摘近百斤的龙眼果。榕树与龙眼像兄妹一般亲近和睦，共撑一片蓝天。据此推算，榕树约有 110 年，龙眼树 125 年。

【榕朴并生树】位于永定县虎岗乡虎西村，其主干离地 3.5 米处附生一榕树。榕树的气根从上到下紧抱住朴树五分之三的干围。这株榕树胸径达 125 厘米，树高 18 米。由于榕树生长迅速，形成了榕朴树冠、树干均衡各半的长势。秋末时节，朴叶转黄，而榕叶仍深绿。榕朴枝叶浓密，相互镶嵌，若从东边看是 1 株榕树，从西边看则是 1 株朴树；从南或北看却是一半榕树一半朴树。榕朴紧紧相依，难分难舍，十分融洽，形成与朴树共生的态势。

【骑马榕】位于建瓯市城关。这 6 株古榕相传是五代天福八年（943 年）王审知之子王延政

（富沙王）从福州移植来的。其中 1 株长在城关何厝坪叶家花园中，胸径达 220 厘米，树高 26 米，冠幅 30 米×30 米，状似巨伞，树干虽苔丝斑驳，但枝叶仍繁茂，郁郁葱葱，生机益然。这榕树原植于叶家花园，须根跨越矮墙伸入何家花园，呈骑马状，因而得名。清光绪 26 年（1900 年），大水漂没建州（今建瓯市）民舍 3000 余家，3 日后水退，叶、何两宅花园内草木萎蔫，墙垣倾倒，唯独骑马榕巍然挺拔，但根须大部裸露，仅有两条桶口大的主根直入地下，支撑着庞大的躯干，成年人可在其"挎"下来去行走，如入城门洞，此事轰动府城。迄今千年，百事变迁，历史演变，而这株骑马榕依然屹立在民宅之中。

【榕葵合生树】福建省永春县五里街镇华岩村生长着 1 株榕树与长叶刺葵合生的奇树。从现状看，长叶刺葵高高立在榕树之上，似乎榕树是它寄生的母体。事实却相反。长叶刺葵现已 100 龄，相传 100 多年前，英国人在那里设教堂办医院，为纪念这家医院里一位去世的英国女医生而植下这株刺葵树。若干年后，榕树种子随着鸟粪落在刺葵树上，生长出 1 株苗壮的榕树。据考证，榕树至今已 93 年。榕树以其顽强的生命力，凭借落地气根发育成许多硕大的树干，把刺葵树团团包住。据测定，榕树高 20 米，胸围 3.15 米，冠幅为 26 米，目前依然生机旺盛，枝叶浓绿。刺葵树的高度为 21 米，亭亭玉立在榕树之中。

【漳浦古城堡榕群】漳浦县东南端六鳌半岛的东南方有座古城堡，岛上有 300 多株古榕树，多数着生于古城堡之中，形成了风格独特、形态各异、情趣有别的古榕群景观。六鳌半岛古城墙四周由石块砌成，面向碧波大海，城墙上长着几十株枝繁叶茂的古榕，或成排，或 3~5 株成群，千姿百态，有的像雄鹰凌空展翅，有的似天狗吠天，有的如群蛇舞动，有的形同醉汉举步、舞女蹁跹，有的俨若渔姑翘首张望盼郎归。榕树庞大裸露发达的根系爬满墙体，像一幅幅形象逼真的墙雕壁画，如众龙盘缠，似麒麟再现，像群蛇欢聚。

【杨家溪古榕群奇观】福建省霞浦县杨家溪风景区素有"海国桃园"和"闽海蓬莱"之美誉。这里气候宜人，山清水秀，奇峰怪石，还有一片古榕树群。据记载，这片古榕树群植于南宋初，至今已逾 800 年。这片古榕树群具有两点独特：一是树抱树，根连根，冠叠冠，"纠缠不清"。人们所处的位置不同，所数出的棵数也不一样，多者可数出 21 棵，少者则只数 9 棵；二是这片古榕树群生存在纬度 27°线上，为纬度最高的古榕树群。其生长旺盛、苍劲茂密，而且每棵榕树的根均为典型的板状根，有的板根高达 1 米以上，枝枝都像奋翻摆尾的巨龙，真如群龙欢舞，难怪游人题赞杨家溪为"神龙世界"。

【永定双腿巨人榕】永定县定潭乡仙湖洞石山上有 1 棵榕树，树高约 18 米，在主干 7 米处往下分成两条"腿"。两"腿"基距离 2.2 米，胸径分别为 115 厘米和 82 厘米，呈三角形，向上共同顶着一根长约 4 米的主干。主干树枝平展，枝叶浓密，形成一个直径约 10 米的树冠。从山坡对面观望，极像一个雄壮巍峨的巨人屹立在山坡上，与其周围的矮树，相映成趣，颇为壮观。

【漳平千年古榕屋】漳平市南洋乡南洋尾自然村，九龙江北溪支流双洋溪东岸长着 1 棵千年古榕树，其胸径 600 厘米，高 18 米，8 个主枝向四面八方伸展，宛如群龙腾空而起，树冠面积为 1010 平方米，被当地群众称为"榕树公"，长期香火供奉。远看这棵大榕树，较其他树并无不同，但走近树蔸处一看，让人大为惊叹，千百条裸露的榕树根发达粗壮，盘根错节，大小不同，形态各异，似龙似蛇地头朝树头，纵横交错，上下相连，联结成阁楼式立体根网。根网大致呈 3 层分布，上中两层根网围有 3 个洞。最大的洞位于西北角，面向溪流，长 11 米，宽 5 米，可容纳 30 余人。到了洞内，如同到了龙的王国，四周榕根似龙非龙，断尾下垂榕根似小龙伸首探望，洞壁直立的榕根却像藏头存尾的龙身，底面由交错连接、平整紧密的根网形成。人在洞内，可听到清晰的流水声，面拂清凉溪风，透过网眼观望溪中绿水、对岸青山，同时欣赏根的艺术，倍感大自然的神奇造化。若在对岸观看，像龙的榕根支撑着古榕，并交错连接成许多洞穴，到处都可藏人。

【榕抱樟树】福鼎市硖门民族乡石兰村，有一棵高 29 米、胸围 1.56 米、当地人称为"榕抱樟"的参天大树。它以高大、苍劲为独特，又以榕抱樟为神奇，远看是 1 棵树，近看是 2 棵树。榕树以其宽大、强劲的主干紧紧地抱着大樟树，而樟树又以其独特的粗壮、茂盛，与榕树争日照，比高低，两树相拥相抱，融为一体，难辨难分。树干如虬龙，树冠似华盖，覆阴面积达 300 多平方米。树的枝干有的上长，有的倒垂，有的横伸，千姿百态，风韵秀逸，真可谓是一神奇天然大盆景。

【东山奇榕】东山铜陵镇九仙山临海而立，陡壁险岩，攀附着几株 500 多年的古榕，岁老根壮，"咬定青山不放松"，干若百臂，曲露摇摆；枝叶密绿，呈掌状张开，长达百米，挥手呼迎，名为"招客榕"。东边几丛近百年榕树，尤为奇特，缠吸石缝，悬挂半壁，须根万条，有的依墙而下，有的随风飘逸，如倩女美发，似瀑布飞流，取名"美须榕"。九仙山拥有众多名胜古迹，是省级文物保护单位。

（四）榕树的传说故事

民众在栽榕、护榕、敬榕、崇榕的过程中，还留下许多有关榕树的故事传说，至今为人所津津乐道。

【福州太守张伯玉植榕】张伯玉（1003～1068 年），字公达，建安（今建瓯县）人。北宋天圣二年（1024 年）登进士第。以后又登书判拔萃科。庆历元年（1041 年），出任吴郡从事兼郡学教授，接着以秘书丞为太谷令。他爱民勤政，广兴水利。庆历四年（1044 年），范仲淹以其敢言清节，荐于朝廷任职。皇祐元年（1049 年）官侍御史。当时陈执中为相，伯玉说："天下未治，未得真宰相故也。"因而得罪陈执中，出知太平州（今安徽当涂县）。仁宗皇帝惋惜伯玉，离京前，赐银钱五万。至和年间（1054～1056 年），伯玉任严州副知州。嘉祐八年（1063 年），以度支郎中知越州（今浙江绍兴）。伯玉兴学育才，作出很大成绩。治平二年（1065 年），伯玉移知福州，即令编户浚沟七尺，植榕绿化。数年后，"绿阴满城，暑不张盖"，伯玉植榕声名盛极一时。伯玉多学而博识，文章为曾巩叹服。他嗜酒善诗，有"张百杯""张百篇"之号，官终检校司封郎中，著有《蓬莱诗》2 卷，已佚。

【蔡襄倡导植榕】蔡襄曾两知泉州。上千年前的蔡襄就有环境意识，美化环境精神那时在他的身上就有了体现。洛阳桥建成后，蔡襄积极倡导植树绿化环境，要求自福州至漳州的七百里大道两旁广植榕树（福建有些地区人称榕树为松树）。此后，植树的风潮传播开来，波及沿途的各乡里。现在福建境内尚存的古榕树大部分为那时所栽种。沿途老百姓大受其利，倍加赞颂。时有民谣:"夹道松,夹道松,问谁栽之我蔡公,行人六月不知暑,千古万古摇清风。"

【木棉庵古榕与诛杀贾似道碑】漳州城南的木棉庵,屹立着一排碑林和一座石亭,亭碑左侧长着 1 株参天挺拔的古榕。这株因遭数次火灾而尚存的古榕,其树龄已无法考证。其树干纵横交错,盘根错节,树高 12 米有余,胸径 120 厘米,庞大的树冠郁郁苍苍,浓阴蔽日。其右边树冠覆盖着前后两进的木棉庵,左边树冠掩映着碑林和木棉亭。榕树与庵亭碑林一起,无言地向人们叙说着如下一段历史往事。

南宋末年,朝政腐败,元军东下,因群臣弹劾,贾似道以误国之罪贬为高州(今循州)团练副使。德佑元年(1275 年),会稽县尉郑虎臣奉旨监押受贬奸相贾似道至岭南途中,投宿木棉庵,满怀国恨家仇的郑虎臣乘机诛贾于此。碑林中有座高 1.5 米,宽 0.5 米,上面镌刻"宋郑虎臣诛贾似道于此"的石碑,是明代抗倭名将俞大猷所立,清乾隆十三年(1748 年)龙溪知县袁本濂重立。碑旁刊明代诗人王肇衡所题诗碑一块,诗云:"当年误国岂堪论,窜逐遐方暴四奔。谁道虎臣成劲草,木棉千古一碑存。"民国二十五年后人为纪念此事而建木棉亭,并立建亭碑记 2 块。人们凭吊庵榕亭碑,讴歌忠义之士为国除奸的伟大壮举,唾弃奸相祸国殃民的罪恶行径。木棉庵榕亭碑已成了一处旅游胜地,被列为县级文物保护单位。

【郑成功以榕制敌】明朝后期,郑成功奉命率军收复台湾,打败荷兰占领军,使台湾重新回到祖国怀抱,为国家统一大业立下殊功,成为民族英雄。相传这场胜利与榕树有关,演绎出一段"郑成功以榕制敌"的动人故事。

郑成功奉命后,先屯兵厦门、漳州一带,日夜操练水军,期间几次与荷兰军队在海上对阵小试锋芒均受挫折。何故?原因主要是荷军船坚炮利,郑军的小船小艇奈何不得。小船靠近大船如何上去?郑军使用钩镰枪钩住荷军船沿飞跃而上。可是,钩镰枪的木柄很容易被荷军的腰刀砍断,根本没有用武之地,心有余而力不足。一时,郑成功终日愁眉苦脸,闷闷不乐,苦无良策,若换铁柄,虽难砍断,但笨重不灵,使用不便,而且要新造铁柄钩镰装备全军,也非一日之功,远远来不及。

有一天,郑成功边思考边慢行,信步来到佛教之地经南山,遇见一位高僧,谈吐之间透露出自己的苦闷烦恼。高僧听了若有所思,指点说:"榕根可解此难,不妨一试。"求到高招,郑成功立即命令全军将士截取榕树下垂扎入地面、粗细相当、能够适用的榕根作钩镰柄,先截断下部,用油浸泡一昼夜,让悬根汲饱桐油,然后装上钩镰。一试果然成功,那泡过桐油的干枯榕根坚韧无比,刀枪不入。闽南地区遍地长榕,收集榕根并非难事,没用多少时日就用榕根柄钩镰枪把部队装备起来。为加强战斗力,增添保险系数,郑成功专门组成榕军负责前驱先锋,号称"榕棍神兵"。发起总攻后,榕棍大显神威,荷军的腰刀无法砍断钩镰柄,惊呼"神棍",郑军所向披靡,一举收复台湾。台湾收复后,郑成功尊称榕树为"大将军"。后来,海峡两岸使用榕棍习武者不乏其人,那榕棍俗称"郑家棍"。

【思贤亭畔"人"字榕】福州市区内的历代古榕不少,比较有名的要数仓山区高湖村的"人"字榕了。"人"字榕树高 22.7 米,主干粗 250 厘米,主干南倾,在距主干 4 米处,有一粗 120 厘米粗的须根撑住古榕。整个树形就如一个苍劲有力的"人"字。在"人"字榕的主干和须根间一条宽 2 米的村道穿树而过。在"人"字榕东南方榕阴下,有一思贤亭与之为伴。每当夕阳西下，亭与树便构成一幅"榕阴唱晚"的美景。

据传，这棵榕树旁曾是清朝乾隆五十五年进士郑大谟的祖屋。榕树的须根飘附到院子围墙中扎根，这条根至今还缠裹着一些砖块。人称"思贤根"。在思贤亭上有一副对联"平寇念良臣，张经略当年甥馆地；禁烟思贤史，林文忠昔日岳家乡。"张经略是明朝抗倭名将张经，而林文忠则是"中国近代史上睁眼看世界的第一人"、左海伟人、禁烟抗英英雄林则徐的谥号。少年林则徐家境贫寒，但聪颖好学，一日避雨于郑家门洞下，诵读之声惊动主人郑大谟。经过一番对答如流的考问，郑大谟惊喜不已，认为林则徐是个不可多得的人才，于是便将长女郑淑卿许配于他。以后，林则徐果然发起了一场惊天动地的禁烟抗英运动，成了威名显赫的民族英雄。为纪念这位伟大的民族英雄，人们便在"人"字榕旁建立"思贤亭"。

如今，在福州人心目中，这棵风雨不避、雷打不动、巍然耸立的"人"字形榕已成了林则徐"苟利国家生死以，岂因祸福避趋之"的伟大爱国主义精神象征，它集自然界奇美与历史豪情于一身，是难得的名木古树，具有很高的纪念和保护价值。

【毛泽东进漳倚榕用兵】大革命时期的 1932 年 4 月，毛泽东从江西率领中国工农红军东路军攻打福建漳州，在天宝山一带与驻漳国民党张贞一个师的兵力对峙。张贞凭山布防，设下两道防线，且有飞机助阵，战斗打得非常激烈。

当时，红军主力已全部进入漳州南靖县，辖区内无一防空设施，不时遭到敌机的猛烈轰炸，情势比较危急。参谋人员请示毛泽东，指挥所设在何处，毛泽东依然镇定自若，笑着指了指路旁 1 棵擎天巨伞一般的大榕树说："风景这边独好。"还乘兴吟诵宋代罗畸的诗句"翠榕空裹起龙蛇"。这棵榕树浓阴蔽日，覆盖数亩，且无数气根环绕，树干有几十个洞穴，洞洞相通，刚好容下红军指挥所的人马、电台及工作人员，瞭望哨也设在此榕树梢的浓阴之中。此榕果然巧助毛泽东用兵作战，敌机在榕树顶上空飞来飞去，未能发现红军的指挥所设在大榕树下面。毛泽东坐镇榕下指挥作战。一时观察四周动静，一时侧首若有所思，一时据实调兵遣将。由于正面敌人火力太猛，红军几次发起冲锋强攻漳州城都受阻，毛泽东仔细观察后，决定改变策略，口授电文，命令一个师迂回到天宝山东面，截断敌人退路。此招果然奏效，敌人一看退路断了，谁都不愿被歼当俘虏，一下子争相逃命，军心大乱。红军趁机发起总攻，经过几天激战，最终攻克漳州，歼敌 6 个团，还缴获 1 架飞机，此役大获全胜，似有榕树一份功劳。

【红军榕的传说】福建上杭才溪乡的村头，有 1 棵古榕树，据说这里是土地革命战争时期，才溪第一个党支部成立宣誓的地方。为了纪念那段不同寻常的历史，人们把这棵古榕树叫做红军榕。

当年在才溪，许多青年都参加红军，奔赴战场。第一次国内革命战争时期，闽西有 10 万多人参加红军。在二万五千里长征中，闽西有 3 万儿女北上长征。中华人民共和国第一批授衔的将军中，福建省籍将军 83 人，闽西籍将军就有 68 人，占福建籍将军总数的 80%。而闽西的一个才溪乡就出了 9 个军长，18 个师长，所以才溪乡被称为"九军十八师"的故乡。1931 年，王直报名参加红军，当年他只有 15 岁。从勤务兵到将军，王直靠刻苦的精神，实现了自己的将军梦。

【红色古榕的故事】红色古榕坐落在平和县长乐乡。这棵古榕树之所以特别，在于它的红色历史，使它有了与众不同的地标。1928 年 3 月 8 日的平和暴动，平和长乐这个地名和中国革命历史紧密相连，这里是打响了福建工农主动夺取政权的八闽第一枪的地方，也是产生福建第一支工农革命武装组织的策源地。闪烁其间的就有这棵古榕树葱茏的身影。当年闹革命的农友们在这棵古榕树下聚集、开会、商量，在这棵古榕树下操练。古榕树在那段岁月里经历了斧凿火烧，见证了发生在古榕树下的血腥暴力。红色就成为这段历史的印记留存，这 1 棵榕树，便有了别样的内涵和非同寻常的风采。在百姓心中，它是一段难以忘记的历史。

（五）榕树的民间习俗

【崇榕文化】榕树绿阴浓密、气根丝丝、飘逸长垂，是文人墨客吟颂的对象。树冠开展，容纳万象，既是乘凉歇脚、聊天议事的好去处，又是民间崇拜的对象。在闽台等地的百姓心中，认为榕树慈厚、宽容，最有灵气，最能造福乡人。如乡间办喜事，采榕枝扎彩楼；端午节也习惯用榕枝蘸雄黄酒来喷洒庭院，驱逐"五毒"。向亲友贺婚，礼品上要放一丫粘红纸的榕枝；老人寿终，也有敬献用榕枝扎制的花圈。民间相传，榕树的叶有辟邪的作用，只要准备 7 片榕树叶用红色线绳拴上挂在身上，就可达到辟邪的效果。由于榕树的寿命可达上百年至千年，因此，榕树盆景是贺岁祝岁祝寿的首选礼品。民间还有榕枝不能用作烧柴一说，以示对榕树的敬重和崇拜。在乡下，祖庙、祖庭和土地庙所在地往往都植有榕树，神托榕在，榕借神灵，每逢节日要把红布挂在榕树上，顶礼膜拜，或求子赐福、或保佑一方平安。民众对榕树的崇拜，形成一种特有的崇榕文化。

【古榕节】位于福州肃威路裴仙宫内的古榕，每逢金秋，要过自己的节日——古榕节。据记载，这棵古榕树种植于北宋时期，至今已有 1000 多年的历史。步入裴仙宫，只见巨大的树干上吊着大红喜庆的"寿"字，"寿"字两边"胜地清风益万里，古树美景著千秋"的对联映衬着千年古榕，显得愈发苍翠挺拔。

古榕节值逢国庆和中秋两节期间，许多市民会来到"榕城第一古榕"下，为其祝寿。身着汉服的民俗爱好者，庄重地演绎着"三献"仪式，躬身为榕树贺寿。古榕苍苍的仙宫，巍峨庄严的宫墙，神圣肃穆的神殿，旌幡摇曳，青灯高悬，香烟缭绕，鼓乐悠扬，富有民俗特色的仪式吸引了许多民众，让人仿佛步入时光隧道。

裴仙宫注重对道教传统文化的弘扬，榕树信仰在福州有数千年的历史，成为福州道教的一大特点。道教的"道法自然"，道教的"长生久视"的追求，和这棵古榕相互映衬，构成了福州的一道独特风景。

裴仙宫历年举办古榕节，旨在结合道家思想弘扬榕城的榕树文化，提高市民爱榕护榕的意识。近年的"古榕节"，还分别开展了榕城榕树摄影图片展、"我心中的榕树"儿童百米长卷现场绘画展、古榕文化论坛、榕树盆景展等一系列活动项目，深受市民欢迎。同时，结合 8 月福州"摆塔"习俗，裴仙宫在巨幅"榕树"油画背景前，还布置了大型"摆塔赏月"景观。

【端午节插榕青】在闽南和台湾地区，每到端午节，早上起床后，总要到村边的老榕树采摘几枝榕青，榕青就是榕树的枝条。端午节这天，家家户户都要在大门插榕青，蔚为大观。

　　原来，闽南和台湾沿海地区过去风沙肆虐，植物很难成长，难以寻觅到菖蒲、艾叶。倒是耐旱、生命力顽强的榕树长得很茂盛。于是，端午节辟邪驱凶，消灾禳祸的神圣任务就落在榕树身上了。在福建东山岛铜陵镇一户陈姓人家，其大门门框均为粗硕的榕根形成，门楣上老态龙钟的古榕，枝叶葳蕤，根须如长髯飘拂。主人陈先生介绍说，他的先祖有一年端午节采撷一了榕枝插在门楣缝隙处辟邪，时逢霪雨连绵，生命力顽强的榕枝生成了气生根，日久年长，那根须形成了生机盎然的榕门，算来已有200多年历史。

　　端午节这天，闽南人习惯采撷榕青簪插在云鬟上，以示吉祥。倘有哪个家庭有人欠安，需要安静调治，就在自家大门的门环挂上两束箍着红布条或红纸条的榕青，这便是"谢绝入内"的警示语。这是一种风俗。据说宋代景祐年间，有一年端午节，北宋皇帝封赐的名医吴夲得知闽南沿海瘟疫流行，疫区人亡田荒。为了控制疾病传播，他别出心裁采来榕青做记号，劝阻亲友间不要相互探视，避免传染。这一招真灵，很快就控制住了疫情的蔓延。至今，闽南、台湾人尊称吴夲为"先生公"或"保生大帝"，奉祀"先生公"的庙宇更有不少。

　　【连战榕树情】2006年4月，中国国民党荣誉主席连战开始"福建祖地行"行程。连战先生在一年之内，三赴祖国大陆。媒体把连战此次"福建祖地行"称为"寻根之旅"，以区别于去年的"破冰之旅"。综观连战在福建的行程，最能概括的，莫过于一个"情"字。从一下机场引用的唐诗"青山一道同云雨，明月何曾是两乡"，抵达厦门时说自己"近乡情更怯"。在接受记者采访时，强调自己是福建人，是漳州龙海马崎人，祖国大陆是自己根之所在。

　　福州市委书记袁荣祥赠送一幅极具福州特色的连根"榕树王"磨漆画给连战先生。连战触景生情，当即吟诵起在台湾常唱的歌曲《榕树下》："路边一棵榕树下，是我怀念的地方，晴朗的天空，凉爽的风，还有那醉人的绿草香。"福州别称"榕城"，闽南语将"榕树"称为"情树"，树根之所系，恰如人对故土的牵挂。连战盛赞福州"是一个真正美丽的地方，人文荟萃""我觉得（福州）真是跟我们血脉相连。"正是：一曲榕树下，多少思乡情！

（六）榕树文化的精神意蕴

　　榕树文化是相对独立的文化形态，既有外在形态表述，又有内涵的精神意蕴，外在形态是精神意蕴的物质现象，内涵的精神意蕴是外在形态的理性抽象，两者相互依存。榕树文化的精神意蕴可用"仁""容""智""静""刚"五字概括之。

　　【"仁"的含义】榕树高大挺拔，彬彬有礼，以儒家仁者的风度风貌，表述榕文化"仁"的含义。儒家的"仁"，既是儒家学说的核心（仁学），又是社会规范（克己复礼为仁），又是做人的准则（爱人，仁者安仁）。榕树体现了"仁"的精神。榕树对环境从不苛求，哪怕只有一星半点土壤，便会附着生长，以坚忍不拔的品性，同环境抗争。"无心插柳柳成荫"，同榕树适应性相比，是小巫见大巫。榕树枝干，随插随活，甚至岩壁、驳岸、墙头，古朽树木空洞内，榕树也能萌发生长，岿然形成大树。榕树真正做到饿其体肤，劳其筋骨，苦其心志，只为根固大地，叶阴人间，广施仁德，把自身血肉之躯同岩壁墙体咬合在一起，榕城的编网榕就活生生地呈现了这一图景，人们已分不出哪是榕树，哪是岩壁，生命已与环境合一。这正是榕树仁者的风范和仁者对自然的普天之爱。

【"容"的意蕴】一方面榕树高大挺拔，体态犹如智老寿仙，彬彬有礼，有仁者的风度、风貌；另一方面榕树又泰然自若，银须飘飘，有长者的宽容、宽厚。榕树的"榕"字，既有榕树适应性强、容易成活的意思，还有树冠广大，有宽容、容纳的文化意蕴。《闽书》谓"榕阴极广，以其能容，故名曰榕"。清初屈大均著的《广东新语》称："榕树干枝拂地，互相支持，高大茂密，望之如大厦，故称榕厦"。榕树的宽容、容纳基于躯体的庞大，大度而能容，容纳方大度。榕树最主要的生态习性是能"独木成林"，榕树的枝干会生出一条条气根束，临空垂下，这些气根束垂入地里，会生细根，成为榕树本身的支柱根。同时，树冠向四面八方扩张。福州国家森林公园内的榕树王，冠幅下可容纳千人聚集，1 棵大榕树，就是一个天然的公园，一个鸟类的栖息地。如广东省新会的"小鸟天堂"，榕树上容纳鸟类，榕树下容纳人类，可谓一幅绝妙的人与自然和谐的图画。

【"智"的内涵】榕树有宽容、容纳的一面，还有机智、智慧的另一面。当榕树在开阔的空间，榕树枝干不断分叉，向四面八方扩大，容纳万象，能容世间难容之事。而当环境不允许之时，榕树又机智适应变化，同岩壁、墙头、驳岸抱成一团，不以自身形体为形体，而以生命存在为前提，同他物联成一体，构成独特景观，闪烁生命的精彩。榕树大容，能构筑一座绿色宫殿；榕树机智，缩小至一盆榕桩盆景。在榕树身上，新老世代交替习性很明显，气根不断萌生，有的入地，有的缠绕老树干，这样，新气根逐年长粗，代替老朽干，支撑起庞大树冠。智慧始于分叉，知识生于沟回，而我们面对榕树，像翻阅一本书籍，从每一枝节的分叉，从每一表皮的沟回，读到榕树的知识和智慧。

【"静"的心境】"智者乐水，仁者乐山。智者动，仁者静"。一切树木皆有根，一切树木皆为静。相对于能游移的动物，有根的植物具有静止的一面，尤其是庞大的榕树，更是如此。但这里叙述榕树的"静"，不单是相对的静止，而包含老子讲的"致虚""守静"的含义，老子说："致虚，极也。守静，督也。""虚""静"，才是宇宙本体。榕树有花，隐而不显；有果，藏而不露。世间的人总是来去匆匆，忽略榕树存在，但榕树每天都在守土、布绿、除尘、消音。不在，非不存在。榕树庞然大物，立地擎天，但总默默无言。无言正言天地之言，普世之言。老子说："天地之所以能长而久者，以其不自生也。故能长生。"天地不以自身的生存为生存，而顺其自然运行，所以能长久存在。榕树安然自在，神定心闲，保持"静"的心境，反而活到百岁千年。以虚静笃，然后能观。

【"刚"的品格】榕树躯干粗大，枝丫磅礴，加上气根的支撑，犹如一座绿色的丰碑，威武中透出刚毅、刚强和刚直。孟子说："富贵不能淫，贫贱不能移，威武不能屈，此之谓大丈夫。"这些品格在榕树身上都得到了体现。榕树具有拒腐防蚀之本能，不为功名所动，不为利禄所累，安于淡泊，固于职守。榕阴广布，怡人滋物，有容乃大，无欲则刚，此谓之富贵不淫。榕树适应性极强，只要有立足之地，就能顽强生长，不畏酷暑，不避严寒，耐贫耐瘠，巍然屹立，此谓之贫贱不移。榕树是一种生命力极强的树种，许多古榕历经数百年风雨沧桑，虬枝百结，老干横斜，但依然枝繁叶茂，郁郁葱葱。此谓之威武不屈。明朝理学家黄道周从小就很喜爱家乡福建的榕树，经常夹着书本在榕树下朗读，与榕树结下不解之缘。他为榕树的优秀品格所感动，并写下《榕颂》，赞颂榕树具有不怕困难、甘于自立、而耻于随波逐流的性格，赞颂榕树拒腐防蚀之天性，赞颂榕树巍然独立、无所畏惧的秉性，赞颂榕树博大和效法天地正气的胸怀。清军南下时，黄道周毅然招募亲友学生及义勇万余人，北上江西抗击清军，兵败婺源，不屈而死。他临死前，大义凛然，咬破手指用鲜血写上"纲常万古，节义千秋。天地知我，家人无忧。"这种刚正不阿、不屈不挠的中华民族精神，与榕树的精神品格，是一脉相承的。

三十、棕榈文化

（一）棕榈特性与分布

棕榈 *Trachycarpus fortune*（Hook.）H. Wendl.，为棕榈科（Palmae）棕榈属常绿乔木。别名棕树、唐棕、山棕、拼棕、中国扇棕等，原产中国。

棕榈科又称槟榔科，目前已知有 200 多属，大约 2800 余种。该科植物一般都是单干直立，不分枝。叶大，集中在树干顶部，多为掌状分裂或羽状复叶的大叶。一般为乔木，也有少数是灌木或藤本植物。花小，通常为淡黄绿色。是单子叶植物中唯一具有乔木习性，有宽阔的叶片和发达的维管束的植物类群。从美洲引进的王棕和澳大利亚引进的假槟榔都是南方常见的行道树和庭院栽培树。本文棕榈文化所述的内容泛指以棕榈为主的棕榈科树种。

棕榈科植物被称为最奇异的家族：有世界最长的叶（王酒椰，可达 25 米），最大的花序（贝叶棕，6~12 米），最大的种子（巨籽棕，20 公斤），世界油王（油棕，果皮含油达四分之三），最长的叶裙（裙棕，可达 20 米），茎干可食等。

原产我国南方各省的棕榈科植物大约有 28 属 100 余种，主要分布在云南、海南、广东、广西、台湾、福建、湖南、四川、贵州等温暖地区。云南最多，约 14 科 68 种，以经济和观赏植物为主；海南 11 属 32 种，以椰子、槟榔为主；广东、广西、福建、台湾约 10~30 种。常见种有线棕（马尾棕、粗棕、竹节棕）、板棕（密棕）、毛棕（细棕）、山棕。中国特有珍稀品种：水椰、琼棕、矮琼棕、龙棕、董棕，现状皆处濒危，均属国家 Ⅱ 级保护植物；前 3 种原产海南，后 2 种原产云南。

我国棕榈植物的引种约有 100 年历史，福建是最早从国外引种的省份之一。福建厦门 20 世纪 60 年代以前引种国外假槟榔、散尾葵、槟榔、圆叶蒲葵、皇后葵、大王椰子、加那利海枣等 12 属 14 种；20 世纪 80 年代至 90 年代，引种 83 属 254 种。从 1999 年起，由国家建设部立项，由厦门市园林植物园和厦大生命科学学院科研人员组成的课题组，展开了《棕榈科植物的引种筛选与区划推广》的课题研究，研究成果居国内领先水平，并在植物园建立中国棕榈科植物的种质资源基因库，收集、鉴定和保存了近 500 种棕榈科植物，规模居全国前列，从而成为国家棕榈植物保育中心，目前仍不断引进濒危物种。从美洲引进的王棕和澳大利亚引进的假槟榔等都是南方常见的行道树和庭院栽培树种等。

棕榈属植物，世界约 8 种，分布于印度、东南亚、中国和日本。我国有 3 种（棕榈、龙棕、山棕榈）。

(二)棕榈历史文化

"棕",《说文》:"本作椶,椶 栟桐也,可作草"。"椶",棕的异体字。《山海经》"石脃之上,其木多椶";《西山经》"号山,其木多漆棕"。张揖(三国时期文字训诂学家)曰:"本高一二丈,旁无枝,叶如车轮,皆萃于木杪(木杪,树梢),其下有皮,重叠裹之,每皮一匝为一节,花黄白,结实作房如鱼子状"。《玉篇》(字书,南朝梁顾野王撰):"椶桐,一名蒲葵。又椶竹,亦竹类"。宋代宋祁的《益部方物畧记》载:"有皮无枝,实中而幹。又崖椶,草名。"上述记载说明,我国古代对棕有很深的认识,除棕榈外,还提到蒲葵、棕竹、崖棕,

相传商周以前就有棕衣,民间有虞尧为种田人出身,是穿着粗毛棕编成的蓑衣接受禅让的传说。后来蓑衣就成为圣服,不但可避风雨,且可防猛兽。蓑衣文字记述,最早出现在《诗经·小雅·无羊》:"尔牧来思,何蓑何笠"。汉毛亨注释:"蓑,所以备雨;笠,所以御暑"。尧舜时已开始养蚕抽丝,从当时的生产力水平看,棕榈和麻等应该都是先民最主要的植物纤维来源。魏晋诗人陶渊明的《酬刘柴桑》诗中说:"桐庭多落叶,慨然知已秋;新葵郁北牖,嘉穟养南畴。"也许这就是最早代替文字记述。《南史·刘穆之传》记有刘穆之未出仕前吃槟榔的故事,可见种槟榔历史还要更早。唐以后相关记载增多。福建古代流传下来的民谚有"千棕万桐,世代不穷"(闽东);"一千棕,吃不空"(莆仙)等。

宋元时福建海运发达,多用棕缆绳泊船。明清以后,长江流域各地棕编工艺十分发达,四川新都县新繁镇生产的棕丝,国际市场称"四川草",农妇用棕叶编织凉鞋、拖鞋,棕编凉帽非常流行;贵州塘头棕编提篮,为当地特产;湖南以棕编玩具(动物、昆虫造型)出名;浙江武义棕绷很有名气;福建闽东棕衣、闽南现代的棕丝席梦思、客家棕制品,花样很多,且十分流行。

棕榈植物引种历史悠久。我国古代应用的棕榈科植物共 8 类:棕竹、椰子、蒲葵、海枣、桄榔、槟榔、棕榈、贝叶棕。其中椰子、海枣、贝叶棕为外来种。

【海枣】福建师范大学生物学院校园内的"海枣王",系德国商人于 1864 年引入,是国内迄今发现的、年龄最大的海枣树。其树干高 7.1 米,加上叶高有 10 米多,胸径 71 厘米,冠幅 5.2 米。海枣在我国的引种历史,还可追溯到晋代永兴元年(304 年),我国最早的植物专著《南方草木状》中有记述:"海枣树,身无闲枝,直耸三四十丈。树顶四面,共生十余枝……安邑御枣,无以过也。"由于海枣在我国有千年以上引种历史,各地古籍多见记载,别名亦多,有千年枣(《开宝本草》)、无漏子(《本草拾遗》)、波斯枣(《本草拾遗》)、香枣(《岭表录异》)、金果(《辍耕录》)、海椶(《刘恂岭表录》)、枣椰子(《开宝本草》)、伊拉克蜜枣、洋针葵等。对其采食、加工和药用价值亦有介绍,甚至对当时的古树、分布、品种及来源都有所涉及。如《辍耕录》:"每岁仲冬,有司具祭收采……番人名为苦鲁麻枣,一名万岁枣,泉州有万年枣,即此物也。"

【贝叶棕】印度是个历史"写在棕榈叶上"的国度。在泰米尔纳德邦一家博物馆收藏的数千卷棕榈叶手稿中,最古老的有 2000 年,记载着从艺术、建筑到数学、天文、医学等方面的历

史。我国唐以后的诗文中，不仅使用"贝叶"一词较多，而且渐渐超出佛教经典以外的文献。元代散曲家张可久在《集庆方丈、绣红鞋》一曲中写道："莲花香世界，贝叶古文章，秋堂听夜讲。"明代蒋一葵在《长安客话》卷三郊坰杂记所记北京万寿寺诗云："寺就三摩地，楼悬万解铺……贝叶蝇头密，闲花凫尾镕。"证实明代北京已收藏着贝叶经。还有清代萧雄《西疆杂述诗》："尚喜愚顽解忠信，家传贝叶当诗书"（《风俗总叙》），"约法何曾六尺拘，全凭贝叶当刑书"（《刑法》）等。此时的"贝叶"，不仅替代了"贝编""贝多"的称呼，而且使用和传播范围已大大超出佛教经文的范围。贝叶棕原产印度，我国云南省西双版纳属亚热带也产此树，傣语称这种树为"戈兰"，通称为贝叶树。贝叶经则是傣族人民最早的一种佛教经书，因而是我国傣族人民极其宝贵的文化遗产之一。据统计，云南西双版纳傣族自治州有五百七十七座佛寺，收藏的棕榈叶佛典在5万部以上。此外，也将民间传说、医药、历史等书写在棕榈叶上，成云南傣族传统的做法。贝叶的处理制作方法，起源于印度，在1000多年前传入，因此棕榈叶书被称为"傣族的百科全书"。

【棕榈】生活在我国云南的哈尼族是崇拜棕榈和竹子的民族。哈尼人建寨时总在寨头植棕，成为哈尼村寨的象征性标志，即所谓"无棕无竹不成哈尼寨"。至今仍传承着种棕、用棕的系列民俗，表明存在一种特定的文化和信仰。哈尼族视棕榈为"生命象征树"立有不砍棕树头的禁俗。棕心为婚礼用品，能吃到棕心的只有婚礼，而治病，只能砍枯萎老死的棕榈。棕榈在哈尼族象征长寿、顽强、富有生殖力；棕片丝丝相连象征爱情亲密相依。嫁姑娘时，《哈尼族古歌》这样唱："远古嫁姑娘的规矩是什么？两层的棕衣给一件，花格篾的雨帽给一顶，弯背的镰刀给一把，棕搓的背索给一根。"嫁妆像古歌唱的，必备是一个棕榈心和三节金竹片，象征儿女繁衍、漂亮、强壮。民族特色的棕扇舞，源于哈尼族由白鹇鸟演化而来的传统祭祀舞蹈，舞者手拿棕叶，充当能给民族带来吉祥幸福的白鹇鸟儿羽翼。因为棕树是哈尼族生命和生殖的象征，棕叶又是白鹇鸟的羽翼，棕树也就成了哈尼族图腾崇拜的实质性符号。

传说圣母怀胎的十月，出门散步时忽然刮着大风，在1棵棕榈树下临盆，这棵棕榈树迅速用枝叶把圣母围了起来，将大风统统挡在外边。耶稣就是在这个"绿色帷帐"中诞生的（《圣经》中明确记载，耶稣是出生在马厩里的）。槟榔的传说很多，有傣家美丽善良的姑娘兰香，嚼槟榔驱蛔虫的故事；炎帝女儿宾和她的丈夫"宾郎"的故事；五指山下黎寨槟榔药救人的传说；仙子神威与海南的传说；台湾槟榔与老藤的传说；西双版纳槟榔惜老的传说；海南旗杆变椰树的传说，等等。

【槟榔】在云南傣族人民的心中，是吉祥幸福的象征，无论男女老幼都喜欢嚼槟榔，并用它招待客人。

湖南省是全世界不产槟榔却喜欢消费槟榔的唯一地区，嚼槟榔最早也最盛行的地方是湘潭，始于明朝。湖南民歌民谣"少年郎，采槟榔，小妹妹提篮抬头望……""槟榔越嚼越有劲，这口出来那口进，交朋结友打园台，避瘟开胃解油性""吊吊手，街上走，买槟榔，交朋友"爱槟榔、嚼槟榔，不分男女，这已成湖南人的一种时尚，一种民俗。

(三)蓑衣文化

蓑衣,即雨具,因为蓑草编制而得名。棕衣古名也称蓑衣。南方的蓑衣都是以棕片(棕毛)制作。文字记载始于周,那时已经是较为普遍的雨具,也许更早以前还有当衣穿的,并非纯粹雨具。据有关资料,就在百年前的福建闽东、闽西都有姑娘穿蓑(棕)衣遮羞的,还可以到田间劳动,姑娘出嫁时也作陪嫁品。北齐刘昼在《新论》一书中阐述"适才"这个理论时,曾将蓑衣和貂狐裘服进行对比,"紫貂白狐,制以为裘(外套),郁若庆云,皎如荆玉,此裘衣之美也;压营苍蒯,编以蓑芒,叶微疎垒,黝若朽穰,此卉服之恶也。裘蓑虽异,被服实同;美恶虽殊;适用则均。今处绣户洞房,则蓑不如裘;被雪沐雨,则裘不如蓑。"他认为这两者本身的质量虽不可同日而语,但在实用性方面,蓑衣自有它优势,裘服还比不上它,说得可谓辩证。在没有发现或发明更好材料、更高档雨具之前,大体上蓑衣是不分尊卑的。唐许浑《村舍》诗:"自剪青莎织雨衣,南峰烟火是柴扉。"宋杨朴《莎衣》诗:"软绿柔蓝著胜衣,倚船吟钓正相宜。蒹葭影里和烟卧,菡萏香中带雨披"说的都是这种蓑衣。

蓑衣无帽,必须和箬笠配合一体,才能遮雨。江南多棕,多用棕丝编织蓑衣,也称棕衣。箬笠,竹子和竹叶编制,中间夹棕片垫层,不吸水。棕制蓑衣比蓑草编制的更透气,且不霉、不蛀、耐用,又保温。唐代李洞《送行脚僧》"蓑衣沾雨重,棕笠看山欹。夜观入枯树,野眠逢断碑。"唐代韦应物《寄庐山棕衣居士》:"兀兀山行无处归,山中猛虎识棕衣;俗客欲寻应不遇,云溪道士见犹稀。"说的就是棕衣和箬笠。棕衣也有称"棕蓑衣",如《明会典·计赃时估》:"棕蓑衣一件,三十贯"。这种江南蓑衣一二百年前还传到韩国、日本、越南等。与此类似的材料,还有油葵叶,也非常适宜制作雨衣。清代李调元《南越笔记》中就有详细记载:"油葵生阳江恩平大山中,树如蒲葵,叶稍柔,亦曰柔葵,"取以作蓑,御雨耐久。有这样的农谚:"蒲葵为扇油葵蓑,家种二葵得利多。"不过这种雨衣仍以农夫、渔人所著者多,依然是"草根"身上的俗物。

棕制的蓑衣式样江南各省类同,分上衣、下裙两块,下裙带前襟,与上衣相连。整件蓑衣好像一只大蝴蝶,无袖,两翼略上翘,中间用蓑骨做成圆领口。一般的长短、胖瘦可以通过系绳调节。一件蓑衣披在身上,任再大的雨,也不会让人淋湿。虽说有些粗笨,但夏天不闷热,冬天挡风雪。除遮雨外,劳累了,可以靠着,也可以铺在地上躺着休息。过去也有穷人家小孩穿小巧的蓑衣上学,雨天淋不着,冷天冻不着。在南方古村寨常可以听到这句老话:"蓑衣是农家宝,晚上作被子,白天当棉袄。"就这样,蓑衣伴着人们已经走过了几千个年头。

20世纪70年代之前,福建各地都有制作蓑衣的专业棕匠。莆田市涵江区庄边镇的霞溪村和前埔村曾是闻名遐迩的"蓑衣之乡",当地历代制作蓑衣,产品销往莆仙地区各乡镇,还卖到福清、永泰、惠安等地,成了当时闽中蓑衣的主要生产基地。还有华安、宁德等地的棕匠都很出名。随着现代社会新雨具层出不穷的涌现,传统蓑衣早已淡出历史舞台。现在又随着旅游业的发展,传统民俗文化的传承与发扬,文化积淀深厚的蓑衣又以另一种形象登场。

莆田庄边镇棕匠创造了"缩小版"蓑衣（为原蓑衣的三分之一），销往湖南、江苏和东南亚各国。在新加坡，曾有件他们制作的精微蓑衣，卖价 200 元美金。南安县诗山镇鹏峰村的棕匠们还编制仅 8 寸长的"微型蓑衣"，进入旅游纪念品和室内装饰品市场，单台湾订单就有上千件。

蓑衣民俗。客家人盖新房上梁时，正厅的正梁必定用蓑衣包裹，象征和祈求家运腾达。在莆仙民俗中，蓑衣可驱邪。孕妇、病人或婴儿外出，需穿上蓑衣护身。结婚、乔迁时，也要在门首或墙上高挂蓑衣。

蓑衣箬笠跟犁耙锄一样，具有烟雨江南典型的农耕文化特征，凡渔耕樵之家，谁也少不了它们，"自庇一身青蒻笠，相随到处绿蓑衣"（宋·苏轼《渔父》）。诗人笔下的着蓑衣者，有农夫着斗笠蓑衣，扛犁耙，牵老牛的形象，"两足高田白，披蓑半夜耕，人牛力俱尽，东方殊未明"（唐·崔道融《田上》）；有牧童、短笛、蓑衣、草滩的闲野，"草铺横野六七里，笛弄晚风三四声。归来饱饭黄昏后，不脱蓑衣卧月明"（唐·吕岩《牧童》）；寒雨中蓑衣渔翁划小船，垂钓江中或收网江边的景象，"孤舟蓑笠翁，独钓寒江雪"（唐·柳宗元《江雪》）。

蓑衣已成了历史留下来的文化符号，但也永远记录下：守着田涛不离不弃的老农，吹着短笛的牧童，一叶孤舟，一湾明月等那一派宁静、平和、安详的江南田园图画，以及"竹杖芒鞋轻胜马""一蓑烟雨任平生"的自然、淡定、随遇而安。

（四）棕榈文学意象

棕榈文化沉积很深，很受历代文人的喜爱，唐以后也多有入诗。自《诗经·小雅·无羊》，晋代陶渊明《酬刘柴桑》之后，咏槟榔诗最早出现在南北朝庚信的《忽见槟榔诗》"绿房千子熟，紫穗百花开。莫言行万里，曾经相识来。"纯粹咏物，出于对大自然的赞美。唐朝诗人沈栓期到驩州（今越南义安省）就写了《题椰子树》"玉房九霄露，碧叶四时春。"赞颂美丽、坚贞（海南把椰树视为勇敢、坚韧和爱的象征）；苏东坡被贬儋州时（今海南儋县），看到椰子的英姿就被迷住，写了《咏槟榔》诗赞美，还做椰子帽戴，并自得其乐地吟唱"自漉疏巾邀醉客，更将空壳付筑师；更著短檐高屋帽，东坡何事不违时"。表现出超脱世俗礼仪束缚，达到了人与自然高度融合的境界。宋代还有项安世、陆游等写过椰子诗。

杜甫主要以的《枯棕》和《海棕行》两首，表明其悯人、坚韧的处世哲学。《枯棕》："蜀门多棕榈，高者十八九。其皮割剥甚，虽众亦易朽。徒布如云叶，青黄岁寒后。交横集斧斤，凋丧先蒲柳……"杜甫的这首诗，唐以后很多人作注，如做过闽北建阳县令的诗人南宋刘克庄撰《后村诗话》注云："蜀人取棕皮以充用，如边吏诛求江汉民力以供军，必至于剥尽而后已"；明代王嗣奭的杜诗注本《杜臆》："盖朝廷取民，大类剥棕，取之有节则生，既剥且割，则枯死矣。况割剥之后，又集斧斤"等。杜甫经历过安史之乱，同情民间之苦，以枯棕"悲民"，鞭挞时政。其《海棕行》的海棕，即海枣，唐中期四川的绵州（今绵阳东）就有种植；"龙鳞犀甲相错落，苍棱白皮十抱文"，给人以历尽沧桑、坚忍不拔，万古长青之感。

棕榈常受割剥，是受难者的形象代表。但同时"风剥雨蚀英气在，雪欺霜凌壮志存"。五代的徐仲雅歌颂棕榈"任君千度剥，意气自冲天"；宋刘敞"纛影毵竿影直，雪中霜里侔松筠。可怜憔悴凌云色，还胜昂藏独立人。"冠如纛，干笔直，经霜不凋，堪比松竹，虽被剥伤，依然仪表雄伟，气宇轩昂，显示高风。唐代张志和《杂歌谣辞·渔父歌》，则以青山飞鹭、桃花流水、箬笠蓑衣、斜风细雨表达典型的烟雨江南景色，使人大有回归"田园"的联想："西塞山边白鹭飞，桃花流水鳜鱼肥。青箬笠，绿蓑衣，斜风细雨不须归。"

此外诗人们还对棕花、棕笋倾注热情。宋代刘攽棕花诗云："砍破夜叉头，取出仙人掌。鲛人满腹珠，鲴鱼新出网。"极言花之异态。其实棕花和棕笋是同一回事，《本草纲目》云：棕树"三月于木端茎中出数黄苞，苞中有细子成列，乃花之孕也，状如鱼腹孕子，谓之棕鱼，亦称棕笋……"。考究棕笋的来历应是宋代大诗人苏轼的首创，他在《棕笋》诗中提倡吃棕笋，并介绍蜀中僧人不但吃也供佛。南宋李彭《戏答棕笋》诗中"剩夸棕笋馋生津，章就旁搜不厌频。锦绷娇儿（指竹笋）直欲避，紫驼危峰何足陈。"直言棕笋味道鲜美，可与竹笋、紫驼峰相比。直到元代，棕笋仍然是当时招待客人的一道佳肴。

古代棕榈诗词诗句大约一百多到二百首。除上述引用外，还有唐代的李白、王昌龄、岑参、戴叔伦、皮日休、齐己、王元、李洞；宋代的欧阳修、梅尧臣、陆游、董嗣杲、晁说之、朱熹、沈端节、仇远等的名句。

（五）棕榈价值

棕榈的用途很广，可谓全身是宝。既有观赏价值，又有经济价值和药用价值。

1. 观赏价值

棕榈乃植物造景，意境构思等极佳素材，不仅见于传统园林，在我国南方热带亚热带地区越来越多地被应用于现代园林。

棕榈植物家族庞大，形态、习性各异，有高达 60 米的，如安第斯蜡椰等；有长达数百米的藤类，如省藤属的白藤（最长达 500 米）；有的茎极短或无地上茎，如象牙椰；而有的茎粗可达 1 米以上，如智利蜜椰；细的不到 2 厘米，如袖珍椰；还有强阳性、喜阴、耐旱、喜湿、耐瘠、耐盐碱等不同的习性、特点。大多数种类抗风性很强；棕榈植物不但具有绿化、美化、彩化，有的还能香化，如香桃椰；有的则能果化，如椰子。棕榈植物因其物种和生境多样性，而具有广阔的应用空间和不同的造景功能，可提供丰富的园林资源。

棕榈树形挺拔壮观，风姿清秀潇洒，与山、水、池、石、亭、台、廊、榭配衬，均可构成雅致景色。同时树干富于弹性，不分叉，不掉叶，叶冠松散，成热带风光的标志。灌木状观赏棕榈，姿态秀雅，翠杆亭立，叶盖如伞，四季常青，在家庭、办公室、酒店、会议厅的装饰中都大有用武之地，无论摆在哪里都能构成一道亮丽的风景。如将观棕竹，作成丛林式，再配以山石，更富诗情画意。

福建省永泰等地的香棕（别名：散尾棕、山棕），生长旺盛，叶姿秀美，小株可盆栽或坛植观赏，成株则多用于园林绿化，既可种于岩边水际衬景，也可孤植于草坪之中造景，极具观赏价值。在厦门，麦氏皱籽椰夏天始花，能陆续开出一二十个花序，秋天果实陆续成熟，鲜红夺目，花序、果序并存，呈现出收获源源不断的金秋景象。著名的椰风海韵、鹭岛之城——厦门，全市绿化树种中棕榈科植物占二成以上。

作为行道树，不吸引昆虫，不掉叶，不妨碍视线，一树擎天，空间大而爽朗；植于海边、池边、临水处，人们不仅可以看到树冠上的天际线，还可以看到美丽的水中倒影，迎风婆娑，落霞孤鹜，景色迷人；公园、室内种植，点缀环境，净化空气，使人们活动的场所，优美高雅，清新亮丽。在众多植物中，棕榈是最聚焦人们视线的树种。在园林中常起到主题点景，创造"秀"的风景线，顶蓬松散活泼欢快迎宾，衬托规划式建筑形体（"粉墙作纸，植物作画"），阻隔遮挡"俗则屏之"（如厕所、垃圾房等）等的作用。在建筑物前种植棕榈植物，可以遮掩建筑物生硬的直线条、棱角，尤其种植质感软的棕榈植物，如软叶刺葵，还能起到柔化作用。在草地与建筑物之间种植麦氏皱籽椰、黄椰等中型丛生型棕榈植物，还能增加景观层次，起到良好的过渡作用。质感硬的大型棕榈植物，如俾斯麦棕，种于高大的建筑物前则能增强建筑物宏伟的气势。棕榈对烟尘、二氧化硫、氟化氢等多种有害气体具较强的抗性，并具有吸收能力，适于空气污染区大面积种植。

棕榈茎、叶、冠、和株形、花序、果和果序等方面都有其观赏价值，并以茎干优美、叶片多姿、花果奇特而风靡全球热带、亚热带地区，成为展示独特热带风光的重要园林观赏植物。

2. 经济价值

棕榈植物是世界著名的经济树种，在一些热带国家，棕榈原产地居民的衣、食、住、行都离不开棕榈。主要产品有棕榈油、棕榈糖、棕榈淀粉、棕榈纤维、棕榈果蔬、棕榈蜡等。

世界上棕榈科约有10个属。棕榈植物的果、果仁可以生产食用油和工业、药用油脂。以油棕和椰子最为典型，油棕果和种子均可榨油，果含油率达70%，种子含油率为50%。每亩油棕年产油200~400公斤。在马来西亚，目前每公顷油棕最多可生产大约5吨的油脂，每公顷油棕所生产的油脂比同面积的花生高出5倍，比大豆高出9倍。椰子肉烘干后可榨油，亩产椰油每年80~100公斤。棕油和椰油都是品质极佳的植物油，用于人造奶油、烹饪油、色拉油、酥烤油、调味酱、化妆品、肥皂等。现代科技发展，也使椰子、油棕备受关注，成为未来生物能源的重要研究对象。

世界上产糖的棕榈植物有11属，主要为糖棕、桄榔（也叫砂糖椰子）。多从花序上割开后取其花汁（椰花汁），将花汁蒸煮加工而成食用棕榈糖。糖棕的花汁含糖量为15%，每棵糖棕一天可收集3~5升花汁。椰花汁也可以直接酿酒或制醋。智利椰子树干内有丰富的含糖树液，通常春天钻孔取液，每株年产2700~4000升，经煮沸浓缩，即成"椰蜜"。

一些棕榈如西谷椰、鱼尾葵、菜王椰等茎干髓心能提供一种可食用的西谷米（淀粉），可制成各种食品，如饭、粥、面包、布丁等。西谷米是亚洲数百万居民碳水化合物的主要来源。高品质的西谷米，还被印度尼西亚和马来西亚大量出口到欧洲。原产我国西双版纳的董棕能生产"西谷米"，董棕树干笔直，树形优美，不仅是优良的观赏树种，有趣的是，董棕的茎干里含有大量淀粉，取出后可以加工成"西谷米"，每棵树可产100来公斤，5棵董棕就抵得上1亩稻田的大米产量。其嫩茎也可食用，比茭白的味道还好。

棕榈植物还是生产纤维的能手，产的棕榈纤维超过16属100多种。用于编制各种工业品和日用品，如生产垫、毯、刷、绳、帚、床垫、棕衣等。椰棕纤维具有质轻、牢固、耐盐、抗菌、耐磨、透气、富有弹性等特点，在化学纤维高度发达的现代社会，植物纤维的棕榈，则扮演着重要角色。最知名的棕榈纤维，是椰子果外衣纤维，其含量高达 30% 。椰果外衣还含纤维粉粒 70% ，可加工成成椰糠等，是很好的无土栽培介质。此外叶也是棕榈纤维的重要来源。

棕榈植物，也是热带果蔬的重要来源，为人熟知常见的如椰子水、椰子肉。椰子肉（固体乳胚），可加工成系列营养品：椰奶、椰油、椰奶粉、椰蓉、椰干、椰子饼、椰子酱、椰子蜜等。有 20 个属的棕榈植物的果实可以鲜食和加工食品。一些棕榈植物的芽、嫩叶或嫩茎，可食，大多棕榈植物的树汁、花序汁，经发酵可制成富含矿物质及蛋白质的美味果酒。蛇皮果是东南亚高级宾馆的上等佳果。巴西的桃果椰子，是当地人的主要"粮食"，果可食，嫩茎棕心为蔬菜食用。有一首歌，"高高的树上结槟榔，谁先爬上谁先尝"，槟榔果加工晒制的椰干、大腹皮、椰花为上好绿色食品。

棕榈蜡，是当今重要化工原料，由棕榈植物叶表层覆盖的蜡质提取。广泛用于医药、化妆品、鞋油、蜡烛、地板蜡、光亮剂、唱片、食品添加剂等。主要来源于巴西蜡棕。

棕榈木材及木制品。在古代棕榈木材被用作房柱、车轴，叶子当瓦。现代台湾、华南地区有数十上百万计劳动力从事棕榈植物藤、茎、棕、叶等加工。制作桌、椅、床、柜、帽、提篮、筷子，及纤维板、缆绳等。椰壳、油粕用作活性炭、饲料、生物能源等。在印度尼西亚普遍利用 50 年老茎制板，作各种家具、叶子，当地居民常用于房屋顶盖，编制日用装饰品。

3. 药用价值

槟榔是我国著名的四大南药之一，中医用作驱虫、食积气滞、脘腹胀痛、水肿、脚气等症。椰子食疗，入胃、脾、大肠经。果肉，补虚、强壮、益气、祛风，久食面部润泽、耐饥；椰水滋补，消暑解渴；椰壳油治癣。棕榈种子、果、棕皮（叶鞘纤维）、花、根均入药。皮、根、果，苦涩无毒，具抗癌表现。还可降血压，促进血液凝固、止血等（习惯上棕皮制炭后入药）。根有利尿通淋功效，果实（笋及子花）治胃肠出血、咯血、鼻衄、子宫出血等。棕榈叶片，可治吐血、劳伤、虚弱等。棕榈酸有很好的护肤、保湿美容作用。《本草拾遗》《履巉岩本草》《天宝本草》《民间常用草药汇编》《现代实用中药》有相关记载。

棕榈西药有维生素 A 棕榈酸酯眼用凝胶、盐酸克林霉素棕榈酸酯分散片、棕榈南瓜复合软胶囊、棕榈酸酯干混悬剂、棕榈果营养胶囊、锯棕榈复合提取物软胶囊、锯棕榈片……

锯棕榈的浆果最早被美国印第安人用来治疗前列腺疾病及尿道感染，后来，德国人首次在防治前列腺肥大的药方中加入锯棕榈，大大提高了疗效，因此锯棕榈迅即风靡欧美。锯棕榈为灌木状，作为药物树种培植，主要生产锯棕榈提取物，用做治疗男性前列腺和尿道炎症，同时也被用作阻止男性脱发的一种药物。

（六）棕榈之古诗词句

穷居寡人用，时忘四运周。桐庭多落叶，慨然知已秋。新葵郁北牖，嘉穟养南畴。

今我不为乐，知有来岁不？命室携童弱，良日登远游。（魏晋）陶渊明《酬刘柴桑》

绿房千子熟。紫穗百花开。莫言行万里。曾经相识来。（南北朝）庾信《忽见槟榔诗》

日南椰子树，杳袅出风尘。丛生雕木首，圆实槟榔身。玉房九霄露，碧叶四时春。不及涂林果，移根随汉臣。沈佺期《题椰子树》

西塞山边白鹭飞，桃花流水鳜鱼肥。青箬笠，绿蓑衣，斜风细雨不须归。（唐）张志和《杂歌谣辞·渔父歌》

药条药甲润青青，色过棕亭入草亭。苗满空山惭取誉，根居隙地怯成形。（唐）杜甫《绝句四首》

蜀门多棕榈，高者十八九。其皮割剥甚，虽众亦易朽。徒布如云叶，青黄岁寒后。交横集斧斤，凋丧先蒲柳。伤时苦军乏，一物官尽取。嗟尔江汉人，生成复何有。有同枯棕木，使我沈叹久。死者即已休，生者何自守。啾啾黄雀啅，侧见寒蓬走。念尔形影干，摧残没藜莠。（唐）杜甫《枯棕》

左绵公馆清江濆，海棕一株高入云。龙鳞犀甲相错落，苍棱白皮十抱文。自是众木乱纷纷，海棕焉知身出群。移栽北辰不可得，时有西域胡僧识。（唐）杜甫《海棕行》

棕榈花满院，苔藓入闲房。彼此名言绝，空中闻异香。唐 王昌龄《题僧房双桐》

风摧寒棕响，月入霜闺悲。（唐）李白《独不见》

左绵公馆清江濆，海棕一株高入云。龙鳞犀甲相错落，苍棱白皮十抱文。自是众木乱纷纷，海棕焉知身出群。移栽北辰不可得，时有西域胡僧识。（唐）杜甫《海棕行》

芍药花开菩萨面，棕榈叶散野人头。（唐）郑遨《与罗隐之联句》

栖鸟棕花上，声钟砾阁间。（唐）贾岛《送独孤马二秀才居明月山读书》

迥旷烟景豁，阴森棕楠稠。（唐）岑参《登嘉州凌云寺作》

凿井交棕叶，开渠断竹根。（唐）杜甫《绝句六首》

棕床已自荣，野宿更何营。（唐）顾非熊《寄紫阁无名新罗头陀僧》

深山寺路千层石，竹杖棕鞋便可登。（唐）刘得仁《句》

兀兀山行无处归，山中猛虎识棕衣。俗客欲寻应不遇，云溪道士见犹稀。（唐）韦应物《寄庐山棕衣居士》

淮甸当年忆旅游，衲衣棕笠外何求。（唐）齐己《寄吴国知旧》

松稍风触霓旌动，棕叶霜沾鹤翅垂。（唐）王元《题邓真人遗址》

一两棕鞋八尺藤，广陵行遍又金陵。不知竹雨竹风夜，吟对秋山那寺灯。（唐）戴叔伦《忆原上人》

衲衣棕笠重，嵩岳华山遥。（唐）齐己《荆州新秋病起杂题一十五首·病起见图画》

毳衣沾雨重，棕笠看山欹。夜观入枯树，野眠逢断碑（唐）李洞《送行脚僧》

棕榈为拂登君席，青蝇掩乱飞四壁。丽人纨素可怜色，安能点白还为黑。（唐）韦苏州《棕榈蝇拂歌》

山堂冬晓寂无闻，一句清言忆领军。不是恋师终去晚，陆机茸内足毛群。（唐）皮日休《冬晓章上人院》

赤棕榈笠眉毫垂，挂柳栗杖行迟迟。时人只施盂中饭，心似白莲那得知。（唐）贯休《道

中逢乞食老僧》

叶似新蒲绿，身如乱锦缠。任君千度剥，意气自冲天。（五代）徐仲雅《咏棕树》

莫听穿林打叶声，何妨吟啸且徐行。竹杖芒鞋轻胜马，谁怕？一蓑烟雨任平生。料峭春风吹酒醒，微冷，山头斜照却相迎。回首向来萧瑟处，归去，也无风雨也无晴。（宋）苏轼《定风波》

异味随栽向海滨，亭亭直干乱枝分。开花树杪翻青箨，结子苞中皱锦纹。可疗饥怀香自吐，能消瘴疠暖如熏。堆盘何物堪为偶，蒌叶清新卷翠云。（宋）苏轼《咏槟榔》

赠君木鱼三百尾，中有鹅黄子鱼子。夜叉剖瘿欲分甘，箨龙藏头敢言美。愿随蔬果得自用，勿使山林空老死。问君何事食木鱼，烹不能鸣固其理。（宋）苏轼《棕笋》

青青棕榈树，散叶如车轮。拥擢交紫鬐，岁剥岂非仁。用以覆雕舆，何惮克厥身。今植公侯第，爱惜知几春。完之固不长，只与荂本均。幸当敕园吏，披割见日新。是能去窘束，始得物理亲。（宋）梅尧臣《咏宋中道宅棕榈》

棕榈叶碎风索索，枇杷子熟烟冥冥。黄鹂三请我未出，白酒一樽君小停。（宋）词．艾性夫《留客》

儿供椰果劝椰杯，花露香风俱酒气。殷勤更作椰子诗，甲子中间一年岁。（宋）项安世《以椰子香炉花瓶为大人寿》

天教日饮欲全丝，美酒生林不待仪。更著短檐高屋帽，东坡何事不违时。（宋）苏轼《椰子冠》

椰子微躯有百穷，平生风际转枯蓬。积书充栋元无用，聊复吟哦答候虫。（南宋）陆游《居室甚隘而藏书颇富率终日不出户》

身如椰子腹瓠壶，三亩荒园常荷锄。著万卷书虽不足，容数百人还有余。（南宋）陆游《扪腹》

一身只付鸡栖上，万卷真藏椰子中。嘉定三年正月后，不知几度醉春风。（南宋）陆放翁《未题》

忆昔南游日，初尝面发红。药囊知有用，茗碗讵能同。蹶疾收殊效，修真录异功。三彭如不避，糜烂七非中。（南宋）朱熹《槟榔诗》

黄帽棕鞋，出门一步为行客。几时寒食。岸岸梨花白。（宋）仇远《点绛唇》

藜杖棕鞋，纶巾鹤氅，宾主俱遗俗。（宋）沈端节《念奴娇》

锦里瞻祠柏，绵州吊海棕。（宋）陆游《感旧》

碧玉轮张万叶阴，一皮一节笋抽金。胚成黄穗如鱼子，朵作珠花出树心。蜜渍可驰千里远，种收不待早春深。蜀人事佛营精馔，遗得坡仙食木吟。（宋）董嗣杲《棕榈花》

箭茁白于玉，棕花长比鱼。（宋）陆游《村舍杂兴》

棕篱蕉落贮秋阴，睡足萧然学越吟。（宋）晁说之《自咏》

走马朝寻海棕馆，斫脍夜醉舫鱼津。（宋）陆游《绵州录参厅观姜楚公画鹰少陵为作诗者》）

桐帽棕鞋带染红，谁能仰箭著虚空。（宋）程公许《贺秀岩李工侍七首》

牛乳抟酥瀹茗芽，蜂房分蜜渍棕花。（宋）陆游《戏咏山家食品》

彩索盘中结，杨梅棕里红。（宋）欧阳修《端午帖子·皇帝合六首》）

藤梢橘刺元无路，竹杖棕鞋不用扶。（宋）苏轼《宝山新开径》

紧峭江风结冻云，棕帘不暖拨灰人。（宋）艾性夫《寒山》

晓炉香剂巳烧残，漫卷棕帘倚药栏。（宋）艾性夫《立春日雪》）

三十一、油茶文化

(一)油茶特性及分布

油茶 *Camellia oleifera* Abel. ，别名茶子树、茶油树，为山茶科(Theaceae)山茶属植物。

公元前 100 多年汉武帝时，中国开始栽种油茶，至今已有 2000 多年历史。油茶生长于中国南方亚热带湿润气候地区的高山及丘陵地带。主要分布江西、湖南、广西、福建、广东、浙江、安徽等 15 个省(自治区)。垂直分布一般多在 800 米，特别在 500 米以下的丘陵山地生长良好。福建省各县都有油茶分布，主要在宁德市的福安、霞浦、寿宁、柘荣，三明市的尤溪、大田、清流、宁化、沙县、永安，南平市的浦城、顺昌、邵武，莆田市的莆田、仙游，泉州市的德化，龙岩市的长汀，漳州市的南靖，福州市的永泰、闽侯、闽清等县(市、区)。

油茶是我国南方主要的木本油料树种。茶油质量好，是优质的食用油。经加工后，可作工业和医药原料。油茶的许多副产品可以综合利用，如茶饼可提取皂素、制作饲料(经提取皂素后的茶子饼)、肥料；茶壳可制活性炭、烧碱、栲胶等。油茶树寿命长，适应性强，丘陵、山地、路旁均能生长，不与粮、棉争地。油茶花期长，是冬季蜜源植物。油茶树常绿，叶厚革质，树干光滑能起防火作用，是防火林带的优良树种。同时，油茶树能绿化荒山、保持水土、调节气候，有良好的生态效益。

茶油是油中珍品。油茶果从开花、授粉到果实成熟需经历秋、冬、春、夏、秋"五季"13个月之雨露，花果同株，在民间素有"抱子怀胎"之美誉。它尽吸天然养分，日月精华，营养价值极高，堪称人间奇果。据中国疾病预防控制中心营养与食品安全所对茶油和橄榄油进行的对比研究表明，茶油与橄榄油的成分尽管有相似之处，但茶油的食疗双重功能实际上优于橄榄油，也优于其他任何油脂。橄榄油含不饱和脂肪酸达 75%~90%，而茶油中的不饱和脂肪酸则高达 85%~97%，为各种食用油之冠。茶油中含有橄榄油所没有的特定生理活性物质茶多酚和山茶苷，能有效改善心脑血管疾病，降低胆固醇和空腹血糖，抑制甘油三酯的升高，对抑制癌细胞也有明显的功效。茶油有"东方橄榄油"之称。

(二)周总理与福安范坑"绿色油库"

福安市范坑油茶至今已有近 300 年的历史，其产量高，品质优异。1958 年，范坑乡得到了周恩来总理题词，授予"绿色油库"的光荣称号，范坑油茶名声不胫而走，全国闻名。

范坑，福建省福安市最北部的一个乡镇，那里"山山有脉、脉脉有坑、坑坑有村、村村相望，鸡鸣一声，两省三县相闻"。范坑乡，偏远滞后。但翻开她的油茶种植史，昔日荣光拂卷而来……1958 年，福安范坑乡墩头村 100 多公顷油茶林平均亩产茶油 12.6 公斤，实现了墩头村平均户产两担油（市担），超全国产油区的最高纪录。墩头村被评上全国农业社会主义建设先进单位，该村党支部书记郑红和当上劳动模范，并于当年国庆节进京登上天安门观礼台，周总理题词授予墩头村"绿色油库"的光荣称号。1959 年冬，全国油茶生产现场观摩会在福安范坑墩头村召开。

说起范坑墩头油茶的来历，有个美丽的传说：很久很久以前，天仙韦驮参加王母娘娘的瑶池盛宴，他看到桌上有一盘 3000 年开花、3000 年结果，吃后长生不老的蟠桃，禁不住食虫搔痒，口角流涎，宴前偷吃了一颗蟠桃后，便把核子藏匿在衣袋里。韦驮的不端举止，恰巧被西王母发现了，她斥责韦驮不守仙规，当场口谕将韦驮贬下凡尘修行。韦驮被逐出南天门后飘飘忽忽来到山清水秀的福安范坑墩头村，在高家当了长工。嗣后，他将衣袋中的桃核种在墩头的山上。冬去春来，阳光照，雨露洒，桃核破壳发芽，蓬勃生长。真异事，果奇闻，该桃树在墩头生长后就异化成灌木，不到 3 年，墩头满山遍野都长出一片片绿树林，树叶像茶，果可榨油，人们就把它唤作油茶。蟠桃变油茶，可谓是稀奇中的稀奇，其油自然是稀世山珍。自从韦驮始种油茶后，墩头人就发展油茶，形成无家不种、无山不绿的布局。有歌谣为证：

> 说起墩头油茶林，赞歌一曲动九天。
> 韦仙偷带蟠桃种，下凡高家做长年。
> 将种播在墩头地，长出油茶绿山巅。
> 盖庙建宫来祭祀，世代不忘拜韦仙。

从此，墩头油农就尊韦驮为"油茶仙"，建宫侍奉并世代沿袭，至今香火不断。

近年来借力福安荣膺"中国油茶之乡"及"福安油茶油"成功注册国家地理标志商标的品牌之风，该乡再踏征途。范坑乡一系列举措随之付诸实践——以每年新增 67 公顷至 133 公顷的速度，扩大丰产优质油茶种植面积，并建立良种油茶物种基因库，以年均 67 公顷的低产油茶林改造目标，进一步恢复全乡油茶种植 2000 多公顷的历史种植面积。与绿坤农林公司签订战略合作协议，力促企业以"公司＋合作社＋基地"模式在当地发展种植基地，助推产业发展、油农增收。

挖掘"绿色油库"等范坑油茶历史文化。在墩头村建设"绿色油库"油茶文化展览室，揭牌"绿色油库"题词崖刻纪念碑，并以此为起点，启动占地 10 多公顷题词景观园项目建设。沿范坑进乡道路，15 公里长的"绿色油库"油茶文化景观走廊也规模初显。融纪念、观光、休闲、示范、生产为一体，打响"绿色油库"品牌。范坑乡还隆重举行纪念周恩来总理"绿色油库"题词发表 55 周年暨第二届油茶采摘节，拉开了新一轮品牌文化宣传攻势。

50 年过去了，范坑人发扬油茶扎根山乡、奋发有为的精神，铁心拼搏，发展山乡经济。现在油茶、茶叶、太子参已成为了范坑的农业支柱产业。站在墩头村的路口上，看到那一条条新硬化的水泥盘山公路，犹如游龙一样伸向大山深处时，感受到这里新农村建设已迈开了崭新的步伐。站立在盛开着油茶花、果实累累的油茶树旁，望着范坑的山山岭岭和山下交溪的源头，我们觉得这里的天是特别的蓝，水是特别的绿，空气也是特别的清爽。我们情不自禁地唱起赞颂油茶花的山歌："油茶花，油茶花，洁白的油茶花。笑迎风雪开，灿烂似云霞。深情寄人间，芬芳满天涯。"

(三)宁化淮土茶油始于宋代

自从先人客居宁化以来就有种植油茶的习惯，明崇祯《宁化县志》就有人工栽培油茶的记载，民间生产加工淮土茶油始于宋代，至今有千余年的历史。

(清)李世熊修纂的《宁化县志》卷二(土产志)称："有茶油、菜油、桐油3种。茶树有大、小两种；大者高，丈数尺，实大如雪梨；小者高六七尺，实大如栗；皆剥其粗房，取仁榨油。尤以宁化茶油为最，油色清洁透亮，味甘香，烹调肴馔，日用皆宜，诸病不忌，商贾收购，终岁不绝。"又据《宁化掌故》记载，宁化县油茶品质以淮土所产最佳，后相邻的村镇和县内其他乡村广泛推广种植。相传，宁化淮土茶油为"皇封御膳"用油，在明清时期尤为盛行，当时在宁化域外只有皇族贵戚才能一品茶油的妙处。

公元1130年，南宋理学家朱熹的老师北宋宰相詹学传，在靖康之变，京都沦陷，钦宗被俘后，携家眷南下在宁化石壁村设馆讲学时，因身体疲惫不适，长期痰多咳嗽，渴求有疗效之药。当地百姓推荐"宁化茶油有强肝润肺，解毒下火，降压护颜之功能"。詹学传信而尝试，果见成效，化痰止咳，眉目清新，容光焕发，精神大振。詹学传赞不绝口"斯宁化茶油者，灵丹妙药也！"后适逢进京觐见宋高宗，奉上宁化淮土茶油。宋高宗享用后，浑身舒服，顿生感慨，曰："宁化淮土茶油真乃油中之珍品，妙哉"，并令每岁征收进贡，宁化淮土茶油因此名声大震。从那时起，人们渐渐地把产自宁化的茶油统称为"宁化茶油"，并一直沿用至今。如今"宁化茶油"已成为宁化县对外宣传的一张名片，品尝宁化茶油烹饪的美味佳肴成为周边市县百姓的一大生活乐趣。

宁化客家人在长期的茶油生产加工过程中，逐渐形成了比较繁细的榨油工艺，要经过采果、堆沤、晒果、脱壳、晒籽、碾粉、过筛、烘炒、蒸粉、包饼、榨油、过滤等多道工序。按照成熟时间的不同，油茶树分为霜降籽、寒露籽和立冬籽3种类型。宁化油茶属寒露籽系列的小果油茶。

宁化茶油香醇，油质好，无污染，是家常焖菜、煸炒、煲汤等最佳油料。同时宁化茶油具有润喉、泻肝火、去燥热等医用保健效用，而备受珍重。数百年来，客家人以茶油为高档礼品，逢年过节及婚庆、添丁诸喜，必以茶油馈赠亲友。客家人素来认知宁化茶油对孕妇、儿童的营养、保健价值，用茶油煎鸡蛋食用，产妇补身，又补孩子，并有明目亮发、润肺清热、祛风湿、解毒等作用。每逢亲友"坐月子"，必以茶油等物馈赠，谓之"打姜酒"。同时，在食用宁化茶油的生活实践中得出了宁化茶油的种种神奇妙用：诸如，火锅加适量宁化茶油防上火；清蒸鱼加淮土茶油味道更鲜；煮羊肉、清蒸猪肚加入宁化茶油能除去腥臊。

除了将宁化茶油用来食用，客家人还用宁化茶油美发、亮发、润肤。

相传，唐朝诗人庾信遭贬谪南迁途经宁化，遇见村姑在山溪中洗发濯足，边洗边歌，洗毕，村姑以宁化茶油抹秀发，山风吹过，乌黑闪亮的长发随风轻飘，庾信顿觉飘飘然，仿佛遇见了仙女，南迁之忧稍释。此外，客家人还将茶油当做常备"药"，用来治疗嘴角溃疡、咽喉痛、火牙痛、痈疖便秘等常见疾病。当嗓子沙哑、咽喉疼痛时，用汤匙徐徐吞服生茶油数次，效果甚佳。故客家有民谚："家有一碗正茶油，小病小疼不用愁。"

据宁化档案馆保存的史料记载：在红军长征前，为打破敌人对中央苏区的经济封锁，宁化苏区群众采取伪装送葬、把货物藏在棺材里，或用夹层放物品等办法"偷"运宁化茶油、河龙贡米等物品，换取红军急需的食盐、煤油、布匹、药材等紧缺物资。当时，药品奇缺，许多伤员的伤口化脓出血，没有消炎药品。宁化客家百姓捐出珍藏的陈年茶油，医治伤病员，并与医务人员一起用黄蜡煎茶油调入白糖，制成各种软膏，用这些土办法代替稀缺的西药，通过精心救治和护理，许多重伤病员的身体很快得到恢复，重返前线。

千年的生产历史传承，使宁化茶油盛名远扬。1956 年，全国油茶现场会在宁化县淮土乡召开，当时，《人民日报》就宁化茶油进行了专题报道。中央政治局常委、国务院总理温家宝，全国政协主席贾庆林，时任国家副主席的习近平等中央领导同志在宁化视察工作时，都曾关切地询问了油茶的种植及淮土茶油的生产销售情况。

(四)传统榨油坊

"出油啦！出油啦……"一缕缕金灿灿的山茶油顺着木槽缝儿缓缓地流到地上的油缸中，顿时，一阵冒着大股热气的山茶油香扑面而来。

在福安潭头镇枢洋村黄牛头自然村，顺着山茶油的香味找到了村里的老油坊，油坊因地制宜地建在村子的水涧旁，利用大自然所赐予的能源——水的冲击力来带动机器运转。处处散发着茶油的清香，在这座经历了 5 代人，有着 200 多年历史的手工木榨老油坊里，其古老而原始的全套传统工艺和设备依然保存得十分完整。水车、碾盘、古樟木槽等组合成最原始最古老的榨油机械，榨油师傅们用最原始的手工压榨方式，压榨出滴滴醇香而浓厚的山茶油。

在福安的范坑、潭头、上白石等乡镇种植油茶都有 300 多年的历史，油茶曾是当地的主要经济作物，作为油茶产业加工——油坊，也适时地筑建在乡村山野的溪涧边。每年立冬一到，家家户户都上山采摘油茶籽，油茶籽刚从山上采回来的时候，圆圆的，水果一样。采回家以后经过太阳一晒或者晾干，秋收后的稻田变成了山油茶晒场，连片的"晒场"上数十张竹编织成的晒席摊晒着山油茶籽，村民们围坐一起剥着山油茶，其乐融融。

正是茶乡人对油茶发自肺腑的热爱，才促使老油坊数百年来水流盘转、油香四溢。

说起油坊和榨油，黄牛头油坊坊主郑振章滔滔不绝，该油坊已有 200 多年历史，流传了 5 代。老油坊不依赖任何现代化机械设备，为纯手工压榨。把油茶籽压榨成茶油大约可以分为 5 个步骤。

首先要把采摘下来的油茶籽晒干，等壳和果肉分离后再放到蒸床上把油茶籽中残余的水分烘干。经过烘干完全没有水分，就是 100% 干度，才可榨出油来。

第二步就要把烘干的茶油籽放在碾盘上碾磨。碾盘是整个油坊中最有特色的。与碾盘相连的是一个很大的转轮，运用水流的冲击力使转轮转动后来带动碾盘的运行。碾盘也是传统的石磨形。师傅将油茶籽倒入槽中，在碾盘上放置一定重量的石块。在石块的压力下，来回滚动的轮子把槽中的油茶籽碾成粉末。

第三步，油茶籽碾成粉末后，再把它倒进蒸笼上蒸。制油师傅们说油茶籽一定要蒸熟了才可榨出油来。同时这个过程也起到一个加热的作用，加热后的油茶粉会特别松软，便于榨出油来。

第四步，山茶籽约蒸 1 个小时，待蒸熟后用稻草垫底将它填入圆形的竹篾做成的油圈之中，做成茶油饼。师傅告诉我们，别小看了这个程序，在整个榨油的过程中算是一个关键的环节，每一块茶油饼的厚薄必须相当，否则就会因为挤压不充分，榨油不完全。有经验的制油师傅可以凭感觉用铁勺舀起适量的茶油粉进行装包。

最后一步，榨油师傅把做好的茶油饼装入由一根整木料凿成的油床里。这根超过百年树龄的樟木，它是整个榨油坊的"主机"，在树中心凿出一个长 2 米，宽 0.4 米的"油床"。茶油饼填装在"油床"里，装好茶油饼后就可以进行压榨。压榨是整个制油工序中最耗体力的。因此，这也是对制油师傅们体能的一个考验。压榨也是采用最传统的挤压方式，师傅们用长短、厚薄不均的木桩打入油床缝里进行挤压，不一会儿，一缕缕细细的山茶油从油床里慢慢地滴落下来，作坊里也到处弥漫着一股沁人心脾的香味。

传统压榨过程完全采取人力，不借助任何机械力量来完成。虽很辛苦，但坊主郑振章告诉我们，至今延续老祖宗留传下来的这个最古老的方式，是因为传统压榨出的山茶油，滴滴醇香而浓厚，具备环保、天然的榨油优势而不愿摒弃。

（五）中国油茶之乡

1. 清流县

福建省清流县于 2008 年 7 月 28 日被中国经济林协会命名为"中国油茶之乡""中国桂花之乡""中国罗汉松之乡""中国绿化苗木之乡"称号。

清流县油茶林资源丰富，已有 2000 多年的种植历史。清流油茶品种主要有寒露籽即龙眼茶（又称珍珠茶）、霜降籽即桃李茶、立冬籽即大茶梨等几种，其中龙眼茶被福建省油茶种苗攻关项目组认定为优良农家品种。全县油茶林主要分布在 11 个乡镇，总面积达 7973 公顷，占全县经济林总面积的 40.4%，年产茶籽 6609 吨，种植基地面积及茶油产量居全省第二。

清流县现有"9 利"和"永得里"两家茶油加工企业，主要生产精制茶油、精制茶粉、茶粕等产品，年生产茶油 1454 吨，茶籽粉 2100 吨，茶皂粉 1200 吨，精制茶皂粉 1000 吨，产值8450 万元。茶油产品出口及日本、韩国等地。"9 利"牌茶籽油通过了中农质量认证中心多项有机认证，"9 利"牌商标荣获"福建省著名商标"。永得里食品有限公司与武汉工业大学、福建农林大学建立长期合作关系，开展清流县茶籽油系列产品开发技术研究，形成天然食用油（茶籽油）、生物药业（壬二酸）、洗涤日化（茶皂素）、有机肥料（茶饼肥）四大产业链。

2. 尤溪县

福建省尤溪县于 2009 年 1 月 14 日被中国经济林协会命名为"中国油茶之乡"。

尤溪别称沈溪，素有"闽中明珠"之称，也被称为"中国金柑之乡""中国绿竹之乡""中国竹子之乡""中国油茶之乡""中国革基布名城""朱子理学文化名城"，2010年被授予"千年古县"称号。

尤溪县现有油茶林面积13520公顷，占全省油茶林总面积约10%，是福建省油茶第一大县，也是全国油茶丰产林示范基地建设试点县。近年来，县财政每年安排专项资金，直接用于扶持农户油茶新植、低产改造和基础投入等。还在14个乡镇和8个重点村成立油茶协会，建立了全省首个油茶产业合作社，成立了由20多名专家组成的技术组，全县还建立了30多个高产油茶基地和油茶无性系繁殖基地，先后从中国林科院亚热带林业实验中心及福建省林科院引进优良品种，大力实施低产油茶林改造。

尤溪县引导油茶精深加工，带动油茶产业化发展。作为油茶龙头企业的沈郎食用油有限公司积极引进油茶优良品种，建立千亩油茶林示范基地。其生产开发的荣获国家有机食品和AA级绿色食品双认证证书，打响品牌，形成了一个集生产、加工、销售为一体的产业化体系。

3. 浦城县

福建省浦城县于2009年5月7日被中国经济林协会命名为"中国油茶之乡"。

浦城县现有油茶林面积9000公顷，居南平地区之首。浦城有着悠久的油茶种植历史，得天独厚的种植条件，是发展油茶产业的良好环境。作为"中国油茶之乡"，近几年来，浦城大力发展油茶产业，从产业发展规划、种植扶持、品牌建设等方面出台了一系列政策，新植、低改齐抓，提高单产，扩大面积。

浦城县以福建龙凌植物油开发有限公司、福建世峰轩哲农业生物科技有限公司等企业为龙头，按"企业＋基地＋农户"的经营模式，采取种子、种苗优惠、合理保护价收购等措施，激发林农种茶积极性，形成生产、加工、营销一条龙的油茶产业发展模式。仅福建龙凌植物油开发有限公司就联结油茶基地2000公顷，带动农户1.3万余户，每年向农户收购油茶籽4000多吨，为农户创造收入2000多万元。此外，该县还加大油茶精深加工研发力度，在富岭镇山路村建立1000亩油茶深加工生产基地，除生产有机山茶油外，龙头企业还开发出美容山茶油、护发素等产品。

4. 顺昌县

福建省顺昌县于2009年8月4日被中国经济林协会命名为"中国油茶之乡""中国无患子之乡""中国四季桂之乡"。这是该县继获得"中国竹子之乡""中国杉木之乡""中国航天高科技应用农业示范基地""中国竹荪之乡"等称号之后又获得的3张"国家级名片"。

顺昌县油茶栽培面积4000多公顷，年产茶籽3180多吨，产茶油1300多吨，产值7800多万元。该县山茶油产业化项目已被列为福建省重点项目，并有2家山茶油加工龙头企业，其中天福油脂有限公司是福建省农业产业化龙头企业。为确保油茶产业进一步发展，顺昌县注重良种引进、培育及低产林改造工作，先后从江西、湖南等地引进34个油茶优良品种进行育苗试验，大量采取芽接育苗形式建成油茶良种繁育基地。通过低产林改造和新建油茶林，完成了优质、丰产、无公害油茶林基地。

5. 大田县

福建省大田县于 2010 年 2 月 9 日被中国经济林协会命名为"中国油茶之乡""中国高山茶之乡"。近期又获得"中国落神花(玫瑰茄)之乡"的称号。

大田县地处福建省中部,位于戴云山脉西北麓中段山区,素有"闽中之秀"之称。油茶是大田的主要名特优经济树种之一。油茶林资源丰富,自古以来老百姓在生活上依赖茶油当做食用及药用等,故而在房前屋后、山脚田边、自留山上有传统种植习惯。种植基地面积及茶油产量居全省前列。

大田县油茶产业发展在 20 世纪 70 年代达到巅峰,油茶品种选育和栽培技术达到全国先进水平。油茶品种主要有小果油茶(又称龙眼茶、珍珠茶、羊屎茶)、中果油茶(普通油茶、桃李茶)、大果油茶(即大茶梨)3 个品种。1974 年 9 月和 1975 年 1 月,卢作聚同志出席了全国油茶科技协作会议和国务院棉、油、糖、麻、烟会议。1975 年 6 月,早兴公社林业员杨本玲同志出席了全国油茶生产经验交流会。1979 年,全县茶油产量首次达到 30 万公斤。1982 年,全县油茶面积首次突破 6667 万公顷。现在全县油茶面积已达 10000 公顷。

6. 德化县

福建省德化县于 2010 年 7 月 9 日,被中国经济林协会命名为"中国油茶之乡"。

油茶是德化县一大优势资源,全县现有油茶林面积已达 8000 公顷。德化是福建省 12 个国家油茶产业发展重点县之一,被列为国家油茶林基地建设示范县。德化县提出积极招商引资,培植油茶加工龙头企业,逐步形成资源丰富、利用水平高、经济效益显著的油茶产业发展格局。为了充分挖掘油茶林潜力,德化县主抓良种推广应用和油茶林低改。

德化县由台资企业"福建泉州市温泉谷油茶有限责任公司"投资 3 亿元人民币,开发建设海峡两岸(德化)油茶文化旅游产业园,该产业园将搭建闽台(德台)农业合作交流的前沿平台和农业技术集成创新的平台,以低温冷榨工艺生产高端食用茶油为核心,建设油茶精深加工园区、油茶质量检测中心、油茶生物技术中心暨油茶良种繁育基地、德台现代农业合作示范园暨高产油茶林示范基地、油茶文化旅游风情园、城郊休闲观光养生园暨油茶培训基地等。该公司引进的台湾独特的低温冷榨制油工艺与技术,已正式投产,年可生产 300 吨特级初榨健康茶油。榨出的茶油保持本色,气味天然,油品健康,将极大地激活被称为"金色宝库"的油茶资源。

7. 福安市

福建省福安市于 2013 年 7 月 9 日被中国经济林协会命名为"中国油茶之乡",福安油茶油也已成功注册国家地理标志商标。

油茶是福安特色产业,种植历史悠久,至今已有 300 多年。其种植面积、产量,在全省乃至全国油茶产业中均占有举足轻重的地位。新中国成立后,两次"全国油茶生产现场会"曾在福安召开。1958 年,福安范坑乡被授予由周恩来总理亲笔题词"绿色油库"的锦旗,写下了一页辉煌。近年来,福安不断加大油茶产业扶持发展力度,重振油茶产业雄风。福安市油茶种植面积已达 9900 多公顷,年产茶油 800 吨,面积产量均居全省前列。福安已落户油茶加工企业 15 家,设计茶油加工能力 5000 吨,年创产值 6 亿元。福安油茶生产由此形成一条从良种选育、苗木培育、基地种植到技术研发、加工销售的产业链。在福建绿坤农林发展有限公司的加工车间里，一箱箱晒干的干果油茶籽经过筛选、剥壳、碾磨，分离出茶粕和毛油；毛油再经过脱酸、脱胶、脱色、脱臭、冬化流程后，一瓶瓶成品油在自动装封车间展现在人们的眼前。这个昔日被周恩来总理誉为"绿色油库"的百年产业，正开启发展的黄金时代。

（六）油茶历史及传说故事

油茶栽培历史悠久，战国时《山海经》载：油茶"南方油食也"。宋《图经本草》记"可榨油燃灯，百越（今江、浙、闽一带）产者味甘可入蔬。"明代徐光启在《农政全书》中记述了油茶、油桐、漆树等栽培方法，沿用至今。油茶原产中国，早在公元前100多年汉武帝时，就开始栽种油茶。世界上除日本和东南亚极少数国家有零星分布外，唯有中国大面积栽培。

据公元前3世纪的《山海经》记载："员木，南方油食也"。这里所说的"员木"即油茶，可见我国民间在2300年前就开始取油茶果榨油以供食用。

据史料记载：楚汉之争，汉高组刘邦受伤，行至武陟，食茶油后伤愈体健，遂封为宫廷御膳。

唐代著名诗人李商隐食后，曾为油茶赋"芳香滋补味津津，一瓯冲出安昌春"的诗句。

北宋著名的文学家、政治家欧阳修因政治上的分歧被贬滁州（今安徽滁县）时，自号醉翁，专事农事，拓园广植桑、花、果树木，其中不乏油茶和牡丹，并写下了著名的《醉翁亭记》《卖油翁》和《洛阳牡丹记》等著作。也是较早推崇家乡茶油的名流之一。

明朝宋应星在《天工开物》中赞其"油味甚美"。

清代雍正皇帝到武陟视察黄河险工，知县吴世碌以油茶进奉，雍正食之大喜，称赞"怀庆油茶润如酥，山珍海味难媲美"，并传旨广开油茶馆，油茶由此盛名远扬。

油茶距今已有2000多年的历史，因其稀有的资源和对人体健康的特殊功效，历来为皇家指定进贡品，在明清时期尤为盛行，当时只有皇族贵戚才能一品茶油的妙处。野油茶树在全世界唯中国独有，所以说中国的野茶油就是世界的野茶油，是大自然赋予华夏大地的瑰宝。今天，油茶林资源得到很好的保护和发展，油茶产业展翅腾飞，必将为华夏儿女的健康饮食筑起一道天然绿色屏障。

【彭祖茶油籽煲汤，巧治尧帝体虚】在三皇五帝的尧帝时期，中原地区洪水泛滥。尧帝，这位有担当的部落首领，亲临一线指挥治水。日夜操劳，加上心忧部落，终究是卧病在床，数天滴水未进，生命垂危。这时候，彭祖根据自己的养生之道，立刻下厨做了一道野鸡汤。汤刚做好还没端到跟前，尧帝闻到后食欲大动，直接翻身跃起一饮而尽，次日容光焕发。此后尧帝每日必食此鸡汤，虽日理万机，却百病不生。野鸡在当时常见，配料也不罕见，那么治病的秘方是什么呢？《彭祖养性经》记载："帝食，天养员木果籽。"据考证，所谓的"天养员木果籽"就是生长于南方的天然油茶籽树的油茶果。几千年过去了，哪怕是现代，民间还有茶油鸡汤、茶油米酒鸡的食谱。相传彭祖活了八百八十岁，不愧"养生始祖"之美誉。后世将他的养生之道整理出书，即《彭祖养性经》。

【八仙张果老与油茶大仙的故事】远古时期，在大山脚下，住着一户姓邓的老人。这老人无儿无女，老伴早已过世，一家生计全靠一片小小的油茶林来维持。这一年，不知什么原因，满园的油茶只结1个茶果，只是这茶果比往年的大，而且散发奇香。1颗茶子有什么用，老人急了，整天愁眉苦脸。一天，八仙中的张果老云游到此，突然闻到一股异香，便按下云头，发现原来正是这枚茶果在散发异香。张果老高兴极了，当下找到老人，说："你需要什么，我可以以物换得这枚茶果"。老人十分大方："1个茶子有何用处？您老人家想用就拿去吧，谈什么交换？"张果老不肯白要，他说："一滴汗水一分代价呀，为什么不肯收钱？再说，这茶园乃是你养命之本，今年如此歉收，今后如何度日？"张果老说着，留下10两银子，收了茶果。

这一日，恰逢玉帝寿筵，张果老带上茶果，献给玉帝。玉帝见了，龙颜大怒："大胆张果老，竟敢以此凡物戏我！"张果老不慌不忙，跪禀玉帝："万岁请看！"只见张果老揭开油茶子，茶油如泉水涌出。众仙见了，无不惊奇。御厨将此油拿去炒菜，顿时香飘凌霄，风传九重。殿前太监拿去点灯，灯火通明，全无青烟。玉帝见了，高兴万分，当即询问："此物何人所种？"张果老禀道："下界凡人，一位姓邓的孤老。""好"玉帝当即传旨，敕封邓老为"油茶大仙"，并叫张果老速速前去度他回天庭。

【朱元璋油茶林历险记】相传元末年间，朱元璋被陈友谅军队追杀到一片油茶林，正在油茶林中采摘的老农见此状况，急中生智把朱元璋装扮成采摘油茶果的农夫，幸免一劫。朱元璋深切地称老农为救命恩人。老农见朱元璋遍体是伤，用茶油帮他涂上。不几天，朱元璋就觉得身上的伤口愈合、红肿渐消，于是他高兴地称此油茶果是"上天赐给大地的人间奇果"。从此，朱元璋与茶油结下了不解之缘。朱元璋统一天下后，将茶油封为"御膳用油"。因明朝皇帝对茶油的喜好和重视。各大神医对茶油进行了深究。神医李时珍《本草纲目》中记载"茶油性偏凉，凉血止血，清热解毒。主治肝血亏损，驱虫。益肠胃，明目"。又云"茶籽，苦含香毒，主治喘急咳嗽，去病垢。"后来各地均把茶油当做上等贡品进献于朝廷，皇帝大悦，并赐封为"御膳奇果汁，益寿茶延年"。足可显示当时享用茶油是一种身份的象征。

【茶油与圣子油的轶事】据史料记载，公元904年(天祐四年)，后梁太祖朱全忠叛逆，唐昭宗李晔落难，不得不迁都洛阳。途中生子，在这危机的关头，帝破指血书，将儿子交给金紫光禄大夫胡三公。胡三公的祖籍是江西婺源人，这里是中国油茶树之乡。每年的山茶树育蕾开花12个月方能成熟摘果，是当地有名的神圣树种，民间流传有食用茶籽油身体健硕长寿的传说。胡三公对帝忠心，为昭宗的儿子起名胡昌翼，日复一日地精心抚养他。闲雅之余，还改良老旧的榨油技术，取得新的茶油称之为"圣子油"，让皇子食用。几年之后，年少的胡昌翼聪明伶俐，并于公元925年登明经科进士。胡三公告知身世，昌翼得知后无意仕途，隐居于乡村，开设书院，周济乡邻，乡人感念他的乐善好施，不忌国法纷纷尊称他为太子。据当地人说，胡昌翼在公元999年去世，享年96岁。墓葬婺源，成为婺源胡氏始祖，子孙世以经学传家，将圣子油的榨油方法记录成册代代相传，当地百姓将油茶树称为圣子树，将其墓葬称为"太子墓"。到了北宋年间，当地官员感叹世事人情，遂将"圣子油"回京献给宋徽宗。皇帝龙颜大悦，让年年进贡，茶油更有贡品一说。

【二乔与山茶油的民间故事】东汉末年，天下大乱，乔公妻子病故，请辞官职，携带大乔小乔以及管家、仆役，一行数人往皖公山下的乔公寓所。乔公扩大油茶种植面积，把自己从书上学来的南方榨茶油的方法也用上了。他在这里开了一个榨油作坊。榨油作坊里制作茶油的方法是：利用水力带动木磨盘把茶果压碎，蒸熟后，再将它们放入用松树掏空做的榨筒里。两个壮实的劳力一起推着木桩子，朝榨筒里的木尖撞击，两个壮汉一边撞击，一边"嘿哟嗨哟"地唱着，不断撞击后茶油就炼出来了。山民们都认为这种榨油方法好。乔公终于如愿以偿，让两个爱女吃上用上了自家生产的山茶油。他喜不自胜，二乔更是开心不已。有一天，父女 3 人围坐桌旁，乔公高兴地问："老父想把作坊里榨出的山茶油取个名字，你们说叫什么名字好呢？"大乔小乔低头思忖，乔公骄傲地看着两个美如天仙的爱女，开怀大笑，满意地说："就叫二乔茶油吧。"二乔一听，相视莞尔一笑，表示赞成。"二乔茶油"从此名扬各地。

（七）油茶的利用价值

1. 药用价值

据《本草纲目》记载："油茶籽油性寒凉，味甘平，有润肠通便，清热化湿，润肺祛痰，利头目。"《纲目拾遗》记载："茶油可明目亮发、润肠通便、清热化湿、杀虫解毒。"《农息居饮食谱》记载："茶油可润燥、清热、息风和利头目……，烹调肴馔，日用皆宜，蒸熟食之，泽发生光、诸油唯此最为轻清，故诸病不忌……"《农政全书》记载："茶油可疗痔疮、退湿热……"。

《中国药典》（1995 年版）将茶油作为药用油收载。茶油因其富含多种营养成分，内服、外用都有很好的效用。茶油有清热化湿、杀虫解毒的作用。经常服用，能抑制衰老，对慢性咽炎和预防人体高血压、动脉硬化、心血管系统疾病有很好的疗效。长期服用，能清胃润肠、可治疝气腹痛、急性蛔虫阻塞性肠梗阻、习惯性便秘。茶油能抗紫外线，直接搽用有防止晒斑及去皱、防止头癣、体癣、头屑、脱发的功效。茶油可做洗发剂和护发素中的配剂使用，能防止皮肤瘙痒、慢性湿疹。在台湾等地，常用茶油拌饭及面条，作为妇女产后最佳的补品。南方素有"月子油"之称。孕妇在孕期食用，不仅可以增加母乳，而且对胎儿的正常发育十分有益。婴幼儿及儿童食用，可利气、通便、消火、助消化，对促进骨骼等身体发育很有帮助。中、老年人食用茶油可以去火、养颜、明目、乌发、抑制衰老。在中国传统的中药配方中常以茶油调制各种药膏、药丸，民间常用茶油浸泡蜈蚣、螃蟹涂治疮伤。

2. 健康保健价值

茶油中的不饱和脂肪酸高达 90%，是目前含量最高的食用油。食用油中所含的不饱和脂肪酸是人体不可缺少的物质。不饱和脂肪酸供应充足，人的皮肤会细嫩润泽，头发乌黑发亮；反之，如果体内缺乏不饱和脂肪酸，就会变得皮肤粗糙、头发脱落。

食用茶油可提高人体酶的活性，提高代谢率，改善体质，增加人体免疫力机能，加强对人体的双向调节作用，可保持充沛的精力。茶油还是孕妇产后最佳的补品，孕妇在产后食用后更有助消除怀孕期间积累的小腹脂肪，能帮助迅速恢复身材。

茶油的另一显著优点是：烟点高。在使用茶油高温煎炒时极少产生油烟雾凝聚，不会产生呛人的油烟，也不会使油烟凝聚黏附在厨房的墙壁上。一般食用油在使用过程中产生的油烟中含有大量的致癌物质，吸入肺内会导致肺癌，女士们长年累月在厨房里操劳，吸入的油烟越多也就越容易得肺癌。由此看来，经常食用茶油，可以大大减少致癌的可能性。

油茶籽油的主要成分是油酸和亚油酸为主的不饱和和脂肪酸，其含量达 90% 以上，油酸含量超过 80%，极易被人体吸收。据研究，油茶籽油对人体心脑血管、消化、生殖、神经内分泌、免疫系统都有很好的调节作用，长期食用，对高血压、心脑血管疾病、肥胖症等疾病有明显改善。

用油茶籽油煎炸食品，颜色鲜黄，味香可口，是烹饪食品、加工罐头、制作人造奶油的高档油料。

油茶籽油因含有丰富的维生素 A、E、D、K 和其他抗氧化剂，所以在医药美容保健方面表现卓越。

3. 人体美容保健价值

茶油具有保护皮肤功效。不饱和脂肪酸有"美容酸"之称，不饱和脂肪酸供应充足，人的皮肤会细嫩润泽，头发乌黑发亮；反之，就会变得皮肤粗糙，头发脱落。而且，山茶油含有维生素 E 和抗氧化成分，因此它能保护皮肤，尤其能防止皮肤损伤和衰老，使皮肤具有光泽。用茶油擦于妊娠纹处，轻轻按摩，长期坚持使用，可去除妊娠纹，或使之变浅。用山茶油在眼角皱纹处轻轻按摩，可去细纹，减轻深纹，防眼角皱纹。用一些砂糖和山茶油混合一起可制成美白面膜，每周用 3 次，不但能收缩毛孔，还有显著的美白效果。用 1 毫升桃仁油，十滴山茶油，五滴薰衣草油，混合后搽面部，对暗疮有显著疗效。因山茶有杀菌及增强免疫作用。而薰衣草又有消炎及收缩孔作用。此外，对黄褐斑、晒斑，都很有效果。茶油还具有保持女性的体态美，沐浴时，先将身体洗净，再用棉花浸润山茶油涂遍全身，然后用热毛巾包裹，10 分钟后再用温水洗一遍即可。茶油具有减肥功效。茶油的保健作用主要体现在"不聚脂"上，茶油的不饱和脂肪酸含量最高，所以食用后易被人体吸收，消化率达 97%，而不会像一般的食用油，食用后若在人体内未消化就会转化为脂肪，并积累于内脏及皮下组织，容易引起肥胖或其他疾病。从这个意义上讲，茶油有减肥功效。

4. 综合利用价值

茶籽粕中含有茶皂素、茶籽多糖、茶籽蛋白等，它们都是化工、轻工、食品、饲料工业产品等的原料，茶籽壳还可制成糠醛、活性炭等，茶壳还是一种良好的食用菌培养基。研究表明，油茶皂素还有抑菌和抗氧化作用。

油茶树平均高为 1.55～2.4 米，冠幅平均为 1.52～2.99 平方米，是一种抗污染能力极强的树种，对二氧化硫抗性强，抗氟和吸氯能力也很强。油茶是一种常绿、长寿树种，一次种植，收获期长达百年以上，一般栽后 6～8 年郁闭成林，因此科学经营油茶林具有美化环境、保持水土、涵养水源、森林防火、调节气候的生态效益。油茶树木材质地细、密、重，拿在手里沉甸甸的，很硬，是做陀螺、弹弓的最好材料，并且由于其有茶树天然的纹理，也是制作高档木纽扣和其他艺术品、制品的高级材料。

油茶树还是优良的冬季蜜粉源植物，花期正值少花季节，10 月上旬至 12 月，蜜粉极其丰富。在生物质能源中油茶也有很高的应用价值。

三十二、油桐文化

(一)油桐树种特性及分布

油桐 *Vernicia fordii*(Hemsl.),别名桐油树、桐子树、光桐、三年桐、罂子桐,属大戟科(Euphorbiaceae)油桐属植物。油桐因树似梧桐,种子可榨油(称桐油)而得名。

油桐在中国有千年以上的栽培历史,直到 1880 年后,才陆续传到国外。世界上种植的油桐属植物有 6 种,以原产中国的三年桐和千年桐最为普遍。千年桐学名木油桐 *Aleurites montana* Wils. ,别名皱桐、花桐(南平、永安)、沙桐子(上杭、武平)、颤桐(福安)。三年桐即油桐本种,主要分布在我国长江流域及其附近地区,福建省内主要分布在闽西北一带,闽东南也有分布,以南平、三明两地市最多,莆田、宁德两地次之。千年桐主要分布在广西、广东、福建、江西、湖南等省(自治区),福建省内主要分布在龙岩、漳州、宁德、莆田等地,南平亦有少量分布。千年桐比三年桐高大,树龄较长。

桐油是我国特产油料树种。中国最大的 1 株油桐树,在福建省漳浦县石榴镇,这株千年生的油桐树,树高 36 米,冠幅 36.5 米,平均每年结果 1000 多公斤,可榨桐油 50 多公斤,素有"油桐王"之称。福建人工栽培油桐始于清代,全省除沿海的平潭、东山、晋江等县外,其余各地均有栽培。历史上福建曾是桐油出口省,民国期间(1935~1942 年),全省桐油年产在 1000 吨以上,最高达 1920 吨。新中国建立后,经积极恢复和发展油桐生产,油桐籽的产量,1971 年为 3463 吨,1980 年 2750 吨,1985 年 4300 吨,1990 年达 5292 吨。

(二)油桐种植史

据文献记载,油桐原产我国,栽培历史悠久,最早源于魏晋六朝时期,1000 多年前的唐代即有记载,元代经意大利人马可·波罗介绍,桐油逐渐远传海外。

隋唐时期,我国已开始大量广泛地利用桐油。据文献记载,隋唐时期的古船"外涂桐油""缝隙"和"接头"均填"油桐灰",而且"铁钉帽亦用油灰封固"。《唐语林·政事》中有"勘每船板、钉、油、灰多少而给之"的记述,表明隋唐时期桐油已被广泛应用于造船业中。文献中最早记载油桐树的是唐代陈藏器的《本草拾遗》,该书载:"罂子桐,有大毒,压为油,毒鼠立死。摩疥癣、虫疮、毒肿。一名虎子桐,似梧桐生山中。"说明油桐在当时已有了罂子桐、虎子桐两种名称,这可能是生于旷野山中的野生树或零星小片状人工栽培树。据此,中国人工植桐的历史不迟于唐代初期,最早可上溯至魏晋六朝时期。

宋代，官府中设有"桐油作司"，说明油桐生产的重要性较隋唐时期有了很大提高，社会对桐油的需求量大为增加。因此，人工大规模培植油桐已开始。北宋时安徽铜陵布衣陈翥所撰《桐谱》中载，油桐"实大而圆，一实中或二子，或四子，可以取油为用。今山家多种成林，盖取子以货之也。"从这一记载中可以看出，当时已有大规模人工种植栽培油桐林，并进行取籽榨油货买的商品生产活动。宋代文献中还有关于油桐树形态特征的记载，如苏颂《图经本草》说："南人作油者，乃冈桐也。有子大如梧子。"寇宗奭《本草衍义》中说"荏桐，早春先开淡红花，状如鼓子花，成筒子，可作桐油。"油桐之名除了罂子桐、虎子桐之外，还有冈桐、荏桐之名。

明代，《明史·食货志》载："洪武时，命种桐、漆、棕，于朝阳门外钟山之阳，总50余万株。……至宣德三年，朝阳门所植漆桐棕树之数，乃至二百万有奇。"由于官府的大力提倡，当时已有较大规模的油桐林的经营，油桐种植业已开始形成，油桐树成了当地山民谋生之本、衣食之源。明代油桐树的栽培技术已日趋完善，徐光启在《农政全书》中作了较详尽的阐述："江东江南之地，惟桐树、黄栗之利易得。乃将旁近山场，尽行锄，转种芝麻，收毕，仍以火焚之，使地熟而沃。昔种三年桐，……次年苗出，仍要耘籽一遍。此桐三年乃生，首一年犹未盛，第二年则盛矣，生五六年亦衰。……首种三年桐为利近速，图久远之利。"明弘治《徽州府志》载："桐子树，其子可取油，凡栽杉必先种此树，其叶落而土肥也。"正德江西《袁州府志》中也有相似的记载。明代桐籽加工制取桐油的技术也很完备，主要采用木榨法榨油。明代宋应星《天工开物》和明《遵义府志》对此均有详尽的记载。

清代，由于桐油利用范围的逐渐扩大，需求量大增，清王朝在税收等经济政策上加以鼓励。雍正年间曾诏令各省提倡种植油桐，豁免税收。南方山区农人广植油桐，植桐业成了一方获利的主要经济来源，是当地农人的谋生之道。清代是油桐种植业的大发展时期，形成了许多桐油著名产区和桐油名品。清《来凤县志》载："桐油，膏桐所榨之油也。树不甚高，而子相繁，花淡白，中有缕，九、十月子熟，乃剥取以榨油，其油有黑白两种，其枯可粪田。"《石城县志》载：福建人在此租赁山场种植桐、茶二树，进行商品生产活动，"赣田少山多，向皆荒榛丛樾，近年闽人赁土耕锄，……茶子桐子二树并植。"

民国初期，由于油漆在军事、机械工业中的特殊需要，油漆等涂料工业发展很快。用桐油做原料制造油漆物美价廉，桐油的外需不断加大，致使我国桐油的出口量直线上升。第一次世界大战前夕，欧美各国急于扩军备战，桐油需求量更加迫切，各国商人纷纷涌入中国市场，争夺货源，大大地刺激了油桐种植业生产的发展。至第二次世界大战前夕，油桐业达到了历史最高峰，桐油出口量由45091吨增加到86778.3吨。抗日战争胜利后，桐油外销上升，逐渐恢复到战前水平。从30年代开始，国民政府先后成立了广西油桐研究所、重庆油桐研究所，在油桐栽培技术研究方面，在油桐品种改良研究方面，在油桐利用研究方面，在桐油贸易研究方面都取得了丰硕的成果。

新中国建立后，党和政府十分重视油桐生产的发展，油桐种植业生产步入了黄金时代。1959年，桐油产量创历史最高，达172500吨，这阶段被称为油桐生产的黄金时代。1964年1月，国务院在北京召开了第一次大型全国桐油生产专业会议。1978年10月召开了第二次全国桐油生产专业会议，党和国家有关领导人出了会议并作了重要指示，国务院批转了《全国油桐会议纪要》，农民营造油桐林的积极性普遍提高。1984 年，全国油桐栽培面积达 189 万公顷，产桐油 110000 吨。油桐生产的大力发展也推进了油桐科学研究工作，四川、浙江两省的油桐有性杂交育种、湖南省的油桐优树选择、陕西省的北移引种、贵州省的丰产栽培、广西的千年桐无性系选择、福建省的千年桐丰产造林和江西省千年桐嫩苗嫁接等，取得了一大批研究成果，有许多成果获国家、省级科技成果奖，在油桐生产中产生了巨大的经济效益和社会效益，对当代油桐种植业生产的发展起到了较大的促进作用。

（三）古船与桐油灰

【泉州宋代古船】1974 年，泉州湾后渚港出土宋代古船。经考古研究发现，其船舱采用了桐油灰填料，确保水密隔仓不透水和严密性。早在1000 多年前，古代泉州人用"桐油加钉子"造出世界上最先进的船种——福船中的泉州船。从它的剖面模型上，我们可以发现它有 13 个水密隔仓。水密隔仓在中国的运用始于唐代，比欧洲早了 1700 多年。古代泉州素以发达的造船业著称。清嘉庆年间蔡永兼所撰《西山杂志·王尧造舟》载："天宝中，王尧于勃泥运来木材为林銮造舟。舟之身长十八丈……银镶舱舷十五格，可贮货品三至四万担之多。"该史料记载了唐天宝年间泉州所造海船的情况，其中"十五格"即为 15 个隔舱。这是目前所见关于泉州海船中采用隔舱的最早记载。

所谓水密隔舱，就是船舱中以横隔板分隔的，彼此独立且不透水的一个个舱区。其关键的核心技术是：每个隔舱板中板与板间的缝隙用桐油灰加麻绳艌密，以确保水密。水密隔舱的主要作用是提高了船舶航行的安全性，便利了货物的装载，增加了船体的强度与刚度，作为船壳板弯曲的支撑点，满足了工艺上的要求。水密隔舱技术早在 13 世纪末就由马可·波罗介绍到西方。500 年后的 1795 年，英国海军总工程师塞缪尔·本瑟姆第一次采用中国人首创的水密隔舱技术建造新型军舰。自此以后，水密隔舱技术逐渐被世界各国的造船界所普遍采用，对人类航海史的发展产生了重要影响。宋代泉州古船的再现，揭秘了——桐油灰加麻绳艌密的秘籍。

【郑和下西洋】据史料记载：公元 15 世纪初的明代初年，郑和 7 次下西洋的船舰，都应用了桐油灰造船技术。据《明史·郑和传》《明实录》《闽都记》《瀛涯胜览》及《天妃灵应之记》碑、《长乐六里志》《长乐县志》诸书记载，郑和船队自南京太仓刘家港出航，每次均在长乐驻泊，成为他的船队离岸起航计程的起点。每次舟师往返时，先至福建闽江口的长乐、五虎门诸港停泊。20 多年间访问了 30 多个国家，在世界航海史上写下了光辉的一页。每次出动船舰 100 多艘至 200 多艘，其中宝船 40 多艘或 60 多艘，共载 27000 多人。

郑和宝船长约 150 米，舵杆长 11.07 米，张 12 帆。据《封舟考》记载：郑和宝船的造船材料桅杆需用"理直而轻"的杉木，舵则用"坚劲"的铁力木，主龙骨要用沈实能久渍的松木，樟木"翕钉而坚实"，用于舱壁、通梁和桅座。根据各类木材的特性，用其所长，以保证船的强度。此外，还使用大量的铁、蛎灰、青麻、桐油、棕和黄藤等。所以，桐油灰在造船上的应用，于明代已大量推行。据明朝申时行等撰《明会典·工部·船只章》记载："洪武二十六年

(1393年)造一艘一千料海船，计需用杉木302根，杂木149根，松木20根，榆木舵杆2根，栗木2根，橹坯38枝，丁线35742个，杂作161个，桐油3012.8两，石灰9037斤8两，捻麻1253斤3两2钱。"大量的史料记载说明了桐油灰在我国造船史和航海史上的重大贡献。

【桐油漆封护船体】据袁晓春在《中国传统船舶的特征与造船技术》一文所述：中国传统船舶采用桐油封护船体，是船材防腐的一项特殊技术。作为船舶封护传统用防腐植物桐油，主要成分为桐酸的甘油酯。淡黄色，半透明，具有黏性大，耐酸碱和渗透性强等特点，用于涂抹木船船材表面，有防腐、隔水、隔潮、迅速干燥、耐高温、附着力强等效果。桐油还用作捻缝油灰的调和剂。中国传统船舶使用桐油进行第一遍封护后，第二遍使用油漆进行封护。中国古船在建成下水前，都要使用桐油和油漆两遍防腐封护，以确保古船在水中的耐久性。

(四)油纸伞、黄斗笠、漆篮

【福州油纸伞】油纸伞是一种将涂上原生态熟桐油的棉纸做伞面的雨伞。福州油纸伞是"福州三宝"之一，另两种宝是脱胎漆器和牛角梳。

据《福州史志》记载，唐至五代时期，河南人王审知率兵南下入闽建立闽国，制伞工艺也由中原和江浙地区传入福州，距今已逾千年。经过宋、元、明几百年的更新换代，福州纸伞一枝独秀，得到快速发展。由于取材优异，精工细作，式样美观，携带方便，福州纸伞不仅在国内深受顾客欢迎，还出口远销国外。

清乾隆四十八年(1783年)，福州雨伞出口量仅次于布匹、瓷器，而居第三位。晚清至民初，福州府全城伞店大小共300家，1920~1937年，最高年份销量达30万把，最低年份也有十几万把，其中70%销往中国香港、南洋以及欧洲，30%销往邻省和北方各县市。

1915年，福州纸伞参展美国巴拿马世博会，获得银奖。1933年，福州纸伞在美国芝加哥世博会上获得优秀奖。在2010年上海世博会中，陈列着各式各样精美的福州纸伞，以及其他福建特产。1982年初夏，英国女王伊丽莎白到香港时，手中擎一把精致漂亮的福州生产的小花伞，第二天经媒体报道后，香港超市百货货柜上的福州花伞被一抢而空。福州油纸伞是闻名世界的中国伞，以其精致漂亮的民族风格打动世界各地。

油纸是由天然桐油涂漆而成，油纸与"有子"谐音，寓意多子多福，常作婚礼用品；伞架为竹，寓意节节高升，历史悠久，高贵典雅；外形为圆，寓意美满团圆。油纸伞的关键工艺是油桐工艺，油桐可以镇宅辟邪，桐油在民间传统观念中有"驱恶避邪"的作用。繁体字"傘"字里有五个人字，象征着多子多孙。

福州油纸伞由上等毛竹、高档绵纸、天然桐油制作而成。油纸伞是一种用涂上原生态熟桐油的棉纸做伞面的雨伞。以手工削制的竹条做伞架，以涂刷天然防水桐油的皮棉纸做伞面。油纸伞是世界上最早的雨伞，纯手工制成，全部取材于天然，是中国古人智慧的结晶。东汉蔡伦发明纸以后，出现了在伞纸上刷桐油用来防水的油纸伞，文人雅士亦会在上油前在伞面上题诗作画，以遣情怀。宋时称绿油纸伞。以后历代均有改进，有纸伞、油伞、蝙式伞，最后形成今天的大众用品，使用至今已1000多年。

【惠安女黄斗笠】惠安女头顶上所戴的黄斗笠，成为福建崇武一带一道亮丽的风景线。其黄斗笠就是涂上熟桐油制作而成的，光亮鲜艳。

惠安女是福建惠安县惠东半岛沿海边的一个特殊的族群，她们以奇特的服饰，勤劳贤惠的精神闻名海内外。几百年前，她们由中原移居于此，因海边风沙大，为防风而佩带花色头巾和橙黄色的斗笠。惠安女穿着具有古老传统的服饰，头披鲜艳的小朵花巾，捂住双颊下颌；上身穿斜襟衫，又短又狭，露出肚脐；下穿黑裤，又宽又大。这种服饰独具一格，尤引人注目，具有很强的色彩感染力，被视为"中国服饰精华的一部分"。

如今时代进步了，外界文化的影响使惠安女的着装已悄悄发生了变化。大多数年轻的惠安女上衣不再是短到露出肚脐，裤子也不再是宽大的灯笼状，只是涂上熟桐油的橙黄斗笠和五彩缤纷的花头巾依然如故，仍然是一道独特的风景。

斗笠，又名箬笠。"楚谓竹皮曰箬"（《说文》），即以竹皮编织的斗笠。"青箬笠，绿蓑衣，斜风细雨不须归"（唐·张志和《渔父》）。斗笠用竹篾、箭竹叶为原料，编织而成，有尖顶和圆顶两种形制。讲究的以竹青细篾加藤片扎顶滚边，竹叶夹一层桐油纸或者荷叶，笠面再涂上桐油。有些地方的斗笠，由上下两层竹编菱形网眼组成，中间夹以竹叶、桐油纸。"或大或小，皆顶隆而口圆，可芘雨蔽日，以为蓑之配也"（《国语》）。"圆笠覆我首，长蓑披我襟"（唐·储光羲《牧童词》）。"孤舟蓑笠翁，独钓寒江雪"（唐·柳宗元《江雪》）。

【永春漆篮】漆篮是永春的传统产品。明正德年间（1506～1522 年），西向龙水的油漆匠，把传统产品竹提篮和竹盘的坯件放在石灰水中煮后，晾干抹上桐油灰，裱中夏布，涂上生漆，制成漆篮，使之坚固耐用。以后逐渐改进，在漆篮的提柄、篮盖、篮体上精心装饰图案，雕花绘画，经过 30 多道工序制作。它有 3 大类，扁篮、格篮和盛篮，每类又分特级、甲级和光油等 3 个级别，大小规格 100 多种。漆篮不但具有高雅古朴、端庄大方、精巧玲珑的艺术风格，而且耐酸、耐碱、耐用。清乾隆年间（1736～1795 年），龙水郭孝养、郭荣保等人开始出外编制漆篮。至咸丰年间（1851～1861 年），其族人郭永盛、郭振裕、郭英玉等 20 多家100 多人，分别在永春县城、五里街和泉州、晋江、安溪等地设铺营业，销路遍及闽南城乡。1801 年，永春漆篮开始远销南洋各埠。

人们常说，竹篮打水一场空，可永春漆篮因为有关键的"桐油灰工"技术。漆篮坚固耐用且盛水不漏，关键就在于除了竹丝编篮，竹丝细紧，而这竹丝紧密靠的就是"油灰"了。挖来田里的土，晾晒后研细，过筛，留下细如面粉的土粉。细土粉加入桐油搅拌，成了"油灰"。灰工用石灰水煮篮胚，整理篮型，把篾头割掉，而后，在篮口和篮身涂上桐油灰，再在篮底和篮外上油灰，直至磨灰、上清油、上黑油。仅油灰工，就有 20 多道工序。漆篮的里层工作做完了，接下来就是"画龙点睛"的外在漆画和堆雕。"竹篮打水水不空"，说的是永春漆篮，靠的是桐油灰。

（五）油桐传说故事

【桐油灰塑制肉身佛像】肉身为何长年不腐。不管是古埃及的木乃伊，古墓里出土的干尸，抑或是闽台"肉身佛"，这些令人震惊的发现，都演绎着"不朽"的传奇。直至今天，人们还在以科学探索的态度，研究着肉身得以不腐的真正原因，肉身塑像到底是怎么"制"出来的？

据福建泉州《泉州文库》办杨清江先生分析，制作肉身塑像过程中，应用了闽南独特的"桐油灰"。在闽南，和尚或"菜姑"（尼姑）死后，由于颜面如生，肉身不腐，肉身被人们加以泥塑成佛像。一般情况下，其人死之前，感觉大限将临，会先开始不吃不喝，或吃喝得极少，体重锐减，身体消瘦。死后，肉身风干，脑、内脏除去，再加上各种民间流传的防腐处理，塑成雕像。其防腐处理就是采用了包括"桐油灰"在内的各项综合措施。防腐技术古已有之，过去，闽南有个风俗，叫"打桶"（闽南语读音）——普通人家里有人去世，除夭折、恶疾、赤贫外常欲停枢，故棺木内外部必须严密封闭，用桐油灰等材料漆补裂缝，谓之"打桶"。另外，有的为了让尸体不朽，特意用漆、纱布、桐油灰等一层层密封18层，这样才不会"出封"，这也是一种防腐处理。被应用于棺木与尸体的防腐技术古已有之。肉身塑像，在泉州民间被称为"肉身佛"，或"真身佛"。泉州曾有多具肉身塑像。据了解，除了南安水头双灵寺一对清代姐妹肉身二百年不腐，德化九仙山也传有一唐代肉身佛，而永春百丈岩亦有一肉身佛。

【郎中误用"油桐"】清代有一姓童的郎中，平时独居山村。一天，有位老人求医，郎中便命船工操舟前往。患者主诉心胸饱闷而腹内甚饥，食物进口即吐，不进食已有1个多月了，平时只靠喝水维持生命。童郎中立即为患者开了一剂调胃药。当日，患者家人留郎中在家吃饭，不料他多饮了几杯，上船时行步踉跄。船工提醒说："我刚才买了一瓶桐油放在舱头，注意不要碰翻。"童郎中于是口中念道："桐油、桐油。"正巧此时患者家人送他上船，顺便问其药中应用什么做药引，童郎中口中"桐油"二字未尽，就答道："桐油"。刚说完，便入船舱，酣然而睡。童郎中到家后，船工问道："桐油食之即吐，你为何加在药中？"童郎中方才醒悟。原是醉中呓语，心中难免一惊，寻思患者不进食久矣，若一大吐，必然元气大伤而不可救，赶紧又叫船工返回抢救。童郎中匆匆赶到患者家，其家人前来迎接，握住他的手，激动地说："昨晚服药后忽然大吐，浓痰随之而出，今胸膈已宽，刚吃完粥，请先生再开一剂良药。"童郎中这才放下心来，随即又开了一剂清理之药，不久患者即痊愈。从此以后，四方前往求医者络绎不绝。原来患者家属按童郎中呓语中误放的桐油，性甘、寒，有毒，可治化脓性炎症、阑尾炎、胆囊炎、扁桃体炎、疥癣等。

【吴家四代桐油灰】船破了、水管裂了、砂锅坏了，都得用到桐油灰。福建漳州市吴子欣先生一家四代都会做桐油灰，他们家族做桐油灰手艺延续已经有100多年的历史。老吴家住在漳州历史古街台湾路137号，说起桐油灰的做法，老吴讲得头头是道。"要先将海蛎的壳烧熟成一块块的，然后加水进行发酵，发酵成粉后，挑选最细致的那些粉末加入桐油，然后用石臼反复催打，直至成黏稠状。"老吴介绍，即使买现成的海蛎粉和桐油来制作，四五十斤的桐油灰也要花一个下午才能做好。

老吴一家四代都做桐油灰，年轻的时候老吴就经常帮父亲做桐油灰。老吴的爷爷13岁来漳州香港路学打铁，15岁的时候就自己开了一家五金店，同时做桐油灰销售。"当时整条香港路的五金店不少，卖桐油灰的却只有三四家。"老吴说，他父亲传承了爷爷的手艺，做了大半辈子的桐油灰，而他自己在很小的时候也学会做桐油灰，他的 3 个子女也都会做。"现在的桐油灰比以前更好卖了。"老吴告诉记者，因为漳州市区很难找到卖桐油灰的店，他的生意如今很不错，有人会大老远从外地赶来找他买桐油灰。特别是一些渔民，需要买桐油灰来修补轮船。"只要在轮船的破洞处涂上桐油灰，然后再抹上一层桐油，这样有补丁的轮船也能下水行走。"老吴说。

【梅列造船世家】三明梅列大厝罗家是沙溪流域著名的造船世家，前后历时 300 多年。可查的传承谱系至今已 9 世，在沙溪流域的原住民中享有"造船世家""船业鲁班"的美誉。罗起鹦是列西罗氏第 24 世。他自小习武练功，力气超群，从小就能帮父亲做木匠活。有一次他在闽清观察了解到闽船制造工艺中的隔边（水密隔舱）技术后，使他悟到大船难做的关键问题。基于他有师承的榫接、捻缝和木匠技术功底，很快就摸索出大木船制造的核心要害，并灵活应用了水密隔舱技术。其核心技术之一，就是应用了桐油灰捻缝手法。从此，大厝罗家造船的大师傅不仅要上山亲自筛选做龙骨和出板材的原木，而且要亲自勘验辅料。要造一条好木船，除了讲究主料外，对相配套的辅料如铁钉、桐油灰、竹丝和捻逢手法等都马虎不得。因造船用的铁钉和桐油灰等辅料有特殊考究，对供应商的要求也比较高。梅列的近代发展历史应该有罗家大厝造船世家的一席之地。罗家仅存的造船大师傅，耄耋之年的罗友传看着沙溪河两岸的变化，无限感慨。传承了十几代人的"大厝船家"的辉煌和由罗起鹦一手开创的木船制造技艺连同捻逢技术、桐油灰技术、船钉技术、竹丝技术即将在他们手中终结。

（六）油桐树的利用价值

1. 药用功效

油桐树以根、叶、花、果壳及种子油入药。根常年可采。夏秋采叶及凋落的花，晒干备用。冬季采果，将种子取出，分别晒干备用。

根：消积驱虫，祛风利湿，用于蛔虫病，食积腹胀，风湿筋骨痛，湿气水肿。叶：解毒，杀虫，外用治疮疡、癣疥。花：清热解毒，生肌，外用治烧烫伤。桐油的功效是探吐风痰，外用治疗癣、臁疮、汤火伤、冻疮皲裂。

《本草拾遗》：摩疥癣虫疮，毒肿。《日华子本草》：敷恶疮疥及宣水肿。《纲目》：涂胫疮、汤火伤疮，吐风痰喉痹，及一切诸疾，以水和油，扫入喉中探吐。

2. 桐油成分及多种用途

桐油由桐酸（占 86.3%）、油酸（3.8%）、亚麻油酸（0.6%）和其他饱和脂肪酸组成，是一种以不饱和酸为主的油料。油桐的油脂为黄色或褐色的浓稠液体，属于干性油。干燥快，加热 220~250℃时，可自行聚合成凝胶，甚至完全固化，这是其他干性油所未有的特性。桐油是重要的工业用油，又是优质的干性油。呈黄色、黄棕色、黏稠状，具有干燥、硬化快、有光泽、附着力强、防腐、防锈的性能。桐油除广泛用于点灯照明、治疗疥疮、肿毒外，还用于涂抹船舶、家具、农具、器具之用。现代在塑料、橡胶、电气、人造革、冶金铸造、建筑、交通运输、印刷、国防、造船以及渔业、农业、医药等部门都需用它。据不完全统计，各种重、轻工业以它作为原料或有关的工业产品在 1000 种以上。

3. 综合利用功效

油桐生长快，木材洁白，纹理通直，加工容易，是果材兼用的好树种。油桐树木材无边材、心材之分，质地柔软，纹理通直，结构稍粗，可制作家具和木器之用。树皮含 18.3% 的鞣质，可提取栲胶。桐壳可制活性炭和桐碱(苛性钾)。每 100 公斤的桐子饼(桐枯)相当于 19公斤硫酸铵和 8 公斤过磷酸钙、2.7 公斤的氯化钾的总和，是一种优质的有机肥料。为此，桐子榨油后的桐饼是肥效很高的优质肥料，并有防治地下害虫和改良土壤的效果，果壳可制活性炭，炭灰可熬制土碱。油桐的老叶切碎捣烂，水浸液可防治地下虫害。油桐浑身是宝，发展油桐生产具有较高经济价值和生态效益。

4. 观赏绿化价值

油桐树是观赏树种。从 3 月底开始，油桐树在两个星期内迅速长满叶子，接着就开花。早春发芽，接着满树白花簇簇。初夏，白花如雪下，所以又叫做"五月雪"。正是："春末夏初，油桐花开；五月花落，纷飞似雪。"诗人陈耆的一首咏桐诗："吾有西山桐，桐盛茂其花。香心自蝶恋，缥缈带无涯。白者含秀色，粲如凝瑶华。紫者吐芳英，烂若舒朝霞。素奈亦足拟，红杏宁相加。世但贵丹药，夭艳资骄著。歌管绕庭槛，玩赏成矜夸。倘或求美材，为尔长所嗟。"原来人们自古就有喜爱油桐花的情结。

三十三、龙眼文化

（一）龙眼特性及分布

龙眼 *Dimocarpus longyan* Lour.，别名桂圆、荔奴、圆眼、益智，为无患子科（Sapindaceae）龙眼属植物。常绿乔木。我国南方名特优水果，重要的亚热带果树，世界名果之一。其树高可达 20 米以上，胸径达 1 米。树皮纵裂、粗糙，树龄可达 400 多年。树叶为椭圆形。花小，淡黄色，果球形，壳淡黄色或褐色，质薄而光滑。果肉（假种皮）透明、白色、汁多、味甜。明代黄仲昭《八闽通志》记述："龙眼树似荔枝，而叶微小，皮黄褐色。荔枝才过，龙眼即熟，故南人曰为荔支奴"。龙眼是目前国内外市场上很受欢迎的果品，以龙眼鲜果烘成的桂圆干是珍贵的滋补品。其叶、花、种子、根均可入药。

我国是世界上最早栽培龙眼的国家。据有关文献记载，我国南方在 2000 年前的汉代就开始栽培龙眼，而印度及其他地区的龙眼均从我国传出。在 19 世纪逐渐传入欧美、非洲、大洋洲等热带、亚热带地区。龙眼分布以亚洲南部最多，而我国栽培面积最大。泰国、印度、越南等国也有栽培。我国的龙眼主要分布在福建、台湾、广东、广西、云南等地。

福建是我国栽培龙眼最多的省份，约占全国的一半左右。福建龙眼栽培历史可追溯到东汉三国以前。最早见于文献记载有西晋文学家左思的《三都赋》，足见福建龙眼的栽培历史悠久。龙眼是福建的传统特产之一。福建成片栽植龙眼始于唐宋，其栽植多集中于闽东南沿海丘陵地区。宁德以南的沿海各县、市均有栽培，但以莆田为冠。莆田、仙游素有"龙眼之乡"的称号。而莆田、仙游两县古代均属兴化府，故而莆、仙所产的龙眼被称为"兴化桂圆"。兴化（莆田、仙游）位于木兰溪两岸，气候温和、雨露湿润，土质适宜，自然条件得天独厚，其"碧叶衬龙眼，十里流黄金"。莆仙大地四处可见葱郁的龙眼树，所产龙眼味冠神州，是我国所产龙眼的佼佼者。

（二）福建龙眼古树

福建自古以来便是中国最主要的龙眼产地。龙眼是长寿树，树龄可达 400 年以上。福建现存长寿龙眼有：

晋江市磁灶镇井边村的 3 棵龙眼树，植于明万历年间（1573～1620 年），是迄今福建发现的最古老的龙眼树，今仍生长旺盛，逢大年可产果 500 多公斤。

仙游县园庄镇枫林村有一株植于清道光年间的龙眼树，该树虽历经百年沧桑，仍生长旺盛。其树高 11 米，地面围径 3 米，冠幅 18 米，覆盖地近 333 平方米，颇具王者风范。年可采鲜果近 1 吨，且颗粒大，肉厚、脆甜、果质上乘。

南靖县船场流口自然村，有株古榕树紧紧拥抱着老龙眼树，称为"榕抱龙"，景观尤为奇特。榕树高 17.5 米，胸围 3.4 米，冠幅 17.7 米×11.8 米，龙眼树高 10 米，两树于 3.5 米处分杈。据当地的近百岁老翁说，自他懂事起就看到这棵盘根错节的大榕树紧紧拥抱着龙眼树。那时龙眼树比箩筐还大，枝繁叶茂，十分旺盛。据此推算，这棵古榕抱龙眼已 110 年以上。龙眼树如今是每年开花结果 1 次，年可收获鲜果 50 公斤左右。这棵榕树与龙眼像亲兄弟一般亲近和睦，共撑一片蓝天。

莆田市涵江区秋芦镇友谊村芳山自然村石壁园，也有 1 棵已有 130 年的龙眼树王。

厦门南普陀太虚图书馆前的 1 棵龙眼树，据传说，其树龄达 172 年。因它很有书缘，170 多年来守着这座藏经之地，从藏经阁到图书馆，馆外草木枯荣，馆内书经更迭，它都相伴左右，故而人们称之为"守经树"。

（三）兴化龙眼

桂圆（龙眼）是福建莆田的特产之一，这里盛产的桂园最为正宗。是国家定点的桂圆生产基地。国家质量监督检疫检验总局 2008 年（第 132 号）对莆田桂圆干进行审查之后定为国家地理标志保护产品。兴化桂圆果大、肉厚、爽脆、清甜、多汁而不外溢，不仅质量佳且数量多，是最正宗的桂圆。由于鲜果不能久存，必须加工成干果即桂圆干来存放。据唐御史黄滔撰写的黄山灵岩寺碑铭记述，莆田县东峰庙当时已有龙眼加工技术，居全国之首。兴化桂圆干加工工艺世代相传独具特色。兴化桂圆干以其果粒大，外壳橙黄，浑圆不塌陷，果肉晶莹剔透，易剥离，香甜可口而久负盛名，不仅全国销量第一，而且已远销东南亚各国。我国自古以来对其治病和保健作用有着很深研究。

"兴化"即现今的莆田市。兴化种植龙眼始于隋唐，宋明尤盛。由于境内的木兰溪两岸气候温和，雨露湿润，自然条件得天独厚，土质适宜，所产的龙眼质味冠神州，成为我国龙眼的佼佼者，从古至今深受人们的喜爱。

历代以来，兴化桂圆都被当做南方的名贵产品进贡朝廷。据明代弘治《兴化府志》记载，当时仙游、莆田两县每年进贡的兴化桂圆干有 1000 多斤。"兴化桂圆甲天下"之说便流传至今。兴化全境广植龙眼，由于质味尤佳，已被国家定为重点龙眼生产基地。

据《兴化府志》记载，1083 年，宋徽宗即位次年 11 月，皇后玉体欠安，御医无策。此时恰逢兴化府进贡龙眼到京，皇后品尝之，顿觉生津，再食能吞食行走。皇后身体康复，徽宗大悦，称龙眼超众果而独贵，卓绝美而无俦。兴化龙眼闻名天下。

兴化桂圆干按龙眼的品种规格大小不同，有三元、四元、五元、中元、砂珠之别。据史料记载，兴化桂圆干的三元与宋朝兴化地区的三位状元有关。南宋时期的公元 1166 年、1169 年、1172 年连续三届科举殿试的三位状元全是兴化人。公元 1166 年兴化府古兴安岭路乡冲锋村人萧国梁考取状元。公元 1169 年兴化府原兴安龟岭双桂人郑侨得了状元。公元 1172 年兴化府古兴安县一都龙屿人黄宝得了状元。《参闽小记》诗载："冲锋龟岭与龙屿，三处山川实状哉；相去之间不百里，七年三度状元来。"

萧、黄、郑三状元都能为官一任而造福一方。由于这三状元居同一郡百里之内，这七年三状元是空前绝后的大喜事，萧、黄、郑三科连冠，以"三元"取名寓意大吉大利。于是兴化当时将最好、等级最高的桂圆干命名为"三元"。

妇女在"坐月子"期间，也要吃几斤兴化的三元桂圆干。这除了桂圆干本身有滋补药用外，其习俗的背景是：婴儿随母亲共享用蝉联三科状元的极品桂圆干之后，期盼孩子长后能大福大贵，像三位状元公那样光宗耀祖。另外，在莆仙地区每逢喜事，如结婚、乔迁等，其习俗中均有将桂圆干和花生、红枣等串结成串，挂在门窗上方，以避邪恶，迎富贵。

另有一说，明代周瑛、黄仲昭《兴化府志》载：兴化龙眼其品不一，最大者呼"龙眼"，中等大的叫"虎眼"，最小的叫"鬼眼"。又有并蒂而生一大一小者俗称"母鸡引小鸡"，北人不复识别，总呼"圆眼"。

（四）泉州龙眼

泉州地处福建东南沿海，自然条件优越，在宋代，泉州已普遍种植龙眼。南宋，泉州郡守王十朋赞颂龙眼："绝品轻红扫地无，纷纷万木以龙呼。实如益智本非药，味比荔枝真是奴。"泉州龙眼品种很多，风味不一，著名品种有"普明庵本""红孩儿"等50多个品种。最受赞誉的首推"东壁""东璧"龙眼品质优良，其果皮有淡黄色的虎斑纹，泉人称为"花壳"，是外观有别于其他龙眼品种的最显著区别。"东璧"龙眼又称"糖瓜蜜"，果肉呈淡白色，透明如凝脂，厚而嫩脆，甘甜清香，具有"放在纸上不沾湿，掸落地下不沾沙"的特点，堪称果中珍品。另有"福眼"，原称"虎眼"。《泉州府志》有"大者名虎眼"的记载。闽南语"虎""福"的音近，以"福眼"代替"虎眼"，取其吉祥美好之意。福眼是泉州的主栽品种，有800年以上的栽培历史，曾荣获国际巴黎旅游美食金质奖和中国农业博览会优质奖。

泉州龙眼用嫁接技术繁殖的历史已很久远。明代徐勃《荔枝谱》（1597年）和邓道协《荔枝谱》（1628年）都有关于龙眼用嫁接繁殖的记载。清代周亮工《闽小记》（1666～1668年）和郭柏苍《闽产录异》都记载用嵌接法换种，沿用至今。1993年荣获中国农业博览会金奖。

闽南种植龙眼始于唐代。唐漳州郡别驾丁儒的《归闲诗》就有"龙眼玉生津"句。300多年前在泉州开元寺的东边墙壁附近的1株母树繁衍的东壁龙眼，是一种珍贵的品种，果肉脆，不流汁，风味好，甜如蜜。还有一种有特殊的菠萝味、桂花味、香蕉味，核细如黄豆大的莆田蕉核等品种。晋江磁灶井边村，有4株明朝万历年间种植，至今已达400多年的龙眼树，目前仍一派生机，每逢大年还可结果1000多公斤。泉州清源山下，有1株占地半亩、树龄已有300多年的古"福眼"，被称为"龙眼王"，虽经年代更迭，树势仍浓绿健壮，最高年产达2350多公斤。

（五）南方桂圆北方参

人参是珍贵的药材，它不仅有很高的药用价值，同时也是北方民间补品之一，其驰名中外、老幼皆知。而桂圆果实含有丰富营养，自古以来备受人们的喜爱，在南方被视为珍贵的补品，其滋补功能显而易见。李时珍曾有"资益以龙眼为良"的评价。故而历来有"南方桂圆北方参"的说法，视其为珍贵的补品和药用。

据分析，桂圆果肉含全糖 12.38%~22.55%，还原糖 3.85%~10.16%，全酸 0.096%~0.109%，维生素 C 每 100 毫克果肉 43.12~163.7 毫克，维生素 K 每 100 毫克果肉 196.5 毫克。龙眼除鲜食外，还可加工制干、制罐、煎膏等。龙眼有壮阳益气、补益心脾、养血安神、润肤美容等多种功效，可治疗贫血、心悸、失眠、健忘、神经衰弱及病后、产后身体虚弱等症。现代医学实践证明，它还有美容、延年益寿之功效。因此，龙眼历来被人们称为南方佳果，因其既可鲜吃又可作药用，在市场上供不应求。

（六）龙眼的传说故事与民俗

中国是龙的故乡，龙眼其果凸圆，而核又黑亮，恰似传说中龙的眼睛。福建龙眼的栽培历史悠久，龙眼的文化及民俗深厚，自古以来就有很多有关龙和龙眼的传说和故事。

【龙眼与"龙"的民间传说】古时福建沿海一带有一条恶龙，经常兴风作浪，毁坏庄稼，糟蹋房屋，民不聊生。百姓被迫纷纷逃离家园，四处躲藏。有一英武少年名叫桂圆，他看到恶龙常年兴风作浪，为害一方，于是决心为民除害。是年 8 月，大潮来时，他大摆恶龙所喜好的多种食物，引其上岸。桂圆在它上岸享食时，只身与恶龙搏斗，他举起宝刀，先向恶龙的左眼刺去，龙眼掉了下来，恶龙痛得翻滚，在其反扑时，桂圆揪住龙角，骑上龙身，再次举刀向恶龙的右眼刺去，很快恶龙就失去了双眼。恶龙在一阵搏斗中流血过多而死去。而桂圆也因在搏斗中伤势过重而去世。乡亲们将龙的眼睛和桂圆埋在一起，第二年便长出棵大树。之后，树上结了果，其核圆亮，极似龙的眼睛。于是称之为龙眼树，其果实为"龙眼"，又名"桂圆"以为纪念。

【兴化桂圆的传说】福建省的兴化府是古时莆田、仙游两县的统称。兴化龙眼的传说颇多，比较流行的还有另一个版本。在古代，兴化湾有一条常兴风作浪祸害百姓的孽龙，当时有一位名叫桂园的 16 岁少年英雄决心为民除害。是年大潮时孽龙又来兴风作浪，桂园佩带宝剑纵身大海与恶龙搏斗，连战 99 个回合，终将孽龙打败，随即用宝剑剜下龙的眼睛，将龙眼交给母亲后溘然而逝。桂园母亲丧子呼天唤地，在伤心欲绝之际将龙眼一口吞下，然后从儿子手中夺下宝剑自刎而死。后人将其母子埋葬。后来，在桂园母子的坟墓地里长出两棵树苗，经数年后，竟开花结果。其果肉嫩白晶莹，核黑如漆，犹如龙的眼睛，故而人们取其树名龙眼。百姓为纪念英雄，即将此树称为桂园。

【武帝种龙眼】龙眼不仅树形好看且果好吃，兼肉厚、汁多，味甜，深受人们的青睐。北宁欧阳修曾说："紫箨青林长蔽日，绿丛龙眼最宜秋"。《三辅黄图》记载，汉武帝往上林苑移植龙眼之事。汉武帝刘彻尝到了龙眼的滋味后，便下令要南方上贡龙眼等鲜果，并从广东交趾移来龙眼、荔枝树100株，专在长安城外修建了一座富丽堂皇的扶荔宫以植之。可惜100株龙眼、荔枝因土质、气候不宜而无一成活。武帝大怒，诛杀了数十名养护的守吏，之后几经移栽不成后终止。

【青山贡果"黄龙"】长乐市青山村早在宋代时就开始栽培龙眼，核小肉厚，质脆味香，果肉晶莹透明。传说朱熹有次觐见宋光宗皇帝。他派人砍下新鲜毛竹，将龙眼一颗颗装进竹筒里，再以泥土封上作保鲜，数日后送达汴京，龙眼依旧新鲜可口，宋光宗品尝后大为赞赏，特书"黄龙"二字嘉许。这御赐的"黄龙"二字牌匾如今悬挂在青山果园的一处凉亭中。

福建龙眼民俗文化深厚，有关传说甚多，仅泉州一带就有"鲤鱼化龙，献珠建塔""开元寺龙眼井""金鸡斗蛟龙，龙眼化珍果""孙悟空广播龙眼子，猪八戒大吃桂圆果"等。现代泉州仍保存不少古朴的民俗风情，如"桂圆拜月""龙眼敬七娘舅"等。

（七）龙眼木雕艺术

龙眼树姿态万状，其材质坚实，木纹细密，色泽柔和。老龙眼树干，特别是根部，虬根疤节，姿态万端，是木雕良材。

福建的龙眼木雕在明代已有发展，清代的龙眼木雕已由福州扩大到莆田、惠安、泉州等地。龙眼木雕是福建木雕中最具代表性的工艺品，也是我国木雕艺术中独具风格的传统工艺品，因其使用的雕刻材料是福建盛产的龙眼木，成就了福建龙眼木雕独特的艺术品格。

福建的龙眼木雕以天然逼真取胜。传统产品以人物为主，鸟、兽、花、果次之。利用龙眼树根部和树干天然疤节雕刻成的作品显得古朴、稳重、大方、精美、形象逼真，栩栩如生，具有深刻的艺术和文化内涵。福建龙眼木雕佳作甚多，但各地风格有别。如：福州龙眼木雕着重仿古，刀法细腻，注重神韵，风格淳朴，造型简练、概括，稳重大方，具有劲健浑厚的艺术特色；莆田的龙眼木雕则以精致的透雕见长，风格古朴典雅，刻画细腻，层次分明，各显特色。

福建龙眼木雕有三大流派：

以陈天赐为代表的大坂流派，多以人物雕刻为主，作品神形兼备，仕女脸部圆润高雅，温柔可人，仙佛形态各异，衣纹飘动有致，武将富有气魄，盔甲花饰变化无穷。

以柯庆元为代表的象园流派，人物动态逼真，讲求面部神韵，衣纹柔软，动物品种丰富。

以王清清为代表的雁塔流派，以建筑的花饰雕刻为主，擅长透雕、薄雕及镶嵌，追求面壁和透视，立体感强，玲珑剔透。

龙眼木雕以圆雕为主，也有浮雕、镂、透雕，作品经打坯、修光、磨光、染色、上漆、擦蜡、装牙、描眼等10多道工序才能完成。无论是大或小的作品，其造型生动稳重，布局合理、结构优美，既有准确的解剖原理，又有生动的夸张变形。雕法上既有粗犷有力的斧劈雕凿感，又有浑圆细腻娴熟的刻画。人物形神兼备、衣纹流畅，富有不同质感。产品色泽古朴稳重，具有古董之美。

而龙眼根雕则是一门借助树根的自然形态和材质立意造像的艺术。有人总结其为"三分人工，七分天然"。在福州常见的有称之为"巨无霸"的作品"龙眼全根雕成的大孔雀"等。在北京举办的全国根雕艺术展览会上，博得观众的连声赞叹。

木雕艺术是从民间建筑、家具、佛像的雕刻发展而来的，从简单的雕刻开始，随着文化艺术的发展进步和龙眼树所具有的特有性质，形成独具风格的龙眼木雕文化。

（八）龙眼的保健与药用价值

龙眼营养丰富，是珍贵的滋养补品。果实除鲜食外，还可制成罐头，制作酒、膏、酱等，亦可加工成桂圆干。此外，龙眼的叶、花、根、核均可入药。

药典《神农本草经》则记为龙眼主治"五脏邪气，安态厌食，久服强魂聪明，轻身不老，通神明。"李时珍《本草纲目》载："开胃益脾，补虚长智"，并说"食品以荔枝为贵，而资益则龙眼为良"。现代研究证明，龙眼含丰富的葡萄糖、蛋白质、维生素、酒石酸、胆碱以及人体必需的钙、磷、铁等。自古至今仍是民间和中医的一味良药。

龙眼的药用几及全树各部，处处均可入药。

龙眼叶含槲皮素、槲皮苷、鞣质等，适用于外伤，有止血、消炎之功效。

龙眼花可治疗淋病等。

龙眼果壳散风邪风，味甘，性温，无毒，是治疗心虚头晕、耳聋、眼花的良药。

龙眼肉养血之力比红枣更强，对补养气血大有好处。它能补脾益胃，补心长智，养血安神。主治虚劳羸弱，失眠、健忘、惊悸、怔忡。有润气补气之用，又有补血之功，不但能补脾固气，且能保血不耗。

龙眼核有理气、化湿、止血、定痛等功效，适用于创伤出血，疝气等症。

龙眼根是治疗妇女白带、小便浑浊的良药，其功效显著。

龙眼的药用和药效自古均有版本记载。《神农本草经》：主五脏邪气，安志、厌食，久服强魂魄，聪明。《开宝本草》：归脾而能益智。《滇南本草》：养血安神，长智敛汗，开胃益脾。《得配本草》：益脾胃，涂心血，润五脏，治怔忡。《泉州本草》：壮阳益气，补脾胃。治妇人产后浮肿，气虚水肿，脾虚泄泻。

另外，据《药膳食谱集锦》和《万氏家抄方》及有关资料记载，龙眼的食疗与药治处方甚多。

（九）古人对龙眼的赞美及诗篇

千百年来，不少文人墨客，对龙眼情有独钟，用生花妙笔为龙眼谱写了一首首赞歌。

苏东坡吃过龙眼说："质味殊绝，可敌荔枝。"

明《群芳谱》盛赞龙眼曰："艳冶风姿百果无，金丸的砾赛玑珠。"

唐朝大诗人刘禹锡的"上品功能甘露味，还知一勺可延龄"。

宋代欧阳修的"紫箨青林长蔽日，绿从龙眼最宜秋"。

宋朝状元王十朋的"绝品轻红扫地无，纷纷万木以龙呼"。

苏轼对龙眼的高度赞曰："闽越人高荔枝，而下龙眼，吾为平之荔子，如食蚱蜢大蟹，所雪流膏一唼可饱。龙眼如食彭越石蟹，嚼齿久了无所得然，酒阑口爽，餍饱之余，则呷啄之味，石蟹有时胜蚱蜢也。"

明人宋钰称兴化桂圆："圆若骊珠，赤如金丸，肉似玻璃，核如黑漆，蠲渴扶肤，美颜色、润肌肤，种种功效，不可枚乘。"他还写了一首诗，热情洋溢地赞美了兴化桂圆："外衮黄金色，中怀白玉肤。臂破皆走盘，颗颗夜光珠。"

现代诗人秉承中国文化"诗言志，诗言情"的传统，抒发对果中神品——龙眼的深厚感情。泉州市农业局和泉州市刺桐吟社集台湾、香港、澳门、新加坡及福建诗人所作的 558 首咏龙眼的诗结集成《泉州龙眼颂》出版。该诗集充满了诗人们对泉州龙眼的赞美及对泉州龙眼文化的弘扬。

三十四、荔枝文化

(一)荔枝特性及分布

荔枝 *Litchi chinensis* Sonn，别名丹荔、离枝、锦荔，为无患子科（Sapindaceae），荔枝属植物。常绿乔木，高可达 30 米，胸径达 1.3 米，枝叶浓密，花为绿白色，果呈卵状或球状，果皮暗红色具有小瘤刺。

荔枝原产我国南部亚热带地区，是我国特有树种。其寿命长，产量高，盛果期长，终年长绿，树冠美观。我国是世界上栽培荔枝最早的国家，至今已有 2000 多年的历史。公元十世纪以来，先后有印度、越南、马来西亚、泰国等十几个国家和地区引种栽培。我国栽种荔枝的地区主要分布在广东、广西、福建、四川等地。据有关资料记载，"荔枝"两字出自西汉，司马相如《上林赋》已有记载。栽培始于秦汉，盛于唐、宋。福建荔枝主要分布于中部和南部。晋左思《三都赋》："旁挺龙木，侧生荔枝"记载算起，有 1500 年以上的历史。

诗人白居易曾赋诗称赞荔枝："嚼疑天上味，嗅异世间香。润胜莲生水，鲜逾橘得霜。"诗人曹学全在《荔枝歌》中有"海内如推百果王，鲜食荔枝终第一"的赞叹。诗人苏东坡诗有"日啖荔枝三百颗，不辞长作岭南人。"的诗句。宋徽宗（赵佶）也有《宣和殿荔枝》歌："客移造化出闽山，禁御新栽荔子丹。玉液乍凝仙掌露，绛苞初结水晶丸。酒酣国色非朱粉，风泛天香转蕙兰。何必红尘一飞骑，芬芳数本座中看。"可以看出帝王将相和文人学士对荔枝的赞赏和喜爱的程度。

(二)荔城无处不荔枝

北宋蔡襄著《荔枝谱》后，福建荔枝声誉日隆。蔡襄十分推崇家乡兴化荔枝，说"天下荔枝，闽中最佳；闽中荔枝，兴化为佳。"曾赋诗一首赞美家乡荔枝："霞树珠林暑后新，直疑天意别留春。京华百卉争鲜贵，谁识芳根著海滨。"蔡襄家乡兴化，也就是如今的莆田市。莆田栽植荔枝之盛，品质之优早有盛誉，更具浓厚的荔枝文化底蕴，故莆田简称"荔"，被称为"荔城"。

"荔城"（莆田）何时种植荔枝，在地方志上没有具体记载，但一些有关史料记载，"荔城"（莆田）的荔枝栽植始于唐朝，兴于宋朝。莆田荔枝以品种多、果粒大、果色艳红、果肉乳白色、汁多清沁爽口、香气浓郁而名扬海内外。清代乾隆年间莆田名士廖必琦这样赞美家乡的荔枝："谁把芳名挂齿牙，方红陈紫总堪夸。林间玉酿滋甘露，尘外仙罗散彩霞。原味由来高两粤，异香此际压三巴。莆中尤是闽中最，乌石山前有几家。"此外，据廖必琦记载，在他祖先的庄园里曾发现奇特的品种，其果肉呈绿色而味甘，于是廖又咏诗赞曰："有宋芳名何可当，吾空荔枝自成庄。君谟此日如增谱，记取新诗入锦囊。"诗中叹惜蔡襄(字君谟)当时作《荔枝谱》时没有记载这个良种。

莆田荔枝的主要品种有陈紫、宋家香、状元红、乌叶等多个品种。今《百科全书》载：荔中绝品为莆田的"陈紫"有鸡蛋大，果壳紫色，果浆甜中透酸，且壳面有小刺膜也呈紫色，果肉莹厚，核小。成熟时散发出阵阵幽香。蔡襄在《荔枝谱》中作这样的记述："陈氏欲摘果，先闭户，隔墙入钱，度钱与之，得者自以为幸，不敢较其值之多少也。"可见当年陈紫的珍贵和市场魅力。在宋朝，莆田荔枝还是给京都皇帝的贡品。据莆田县志记载，在明代莆田荔枝每年上贡约有840公斤。而荔枝干(干果)，早在11世纪就远销东南亚、阿拉伯、朝鲜和日本等地区和国家。

古时莆田县衙门上有一副对联："荔子甲天下，梅妃是部民。"如今荔城区古谯楼上有一幅长达96句的长联，其中就有"独有荔枝甲天下"的句子。

而今，莆田市将通过荔林带的建设，把全市公共绿地有机地串联起来，逐渐建成一个"水清、河畅、岸绿、景美"，具有荔林水乡特色的绿色生态城市绿廊。

莆田栽植荔枝的历史久远且植荔甚盛，古荔枝也众多。荔枝不仅栽培的历史悠久，而且其树形优美，果实红艳如丹，极具观赏价值。

【宋家香】莆田荔城区北门原宋氏宗祠内1株古荔枝后人称之"宋家香"，地径98厘米(含枯死部分)，其中活着的一侧树干的胸径达46厘米，树冠面积5.3平方米，树高6.25米。蔡襄撰写的世界上最早园艺专著《荔枝谱》载："宋公荔枝(即宋家香)世传其树已三百岁"，据此推断，此树应当种植于唐玄宗年代，距今有1200多年的历史。这株历经沧桑的古树名木，对研究古树种、古气候、古地质、古文化等都具有很高的价值。据世传故事，本树系当年黄巢路经莆田，其士兵欲伐此树来烧火做饭，有一妇人王氏，抱树哭泣，说若士兵要砍伐此树，她愿与此树同归于尽，士兵被感动了，没有砍伐此树，才留至今日。蔡襄在其《荔枝谱》中描述："宋公荔枝，树极高大，实如陈紫而小，甘美无异。"南宋淳祐十二年(1250年)直秘阁知兴化军林希逸，为"宋家香"题匾"品中第一"，并附记："宋家香乃宋故家乔木也，《蔡谱》品题，此居其最。"世界种植史上，像"宋家香"这样的千年果树，有历史记录的极少。

【十八娘红】南宋人陈洪进(莆田市仙游枫亭人)有个女儿叫陈玑，因排行第十八，故而别名十八娘。这位出身高贵的姑娘同情民众疾苦，变卖自己的金钗首饰，帮助老百姓挖掘一条从仙游县枫亭到惠安涂岭驿坂溪的河道，以灌溉两岸农田。并在长达7.5公里的河道两旁种植了荔枝。这种荔枝香味尤绝，后人十分感激陈玑，为了纪念她，就将这种荔枝取名为"十八娘红"。著名诗人苏东坡有诗赞曰："红绡白瘦香犹在，想见当年十八娘。"《荔枝谱》中把这"十八娘红"誉为"绛衣仙子"。惠安县涂岭镇驿坂(现泉州泉港区)的1株单名为"蒲"的古荔枝树，树干围径3.9米，树龄约八九百年，类似的老荔枝树莆田尚存有数十株。依此测算，驿坂丘后荔枝应属北宋所植，即在陈玑生活时代或略晚一段时间，亦属于宋代古荔"十八娘红"。

【横山"状元红"】在莆田市涵江区新县镇华山村横山自然村有一株植于宋徽宗年间

(1107~1110 年)的荔枝,树龄已达 850 年,树高 8.7 米,地径 200 厘米,树冠东西长 25 米,南北宽 24 米,枝繁叶茂,树体粗壮,树形浑圆,非常美观。其果实大小均匀,果肉多汁,成熟时果皮鲜红艳丽,因而获得"状元红"的美名。该树至今仍结实累累,年产达 400~500 公斤。

【新度镇"荔枝王"和"状元红"】坐落在荔城新度镇下横山,占地 1 亩多的"荔枝王",最高产量达 1 吨以上。在木兰溪两侧,尽是古荔参天,有千年树龄的"荔枝王",有 700 多年树龄的荔枝林,还有百龄以上的万株荔枝带。在此不但可看到荔枝林、壶山倒映在木兰溪水中的秀美景色,还听能到当地流传的"状元红""五府桥""香山官"等 10 多个与荔枝有关的民间传说和历史典故。"状元红"这株荔枝原名为"延寿红",系宋熙宁九年(1076 年)状元徐铎所植,后传给武状元薛奕,故名"状元红",树龄约 900 多年,如今树高 13 米,围径 6 米,离地 1 米处衍生 17 条枝干,荫地数亩,常年产量 750 公斤,是省内罕见的大荔枝。

【西天尾"大哥树"】西天尾洞湖村码头湾有 1 株两体相连的古荔枝树,当地人呼其为"大哥树",树高近 20 米,年产荔枝 900 公斤左右。这株古荔枝形体高大,姿态优美,已有千年左右树龄。洞湖村与溪白村交界处尚存 4 株古荔枝,胸径 80 厘米左右,它是蔡襄《荔枝谱》记载的最佳品种。据当地老人讲,百年来树况不变。

【蒲氏荔枝】莆田荔枝自古以来深受人们喜爱,不仅国人喜欢,而且也受到大洋彼岸国际友人的欢迎。清光绪二十九年(1903 年)美籍传教士蒲鲁士从莆田回国时,选带了莆田的荔枝"陈紫"树苗 2 株,远涉重洋移植于美国南部和莆田同一纬度的佛罗里达州发展。从而莆田的名果即在太平洋彼岸的异国土地上繁衍生息。此后又分植于美国加利福尼亚州、波多黎各以及古巴、巴西等国,被誉为"果中皇后"。美国人称它为"蒲氏荔枝"。在中外文化交流中,莆田荔枝是对外交流的捷足先登者,也是国际文化交流的实物见证。

(三)闽都荔枝

闽都福州荔枝的栽培历史至少始于唐朝。到宋、明时,福州荔枝之盛远远超过巴蜀和岭南。据明万历进士王象晋于 1621 年撰写的《群芳谱》记载:"荔枝初出岭南及巴中,今闽之泉福漳与蜀之嘉渝涪及二广州郡皆有之,以闽中为第一,蜀次之,岭南为下。"

宋蔡襄在他的《荔枝谱》中,对当时福州荔枝产销旺盛情况阼了十分生动的记述,他写道:"福州种植最多,延施原野,洪塘水西尤其盛处。一家之有,至于万株。城中当州署之北,郁为林麓。暑雨初霁,晚日照耀。绛囊翠叶,鲜明蔽映,数里之间,焜如星火。非名画之可传,而精思之可入也。观赏之胜,无与为比。初著花时,商人计林断之以立春,若后丰寡,商人知之,不计美恶,悉为红盐水,浮陆转以入京师。外至北戎西夏,其东南行新罗日本琉球大食之属,莫不爱好,重利以酬。故商人贩益广,而乡人种益多。一岁之出,不知几千万亿。"由此可见,宋代福州荔枝不仅种植极盛,而且销售极旺,畅销国内,远销海外。

【西禅宋荔】存于西禅寺内,该寺名列福州五大禅林之一,为全国重点寺庙。古刹大门坊柱上镌刻清代周莲撰写的一副楹联:荔树四朝传宋代,钟声千古响唐音。

"西禅宋荔"是已知国内最大的荔枝树之一。据蔡襄《荔枝谱》记载，西禅寺宋荔古时甚为壮观，"荔子丰标全占夏，荷花颜色未饶香。"如今该树仍不失当年风采，现树高7米，冠幅6米。树干周围虽已枯朽不少，但胸径仍达250厘米，与海南霸王岭野生"荔枝王"的胸径相等；比福建莆田宋氏宗祠庭院内福建最老的古荔枝"宋家香"（树龄1200多年）的胸径还大13厘米。据史籍记载，该寺早在唐朝建寺时就已大量栽植荔枝。据何振岱《西湖志》称："相传寺荔盛时，多至五百株，康熙中仅存百株。"现在，寺中仅存1株宋荔。

《啖荔诗会》是福州特有的诗会，相传古时候，每年盛夏，福州的文人墨客聚在西禅寺，边品尝荔枝，边斗韵赛诗，成为一大传统民俗文化。20世纪30年代，作家郁达夫的《西禅啖荔》，有"陈紫方红供大嚼，此行真为荔枝来"名句。为了延续这种《啖荔诗会》，1988年省诗词学会和福州西禅寺在西禅寺联合举办了第一届《啖荔诗会》，"西禅品古意，啖荔斗诗情"，百来位诗友在西禅寺一边品尝荔枝一边斗韵赛诗。现在这个《啖荔诗会》不定期在福州举行。

【长乐宋荔】长乐在宋代盛产荔枝，尤以六都荔枝所产佳者名"胜画"，肉丰液多，不让枫亭。南宋绍兴元年邵武李纲因主战抗金，调居福州时寓居长乐，尝到"胜画"荔枝，非常欣慰，特意撰有"荔枝后赋"，并书写"荔支冈"3字摩崖于县西天王寺溪畔岩石上，作为纪念。"荔支冈"3字今尚完好，成为著名的摩崖石刻。明代长乐人邑人侍郎郑世威的荔枝歌有："胜画名果何处来，六都殊品闽中希。"郎中谢肇画盛赞荔支词亦有："异品出吴航"之咏。

《荔枝谱》载：闽中荔枝品目甚多，有名"胜画"者，产自长乐六都，为品中第一。唐代刘崇龟以善画荔枝名于时，"胜画"之名，所由来矣。文献记载：长乐六都，八都均曾盛产"胜画"。据说城关龙台郑某嫁女，曾以天王寺旁所种的17株荔枝树为陪嫁。玉田镇西埔村有4棵600多年的荔枝王，现今尚枝繁叶茂，最大的1株直径有1.2米，高10多米，逢年皆结果。

（四）闽南荔枝

【九湖荔枝海】龙海市九湖镇种植荔枝历史十分悠久，始于隋唐，盛于明清。镇里有1棵600余年的荔枝王，树高二三十米，枝繁叶茂，树冠可覆盖周围约400平方米的土地。"荔枝王"年产量可达600多公斤，生命力很旺盛，荔枝味道比别的树更好。荔枝王旁有一块石碑，厚达10厘米，碑文清晰，写明该"荔枝王"植于1400年，并被列入《福建省古树名木录》。在该镇凤凰山，有一片"万亩荔枝海"，有30多万株荔枝，100余品类，汇集成壮阔的绿色海洋。盛夏荔枝熟时，还举办"荔海啖荔"开园仪式，人们尽享诸种品系的荔枝风味，成了一处独特的旅游景地。

【永春岵山晚荔】岵山荔枝种植历史悠久，宋代蔡襄出任泉州太守时，尝到岵山荔枝，觉得其味较之兴化荔枝尤佳，连声称赞。后来，蔡襄就将永春荔枝列为名种，载入他的专著《荔枝谱》。岵山荔枝属于晚熟的荔枝品种，皮薄核小，肉厚多汁，味道清甜甘醇，果肉细，爽滑可口，以色、香、味俱佳闻名遐迩。如今，岵山全镇有荔枝林130多公顷，3万多株，树龄200年以上的有381棵，年产量可达600多吨。岵山荔枝已正式成为福建省级审定通过的新品种，命名为"岵山晚荔"。岵山镇境内的1811棵百年以上荔枝树全部被卫星定位，纳入数据库予以保护。

【漳浦乌石荔枝】漳浦县乌石荔枝种植历史渊源悠久。据《漳浦县志》记载：明嘉靖十二年（1532 年），漳浦乌石人当朝进士林功懋在任广东东莞知县时，开始引进荔枝良种在故乡乌石试种，结果该品种的品质比原产地更佳。该品种果大核小肉厚，质软味甜弹性好，剥皮壳不流汁，掉地不粘沙。《福建通志》记载："漳州荔枝极盛，而漳浦为最，紫薇山（旧镇乌石）中产'相袍紫''马上娇'味甘丽、实大核小，啖两颗则肺腑清虚，滓秽荡尽，两腋生风，飘然欲仙矣！"由于该品种品质优良，成熟期适中，在荔枝品种中，属上乘之品，被称为"荔枝皇后"。中国特产之乡推荐暨宣传活动组织委员会授予漳浦县"中国荔枝之乡"。

（五）一骑红尘妃子笑

唐天宝四年，杨玉环入宫得到唐玄宗宠幸，封为贵妃。《古今宫闱秘记》中写道：唐玄宗有这样的感叹："朕得杨贵妃，如得至宝也。"对其万般宠爱。而杨贵妃又最爱吃荔枝且要鲜荔枝。杜牧的一首名诗《过华清宫》："长安回望绣成堆，山顶千门次第开。一骑红尘妃子笑，无人知是荔枝来。"因贵妃要吃鲜荔枝，唐玄宗命令下属自岭南送鲜荔到京，而岭南到长安至少有 400 余里，沿途特设众多驿站。且不惜动用战时驿道日夜兼程飞送荔枝以保证荔枝的新鲜。此举累死差官、倒毙战马，沿途不知死了多少人马。但如果杨贵妃吃了不高兴，说明荔枝不新鲜，那就不知又有多少人要遭到灾祸了。诗人杜牧深深地感慨道：历代君主昏庸无能，为博得宠妃一笑，不知道多少百姓遭殃。

苏轼也有一首《荔枝叹》，描述的也是当时杨贵妃吃荔枝的情景："十里一置飞尘灰，五里一堠兵火催，颠坑仆谷相枕借，知是荔枝龙眼来。飞车跨山鹘横海，风枝新叶如新采，宫中美人一破颜，惊尘溅血流千载。"这一次次跨山岗越河道快跑狂奔的接力赛，以致"惊尘溅血"，不少人把性命都搭进去，为的是最后把荔枝传到宫中能如新采摘的一般。唐玄宗为了博得贵妃一笑，几乎到了不惜血本的疯狂程度。唐人多以杨贵妃是安史之乱、大唐中衰之祸首，谈及此事必言传递之远，劳民之甚，以加杨贵妃之罪。

著名诗人白居易说：荔子果脯离枝后"一日而色变，二日而香变，三日而味变，四五日外，色香味尽去矣。"所以说口尝荔枝鲜荔为好，而清晨更佳。从而荔枝就有着"离枝"之称。荔枝不仅被人们誉为"果中牡丹""果中皇后"，自古以来就被人们视为珍贵的补品。它不仅果肉鲜嫩，汁多味甜，而且营养丰富，含糖、铁、钙、磷、脂肪、蛋白质和维生素 C、B 等。荔枝还可制成干果、罐头，也可制作荔枝酒，荔枝壳和根可提取栲胶。据李时珍《本草纲目》记载，荔枝还可以入药，可治疗瘰疬疔肿等。

（六）蔡襄与《荔枝谱》

蔡襄（1012～1067），字君谟，兴化（今福建仙游）人。蔡襄一生务实，始终以事业为重，勤政爱民，真正做到"为官一任，造福一方"。特别是在兴修水利、造福百姓方面做出了巨大的贡献。难能可贵的是，上千年前的蔡襄就有了较强的环保意识，美化环境、科学发展的精神，那时在他的身上就有了充分体现。泉州惠安洛阳桥建成后，热爱榕树的蔡襄积极倡导植树，绿化环境，要求自福州至漳州的七百里大道两旁广植榕树（福建人称榕树为松树）。时有民谣："夹道松，夹道松，问谁栽之我蔡公，行人六月不知暑，千古万古摇清风。"

蔡襄还把关于农业生产方面的知识著书传世。

莆田盛产荔枝，唐代已有栽种，品多质优，其中陈紫、宋家香、状元红等品种曾被列为贡品，特别是陈紫被誉为"天下第一"。蔡襄在福建任官期间，致力于荔枝的栽种和推广。他深入田间果园拜果农为师，广泛搜集素材，认真考察，详加记录，终于写成世界第一部果树栽培学的科普专著——《荔枝谱》。对荔枝的来源与产地、兴化荔枝特色、销售贸易情况、营养价值和栽培方法等作了全面、翔实的介绍，其中所写荔枝的加工方法和品种名称特点等科普知识一直沿用至今。不仅如此，蔡襄对家乡的荔枝情有独钟，倍加推崇，曾经赋诗一首赞美荔枝："霞树珠林暑后新，直疑天意别留春。京华百卉争鲜贵，谁识芳根著海滨。"

在蔡襄的积极倡导和推广下，宋代莆田荔枝种植迅速发展，大大增加了百姓收入，推动当地农业发展。对于蔡襄为故乡所作的贡献，欧阳修后来这样记载和评价他："向归于闽，有政在人，食不畏蛊，表不忧贫，疾者有医，学者有师，问谁使然，敦不公思。"为臣尽忠，为官尽责。忠心报国，惠泽黎民。蔡襄在逝后被封谥号"忠惠"，这是对他一生最贴切的形容和最好的纪念。

蔡襄《荔枝谱》一书作于仁宗嘉祐四年（1059年）。书分7篇。第一篇述福建荔枝的故事及作此谱之由；第二篇述兴化人重陈紫之况及陈紫果实的特点；第三篇述福州产荔之盛及远销之情；第四篇述荔枝用途；第五篇述栽培之法；第六篇述贮藏加工方法；第七篇录荔枝品种32个，载其产地及特点。

岁月的风尘终究会湮没一切，但是在福建大地上人们为纪念蔡襄而修建的祠堂，至今历久弥新，还有那至今摆在书架上蔡襄的煌煌巨作，将永远鞭策和激励着后人前行的蹒跚步伐。

（七）美丽的传说及风俗

荔枝树形美，果实红艳如丹，富有观赏价值，加之果实的色、香、味俱佳，十分诱人，遍受人们的喜爱，在民间流传着美丽的故事和传说。

【乾隆皇帝与绿沙荔枝】乾隆皇帝一生南巡6次，据说曾游到过莆田涵江黄巷村。至今黄巷村仍流传着乾隆皇帝吃荔枝的故事。那年五月端午节前后的一天，乾隆皇帝微服私访来到了莆田囊山驿站，参观寺宇辉煌时，对历史名人在囊山留下的笔迹更是兴趣倍增。当他看到了明朝忠臣黄巩"述祖"墨迹时，联想明朝贡品中有黄巩家乡黄巷村的荔枝，从而想起品尝这黄巷村的荔枝也不虚此行。于是，乾隆皇帝和随从便来到黄巷村，进村看到的树上已挂满果实，但果形不同。因黄巷村盛产的果树有荔枝和柿子两种，那累累的荔枝和青青的柿子使来者分不清哪种是荔枝。恰好此时来一老者，经其指点才分清荔枝和柿子。于是乾隆皇帝当即提出要品尝荔枝，老者听后心里暗自好笑，自古以来六月蝉儿叫，荔枝红，现今才五月，那有荔枝吃。他们是微服私访，老者不知来者是什么人，但因其口音来自北方，老者心想也罢，满足他们的好奇心，带着他们在荔枝林里游玩，恰好乾隆皇帝发现 1 株早熟的荔枝树，其果绿中带点红，随即指着此树说这荔枝可以吃，老者顺手摘下给乾隆皇帝吃，想让他尝尝酸味，但当其剥开荔枝皮壳时，不慎落在沙地上。乾隆皇帝当即捡起看了看，其果肉仍亮晶不沾沙，随即吃下，并连连点头表示好吃，大为赞赏。第二年端午节前夕，乾隆皇帝又想起那美味的黄巷村荔枝来，于是乾隆皇帝下诏书，说要黄巷村的绿色带红、果肉落地不沾沙的荔枝。因其果皮绿中带红，果肉落地不沾沙，于是人们称其为"绿沙"。这株"绿沙"荔枝历经几个朝代，现仍生长在涵江区黄巷村，每年端午节都引来不少游人前来观赏和品味。

【荔枝谱（莆仙戏）】在戏剧舞台上，以荔枝为题材的戏十分罕见，而在荔城则有莆仙戏《荔枝谱》，至今还在演出。《荔枝谱》主要是描写宋代名臣蔡襄为官清廉，鼓励农民发展生产，广植荔枝，搞好副业，增加收入。但当时荔枝果熟收获出售时，却遇恶人欺行霸市，强行压价收购，垄断市场，而后抬价，又以高价出售，牟取暴利。蔡襄果断地带领农民与荔霸作斗争，打破垄断，平抑市场，维护了农民的利益，广受群众赞扬。这戏如今还在演出，仍受群众欢迎。

【荔枝肉（风味小吃）】福建风味小吃"荔枝肉"很具特色。厨师将猪精肉切成荔枝大小，表皮用刀刻出荔枝壳状后，经油炸形似荔枝，再把鲜荔枝混入备好的多味卤料中煮致入味。在上菜装盘时把鲜荔枝作为装饰围边，送上餐桌，让人分不清是荔枝还是肉，色、香、味俱全，确实诱你垂涎三尺。特别是夏令时节，熟透的荔枝，皮色鲜红，味道芬芳，佐以名师巧制的荔枝肉，一素一荤，浑然天成。

【别趣"荔俗"】以物喻事、喻人，情理所在。莆田以荔枝喻人则别具一格。古时莆田有荔枝风俗，如称妇人艳丽者，必曰"似一品红状元香"。其肌体称莹洁者，则曰"似擘后荔枝"。称丰满者，则曰"似焦核荔枝"。凡亲戚及儿童相过问者，必赠以状元香荔枝数枚，盖取"状元"第一之义。更有人取荔枝悬之帷帐窗屏间，闭户垂帷，历久方启。启时，则满室皆作荔枝香，可谓别具风趣。

（八）荔枝保健功效

荔枝果色鲜丽，果肉甜美，含有丰富的糖、维生素 C、磷、钙，还含有少量蛋白质、脂肪、铁、维生素 B 等。自古以来，我国人民就把荔枝视为珍贵的补品。此外，荔枝还具有很高的药用价值。李时珍《本草纲目》载："常食荔枝能补脑健身，治疗瘰疬疔肿，开胃益脾。干制品能补正气，为产妇及老弱的补品"。现代医学证明：荔枝核煎水服可治小腹痛、胃脘痛及妇女血气淤滞疼痛；荔枝壳可治小儿食滞和腹部肿痛。

研究证明，荔枝对人的大脑组织有补养作用，能明显改善失眠、健忘等症状。荔枝肉含有维生素 C 和蛋白质，有助于机体的免疫功能，提高抗病能力。同时，荔枝还有消肿解毒、止血止痛等多种作用。

虽然荔枝含有丰富营养，色、香、味俱佳，但不适者如阴虚火旺者慎服。《食疗本草》：多食则发热。《海药本草》：食之多则发热疮。《纲目》：鲜食多，即龈肿口痛，或衄血。病齿䘌及火病人尤忌之。《玉楸药解》：荔枝，甘温滋润，最益脾肝精血，阳败血寒，最宜此味。功与龙眼相同，但血热宜龙眼，血寒宜荔枝。干者昧减，不如鲜者，而气质和平，补益无损，不至助火生热，则大胜鲜者。《食疗本草》：益智，健气。《玉楸药解》：暖补脾精，温滋肝血。《本草从新》：解烦渴，止呃逆。《泉州本草》：壮阳益气，补中清肺，生津止渴，利咽喉。治产后水肿，脾虚下血，咽喉肿痛，呕逆等症。

（九）荔枝诗词歌赋

荔枝积淀了厚重的荔枝文化，在人们无限遐想和期待中自古至今仍为人们所传颂。果类入诗、词、赋，当以荔枝为最。收入荔枝诗文最为齐全的当数清初王象晋所著《群芳谱》，有"荔枝"四卷。为荔枝作赋最早者是东汉王，入诗者始于梁代刘霁的《荔枝》："叔师贵其珍，武仲称其美，良由自远至，含滋不流齿。"

荔枝赋
［东汉］王逸

修干纷错，绿叶蓁蓁，灼灼若朝霞之映日，离离若繁星之著天。
皮似丹罽，肤如明珰，润侔和璧，奇逾五黄。
仰叹丽表，俯尝佳味，口含甘液，腹受芳气。
兼五滋而无常主，不知百和之所出。
卓绝类而无俦，超众果而独贵。

叹鲁二首
［唐］白居易

季桓心岂忠，其富过周公。阳货道岂正，其权执国命。
由来富与权，不系才与贤。所托得其地，虽愚亦获安。
龁肥因粪壤，鼠稳依社坛。虫兽尚如是，岂谓无因缘？
展禽胡为者？直道竟三黜。颜子何如人？屡空聊过日。
皆怀王佐道，不践陪臣秩。自古无奈何，命为时所屈。
有如草木分，天各与其一。荔枝非名花，牡丹无甘实。

题郡中荔枝诗十八韵
［唐］白居易

奇果标南土，芳林对北堂。

素华春漠漠，丹实夏煌煌。
叶捧低垂户，枝擎重压墙。
始因风弄色，渐与日争光。
夕讶条悬火，朝惊树点妆。
深于红踯躅，大校白槟榔。
星缀连心朵，珠排耀眼房。
紫罗裁衬壳，白玉裹填瓤。
早岁曾闻说，今朝始摘尝。
嚼疑天上味，嗅异世间香。
润胜莲生水，鲜逾橘得霜。
燕脂掌中颗，甘露舌头浆。
物少尤珍重，天高苦渺茫。
已教生暑月，又使阻遐方。
粹液灵难驻，妍姿嫩易伤。
近南光景热，向北道路长。
不得充王赋，无由寄帝乡。
唯君堪掷赠，面白似潘郎。

重寄荔枝与杨使君
[唐]白居易

摘来正带凌晨露，寄去须凭下水船。
映我绯衫浑不见，对公银印最相鲜。
香连翠叶真堪画，红透青笼实可怜。
闻道万州方欲种，愁君得吃是何年？

荔枝楼对酒
[唐]白居易

荔枝新熟鸡冠色，烧酒初开琥珀香。
欲摘一枝倾一盏，西楼无客共谁尝？

荔枝诗十八韵
[唐]白居易

嚼疑天上味，嗅异世间香。
润胜莲生水，鲜逾橘得霜。
燕支掌中颗，甘露舌头浆。

过华清宫绝句

[唐]杜牧

长安回望绣成堆，山顶千门次第开。
一骑红尘妃子笑，无人知是荔枝来。

荔　枝

[唐]戴叔伦

红颗真珠诚可爱，白须太守亦何痴。
十年结子知谁在，自向中庭种荔枝。

荔　枝

[唐]徐寅

日日薰风卷瘴烟，南园珍果荔枝光。
灵鸦啄破琼津滴，宝器盛来蚌腹圆。
锦里只闻消醉渴，蕊宫惟合赠神仙。
何人刺出猩猩血，深染罗纹遍壳鲜。

荔　枝

[唐]徐寅

朱弹星丸灿日光，绿琼枝散小香囊。
龙梢壳绽红纹粟，鱼目珠涵白膜浆。
梅熟已过南岭雨，橘酸空待洞庭霜。
蛮山踏晓和烟摘，拜捧金盘献越王。

忆荔枝

[唐]薛涛

传闻象郡隔南荒，绛实丰肌不可忘。
近有青衣连楚水，素浆还得类琼浆。

荔枝楼

[唐]薛能

高槛起边愁，荔枝谁致楼。
会须教匠坼，不欲见蛮陬。
树瘴无春影，天连觉汉流。
仲宣如可拟，即此是荆州。

荔枝诗

[唐]薛能

颗如松子色如樱，未识蹉跎欲半生。
岁杪监州曾见树，时新入座久闻名。

荔枝树

[唐]郑谷

二京曾见画图中，数本芳菲色不同。
孤榜今来巴徼外，一枝烟雨思无穷。
夜郎城近含香瘴，杜宇巢低起暝风。
肠断渝泸霜霰薄，不教叶似灞陵红。

荔　枝

[唐]郑谷

平昔谁相爱，骊山遇贵妃。
枉教生处远，愁见摘来稀。
晚夺红霞色，晴欺瘴日威。
南荒何所恋，为尔即忘归。

荔　枝

[唐]韩偓

巧裁彩片裹神浆，崖蜜天然有异香。
应是仙人金掌露，结成冰入茜罗囊。

浪淘沙

[宋]欧阳修

五岭麦秋残，荔子初丹。
维纱囊里水晶丸。
可异大教生处远，不近长安。
往事忆开元，妃子偏怜。
一从魂散马嵬关，只有红尘无驿。
满眼骊山。

宣和殿荔枝

[宋]赵佶

密移造化出闽山，禁御新栽荔枝丹。
玉液乍凝仙掌露，绛苞初结水晶丸。
酒酣国艳非朱粉，风泛天香转蕙兰。
何必红尘飞一骑，芬芳数本座中看。"

惠州一绝

[宋]苏轼

罗浮山下四时春，卢橘杨梅次第新，
日啖荔枝三百颗，不辞长做岭南人。

荔枝叹

[宋]苏轼

十里一置飞尘灰，五里一堠兵火催，
颠坑仆谷相枕借，知是荔枝龙眼来。
飞车跨山鹘横海，风枝新叶如新采，
宫中美人一破颜，惊尘溅血流千载。
永元荔枝来交州，天宝岁贡取之涪，
至今欲食林甫肉，无人举觞酹伯游。
我愿天公怜赤子，莫生尤物为疮痏，
雨顺风调百谷登，民不饥寒为上瑞。
不见武夷粟粒芽，前丁后蔡相笼加。
争新买宠各出意，今年斗品充官茶。
吾君所乏岂此物？致养口体何陋耶！
洛阳相君忠孝家，可怜亦进姚黄花！

四月八日尝新荔枝

[南宋]杨万里

一点胭脂染蒂旁，忽然红遍绿衣裳。
紫琼骨骼丁香瘦，白雪肌肤午暑凉。
掌上冰丸那忍触，樽前风味独难忘。

荔 枝
[梁]刘霁

叔师贵其珍，武仲称其美。
良由自远至，含滋不留齿。

咏荔枝膜
[明]徐勃

曾向忠州画里描，胭脂淡扫醉容消。
盈盈荷瓣风前落，片片桃花雨后娇。

新荔篇
[明]文徵明

常熟顾氏自闽中移荔枝数本，经岁遂活。石田使折枝验之，翠叶芃芃，然不敢信也。以示闽人，良是。因作《新荔篇》命璧同赋。

锦苞紫膜白雪肤，海南生荔天下无。
盐蒸蜜渍失真性，平生所见唯萎枯。
相传尤物不离土，畏冷那得来三吴。
顾家传来三四株，桂林翠幄森森殊。
远人无凭未敢信，持问闽士咸惊呼。
还闻累累生数子，绛绡裹玉分明是。
未论香色果如何，只说形模已珍美。
千载空流北客涎，一朝忽落馋夫齿。
白图蔡谱漫夸张，文饰宁如亲目视。
饱啖只于乡里足，鲜尝渐去京师迹。
不须更作岭南人，只恐又无天下痏。
朝来自讶还自疑，事出非常有如此。
虽云远附商船达，不谓滋培遂生活。
始知生物无近远，故应好事能回斡。
卉物聊占地气迁，造化竟为人事夺。
仙人本是海山姿，从此江乡亦萌蘖。
由来沃衍说吾乡，异品珍尝曾不乏。
不缘此物便增重，无乃人心贵希阔。
福山杨梅洞庭柑，佳名久已擅东南。
风情气味不相下，称绝今兼荔枝三。

西禅寺啖荔
郁达夫

鹓鸲腐鼠漫相猜，世事因人百念灰。
陈紫方红供大嚼，此行真为荔枝来。

七律·途次莆田
郭沫若

荔城无处不荔枝，金复平畴碧复堤。
围海作田三季熟，堵溪成库四时宜。
梅妃生里传犹在，夹漈藏书有子遗。
漫道江南风景好，此乡鱼米亦如之。

三十五、柑橘文化

(一)分布及利用价值

柑橘 *Citrus reticulata* Blanco，为芸香科(Rutaceae)柑橘亚科柑橘属植物的泛称。柑橘主要特征是浆果具特别结构：外果皮的油点又称油胞；中果皮最内层为白色线网状结构，称为橘白或橘络；内果皮由多个心皮经发育成熟而称为瓤囊构成。瓤囊内壁上的细胞发育成纺锤形半透明晶体状的肉条称为汁胞。汁胞常有纤细的柄。柑橘属全世界约 20 种，我国约有 15 种。柑橘又可分为柑、橙、橘、柚、柠檬等，其中柑和橘栽培面积最大，历史悠久，通常以柑橘的名称来代表全体。

柑橘在世界上主要分布在北纬 35°以南的区域。我国长江流域以南各省以及长江以北秦岭以南，气候温和的地区均有柑橘分布。全国有 15 个省份分布，其中以四川、湖南、福建、江西、广西、台湾等省份为最多。福建省各县、市都有分布。

柑橘枝叶密生，冠幅广，结果面积大，产量高，种类多，成熟期不一，且耐贮运。柑橘果实除生食外，还可加工为糖水橘片、天然果汁、橘精粉、果酱、果糕、蜜饯、橘酒、橘醋等绿色营养食品，深受人们青睐。果皮可提取维生素 A、B、C、P，亦可制作陈皮。种子含有维生素 E，入药可治肾亏、腰痛。果皮、花、叶富含芳香油，是提取香精的优良原料。花含有丰富的蜜糖，且花期长，是优良的蜜源植物。此外，柑橘适应性较强，除耐寒性较弱外，多种土壤均可种植。

(二)历史和传承

柑橘原产中国，古籍《禹贡》记载，4000 年前的夏朝，我国的江苏、安徽、江西、湖南、湖北等地生产的柑橘，已列为贡税之物。到了秦汉时期，柑橘生产得到进一步发展。《史记·苏奏传》(西汉司马迁著)记载："齐必致鱼盐之海，楚必致橘柚之园"，说明楚地(湖北、湖南等地)的柑橘与齐地(山东等地)的鱼盐生产并重，《史记》中还提到："蜀汉江陵千树橘……此其人皆与千户侯等"。可见当时柑橘生产已有相当规模。

唐宋时期，随着经济的发展，柑橘产区分布与我国现代柑橘分布范围大致相同。宋代欧阳修等撰著的《新唐书·地理志》中列举了山南道、江南道、剑南道 7 个州府(即现在的四川、贵州、湖北、湖南、广东、广西、福建、浙江、江西及安徽、河南、江苏、陕西的南部)，皆向朝廷纳贡柑橘。当时，凡气候适宜栽培柑橘的地方，户户栽橘，人人喜食。

明清时期，柑橘业已发展到商品生产时代。清代著作《南丰风俗物户志》记载，江西南丰等地，整个村庄"不事农功，专以橘为业"。

《闽杂记》（清·施鸿保著）记述了福州城外，"广数十亩，皆种柑橘"。《岭南杂记》（清·吴震方撰）记载："广州可耕之地甚少，民多种柑橘以图利。"

湖北宜昌，种植柑橘历史悠久，早在 2000 多年前，爱国诗人屈原就在故里写下了《橘颂》名篇。据研究，柑橘起源于我国云贵高原，途经长江而下，传向淮河以南，长江下游，直到岭南地区。经过我国人民长期栽培、选择，柑橘成了人类的珍贵果品。15 世纪，葡萄牙人把我国甜橙带到地中海沿岸栽培，当地称为"中国苹果"。后来，甜橙又传到拉丁美洲和美国。1821 年，英国人来我国采集标本，把金柑带到了欧洲。1892 年，美国从我国引进椪柑，叫"中国蜜橘"。英语把柑和橘总称"曼达宁"（Mandarin），其原意就是"中国珍贵的柑"。日本的温州蜜柑，是唐代日本和尚田中间守来我国浙江天台山进香，带回柑橘种子，在日本鹿儿岛、长岛栽植的。现在，柑橘栽培遍及五大洲，而以巴西、美国、中国、日本、西班牙、意大利、摩洛哥、墨西哥、以色列、南非、阿尔及利亚、埃及、希腊、土耳其、阿根廷、印度、澳大利亚的栽培面积和产量居多。

我国古代人民创造的柑橘种植技术，在世界柑橘生产史上一直处于领先地位。柑橘嫁接技术早在战国时代已载入典籍。南宋韩彦直在《橘录》中，对柑橘嫁接技术作了详细的记述："取朱李核洗净，下肥土中，一年而长，又一年木大如小儿之拳，遇春月乃接。取诸柑之佳与橘之美者，经年向阳之枝以为砧。去地尺余，留锯截之，剔其皮，两枝对接，勿动摇其根。掬土实其中以防水，藕护其外，麻束之。工之良者，挥斥之间，无不活着。"

在柑橘分类上，战国时代（公元前 3 世纪），中国人就知道橘、香橙、枳是属同一类的果树。南北朝时期的古籍《异苑》中分出了"柑、橘、橙、柚"。唐书《本草拾遗》中记载了"朱柑、乳柑、黄柑、石柑、沙柑"等 5 种柑类和 5 种橘类："朱橘、乳橘、塌橘、山橘、黄淡子"，并描述了"岭南有柚大如冬瓜"。世界第一部柑橘专著——《橘录》几乎用了五分之三的篇幅记载了真柑、生枝柑、海红柑、洞庭柑、朱柑、金柑、木柑、甜柑、橙子、黄橘、塌橘、包橘、绵橘、沙橘、荔枝橘、软条穿橘、油橘、绿橘、乳橘、金橘、自然橘、早黄橘、冻橘、朱栾、香栾、香圆、枸橘等 27 种柑橘。从果实大小、形状，果皮色泽，剥皮难易，囊瓣数目，风味，种子多少，成熟早晚，以及树冠形态，来描述品种的特性，并指出了命名依据。就算在现代，对柑橘品种的描述，也不外乎这些内容。

（三）品种集锦

【柑中之冠——长泰芦柑】长泰芦柑又名椪柑，为闽南一带传统名优产品，以产自中国芦柑之乡——福建省长泰县而得名。长泰芦柑由来已久。早在公元 685 年建置漳州府时，州别驾在描述当时漳州风光的诗篇中就写有："橘列丹青树，槿抽锦绣丛。蜜取花间液，柑藏树上珍。"说明漳州地区种植柑橘已有上千年的历史。

长泰芦柑具有果型硕大、色泽橙黄、果质多汁、甜酸适度、风味独特等特点，曾荣获

"全国优质水果"称号。1990年，长泰芦柑在国家工商局以"冠牌"商标注册。1995年，荣获国家"绿色食品"使用权。长泰县曾是"中国芦柑之乡"，长泰芦柑是我国第一个获得绿色食品标志使用权的柑橘品种。

多年来，长泰芦柑以其色、香、味三绝而蜚声海内外，被选送到首都国宾馆，并远销东南亚、港澳市场，深受广大消费者的青睐。全国人大原副委员长彭冲题字赞誉：长泰芦柑，品种优良，柑中之冠。原国务院副总理邹家华挥毫盛赞：闽南芦柑乡，奋进又自强。

【东方佳果——永春芦柑】永春是著名山区侨乡，也是全国柑橘生产基地，柑橘种植遍布全县，果品走俏国内各省市，远销加拿大、马来西亚、香港等地，被誉为"东方佳果"。

永春栽培柑橘的历史并不特别悠久。明、清期间，只有少量栽培，品种有香橼、金橘、风柑、柚、橙、橘等多种。民国期间亦有发展。永春人开山治圃，大面积种植柑橘是从1953年开始的，爱国华侨尤扬祖先生从漳州引进柑橘苗木，并从外地聘请技术人员，在猛虎垦殖场和国营北硿华侨茶果场山地试种4公顷，获得成功。63岁高龄的他，凭一把手杖一双脚，攀援天马，徒步猛虎，一次次去勘察山地。而后率领众乡亲在猛虎山搭草寮、睡草棚、食稀粥，披荆斩棘，开垦荒芜，又引植了30多公顷芦柑名种，兴办了华侨垦殖场。

永春县曾于1991年和1992年连续举办了两届芦柑节，时任总理的李鹏同志为其题词："大力发展永春经济，芦柑远销四海""愿永春芦柑远销四海"；王汉斌、姬鹏飞、项南、梁灵光、林一心、卢嘉锡、贾庆林、袁启彤、苏昌培等50多位领导人和知名人士也题词祝贺。芦柑节大大提高了永春芦柑的知名度，使永春芦柑在国际果品市场上声誉跃起。

【历史悠久——漳州芦柑】据福建《龙海县志》记载，"唐大中年间（公元9世纪），九湖七首岩第九代主持中理禅师，常用八泉浇灌1株橘树，结出果大、皮粗色橙、汁甜、味香，果蒂微，有6~8条放射纹，形如卦"。其性状描述，正是现在芦柑栽培种的硬芦品系。又据明朝末年，凌登名撰《榕城随笔》载有："闽南产柑橘，其种不一，而颗皆硕大。芦柑为量，红橘次之。芦柑色稍黄，红橘则正赤，皆佳种也。三衢所产似也当稍让"。说明芦柑栽培已达1100多年历史，目前以福建漳州、永春，浙江衢县，台湾等四地栽培规模量大而集中。漳州芦柑分布在九龙江出海口区域的长泰、龙海、南靖、平和、漳浦5个县区，海拔在200米以下的低丘陵红沙壤地带。

漳州芦柑有两种，一种叫硬芦，一种叫冇芦。其中八卦芦（属硬芦）是漳州的传统名贵特产。八卦芦色泽橙黄可爱，果形扁圆古雅，顶部微凹，间有6~8个放射状沟纹，状如八卦，因此得名。漳州芦柑已有数百年的栽培历史。

漳州芦柑色泽鲜艳，香味浓郁、味美甘甜，可谓色香味俱佳。它营养丰富，富含维生素，尤其是维生素C最多。芦柑颗粒大，通常一粒有三四两重，大的有八九两，果肉香甜，汁多籽少，嫩脆鲜爽，宜作宴席果品。特别是酒后品尝，顿觉清心入肺，酒气为之一降，精神为之一振，令人食之不厌。

漳州芦柑上市正值岁暮，新春来临之际，是闽南家家户户必备的年货。春节期间，亲朋好友光临，端上一盘芦柑，既表示向客人恭贺新禧，又增添节日的喜悦气氛。当客人们告辞时，赠上合双成对的芦柑，令人倍觉主人意重亲切之感。八卦芦柑耐储运，可藏至翌年五六月，应市期长达半年以上。回到故乡探亲的华侨和港澳同胞，在饱尝之余，无不备上一筐，带给远离故乡的亲友们。

【福州市果——福橘】 福橘为诸橘中之佼佼者，不仅有色泽鲜红、皮薄易剥、汁多味甘、光滑耐贮等许多特点，而且谐音于"吉"，成熟于冬腊，特别为人们所喜爱，成为人们春节期间馈赠亲友，招待佳客的上等果品。旧时的福州风俗，大年初一早上开门，家家户户门外都放有几个福橘，任孩子们一意拣去，象征"出门大吉"。

福橘产于福州，历史上尤以闽江两岸和西郊为多。每逢采橘时节，"红实星悬，绿萌云护，提筐担筥而来者，讴歌盈路"的情景随处可见，所谓"闽江橘子红"，说的就是福橘丰收的动人景象。而福橘之所以多汁、甘美，据说因植于沙洲所致。

南宋人韩彦直在《橘录》中称福橘为沙橘，他写道："沙橘取细小而甘美之称，或曰种之沙洲之上。地虚而宜于橘，故其味特珍。然邦人称物之小而甘美者，必曰沙。如沙瓜、沙蜜、沙糖之类，特方言耳。"这是古书中关于福橘的最早记载。其实，福橘的栽培远远早于公元 1000 年。应该说，江南有橘起，就有福橘的存在了。而江南有橘，可以追溯到 2000 年前。

我国所产橘子，品种繁多，但均不如福橘。清徐寿基撰写的《品芳录》就说："橘一名木奴，有黄橘、绿橘、芦橘、蜜橘、荔枝橘诸种，以闽博所产世称福橘者为最。"

今天，福州地区栽培的福橘，经过人工选择和改良，品质更加优良。目前最受欢迎的有两个品系：一是高蒂紧皮系；二是遍大叶系，两者各有特色。福橘的种植面积，近几年也随农村经济政策的落实，在不断扩大之中。

福橘多分布于闽江下游两岸。深秋初冬时节，闽江两岸层层绿树，枝头缀满红果，色彩斑斓绚丽，人们誉之为"闽江两岸橘子红"。福橘皮、核、络都具有药效，制成的橘饼有化痰镇咳、温胃健脾的效用。福橘成熟期恰在岁末，福州风俗以"红"见好，且"橘"与"吉"音似，所以成为民间吉祥物和贺年赠品。著名女作家冰心曾作一篇散文《小橘灯》，寄托了对家乡的思念之情，且广为流传，堪称佳作。

由于盛产橘子，福州古时常制橘灯，寓以吉利、高升之意。橘灯的制法是，在大颗福橘近蒂处平切，取出瓣肉，留下橘壳，用红丝线穿过橘壳堤挂，再用小钢丝扎成烛托放入灯中，插上小蜡烛，点燃后即成新颖别致、小巧玲珑的橘灯。

【形美色鲜——尤溪金柑】 金柑，俗名金橘、金枣。金柑并非柑橘属，而是金橘属植物。果实呈圆形，冬季成熟，是柑橘类水果中之珍品。早在宋朝已为皇宫贡品。韩彦直《橘录》云：金柑因"（温成）皇后嗜之，价遂贵重。"被誉为水果族中之"皇妃"。据李时珍《本草纲目》记载：金柑能"下气快膈，止渴解腥"。尤溪金柑形美色鲜，皮薄核少，汁多味浓，甜酸可口，酸甜适口，连皮带肉均可食用。它含有多种维生素和矿物盐，生食理气补中，有散寒之功和消食化痰之效。金柑树的叶、梗、果均可作药用，尤其对高血压、心血管疾病有良好的疗效。营养价值在柑橘水果类中名列前茅。据资料记载，尤溪县金柑最早植于八字桥洪牌村。

据清康熙五十年(1711 年)《尤溪县志》载："金橘，实长曰金枣，圆曰金橘。又有山金橘，俗名金豆。"可见金橘在尤溪至少有 300 多年的栽培历史。数百年来，经过果农的长期栽培，不断选育，去劣繁优，加上尤溪自然地理条件好，气候温和，雨量充沛，土壤有机质丰富，出产的金柑以果大、皮薄、色艳、味美而著称。尤溪县的八字桥乡、管前镇由于其特殊的气候条件和土壤条件，成为盛产优质金柑的主要产地。而以八字桥乡的洪田村、洪牌村，管前镇的洪村3个相连一片的"三洪"村出产的金柑最为优质。这3个村是福建省的金柑主产区之一。故"三洪"金柑代表了尤溪金柑而盛誉省内外。八字桥洪牌村尚存1株100多年的金柑树，经多次改造，现年产金柑100多公斤，这株金柑是县里最古老的1株。

1997年尤溪金柑荣获福建省名特优产品，优质水果柑橘类金奖；2001年成为唯一被国家林业局命名为"中国金柑之乡"的金柑产区；2002年，尤溪金柑荣获"福建名牌产品"；2005年获得"无公害农产品认证证书"；尤溪金柑地理标志已获国家质量监督检验检疫总局审批通过。

【古田脐橙——纽荷尔】"纽荷尔"脐橙原产于美国，由华脐芽变选育而来。1992年，由古田县科委名优水果场从外地引进。经过10多年来试种、示范和推广证实，"纽荷尔"脐橙已完全能适合古田县气候条件 和地理环境，该脐橙树势生长旺盛，枝梢短密，叶色深绿，果色橙红，果面光滑，果实呈椭圆形至长椭圆形，多为闭脐，果肉细嫩而脆，味香汁多，口感清甜，平均单果重300～350克，大者达750克以上，是馈赠亲友佳品，深受大中城市消费者青睐。"纽荷尔"脐橙投入产出期较短，一般定植后第三年就能挂果生产，4年以上成年果树，一般亩产可达2500～3000公斤，寿命可长达40～50年，其经济效益十分可观。近年来"纽荷尔"脐橙已成为古田县农村脱贫致富的主栽水果品种之一，属短平快项目，不少农民依靠种植"纽荷尔"脐橙致富。

(四)风俗和传说

【互赠橘子风俗】在我国南方地区(主要是福建和广东)，流行着新春佳节互赠橘子的风俗。这个风俗是与中华民族的文化紧密相连的。

在民间，人们习惯上把橘字写成"桔"字，而"桔"字和"吉"字又很相近。新春时节，民间用橘子相互馈赠以求吉利，希望在新的一年里大吉大利。小小的橘子成了人们的护身符。

人们把柑橘叫大桔，它的谐音又是"大吉"。因而，到亲戚家贺年都要带柑橘，要准备一些红橘，用篮子提上作为新春的礼物。主人就拿自家的大橘和贺客带来的互换，以便互尽好意，各得吉祥。小辈给长辈拜年时要以叩头作揖贺年，而长辈就用红纸包着钱或拿柑橘赏给小辈。民间有口头禅："拜年拜年，没橘也要钱。"正因为福橘谐音符合中国传统文化追求吉祥及其寓意象征意义，所以人们还可以从敬神供佛和祭祖的供品中，从年画，从各种建筑物的雕刻中，从故事和传说中经常看到橘子的艺术形象。

【无心插柳柳成荫】尤溪流传着一段金柑"无心插柳柳成荫"的故事：相传于同治四年间(1865年)，闽南商贩肩挑金柑经洪牌村水亭，村民陈著连买半斤尝鲜，吃后取籽试种，育成实生苗种植，没想到长出的果实比闽南商贩挑来的还好吃。此后，洪牌村和邻近的洪田、洪村农民相继引种，数量逐渐增多。也许尤溪山水特别受到金柑钟情，也许因为尤溪人的勤劳厚爱，从那以后，金柑就把闽中山区尤溪县这个异乡当做自个儿的家园，从此"不辞长作尤溪果"，肆意繁衍，生生不息，不断改良，发展成为颇有盛名的尤溪特色名果。

【橘井泉香】历史上流传着一段用橘叶治病的佳话。传说 2000 年前西汉文帝时,有位名叫苏耽的医生,医术高明,治好不少病人。有一年,流行一种疫病,苏耽告诉其母:"庭中井水,檐边橘树,井水一升,橘叶一枝,可疗一人。"母亲照着儿子所说的办法,治愈了不少病人。后来,有些中药店里悬挂着"橘井泉香"字样的匾额,便来源于此。

【长泰芦柑的传说】关于"芦柑"一词的来历,民间流传着神奇的传说。相传长泰石铭里罗山寨(岩溪镇石铭村)有一户姓罗的人家,祖上做了二十四代好心人,才出了一代皇帝罗隐。但因罗隐的母亲行为歹毒,玉帝知道了,派神仙下凡,把罗隐的"天子骨"换成"乞丐骨"。罗隐在被换骨头时,疼痛难忍,他咬紧牙关,嘴巴没有被换走。于是罗隐变成"乞丐身,皇帝嘴"。

罗隐背着"加志"(闽南方言,草编织的袋)和打狗棍,下了罗山寨,沿村挨户地"乞食"。他走过的地方,凡是高兴分给他吃的,他就讲好话,那个地方办事都成功;谁恶声恶气待他,被罗隐骂了,那个地方是注定要糟透的。

有一次,罗隐从石鼓社(今古农农场石鼓作业区)乞食回家,当他走到高敫社(今高敫村)渡船边时,肚中又饥又渴,他看到满园都是黄澄澄的柑仔(甜橙),口水直淌下三尺。他要求"头家"(果园主人)赏给一个柑仔尝尝新,主人正在大批采摘,毫不吝惜地拣了两个大的柑仔给他。罗隐意外得到柑园主人慷慨赐予,感动极了。他边剥柑皮,边吃边说:这柑仔又大又甜,太好料了,要是我当上皇帝,这就是上等的贡品。

主人早已听到罗隐要当皇帝的传说,高兴极了。他加紧培土、施肥、修剪、抓虫害,几年后,满园硕果累累。因罗隐"说破",皇帝说定的非常灵验。高敫村的柑仔最甜最好吃的说法传得很远,远近的柑农都跑到高敫村来买柑和买柑苗。后来,人们为了纪念罗隐,就将柑仔(甜橙)称为芦柑(芦与罗谐音)。罗隐虽然没有当皇帝,然而岩溪芦柑却成为名闻国内外的优质水果。

【福橘传说】很久以前,福州闽侯南屿还是"涨潮一片汪洋,退潮一片沙洲",水草丛生的荒滩,年年都要"做溪水"(闹洪水)。当地农民过着十年九涝的贫苦生活。

南屿有一处地势较高的桐南村,村里住着一户林姓农家,父母女儿三人相依为命。父亲叫林吉吉,女儿叫林婉姑。婉姑 17 岁这年,桐南村发生了特大水灾。洪水淹没了田地庄稼,冲毁了房舍。幸好林家在高坡上,没受损失。还没等洪水退去,林婉姑就陪着父亲赶到田头,只见田里的庄稼全被洪水卷走,满地是沙石树枝,这怎能种庄稼呢?以后的日子怎么过呢?父女俩越想越悲伤,禁不住抱头痛哭。正当他们准备回家时,不知什么地方漂来许多木臭仔(小树苗),婉姑好奇地俯下身,抓起 1 棵仔细打量:这木臭仔有一人高,枝丫挺拔,树皮有好看的虎皮斑纹,树叶翠绿,枝丫上还挂着 1 个绿里透黄的果实。婉姑把它摘下,掰开果皮,一尝,又香又甜!父女俩激动得卷起裤脚,把木臭仔一棵棵捞上来,一数,七七四十九棵,刚好种 3 亩地。

第二年春天,树长到杯口粗,树冠有圆桌大,绿叶葱翠,满树开满了白色的小花,散发出浓郁的芬芳,人们在几里外就能闻到,引来一群群蜜蜂,在树间花丛忙碌。到了秋天,树上结满了累累果实。灾后逃难的乡亲陆续回到家乡,看到眼前的景象,无不惊叹。大家都不知道这种果子叫什么,只知道是林吉吉家种的,就把它称为"橘"。

　　秋天渐渐过去，眼看冬至将临，可是他们种的橘子总不见再大，也不见黄，好像永远也不会成熟，那橘皮又青又厚，一尝，又酸又涩，这哪是什么仙果，分明是只能看不能吃的孽果！林吉吉一半是劳累过度，一半是经不起失败的刺激，病倒了。他的病很奇怪，只要一听"橘"字、看见橘，就咳嗽、哮喘不止，病一发作，喉咙像拉风箱，心肺像被野兽利爪撕裂似的。

　　有人劝婉姑说："依妹，你爹的病是由橘引起的，只有将橘树砍掉，才能去除你爹的病根，再说那东西吃不能吃，卖又没人要，留着没用，不如砍了当柴烧。"可婉姑怎么舍得把自己亲手种的、全家人心血换来的橘林砍掉呢？她实在想不出好办法，伤心地哭了三天三夜，哭得眼睛流血，一滴滴鲜血把衣襟都染红了，哭着哭着，就不知不觉地睡了。

　　睡梦中，婉姑听到一阵悠扬的悦耳的仙乐，霎时，瑞云飘来，云际出现一群仙女，簇拥着一位仙姑，慈祥可亲。婉姑连忙跪下，向仙姑诉说自己的不幸，恳求仙姑救救她的父亲和橘林。仙姑安慰她："小妹妹，老天不负有心人，你一家辛辛苦苦种了这片橘林，为人间造福，仙家会帮助你的。"说着，从袖中掏出一支神笔，送给婉姑，交代她："你用这支笔，蘸着衣襟上的血，将橘子逐个点化，橘子立刻就会变样。然后你将点化过的橘皮、橘核熬成汤，让你父亲喝，他的病就会好转。"婉姑恭恭敬敬地接过神笔，千恩万谢。梦醒时一看，手里果然有一支神笔。

　　婉姑按照仙姑的指点，来到橘林，用神笔蘸了衣襟上的血，再一个个往青橘点去，奇迹出现了，一个个橘子立刻变大，瞬间转为朱红色，发出诱人的芳香。婉姑随手摘下一个，剥开一看，只见皮薄瓣满，肉似黄金。一尝，酸甜适口，满嘴留香。婉姑摘了两个最大的红橘带回家，把橘皮和橘核熬汤，让父亲喝，果然断了病根。从此，一家人经营这一片橘林。经过他们的辛勤劳作，橘子越种越好，乡亲们和外乡的果农也纷纷到此引种。有人说："这是仙姑点化的仙果，种了它，一定会带来美满幸福。索性称它为'福橘'。于是，'福橘'就这样传开了。福州郊县的各乡都来引种，福橘栽满了闽江两岸，映红了闽江水，因此就有"闽江橘子红"的佳话。

　　【橘香景丽话螺洲】"树树笼烟疑带火，山山照日似悬金。"这是福州郊区盛产柑橘的螺洲镇橘林丽景的写照。螺洲镇距福州市区约10华里，在闽江下游南台岛的西端，是福州市的一个江洲名镇。螺洲之所以得名，有一则美丽的神话传说。六朝人遗书《搜神后记》曾记：东晋安帝时，谢端少丧父母，年十八，恭谨自守，未有妻，居江洲，躬耕力作。后得一大螺，贮于瓮中，幻一少女，端请留，终不肯，时忽风雨，翕然而去。民间乃附会此故事，以谢所居地为螺洲。清同治年间，《螺洲志》作者在"白花洲"里录前人序亦记："第按其舆图，以谢氏迩螺女于滨江，遂定归妹议，后世缘是以为美谈，而螺江之名，实自始焉。"因螺洲多种橘，故又称"橘洲"。螺洲因其土质宜种橘树，历来即以盛产柑橘闻名于世，是柑橘的故乡。《闽产录异》载："（橘）产于洲渚之地则色红，余则色黄，螺洲尤得其地利。"因此，其橘既甘又红称"福橘"之正宗。每当年终岁首，人们都喜欢用"福橘"供祭祖先，或作礼品相馈赠。螺洲的橘子也像武夷山的茶叶一样，有历史悠久的食文化，市场的需求量非常之大。我国东北的几个省市及东南亚各地都争购这里的"福橘"。

　　现在螺洲的全部耕地都已经遍种橘树。橘树是常绿的小乔木，橘园连片的树叶，如碧云铺盖。螺洲镇的橘林可以说是绿的世界、甜的世界和红色的世界。20 世纪 50 年代，电影故事片《闽江橘子红》的外景，便是以螺江为背景进行拍摄的。画面上清清的螺江水，巍巍的五虎山，一经放映，观众无不惊羡这里迷人的秀丽风光。螺洲镇虽为弹丸的江渚之乡，但旧时代的人文亦颇盛，代出名宦。明洪武当过工部右侍郎的吴复，清朝当过刑部尚书的陈若霖，以及被封为"太子太师太傅"的陈宝琛，都是原籍螺洲。自明迄清，螺洲吴、陈、林三姓，成进士的就有 27 人，为福建省所仅有。

（五）柑橘文化品赏

柑橘文化是体现自然崇拜、图腾文化、祭祀文化和巫文化的重要组成部分，经历代文人墨客的创作积累，成为中华人文文化的一道亮丽的风景线。

上古时代，人们在自然崇拜中，把橘树作为植物崇拜的对象，楚国把橘作为社树，用于祭祀，是楚国的"封疆之木"，乃社稷的象征。在先秦文献中早有橘树从天而降的记载，《春秋律·运斗枢》载："璇枢星散为橘"，其意思是说天上的璇枢星散落下来化为人间之橘，橘在古人的心目中已不是人间凡品，而是天仙所食之仙果。

西汉刘向《列仙传》载曰："穆天子会王母于瑶池，食白橘、金橘。"南北朝刘峻启《送橘启》则载云："南中橙橘、青鸟所食"。青鸟是为西王母取食之鸟，是仙鸟。《幽怪录》的记载更是神奇："巴邛，橘园中霜降后，见橘如剖击，开中有三志叟戏象。一叟曰：橘中之乐，不减离山……一叟取龙脯而食之、食讫，余脯化而为龙，众乘之而去。"橘脯能化为飞龙，真玄怪得令现代人不可思议。

正因为如此，又加之柑橘古代量少，所以特别珍贵。东汉崔实《政论》说："橘柚之实、尧舜所不常御。"宋代陆佃《坤雅》云："果之美者，江浦之橘，云梦之柚。非为天子，不可得而具。已成而天子成，天子成则至味具矣。"足见珍贵。

历代典籍对柑橘记载者较多。柑橘是先秦文献史料中记载最早最多的果树之一，《禹贡》"荆州……包甋（匣子，这里指包装橘柑的器物）菁茅"，包，就是橘柚。《周书》："秋食栌梨橘柚。"《庄子》："譬三皇五帝之礼义法度，其犹木且梨橘柚邪，其味相反而皆可于口"。《韩非子》："树橘柚者，食之则甘，嗅之则香"。《山海经·中山经》："荆山……其草多竹，多橘"。《淮南子》："今夫徒树者，失其阴阳之胜莫不橘槁，故橘树之江北，则化为积"。《春秋》："橘生淮南则为橘，生于淮北则为枳，叶徒相似，其实味不同，所以然者何，水土异也"。《史记·货殖列传》："安邑于树枣，燕秦千树栗，蜀汉江陵千树橘……此其人皆与万户侯等"。《史记·苏秦传》："楚必致橘柚之园"。

在历代典籍中，类似的记载很多。将柑橘作为文学创作的素材，则始于屈原的《橘颂》，此诗作于屈原青年时代，是中国橘文学之鼻祖。"后皇嘉树，橘徕服兮。受命不迁，生南国兮。深固难徙，更一志兮……"其后，三国曹植的《植树赋》，南北朝传玄的《橘赋》，东晋刘谨的《橘树赋》，西晋孙楚的《橘赋》等，都是文学史上的精品。在古代，柑橘也是三峡地区最重要的物产。"荆州橘柚为善，以其常贡"（晏子使楚与楚王的对话）。诗歌中较多地反映了这些内容："青惜峰峦过,黄知橘柚来"(杜甫《放船》)。"荷尽已无擎雨盖,菊残犹有傲霜枝,一年好景君须记,正是橙黄橘绿时"(苏轼《赠景文》)。"长江连蜀楚,万派泻东南……野戍荒州县,邦君古子男,夜衙鸣晚鼓,待客荐霜柑"(苏轼《入峡》)等。

在古代绘画和书法作品中,也多有以橘为题材的作品,王羲之的《奉橘贴》为书法史上重要的作品之一。可以毫不夸张地说,柑橘文化作为中华文化的精神一笔而载入史册。

三十六、柚子文化

（一）柚子特性及分布

柚 *Citrus grandis*（Burm.）Merr.，别名文旦、抛，为芸香科（Rutaceae）柑橘属植物。柚子虽然也是柑橘属植物，但由于它的果实明显大于其他种，因而被我国人民另归一类看待。柚子是我国南方平原、丘陵地区主要果树之一。柚子生长快、结果早、产量高、品质好、营养丰富、耐贮运、适应性强，特别是近年来福建平和变异株新品种的不断发现，如红肉、黄肉蜜柚等品种，栽培面积不断扩大，正在成为很多农民的致富树、发财树。

柚子是亚热带常绿树种。主要分布在长江流域以南各地，以广东、广西、湖南、福建、浙江、四川等地为多。福建省柚子的主要栽培区在漳州的平和、南靖、华安、长泰，莆田的仙游及宁德的福鼎等地，近几年来，三明、建阳等地亦有种植。

柚子的品种很多，除广东的金兰柚、桑麻柚、胭脂脚柚，四川的垫江柚、蓬溪柚、左氏柚，湖南的安江石榴柚、大庸菊花柚外，福建省内主栽品种有琯溪蜜柚、文旦柚、坪山柚、沙田柚、四季柚、胡柚几种。台湾也有种植，品种有麻豆、文旦等。

柚子果实大、籽少、营养丰富，气味芳香，甜酸可口，果肉细微，风味佳。据测定：果实可溶性固形物 10%~13%，糖 7.8%~9%，有机酸 0.7%~0.9%，含有多种氨基酸和大量维生素 C、B 及硒、钾、钙等多种元素，果汁具有降血糖作用。果实除鲜食外，还可加工成果汁等饮料，果皮可加工制成蜜饯，糖渍，供食用或药用。柚果在医药上有滋阴润肺、祛风降血、健胃理气等作用，特别对肺热咳嗽、气郁便结、小儿麻疹等病有明显的疗效或辅助疗效。花、果皮可提取芳香油。种子含油量约 40.7%，出油率 32%，可榨油制肥皂、润滑油，也可食用。木材坚实、致密，可作家具用材。

（二）晋京贡品——琯溪蜜柚

享有"世界柚乡、中国柚都"美誉的平和县，位于海峡西岸闽南金三角漳州市的西南部。平和县种植了世界最优秀的柚类品种，一种被誉为"太阳果"的名优特水果——平和琯溪蜜柚。

据清康熙《平和县志》记载：琯溪蜜柚原产于琯溪河畔的西圃洲地（今平和县小溪镇西林、联星村），因其"结实重大，几欲脱树"，在明清时称之为"抛"。明朝嘉靖年间的平和籍贡生张凤苞在为其好友西圃公撰写的墓志铭中记载："公事农桑，平生喜园艺，犹喜种抛，枝软垂地，果大如斗，甜蜜可口，闻名遐迩……"。这里的"抛"，就是平和琯溪蜜柚。平和种植琯溪蜜柚已有 500 年以上的历史，而李氏西圃公也被平和人尊为平和琯溪蜜柚的鼻祖，如今被供奉在小溪镇西林的侯山宫。

明朝《福建物产》记载："结实果大，几欲脱树，故谓之抛一柚子，独平和出者，横直杂嵌，不分层次，香味可敌荔枝。"

清朝乾隆年间，漳州府平和县侯山进士李国祚耀选江西平乡县令，1746 年，他带家乡的土特产琯溪蜜柚到杭州访友，一个偶然的机会正好被乾隆皇帝吃到，乾隆龙颜大悦，得知这是平和李氏西山蜜柚，就降旨侯山李氏每年要进贡百粒蜜柚到朝廷。到了同治年间，同治皇帝为嘉奖琯溪蜜柚的不凡品质，又赐"西圃信记"印章 1 枚及青龙旗 1 面，作为平和琯溪蜜柚进贡朝廷的印信和标识，故民间又称为"皇帝柚"。时任福建巡抚的王凯泰有诗："西风已过洞庭波，麻豆庄上柚子多。当年文宗若东渡，内园应不数平和。"诗里的"内园应不数平和"，讲就是平和琯溪蜜柚是朝廷贡品。

清施鸿保 1857 年在《闽杂记》一书中记载："品闽中珍果，荔枝为美人，福橘为名士，若平和抛则侠客也。香味绝胜，而形容粗莽，犹之沙叱利。古押牙，嵌崎苦落，不以体段悦人者。"这话说得中肯，柚子"其貌不扬"，而果实脍炙人口。把平和琯溪蜜柚誉为"果中侠客"，名列闽中三大名果之一。

平和县发现和培育多个琯溪蜜柚变异新品种，如黄肉蜜柚、三红蜜柚、红绵蜜柚、橘皮黄肉蜜柚等品种。特别是"红肉蜜柚"的培育和发展为福建柚子业的发展作出了重大贡献。红肉蜜柚因传统平和琯溪蜜柚基因变异而成，平和县柚农发现并选育，由福建省农科院果树研究所与平和县有关部门联合培育成功，已通过福建省非主要农作物品种认定委员会的新品种认定，并定名为"红肉蜜柚"。获得国家农业部颁发的植物新品种权证书。红肉蜜柚作为色、香、味俱佳的柚类新品种，如今不但遍植平和全县，而且走出平和，被四处引种，成为琯溪蜜柚的"新贵"。

平和县已开发出平安果系列、吉祥果系列、祝福果系列、开心果系列、广告产品系列等观赏柚、礼品柚产品，广受消费者热捧。"文化柚"的开发进一步提升了琯溪蜜柚知名度，拓宽了琯溪蜜柚的销售市场。"文化柚"是利用水转印技术手段，在蜜柚果皮上粘贴精美图案或文字，对柚果进行艺术化形象包装，使消费者在品尝柚果香甜的同时，产生丰富的文化联想。"文化柚"上拓印的精美图案或文字大多取材于当地闻名遐迩的文化名品，如"三平祖师爷"、文化大师林语堂、克拉克瓷器等，及"福""禄""寿""喜"等一些洋溢喜气的吉祥字，迎合了中国传统的祈求平安吉祥的风俗。

琯溪蜜柚是内地及港澳市场供不应求的抢手货。1995 年，平和县被授予"中国琯溪蜜柚之乡"称号。1996 年，由农业部绿色食品发展中心授予琯溪蜜柚绿色食品标志使用权。"平和琯溪蜜柚"被评为"漳州十大城市名片"。2007 年，"平和琯溪蜜柚"商标被国家工商总局认定为"中国驰名商标"。目前平和县柚类种植面积、年产量、年产值、市场份额均为全国县级第一，是全国最大的柚类生产和出口基地县。

(三)历史悠久长泰文旦柚

据商务印书馆 1947 年第十五版《辞源正续编合订本》中"文旦"词条载："文旦"柚之别种；瓤白味甘，古称香栾，或云皮裹淡红色者曰香栾，皮裹白瓤淡红色者谓之朱栾。《漳州府志》载："柚最佳者曰文旦，出长泰县，色白，味清香，风韵耐人；惟溪东种者为上。"

福建省长泰县栽培文旦柚历史悠久，有数百年栽培史。自公元 955 年长泰建县至今，已修县志 7 次，现存五部《长泰县志》，均有长泰文旦柚的记载。相传长泰文旦柚由溪东村一姓文的艺人小旦所种而得名。据溪东村老人回忆，早年溪东、龙津溪两岸，几乎是文旦柚的世界，可谓"满城微雨柚花香"。采收时，一船船柚子，由龙津江运往京沪杭等地及南洋诸岛。抗战时期，日寇封锁海面，袖子销路受阻，柚树也因此管理不善。长泰文旦柚多经厦门销往上海、杭州等地，因此，沪杭称之为"厦门文旦柚"，其实是漳州长泰所产。

长泰文旦柚名声远扬，品种被移植到省内外各地，成为当地名优水果。清同治五年（1866 年），浙江省玉环县龙岩乡山村韩姬宋妻，把文旦柚从长泰引至该地种植，现已发展 2000 多公顷，称为"楚门文旦柚"，被列为浙江省名果。文旦柚色泽鲜美，皮溢清香，肉质柔脆，汁多味甜，微酸，果实营养丰富。文旦柚树生长健旺，枝叶婆娑，树形优美，绿树成阴，开花时节清香飘溢；果熟时节金果绿叶相映衬；是城乡绿化、美化、果化的观赏树，又是发展城乡庭院经济的优良果树。

(四)仙游度尾文旦柚传说

传说仙游文旦柚是由该县举人吴登青和莆仙戏班一个名旦合作栽培成功，取二人身份取名"文旦柚"。

据传说，1833 年(清道光十二年)仙游县度尾镇潭边村后庭组吴登青考中举人，翌年他游览浙江金华府与仕友品尝当地柚子时，觉得品质尚佳，更向当地友人讨取柚苗，并带回几棵种植在自己老家的庭院内。经过几年的精心培育，柚树长得枝旺叶盛，不久更开花结果，到十月底柚子成熟时，色泽青黄，果实重 1 公斤左右，采下品尝时觉得口感较好，但汁少有渣，果肉中含有许多柚籽，果形不规则，皮粗影响品质，吴登青感觉到自己种的柚与金华吃的柚品质上有明显退化。

吴举人在一次朋友聚会上，他了解到潭边村有位青年女子叫吴接母，人长得清秀美丽，而且还是莆仙戏班中的一个名旦，前几年她在外出演出时，带回 1 棵柚苗栽在自己的厝边，已开花结果，其品质优良，口感好，柚果肉无籽，汁多无渣，但果实不大，只有 0.25 公斤左右。吴登青获悉后，带着自己的柚子，到吴接母家拜访。两人相互品尝着对方的柚子，觉得只有融合双方的优点，才能达到良好的品质。为此，请果匠把吴接母栽的柚树上的柚穗剪下来，嫁接到吴登青的柚树上。

经过精心管理，新嫁接的柚树终于结出果实了，到十月底采收时，果实重达 0.75~1 公斤，形似大秤砣，色泽青黄，产量也高，品尝内质时，具备了双方的优点，清香爽口、汁多肉嫩、无籽无渣、芳香扑鼻，是柚中佳品。吴举人与吴名旦二人非常高兴视为奇珍异果，并取名为"文旦柚"，其寓意为"文"举人与名"旦"共同培育出的佳柚，而且名字也雅致含蓄。之后他们精心培植，不断繁育这一优良品种，并赠送给亲朋好友种植，几年后，在度尾镇宝兴、新厝子、陈库几个自然村等地都出现零星栽培这种柚子。当时，由于这种柚子产量极少，多作珍品馈赠亲朋好友、上司、贵宾乃至被地方官府都当做贡品向上朝贡。

仙游度尾文旦柚于清末栽培成功后，群众用高压法育苗成功并传到邻村大量发展。

仙游度尾文旦柚不但产量、产值、效益高，产品质量也不断提高，受到广大消费者和相关部门的肯定认可。1983 年，国家主席李先念品尝度尾文旦柚后，对其品质赞不绝口，称其为"度尾无籽蜜柚"。2000 年，"度尾"牌文旦柚被中国国际农业博览会认定为"中国国际农业博览会名牌产品"；2002 年、2005 年、2008 年，"度尾"牌文旦柚连续被福建省人民政府评为"福建名牌产品"；2002 年，"度尾"牌文旦柚被中国国家质检总局认定为"原产地标志"；2002 年、2005 年、2008 年"度尾"牌文旦柚连续被中国绿色食品发展中心认定为"绿色食品 A 级证书"；2004 年，"度尾"牌文旦柚被中国农业部认定为"南亚热带作物名优基地"；2006 年，"度尾"牌文旦柚被福建省著名商标认定委员会认定为"福建省著名商标"；2010 年，"度尾"牌文旦柚被中国国家质量监督检验检疫总局认定为"地理标志产品保护"。

（五）台湾文旦柚源于福建闽南

一位玉环籍台胞回故乡探亲，品尝文旦柚时写了一首诗：

> 海峡两岸波连波，麻豆楚门柚子多。
>
> 往岁韩黄得贡品，两岸文旦记平和。

"麻豆"即今台湾台南县安定乡麻庄，与玉环的楚门一样，是个盛产文旦的地方。"韩黄"是两姓连撰，韩是楚门山外张村的清代古人韩姬宗，黄是清代台南郑杨庄庄民黄灌，两人都从福建引种柚子回到自己的家乡。"平和"指盛产文旦柚的福建省平和县，清代自雍正皇帝开始至慈禧太后，都喜欢品尝平和县的文旦，认为这是天下最佳的柚子。

《台州日报》一篇题为《海峡两岸文旦缘》的文章。文章指出：台湾有麻豆柚，玉环有文旦柚，两柚一条根，主根源自福建。

当年，文旦从福建引进台湾岛还是玉环岛，都有一段传奇色彩的史话。

清代雍正初年，台南郑杨庄庄民黄灌从闽南引进文旦柚，最初仅作为田园点缀。道光三十年，麻豆街居民郭药，用两斗米换了 6 棵柚苗，携回麻豆庄郭氏祖厝庭园栽种。若干年后，开花结果，令人喜爱，剥皮食之，美不胜收，于是乡邻族亲纷纷引种栽植，几乎家家栽种。数十年后，麻豆文旦柚竟香飘清廷。日寇侵台后，特定将文旦柚全部送往日本进贡天皇。据台湾的文献记载，台湾花莲的"鹤岗文旦柚"也是清朝康熙年间（1701 年）从闽南的长泰传过去的。所以说，海峡两岸柚子同一宗，台湾文旦柚的"祖居地"就在对岸的闽南。

玉环文旦最早产于楚门龙溪的山外张村，据记载，清朝光绪年间（1875 年），山外张村韩姬宗科考后授任江西广信府兴安知县，同年携妻芳杜李氏由江西返乡省亲。途经安徽九华山时，韩姬宗与妻朝山敬香，偶然遇到福建信女，分吃她供佛后的福建平和柚子。李氏见福建柚味浓脆嫩、清甜爽口，就留下种子带回龙溪山外张村播种，成活 13 株栽种在韩家大院。经过细心培育，文旦成林挂果。韩氏人家常常用文旦招待客人，后由楚门蒲田亲戚引种，与土栾、玉橙等嫁接选育，一代代繁衍下来，品种日臻优良，逐成柚类珍品。1985 年参加全国优质农产品评比，也称玉环柚。

自古以来，人们不但把文旦视为保健果品，而且把它当成思乡念祖的地方风物。每年入秋以后，正是柚子大量登市之时，漫步浙闽台街市，随处可见一颗颗柚子被码成一堆堆小山似的，芳香四溢。每年中秋节，在闽南、台湾与浙江温台两地的闽南方言区，几乎家家户户都要买来柚子和月饼，摆放一起供奉"月娘妈"（月亮）。民间的"柚子宴"更是风靡海内外。在闽台柚子产地，每逢秋冬季节，旅外游子回故里寻根谒祖、旅游观光时，柚乡的亲友举办这种独领风骚的"柚子宴"，庆贺游子归来，合家团圆。闽南话"柚子"与"游子"谐音，故亦取谐音谓之"游子宴"。"柚子宴"吃的柚子，是精挑细选的，特别清爽可口，又有观赏价值，一个个滚圆滑溜，犹如大皮球，煞是可爱。

（六）优质柚子遍植八闽

福建省内主栽的柚品种，除琯溪蜜柚、文旦柚外，还有坪山柚、沙田柚、四季柚等诸多品种。

【福鼎四季柚】福鼎四季柚因四季开花结果而闻名。福鼎名果四季柚原产台湾，100 年前引进，植于福鼎前岐镇，经老农世代悉心培育，品质愈佳。1989 年，福鼎四季柚首次参加全国优质水果鉴评，即荣获"部优"水果荣誉，此后，在多次全国柚类名果评选中，均获"金奖"殊荣，被誉为"世界奇果""果中之王"。

四季柚以一年四季均能开花结果而得名。柚树寿命长，百年以上老树仍结实累累。四季柚生长习性较特殊，对环境条件及栽培技术要求较严格，因此它的发展速度及分布范围均受到一定限制。中华人民共和国成立前，福鼎全市只存几十株，总产量不足 1 吨，20 世纪 80 年代后发展较快，目前全市种植面积已达 2000 多公顷，年总产量达 1 万多吨。四季柚名果曾被美国《纽约时报》和国内《人民日报》《健康报》《香港商报》等多家报刊报导推荐，深受广大消费者欢迎。

【古田湖滨蜜柚】福建古田县湖滨蜜柚是新培育的柚子优良品种。该品种是从坪山柚选育出的一个新株系。1987～1990 年福建省农科院果树研究所和漳州市农科所组成的"福建省柚子优良品种资源调查研究"课题组认为是很有发展前途的柚优良品种，并命名为"湖滨蜜柚"。

【华安坪山柚】华安县坪山柚是全国四大名柚之一。因原产于福建省漳州市华安县新圩镇黄枣村的坪山而得名。古代曾列为贡品，有 600 多年栽培历史。

据史书记载："华封产者呼华封抛"。华封即华安县，"抛"即福建和台湾一带民间对柚子的称呼，其由来为柚子果实重大，几欲脱树，谓抛。柚子成熟期正值中秋佳节，为民间象征亲人团圆，共赏月圆时必备佳果之一。分布于九龙江两岸。目前主要分布在华安县沙建镇的官古、打铁坑和新圩镇。

注册的"北溪牌"坪山柚 1999 年获得"绿色食品标志"使用权。改革开放以来，华安坪山柚生产得到迅速发展，先后被国家列为柚子生产、柚子出口创汇基地县。1992 年，原农业部部长刘中一特地为坪山柚题词"天下名柚华安坪山柚"。1995 年，华安县被国家命名为全国首批百家特产之乡——中国坪山柚之乡；1997 年 10 月，参加全国柚类评比获得早熟柚类金杯奖。2003 年、2006 年，连续两次获得"福建名牌产品"。

【上杭沙田柚】沙田柚果梨形或葫芦形，果顶略平坦，有明显环圈及放射沟，蒂部狭窄而延长呈颈状，果肉爽脆，味浓甜，但水分较少，种子颇多。

上杭沙田柚产于上杭县下都乡。1999 年 11 月，在全国第六届柚类科研与生产协作会议上，荣获"优质柚类"称号，是柚农们结合当地独特的自然气候、土壤条件，科学精心培植成的一种新、特、优、名果。上杭沙田柚，果形呈葫芦状，且硕大美观，果皮色泽金黄，被赋予"团圆美满、招财进宝、丰衣足食、吉祥如意"等象征意义。果瓣大小均匀，水分足，肉质脆嫩、清甜口感好，除鲜食外，经过加工可拼盘造型，成为宴席上精美可口的晾果菜肴。

(七)柚子茶——成功茶

柚子茶又名"成功茶"，其饮用风俗流行于中国台湾、福建一带。

柚子茶的得名与我国明清之际收复台湾的名将郑成功有关。

相传当年清军入关后，郑成功父亲郑芝龙欲图降清，郑成功苦口婆心地劝说，但其父不从。郑成功只得移师广东，起兵抗清。他以金门、厦门为根据地，连年出击粤、江、浙等地，在围攻南京时，因寡不敌众而退守厦门，后又率将士数万人自厦门出发，经澎湖于台湾禾寮港登陆，围攻荷兰总督所在地赤嵌城（今台南市西安平）。1662 年，经过几个月的战斗，荷兰总督投降，台湾收复。郑成功在收复台湾时，目睹闽台两地瘟疫流行，御病无方，心急如焚，便将军中贮备多年的柚茶分送给闽台两地缺医少药的老百姓。结果这种柚茶成了祛病消灾的良药。闽台两地的老百姓为了感谢郑成功的功德，便将该柚茶称之为"成功茶"。闽台人民饮柚茶的风俗从此流传开来。

【柚子茶】将福建特产优质文旦柚切开上部约五分之一作为盖，掏去柚肉，将上等乌龙茶装入柚子中，然后盖上柚子盖，用线缝合复原，挂在屋檐下通风处阴干，即成。至端午节时，剖开柚子，取出茶叶，用沸水冲泡饮用。该茶具有下气、化痰、润肺之功效，对慢性咳嗽，消化不良等症有很好的疗效。饮用方法：打开顶盖，挖取适量茶叶置于茶壶内加入少许冰糖用开水冲泡既可饮用。柚茶质地坚硬，冲泡时必须先用较尖锐的器皿橇松，然后取少量柚茶碎片放入杯中，用沸水冲泡（与普洱茶的冲泡方法基本一致），再用滤网过滤掉残渣便可饮用。此外柚茶也可以加入冰糖或蜂蜜混合冲泡，效果更佳。

【鲜柚茶】鲜柚茶的做法是：将柚皮、柚囊切成片，与柚肉和蔗糖混合后，揉搓，放入容器，密封 3～5 天；取出，放入器具中，逐步加温至 100～120℃时，加入 10%～15% 蜂蜜，保温时间 30~40 分钟，降温，待温度降至 20~30℃ 时，再加入 25%~30% 蜂蜜，混匀，即得鲜柚茶。柚茶将柚皮、柚囊和柚肉与蔗糖、蜂蜜有机结合，保留了柚皮、柚囊、柚肉、蜂蜜的有益成分，含有人体需要的各种氨基酸、蛋白质和谷维素及维生素 C、B_1、B_2、E 以及人体不可缺少的磷、钙、镁、硫、钠等矿质营养元素，具有润肺肠、消痰化气、开胃消食、保质时间长的特点，适用于男女老少冲饮，可作为鲜美的果酱用于调味，是一种营养丰富的食品。

【柚子花茶】主要产于福建福州、浙江金华等地。历史上柚子花大部分只是作为茉莉花茶窨前的"打底"工作使用，以弥补春季茉莉花香之不足。因此，单独销售的柚子花茶比较少见。制成的柚子花茶成品分为 1~5 级。一级柚子花茶外形条索细紧匀直，平伏匀净，色泽绿润显锋苗，汤色清澈，黄绿明亮，香气鲜浓，叶底细嫩匀齐明亮，滋味醇厚鲜爽。

【台湾柚子茶亮相福州】剖开乌黑的柚皮，露出陈年的乌龙茶，切下四分之一的茶块，冲入炭烧陶壶滚水，沏出色如琥珀、清亮的香茶。抿一口，舌尖有桂圆肉汤的香味——这便是来自台湾的柚子茶。在福州恒昌行文化艺术城内举办的"海峡两岸品茗论壶茶文化交流论坛"，福州市民品尝到市场上买不到的台湾柚子茶。台湾高级茶艺师李飞鸿说："柚子茶是将焙火过的上等乌龙茶，塞入掏空果肉的白柚内，用针缝合后，经 5 年以上风干形成的珍稀药茶。物以稀为贵，即便在台湾，这种茶也已经濒临失传了。"据台湾民众传说，当年是郑成功将这种茶带到台湾，并帮助台湾百姓了解这种茶有不错的解毒疗效。因此，台湾柚子茶具有浓厚的传奇色彩，也是两岸特殊情缘的见证物。

（八）柚子食疗及医疗保健

1. 柚子的食疗

史料文献记载：《日华子本草》："治妊孕人，食少并口淡。去胃中恶气，消食去肠胃气。解酒毒，治饮酒人口气。"《本草纲目》："消食快膈，散愤懑之气，化痰。"《增补食物秘书》："皮化痰，消食快膈，白皮良。烧灰调粥食，治气膨胀。"《四川中药志》："解酒毒，治肾脏水肿，宿食停滞，湿痰咳逆及疝气。"

柚子是医学界公认的最具食疗效益的水果。现代药理学分析，柚子之肉与皮，均富含胡萝卜素、B 族维生素、维生素 C、矿物质、糖类及挥发油等。柚皮与其他黄酮类相似，有抗炎作用，柚皮复合物较纯品抗炎作用更强，现代医药学研究发现，柚肉中含有非常丰富的维生素 C 以及类胰岛素等成分，故有降血糖、降血脂、减肥、美肤养容等功效。经常食用，对糖尿病、血管硬化等疾病有辅助治疗作用，对肥胖者有健体养颜功能。

根据这些特点，人们制作了一些保健食谱如：柚子肉炖鸡、柚汁蜜膏、柚封童子鸡、柚皮炖橄榄、柚皮扣肉等。

2. 柚子医疗保健

明朝医学家李时珍在《本草纲目》中对柚子的记载有："饮食，去肠胃中恶气，解酒毒，治饮酒人口气，不思食口淡，化痰止咳"。柚子味甘酸、性寒，具有理气化痰、润肺清肠、补血健脾等功效，能治食少、口淡、消化不良等症，助消化、除痰止渴、理气散结。柚子皮顺气、去油解腻、是清火的上品，长期食用有美容之功效。

　　由于柚子的一些特殊功效，人们又制作了一些如治疗老年性咳嗽气喘、治疗肺热咳嗽、治疗痰气咳嗽、治疗冻疮、治疗头痛、治疗关节痛、治急性乳腺炎等疾病的治疗处方。也制作出一些可用于胃阴不足，口渴心烦，饮酒过度，胃肠气滞，嗳气，食欲不佳，胃气不和，呕逆少食，咳嗽、痰多、气喘，用于胃肠有寒气，消化力减弱等方面的保健处方。

三十七、杨梅文化

（一）杨梅特性与分布

杨梅 *Myrica rubra*（Lour.）S. et Zucc.，别名树梅、圣生梅、白蒂梅、龙睛、朱红、山杨梅，为杨梅科（Myricaceae）杨梅属植物。

杨梅是我国特产果树，其果酸甜可口，营养丰富，具止咳生津、助消化等多种功效。杨梅树具有极强的固氮作用，适应能力强，是水土保持及地力维护的良好树种，也是混交林及林粮间种的优良伴生树种。杨梅果实初夏成熟，色泽艳丽、酸甜适口、风味独特、营养价值高，是我国南方著名的特产水果之一，素有"初疑一颗值千金"之美誉。

杨梅品种繁多。主要的优良品种有：①荸荠种，产于浙江兰溪马涧、余姚、慈溪。味甜酸，核小汁多。②晚稻杨梅，产于浙江舟山皋泄。色紫黑发亮、品质佳。③东魁，是浙江农大从地方晚熟优良品种中选出的。甜酸适度，品质优良。④丁岙梅，产于温州茶山丁岙村。汁多味甜，核小，品质上等。⑤大叶细蒂，产于江苏洞庭东西山。肉质细而多汁，甜酸可口。⑥大粒紫，产于福建福鼎前岐。肉质软，味酸甜。⑦光叶杨梅，产于湖南靖县。色紫红，品质上等。⑧乌酥核，产于广东汕头朝阳西胪镇。味甜汁多，核小，品质优。

杨梅主产于长江流域以南，主要产区为浙江、江苏、福建、江西、广东、广西、湖南等地，台湾、云南、贵州、四川及安徽南部都有野生和少量栽培。此外，在日本的本州中部以西各地及朝鲜也有少量栽培或野生。欧洲和美洲则多引种作观赏或药用。

杨梅在福建省各地都有自然分布。作为珍贵果树栽培，已有 1500 多年历史。野外分布多散生在天然阔叶林中。福建杨梅分布和栽培较多的有长汀、永定、建阳、延平、建瓯、南安、龙海、云肖、漳浦等县（市、区）。福建杨梅品质优良，汁多味酸甜，深受欢迎。

（二）杨梅栽培历史

杨梅生长栽培历史悠久，因其形似水杨子，味道似梅子，因而取名杨梅。

20 世纪 80 年代在浙江河姆渡遗址的挖掘中发现了野生杨梅核，以此推算，杨梅的生长历史可追溯到 7000 年以前。

杨梅人工种植的历史已有 2000 多年。最早有记载的文字见于公元前 2 世纪西汉文学家司马相如的《上林赋》，其中有"樗枣杨梅"的词句，这是南方杨梅北引到长安种植的最早尝试的记载。

1972 年，在湖南长沙市郊马王堆西汉古墓中，发掘出一个陶罐，内有杨梅果实和种子。经鉴定，与现今栽培的杨梅完全相同。而且南梅北引，在当时的朝代已经有大面积栽培，出现神州大地皆种杨梅。这就不难解释为什么这些产区中为何以湖南的栽培面积最大，品种质量为最优，产量也最高。完全符合杨梅盛产亚热带湿润季风气候山区的生长习性。关于杨梅的人工移植栽培。各个朝代大有文人记载。

汉代陆贾在《南越行记》中写道："罗浮山顶有湖，杨梅、山桃绕其际"；晋代吴钧的《西京杂记》（公元 5 世纪）；北宋刘翰等的《开宝本草》（973 年）；苏轼的《物类相感志》（1100 年）；南宋吴攒的《种艺必用》（公元 12 世纪）；明代徐光启的《农政全书》（1639 年）；清代陈扶摇的《花镜》（1688 年）；刘灏等的《广群芳谱》（1708 年）；鄂尔泰等的《授时通考》（1742 年）等都对杨梅栽培作了不同程度的记载与描述。由此可见，我国杨梅人工栽培的历史追溯到西汉开始是有理论依据的。

据《江浙沪名土特产志》记载，浙江省杨梅的主要产地有萧山、慈溪、余姚和兰溪等地，但以萧山杨梅最负盛名。史料记载，萧山种植杨梅的历史悠久，早在 1500 多年前，就有"稽出杨梅世无双，深知风味胜他乡"的诗句。"稽"即指会稽，绍兴古时叫会稽，著名的杨梅产地萧山杜家村一带，原属绍兴。

清代全祖望咏《白杨梅》："萧然山下白杨梅，曾入金风诗句来。未若万金湖上去，素娥如雪满溪隈。"杨芳灿在《迈陂塘·杨梅》中怀旧："夜深一口红霞嚼，凉沁华池香唾。谁饷我？况消渴，年来最忆吾家果。"

我国人工栽培杨梅的历史至迟从西汉开始在神州大地进行移植已经是不争的事实。

（三）杨梅传说故事

【吴三桂砍梅】相传明末清初，吴三桂引清兵掳掠中原，遭到中原人民的英勇抗击。当他带头窜到靖州偏远的木洞时，适逢杨梅成熟季节。吴三桂的兵马又饥又渴，便摘梅充饥解渴。吴三桂连吃数颗，酸得龇牙咧嘴。他本患龋齿，经酸梅一刺激，痛得更是难受，一怒之下，当即下令将杨梅树砍光，然后拔营向贵州方向而去。第二年春日，木洞来了一位白胡子老翁，他先在一个叫"上冲"的地方，选好几蔸杨梅树蔸，用利斧一砍两开，将带来的梅枝插入，然后用泥土堆好，夯紧。说来也怪，那插入的梅枝苗壮成长，结的杨梅与山梅大为不同，黑里透红，又鲜又亮，甜里带酸，酸里带甜，特别好吃。山民无不欢喜，大家效法在杨梅蔸上插入梅枝，不到数年功夫，木洞满山满坡又长起了杨梅树。

【姑嫂鸟】杨梅在潮汕还流传着一曲凄怨美丽的传说。据说，古时有姑嫂二人相依为命，小姑心灵手巧，善绣百花，唯因杨梅花开之期极短而尚未学会。百花本是迎风怒放，争奇斗艳，尽情展现自我的风姿，可是杨梅花却内敛含蓄，美丽得不动声色，怕人知，惊人看，羞人望。纵有千种风华，也只在深邃的子夜绽放，尤为珍贵和难得。

一年，小姑在除夕夜执意上山观察杨梅花开形状，不幸却被老虎所害。其嫂次日上山寻找，遍山呼喊姑姑，见有血迹，方知小姑已为老虎残害，随断断续续惨呼"姑—虎、姑—

虎"。嫂寻姑，跋涉千山，饥饿交迫，最终在杨梅树下化为一只青鸟。潮汕民间故事《姑嫂鸟》由此而生。至今，当杨梅出产时，必有"姑嫂鸟"飞至杨梅山上，哀叫"姑虎、姑虎……"，令人闻之心酸。

【白杨梅】白杨梅是杨梅中的稀有品种，颜色从粉红到乳白不等，而其中尤其以通体乳白的水晶杨梅最为稀有，相传在古代作为贡品。

相传 2000 多年前，越国大夫范蠡帮助越王勾践打败吴国后，决定隐居山野，带着西施一路来到牟山湖旁湖西岙。范蠡觉得此地山岙纵深，人烟稀少，山上有果树，山下有清湖，是个安身的好地方。于是他们就在湖西岙暂时住了下来。初到山野，他俩来不及开垦种植，只得上山采摘野果充饥。当时正值夏至，山上虽有满山野果伸手可得，可惜这些野果酸得掉牙，涩得麻舌。西施吃得皱眉捧心，苦不堪言。而范蠡则心痛如焚。可怜这位满腹经纶名闻天下的大夫，有计谋可退万千敌兵，却无法改变野果酸涩之味。无奈之下，他发疯似的摇着一棵棵果树，直摇得满手是血。这时西施闻声上山，看到范蠡手上殷红的鲜血往下滴，心疼得失声痛哭，泪珠滴在被鲜血染红的果实上。可能是范蠡的虔诚和西施的美丽感动了上苍，西施的泪珠和范蠡的鲜血把野果一下子变得白里透红，变成了现在酸甜的西山白杨梅。

【杨梅仙子】关于杨梅，民间有一个美丽的传说。相传本来这世上是没有杨梅的，直到故事发生的时候。杨家岙有个善良的樵夫，一天他去山上砍柴，突然发现了一阵婴儿的哭声。他到处寻找，后来在 1 棵树下发现了他。当他抱起这孩子的时候，婴儿停止了哭泣。等到天快黑的时候还没发现有人找来，看来这是缘分吧。于是樵夫把孩子抱回了自己家，取名叫杨梅。日子过得很快，转眼间婴儿成为了一个聪明伶俐的小女孩，在老樵夫去山上砍柴的时候，她就在家里烧水做饭，而且还特别讨邻里的欢喜。邻里见了老樵夫就夸他真是好福气，有这么一个孝顺的孩子。所以那段时间老樵夫总是乐呵呵的。那时还有人半开玩笑地说这么聪慧漂亮的女孩子长大后嫁到自己家那有多好啊，老樵夫总是一笑了之。在杨梅 16 岁的那年，老樵夫回到家中发现她在角落上偷偷哭泣。晚上杨梅终于告诉了真相。原来她本是天上的百果仙子，看到善良的老樵夫一直孤苦伶仃，所以才下凡来陪他。今天得到消息说山上有个魔头已经知道她是百果仙子，正要抓她，所以恐怕会牵连老樵夫。女孩劝他这些天别去山上砍柴了，有她陪着可以照应一下。但是老樵夫说家中已经没有米下锅了，明天不得不去砍柴。仙子没办法只好陪老樵夫一起上山。第二天，两人正在砍柴的时候，那个魔头化身成一头猛虎向他们冲过去。仙子为了保护老樵夫最后和魔头同归于尽了。后来老樵夫把仙子的凡胎埋在了她葬身的山间。

第二年她的坟头长出来一棵大树。端午时节树上长满了果子，老樵夫摘了几颗放在口中，顿觉口津味美。于是采了好多拿回去分给邻里们吃。邻里们吃了之后赞不绝口，大家为了纪念杨梅仙子就把它叫做杨梅果。从此，山间种满了这种果树，给大家带来了美味的享受。感谢杨梅仙子！

【杨梅节传说】很久很久以前，有一个诚实的姑娘爱上了一个朴实的小伙子，由于小伙子家境贫寒，姑娘家嫌贫爱富，百般阻拦姑娘不让她与小伙子来往，并强迫姑娘，要她嫁给当地一个无恶不作，欺压百姓的土司头人的儿子做老婆。可这个姑娘一心爱着那朴实的小伙子，誓死不从母命，父母无奈，就把姑娘锁在家里，不让出门。姑娘终日恋着心爱的小伙，无论父母用什么方法也改变不了她的意志。姑娘坚贞不屈，暗中相约，在立秋这天逃出家门，跑到二十四丫口的杨梅山上与她心爱的年轻小伙子相会。在杨梅山上，他们以鲜红的杨梅为媒，定下了终身，结成美好的夫妻。

为了纪念这对年轻人的忠贞爱情，每到这天，杨梅山周围几十里的彝族人民，穿着崭新的民族服装，带上各自早准备好的食物，不约而同地到二十四丫口梁子杨梅山欢聚。老人们在撒有松毛的周围席地而坐，拿出各自带来的食物饱吃海喝，摆家常，谈年景。青年们吹芦笙，弹口弦，对歌，跳舞，互相约会或挑选自己的终身伴侣。因为这天时值立秋，满山遍野的杨梅已成熟，散发出了沁人心扉的清香味，加之是在杨梅山上欢度纪念日，人们就将这个节取名为"杨梅节"，这就是杨梅节的由来。

（四）福建杨梅

【长汀三洲乡】自清代以来，长汀县就是严重水土流失区。新中国成立后，当地政府将发展杨梅产业作为治理水土流失，实现生态、经济和社会3个效益"三赢"的重大举措来抓。近年来，三州乡生态环境发生了可喜的变化，昔日的"火焰山"变成了花果山，全乡共种植杨梅900多公顷，已陆续进入盛产期。为做大杨梅产业，该乡先后从浙江黄岩、漳州漳浦引进了黑炭梅、早梅、硬实梅、安海变等优质新品种。由杨梅协会组织重点大户到浙江兰溪、金华学习杨梅栽培管理和保鲜技术，到浙江永康、义乌购进培土机、施肥机、喷灌机等农机设备进行示范推广；与漳州龙海、漳浦等县的杨梅协会建立了定期互访、交流协作关系，开发了精装"杨梅酒"系列产品，引进陕西技术、设备，开发"杨梅醋"。长汀县三洲正全力打造杨梅系列产业。

【永定仙师乡】永定是世界文化遗产"福建土楼"的发源地，现存客家土楼2万多座。该县历来农产品丰富，其中杨梅、芙蓉李、红柿、蜜柚等农产品颇具种植规模且深受周边市场的欢迎。永定杨梅采摘节在永定仙师乡大阜村开幕，迎来四方宾客。永定现有杨梅160多公顷。仙师乡的杨梅主要是东魁杨梅，果大肉厚、味浓汁多、甜酸适口，每年产值约1000万元人民币。每到五六月杨梅成熟季节，游人和商家就聚集这里，或摘果休闲，或采购销售。

【建阳小湖镇】小湖镇杨梅栽培历史悠久，当地杨梅品种资源丰富，本地的优质品种"大乌""二色"，名列福建名优水果目录，以其肉厚汁多、核小、色泽鲜艳、酸甜可口、风味独特等特点而闻名。目前，全镇种植杨梅400多公顷，产量达200多万公斤。"小湖杨梅"已正式被国家工商总局商标局核准为地理标志证明商标。

【南平聪坑村】聪坑村位于茫荡山国家级自然保护区内，距离南平城区30公里，杨梅种植历史悠久，《八闽通志》曾有记载，素有"杨梅之乡"之称。这里的杨梅果实核小汁多，肉质细嫩，味清酸，甜味浓，品质更佳，尤受青睐。聪坑村的杨梅出名，乡村旅游资源也十分丰富，茫茫云海，高山梯田，碧水丹青，山花烂漫。

【龙海浮宫镇】是漳州有名的"杨梅之乡"。2009年，浮宫杨梅还入选了漳州市十大名优花果名单，成为了漳州本土特产的一张城市"名片"，浮宫杨梅色泽艳丽，酸甜适口，风味独特，是名副其实的果中新贵。杨梅品种有早熟、晚熟、软丝、硬丝，等等。浮宫更有"福建杨梅第一大镇"之称，一直以来杨梅就是龙海市浮宫镇的传统产品。

【漳浦霞美镇】霞美镇黄埔杨梅，属晚熟品种，粒大籽小，色泽紫红，肉嫩汁多，甘甜微酸，风味独特，俗称"大乌杨梅"，维生素 C 含量极高，是夏令特佳品。鲜食有止渴生津、消暑解闷、化痰开胃等功效。还可制作果汁、果酒、果酱、果干和罐头。

【诏安县太平镇】太平镇麻寮村，几乎是福建省的最南端，因地处南亚热带，阳光充足，杨梅早熟早上市，所以畅销浙江等地。诏安县距离宁波有 12 个小时的车程。两地能连在一起是因为一颗小小的杨梅。宁波人爱吃杨梅，对杨梅的消费量大，但是本地产的杨梅鲜品上市只有半个月时间，因此，在宁波市场上，福建产的杨梅所占份额达三四成之多。

（五）杨梅文化底蕴

关于杨梅不乏赞歌，各朝各代古人笔下毫不吝啬，赞美之词溢于言表。

西汉文学家司马相如将杨梅写入《上林赋》。

盛唐诗仙李白诗曰："玉盘杨梅为君设，吴盐如花皎白雪。"

白居易赞杨梅："花非花，雾非雾。天明来，夜半去。来如春梦几多时，去时朝霞无觅处。"

北宋诗人苏东坡赞誉："闽广荔枝、西凉葡萄，未若吴越杨梅"。

明朝礼部尚书孙升写下："旧里杨梅绚紫霞，烛湖佳品更堪夸。自从名系金闺籍，每岁尝时不在家。"

宋代诗人平可正有诗曰："五月杨梅已满林，初疑一颗值千金。味胜河溯葡萄重，色比泸南荔枝深"。

宋代大诗人陆游也有赞美杨梅的诗："绿阴翳翳连山市，丹实累累照路隅。未爱满盘堆火齐，先惊探颔得骊珠。斜插宝髻看游舫，细织筠笼入上都。醉里自矜豪气在，欲乘风露扎千株。"诗人栩栩如生地描绘了杨梅果熟时满山皆红，人们喜摘杨梅运送京城的盛况，并把杨梅比作"骊珠"，说明杨梅在南宋确是身价超出百果。

据【易弓随笔】（杨梅悠悠）撰文所述：宋人楼钥的"主人就树折杨梅，醉倒薰风凉拂拂"这诗句，其实有解酒的功效。瞧那枝丫上的杨梅，"鹤顶朱圆，丰肌粟聚"，鲜活得很，就这样从杨梅枝上捻下来，不用洗了，轻轻地放嘴里，那刚从宴席上带下来的丝丝酒意融进杨梅的清香里。按楼钥的描述，可想见那主人真率实在很可爱，这样的雅会傍着杨梅树，设筵铺席宴开了。

宋人葛长庚一首《水调歌头》也是描写朋友欢聚，采来杨梅、卢橘、樱桃，佐酒尝鲜，争做酒国英雄。葛氏唱得有些许感慨，也有些许道家味道，词曰："杜宇伤春去，蝴蝶喜风清。一犁梅雨，前村布谷正催耕。天际银蟾映水，谷口锦云横野，柳外乱蝉鸣。人在斜阳里，几点晚鸦声。采杨梅，摘卢橘，钉朱樱。奉陪诸友，今宵烂饮过三更。同入醉中天地，松竹森森翠幄，酣睡绿苔茵。起舞弄明月，天籁奏箫笙。"

唐人李白有七古《梁园吟》一首，唱到杨梅，让人感到他也是个懂得吃的人："……平头奴子摇大扇，五月不热疑清秋。玉盘杨梅为君设，吴盐如花皎白雪。持盐把酒但饮之，莫学夷齐事高洁……"。梁园，是河南开封，郭沫若说是李白与宗氏妇结合的地方。唐代能在那里吃到杨梅，本来就是一件新鲜事了；而吃杨梅，在杨梅上撒点盐花，一吃起来，更觉清甜，这学的是江南的吃法。手中再把着一盏果酒，一粒杨梅一口酒，那李白真的可以拥有成仙的版权了。粘盐的杨梅下酒，那感觉美到连提起名字都让人肃然起敬的伯夷和叔齐即使从首阳山上走下来了，也顾不上去奉承他们了，这原来就是李白的本性，率性得很。后来也有人很欣赏这样的李白。李白是那样好饮，杨梅熟时，是他与好友扶罇畅饮的好时机。他说："江北荷花开，江南杨梅熟。正好饮酒时，怀贤在心目。"

杨梅挂红的季节，唐人张泌作《晚次湘源县》，以景思情。楚地乃屈子故乡，湘江又涌动着亘古不变的浪花，山山水水弥漫着沉重的历史云烟，这似乎让张泌有点喘不过气。他说："烟郭遥闻向晚鸡，水平舟静浪声齐。高林带雨杨梅熟，曲岸笼云谢豹啼。二女庙荒汀树老，九疑山碧楚天低。湘南自古多离怨，莫动哀吟易惨凄。"熟透了的杨梅还是蕴含着丝丝酸楚，牵起了他对历史、文化、传统的深思。这带雨的杨梅竟是红得思绪悠悠。

宋词人王以宁，人称其"以凝词句法精壮""绝无南宋浮艳虚薄之习"，他以一首《满庭芳》来述说对杨梅的喜爱。"山耸方壶，潮通碧海，江东自昔名家。玉真仙子，珰佩粲朝霞。一种天香胜味，笑杨梅、不数枇杷。难摹写，牟尼妙质，光透紫丹砂。咨嗟。如此辈，不知何为，留滞天涯。料甘心远引，无意纷华。一任姚黄魏紫，供吟赏、银烛笼纱。南游士，日餐千颗，不愿九霞车。"

东坡先生"日啖荔枝三百颗，不妨长作岭南人"的诗句脍炙人口。除了荔枝，他也很欣赏杨梅的。杨梅树经冬不颓，为东坡所赞叹，吃荔枝时也不忘说："南村诸杨北村卢（谓杨梅、卢橘也），白花青叶冬不枯。"（苏轼《四月十一日初食荔枝》）但是，也许是味蕾被荔枝惯坏了，东坡先生吃杨梅，想得不是它的美味，更多的是旧日的记忆。他的《闻辩才法师复归上天竺以诗戏问》："道人出山去，山色如死灰。白云不解笑，青松有余哀。忽闻道人归，鸟语山容开。神光出宝髻，法雨洗浮埃。想见南北山，花发前后台。寄声问道人，借禅以为诙。何所闻而去，何所见而回。道人笑不答，此意安在哉。昔年本不住，今者亦无来。此语竟非是，且食白杨梅。"提到的品尝白杨梅，就是一种回忆。久别的思念，酿就相见时欢愉，那欢愉就如白杨梅，微微酸楚，而余韵则悠悠远远。

（六）杨梅利用价值

1. 园林价值

杨梅果实成熟时丹实点点，烂漫可爱，是优良的观果树种。适宜丛植或列植于路边，草坪或作分隔空间使用，隐蔽遮挡的绿墙，也是厂矿绿化以及城市隔音的优良树种。杨梅深受庭园、住宅小区绿化人员的喜爱和青睐。杨梅树是一种很美的长寿小乔木。树型虽不很高，但树冠壮旺。远远看，亭亭玉立；走近瞧，那亭亭的伞盖撑起一方浓浓的绿阴，是夏日人们乘凉憩息的最佳场所。

2. 生态价值

杨梅树适应能力强，树根常伴生有根瘤菌，具有极强固氮作用。是水土保持及地力维护的良好树种，也是混交林及林粮间种的优良伴生树种。杨梅是我国良好的经济生态树种，著名的特产果树。四季常绿，栽培容易，是开发山区资源，绿化荒山，治理水土流失的先锋树种。

3. 营养价值

杨梅富含纤维素、矿物质元素、维生素和一定量的蛋白质、脂肪、果胶及 8 种对人体有益的氨基酸，其果实中钙、磷、铁含量要高出其他水果 10 多倍。杨梅果实色泽鲜艳，汁液多，甜酸适口，营养价值高，是中国特产水果之一，素有"初疑一颗值千金"之美誉，在吴越一带，又有"杨梅赛荔枝"之说。

4. 药用价值

李时珍的《本草纲目》中记载"杨梅可止渴、和五脏、能涤肠胃、除烦愤恶气。"杨梅含有多种有机酸，维生素 C 的含量也十分丰富，鲜果味酸，食之可增加胃中酸度，消化食物，促进食欲。杨梅鲜果能和中消食，生津止渴，是夏季祛暑之良品，可以预防中暑，去痧，解除烦渴。杨梅果核可用于治脚气，树皮用来泡酒可以治红肿疼痛、跌打损伤等。实验研究表明，杨梅对大肠杆菌、痢疾杆菌等细菌有抑制作用，能治痢疾腹痛，对下痢不止者亦有良效。而杨梅树皮含鞣质、大麻苷、杨梅树皮苷等，也是主治痢疾、目翳、牙痛、恶疮疥癞等病症的良品。杨梅性味酸涩，具有收敛消炎作用，加之其能够抑菌，故可治各种泄泻。杨梅中含有维生素 C、B，对防癌抗癌有积极作用。杨梅果仁中所含的氰氨类、脂肪油等也有抑制癌细胞的作用。

《食疗本草》："杨梅温，右主和脏腑，调肠胃，除烦躁，消恶气，去痰食。不可多食，多食损人齿与筋也。"《开宝本草》："主去痰，止呕秽，消食下酒。"《本草求真》："杨梅能治心烦口渴，清热解毒……缘人阴虚热浮，气血不归，清之固属不能，表之更属不得，惟借此味酸收，则浮热可除，烦渴可解。"《玉揪药解》："酸涩降敛，治心肺烦郁，疗痢疾、损伤，止血衄。"《本经逢原》："能止渴除烦，烧灰则断痢，盐藏则止呕消酒"

（七）古诗词赋咏杨梅

梁园吟

[唐]李白

玉盘杨梅为君设，吴盐如花皎白雪。
持盐把酒但饮之，莫学夷齐事高洁。

晚次湘源县
[唐]张泌作

烟郭遥闻向晚鸡，
水平舟静浪声齐。
高林带雨杨梅熟，
曲岸笼云谢豹啼。
二女庙荒汀树老，
九疑山碧楚天低。
湘南自古多离怨，
莫动哀吟易惨凄。

六峰项里看采杨梅连日留山中
[宋]陆游

绿荫翳翳连山市，丹实累累照路隅。
未爱满盘堆火齐，先惊探颔得骊珠。
斜插宝髻看游舫，细织筠笼入上都。
醉里自矜豪气在，欲乘风露扎千株。

杨梅绚紫霞
[明]孙陞

旧里杨梅绚紫霞，烛湖佳品更堪夸。
自从名系金闺籍，每岁尝时不在家。

白杨梅
[清]全祖望

萧然山下白杨梅，曾入金风诗句来。
未若万金湖上去，素娥如雪满溪隈。

迈陂塘·杨梅
[明]杨芳灿

夜深一口红霞嚼，
凉沁华池香唾。
谁饷我？况消渴，
年来最忆吾家果。

杨　梅

[唐]平可正

五月杨梅巳满林，初疑一颗价千金。
味方河朔葡萄重，色比沪南荔子深。
飞艇似间新入贡，登盘不见旧供吟。
诗成一寄山中友，恐解楼头爱渴心。

花非花

[唐]白居易

花非花，雾非雾。
夜半来，天明去。
来如春梦几多时？
去时朝云无觅处。

七字谢绍兴帅丘宗卿惠杨梅

[宋]杨万里

梅出稽山世少双，情如风味胜他杨。
玉肌半醉红生粟，墨晕微深染紫裳。
火齐堆盘珠径寸，酷泉绕齿朽为浆。
故人解寄吾家果，未变蓬莱阁下香。

一丛花·杨梅

[清]陈维粮

江城初泊洞庭船，颗颗贩匀圆。
朱樱素素都相逊，家乡在，消夏湾前。
两崎蒙茸，半湖军历，笼重一帆偏。
买来恰趁晚凉天。冰井小亭轩。
妆余欲罢春纤湿，粉裙上，几点红鲜。
莫是明朝，有人低问，羞晕转嫣然。

杨　梅

[清]杨芳灿

闲销暑，露井水亭清坐，不须料理茶磨。
夜深一口红霞嚼，凉心华池香唾。
谁响我？况消渴，年来最忆吾家果。

三十八、橄榄文化

(一)橄榄特性与分布

橄榄 *Canarium album*(Lour.)Raeusck.，别名青果、白榄、谏果，为橄榄科(Burseraceae)橄榄属植物。

原产于我国南部的一种特有果品。

橄榄科橄榄属有百余种。产于亚洲、非洲、大洋洲热带地区。亚洲分布有10种，我国有7种：即橄榄、乌榄、小叶榄、毛叶榄、方榄、滇榄、越榄。作为果树栽培的有橄榄和乌榄2种，半野生而有利用价值的有方榄、越榄和滇榄3种。国外橄榄栽培种有分布于非洲的非洲橄榄，分布于印度尼西亚、马来西亚的爪哇榄，分布于菲律宾的菲律宾橄榄。

有一种同名不同科的树种叫油橄榄(*Olea europaea.*)，属木犀科木犀榄属常绿乔木，主要分布于地中海沿岸国家，为油料经济林，不可与橄榄树混认。

橄榄是一种常绿乔木，人们将橄榄称为"天堂之果"。因果实尚呈青绿色时即可供鲜食而得名为"青果"。民间素有"桃三、李四、橄榄七"之说。实生橄榄树25年左右盛产，高产每株可达500多公斤。橄榄树每结一次果，次年一般要减产，休息期为1~2年。故橄榄产量有大小年之分。现代科技工作者采用组织培养法，进行无性繁育，能提前2~3年产果，同时还为品种改良创出了新路。

《康熙字典》载："橄榄果木出交趾，汉武帝破南越得橄榄百余本。橄榄二月花、八九月熟，吴时岁贡以赐近臣。"据《脐东野语》介绍，橄榄一名青果，一名谏果，一名忠果。橄榄有2000多年人工栽培历史，经长期自然和人工的选择和驯化栽培，形成了众多的遗传资源，现存绝大多数品种都是从实生类群中选出的农家种，其后代变异大，中间性状多，品种资源极为丰富。

福建青橄榄品种多，如'长城''惠圆''自来圆'等品种。'檀香'是福建优良品种，是闽侯、闽清鲜食的良种，畅销国内外。其果较小，果皮深绿色，肉带黄色，质脆，清香可口，回味甘甜。青橄榄'檀香'又分成四大品系：药用檀香、长营檀香、自来檀香、甜种檀香。

我国是世界上橄榄栽培最多的国家，主要分布在福建、广东两省，其次是广西、台湾、四川、云南、浙江南部亦有少量栽种。以福建省为最多，福鼎至诏安的沿海各县、市，闽中的沙县、永泰及闽西北的龙岩等37个县(市)等均有栽培。所以又称"福果"。目前全省栽培面积约2667多公顷，主产地有闽侯、莆田、闽清、南安等县(市)。据记载，汉代已人工栽培橄榄，人们喜欢在溪边、房前屋后种上几棵橄榄，既可挡风，美化环境，又有收入，一举数得。现在闽江两岸及其支流梅溪、芝溪、金沙溪流域，海拔200米以下坡地遍植橄榄，绿色的纽带正连绵延伸，不断拓宽。栽培橄榄的国家除中国外，还有越南、老挝、柬埔寨、泰国、缅甸、印度及马来西亚。

（二）福建橄榄发展历史

我国早在汉代就有关于橄榄的记载。《齐民要术》（533～544年）、《开宝本草》（973年）、《图经本草》（1062年）等古书均有载述。海南、台湾两省及四川的西昌地区均发现野生橄榄。中国远在汉代就已把橄榄当做珍果种植。据汉《三辅黄图》记载："汉武帝元鼎三年……起扶荔官，从植所得奇花异木，龙眼、荔枝、橄榄……"。可见橄榄在汉朝已有种植，至今已有2000多年。

《福州市地方志》（物产记载）上，也多有橄榄记录，已有1000多年栽培历史。福州的橄榄，早在唐代就已闻名全国，在欧阳修《新唐书》上正式列入贡品的就是橄榄："江南道福州土贡……橄榄"。刘昫《旧唐书·哀帝纪》：天祐二年（905年）六月丙申，敕"福建每年进橄榄子。比因阉竖，出自闽中，牵于嗜好之间，遂成贡奉之典。虽嘉忠荩，伏恐烦劳，今后只供进腊面茶，其进橄榄子宜停"。晚唐五代时期，有一种"青果船"，专门在秋季果熟之时，到福州来运载橄榄，分赴苏、杭、京、广各地贩卖。宋·张世南在《游宦纪闻》中载："橄榄闽蜀俱有，闽中丁香，一品极小，隽永，其味胜于蜀产"。

福建橄榄在宋、明、清时期的福建地方志及有关史籍中也有较多记载：宋代梁克家修纂的《三山志》称："橄榄，木端直而高，秋实。先苦后甜，脆美者曰碧玉"。

明代黄仲昭修纂的《八闽通志》："橄榄，福、泉、漳、福宁皆产"。该书同时记载：唐朝福州府列为贡品的土产中就有蕉布、橄榄之属。

明代王世懋《闽部疏》："橄榄在芋原上八十里间，沿麓树之，苍郁可爱，甘蔗洲独多，土人虽担城市货之，颇不登羞"。

（三）中国橄榄之乡——闽侯县

中国是世界上橄榄产量最高的国家，福建橄榄生产居全国首位，而福州闽侯县橄榄又名列福建前茅，闽侯橄榄名扬天下。

福州闽侯种植橄榄历史悠久，早在唐朝已很盛行。据《新唐书》及《八闽通志》记载，唐朝时福州府在土特产贡品中就列有橄榄；民国版《闽侯县志》载：橄榄"出福州甘蔗洲，芋原八十里间，沿麓树之一"1997年被农业部授予"中国橄榄之乡"称号，闽侯橄榄通过了国家工商总局地理标志证明商标认证。闽侯县通过国家农业部橄榄标准化示范区验收。

1990年，福建电视台在闽侯县拍摄了《闽中橄榄》。2002年，中央电视台在闽侯白沙拍摄了《橄榄寄情》。2000～2010年，闽侯县成功承办了九届橄榄节。2006～2010年，福州市人民政府举办了三届'中国·福州'橄榄节。

优越的自然条件，形成了橄榄生长得天独厚的生态环境，使橄榄成为全县果树的主栽品种和传统的特色名果，面积和产量均居全省之首，品种繁多，质量上乘。在上街镇鲤鱼洲上，有1株橄榄树王，胸径2.4米，冠幅东西16.2米，南北16米，树高17.5米，经测定树龄达150年以上。其果实肉脆味甜，品质极佳，产量高，最高年份可达1500多公斤，一般年份都在1000多公斤。闽侯橄榄主要有檀香、惠园、长营等三大品系。但由于橄榄长期实生栽培产生的自然变异，形成了许多新的品种。近年来，县境内发现了甜榄等优良品种，甜榄已成为鲜食橄榄的主力，成为拓展橄榄市场新的增长点。

闽侯县橄榄种植面积4000多公顷，产量2万多吨，全县15个乡镇(街道)中有12个乡镇(街道)均有栽植，橄榄种植户达1万多户，福建绿百合农业开发有限公司、海天农业综合开发有限公司、坑军果场等3家橄榄园的橄榄种植面积均达到60多公顷。近年来，随着价格的攀升，面积的扩大，单产的提高，果农的收益也在增加。橄榄已成为产区果农的主要收入来源。闽侯目前有各类橄榄加工厂30多家。

2006年9月9日，闽侯县选送的具有福州特色的橄榄、福橘、茉莉花3种农作物的组培苗，搭乘"实践八号"卫星成功上天。相信不久的将来，我们将品尝到优质的太空橄榄。2008年8月，中央电视台《每日农经》栏目走进闽侯，大力宣传闽侯橄榄产业，提升了闽侯橄榄品牌。2008年、2009年，闽侯橄榄两次亮相中国国际农产品交易会，深受广大消费者青睐，大大提高了闽侯橄榄的知名度。

(四)闽清檀香橄榄

福州闽清县是橄榄的原产地和主产地，是中国著名的橄榄之乡。

宋代《游宦纪闻》一书中，把福州丁香橄榄(即闽清檀香橄榄)品为全国之冠。闽清橄榄早在三国时期就被列入贡品。当时东吴国母及二乔就对闽清橄榄赞誉有加。晚唐时，有一种"青果船"，专门运送闽清橄榄到苏杭京广各地贩卖。

闽清地处福建中东部，闽江中下游。历史上，闽清檀香橄榄主产地在闽清闽江岸畔的北溪、安仁溪一带。橄榄属热带、亚热带水果，喜温暖湿润，忌严寒霜冻，但微寒薄霜却能让青橄榄口感更佳。闽清闽江沿岸，这种特殊的地理位置和气候条件，造就了自古以来闽清橄榄，特别是北溪、安仁溪一带的橄榄口感特佳。

檀香橄榄，果实较小，卵圆形，肉质脆酥，香气浓郁，嚼后回甜，无涩味或少涩味，纤维极少，为鲜食上品。过去，上海及苏杭人最爱闽清的檀香橄榄。每年青橄榄上市，几乎家家户户都要买上一些，并把它装在雅致的玻璃瓶中，以招待亲朋好友。闽清鲜食橄榄除檀香橄榄外，近年闽清果农还培育出另一种鲜食上乘的橄榄品种——甜橄榄。甜橄榄有三大特征：一是清香酥脆；二是榄肉细嫩、嚼之无渣；三是回味甘甜，无涩味或少涩味。橄榄是一种味道特别的水果，初吃时有些苦涩，不久便觉得清香、甘甜。所以橄榄又称"忠果""谏果"，这是缘于它先苦后甜的特别韵味，有如古代忠臣苦谏的性格而得名。

闽清檀香橄榄通过不同工艺，加工成各种食品，如橄榄咸、橄榄蜜饯、橄榄果汁、橄榄果酱及橄榄酒等。闽清惠圆橄榄则是加工橄榄食品的最佳品种。惠圆橄榄的特点是：果大，近圆形或广椭圆形，果实可食率高达 85.2%，肉质松软，纤维少，汁多，味香无涩。近年风靡市场的"冰橄榄"，就是用惠圆橄榄加工的。传统蜜饯橄榄上品拷扁橄榄（大福果），是用惠圆榄加工而成的。

绿色是植物本色。四季翠绿的橄榄树象征着春天和生命，代表着胜利、希望和永恒。正是因为翠绿的橄榄树的这些象征和代表，所以古代奥运会就用橄榄枝编成的花环作为奖品。虽然，古希腊人所用的橄榄枝是属于木犀科的油橄榄，但闽清大地上生长的属于橄榄科橄榄属的橄榄，无论是其绿色度还是生命力，应该说一点都不比油橄榄差，甚至可以说是有过之而无不及。

闽清橄榄，既是一种极具特色的名优水果，又是一种非常优良的绿化树种。

抗日战争时期曾在闽清领导救亡运动的项南，对口感特别、四季常绿的闽清橄榄印象深刻。20 世纪 80 年代初，项南到福建担任省委书记后，对闽清橄榄曾给以特别的关注，并把闽清橄榄的发展与闽江及闽清绿化有机地结合起来。1982 年，他提出"要把闽江建成欧洲的多瑙河"，并于当年 3 月在闽清召开的全省暨闽江绿化工作会议上，要求闽清"人均种植一株橄榄树"。会后，他带领与会人员在闽清梅城八正庵亲手种下 10 株橄榄苗。

现在除闽江沿岸外，塔庄、板东、白樟、白扣、三溪等乡镇也先后扩种。主要产地分布在闽江沿岸的梅埔、渡口、北溪、大安、梅雄、新民等村落。

项南书记当年种植的橄榄苗早已长成参天大树，而且此后的闽清橄榄更是得到长足发展。闽清橄榄面积已达 2400 多公顷，橄榄产量 1 万多吨。

橄榄树是闽清县树。闽清橄榄产业正在不断发展壮大。橄榄树终年绿阴如盖、岁岁硕果累累。闽清橄榄将会更多更好地植根在闽清大地，并将带给闽清人民更多的幸福与更好的回报。

（五）橄榄民间故事及民俗

【橄榄树王起死回生】福建南靖县金山镇鹅髻山东侧的荆都村有株胸径 390 厘米、树高 22 米、覆盖地面 1200 平方米的橄榄树王。该橄榄树王最高产量达 2700 公斤，吸引了众多专家、学者和游客前往参观考察。

相传明代吴氏三世祖吴纯徽为了给子孙后代留下遗产，特地从远道买来 1 株橄榄苗种在自己建造的新楼房北侧坑仔边种下，迄今已近 300 年。据当地一位 70 多岁的老人回忆，他从懂事起，这株橄榄树就年年枝头挂满果实，压弯了枝条，一串串硕果累累。他记得 20 岁那年采收橄榄的情景，全村 100 多男女老幼兴高采烈地围在橄榄树旁，边采边吃，像过节那样热闹。这年收获的橄榄有 18 谷桶（每谷桶约 20 斗，每斗 7.5 公斤），共收成 2700 多公斤，尔后按"房头"均分。1990 年，橄榄王遭特大霜害袭击，险些"寿终正寝"。碗口大的枝丫都被冻枯，变成秃秃的枯枝，次年才吐出几片树叶，看起来要活下去很困难。但 1993 年，橄榄王又"起死回生""返老还童"，所有未被冻枯的枝条都萌发出枝叶，重新显露枝繁叶茂的新生命。1997 年两次开花结果，树势更加茂盛，预计可收橄榄 250～300 公斤。从村头远望橄榄王，又重新出现当年鹤立鸡群的勃勃雄姿。

【老中医借橄榄妙手回春】相传民间有一位老中医，医术相当高明。一天，有个叫黄三的人来看病，他说："久仰先生大名，今日特来求医，吾黄胖、懒惰、贫寒，望能妙手医治"。老中医暗忖，此"三病"之根在于懒惰，须先将其由懒惰变得勤劳。便告诉他："从明天开始，你每日早晨去菜馆饮橄榄茶，然后拾起橄榄核，回家种植于房前屋后，常浇水护苗，待其成林结果，再来找我"。黄三遵嘱照办，细心护林。几年过去了，橄榄由苗而树，由树而林，由林而果，黄三终于变得勤快起来了，人也长得壮壮实实。可是他仍然很穷，便去找老中医。老中医笑曰："你已没了黄胖、懒惰之症了，你且回去，从明天开始，我叫你不再贫穷。"次日，果然有不少人前来向黄三买橄榄，从此，陆续不断，黄三也就不再贫穷了。原来，老中医开处方时需要橄榄作药引，而这一带没有出产，便想出这个让黄三种橄榄治病的办法。人们都叹服老中医的高明。

【橄榄治鱼骨鲠】据《名医录》载：吴江一富人食鳜鱼被鲠，横在咽中，不上不下，痛声动邻里，半月余几死。忽遇渔人张九，令取橄榄与食。时无此果，以核研末，急流水调服，骨遂下而愈。张九云："我父老相传，橄榄木作取鱼棹篦，鱼触着即浮出，所以知鱼畏橄榄也。"早在1700多年前的古籍中就有"以蜜渍青果"的记载，据李时珍的《本草纲目》记载：橄榄能"开胃下气、止泻，生津液，止烦渴，治咽喉痛，咀嚼咽汁能解一切鱼鳖毒。"此外，新鲜橄榄还能消热解毒，化痰消疾。所以宋代王禹有"江东多果实，橄榄称珍奇"的描述。

【檀香橄榄名称的来历】据《闽清县志》载：从前，闽清县有个叫池香的老人，常往返南洋做生意。当时南洋已有不少闽清籍华侨。他每次出洋，总有许多人托他带话、捎信给海外亲友，因此很受侨胞欢迎和尊重。有一回，池香从南洋返航，许多侨胞难分难舍地送他上船，对他说："我们离乡久了，真想尝尝家乡风味，下回你能不能给我们带点吃的东西？"他爽快地答应了。一路上，池香想起自己的承诺，可犯愁了。他一直揣摩："南洋乡亲少说也有大几千人，带什么东西才能经久不坏，又能够那么多人分享呢？"经过两三个月的海上颠簸，池香回到闽清，正是橄榄收获季节。见满树满园的橄榄，他心头一亮，买了几担小粒的橄榄，特制几个大桶，用橄榄叶铺垫好，然后倒进橄榄，包装严密，以防海水侵蚀。3个月后，池香到了南洋。侨胞闻讯赶来探问，他从船舱搬出木桶，撬开桶盖，顿时芬芳四溢。只见橄榄颗颗碧绿油亮，放进嘴里嚼，清甜脆嫩，口齿留香。就这样一人一颗，嚼得津津有味。大家问这橄榄的名称，池香笑着说："如果叫'小粒橄榄'，真是有损其身价，你们替它起个芳名吧！"有个侨胞说："别看小粒，比这里的檀香木还要香哩。"于是"檀香橄榄"就这样叫开了。

【橄榄别名的由来】橄榄有"福果""青果""谏果"之称。海外华侨和港澳台胞称橄榄为"福果"，以示怀念乡土之意。李时珍《本草纲目》说："橄榄名义未详，此果虽熟，其色亦青，故俗呼青果。"又据王祯的《农政全书》，说橄榄始涩后甜，犹如忠言逆耳，故又称之为"谏果"。

【橄榄与乡情】华侨先驱黄乃裳先生在南洋开发"新福州"时，劳工思念家乡，有的水土不服，他便千方百计运橄榄等土特产，慰藉劳工同胞，缓解乡愁。现在，老华侨回乡探亲观光，最不能忘却的就是要尝一尝新鲜橄榄，而且离别之时，还得带上一包启程。

【橄榄与婚嫁】过去在福州农村，橄榄是嫁女时必上的一道菜。据说从前有一位女子，在种橄榄时与一男青年相识相爱。但是他们自主婚姻遭到家人的反对，全说："不行！不行！"

这姑娘辣得很，见大家反对，端出一盘橄榄青果，说道："橄榄、橄榄，先涩后甜，姑娘要嫁哪个敢拦!"(敢拦与橄榄是谐音)。大家见姑娘如此坚定，执意要嫁，并用橄榄表情言志，也只好作罢。可以说是橄榄成就了一对好姻缘。到后来，福州的宴席上、婚礼上，橄榄成了必不可少的一道看家菜。

【苦尽甘来的寓意】在文化长河中油橄榄代表的是和平与光荣，而橄榄代表的是爱情、思乡等思念之情。潮州人称橄榄果为金橄榄，在婚礼和迎宾时用来敬献客人。橄榄入口味苦涩而酸，然久久嚼之，即回味清甜生津，齿颊留香。所以民欲取其"苦尽甘来"的寓意，把它当作苦极泰来，吉祥如意的象征，并作为礼物而相互馈赠。

【盐藏橄榄配饭】福州有一种习俗，把新鲜橄榄洗净放在石臼内，加入10%的粗盐(喜欢吃辣的可放些辣椒)用力搅拌擦搓，当果皮擦破失去光泽时，捞起沥去苦汁，晾干贮于瓮内，可终年当菜吃，专供人们早餐"配粥"之用。有人直接把新鲜橄榄沾蜂蜜配饭，别有风味。近年来在福州的饭店酒楼中，把生橄榄捶扁，用红糟腌后上桌，风味独特，很受欢迎。

【橄榄与相思】旧时闽人漂洋过海讨生活，总是喜欢带上一包檀香橄榄以慰思乡之情。现在有种"相思榄"。是由精挑橄榄果加上糖、盐、柠檬酸、甘草配料制作。制成的"相思榄"，果肉果汁美味可口，酸甜苦涩共溶，入口味苦涩而酸，久嚼回味无穷，恰如相思味道。

【橄榄的意境】橄榄可鲜食，曾有人这样描写：那是绿色果实，呈圆形的小小的果实，娇嫩的果皮似乎是半透明的。它的味道绝不讨人喜欢，咬一口，酸到眉梢。可它的妙处也正在于此，当你泪眼模糊之际，却有一丝依稀仿佛的甜味悄然袭来，那味道之悄然好像是遥远而心爱的记忆，又好像是故乡的呼唤。使你想起儿时的伴侣，母亲柔柔的歌，以及风中的蛛网，漂泊的岁月。这时那道会变得越来越强，那是一种怎样的不同于一切甜的甜，不同于一切滋味的滋味。

(六)橄榄核雕文化

周恩来总理1955年出访，赠送外国元首的礼品中就有几件是橄榄核雕作品。1957年，原苏联领导人伏罗希洛夫访华，民间艺人都桂兰时已75岁高龄，应外交部之请，仍以所刻核雕相赠。当今，随着人们生活水平的不断提高，已经越来越受到更多收藏爱好者的看好。

橄榄核雕目前已入选了国家级非物质文化遗产名录。橄榄核雕造型秀丽、雅致，线条流畅、动静结合、细腻精微。其总体艺术特色可以概括为：雕刻精细入微，形态小巧玲珑，其技法以浮雕、圆雕、镂空雕为主。2011年，在福州市召开的中福核雕文化节，有一件橄榄核雕《福寿三多》由上海陈彬(杉木)创作，引起高度重视。该作品是根据我国传统的吉祥题材，用一颗畸形橄榄核雕刻而成。作者把佛手、桃子和石榴巧妙地设计在一颗畸形的橄榄核上，布局合理，错落有致，最大程度地利用了核的外形，更主要的是作者始终把可把玩性放在第一位，做到每处都相互依托精细而不易断。该作品是橄榄核雕可把玩的作品中非常难得的一件作品。

核雕刻，顾名思义就是在橄榄核、桃核上雕刻出各种不同的动物、人物的形象。其中以十二生肖的雕刻最具代表性。

核雕始于明代万历、天启年间，虞山民间艺人雕出了《东坡赤壁泛舟图》，文人魏学颖写有《核舟记》一文详记其事。果核质地坚硬，雕时可以听到进出清脆的响声。精雕细刻完成后，要刮刮亮，如果在手中摩弄时间长了，橄榄核越玩越红，最后会有一种晶莹剔透的效果。玩到了这个份上就是非名家所作它的价值也会很高。

橄榄核艺术品少之又少。因为要在这么小又是两头小中间大的中空材质上表现艺术实在太难了，首先要好好考虑的就是题材。题材的选择很重要，橄榄核作为一种文玩，作品讲究的是意境，什么题材表现什么意境，文人玩的就要文气，讲究格调高雅。题材有了然后要构图，也就是常说的布局，哪里要雕刻人，雕几个人，用什么姿态，那里要有山，有树，有草，有石头。位置关系，透视关系都要考虑。布局基本完成才能动刀，用刀还要讲究刀法，很多地方都不是一小刀一小刀修出来的，而是要一刀呵成的，关键部位的刀痕是功力的表现。打磨的功夫也不能小看，什么地方该抛的多些，什么地方磨的少些，甚至有的地方不要打磨，最后的效果可能会因打磨的关系变得味道不同。

(七)橄榄的利用价值

1. 药用价值

《日华子本草》："开胃，下气，止泻。"《本草再新》："平肝开胃，润肺滋阴，消痰理气，止咳嗽，治吐血。"《滇南本草》："治一切喉火上炎，大头瘟症。能解湿热、春温，生津止渴，利痰，解鱼毒、酒、积滞。"

橄榄系水果中的佳品，鲜食味清香，加工后味多样，营养丰富，药用价值很高。中医认为：橄榄味酸甘、性温，具有清肺、利咽、生津、开胃、解毒之功效，可用于治疗咽喉肿痛、烦渴、咳嗽、积食、腹泻等病症，并能解一切鱼鳖之毒。古医籍称橄榄为"肺胃之果"。防止咽喉肿痛的名方青龙白虎汤，就是用橄榄与白萝卜浓煎而成的。

鲜食，可解酒开胃，帮助消化；榨汁，汁液是治疗小儿白喉、疟疾的良方；果，盐以5:2配比，砸碎晒干，密封贮藏，用时以开水冲饮或炖服，主治食滞、气郁等症。橄榄富含人体所需的18种氨基酸和钙、铁、抗坏血酸等营养成分及微量元素，种仁含油58.1%，有降血脂、助消化、生津解毒、健胃醒酒减肥、促进儿童骨骼发育等功效。史书早有"味虽苦涩，咀之芳馥，胜含鸡骨"的记载。

橄榄的果实在医疗价值上，常用作清凉甘缓之剂。其性味甘酸涩平，主治功用为解毒生津、清肺利咽，常用于治疗咽喉肿痛、烦渴、咳嗽吐血、肠炎痢疾，解河豚毒及解酒等。现代研究表明，橄榄还具有降压、降脂、抗癌、抗肝毒、抗菌消炎的作用；已制成药品有橄榄清咽含片。

2. 保健价值

橄榄果实富含钙质和维生素C。据分析，每百克果肉含钙204毫克、维生素C 15~100毫克。橄榄的特殊保健功效，主要是它的解毒作用。包括煤气中毒、酒精中毒，以及一切鱼、鳖之毒，均能迅速消解。这在我国历代许多医药书籍中都有记述。唐《本草拾遗》载：橄榄"其木主治鱼毒"。宋《开宝本草》载：橄榄"生食、煮饮并消酒毒，解河豚鱼之毒。人误食此鱼肝且迷者，可煮汁服之必解。"李时珍《本草纲目》载："橄榄果实味涩性温，生食、煮饮消酒毒；生啖、煮汁、能解诸毒；咀嚼咽汁能解一切鱼、鳖毒。"明代医学家李中梓《医宗必读》载：橄榄"消酒称奇，解毒更异"；"误中河豚毒，唯橄榄煮汁可解"。

3. 橄榄全身都是宝

橄榄既是水果可以生吃，经加工后变成了色、味、香于一体的风味食品，是宴席上的上等冷盘，是居民们的日常小菜。橄榄全身都是宝。

鲜橄榄。具有开胃化食、提神补气、生津止渴、去痰化脓、治咽喉肿痛、治白喉疾等多种功能。

橄榄盐。学名青果豉，以食盐、五香、丁香、甘草等十几种中药材科学配方精制而成，具有治腹胀、助消化的神效，是居家旅游必备的良药。

橄榄汁。橄榄经压榨后，果汁纯属天然橄榄味。橄榄汁具有清凉解毒、清洁血液、降血压的功能。橄榄汁有健胃化食的作用，是天然的保健饮料，天然的风味食品。

橄榄花。橄榄花期长，连续开3次，历时40天，花源充足，是蜜蜂的采花仓库。橄榄蜜营养丰富，具有清凉解毒的功效。

橄榄根。用橄榄树根三两、羊肉半市斤，或橄榄树根三两、猪脚柄一市斤炖成服用，连吃3次，可治风湿痛病，有药到病除的神效。

4. 园林绿化价值

橄榄树生长力强，适应性广，河滩、洲地、山丘、坡地以及房前屋后、零星杂地均可种植，是农民脱贫致富的好树种。它树姿优美，四季常青，还可以绿化环境，净化空气。

（八）古诗词咏橄榄

咏橄榄

[宋]王禹偁

江东多果实，橄榄称珍奇。

北人将荐酒，食之先颦眉。

皮肉苦且涩，历口复弃遗。

良久有回味，始觉甘如饴。

我今何所喻，喻彼忠臣词。

直道逆君耳，斥逐投天涯。

世乱思其言，噬脐焉能追？

寄语采诗者，无轻橄榄诗。

食橄榄

[宋]欧阳修

近诗尤古硬，咀嚼苦难嘬。
初如食橄榄，真味久愈在。
苏豪以气轹，举世徒惊骇。
梅穷独我知，古货今难卖。

咏橄榄词

[宋]吴礼之

南国风流是故乡。
红盐落子不因霜。
于中小底最珍藏。
荐酒荐茶些子涩。
透心透顶十分香。
可人回味越思量。

橄　榄

[宋]苏　轼

纷纷青子落红盐，正味森森苦且严；
待得微甘回齿颊，已输崖蜜十分甜。

谢五子予送橄榄

[宋]黄庭坚

方怀味谏轩中果，忽见金盘橄榄来。
想共余甘有瓜葛，苦中真味晚方回。

好事近·橄榄

[宋]黄庭坚

潇洒荐冰盘，满座暗惊香集。
久后一般风味，问几人知得？
画堂饮散已归来，清润转更惜。
留取酒醒时候，助茗瓯春色。

赏新橄榄词

[元]洪希丈

橄榄如佳士，外圆内实刚。
为味苦且涩，其气清以芳。
佐酒解酒毒，投茶助茶香。

咏橄榄

[清]黄　任

此果亦佳境，微甘渐渐添。
韵同吟句峭，味比谏书严。
弃去犹坚骨，生来便出尖。
可怜醇酒后，颠倒手中拈。

福州竹枝词

[清]杭世骏

橄榄青青满地鲜，槟榔蒌叶动相牵。
何如侬缚新龙眼，一束匀圆抵一钱。

榕城杂咏

[清]叶观国

红盐青子脆含霜，玉指频拈近绿觞。
爱点新茶花盏底，余甘添作口脂香。

和绮兰女史《谏果》(七律)

[清]周仲礼

奇果何缘以谏名，怜他风味最宜人。
每于回处方知妙，未甚甘时恰解颦。
酸苦此中惟独会，忠贞自古不同尘。
彤墀小草堪为友，指佞临风别样新。
【附】湘霞女史和韵
谁将谏果博嘉名，妙句传来咏絮人。
味蘸红盐双颊润，色如翠黛两眉颦。
芳闺细嚼宜烹茗，纤指轻拈早拂尘。
到口何须嫌苦涩，消除烦渴一番新。

榕城元夕竹枝词
［清］杨庆琛

橄榄才香橘又红，安陵西畔蔗洲东。
山楼一雨千山秀，寒碧溪光入画中。

洪江竹枝词
［清］林杨祖

小穆溪头争渡跨，验船跳上竹岐衙。
安仁橄榄瓜园橘，一夕东风过白沙。

洪塘橘枝词
［清］曾元澄

橘园洲内橘千株，橄榄装时摘得无。
娘子撑船送郎去，劝郎赶紧贩姑苏。

橄榄词
［清］黄绍芳

珍珠粒粒露华鲜，崖蜜檀香味绝妍。
唱到《两头尖》一曲，女郎连臂《月光》天。

橄榄词
［清］林藩

赵墟汝荷洪塘担，下水侬乘大穆船。
黄肉青皮都一样，两头尖逊两头圆。

橄榄词
［清］何昂

橘枝红衬绿芊芊，晓市零星压担偏。
娇小吴娘工品配，一瓯茶话夜寒天。

咏橄榄
［清］魏秀仁

饷郎橄榄两头尖，上口些些涩莫嫌。
好处由来过后见，待郎回味自知甜。

唱橄榄诗

[清]萨树堂

涂姜钉竹十分忙，撒尽红盐又夕阳；
郎自苦心侬苦口，回甘时节识侬香。

福州竹枝词

[清]王式金

纷纷青子落红盐，小颗生来便出尖。
傍晚一灯门外卖，丁香风味嚼来甜。

洪塘竹枝词

[清]翁时农

总制家连曹氏仓，后先节烈擅闽乡。
而今门第萧条甚，橄榄青青橘柚黄。

阳崎杂事诗

[清]叶大庄

橄榄霜前翠满柯，荔奴甫熟奈风何？
园翁积算由天授，在树能知值几多。

福州竹枝词

[清]林孝策

手揭筥篮杂笑言，齐肩绿意欲消魂。
郎如橄榄回甘好，妾采莲心苦不言。

《橄榄树》歌词

三毛

不要问我从那里来
我的故乡在远方
为什么流浪
流浪远方流浪
为了天空飞翔的小鸟
为了山间轻流的小溪
为了宽阔的草原

流浪远方流浪
还有还有
为了梦中的橄榄树橄榄树
不要问我从那里来
我的故乡在远方
为了我梦中的橄榄树……

三十九、柿树文化

（一）柿树特性与分布

柿 *Kaki* Thunb. ，别名朱果、猴枣，为柿树科（Ebenaceae）柿属植物。

柿树是一种广泛种植的果树，落叶大乔木，通常高达 10～14 米以上，高龄老树有的高达 27 米，胸高直径达 65 厘米。柿是一种木本粮食。柿果色泽美丽，味甜多汁，除鲜食外，可制成柿饼、柿丸、柿汁。可加工成柿蜜、柿糖、霜糖。可代替粮食酿酒、制醋。还可提取柿漆。柿有众多栽培品种，从色泽上可分为红柿、黄柿、青柿、朱柿、白柿、乌柿等；从果形上可分为圆柿、长柿、方柿、葫芦柿、牛心柿等。福州市有扁压柿（又叫冬节柿）、无核枣柿、涂柿（又叫蛋柿）、四角柿等品种。

柿果具有较高的营养价值，据分析，每 100 克成熟的果实中含有糖分 12～18 克，蛋白质 0.7 克，脂肪 0.1 克，还含有维生素 A_1、B_1、B_2、C 等，其含量比苹果、梨高。柿果还有医药作用，柿饼有降压止血、清热滑肠的作用；柿霜能治咽喉干痛、口舌生疮、肺热咳嗽、咯血等症。柿叶含有大量维生素 C，每 10 克，鲜叶含维生素 C 2700 毫克，比枣、柑橘含量高出 10～50 倍，柿叶加工制成柿叶茶，可防止动脉硬化，治疗失眠等疾病。

柿树适应性强，特别适宜在山区栽培，管理容易，丰产、稳产，收益期长。柿树多数品种在嫁接后 3～4 年开始结果，10～12 年达盛果期，实生树则 5～7 龄开始结果，结果年限可达 100 年以上。中国是世界上产柿最多的国家，年产鲜柿 70 多万吨。柿花是良好的蜜源植物。柿木材质细而坚硬，可制优质器具。夏季树大叶茂，秋季果艳叶红，是美化环境的理想树种。

柿树在我国分布甚广。大致以北纬 40°线为其分布北限。在黄河流域至长江流域以南的广大地区，均有分布。垂直分布，在太行山一带，多在海拔 1000 米左右，云贵高原可分布到海拔 3000 米高度，而在华北的燕山山区主要分布在海拔 300 米以下的向阳坡。福建省几乎所有县都有柿树分布，其中以永泰、诏安、安溪、龙海、霞浦、屏南、古田、南安、莆田、永定等地较多。

（二）柿树栽培历史

柿树原产我国，是我国的特产，已有 3000 多年的栽培历史。"柿"最早见于《礼记》，现今东南亚和欧美各国所栽培的柿树，绝大多数是从我国传入的。我国柿子产量占世界总产量的 69%，居世界第一。

在山东临朐发现的中新世山旺柿叶化石，距今至少有 1200 万~1400 万年。据《尔雅》记载，早在 3000 多年前我国已开始栽培柿树，2000 多年前的《礼记内则》中就有关于"枣、栗、榛、柿"等记载。柿树在古代是作为庭园观赏树种栽培，到了南北朝时开始转向经济栽培，在长期的栽培实践中，劳动人民积累了丰富的栽培经验，在北魏(386~534 年)贾思勰所著的《齐民要术》中已有用软枣(君迁子)作砧木进行嫁接繁殖和制作干柿的加工方法的记载，可见我国栽培利用柿子有着悠久的历史。我国不仅栽培历史悠久，而且柿子资源丰富，目前在长江流域及以南地区(原产地)还存在大量野生资源。

柿树栽培历史悠久，汉初已有记载，它最早作为观赏树木栽植在宫殿、寺院内，到南北朝时，由庭院栽培转向大面积生产。唐宋以来，民间大量栽培。在富平县曹村镇马坡唐顺宗丰陵园西门内曾有 1 棵相传 1000 多年的"柿寿星"，树干胸径 2.45 米，冠幅 17 米，年产柿果500 多公斤。柿树产区，百年以上的柿树屡见不鲜，单株产量一般在 600~800 公斤。

国外柿树多由我国直接或间接引入，栽培历史较短。大约在唐代，我国柿子被引入日本，15 世纪传到朝鲜半岛，18 世纪传入法国，19 世纪后半期传入欧美。到 20 世纪初，地中海地区、意大利及南欧国家，才有柿树栽培。

据《临泉县志》记载：明朝末年，杨桥借兵部尚书张鹤鸣返乡探亲时，将家乡柿饼呈送崇祯皇帝品尝，深得皇帝赞赏，封为贡品，赐名"贡柿"。在郭郢村现仍存有 1 株 300 余年的"贡柿王"，虽历经风霜，仍枝繁叶茂，虽老杆虬枝，却果实累累。

房山磨盘柿据考证早在明朝朱元璋时期(1368~1399 年)就有栽培。因果实缢痕明显，位于果腰，将果肉分成上下两部分，形似磨盘而得名。至今已有 630 余年历史。曾为历代宫廷贡品。

福建安溪油柿是福建省安溪县的名优特产，明嘉靖年间开始栽培，历史悠久。安溪县具有柿树生长适宜的气候、土壤条件和栽培技术，使柿子成为罕见的天然佳果。

福建古田县柿子生产历史悠久，距今有 300 多年历史，主要分布在大桥镇、吉巷乡、湖滨乡等海拔在 400~900 米的山地上。

(三)福建柿树王

福建省永泰县埔埕村长尾厝旁有 1 株植于明万历四十四年(1616 年)的柿王，距今已有370 多年树龄。该树高 15 米，胸径 80 厘米。据当地老人介绍，该柿树最旺盛时树冠盈亩，产量高达 1700 公斤，一般约 1200 公斤。该树不仅高产，而且个大(3 个即 0.5 公斤)，加工后质软，核少，柿霜多，口感好。1979 年，永泰县科委拨款保护柿树王。

福建省永定县湖坑镇王荣村有 1 株树冠蔽地 100 平方米、200 多年树龄的"红柿王"，树高 15 米，胸径 83 厘米，树冠 30 米×33 米，该树年产 1500~2000 公斤，单果重 176 克，扁圆形，少核，可食率 94.7%。每当柿子成熟时，远观熟透的柿子就像一个个火红的小灯笼，鲜红艳丽，极为可爱。

福建省石狮灵秀山金相院仙公楼后长着1棵老柿树，看那一人即可环抱的瘦弱身躯，中规中矩的长势，在灵秀山万千树之中，这棵柿树实在太不引人注目，但它却是资历最老的"老大哥"，已有近百年历史。当年，转搏和尚来到金相院，觉得寺院四周稍显凄凉，于是种植柿树，该柿树成为为数不多保留下来的树木，伴随寺院度过了无数春秋。

(四)柿树传说故事

【柿饼的故事】从前，蛮远的地方有个村庄，长着好几百棵柿花果树。等树上的柿花果长大了长熟了，满山就像挂着一大片灯笼。于是，山名灯笼山，村名灯笼村。

一天，一伙绿林强盗大白天就向着灯笼村冲来了。村里的青壮年背着小的，牵着老的，都爬上村后的灯笼山。村民爬上山后，用大石块将悬崖边的石门堵死。绿林强盗就抢了村里的粮食耕牛还不走，就在灯笼村住下了，扬言要将村民困死饿死在山上，还要占领灯笼山作他们的山寨。

一个名叫小青的小伙子吃脆柿果吃多了，肚子好几天都不舒服。过了几天，他又来到石门边，想看看绿林强盗的动静。不经意间，看见他丢在石板上的那几个削皮脆果不对劲。原来，白天太阳大，夜里霜水重，经几天几夜的日晒霜打，削皮脆果变色了。小青用手捏捏，软软的。他不知是不是坏了，还能不能吃，可肚子"咕噜咕噜"地响得厉害，就麻起胆子拿一个，放进嘴里咬一口。咦，甜的！于是就嚼起来，很爽口呢。小青不管三七二十一，将一整个都吃下肚子里。过了好一会，没事，肚子不响了，也不觉得饿了。原来，这是好东西呢！这一堆软柿果就救了几个老人小孩一天饥。大伙赶快动起来，有的上树摘柿果，有的削脆柿果放到石板面上晒制成柿饼。山上柿树多，绿林强盗再困几个月也不怕他。绿林强盗见困不死灯笼山上的村民，滚蛋了。村民们也下山回家了，还带回了一大堆柿饼。

【柿子是太阳的化身】吴蓓在《柿子的故事》中，讲述柿子的美丽故事：有一年，天空出现了10个太阳，大地烤得都快要着火了，炎热无比。人们无法到地里耕种，走几步路就大汗淋漓，直喘气。眼睁睁看着田里的庄稼枯萎了，溪流里的水干涸了，人们面临死亡的危险。

英雄后羿，看到老百姓的艰难生活，心里非常同情，他决心要射掉多余的9个太阳，拯救乡亲们。他做了一把威力无比的弓箭，天天挥汗如雨，苦苦练习射箭。终于有一天，后羿练就了一身功夫，他花了9天9夜的时间，攀登上高高的昆仑山，张弓搭箭，对准1个太阳，"嗖！"一箭射中了，只见这个太阳从天上落了下来。他继续张弓搭箭，对准一个又一个太阳，使出全身的力气，最后把9个太阳都射了下来，天上只剩下1个太阳。大地恢复了往日的生机，人们过上了正常的生活。

天帝为了纪念自己的儿子们，他让死去的9个儿子化身为树上的柿子。这样每年柿子成熟的时候，天帝就能看见儿子了，柿子的颜色就如太阳的颜色，金闪闪、黄灿灿，柿子的圆圆形状也像太阳的形状。为了惩罚人类，天帝让柿子又苦又涩，人不能吃。

有一个小男孩叫玉晴，他想到了一个主意："妈妈，柿子是太阳的化身，天帝生气了，才把柿子变得又苦又涩，我们请求天帝的原谅，也许天帝就可以把柿子变得甜甜的。"对！妈妈觉得很有道理，他们准备好一点干粮，第二天一早出发了。

妈妈带着玉晴爬上了高高的昆仑山，妈妈点燃一炷香，他们一起跪在地上祈祷："天帝、天帝，请你原谅后羿杀死了9个太阳，我们知道你心里很难过，你想念9个孩子。今年发洪水，庄稼全被大水淹没了，我们没有吃的东西了，现在只有柿子能救我们的命，请天帝发发慈悲吧。"

天帝听到了妈妈的恳求，他从天上往下一看，孩子们一个个那么的瘦小、无力，再也听不见他们的笑声，看不见他们的奔跑，天帝很同情孩子们的遭遇，他说："我可以把柿子变得又甜又软，但为了纪念我的9个儿子，等柿子变成金黄色后，才可以采下来，你们要好好地珍惜它们，每天把柿子放在太阳下晒晒，9天后，柿子就可以吃了。"

妈妈和玉晴，赶快千谢万谢。下山后，他们把好消息告诉了村里所有的人，大家爬上柿子树，把柿子小心翼翼地采下来，恭恭敬敬地放在阳光下面，任何人不能伤害它们。过了9天后，柿子渐渐地变软了，人们把皮剥开，咬了一口，太好吃了！柿子拯救了大人和孩子的生命，以后每年到柿子收获的时候，大家都会围在一起，讲故事、唱歌、跳舞，庆祝柿子的丰收，感谢天帝的慈悲，感谢太阳给予我们光明，感谢大地赐予我们食物。

【黄桂柿子饼的来由】民间传说，唐朝末年，曹州举子黄巢在长安应进士考试，不第，与朋友一起来到曲江池畔散心。他看着残破的亭台楼阁，心里寻思着：三场考得都挺满意，还是落了榜，这都是因为朝政腐败，贿赂公行之故。他不禁想起师傅"罗平子"曾对自己说过的一番话："想廓清政治，走仕途的路是不行的，得走另外的路！"当时他对这话理会不深，如今看来的确是至理名言！不禁豪气满怀，随口吟诵七绝一首，曰《菊花》"待到秋来九月八，我花开后百花杀。冲天香阵透长安，满城尽带黄金甲。"黄巢回到家乡曹州(今山东曹县北)后不久，山东、河南、河北和淮北一带又遭受严重旱灾，赤地千里。黄巢应广大百姓所愿，高举起了义旗。

临潼区任村是火晶柿子的发源地。任老汉瞅着这一树树像挂满了红灯笼的柿子树，心里还是犯愁得不行："要是这满树的红柿子都变成白米白面、鸡鸭鱼肉就好了，就能用来犒劳义军了，可是……"后来任老汉的女儿想出一个好主意，用灯里的清油抹了整锅后把柿子面饼一个个贴了进去。霎时间，一股浓郁的香甜气味充盈了整个院子，又翻越院墙，随风飘散至四周邻舍，于是人们便纷纷闻味而至，向任家父女"取经"。一时间，整个任村、整个临潼各村各户都烙开了柿子面饼。黄巢义军在临潼县古道上小憩时，任村和沿途各村的百姓们用礼盒子抬着柿子面饼，用瓦盆盛着桂花醪糟，犒劳"黄王"义军。

黄巢在大明宫含元殿即皇帝位，国号大齐，年号金统。众百姓听了欢声雷动，众起义军将士听了更是兴高采烈，他们高兴得吃起沾上桂花的柿子面饼来，味道更加香甜。吃后，寻找缘故，才发现是因偶然沾上了郁香扑鼻的桂花所致。因此，在做柿子面饼时，有意地加入黄桂(干桂花末)，柿子面饼也因此得名曰："黄桂柿子饼"。

(五)福建柿饼

【安溪油柿】安溪油柿是福建的名优特产，明嘉靖年间开始栽培，历史悠久。适宜的气候、土壤条件和栽培技术，使之成为罕见的天然佳果。油柿是以优质油柿为原料，经传统工艺结合现代科学技术精制而成，它是一种绿色天然营养食品。

安溪柿饼是具有悠久历史的名优特产，采用天然无污染、具有 10 年以上树龄的新鲜柿子加工而成。其特点：颜色鲜艳，霜白肉红，透明无核，甘甜爽口，肉软细嫩，含丰富的糖类、多种维生素及人体必需的磷、锌等微量元素。安溪柿饼驰名海外。安溪由于盛产柿果，被誉为"柿乡"。柿子经加工、晒干后制成柿饼，饼质柔软香甜，富有营养。产品畅销东南亚各国。

安溪后坂是柿树盛产地，其后坂柿饼更是远近闻名。后坂柿饼选取当地盛产的优质油柿鲜果经传统工艺加工、晒干制成。质地柔软，个大味甜，油润爽口，营养丰富，堪称果中珍品。自然生成的柿霜粉可供冲饮，且有较高的药用价值。其做法是：每年霜降后 10 天，收集 9 分成熟的柿果。在此之前的柿果，质量不好，甜度不够，生脆不韧。将柿子削掉柿皮，不停揉捏，然后摆上竹笋置于日光下晾晒。这样的揉捏工序至少得经过 5 遍，晾晒时间不少于 20 天，青黄变为金黄，硬涩变为香甜，即可上市。如要发霜，还得收藏在大陶缸中，合上缸盖，再覆上麻袋，让其慢慢发酵，释出粉状的白色柿霜。

【**古田柿丸**】福建古田县盛产水果，品种繁多，尤以水蜜桃和柿饼(当地称柿丸)出名。古田柿子生产历史悠久，距今有 300 多年历史，主要分布在大桥镇、吉巷乡、湖滨乡等乡镇海拔在 400～900 米的山地上。主要名优柿子，鲜食品种有：八月黄、鸭蛋柿、灯笼柿等。加工成"柿丸"的品种有：桃圆柿、山虎棠等。古田柿树适应性强，产量高，寿命长，祖上流传下来 200 余年的大树在大桥镇比比皆是，至今树体健壮，生长结果良好；单株产量高达 500～1000 公斤。全县柿树栽培面积 200 多公顷，年产量达 1486 吨。

【**周宁梅山柿**】梅山村位于福建省宁德市周宁县咸村，该村盛产柿子树。梅山村群山拥翠，风景秀丽。历代文人留有"卓笔题天、鳌峰吸日、蛾眉拥黛、龙首嘘云、玉马嘶风、金蟆守口、青牛卧月、彩凤鸣冈"的八景，盛赞梅山村风景之秀美。梅山村现尚有千年古榕树 4 棵，环村拥立。茶叶是梅山村的支柱产业，现在标准茶园 30 多公顷。特产水果"梅山柿"因其含糖高，制成的红柿、干柿、腌柿甘润可口，而驰名闽东内外。梅山村种柿历史已有百年，梅山柿子味道甜美，颇具名气，远销福州、宁德等地。

【**永泰珠柿**】永泰柿饼是福建省名特优农产品，系采用当地特产"珠柿"制作而成，所产的柿饼品质优异，且有清热润肺，生津止渴，健脾化痰的功效。这种绿色、保健食品也越来越受到市民的青睐和接受。永泰柿饼甜而不腻，是馈赠亲朋好友的必备美食之一，也是永泰具有地域性的美食！永泰柿饼已荣获国家地理标志商标保护。永泰柿饼范围在大樟溪沿岸的 10 个乡镇，即赤锡乡、梧桐镇、嵩口镇、葛岭镇、城峰镇、岭路乡、白云乡、红星乡、同安镇、霞拔乡等乡镇的特定村落。

永泰珠柿是柿中的优良品种，品质优良、营养丰富、果大核小，含多种矿物质元素，纤维素含量高，水分少，特别有利于晒制柿饼。永泰县数十条支流呈网状汇入大樟溪，形成狭谷和长廊式谷地，部分斗状，串珠小回廊谷地，地形地貌系"九山带水一分田"，适合珠柿的生长。柿饼充分吸取日月天地精华，手感柔软(俗称软饼)，产生特有风味与营养价值。

（六）柿文化意蕴

【古代诗词歌赋颂柿】柿树树干高大挺拔，苍劲巍然，博得了历代文人雅士的青睐。或状之以诗，或绘之以画，或倾之以情，或著之以文：

唐代白居易就有："柿树绿阴后，王家庭院宽"的惊叹。尤其进入到初冬时节，万物凋零，熟透的红柿子却缀满枝头，成为一道靓丽的风景线。唐代段成式称柿有七绝："一寿、二多阴、三无鸟巢、四无虫、五霜叶可玩、六嘉实、七落叶肥。"古代诗人在《秋日食柿》一诗中："秋入小城凉入骨，无人不道柿子熟。红颜未破馋涎落，油腻香甜世上无。"北宋诗人张仲殊《称美柿子》："味过华林芳蒂，色兼阳井沈朱，轻匀绛蜡裹团酥，不比人间甘露。"宋代诗人孔平仲《咏无核红柿》："林中有丹果，压枝一何稠。风霜变颜色。雨露如膏油。"

【柿为吉祥如意的象征】"昨夜卧听西风过，晨看黄叶满村落。莫道秋来风景暗，岭上柿子红胜火。"柿子是吉祥如意的象征：圆圆的果实，代表团圆美满。橙红的色泽，寓意红红火火。"柿"字谐音为"事"，代表"事事如意""世代吉祥"。

柿果色形的丰美与"世""事"谐音，所以，人们通常以柿树来表现吉祥如意的美好愿望。也有将壶、盒做成柿子形状的，用于表达吉祥、恭祝贺礼之物。在民间，冬天吃柿子也是重要的习俗之一。闽南人认为霜降这天吃柿子能够保持面色红润、冬天不会流鼻涕。还有在妇女坐月子期间以柿子、桂圆、红糖等物制作成滋补品，来增加母体的乳汁。闽中、闽北地区，在腊月二十四祭灶所备祥果中，也是要有柿饼的。在中国古代，柿蒂纹饰寓意坚固、结实，并兼有吉祥如意的含义，曾是帝王隧墓漆器的雕饰。

【《柿子树》（诗集书籍）】作者：施施然。由长江文艺出版社，2011 年出版。为中国现当代诗歌。女诗人施施然是近年来诗坛涌现出来的新锐。《柿子树》分四辑："踩着风拾级而上"；"我会永久占领你的心"；"那些古来的英雄与美人"；"一面镜子的距离"。作者施施然为诗人，散文作家。生在北方，心在江南。四分之一旗人血统。美术专业毕业。作品散见海内外 60 余家报刊，入选多部选本，被《中国诗歌》评为"2010 年度十佳诗人"。

（七）柿的利用价值

1. 营养价值

柿子的营养价值很高。成熟的柿子中含糖 15%、蛋白质 1.36%、脂肪 0.57%，以及粗纤维、胡萝卜素、钙、磷、铁等元素和多种维生素，尤其是维生素 C 比一般水果高 1~2 倍。柿子营养丰富、色泽鲜艳、柔软多汁、香甜可口、老少喜食。据测，每 100 克柿子含碳水化合物 15 克以上，糖分 28 克，蛋白质 1.36 克、脂肪 0.2 克、磷 19 毫克、铁 8 毫克、钙 10 毫克、维生素 C 16 毫克，还含有胡萝卜素等多种营养成分。它既可生食，也可加工成柿饼、柿糕，并可用来酿酒、制醋等。

2. 药用价值

我国历代医学家对柿子的医疗价值均有著述。梁代陶弘景所著《名医别录》中说："柿有清热、润肺、化痰、止咳之功效"。据《本草纲目》记载："柿乃脾肺血之果也，其味甘而气平，性涩而能收，帮有健脾、涩肠、止血之功"。现代医学认为：柿子能清热解毒，是降压止血的良药，对治疗高血压、痔疮出血、便秘有良好的疗效。柿树全身是宝，果实可供鲜食、酿酒、做醋，还可制成柿干、柿汁等。柿果具有补脾、健胃、润肠、降血压、润便、止血、解酒毒等功效。柿蒂可治呃逆、夜尿；柿霜可治喉痛、口疮咽干等；柿叶茶可防治动脉硬化，治疗失眠。

3. 观赏价值

柿树树冠优美，可以作为绿化树种。柿树树叶春夏两季墨绿、清脆，秋季通红迷人，具极高的观赏价值，是美化环境的理想树种。柿可广泛应用于城市绿化，在园林中孤植于草坪或旷地，列植于街道两旁，尤为雄伟壮观。又因其对多种有毒气体抗性较强，有较强的吸滞粉尘的能力，常被用于城市及工矿区。并能吸收有害气体，作为街坊、工厂、道路两旁，广场、校园绿化树种颇为合适。

四十、枇杷文化

（一）枇杷特性和分布

枇杷 *Eriobotrya japonica*（Thunb.）Lindl.，别名腊兄、（黄）金丸、卢橘、粗客、蜜丸、琵琶果，为蔷薇科（Rosaeeae）苹果亚科枇杷属，多年生常绿乔木。

枇杷是江南早熟水果之一，与杨梅、樱桃并称为"初夏水果三姐妹"，因叶片形似乐器琵琶而得名；其秋萌、冬花、春实、夏熟，承四时之雨露，备四时之气，其果肉柔软多汁，酸甜适度，味道鲜美，被誉为"果中之皇"。枇杷自春季到初夏成熟，正值一年中鲜果供应淡季，早熟枇杷在南方素有"早春第一果"之美誉。

枇杷原产中国，经 2200 多年的栽培，已成为我国南方果树的重要树种，现分布于福建、四川、陕西、湖南、湖北、浙江等省。中国是世界枇杷首要生产国，共有六大产区：浙江余杭县、浙江台州市、江苏吴县、安徽歙县、福建莆田市以及台湾台中县。福建莆田市的书峰乡、常太镇有大面积的枇杷果园；云霄县被誉为中国枇杷之乡，每年的 3 月都会举办大型的枇杷节。

（二）栽培史及名称由来

1. 栽培史

枇杷在我国已有 2200 多年栽培历史，西汉司马相如的《上林赋》和湖北江陵发掘的一个 2140 多年前的古墓中发现存有枣、桃、杏、枇杷的种子可得到证明。起初，古人对枇杷的记载主要集中在形状、颜色、大小等外观描述方面。枇杷功能初期也只是食用，后来拓展到观赏和药用领域。魏晋陶弘景的《名医别录》开始对枇杷果实和其他部分的药用食用功能做了记载。公元 270 年前后的《广志》（郭义恭著）载："枇杷易种，叶微似栗，冬花春实。其子簇结有毛，四月熟，大者如鸡子，小者如龙眼，白者为上，黄者次之。无核者名焦子，出广州。"南北朝时得到了进一步发展，唐宋进入空前鼎盛时期，栽培性状、食用药效等都进入医学典籍，记录枇杷叶加工炮制办法和药效功能及药方等。

2. 对外交流

我国是枇杷的发源地，其他国家直接或间接从我国引种，加强了我国和世界人民的经济、政治和文化交流。公元 9 世纪前传至日本，其中日本种植枇杷历史已超过 1000 年，枇杷在唐朝就流入日本，故在日本有"唐枇杷"之称。自 1180 年起，日本开始有栽培枇杷的文字记载。18 世纪枇杷被引入欧洲，但只是作为一个植物园的观赏树。18 世纪，枇杷传至美洲，但栽培均不多。直到"探索时代"，才有文学著作中提到枇杷一词，而且是在 19 世纪 70 年代的加利福尼亚州作为小体积的观赏水果而被提到。而后进行了良种培育。1887 年，作为大型水果被销售到西班牙。1784 年传入法国，1787 年由日本传入美国，至今已有 200 多年。200 年前传入西班牙后，它迅速蔓延整个地中海地区。1821 年，它已被用于生产性目的以及观赏。到 20 世纪中国和日本是枇杷的主产国，以色列和巴西紧随其后，另外在印度北部、美国加州及夏威夷、意大利、阿尔及利亚、智利、阿根廷、墨西哥、澳大利亚都有枇杷分布。近几年，西班牙后来居上超过日本，成为继中国之后的世界第二大枇杷生产国，而且出口量居全球第一。

3. 名称由来

《说文》记载："琵琶本作枇杷"。《释名》称："枇杷，本出于马上所鼓也。推手前曰'枇'，引手却曰'杷'。"于是有了清人戴铭金《高阳台》："芳名巧向琵琶借"。枇杷别名甚多，腊兄、（黄）金丸、卢橘、粗客，古人多称为"卢橘"。如苏东坡的《赏枇杷》："魏花真老伴，卢橘认乡人。""客来茶罢空无有，卢橘杨梅尚带酸。"《东坡集》："真觉院有洛花，花时不暇往，四月十八日，与刘景文同往，赏枇杷，作诗。"唐代宋之问也有诗云："冬花采卢橘，夏果摘杨梅。"近代艺术大师吴昌硕，在一首题画诗中也曾这样称呼，诗云："五月天热换葛衣，家家卢橘黄且肥。鸟疑金弹不敢啄，忍饥只向林中飞。"南越人古时叫枇杷为卢橘，至今广东一带仍有人称枇杷为卢橘。1787 年，英国把从广东引种的枇杷种植在英国皇家植物园。枇杷的英文名为 Loquat，就是从枇杷的别名卢橘音译而成。

（三）枇杷产品

【解放钟】枇杷是福建省莆田的地方特产，全市有 100 多个枇杷品种，以"解放钟"为佳。它与江苏洞庭山、浙江塘栖的枇杷在国内齐负盛名。"解放钟"为莆田县城关镇锈衣里果农郑祖寿从枇杷"大钟"的实生树变异株中选育而成。其果实形同古钟，在 1949 年新中国成立时开花结果，因而得名。

"解放钟"枇杷的果实单果重 78~80 克，最大的达 172 克。1952 年参加世界博览会时，比当时称为世界最大的日本产"田中"枇杷还重四分之一。每当挂果时节，果农把树上的枇杷果用纸包裹住，防止暴晒雨淋而导致枇杷开裂、长果锈。由于管护精心周到，"解放钟"果然与众不同，色、香、味俱全，果皮黄里透红，果肉脆嫩，汁多味甜，容易剥皮，果肉厚，果粉多。"解放钟"要到 5 月上中旬才开始采收，产量较高，最高单株产量可达 100 公斤。一般每公顷产 10500~12000 公斤。"解放钟"保鲜期长，耐贮运，可出口创汇，成为莆田枇杷鲜果外销的主要品种。

【枇杷膏】民间以枇杷叶，加鲜果榨的汁、冰糖，文火熬成中成药"枇杷膏"，具有清肺、宁咳、润喉、解渴、和胃功效，主治慢性支气管炎，肺逆咳嗽等，疗效显著。念慈庵枇杷膏源自清末太医张鹤年有关的药食同源强身理论及其真传，制法均在其原方的基础上更进一步。西洋参蜜炼川贝枇杷膏源自京都长安寺，尼干勒禅师真传，其药理及制作法均依据原方，科学地引入西洋参作为药引。

【枇杷露】清代赵学敏编著的中药著作《本草纲目拾遗》记载枇杷叶露，别名：枇杷露。《生草药性备要》《中国医学大辞典》载：其味淡、性平、苦、无毒。制备方法：将枇杷叶蒸馏而成的蒸馏液。主治：清肺、和胃、化痰、止咳、止呕逆、润燥解渴（《生草药性备要》《金氏药帖》《许帖》《中国医学大辞典》）。病人炖温，1~2 两，内服即可。

【枇杷蜜】枇杷蜂蜜是蜜蜂采集开花的枇杷花蜜，经蜜蜂酿造而成。甘甜上口，堪称蜜中佳品，主要产地为南方各省，如福建、浙江等省，属稀有蜜种。枇杷蜂蜜是上乘的蜂蜜，不仅仅只有一般蜂蜜的功效与作用。因枇杷花开在冬天，经过严霜后才流蜜，枇杷蜜清香、甜润、毫无杂味，为蜜中珍品，胜过广东荔枝蜜、浙江柑橘蜜、内蒙古香蜜草蜜，与东北椴树蜜齐名。枇杷蜜含的葡萄糖和果糖都达 35% 以上，还可辅助治疗肠胃病、感冒、咳嗽等。因此枇杷蜜特别适合小孩、老人在冬季服用。

（四）习俗典故

【妈祖酿酒】自唐宋以来莆田民间就有用枇杷鲜果酿制枇杷酒的习俗，并传枇杷酒为妈祖所创，以"吸天地灵气，取四季精华"的枇杷鲜果酿造，在当地被奉为"平安酒""天妃酒"，并随妈祖文化传遍世界各地。据传，郑和下西洋每次启航时，也总要向平安女神妈祖祈求平安，并随船装上福建莆田的枇杷酒，开始海外传奇之旅。现今莆田已建立起国内首个枇杷酒工厂，年产枇杷酒 3 万吨。

【枇杷情趣】传说，明代画家沈石田收到友人送来的一盆枇杷，友人信中写作"琵琶"。沈在回信中幽默地写道："承惠琵琶，开食骇甚，听之无声，食之有味。今后觅之，当于杨柳晓风、梧桐秋雨之际也。"《诗话类编》载有一则趣闻：青浦县令屠长卿得知某人以枇杷作为礼物送给袁履善，将"枇杷"误写为"琵琶"，说道："琵琶非枇杷。"袁履善便附和道："只为当年识字差。"友人莫延韩随即说道："若使琵琶能结果，满城箫管尽开花。"3 人相与大笑。

（五）枇杷节

【妈祖故乡枇杷节】莆田市年年在常太镇举办枇杷节，并且把枇杷节办到昆明、兰州、沈阳等地，推介"莆田枇杷"品牌，不断扩展市场，打开枇杷销路。枇杷节上通常有枇杷赛果会，由几十位果农选送优质枇杷竞逐"果王"。专家评委们在一字排开的参赛枇杷中，根据枇杷的外观、甜度、重量等确定结果，最终评出"果王"。

妈祖故乡莆田市是全国最主要的枇杷产地，现有栽培面积 2 万多公顷，年产量达 8 万多吨，栽植面积和产量占全省的 50% 以上，国内市场份额占全国总量的三分之一。

【书峰枇杷文化节】仙游县书峰乡是省定枇杷主要生产基地，也是莆田市十大现代农业示范乡镇之一，现有枇杷 1400 多公顷，"早钟 6 号""长虹 3 号"等优质品种占八成。为让果农们快富起来，书峰乡相继打出"组合拳"，做大做优枇杷这一支柱产业。乡里采取财政补贴等多种办法，推广种植当家品种"早钟6号"。每年定期举办3~4期培训班，聘请果树专家进行枇杷栽培技术讲座和进果园现场指导，让果农掌握栽培管理技术。统一注册"书峰牌"枇杷商标，当地果农免费贴牌销售。为扩大品牌效应，拓展外地市场，先后在浙江、新疆乌鲁木齐等地举办"书峰枇杷营销会"，同时将枇杷文化体验旅游与高效生态农业结合，每年举办"书峰枇杷文化节"。如今，书峰"森林人家"旅游品牌效应初显，在枇杷采摘游中，观光园里的果价倍涨，也带动了其他农特产品的销售和服务业的发展，从而增加农民收入。

据悉，"书峰牌"枇杷先后获福建省"著名商标""名牌产品"称号，并通过国家绿色食品认证和原产地标记注册。枇杷价格一路攀升。每年春节前后，抢占水果市场先机的"早钟6号"收购价更是被炒高。省环保厅此前认定的"书峰乡1000公顷有机枇杷基地"，已发展为我国南极科考队绿色食品基地之一。

【福清一都枇杷旅游文化节】游东关寨，品生态枇杷，看"娃娃鱼"，体验"东方第一漂"。2012年，福清市一都镇首届枇杷旅游文化节在革命老区一都镇盛大开幕。2700多公顷枇杷飘香，"诱"得众多游客踏足尝鲜。福清一都镇是"全国绿色食品原料(枇杷)标准化生产基地"，枇杷加工产品更是远销东南亚几个国家。此外，还有东关寨、东方第一漂、火烧仑森林景区、鹅湖景区等旅游景点，使得一都镇旅游热度持续升温。镇里借助文化节活动，不仅向游客推荐一都镇的优质枇杷，还展示革命老区新的旅游亮点，着力发展休闲观光农业。

【漳州云霄枇杷节】潮乐声中，6个大汉扛起神像疾奔。2007年，首届国际开漳圣王文化节暨枇杷节在漳州云霄将军山公园隆重开幕。来自美国、新加坡等国家，以及台湾等地区的代表聚首云霄。举行开幕式的所在地将军山，因唐朝陈元光父母归德将军陈政和夫人司空氏合葬于此而得名。陈政墓建于公元677年，是福建现存较完整的唐代墓葬之一，属省级文物保护单位，现存墓葬为1240年重修。墓葬的石马等雕刻属宋代文物，工艺风格国内罕见，具有极高的文物研究和观赏价值。在文化节开幕之前，当时的中国国民党荣誉主席连战为将军山公园"御碑楼"题名，国民党副主席江丙坤为云霄县开漳历史文化研究会题词"落叶归根"，台湾"立法院院长"王金平为将军山公园文化中心题词"文域之光"。

云霄历史以来即是枇杷主产区，20世纪60~70年代，云霄枇杷一度名扬东南亚，被誉为"闽南开春第一果"。近年来，在政府的有力引导下，云霄枇杷种植面积逐渐扩大，枇杷真正成为云霄农民增收的"黄金果"。2001年，国家林业局命名云霄县为"中国枇杷之乡"，这里生产的枇杷素有早熟、质优之名。"云霄枇杷"商标还被国家工商管理总局认定为中国驰名商标，并获得了中国地理标志保护。

【幽幽枇杷香】一梢堪满盘。2014年，云霄又成功举办枇杷采摘节。除了邀请专家现场品鉴评选优质枇杷外，还组织当地的种植户"夫妻搭档"进行采摘比赛、现场竞猜、展示参观枇杷系列产品等活动。枇杷采摘节的举办，对推动云霄枇杷品质的进一步提高、增加云霄枇杷知名度、促进当地农民收入增加具有重要意义。

(六)枇杷文化品赏

除了食用之外,枇杷亦进入诗词歌赋和书画题材,上升到精神文化层次。文人墨客吟诗作画,陶醉花荫之下,流连果丛之间,呼吸清馨之气,欣赏形色之美,从而获得无穷的乐趣。

【枇杷诗】唐代杜甫的"杨柳枝枝弱,枇杷对对香"诗句,活灵活现地点染出江南枇杷成熟时的旖旎风光。唐代白居易的"淮山侧畔楚江阴,五月枇杷正满林。"古诗:"别有好山遮一角,树阴浓罩枇杷香。"等,宛如一幅幅初夏枇杷丰收的风俗画。而宋代杨万里的"大叶耸长耳,一枝堪满盘",则道出了枇杷浓阴如幄的特点。枇杷果熟后,一簇簇、一球球、金灿灿、黄澄澄,煞是好看。诗人们别出心裁地给其果实冠以"金丸"之美名。宋代刘子翚笔下有"万颗金丸缀树稠,遗恨汉苑识风流"的赞美之辞。宋代陆游有"难学权门堆火齐,且从公子拾金丸"的佳句。宋代祁更用生花的妙笔,惟妙惟肖地给初夏枇杷林描绘了一番迷人景象:"树繁碧玉叶,柯迭黄金丸。"诗情画意,情趣盎然。

宋代梅尧臣赞曰:"五月枇杷黄似橘,谁思荔枝同此时?"宋代陈世守直言:"枇杷昔所嗜,不问甘与酸。"南朝谢灵运对枇杷也情有独钟,他在《七济》中云:"朝食既毕,摘果堂阴,春惟枇杷,夏则林檎。"宋人周必大的"琉璃叶底黄金簇,纤手拈来嗅清馥。可人风味少人知,把作春风夏作熟。"赞美了枇杷果的色、香、味。宋代戴复古"东园载酒西园醉,摘尽枇杷一树金。"更将枇杷的美味特性刻画得淋漓尽致。而读了明代高启的咏枇杷诗,则让人馋涎欲滴了:"居僧记取南风后,留个枇杷待我尝。"枇杷全身是宝,果实既可生食,又可制罐头、果酒、果膏等,风味诱人,古人赞之:"浆流冰齿寒""如蜜稍加酸"。枇杷叶能入药,唐代司空曙有诗曰:"倾筐呈绿叶,重迭色何鲜。仙方当见重,消疾未应便。"诗人视枇杷叶为"仙方",足见其药用价值之高。

【枇杷画】枇杷是外形和色泽都极具观赏的水果之一,在中国绘画领域也深受艺术家的青睐。如宋代赵佶的《枇杷山鸟图》图中枇杷果实累累,枝叶繁盛,一山雀栖于枝上,翘首回望翩翩凤蝶,神情生动。常州派的清代著名画家恽寿平,曾画《折枝枇杷》,并在画上题有:"笔端乱掷黄金果,不屑长门买赋钱。"大画家虚谷画有《枇杷立轴》,任伯年画有《枇杷锦鸡》《枇杷小鸟》。吴昌硕是清晚期海派最有影响力的画家之一,他曾以枇杷为主题作《枇杷图》,画笔力透纸背,枝干从上而下,枇杷果实金黄饱满,累累于枝丫。《枇杷图》上题有:"五月天热换葛衣,家家庐橘黄且肥;鸟疑金弹不敢啄,忍饥只向林中飞。"

喜欢画枇杷的大画家虚谷画的枇杷枝叶蓬乱纷纷向上,怎么看都带些"怒意"。潘天寿干脆把枇杷果子画成了方的,一如其人,棱角分明。齐白石以枇杷为题材进行了十余次创作,而且均闻名于世。他画的枇杷与吴昌硕大同小异,都是以藤黄色没骨画果实,以淡淡墨画叶子。他曾在一幅《枇杷》画上题诗:"果黄欲作黄金换,人笑黄金不是真。"诗情画意,盎然成趣。国画大师徐悲鸿曾为友人在扇面上画了一幅枇杷图,画面上枇杷数粒,果叶相间,错落有致,并题诗云:"朋友定购香宾票,中得头标买枇杷。"对枇杷的喜爱跃然于画里诗间。

【枇杷谜语】枇杷谜在民间流传着不少与枇杷有关的谜语,如有的谜面中含有"枇杷"两字。如谜面为"枇杷露"，打一成语(谜底：实不相瞒)；谜面为"摘尽枇杷一树金"，打中药名(谜底：没药、白木耳)。而有的谜底为"枇杷"，如谜面为"黄铜铃，紫铜柄，铜铃里面红铜心"，打水果名(谜底：枇杷)。品枇杷之时，猜猜枇杷谜，也颇有韵味。

(七)枇杷的利用价值

枇杷整株都是宝，几千年来其食用、药用价值备受中华民族和各代中医、中药名家的青睐和推崇，具有较高的药用和保健价值。

1. 古代文献记录

"药王"孙思邈(约581~682年)著作《备急千金要方》记载了枇杷性味和功用，以及治疗咳嗽和呕吐的药方。宋代唐慎微《证类本草》枇杷叶篇记载："枇杷叶味苦，平，无毒。主卒啘(干呕)不止，下气。陶隐居云：其叶不暇煮，但嚼食亦瘥。人以作饮，则小冷。"还引用了诸多医书药典：《蜀本图经》《雷公炮炙论》《本草衍义》《食疗本草》《枇杷赋》等对枇杷叶的药用价值记载。《植物名实图考》记载浙江枇杷："浙江产者实大核少"。宋政和六年(1116年)寇宗奭编著的《本草衍义》十八卷·枇杷叶篇，记载枇杷名称的来历缘由，以及药效等，还记录了枇杷的地理分布和生物学特性，而且记录了完全治愈的病历和药方。

《本草纲目》指出枇杷具有："止渴下气，利肺气，止吐逆并渴痰。"之功效。《本经逢源》指出枇杷"必极熟，乃有止渴下气润五脏之功。若带生味酸，力能助肝伐脾，食之气人中满腹泻。"所以要选果熟透，颜色淡黄或橙黄色，个大肉厚，味甜者为佳品。

2. 保健及药用价值

据中央卫生研究院营养系分析，每100克枇杷果肉中含有蛋白质0.4克，脂肪0.1克，碳水化合物7克，粗纤维0.8克，灰分0.5克，钙22毫克，磷32毫克，类胡萝卜素1.33毫克，维生素C 3毫克，是优良的营养果品。含有较多的酚类物质，清除人体内自由基的能力最强；其抗氧化能力为维生素E的50倍，维生素C的20倍，具有抗动脉硬化、抗血栓、抗肿瘤、抗突变的生物活性以及皮肤保健和美容等功能。红肉枇杷类胡萝卜素含量高；白肉枇杷氨基酸特别是谷氨酸含量之高，为其他水果所不及。果汁富含钾而少钠，为重要的保健果品。

枇杷花、果、叶、根及树白皮等均可入药。花可治痛风；果实有止渴下气、利肺气、止吐逆、润五脏的功能；根可治虚劳久嗽、关节疼痛；树白皮可止吐。枇杷最重要的药用部分是叶，枇杷叶中主要成分为橙花叔醇和金合欢醇的挥发油类及有机酸、苦杏仁苷和B族维生素等多种药用成分，具有清肺和胃、降气化痰的功用，可治疗肺气咳喘。枇杷叶含皂苷、苦杏仁苷、乌索酸、齐墩果酸、鞣质、维生素B_1、维生素C等，有很高的药用价值，可制成做枇杷露、枇杷叶膏、枇杷叶冲剂。

3. 园林及经济价值

枇杷树冠美丽，枝叶茂密，寒暑无变，且负雪扬花，春萌新叶，白毛茸茸，秋孕冬花，春实夏熟。在绿叶丛中，累累金丸，故古人称其为佳实，是独具特色的园林绿色树木。秋冬开花，香浓蜜多，是优良的蜜源植物。种子含有大量淀粉，可供酿酒和提取淀粉。枇杷花做花茶，木质红棕色、硬重、坚韧而细腻，是制作木梳、手杖和农具柄的良好材料。

枇杷生长迅速，投产早，经济效益高。一般定植后两年开始试产，最高株产可达 5 公斤以上；第三年投产，株产可达 9 公斤以上；5 年后进入盛果期，株产可高达 50 公斤以上；100 年以上的老树年产 500 公斤以上的单株也不少。枇杷果实在春末夏初成熟，正值水果淡季，为度淡水果。果实鲜艳美观，果肉细嫩，汁多，味美，甜酸适口，营养丰富，又有医疗保健功效，市场价格高，栽培效益好。枇杷果实除了鲜食外，还可加工成罐头、果酒、果汁、果酱、果冻、果膏等，其经济效益还可提高 1~3 倍。

四十一、桃树文化

（一）桃树分布及利用价值

桃 *Amygdalus persica* L.，别名桃子、桃仔，为蔷薇科（Rosaceae）桃属植物。

桃树在我国栽培历史长，分布区域广，以江苏、浙江、山东、河北、北京、陕西、山西、甘肃、河南、福建、贵州等地栽培较多。桃有早结果、早收益等优点，且耐旱力强，在平地、山地、沙地均可栽培，易管理，易获高产。因此，桃树栽培较为普遍。我国有着丰富的自然资源和栽培桃的经验，先后创建了许多高产、稳产桃园，一些管理较好的桃园能稳定保持亩产在 2500 公斤左右的水平。

桃树的用途广泛，其一是可供观赏。桃树的品种除了采集果品外，亦有观花品种，早春盛开，娇艳动人，是优美的观赏树，也常用于园林绿化，小区、园林、学校、单位、工厂、山坡、庭院、路边等皆可栽植。其二是可供食用。桃子的果肉清津味甘，除生食之外亦可制干品、制罐。其三是可供药用。据《本草纲目》记载，成熟桃晒干称碧桃干，治溢汗、止血。嫩果晒干称碧桃，治吐血、心疼、妊妇下血、小儿虚汗。叶称桃枝，窜气行血、煎水洗风湿、皮肤病、汗泡湿疹。根、干切片称桃根或桃头，治黄疸、腹痛、胃热。花称白桃花，治水肿、便秘。桃树根可以清热利湿、活血止痛、截疟、杀虫，还可用于风湿关节炎、腰痛、跌打损伤、丝虫病、间日疟。

我国是桃树的故乡，至今已有 3000 多年的栽培历史。世界上桃树的品种有 3000 多种，我国占四分之一以上，可分为食用桃和观赏桃两大类。观赏桃主要品种有桃红、嫣红、粉红、银红、殷红、紫红、橙红、朱红……真是万紫千红，赏心悦目。

我国传统文化喜用"五"字来概括：五行、五脏、五谷、五畜、五菜、五果、五音、五气、五色、五味、五官……桃、李、杏、梨、枣合称五果，桃是五果之首。可见人们对桃的重视。

（二）中国古籍有关桃的记载

据古文献记载和科学考证，中国西部是桃的起源中心。早在 4000 年前，桃就被人类利用、选择、驯化、栽培。有文字记载的古书有《诗经》《山海经》《管子·地员篇》，以及《尔雅·释木》《初学记》《本草衍义》《救荒本草》《本草纲目》《群芳谱》等书，从不同角度对桃品种类型、生长特性、适栽地域、加工方法、医药应用等方面做了阐述，为现代桃树栽培发展奠定了基础。

桃的文物资料始见于新石器时代遗址。中国考古学家在新石器时代（公元前6000~7000年到公元前4000年）氏族社会的遗址中发现有桃核的文字记载。说明在新石器时代，野生桃已被广泛采集利用，成为氏族社会的一种食品来源。商周时期已有普通桃的原始种。主要文字记载如下：

《诗经》中有关桃的记载有5处。从出现的地域看，"何彼秾矣，华如桃、李"（见于《召南》，为周公姬奭的驻地镐京，今西安以南的地域）；"园有桃，其实之殽"（见于《魏风》，为今山西西南部商城等地）；"投我以桃，报之以琼瑶"（见于《卫风》，为今河南北部浚县、滑县、濬县、濮阳、汤阴、新乡及河北南部临漳等地）；"投我以桃，报之以李""桃之夭夭，有蕡其实"（见于《大雅》，为周王室统治中心王韶所在地，指今陕西中部、西安、户县、武功、岐山等地）。总的看来，《诗经》中桃的出现是在黄河流域中上游、与汝水以南、武汉以北的江汉合流地域。从记载"园中有桃""有蕡（指果大小）其实"，可知当时开始已有人工栽植，且结实繁多。

《山海经》中桃的记载有6处。其中"不周之山……爰有嘉果，其实如桃。""边春之山多……桃、李。"不周、边春两山即指昆仑山，位于今甘肃、新疆、青海之间，产桃的具体范围还可缩小到西宁、酒泉、敦煌一带。《东山经》中"岐山……其木多桃、李"。岐山位于今陕西岐山县，在扶风、凤翔中间。《中山经》中"灵山……其木多桃、李、杏"。灵山位于河南宜阳。又"卑山……其上多桃、李"。卑山在今河南泌阳。可知《山海经》中的桃多出现在黄河中上游的甘肃、青海、陕西、河南等地。桃水、桃山分别见于《西荒经》及《大荒北经》。《中山经》《中次六经》中有"夸父之山，其北有林焉，名曰桃林，是广员三百里，其中多马。"《尚书正义》卷十一中有"归马于华山之阳，放牛于桃林之野。"可知桃林是大量野生桃集中生长的地方，亦是我国桃树大面积原始林最早的历史记载。

《夏小正》中记有"正月……梅、杏、杝桃则华……六月煮桃。"夏王朝的历法以孟春为正月，今农历又称夏历，则桃应是公历2~3月开花的山桃。从西汉载熙的传释至清邵晋涵的《尔雅·正义》等均认为，"桃也者，杝桃也，杝桃也者，山桃也，煮以为豆实也"。现知山桃不可食。但宋林洪《山家清供》中有"采山桃用米泔煮熟，漉置水中去核，候一饭涌同煮，倾之，如盦饭法称之为蟠桃饭"。明代朱棣《救荒本草·桃部·救饥》内记载野生之桃叶、桃果匀可煮食，未熟之桃果还可以切片晒干"以为楼，收藏备用"。可推之在生产力低下的古代，除了采食普通桃外，果小之山桃，味酸且有时有苦味之毛桃均在煮食之列，甚至特别利用其酸味作"滥桃"。

古代习惯将春季分为孟春、仲春、季春3部分，分别为夏历正月、二月、三月。上述《夏小正》中桃开花物候期的正月约为公历2月。而《吕氏春秋》及《礼记·月令》中为"仲之月桃始华"，则在公历3月。《逸周书·时训解》中"惊蛰之日桃始华"。惊蛰约在公历3月5日至6日。据张福春《中国农业物候图》，今日黄河流域山桃盛花期为3月21日前后，而在较暖的长江流域山桃盛花期提早到3月1日前后。东汉张仲景（150~210年）在《神农本草经·下经·桃仁》中注释为"……花三月三日采……"，山桃花期被推迟到公历4月上旬才开花，说明东汉时的气温较《夏小正》时为低。

《周礼·天官》中有："馈食之遵，其实枣、栗、桃……"。东汉成书的《礼记》中"桃诸，诸卵盐"及"瓜、桃、李、梅皆入君燕食所加庶羞也"说明桃及干藏的桃作为食品至东汉时已有千年以上历史。《礼记·内则》中"桃曰胆之"，对胆的解释，唐·孔颖达认为"桃多毛，拭治去毛，令色青如胆也"。又释"胆"为苦桃，"有苦如胆者去之"。可知当时的栽培桃多毛、色青，有的还带苦味，尚处于驯化、改良的早期阶段。从多毛、味苦的性状看，显然，还受其亲本毛桃的影响较大。甜味桃的记载见于《韩非子·外储》第三十三卷，"弥子暇有宠于卫君，食桃为甘，不尽其半啗君……"。推之河南淇县、汤阴、新乡、濮阳为当时甜味桃的一个产地。

桃的栽培记载，在《管子·地员篇》中最早论述栽培与土壤的关系，主张用好的土壤如"息土、位土与沃土"栽培桃树。在《荀子·富国篇》中有"……今之土之生五谷也，人善治之则亩数盆（古代计量单位），然后瓜、桃、李、枣，一本数以盆鼓"。认为桃等果蔬栽培是仅次于粮食生产的一项富民措施。可见，桃在当时人民生活中已有相当地位。在《墨子》中包有多处关于桃的记载，墨子认为偷人犬彘比窃其桃李更为不义，这也侧面反映了当时民间种植桃李如同养猪犬一样普遍。此外，在《韩非子·外储》第三十三卷十二及《吕氏春秋》中有"子产治郑，桃李之荫于街者莫援也"。说明桃除了可食用外，在河南新郑还有用于美化环境，作行道树。

（三）福建水蜜桃

【古田水蜜桃】古田水蜜桃栽培始于公元1700年，距今300余年，以其独特的风味和品质而闻名省内外。古田水蜜桃多分布于翠屏湖畔周围，空气清新，温暖湿润，优越的生长环境为古田水蜜桃生长提供了理想的栽培条件。全县水蜜桃栽培面积达1800多公顷，产量达万吨，成为全省水蜜桃主产区之一。全县涌现出几十个水蜜桃栽培专业村，形成了以雨花露、白凤、安农一号、大久保、玉露为重点的水蜜桃系列名优品种。水蜜桃果大，汁多、芳香，风味甜浓，品质极佳，深受广大消费者青睐，声名远扬。古田县综合农场生产的"吉乐牌"水蜜桃被授予"绿色食品"和"福建名牌产品"称号，供不应求。全县一年水蜜桃产值可达6000多万元，给该县农民带来了丰厚的收入。

【穆阳水蜜桃】以福安西部地区为中心，主要分布在福安市的穆阳、穆云、康厝、溪潭等乡镇。由于具有果大核小、外表美观、色泽鲜艳、肉质柔软多汁、味甜、清香、风味独特等优点，其鲜果在市场上显示出强劲的竞争力，深受消费者的喜爱，被誉为穆阳"仙桃""闽东珍果"，是闽东地区最具开发潜力的地方特色名优水果之一。据了解，"穆阳水蜜桃"是20世纪30年代由传教士从澳大利亚传入，至今大约有70多年的历史，是闻名省内外的优良水蜜桃良种。由于穆阳地区属低丘陵山区，土质独特，pH和微量元素适中，所产的"穆阳水蜜桃"果大核小、外形美观、色泽鲜艳、肉质柔软、汁多味甜、香气浓等独特品质，成为我国南方地区极具发展价值的中晚熟桃品种。穆云乡有悠久的种植水蜜桃的历史，群众种植经验十分丰富，2万多位农民从事桃生产和经营，桃产业已成为当地农民致富的必由之路。

【永春北溪桃园】北溪村位于永春县岵山镇西南部，是一个风景怡人的美丽小山村，也是革命老区村。北溪地处南亚热带气候带，具有优越的自然气候条件，适宜种植各种亚热带水果。这里一年四季水果飘香，春季有早钟 6 号枇杷，夏季有荔枝、龙眼，秋季有文旦柚、火龙果，冬季有芦柑。景区内林木苍翠，瀑布飞挂，环境优美，村居安乐，胜似"世外桃源"。

北溪桃园种植了 6.7 公顷近 2000 多株的观赏碧桃，举办了多届北溪桃花文化旅游节，吸引了大量游客。栽培的桃树有小花白碧桃、大花白碧桃、五色碧桃、红碧桃、垂枝碧桃、绛桃、寿星桃、紫叶桃等 8 个品种。春天的北溪，万株粉红、深红、纯白花瓣的桃花绽放山谷，到处弥漫着桃花的清香，沁人心脾。木栈道蜿蜒其间，爬满缤纷的落英，缓缓舒展桃花浴的浪漫与闲逸。近年来，北溪逐步探索生态休闲旅游发展，打造"慢生活"旅游圈和北溪桃花旅游品牌。每到春天，各种娇艳的桃花竞相绽放，这里已经成为名副其实的福建"桃花第一谷"。

(四)桃子与福寿文化

我国素有尊老祝寿习俗，每当节庆或晚辈给老人祝寿时，就常以"寿桃"相赠，或画一幅"寿星捧桃"图案以表达祝福和吉祥。旧时祝女寿者，多绘麻姑像赠送，称"麻姑献寿"。晋葛洪《神仙传》卷七："麻姑，建昌人，修道于牟州东南余姑山。三月三日西王母寿辰，麻姑在绛珠河畔以灵芝酿酒，为王母祝寿。"

传说中，西王母娘娘做寿，设蟠桃会款待群仙，所以一般习俗用桃来做庆寿的物品，称为寿桃。桃作为水果，甜、鲜、纤维素含量高，含有维生素 E，可抗氧化抗衰老，果糖含有滋补强身的作用，特别是纤维素对老人的常见病如动脉硬化、便秘都有好处。民间早有"桃养人"和"宁吃鲜桃一口，不吃烂杏一筐"的谚语。

《神农本草》上"玉桃服之，长生不死"的文字，《神异经》说"东方树名曰桃，其子径三尺二寸。和核羹食之，令人益寿。"《王贞农书》认为桃为"五木之精"，驱邪必自扶正，用桃祝寿也就有了祝颂的意思了。

上天有蟠桃园，园中仙桃 3000 年一开花，3000 年一结果，食 1 枚可增寿 600 岁，从而桃木亦被喻为长寿的象征。据古籍载："桃者，个大而优，味甘而形美……"因产于肥子国而冠以肥桃之称，亦称"佛桃""仙桃""寿桃"，为历代皇室贡品。

寿桃的来历与我国古代著名的军事家孙膑有关。相传，孙膑 18 岁离开家乡到千里之外的云蒙山拜鬼谷子为师学习兵法。一去就是 12 年。那年的五月初五，孙膑猛然想到："今乃老母八十寿诞。"于是向师傅请假回家看望母亲。在师傅鬼谷子的府第，有一棵奇特桃树，枝繁叶茂，果实奇大无比，是早年鬼谷子伊祁山(今河北省顺平县境内)学艺时师傅所赠。师傅摘下一个桃送给孙膑说"你在外学艺能报效母恩，我送给你一个桃带回去给令堂上寿。"孙膑回到家里，从怀里捧出师傅送给的桃给母亲，没想到老母亲还没吃完桃，容颜就变年轻了，全家人都非常高兴。人们听说孙膑的母亲吃了桃变年轻了，也想让自己的父母长寿健康，便都效仿孙膑，在父母生日的时候送仙桃祝寿。但是仙桃的季节性强，于是人们在没有仙桃的日子里，用面粉做成寿桃给父母拜寿。

关于桃子祝寿，在我国有许多美丽的神话和传说。在传说中，桃是神仙吃的果实。吃了头等大桃，可"与天地同寿，与日月同庚"；吃了二等中桃，可"霞举飞升，长生不老"；吃了三等小桃子，也可以"成仙得道，体健身轻"。正因为此，桃子被称为"仙桃""寿桃"。在《西游记》里，天官里的王母娘娘做寿时，就曾设蟠桃盛会招待群仙。这虽然是神话，也说明桃绝非一般水果可比。至于齐天大圣孙悟空，以及他的子孙们，均是以桃子为食。

民间年画上的老寿星，手里总是拿着桃——"寿桃"，过生日做寿时要蒸桃形的馒头，或实心、或空心里面填馅，做成圆馒头状，在顶部捏出桃尖，用竹刀或刀背从上至下轧出一个桃形槽来，将桃尖略微弯曲，再染成红色，上笼蒸熟，"寿桃"就做成了。在老人生日那天，献给老人，以祝福老人健康长寿。

桃子在全国有许多优良的品种，如山东的肥城桃、天津和上海的水蜜挑、南京时桃、杭州蟠桃、贵州的白花桃、血桃，以及河北深州的蜜桃。就以深州蜜桃为例，个大味甜，一般每个重 400 克，大的则达 600 克。从树上摘下 1 个桃子，刷去桃毛，用刀剖开，晶莹的桃汁宛若粒粒珍珠，欲滴而不落，甚至能拉出丝来，咬上一口，则甘美的味道沁人心脾。

(五)中国桃木文化

【桃木驱病压邪】桃者，五木之精也，故压伏邪气者也。桃木之精生在鬼门，制百鬼，故令作桃人、梗著门以压邪，此仙木也。

桃木质密细腻，木体清香，色若暗红，富有光泽，结实而有弹性，历来为避邪镇宅之神物。历史名人庄子说："插桃枝于户，连灰其下，童子不畏，而鬼畏之。"另有桃符，又称平安符，《荆楚岁时记》云："正月一日，挂桃符其门椽，百鬼畏之。"辞源说："古时刻桃木人，立于户中以避邪"。宋代："刻桃符于门中，以驱邪气入室"。明清两朝，桃木驱病压邪之说日盛，民间为求吉祥平安，以桃枝署于户中。常刻桃核带于腕求平安，家中添丁必以桃物署于宅中以求安康。

桃木辟邪源于后羿的传说。古书记载，后羿是被桃木棒击杀，死后封为宗布神，常在一棵桃树下牵着一只老虎检验每个鬼，如果发现是恶鬼，就会让老虎去吃掉。传统中医认为："桃木属温性，有镇静祛邪，活血化淤，促脑安神，促进人体代谢之作用"。桃木也深得有识之士之宠爱，常雕之成剑，佩于身或悬于室，以示高雅之风范。

《封神榜》载：姜子牙(太公)用桃木剑降妖兴周，可谓家喻户晓。关于东南方向桃木枝避邪之说：辞源云：古时选东、南方向的桃木枝刻桃木人，立于户中以避邪。汉时，刻桃印挂于门户，称为桃印懑，后汉书议志中仲夏之月，万物方盛，日夏至阴气萌作，恐物不懑。以桃印长六寸方三寸，五色书如法，以施门户，宋代刻桃符，古代大门挂的两块书着门神名字的桃木板，意为压邪。

现在，大陆、中国台湾、日本、马来西亚等地，民间以桃木剑悬置于家中吉方或镇煞方，用于镇压百邪除各方凶煞。所以桃木是不可乱放的。在中原古书中《太平御览》引《典术》：桃者，五木之精也，古压伏邪气者，此仙木也，桃木之精气在鬼门，制百鬼，故今做桃木剑以镇压百邪，此仙术也。

【桃木吉祥平安】 桃木又名"仙木""降龙木""鬼怵木"。其表面特征：木质坚硬、木体清香、色泽金黄，花纹呈螺旋八卦形。红、灰、黑色，节疤多，皮裂，木质纹理清晰且深浅不一，因自古有运气节节高之吉祥含意，加之桃木难取材，一般宽于 2 厘米的桃木工艺品都是多块桃木拼接而成，更增加了运气节节高含义的内涵，这也是风水桃木工艺品深受老百姓喜爱的原因！

桃木的取材难，处理复杂。桃木属多年生树种，生长慢，长到 50~60 厘米左右，开始打杈修枝，由于桃农为使桃子长得个大、味美、营养高，采取了压枝、拉枝等多种工艺，使之变得矮、短、弯，这就造成了桃木的取材难。桃木本身是果树，含有较高的糖分和果树胶，为了使它做成成品后不变形、不开裂，要经过泡、煮、焐、烘、凉等十几道工序处理，处理周期长达半年，木性稳定以后，才可以加工成工艺品。因此，价值也就比别种木材相应高出许多。

桃木制品的加工工艺复杂；桃木木质坚硬、纹丝不规律、节疤多、皮裂，必须由手力足、刀法娴熟、经验丰富的匠人制作，经过手工 83 道工序加工而成，雕刻作品多由全国各地的民间艺人手工雕刻完成。目前全国桃木工艺首推山东肥城。

【桃木剑及运用】 桃木剑镇宅辟邪在民间广为流传，凡盖新房就用桃枝订在房屋四角，以保家宅安宁。迎亲嫁娶，也用桃木剑，意为婚姻美满，富贵平安。逢年过节，也要取桃枝挂门边，用来镇宅接福，节日祥和。

桃木也深得道家方士之宠爱青睐，常雕之成剑，佩于身或悬于室，以示高雅之风范，道行之高深，仗剑执道行于江湖。除民疾苦于无形，而深得百姓之信睐。现在东南亚国家民间以桃木剑置于户中用于避邪纳福。另有《淮南子·诠言》说："羿死于桃口"。东汉许慎注："口，大杖，以桃木为之，以击杀羿，由是以来鬼畏桃也"。羿以善射闻名，逢蒙拜师学艺，学成后恩将仇报，从老师身后下毒手，举起桃木大棒向羿的后脑猛砸。羿死后，做了统领万鬼的官。常站在桃树旁审查各鬼，因此鬼都怕桃木。

桃木剑古代传说中已有，商朝后期殷纣王被狐狸精迷惑，朝纲衰败，后有云中子特制一把桃木剑，悬挂朝阁，使狐狸精不敢近前。三国时期的曹操，因凝心太重，落下头疼病，久治不愈，后经军师提议，在中原精选优质桃木，制成一把桃木剑，悬挂室内，头痛之症，不治痊愈。山东泰山，以盛产"佛桃"闻名于世。佛桃树生长在高山之上，常年吸收日月精华，将桃木宝剑一把高挂中堂，可驱邪镇宅，可显家宅威武、豪华。

（六）桃树的历史传说

【夸父追日和桃林的传说】《山海经·海内北经》记载，远古的时候，在无边无际的荒原中，有一座大山叫成都载天。山中住着一位顶天立地的巨人叫夸父。

远古先民在长期的农业生产中，认识到阳光与季节的关联。先民认为太阳从东面的大海中升起，落入西面禺古，禺古阳光最充足，如果迁移到禺古就能永浴阳光。夸父想：如果能拉住太阳，让他永远停留在天上，就能让人间光明永在。夸父想了很久很久，立下宏愿，决心去追赶太阳，做出一番惊天动地的事业来。于是随身携着一根手杖，出发了。太阳升起了，夸父如离弦之箭，两腿生风，向着西斜的太阳追去。他追赶太阳到禺古，太阳落到这里洗浴后，就在巨大无比的若木上休息。到第二天再升起来。这时，夸父已跨入光影，处在大光明的包围中，他的眼前是一团极大极亮的火球。夸父兴奋地张开双臂，想拥抱太阳，就这时夸父感到焦渴难熬。夸父追近太阳，经受着火球的燎烤。

夸父蹒跚着，踉跄着来到黄河边，俯下身子一口气喝干了黄河水。他依然口渴难忍。于是，夸父挣扎着踉踉跄跄转过身，又将渭河的水喝干。但是，焦渴的感觉仍旧是那样凶猛，那样暴烈。夸父挣扎着转身向北跑去，想去喝大泽里的水。大泽又称瀚海，是取之不尽用之不竭的水源，是解渴的好去处。可是夸父还没有到达目的地，就像一座大山一样倒了下来。夸父倒下去了，如山崩地裂。江河大地为之轰轰作响，行将坠入禺古的太阳也肃然起敬，把金色的余晖洒在夸父的脸上。

但见夸父长叹一声，把手杖奋力往前一掷，化作了绿叶茂盛、鲜果累累的桃树林。夸父遗憾地闭上了双眼，尸体变成了一座大山，后人称为夸父山。他用自己的血汗膏脂肥沃土壤，生发出方圆数千里的一大片果树林，姹紫嫣红，硕果累累，先民称之为邓林，也就是后人所说的桃林。

【桃木画上神荼郁垒的传说】商朝末年周朝年初，度朔山上生有奇异仙桃，仙桃肉质甜美，寻常人食之可延年益寿，修炼者食之可以羽化飞升或成半人半仙。桃树林中住着兄弟二人，大哥叫神荼，小弟叫郁垒，他们为人正直善良，天生力大无穷，威猛神虎为他们保护桃林看着神桃。而另一地野牛岭上有个魔野大神，心狠手辣，专喝人血，专吃人心，残害百姓，更不放过修行人，以修行人的肉与心来增功力。一天，魔野大神派人到度朔山上强取仙桃，被神荼、郁垒以神通力轰走，魔野大神异常气愤，马上在黑夜中召唤8万4千个强悍恶鬼前去报复，被神荼、郁垒用桃条捆起来扔给了神虎食之，桃木辟邪说法由此而来，同时它也成为辟邪驱鬼的工具。

【桃符由来的传说】上古先民常遭妖魔鬼怪侵扰，玉皇大帝就派神荼、郁垒二神到人间协助尧帝除恶，并受二神秘机到伊祁山取桃木制杖为制胜之器。玉皇大帝曰："尧君御之，伊祁木避"。玉皇大帝对伊祁桃木情有独钟，让神荼、郁垒二位爱将对伊祁桃木制杖为器，缘于玉皇大帝与伊祁山桃木的不解之缘。另一个传说是，玉皇大帝早年一次个人出游，降临人间，在太行山中穿行。远远望见伊祁山，就欲看望尧。行至佛休谷，见佛祖与太上老君在同尧说法论道，便加入其间，一坐便是7天7夜。临分别时，太上老君送每人一粒灵丹。在返城行进时，玉皇大帝越走越觉身体不舒服，旋即卧歇。太行深处的一个山坡躺卧着玉皇大帝一个人，不能不说是一件危险的事。这时太上老君送的那颗灵丹神奇地迅速化作玉树为玉皇大帝遮阴护驾。久有想害玉皇大帝取而代之之心的巫邪见时机已到，伸出魔爪欲制玉皇大帝于死地。在千钧一发之际，玉树转动回身抽打，巫邪被重击3下，疼痛难忍，仓皇逃窜，没跑多远倒地毙命。玉皇大帝思之，玉树护佑了我，且使邪魔逃窜，必使其留在人间以保佑万民。玉皇大帝收了玉树变回灵丹，然后用力向上一抛，等灵丹落下来时，立即化作桃林树木之神，成为众桃树之灵魂。

从周朝起，每次到了年节，百姓们就在两块长约 6 寸、宽约 3 寸的桃木板上，画上两位神将的图像或题上他们的名字，悬挂在大门的两侧，目的是要镇邪驱鬼、祈福纳祥，这就是桃符的由来。而神荼、郁垒也就成为门神。后代的春联可以说是由桃符演变而来的，桃符是古代画神荼、郁垒两位门神的桃木板。自五代以来，桃符的内容逐渐被两句对偶的吉祥诗句所替代，因此出现了对联的新形式，而后就演变成春节贴春联的习俗。

（七）桃的文化象征

自古以来，桃因其花艳春色，果称佳品，在中华大地广为栽培。在中华文化中，桃文化源远流长，可以毫不夸张地说，桃是中华文化的一朵奇葩。

【和平、乐园的象征】在古时，桃树的兴衰，常联系着国家的兴衰。适逢太平盛世，百姓安居乐业，桃也得以很好发展。《尚书》记载："周武王克商，归马于华山之阳，放牛于桃林之野"。周武王凯旋而归，坐定天下，便公布了一项偃武修文的重大措施。这是一幅和平景象，不用别的花作陪衬，只用桃花，足见桃花和西洋的橄榄枝具有同样的意义。

桃生长旺盛，花色艳丽，结果早而多，亦象征着家庭人丁兴旺、祥和与幸福。在《周南·桃夭》中，就有以桃起兴的著名贺婚诗：

> 桃之夭夭，灼灼其华。之子于归，宜其室家。
> 桃之夭夭，其茨其实。之子于归，宜其家室。
> 桃之夭夭，其叶蓁蓁。之子于归，宜其家人。

诗词大意：桃树茂盛，花红似火，果实累累，绿叶成荫。预示出嫁的姑娘，也会像桃树那样，给家庭带来兴旺、幸福与吉祥。

到了东晋末年，陶渊明更巧妙地构思出一片世外桃源的景象。"忽逢桃花林，夹岸数百步，中无杂树，芳草鲜美，落英缤纷。"在陶渊明的笔下，桃又变为世外乐土的标志。

【人才、人品的象征】《韩非子·外储说左下》与《韩诗外传》中有一个故事：子质在魏国当官犯罪，逃到赵简子门下，对赵说："我以后不再推荐人才了。魏国朝堂和守边的官吏，有一半是我推荐的，当我处境危难时，他们不但不助我，反而落井下石。"赵说："夫春树桃李者，夏得阴其下，秋得食其实；春树蒺藜者，夏不可采其叶，秋得其刺焉。今子所树非其人也，故君子先择而后种焉。"这是把桃李比喻人才、人品的最早记载。桃比橘分布广，以桃比喻人才、人品自然比橘更为人们理解和认同。

至于桃、李并称同喻，《诗经》中就有"投我以桃，报之以李"的诗句。在汉代，还常把两者比喻成互爱互助的兄弟。"桃生露井上，李树生桃旁。虫来啮桃根，李树代桃僵。树木身相代，兄弟还相忘"（汉·乐府诗《鸡鸣》）。桃李本为同属植物，比喻非常生动。此后，在古籍中古人用植物比喻人才、人品时，多钟情于桃、李。如"桃李满天下""桃李不言，下自成蹊""桃李盈门"等成语，一直沿用至今。

【吉祥、长寿的象征】把桃视为百果之冠，在春秋时代已有记载。据《晏子春秋·谏下二》

载，春秋齐景公身边有 3 个勇士，都武艺高强，而且不太懂朝廷规矩，不好管理。齐相晏子劝景公除去这 3 个人，设计让景公送去 2 个桃子，要他们论功大小取桃。3 个人互不相争，结果都弃桃自杀。国君能用 2 个桃子当奖品，使 3 个勇士为桃而死，也反映在春秋时代，桃子已被人们看成果中佳品。嗣后，神话不断渲染发展。宋王锤在《云仙杂记》里首先把"王母桃"称为蟠桃。在《大唐三藏取经诗话》中，又设想出天上有蟠桃园。到了吴承恩写《西游记》时，又引出大闹天宫：孙悟空监守自盗，偷食仙桃的故事，使王母娘娘群仙招待会也无法进行。人吃仙桃能长寿、成仙，于是桃子逐渐变成了长寿的象征。桃的生长受生态环境的影响，有季节性，而人的生辰并非都在桃成熟季节，于是用面粉、糯米粉、甚至奶油蛋糕制成的寿桃就被发明出来。手捧寿桃的老寿星贺卡、年画年年印制，经久不衰。一个观念，一种习俗，一旦形成，其习惯作用是何等强固。

【**艳丽、春天的象征**】桃花的喻义在古籍中极为丰富多彩。它不像梅花象征坚贞，兰花象征高雅，牡丹象征华贵，荷花象征高洁，菊花象征傲骨，都较单一。桃花可就不同了，它既是春光春色的象征，又是女性艳丽、青春的同义语。桃花开放是在仲春时节，春光明媚，春意盎然。桃花一开，众多的花也随着开放，顿时大地万紫千红。所以许多诗人便断言："占断春光是此花""无桃不成春""惟桃举蕾急春迎""桃花落尽春归去"，等等。

唐代大诗人皮日休的《桃花赋》更是把桃花称作"艳外之艳，花中之花"，并用许多古代美女比喻，这是任何名花都不曾有过的。"艳如桃花""桃花面""人面桃花相映红"，等等，都是古人赞誉美人的诗词。

正由于桃花在历史上一直有着美好的喻义，在《三国演义》中，作者才编了一段"桃园结义"的故事。许多诗人，亦借桃吟诗：白居易"人间四月芳菲尽，山寺桃花始盛开"；李白"犬吠水声中，桃花带露浓"；杜甫"桃花一族开无主，可爱深红映浅红""三月桃花水，江流复旧痕"；苏轼"野桃含笑竹篱短，溪柳自摇沙水清"，等等。这些诗句不仅用桃花赞美了万物复苏的春天，也抒发了作者对大自然的热爱和对生活的炽热之情。

至于古代用桃表示某一地名或某一植物，在中国大地亦甚普遍。如以桃花命名地名的就有湖北的仙桃，湖南的桃花源，苏州的桃花坞，黄山的桃花峰，五台山的桃花洞和台湾、福建的桃园、桃源；以桃命果的也有"樱桃""阳桃""核桃""猕猴桃"等。在上海、北京、成都、兰州等许多城市，当桃花盛开的时候，还年年举办盛大的桃花节，招徕赏花游客，已成为现代都市农业的一大景观。

（八）由避邪神木到春联

中国古代尊称桃树为"仙木"，为"五木之精"，认为它可以驱邪制鬼（五木，就是桑木、榆木、桃木、槐木和柳木）。《典术》说："桃者五木之精也，今之作桃符着门上，压邪气，此仙木也。"

《山海经·海外经》曰："东海中有山焉，名曰度索。上有大桃树，屈蟠三千里。东北有门，名曰鬼门，万鬼所聚也。天帝使神人守之，一曰神荼，一曰郁垒，主阅领万鬼。若害人之鬼，以苇索缚之，射以桃弧，投虎食也。""于是黄帝乃作礼以时驱之，立大桃人，门户画神荼、郁垒与虎，悬苇索以御。"（原文已逸，此据《史记集解》载。《黄帝书》《水经》均有记载。）由是桃木以其驱邪之效，广为应用。

《礼记·檀弓》载："君临臣丧，以巫祝桃列执戈，鬼恶之也"。桃列者，桃木制柄的扫帚。《左传》也有"桃弧棘矢，以除其灾"，即用桃木造弓可消灾避祸。

战国时，我国民间就有在岁时用桃木制偶人（又称"桃梗""桃人"）立于门侧，砍桃木为板（桃板）、刻桃木为印（桃印）、用桃枝系成扫帚（桃苅）等习俗，用以御凶避邪，叫做挂"桃符"。

《晋书·礼志》云："岁旦，常设苇茭，桃梗于宫及百寺之门，以禳恶气。"挂桃符，后演变为于桃木板上，写神荼和郁垒两神的名字，或只画符咒，称"题桃符"。

《玉烛宝典》曰："元旦造桃板着户，谓之仙木……即今日桃符也，其上或书神荼、郁垒之字。"

南朝"梁"宗懔《荆楚岁时记》记载：正月一日，"造桃板着户，谓之仙木，绘二神贴户左右，左神荼，右郁垒，俗谓门神。"

五代时，蜀后主"孟昶命学士为题桃符，以其非工，自命笔题云：'新年纳余庆，佳节号长春'。"（《宋史 – 蜀世家》）

到宋代，联语不限于题写于桃符上，题写在楹柱上，后人名曰"楹联"。

宋代以后，宜春帖多用联语，且把粉红笺写出。或集诗经古语，或集唐宋诗句。最早有王沂公（王曾）皇帝阁立春联："北陆凝阴尽，千门淑气新。"

王安石《元日》诗最是耳熟能详。"爆竹声中一岁除，春风送暖入屠苏。千门万户瞳瞳日，总把新桃换旧符。"陆游《除夜雪》诗同样饶有兴味："半盏屠苏犹未举，灯前小草写桃符"。

"桃符"称之为"春联"始自明代。明陈云瞻《簪云楼杂话》记载："春联之设自明太祖始。帝都金陵，除夕前勿传旨，公卿士庶家，门口须加春联一副，帝微行出观。"

（九）诗歌中的桃花意象

桃花在我国诗歌中，经常作为一种意象被隐喻和借用，形成独特的一种"桃花现象"。我国最古老的民歌集《诗经》就有"桃之夭夭，灼灼其华。"唐代大诗人李白的《赠汪伦》诗："李白乘舟将欲行，忽闻岸上踏歌声。桃花潭水深千尺，不及汪伦送我情！"杜甫《漫兴》诗："肠断春江欲尽头，杖藜徐步立芳洲。癫狂柳絮随风舞，轻薄桃花逐水流。"白居易的《大林寺桃花》诗："人间四月芳菲尽，山寺桃花始盛开。长恨春归无觅处，不知转入此中来。"黄巢的《题菊花诗》："飒飒西风满院栽，蕊寒香冷蝶难来。他年我若为青帝，报与桃花一处开！"张旭的《桃花溪》："隐隐飞桥隔野烟，石矶西畔问渔船。桃花尽日随流水，洞在清溪何处边。"还有宋之问的"洛阳城东桃李树，飞来飞去落谁家？"王维的"雨中草色绿堪染，水上桃花红欲燃！"裴迪的"归山深浅去，须尽丘壑美。莫学武陵人，暂游桃源里！"杜甫的"桃花一簇开无主，可爱深红映浅红。"欧阳修的"蕙兰有恨枝尤绿，桃李无言花自红。"苏轼的"野桃含笑竹篱短，溪柳自摇沙水清"，等等。

到了宋朝，朱敦儒的《减字木兰花》最有桃花情趣。词曰："刘郎已老，不管桃花依旧笑，要听琵琶，重院莺啼觅谢家。曲终人醉，多似浔阳江上泪，万里东风，国破山河落照红。"

这里的"刘郎已老，不管桃花依旧笑"，引用了两个有关桃花的典故，"刘郎"指唐代大诗人刘禹锡，曾写过《重游玄都观》诗：诗中有"前度刘郎今又来"之句。典故是说唐元和 10 年，刘禹锡从贬谪之所郎州被召回长安，见到"玄都观里桃千树"，后又遭贬，14 年后才重游玄都观，时已年近花甲，所以有"老郎已老！"之句。今非昔比，玄都观里"桃花净尽菜花开"，桃园已经改为菜园，刘禹锡崇尚自然，崇尚环境的绿化美化，于是发出对桃花无可奈何的依恋和感慨。

晋代的《桃花源记》引申出成语"世外桃源"。唐代的名曲《桃花行》，广东音乐的名曲《小桃红》都是与桃有关的艺术作品，至于有关桃的爱情故事，更是不胜枚举。传说唐代博陵人氏崔护至长安求取功名，清明节他独自游到长安城南，因口渴向一个妙龄少女求水喝，得到这女子的热情款待，于是演绎一段凄美的爱情故事，更是与桃有关。据查，该村叫"桃溪堡"，距离杜曲镇一里之遥，自古以产桃闻名，崔护的题都城南庄诗："去年今日此门中，人面桃花相映红。人面不知何处去？桃花依旧笑春风！"更是脍炙人口，成为诗坛的千古绝唱。

（十）桃树之古诗词选录

春游曲
[唐]文德皇后

上苑桃花朝日明，兰闺艳妾动春情。
井上新桃偷面色，檐边嫩柳学身轻。
花中来去看舞蝶，树上长短听啼莺。
林下何须远借问，出众风流旧有名。

代悲白头翁
[唐]刘希夷

洛阳城东桃李花，飞来飞去落谁家？
洛阳女儿惜颜色，坐见落花长叹息。
今年花落颜色改，明年花开复谁在？
已见松柏摧为薪，更闻桑田变成海。
古人无复洛城东，今人还对落花风。
年年岁岁花相似，岁岁年年人不同。
寄言全盛红颜子，应怜半死白头翁。
此翁白头真可怜，伊昔红颜美少年。

公子王孙芳树下，清歌妙舞落花前。
光禄池台文锦绣，将军楼阁画神仙。
一朝卧病无相识，三春行乐在谁边？
宛转蛾眉能几时？须臾鹤发乱如丝。
但看古来歌舞地，唯有黄昏鸟雀悲。

兰溪棹歌
［唐］戴叔

凉月如眉挂柳湾，越中山色镜中看。
兰溪三日桃花雨，半夜鲤鱼来上滩。

题都城南庄
［唐］崔护

去年今日此门中，人面桃花相映红。
人面不知何处去，桃花依旧笑春风。

大林寺桃花
［唐］白居易

人间四月芳菲尽，山寺桃花始盛开。
长恨春归无觅处，不知转入此中来。

杂歌谣辞·渔父歌
［唐］张志和

西塞山边白鹭飞，
桃花流水鳜鱼肥。
青箬笠，绿蓑衣，
春江细雨不须归。

桃花源诗
［唐］陶渊明

嬴氏乱天纪，贤者避其世。
黄绮之商山，伊人亦云逝。
往迹浸复湮，来径遂芜废。
相命肆农耕，日入从所憩。

桑竹垂馀荫，菽稷随时艺；

春蚕收长丝，秋熟靡王税。

荒路暧交通，鸡犬互鸣吠。

俎豆独古法，衣裳无新制。

童孺纵行歌，班白欢游诣。

草荣识节和，木衰知风厉。

虽无纪历志，四时自成岁。

怡然有馀乐，于何荣智慧！

奇踪隐五百，一朝敞神界。

淳薄既异源，旋复还幽蔽。

借问游方士，焉测尘嚣外。

愿言蹑清风，高举寻吾契。

题菊花

[唐]黄巢

飒飒西风满院栽，蕊寒香冷蝶难来。

他年我若为青帝，报与桃花一处开。

田园乐

[唐]王维

其一：厌见千门万户，经过北里南邻。官府鸣珂有底，崆峒（kōngtóng）散发何人。

其二：再见封侯万户，立谈赐璧一双。讵（jù）胜耦耕南亩，何如高卧东窗。

其三：采菱渡头风急，策杖林西日斜。杏树坛边渔父，桃花源里人家。

其四：萋萋春草秋绿，落落长松夏寒。牛羊自归村巷，童稚不识衣冠。

其五：山下孤烟远村，天边独树高原。一瓢颜回陋巷，五柳先生对门。

其六：桃红复含宿雨，柳绿更带朝烟。花落家僮未扫，莺啼山客犹眠。

其七：酌酒会临泉水，抱琴好倚长松。南园露葵朝折，东谷黄粱夜春。

赠汪伦

[唐]李白

李白乘舟将欲行，忽闻岸上踏歌声。

桃花潭水深千尺，不及汪伦送我情。

惠崇春江晚景

[宋]苏轼

竹外桃花三两枝，春江水暖鸭先知。
蒌蒿满地芦芽短，正是河豚欲上时。
两两归鸿欲破群，依依还似北归人。
遥知朔漠多风雪，更待江南半月春。

四十二、李树文化

（一）李树特性及分布

李 *Prunus salicina* Lindl.，别名李子、嘉庆子、玉皇李、山李子，为蔷薇科（Rosaceae）李亚科（Prunoideae）李属植物。

《诗经》云："丘中有李，彼留之学，"说明公元前 600～1000 年已有李植于丘中。李原产我国长江流域及华南一带，是中国栽培历史悠久的落叶果树，为我国古老的果树之一。全世界李属植物共有 30 多个种，中国现有李属植物 8 个种 5 个变种 800 多个品种和类型。李子是李树的果实。我国大部分地区均产，7～8 月间成熟，饱满圆润，玲珑剔透，形态美艳，口味甘甜，是人们喜爱的传统水果之一。它既可鲜食，又可制成罐头、果脯，全年食用。

我国是世界上最大的李生产国，李产量占世界总产量的 48%。据不完全统计，全国李栽培面积达 24 万公顷，年产量达 150.8 万吨，居世界第一位。我国李子产量较多的省有广东、广西、福建。主要栽培中国李及其变种木奈李，其中福建省永泰县是全国产李最多的县之一。四川、湖南、湖北、河南也有大面积种植。我国北方黑龙江、辽宁、吉林三省也是栽培面积较大的区域，主栽品种为中国李。华北区只有河北昌黎、山东烟台一带是欧洲李栽培较多地区。此外，陕西、甘肃、新疆、内蒙古及江苏、浙江等省均有栽培。

我国李子在品种资源和生产规模上具有优势。但是鲜食品种占 80%～90%，鲜食及加工品种构成极不合理。美国李子主要产于加利福尼亚州，在生产的果品中，除了一部分外销，其余内销的果品绝大部分用于加工。其中，45% 用于浓缩李汁，36% 制成李干，14% 贮藏，3% 制罐头，用不足 1% 的果加工婴儿食品，再用不足 1% 的果生产李酱。强大的加工业极大地带动了当地的果业及与之配套的服务业的发展。

世界上一些先进的李子生产国都十分重视种质资源的收集保存和深入研究工作。我国为更好地保护国家种质资源，于 20 世纪 80 年代初，在辽宁熊岳建立了国家李杏资源圃。至今已收集到包括来自美国、澳大利亚、日本、德国、法国和意大利等国的近 500 份李种质资源，并对其农艺性状、抗病性及品质性状等指标进行了鉴定评价，从中筛选出一批具有丰产、优质及抗病等性状的优良种质。

（二）中国李子之乡——永泰县

永泰县是福建省会中心城市福州市的"后花园"，盛产李果。在永泰，李树种植遍布乡乡村村。据统计，全县李果产量上万担的乡镇有 8 个，面积万亩以上的基地乡镇有 5 个。全县种植面积达 7700 多公顷，年产量超 4 万吨。永泰李果无论是面积还是产量均居全省之首位，为全国之冠。真可谓"有乡必有李，无李不成乡"。2001 年永泰县被国家林业局命名为"中国李果之乡"；2006 年"永泰芙蓉李"获注册原产地证明商标；2007 年"永泰李干"成功申报国家地理标志保护产品。

永泰县种植李果历史悠久。据《永泰县志》记载，明嘉靖三十七年(1558 年)之前就有种李。永泰山野奇丽，冈峦耸峙，大樟溪贯全境，属亚热带季风气候，雨量充沛，土地肥沃，比较适宜种植李树和大力发展李果生产。作为主产区之一的梧桐镇埔埕村农民，早已将李果作为经济的主要收入。据历史资料记载：在清朝宣统三年，埔埕村大量栽培发展李子，年产"芙蓉李"鲜果 36000 担，晒制李干 7200 多担。李子树对外界环境的要求并不十分严格，适应性强，无论是海拔 10 多米的沙滩、园地、边隙地，还是海拔 700 米左右的山坡荒地，经过改良，均可栽植，且能正常生长、开花和结果。永泰栽培的李果品种较多，主要有芙蓉李、玫瑰李、猴李、胭脂李、红心李、萘李、鹅黄李，6 种李果各具特色。

永泰县的特产"芙蓉李"更是誉满中外，是著名的"芙蓉李之乡"。《咏李诗》句云："载云披雪孕珍珠，美胜桃兄红杲杲"。大樟溪两岸李花盛开，朵朵洁白玲珑，像仙女头上的钗环，而时交仲夏，红熟的芙蓉鲜果却又似珍珠赛会，玛瑙缀列，多姿多彩，令人流连忘返。李已在中国繁衍 3000 多年。相传永泰县早于明代嘉靖年间便在埔埕乡(今梧桐镇)一带种植"芙蓉李"。埔埕是大樟溪中游一个有几千人口的大乡村，当地人的祖先由浙江迁入福建时，把浙江的芙蓉李引种进来。由于埔埕的气候土壤得天独厚，结果培育出了独具一格的"永泰芙蓉李"，"芙蓉李"之乡，由此得名。此后，大樟溪沿岸的嵩口、梧桐、赤锡、城关、葛岭、塘前等主要乡镇，也纷纷引种、繁衍芙蓉李。"永泰芙蓉李"果大核小、肉厚质脆，富含维生素 A、维生素 C、柠檬酸和丰富的糖分。可鲜吃、晒制李干、酿酒、加工蜜饯和罐头。比起其他各种李果，独具优点。人们赞美"永泰芙蓉李"，谓之李果家族之佼佼者。

最令人赞赏的是永泰芙蓉李干。这种久负盛名的果中珍品，浑圆、肉厚、纹路细密，似有图案，味极清甜。在港澳和国外市场上，销售时均标有"正宗埔埕嘉应子"，以示珍贵。客至永泰，若恰逢其时，尝到色味皆美的芙蓉李鲜果，不能不说是一种"口福"。谁若忘带一点回去或馈赠亲友，那可以说是一种"遗憾"。可置宴席之上，或供劳作者生津止渴，或助病伤员健胃开脾。特制的李干还是一种调味品，可以用来配酒送粥呢！李果除市场鲜售外，还加工成李干和各类蜜饯，深受消费者欢迎。

(三)古田油柰

古田油柰系蔷薇科李属中的 1 个变种。学名：*Prunus salicina* Lindl. var. *salicina* cv. "Younai"，别名：柰、西洋油柰、桃形李、歪嘴李。

油柰产于古田县西洋乡、杉洋乡一带。据《古田县志》载："柰似林檎而大，邑东乡西洋产者味极佳"。可见古田油柰栽种历史悠久。古田油柰是福建省名、特、优水果。古田县自然生态和地理环境优越，栽培历史悠久，群众栽培技术力量雄厚，是油柰的原产地和主产区。现有栽培面积 6000 多公顷，产品已销往我国港澳地区、越南及东南亚市场。油柰生产已成为古田县农村经济的一大产业和农民脱贫奔小康的主要途径之一。近几年福建油柰发展迅速，在闽南、闽东等地有较大种植面积。浙江、江西、湖南、广西、云南、贵州等省也大量引种。

古田油柰是柰李黄肉系统中的优良品种。果实大，单果重 80~120 克，最大达 240 克，核小 2~3 克，半离核。果形像桃，质似李，果肩宽广，果顶钝尖，并向缝合线沟歪斜，故称歪嘴李。果皮黄绿色，银灰斑点，油胞突起，缝合线具明显沟痕。果肉厚，淡黄色，可食率达 96.7%，肉质脆嫩、汁多、味甜、品质极佳。在古田 3 月上旬开花，成熟期 7 月下旬至 8 月上旬，耐贮运，常温条件下可贮 15~20 天，冷存条件能贮 2 个月，定植后速生快长，2~3 年即开始结果，平均单株产量 50~100 公斤，经济寿命 30~40 年，适应性广，凡能种植桃李的地方，一般能种植。

古田油柰，桃形李实，果形大，果皮黄绿色，果肉黄色、肥厚、细嫩、清脆、汁多，味清甜，品质极佳。果核小，半离核，核顶部常与果肉分离，而形成果腔，此为柰的主要特征之一。油柰营养丰富，具有清热、利尿、润肺、消积食、开胃健脾等保健功能，成为八闽佳果的佼佼者，备受国内外消费者的青睐。油柰加工制成柰李干，外表油亮、棕褐色，肉橙黄色、品味特佳。可制蜜柰李片、糖水柰李片罐头，又可加工成多种花样的蜜饯产品，在市场上很有竞争力。

古田油柰于 1989 年被省科委列入星火计划的发展项目。1992 年上海科教电影厂将古田油柰拍成科教片《八闽佳果——古田油柰》向全国播放。1993 年 9 月，国家科委授予在柰丰产栽培技术研究上做出贡献的古田县农业局经作站"国家科委星火三等奖"。1999 年《古田油柰》产品标准由福建省技术质量监督局发布实施。1999 年国营古田湖滨茶场生产的油柰获得"绿色食品"称号，并于 2001 年 5 月荣获福建省名牌农产品称号。

(四)李中珍品——芙蓉李

《八闽通志》及《永泰县志》记载：明代嘉靖三十七年(1558 年)有黄李、胭脂、麦李、夫人李等种，唯夫人李(即芙蓉李)最佳。芙蓉李为李中珍品，芙蓉李又名中国李，是福建特产。芙蓉李在福建闽东北等地都有种植，以福建福安市、永泰县梧桐镇最为出名。福安市是芙蓉李之乡，芙蓉李面积产量居全国之冠。

芙蓉李 Prunus sallcina L. cv. "Furong" 是李的栽培品种，别名夫人李、浦李。现主要分布在永泰、福安、霞浦、邵武、沙县、建瓯、永安、尤溪、闽清等地，并已推广全省各地。芙蓉李果实大，近圆形，果顶平或微凹，顶点凹入，缝合线明显而梗浅。平均单果重 40~50 克，最大可达 75 克，果皮较厚，淡红色，有黄色斑点，灰白色蜡粉。果肉红黄色，果肉厚，可食部分占 96%，肉质脆，纹理细密，似有图案，酸甜可口，品质优良，丰产。7 月上中旬成熟。鲜果果肉含糖量 7%~17%，酸 0.16%~2.29%，单宁 0.15%~1.5%，并含有蛋白质、脂肪、碳水化合物、维生素 A、B_1、B_2、B_3、C 等人体所必需的营养物质。是一种既宜鲜食又可加工的优良品种。果实除鲜食外，主要用作加工李干及制作蜜饯的原料。

芙蓉李果实艳丽，甜酸适口，品质上乘。芙蓉李一般 7 月上旬成熟，在常温下可贮放 8 天，跟桃子一样存放时间久了就发软了，吃起来甜中带香，跟硬的果子甜中带酸是两种口感，但不可多吃。芙蓉李是多产的一种水果，既可鲜食也可加工成李干，芙蓉李生津止渴、益胃、醒酒及提神的功效，而且储存时间比较久。李子还是多种蜜饯的原料，如加应子、玫瑰李、芙蓉李干、李片、李咸、李饼等，口味独特、具有原果鲜味。

芙蓉李果实艳丽，风味隽美，既宜鲜食，更适宜加工成李干、蜜饯、糖水罐头、果酱、果酒等。永泰有名的"化核嘉应子"，就是选用芙蓉李为原料的，是颇受欢迎的都市消闲食品，名扬中外，畅销港澳及东南亚，现每年销售量达 4000 多吨，成为永泰县出口创汇的拳头商品。芙蓉李具有一定的医药价值。据《本草纲目》记述，芙蓉李果实调中，去痼热，肝病宜食之。核仁治女子少腹肿满及面干黑子；根白皮煎水含漱治齿病；花令人面泽，去粉泽。叶主治小儿干热、惊痫。树胶能治目翳、定痛、消肿。李干还是醒酒解渴之良物，国外曾有用李干作为缓和的轻泻剂。芙蓉李树姿优美，白花红果，富有观赏价值，可作庭园绿化树，也是优良的蜜源植物。

永泰县是芙蓉李的主要产区。据说芙蓉李原产于"李果之乡"福建省永泰县梧桐镇埔埕村。以芙蓉李干为原料加工的蜜饯产品"化核嘉应子"，先后获全国首届食品博览会银质奖、中国旅游商品天马奖金奖。据传说，清末福州有一闺秀，家中经营干货，从小常吃埔埕嘉应子李咸。长大后，她移居美国，多年未吃李咸。妊娠时，她想吃埔埕李咸。婆婆托人来福州买。她一看买来的李咸成色，就觉得它不正宗。吃了一粒，核子啐于手，说道："绝对不是埔埕嘉应子。正宗的埔埕李咸，色泽红润，纹理细密均匀，好像有图案，味道也特别，可缠住舌尖，核子扁而圆，有一圈小小的脊突，很像流苏。"她说得有板有眼，不容置疑。婆婆又托人来埔埕买，她终于找到记忆中的埔埕嘉应子李咸味道。满月后，她想到李咸具有淡斑的功效，连吃四五个月，每天两三粒，脸上黑斑完全消失。于是，她把埔埕李咸作为养生食品，日啖一粒，直到年逾花甲，仍然葆有凝脂般的容颜。

福安是芙蓉李之乡。福安市芙蓉李面积、产量居全国之冠。福安芙蓉李具有颗粒大、肉厚核小，甜酸适中，不粘核等特点，不仅可以鲜食，更是加工供出口的上乘蜜饯原料。以芙蓉李为坯制作的加应子、玫瑰李、芙蓉李干等系列蜜饯，口味独特、具有原果鲜味，是颇受欢迎的都市消闲食品。

永安是芙蓉李主产地。李类面积 300 多公顷，产量 4000 多吨，其中西洋镇现有芙蓉李栽培面积 200 多公顷，产量 3000 吨，占全市面积 60%，产量 75%。永安芙蓉李，树冠开张，树势强健，适应性、抗旱性均强。果实扁圆形，平均单果重 58 克，最大的可达 75 克。果顶平或微凹，梗洼浅，缝合线稍深而明显。果粉厚，果实初熟时皮呈黄绿色，肉橙红色，肉质清脆。完熟后均为紫红色，肉软多汁，味甜而微甜，品质上等，适于加工和鲜食。

(五)闽式蜜饯加应子

"加应子"又称嘉应子，是一种闽式蜜饯，起源于福建泉州、漳州等闽南一带。特点是味甜多香，富有回味。1958 年，福州蜜饯厂根据国外"西梅"样品，以地方产的芙蓉李干和白砂糖为原料，以名贵中药作调香剂，采用真空浓缩熬煮，常压调制，多次渗糖，多道调味串香而成。

福建蜜饯中，以李子干制成的蜜饯通称加应子，去核者称化核加应子。成品饱含香甜浓汁，香味浓郁，色泽发亮，肉质细致，软硬适度，甜酸适宜，十分可口。化核加应子在 60 年代初收入《英国皇家食谱手册》，后又根据不同配料，制成不同口味，如：花蜜加应子、竹盐加应子、奶油加应子、果汁加应子、盐津加应子、橙 C 加应子、麦芽加应子、果味加应子、陈皮梅加应子、蜂蜜加应子等。

加应子品牌企业主要分布在广东、福建和江浙一带，分南派和北派。南派：雅士利、佳宝、叶原坊、康辉、珍奇味、同享、农夫山庄、永泰；北派：姚太太、天喔、红螺、益民、华味亨等。

"泉州源和堂"是我省生产加应子等蜜饯产品的老商号公司。其蜜饯产品在我国和东南亚地区久负盛名。百年老字号——泉州"源和堂"蜜饯厂始创于民国五年（1916 年），距今已有近百年的历史。创办人是庄杰赶、庄杰茂兄弟。在漳州的石码办分厂，在厦门设分销处，经过一番发展至 1949 年新中国建立时，已成为侨区泉州创办较早的独资企业大户。总厂原址晋江县青阳镇，1956 年迁入泉州市区，在公私合营的基础上，吸收华侨投资，国家拨款扩建，易名为福建省华侨投资公司泉州源和堂蜜饯厂。

"泉州源和堂"蜜饯系列产品选用当地盛产的水果为原料，配以食盐和糖，加上中药配方等研制加工而成，具有增食欲、益胃脾、生津消食之功效，是民间宴客、休闲品茶之佳配，访亲旅游、酬宾馈赠之珍品，为消费者所喜爱，素有"牌子老，制作巧，馈赠品尝样样好"的赞誉。1932 年，有名人为之提字"源水和甘、和末配制"，横批"堂上家人"，其对联即有赞誉精制蜜酿之意，句首"源和堂"也与蜜饯的主要配料"盐"和"糖"有暗合之巧。从那时候起"源和堂" 3 个字就逐渐叫开了，《源和堂》牌号就此问世，从此蜜饯业越办越起色，这一品牌很快在国内外打开市场。

"源和堂"生产的各式蜜饯，选用优质的鲜水果，以传统加工工艺和先进科学技术相结合精制而成，既保留各种鲜水果原有的风味，又兼有开胃、提神、益智之功效，为宴客、品茗、旅游、馈赠的理想食品。在 300 余种各具特色的产品中，获部优产品称号的有：金枣夹心应子、蜜李片、陈皮夹心应子、陈皮李、单晶冰糖、多晶冰糖。产品遍销祖国各地，大量出口东南亚和欧美各国，有"美名驰五洲，香甜满人间"之誉。

(六)李子药用与保健功效

据《随息居饮食谱》记载：李果"清肝涤热，活血生津"。又据《医林纂要》记载：李能"养肝，泻肝，破淤"。

李果性平味甘酸，入肝肾经。能清肝热、生津液，利水健胃。能促进胃酸和胃消化酶的分泌，有增加肠胃蠕动的作用。因而食李能促进消化，增加食欲，是胃酸缺乏、食后饱胀、大便秘结者的食疗良品。

李的果实和核仁均可药用。李果含各种氨基酸，酸甜可口。中医认为鲜李或李干，口食去痼热调中，治骨节间劳热，胃痛呕恶，肝病宜食之。鲜食李子可治肝肿硬腹水，对迁延性肝炎和肝硬化患者有辅助治疗作用，可清肝养肝。

李果核仁中含有苦杏仁苷和大量的脂肪油。药理证实：它有显著的利水降压作用，并可加快肠道蠕动，促进干燥的大便排出，同时也具有止咳祛痰的作用。

①促进消化：李子能促进胃酸和胃消化酶的分泌，有增加肠胃蠕动的作用，因而食李能促进消化，增加食欲，为胃酸缺乏、食后饱胀、大便秘结者的食疗良品。

②清肝利水：新鲜李肉中含有多种氨基酸，如谷酰胺、丝氨酸、甘氨酸、脯氨酸等，生食之对于治疗肝硬化腹水大有裨益。

③降压、导泻、镇咳：李子核仁中含苦杏仁苷和大量的脂肪油。药理证实，它有显著的利水降压作用，并可加快肠道蠕动，促进干燥的大便排出，同时也具有止咳祛痰的作用。

④美容养颜：《本草纲目》记载，李花和于面脂中，有很好的美容作用，可以"去粉滓黑黯""令人面泽"，对汗斑、脸生黑斑等有良效。

《本草纲目》："（李花）苦、香、无毒。令人面泽，去粉滓黑黯。"

《随息居饮食谱》："清肝涤热，活血生津"；"多食生痰、助湿、发疟痢，脾弱者尤忌之。"

《医林纂要》："养肝，泻肝，破瘀。"

《本草求真》：李子治"中有瘤热不调，骨节间痨热不治，得此酸苦性人，则热得酸则敛，得苦则降，而能使热悉去也。"

《泉州本草》："清湿热，解邪毒，利小便，止消渴。治肝病腹水，骨蒸劳热，消渴引饮等症。"

《医林纂要》："养肝，泻肝，破瘀。"

（七）李文化意象

【桃李满天下】桃树和李树，即"桃李"，是学生的代称。典故源于春秋战国时期，魏国有一大臣叫子质，虽然培养了很多门生，但因得罪了魏文侯，他的门生没有一个肯帮助他，所以他只好乘夜潜逃。一天拜访哲学家子简时问："为什么我培养了那么多有出息的学生，可是当我遇到困难需要他们帮助的时候，他们却一个也不肯出力，害得我流落他乡？"子简说："如果你种下的是桃树和李树，来年不光可以在树下乘凉，果实成熟的时候还可以吃到桃子和李子，可是你种下的却是蒺藜，不光不会有果实吃，还会被它刺到，所以培养学生，就要像种树一样，先选择对象，再加以培养。"后来，人们便称培养人才叫"树人"，而教师培养的人才多，就叫做"桃李满天下"。

【李子树下埋死人】有句顺口溜"桃养人，杏伤人，李子树下埋死人"。为何会"杏伤人，李子树下埋死人"？原来，桃、杏、李，既为夏季时令鲜果，又为药食同源的中药。说"桃养人"，并将其唤作"寿桃"，是因为桃的益处众人皆知：桃具有补中益气、养阴生津、润肠通便的功效，尤其适用于气血两亏、面黄肌瘦、心悸气短、便秘、闭经、淤血肿痛等症状的人多食。为何说"杏伤人"？《食经》说："味酸，大热""不可多食，生痈疖，伤筋骨"。《日华子本草》说："热，有毒"。《本草衍义》说："小儿尤不可食，多食致疮痈及上膈热"。但是正像养人的桃对人也有害处一样，伤人的杏并非对人没有好处。李子危害人体也确有其实，孙思邈说："不可多食，令人虚"。《滇南本草》载："不可多食，损伤脾胃"。《随息居饮食谱》也有"多食生痰、助湿、发疟疾，脾虚者尤忌之"的话。

（八）李子古诗词选录

赠卖松人
[唐]于武陵

入市虽求利，怜君意独真。
欲将寒涧树，卖与翠楼人。
瘦叶几经雪，淡花应少春。
长安重桃李，徒染六街尘！

麦李诗
[南朝·梁]沈约

青玉冠西海，碧石弥外区。
化为中园实，其下成路衢。
在先良足贵，因小邀难逾。
色润房陵缥，味夺寒水朱。
摘持欲以献，尚食且踟蹰。

李赋（节选）
[西晋]傅玄

潜实内结，丰彩外盈。
翠质朱变，形随运成。
清角奏而微酸起，大宫动而和甘生。

四十三、梅树文化

(一)梅树特性与分布

梅 *Armenica mume* Sieb. ，别名青梅、梅子、酸梅、果梅。俗称其果为"梅子"，称花为"梅花"。为蔷薇科(Rosaceae)杏属植物。

梅分布于福建诏安、永泰，广东普宁，海南，台湾，安徽等地。梅树生于海拔3~4米的海滩直至海拔900米的山坡，以海拔200~500米处较为普遍。泰国、马来西亚、印度尼西亚、菲律宾也有分布。梅主要有青竹梅(青梅)、白粉梅、软枝大粒梅三大类品种。

据中国青梅网介绍，福建诏安梅子因其富含果酸及维生素C，其半成品——干湿梅，富有弹性，呈淡黄色，加工时果皮不易开裂，内含物不易流失，且腌制过程中只需加适量食盐而不需添加其他任何添加剂就可达到保质期12个月以上，品质超过日本盛行的南高梅，符合日本的国家腌制标准，深受日本市场欢迎，被誉为"凉果之王""天然绿色保健食品"。梅子性味甘平、果大、皮薄、有光泽、肉厚、核小、质脆细、汁多、酸度高、富含人体所需的多种氨基酸，具有酸中带甜的香味。

梅和李，都是蔷薇科杏属，但属于不同种的"堂兄弟"。两者外形与本性都较相似而有区别。两者在形态上有差异，而且味道上有所不同：梅子呈卵型，口味相对较酸，而且味道似乎比较淡；李子形状呈圆形，比梅子甜。

我国栽培果梅已有3000多年历史，种质资源丰富，共计有205个品种，其中白梅类13种，青梅类95种，红梅类83种，引进日本品种14种。在我国分布地域范围较广，北自黄河流域南侧，南至广东沿海，西起西藏波密，东达台湾岛，共有18个省份有栽培种或野生种分布。目前，广东、台湾、广西、福建发展较快，浙江、云南、江苏等省份也在大面积栽培。近年来，国内外对梅制品的需求量越来越大，特别是日本、韩国、东南亚各国和港澳地区备受青睐。

(二)梅树种植历史

考古发现，梅树在中国的栽培历史已有7000年以上。根据陈俊愉、包满珠的研究，我国梅树的栽培历史可粗分为两大阶段：约在西汉以前以果梅引种栽培为主；之后，为花梅栽培阶段，并将此时期细分为初盛、渐盛、兴盛、昌盛及发展等5个时期。

公元前6世纪左右，我国最早的著名民歌集《诗经·召南》中，有一首《摽有梅》的诗篇，

"摽有梅，其实七兮！求我庶工，迨去吉兮……"即"打摘树上的梅果，抛向意中人，果还剩下七成了，我的意中人别错过良机呀……"这是一首寓意至深的求爱之歌。从《摽有梅》这首诗歌可以推测，当时的陕西召兰(雍梁西洲)地区，梅树已相当普遍分布，进入了引种栽培野梅的阶段。此间的梅树引种栽培，可认为是以食果、药用为目的，而非以赏花为主。初期人们种植梅树的目的是作为食品或供祭祀之用。在长期的驯化栽培过程中，梅花中出现了复瓣、重瓣、台阁，奇异的花瓣或萼片，新奇的枝姿和色泽艳丽的花朵等，于是有心人便另行繁殖栽培，从而培育出许多观赏价值高的梅新品种，所以，"花梅"源自"果梅"。据推测，此时期约在西汉初叶。

辛亥革命以后，梅花栽培进入了现代发展时期。梅花品种有各地分散种植到集中入圃。梅花栽培、研究事业颇为兴盛，品种间杂交和远缘杂交均见成效，梅花著作屡屡问世，梅花学术研讨会不时举行，写梅者层出不穷，比比皆是。随着现代植物学在我国的发展，我国园艺科学工作者对梅花品种进行了系统研究。中华人民共和国成立后，梅花栽培及研究有了飞速发展。南京、无锡、武汉、杭州、成都、重庆等地的梅园都收集了大量梅花品种，传统梅园规模迅速扩大，一批新的梅园正在筹建或已建成。近20年来，育种技术的不断提高，远缘杂交结硕果，抗性育种亦有成效，使梅花品种不断丰富。近些年来随着对外交流的增多，全国各地先后从日本、美国等地引进红千鸟、美人梅等品种100多个，杂交育成的新品种亦有数十个，其中不乏优良品种。且梅花试管离体快速繁殖技术也初步建立，为梅花更大规模的栽培提供了良好的基础。

中国是梅的原产地，这是举世公认的，已被充分的事实所证实。而在日本等国是否有梅之原产，在学术界向来争议较多，形成了观点截然不同的两个派别。中国园艺学者普遍认为梅为中国原产，日本学者上原敬二基本持此观点。

我国有关梅的文献历史悠久，对生产梅的记载要比栽培品种记述晚得多。公元6世纪陶弘景在《名医别录》中记载："梅实生汉中川谷"。《花镜》中有野梅产地之记载，称梅本出于罗漂、含稽、四明等处。《台湾岛植物名录》中论述在台湾二柜、合欢山川及新竹等地采得野梅标本，上原敬二在《树木大图说》中记载台湾大甲溪上游、大安溪上游雪花坑等地有野生梅树。

19世纪初，英国人Clack在中国广东省一带采到野梅树标本。20世纪初，英国人E. H. Wilson在湖北西部采到野梅标本。20世纪30年代至60年代，中国植物学工作者先后在贵州、福建、江苏、浙江、湖北、广东等省采到野梅标本。在云南、四川省很多地方也采集到大量野梅标本。

近年来，我国园艺工作者进行了大量调查研究，发现在云南洱源、嵩明、德钦、泸水、剑川、祥云、云龙、宁蒗、宾川等县市也有野梅集中分布。此外，在湖北罗田、咸宁，江西景德镇，安徽黄山，福建南平、广西兴安小区和那坡山区、陕西域固、甘肃文县及康县等地也发现梅的自然分布。

（三）诏安红星青梅

漳州市诏安县有适宜青梅生长的独特土壤、水质和气候条件。种梅历史悠久，远自南宋开始。

诏安县红星乡楼仔村北山上有1株梅，树枝遒劲，树皮皲裂，每一条裂痕都写满沧桑。但它的树冠硕大，好比古代的龙凤罗伞，笼罩着一方天地，被称为梅王。每到隆冬时节，"忽然一夜清香发，散作乾坤万里春"，梅王在瞬间灿然开放，让你来不及思索，它的芳香已飘进你的窗棂，钻入你的鼻息，让你来不及感慨，梅王就把一片香山雪海呈现在你的眼前。"梅子黄时日日晴，小溪泛尽却山行"，梅王的梅子成熟了于阳春三月，那时，满树都是绿油油、脆生生的梅子，梅王顿时诗意盎然。

诏安县栽培梅子具备了丰富的管理选育经验。该县成立了"红星乡青梅技术研究会"，研究会组织科技人员在青梅实生苗中培育、筛选、改良出果大、皮薄、肉厚、核小、酸度高及内含物丰富的"白粉梅""青竹梅"等"诏安红星青梅"两大优良品种。建立了400多万株良种苗木繁育基地，培育无病虫害、品种纯正、适销对路的嫁接苗木，同时加强对青梅种苗的检疫检测，从源头上控制了青梅产品的质量上档次。通过高接换种更新劣质品种果园，使红星青梅基地的优良品种率达95%以上，创立了"诏安红星青梅"知名品牌。

诏安县红星乡青梅技术研究会充分发挥农技协的指导和服务职能作用，不断完善服务体系，扎扎实实地为梅农提供产前、产中、产后的服务。把一家一户办不了或办不好的事情办起来，把千家万户的分散经营与市场连接在一起，基本形成"农技协＋农户＋公司"的生产经营格局。有力地带动了该县青梅的生产和营销，使诏安红星青梅的产品质量、科技含量和商品率大大提高。创立了"诏安红星青梅"知名品牌，提高了广大果农的科学文化素质，增加了果农收入，为推进社会主义新农村建设发挥了重大作用。

研究会组织人员制定企业标准。《红星青梅》标准的发布实施填补了国内有关青梅质量标准的空白。大大促进了诏安红星青梅产业化进程，提高了"诏安红星青梅"在国内外的知名度，为实施名牌战略奠定了坚实的基础。由于标准升级为省标，漳州各县（市、区）及永泰、长泰、长汀、宁化等县也纷纷采用"红星青梅"标准组织青梅生产，有力地促进了全省青梅生产标准化的发展。

每年红星梅花盛开季节，在"诏安红星青梅"发源地龙建岭定期举办以"赏梅花、品梅酒、抒梅情、销梅果"为主题的青梅招商订货会，与莅会中外客商签订青梅购销合同，激活青梅市场。

（四）青梅佳果数永泰

福州永泰不仅是旅游之乡，还是人杰地灵、物产丰富的地方，也是李梅之乡。

永泰是福建最大的青梅种植区之一。全县种植面积达3700多公顷，年产量达1.6万吨，分别占全县水果面积的 23.8% ，占水果总产量的 20.3% 。青梅收入已成为群众脱贫致富奔小康的主要经济来源。该县已建立有机梅产销示范基地，获得日本、美国、欧盟标准有机食品认证标志使用权。李梅加工企业目前获得省著名商标 1 家，市知名商标 1 家，市级农业产业化龙头企业有 3 家，通过 QS 认证的李梅加工企业有 7 家。

永泰的地理气候和土壤条件，极适宜青梅生长。生产的青梅以果大、肉厚、核小、酸度高、内含物丰富、宜加工而驰名中外。经测定，永泰青梅酸度可达 6.8（广东 4.3；浙江 3.5），生产的白粉梅、龙眼梅与日本最好的纪洲梅品质相近，已被日本市场接受。特别是龙眼梅酸度大，含酸量高达 5.8% ，是全国其他产梅区难以比拟的。

青梅与其他水果相比较，具有易加工等特点，可以加工成系列产品，如：干湿梅、咸水梅、话梅、青梅酒、青梅膏、青梅饮料、青梅茶、青梅酱、化核梅、旺梅、乌神梅、盐津梅、盐津梅条、雪花梅、红梅条、乌梅条、韩化梅、盐水李、乌梅汁等。以永泰青梅为原料的食品加工企业生产的产品大部分出口日本、泰国、马来西亚、美国及东南亚国家和地区。县食品厂投资建成了神梅牌青梅汁易拉罐生产线，产品获 1993 年北京博览会最佳新产品开发奖，曾被定为 1995 年第四届世界妇女大会指定产品。永泰县园艺场创办的"福州欣泰绿色食品有限公司"，生产酸梅露易拉罐生产线。全县现有 13 家蜜饯厂附带生产青梅制品，200 多个体腌制户年生产腌制盐水梅达 9000 多吨。同时在城峰太原建成青梅批发市场。众多农民营销大户投入青梅营销，建立起青梅营销网络，青梅市场前景广阔。

当地民间自古就有"葛岭青梅嵩口李"的说法。葛岭，是福州到永泰县城要经过的一个较大乡镇。境内有风景独特、著名的天门山风景区、赤壁风景区，还有早就闻名遐迩的"假鼓山，真方广"的方广岩风景区。值得一提的是，葛岭有中国第一青梅之乡的美誉。隆冬季节，梅花盛开，满眼如纱似雪，和着淡淡花香，你会怀疑来到人间仙境。在青梅收成季节，那金黄的梅子漫山遍野，果农们满面春风，正在忙碌着收获新的希望呢。这美丽的青梅之乡，不知吸引了多少游客来驻足观赏。有一位作者随口吟诵一首诗歌："永泰梅花开，遥看疑雪白。花谢青梅结，五月君再来。青梅果子酒，少饮胃口开。青梅做蜜饯，畅销海内外。"

(五)杭梅·乌梅

杭梅是龙岩上杭县的传统主栽果树，杭梅加工产品亦称乌梅。

乌梅品种有青梅和花梅两大类。通过对杭梅的加工所得产品以乌梅最为著名。上杭是国家乌梅出口基地，据地方志记载已有 600 多年栽培加工历史。以青果加工成的上杭乌梅，在东南亚各国和港澳台地区享有盛誉。成品杭梅有乌梅、脆梅、梅饼、烧梅、紫苏梅、草药梅、菊香梅、甘草梅、青梅酒等。

《上杭县志》记载："邑中梅树各乡皆有，惟附郭为盛。"（备注：附郭，意为城市郊区）

《齐民要术》有制作白梅、乌梅法："杭梅取梅子浸盐晒干后碎之，放以瓮，曰白梅。又采其实去核留肉或并核捣烂，掺以黄粉，曰梅酱。又将梅果以火焙之使干成黑色乌梅，亦曰福梅，运售潮汕颇多。又以蜜渍青梅，曰蜜梅。渍甘草，曰甘草梅，味皆佳。有一种曰甜梅子，甜、香、甘、脆，为南蛇渡一带所特制。"

上杭县气温适宜，雨量充沛，无霜期长，特别是该县有紫色土壤的有利因素，种植青梅得天独厚，杭梅口味甜脆适宜。上杭把杭梅基地建设列入农业发展基地之首，充分利用了山坡荒地、沙滩地等成片开发。上杭县的临城镇、湖洋乡、中都乡、白砂镇等乡镇为青梅的发展生产基地。全县已有梅林3000多公顷，总产量超3000吨。杭梅的美誉，在于它品质优良，胜于其他梅种。它粒大、肉厚、核小、皮薄、色泽亮、酸甜可口。

上杭果农对乌梅都有自己的一套加工办法，每家每户几乎都能进行。用小竹片、铁丝、泥砖、泥浆、谷笪按一定比例砌成灶。到了烤梅季节，开始先将生梅铺放在竹节上，面上盖一床谷笪。然后起火烘烤。8小时后，果肉完全收缩，但还没有软，即可起炕保存。烤好的乌梅仓储保管很重要。它怕生水、怕潮湿、怕石灰、怕重压，防止烧仓。

杭梅营养价值高。经测定：①杭梅低糖高酸（总糖1.3%、总酸6.4%），其T值（糖酸比）为0.2，是鸭梨的七十二分之一，杏的八分之一，甚至比柠檬的T值还低。因而，果梅是一种优良的天然酸味原料。天然有机酸具有多种生理调节功能，是青梅的主要功效成分。②杭梅具有合理的钙磷比，其比值约为1：1。与其他几种水果相比，不仅钙磷比合理，而且绝对数最较高，是生产儿童食品和老年食品的好原料。③杭梅含维生素B_2高达5.6毫克/100克，为其他水果的数百倍，而且维生素B_2处于很稳定的高酸性环境中，这是青梅很突出的优势。

杭梅饮料被福建省羽毛球队指定为参加第七届全国运动会专用饮料。国际扶贫发展机构高级官员、美国农业问题专家考察上杭时赞不绝口："杭梅饮料，味道好极了，这样的酸梅饮料，很适合美国人的口味"。阿曼苏丹国驻华大使萨利赫也专程来上杭考察杭梅，离别时留下题词："我很羡慕你们有那么好的产品。"随着两岸同胞的互访，台胞和旅台乡亲往来不断，杭梅也成了馈赠的佳品之一。

（六）梅传说故事与典故

【西行望梅而止的传说】离福州市连江县城13公里的梅洋村，是一处高山下溪流两岸狭长的小"平洋"（意为小平原），先民们给它定名的时候，它是梅花盛开的地方。人们将贯穿平洋的小溪称为梅溪，两岸的山头称为梅岭，溪岸人们家居的村落便叫梅洋村了。

乡间传说，明代崇祯年间，有一位名叫哲达的人，他有两个儿子，长子尔昆、次子尔胤。在清代顺治年间，他用担子挑着两个儿子和全部家当，在福建大地寻安居乐业的世外桃源。在连江县江南村的平原上得仙人梦中指点："西行，望梅而止！"仙人知道，哲达心中所向往的是一处没有饥荒、没有疾病、没有战争的世外桃源，有众多"梅花仙子"庇佑的地方。只要哲达和他的子子孙孙关爱和培育着梅花，梅花仙子便能给他们带来平安和富庶的生活。

哲达听信仙人的指引，沿着古老的驿道西行，在接近今天宦溪和亭江交界的地方，一条自东向西流动的小溪两岸，冬日的阳光下大大小小的老梅树盛开着，如云如雪的鲜花。哲达认为是找到了梅花仙子的故乡，他心中的世外桃源。后来哲达的两个儿子分居在梅溪两岸，守望着梅花的同时种茶制茶为生，耕读并重，在这里生息繁衍，至今已是第 25 代人，还大量地迁居各地。

在梅洋村供奉着西汉闽越国时代的"白马尊王"。这位号称"白马三郎"的神灵是闽越王王郢的第三个儿子。他骑着白马在福州东郊鳝溪为民除害，弯弓射巨鳝。水中的怪兽以尾缠三郎，人、马、鳝均在搏斗中死亡。从此，闽越人以祀白马三郎的形式祈祷大地风调雨顺，它是闽越文化"楔入"汉文化最成功的代表作，是闽地闽越文化最出色的遗存之一。位于梅洋主村中心，梅溪北岸的白马三郎神庙里供奉着民间的保护神，同时又是数百年来，梅洋百姓文化生活的集散地。与神的塑像遥遥相望的古戏台，以及戏台上足以产生回音共振的藻井都是百姓文化教化的重要舞台。

一个成熟的，集旅游、休闲、避暑为一体，独具梅文化和茶文化个性的梅洋，将以新农村的姿态，迎接各方游客。

【青梅煮酒论英雄的故事】《三国演义》中有：一日，玄德正在后园浇菜，许褚、张辽引数十人入园中曰："丞相有命，请使君便行。"玄德惊问曰："有甚紧事？"许褚曰："不知。只教我来相请。"玄德只得随二人入府见操。

操笑曰："在家做得好大事！"諕得玄德面如土色。操执玄德手，直至后园，曰："玄德学圃不易！"玄德方才放心，答曰："无事消遣耳。"操曰："适见枝头梅子青青，忽感去年征张秀时，道上缺水，将士皆渴；吾心生一计，以鞭虚指曰：'前面有梅林。'军士闻之，口皆生唾，由是不渴。今见此梅，不可不赏。又值煮酒正熟，故邀使君小亭一会。"玄德心神方定。随至小亭，已设樽俎：盘置青梅，一樽煮酒。二人对坐，开怀畅饮。

操曰："夫英雄者，胸怀大志，腹有良谋，有包藏宇宙之机，吞吐天地之志者也。"玄德曰："谁能当之？"操以手指玄德，后自指，曰："今天下英雄，唯使君与操耳！"玄德闻言，吃了一惊，手中所执匙箸，不觉落于地下。时正值天雨将至，雷声大作。玄德乃从容俯首拾箸曰："一震之威，乃至于此。"操曰："亦雷乎？"玄德曰："圣人迅雷风烈必变，安得不畏？"将闻言失箸缘故，轻轻掩饰过了。操遂不疑玄德。

后人有诗赞曰：勉从虎穴暂栖身，说破英雄惊杀人。巧借闻雷来掩饰，随机应变信如神。

【青梅竹马的典故】唐代大诗人李白有一首五言古诗《长干行》，描写一位女子，思夫心切，愿从住地长途跋涉数百里远路，到长风沙这个地方去会见自己外出经商久久不归的丈夫。诗的开头回忆他们从小在一起亲昵的嬉戏："郎骑竹马来，绕床弄青梅，同居长干里，两小无嫌猜。"后来，人们就用"青梅竹马"和"两小无猜"来表明天真、纯洁的感情长远深厚，以青梅竹马称呼小时候玩在一起的男女，尤其指之后长大恋爱或结婚的（至于从小一起长大的同性朋友则称为"总角之交"）。青梅：青的梅子；竹马：儿童以竹竿当马骑。形容小儿女天真无邪玩耍游戏的样子。

欧阳予倩《孔雀东南飞》第四场："我与你自幼本相爱，青梅竹马两无猜。"

魏巍《东方》第一部第九章："那少年时的青梅竹马在他的心灵里留下了多少难忘的记忆呵！"

(七)梅文化意蕴

卜居西湖的林和靖处士,他的一联"疏影横斜水清浅,暗香浮动月黄昏",有如石破天惊,为两宋以来的诗坛所倾倒,成了遗响千古的梅花绝唱,以至于"疏影""暗香"二词还成了后人填写梅词的调名。南宋诗人王十朋甚至断言:"暗香和月入佳句,压尽千古无诗才。"

苏东坡以神来之笔写出了红梅的"风流标格":"偶作小红桃杏色,闲雅,尚余孤瘦雪霜枝。"(《定风波·红梅》)是说即使红梅偶露红妆,光彩照人,但仍保留着斗雪凌霜、孤傲瘦劲的本性。这实际上是词人自我品格的生动写照。南宋陆游、陈亮、辛弃疾等人,他们都是力主抗金的爱国志士,有共同的政治抱负,也都爱以梅花比拟自己。

陆游的"无意苦争春,一任群芳妒。零落成泥碾作尘,只有香如故。"(《卜算子·咏梅》)是在以梅花的劲节自比。陈亮《浪淘沙·梅》一词中有"墙外红尘飞不到,彻骨清寒"之句,乃以梅花的清高自比。辛弃疾喟叹"更无花态度,全是雪精神。"(《临江仙·探梅》)则以梅花冰肌玉骨的仪态自诩。

南宋刘克庄所写的《落梅》诗,因其中有"东风谬掌花权柄,却忌孤高不主张"之句,被言官李知孝等人指控为"讪谤当国",一再被黜,坐废十年。诗人对此深感不平,他后来写了"梦得因桃数左迁,长源为柳忤当权,幸然不识桃与柳,却被梅花误十年"等诗词,强烈地发泄了他那难以抑制的愤懑。

"何方可化身千亿,一树梅前一放翁。"陆游的这句名诗,可视为宋人爱梅心态的生动写照。在这股强大的热潮推动下,宋代的诗人词客大多有多首梅花诗词存世。如陈亮有梅词9首,苏轼有梅诗50余首,更有那位堪称"咏梅专业户"的张道洽,一生写梅诗300多首,且"篇有意,句有韵"(元代诗人方回赞语),被传为咏梅史上的佳话。据载,南宋初有个叫黄大舆的,搜集诸咏家梅词400多阕,辑为《梅苑》词集,可见当时风气之盛。而建炎以后,词家填写的梅词就更多了。

和晋陵陆丞早春游望
[唐]杜审言

独有宦游人,偏惊物候新。
云霞出海曙,梅柳渡江春。
淑气催黄鸟,晴光转绿苹。
忽闻歌古调,归思欲沾巾。

初春舟次
[唐]杜牧

蒲根水暖雁初下,梅经香寒蜂未知。

塞上听吹笛

[唐]高适

雪净胡天牧马还，月明羌笛戍楼间。
借问梅花何处落，风吹一夜满关山。

早　梅

[唐]张谓

一树寒梅白玉条，迥临村路傍溪桥。
不知近水花先发，疑是经冬雪未销。

庚岭梅花

[北宋]苏东坡

梅花开尽杂花开，过尽行人君不来。
不趁青梅尝煮酒，要看细雨熟黄梅。

西江月·红梅

[宋]王安石

梅红微嫌淡伫，天教薄与胭脂。
真妃初出华清池，酒人琼姬半醉。
东阁诗情易动，高楼玉管休吹。
北人浑作杏花疑，惟有青枝不似。

董起男送风雨梅戏占为谢

[清]王士祯

吴中五月梅黄雨，想象千年舶棹风。
珍重遗来看软齿，不须将醋浸曹公。

（八）梅的利用价值

据《书经·说命》载："若作和羹，尔唯盐梅"。商代的盐和梅相当于今日烹调所用的酱油和醋。由此可见，梅在当时人们生活中起着十分重要的作用。此后，随着社会的发展，关于梅的记载越来越多。如《周礼·天官》云："馈食之笾，其实……干䕩。"这里的干䕩就是食用梅子的古称。

1. 药用价值

李时珍《本草纲目》记载："梅"花开于冬而熟于夏，得木之全气。味最酸，有下气、安心、止咳止嗽、止痛止伤寒烦热，止冷热痢疾，消肿解毒之功效，可治三十二种疾病。《神农本草》记载："梅性味甘平，可入肝、脾、肺、大肠，有收敛生津作用"。

梅子性温、味甘、酸，入肝、脾、肺、大肠经。具有敛肺止咳、涩肠止泻、除烦静心、生津止渴、杀虫安蛔、止痛止血的作用。主治久咳、虚热烦渴、久疟、久泻、尿血、血崩、蛔厥腹痛、呕吐等病症。梅子治疗角质化肌肤，尤其对干燥角质化的肌肤更有效。

梅的果实又称梅子。初夏采收将成熟的绿色果实，洗净鲜用，称青梅；以盐腌制、晒干称白梅；以小火炕至干燥均匀，色黄褐、起皱，再焖至色黑备用，称乌梅。味酸，性平。能生津止渴，敛肺止咳，涩肠止泻，安蛔。含柠檬酸、苹果酸、琥珀酸、酒石酸、糖类、谷甾醇、齐墩果酸样物质等。能促进胆汁分泌，对金黄色葡萄球菌、大肠杆菌、痢疾杆菌、伤寒杆菌、绿脓杆菌、结核杆菌及致病性皮肤真菌有抑制作用，含乌梅的乌梅丸煎液能抑制蛔虫的活动。此外，尚能增强机体免疫功能。用于津少口渴，或消渴烦热；久咳肺虚，肺气不敛；久泻久痢，大肠不固；蛔厥腹痛、呕吐。此外，尚可用于便血、崩漏。《食疗本草》："嚼破水渍，以少蜜相和，止渴、霍乱心腹不安，及痢疾。治疟方多用之。"《本草纲目》："敛肺涩肠，治久痢、泻痢、反胃噎膈、蛔厥吐利；消肿，涌痰，杀虫。"《本草求原》："治溲血、下血，诸血症，自汗，口燥咽干。"《本草拾遗》："去痰，去疟瘴，止渴调中，除冷痢，止吐逆。"

2. 保健价值

现代医学研究表明：青梅具有以下神奇之功效。

澄清血液、降低人体液酸度、维持酸碱平衡功能。现代人的体液很容易呈现酸性，梅子可以让现代人的体液保持弱碱性，是对身体非常有帮助的药用食物，梅子中还含有丰富的矿物质，是人不可缺的食品。梅子中所含柠檬酸是维持人体健康的基本元素。

提高钙质的吸收率功能。能有效预防骨质疏松症。这是因为青梅中的柠檬酸可以刺激肠胃，让肠胃蠕动活跃，提高钙质的吸收率，改善容易骨折的体质。

抗过敏功能。利用青梅来预防花粉症。青梅可以帮助食物的消化吸收，强化体质。要预防花粉症，就必须维持正常的免疫力，因此食用青梅是最基本的作法。特应性皮炎的日常对策，可以利用青梅来改善体质、强化体质。

美容功能。梅子和梅制品能使唾液腺分泌更多的腮腺激素，腮腺激素是一种内分泌素，常被称为"返老还童素"。它可以使血管及全身组织年轻化，并能促进皮肤细胞新陈代谢，起到美肌、美发效果；还可促进激素分泌物活化，从而达到延缓衰老的作用。

调节血压，预防结石，消除疲劳，解除精神压力功能。青梅中的柠檬酸含量高达40%以上，血液中的钙质一旦与柠檬酸结合，就很容易溶解，这样就可以达到预防结石的效果。

防治动脉硬化、整肠、改善胃肠道功能。梅果实中的儿茶酸能促进肠子蠕动和调理肠子，同时又有促进收缩肠壁的作用，对便秘（尤其是孕妇）有显著功效。其酸味能刺激唾液腺、胃腺等分泌消化液，促进消化，滋润肠胃，改善肠胃功能，并促进肠道的吸收。

强肝护肝功能。青梅含有丰富的有机酸，可以提高肝脏功能，帮助肝脏解毒，抑制脂肪的堆积，预防脂肪沉淀在肝脏与血管内。

3. 食用价值

果实鲜食者少，主要用于食品加工。其加工品有咸梅干、话梅、糖青梅、清口梅、梅汁、梅酱、梅干、绿梅丝、梅醋、梅酒等。

青梅具有丰富的食品文化内涵。青梅是营养素含量全面、合理、具有多种医疗保健功能的食品，属于药食两用类食品。青梅因其鲜果太酸，除少量供鲜食外，绝大多数供加工成果脯、蜜饯、药材和保健食品、美容品等。

【盐渍类制品】包括咸水梅、梅胚、咸梅干等。青梅经盐渍即成咸水梅，咸水梅经晒干至含水 52% 左右即成梅胚，又称干湿梅或半干梅，将咸水梅完全晒干即成咸梅干，是出口梅制品的主要形式。

【蜜饯类制品】梅果蜜饯是青梅加工的传统产品，包括蜜梅、酥梅、话梅、陈皮梅、五香梅等，消费市场广，深受大众的欢迎。

【梅饮料制品】日本、韩国的消费者喜欢饮用纯青梅汁或以青梅汁兑其他饮品（如酒、果汁饮料等），且作为高尚饮品。青梅浓缩汁是国际市场需求新动向。

【梅酒类制品】以青梅为原料，利用现代生物技术，经发酵特殊工艺酿制，精心勾兑调味而成的发酵酒。发酵酒又分青梅全果发酵和青梅纯汁发酵，保持了青梅的原有风味及发酵产出的风味。青梅酒生产尚可采用粮食酒直接浸泡青梅果制作而成。梅酒在对人体保健功能、口感、色香味等方面均有其独到之处，足可与葡萄酒相媲美，具有拓展出口外销市场和国内果酒市场的潜力。

【熏制类制品】此类制品包括乌梅、药用梅粉剂等。乌梅通常是选用含酸量高的青梅，通过晒干、熏干等干制而成，呈黑褐色，味极酸。乌梅在医药上一方面用作中药材临床应用；另一方面利用乌梅为原料制成的"虎杖冲剂""乌梅安胃丸""乌梅饮"等药品达 20 多种。

【养生梅醋】将青梅加食盐腌制，控出梅卤汁，然后采用电渗析法减少盐分，再添加食醋及蜂蜜等按比例调配。该品具有开胃健脾、消除疲劳、美容养生、抗衰老等作用，尤其适合中老年脑力工作者的日常保养饮用。

【青梅保健口服液】梅胚经热水浸渍，提取青梅有效成分，与蜂蜜混合，使蜂蜜的滋养性和青梅的保健性相融合。该品适合于糖尿病、肥胖病、高血压等慢性病人及低热量摄入者。

【青梅丸】选用黄熟梅为原料，取核、捣浆，配以罗汉果等中草药，待熬制成膏状，然后成型包装。该品主要利用青梅、罗汉果等具有的开胃健脾、解酒、暖血之功效，故可开发成饮酒伴侣，适合于喜欢饮酒健身的消费者。

参考文献

[1]陈存及，陈伙法．阔叶树种栽培[M]．北京：中国林业出版社，2000.

[2]陈锦林．情系红树林[Z]．厦门网，2012.7.27.

[3]陈强，林翔．红树林的守护者[N]．中国青年报，2005.8.18.

[4]陈嵘．中国森林史料[M]．北京：中国林业出版社，1983.

[5]陈嵘．中国树木分类学[M]．北京：中国林业出版社，1973.

[6]陈世品．黄楮林自然保护区植物区系研究[J]．福建林学院学报，2004(2).

[7]陈自强．刺桐·刺桐诗·刺桐港[J]．福建乡土，2003(4)

[8]丁杨，姜卫兵．菩提树及其在园林绿化中的应用[J]．江西农业学报，2012，24(4).

[9]董智勇．森林：一个永恒的主题[J]．生态文化，2004.

[10]樊宝敏，李智勇．中国森林生态史引论[M]．北京：科学出版社，2008.

[11]方文．马可·波罗笔下的泉州[Z]．博宝艺术网，2008.3.

[12]福建日报社．福建特产风味指南[M]．福州：福建科学技术出版社，1985.

[13]《福建森林》编辑委员会．福建森林[M]．北京：中国林业出版社，1993.

[14]《福建省地方志》编纂委员会．福建省志(林业志)[M]．北京：方志出版社，1990.

[15]福建省科学技术委员会《福建植物志》编写组．福建植物志第一卷[M]．福州：福建科学技术出版社，1982.

[16]福建省林业勘察设计院．福建省国营林场森林经营建档情况报告[Z]．1979.

[17]福建省林业厅．林人楷模——谷文昌[C]．福州，2001.4.

[18]福建省绿化委员会，福建省林业厅．福建树王[J]．2014.

[19]福建省医药研究所．福建药物志第一册[M]．福州：福建人民出版社，1979.

[20]《福建树木奇观》编委会．福建树木奇观(M)．福州：福建科学技术出版社，1999.

[21]傅先庆．林业社会学[M]．北京：中国林业出版社，1990.

[22]干铎，陈植，马大浦．中国林业技术史料初步研究[M]．北京：中国农业出版社，1964.

[23]高兆蔚．森林资源经营管理研究[M]．福州：福建省地图出版社，2004.

[24]高兆蔚．中国南方红豆杉研究[M]．北京：中国林业出版社，2006.

[25]戈松雪．树中之神菩提树——多彩印度系列之十三[J/OL]．2010-01-04[2014-07-11]

[26]关传友．中国油桐种植史探略[Z]．233网校，2006.4.11.

[27]郭志超．畲族文化述论[M]．北京：中国社会科学出版社，2009.

[28]国家林业局《中国树木奇观》编委会．中国树木奇观[M]．北京：中国林业出版社，2003.

[29]何国生．福建树木彩色图鉴[M]．厦门：厦门大学出版社，2013.

[30]洪长福，黄龙杰，等．尾巨桉人工林林下植被多样性研究[J]．桉树科技，2003(2).

[31]洪长福，齐清琳．桉树速生丰产栽培[M]．福建：福建科学技术出版社，2006.

[32]胡德平．森林与人类[M]．北京：科学普及出版社，2007.

［33］黄克福，吕月良，何国生．树木学［M］．福州：福建科学技术出版社，1992.

［34］黄平江，陈建诚．福建沿海防护林［M］．福州：福建科学技术出版社，1995.

［35］黄雍容，马祥庆，等．福建省云中山福建青冈天然林群落特征分析［J］．福建林学院学报，2011(4)

［36］江明星．建瓯饮食文化［M］．福建：建瓯市绿洲胶印部，1996.

［37］江由，江凡，高日霞．锥栗栽培新技术［M］．福州：福建科学技术出版社，1998.

［38］康火南．红树林［M］．福州：海峡出版发行集团．海峡书局，2011.

［39］兰灿堂．福建森林文化体系建设浅议［J］．福建林业，2010(5).

［40］兰思仁．国家森林公园理论与实践［M］．北京：中国林业出版社，2004.

［41］李莉．中国传统松柏文化［M］．北京：中国林业出版社，2006.

［42］梁一池．锥栗良种选育技术［J］．福建省经济林协会编印，2005.

［43］廖金荣．福建国营林场［M］．福州：福建科学技术出版社，1989.

［44］林璧符．闽都橄榄文化［M］．福州：福建省新闻出版局，2011.

［45］林长华．相思树下望台湾［N］．人民日报(海外版)，2002.3.26.

［46］林枫，范正义．闽南文化论述［M］．北京：中国社会科学出版社，2008.

［47］刘爱琴，刘春华，马祥庆．福建青冈人工林的生物生产力研究［J］．福建林学院学报，2004(4).

［48］刘姝君等．一艘宋代古船的前世今生．新华网，2014.5.5.

［49］刘湘如．八闽古碑珍闻［J］．福建史志，2008(1)：61.

［50］马可·波罗(意大利)．马可·波罗行记［M］．梁生智，译．北京：中国文史出版社，1998.

［51］(明)黄仲昭．八闽通志［M］．福州：福建人民出版社，2006.

［52］牟凤娟，戴兴芬，李双智，等．油杉属植物研究动态［J］．西部林业科学，2012(6).

［53］彭镇华，兰思仁，等．海峡西岸现代林业发展战略［M］．北京：中国林业出版社，2010.

［54］舒婷．都是木棉惹的祸［Z］．天涯，2008(4).

［55］《树木学(南方本)》编写委员会．全国高等院校试用教材．树木学(南方本)［M］．北京：中国林业出版社，1994.

［56］(宋)蔡襄．荔枝谱［M］．陈定玉，点校．福州：福建人民出版社，2004.

［57］宋恒，陈增华，李廷雨，等．建瓯锥栗［M］．福建：南平市武夷彩印出版社，2011.

［58］苏孝同，苏祖荣．森林文化研究［M］．北京：中国林业出版社，2013.

［59］苏祖荣．森林美学概论［M］．上海：学林出版社，2001.

［60］苏祖荣．森林哲学散论［M］．上海：学林出版社，2009

［61］苏祖荣，苏孝同．森林文化学简论［M］．上海：学林出版社，2004.

［62］苏祖荣，苏孝同．森林与文化［M］．北京：中国林业出版社，2013.

［63］陶炎．中国森林的历史变迁［M］．北京：中国林业出版社，1994.

［64］汪征鲁．闽文化新论［M］．北京：中国社会科学出版社，2011.

［65］王豁然．桉树生物学概论［M］．北京：科学出版社，2010.

［66］王挺良．鹫峰山秃杉林的初步研究［J］．福州：福建林业科技，1996(1)

［67］王挺良．秃杉［M］．北京：中国林业出版社，1995.

［68］王莹莹．桉树从纯产业融入中国文化［N］．中国绿色时报，2007.11.15.

［69］武松建．中国格氏栲［Z］．新浪博客，2008.6.6.

［70］谢重光．客家文化述论［M］．北京：中国社会科学出版社，2008.

[71]徐晓望. 闽北文化述论[M]. 北京：中国社会科学出版社，2009.

[72]许博渊. 桉树——澳大利亚献给世界的礼物[N]. 中国绿色时报，2003.

[73]薛菁. 闽都文化述论[M]. 北京：中国社会科学出版社，2009.

[74]颜年安. 刺桐花开刺桐城[N]. 泉州晚报，2005.4.4.

[75]杨长职. 福建青冈天然林生长规律的研究[J]. 华东森林经理，2005.(3).

[76]姚永正. 中国园林景观[M]. 北京：中国林业出版，1993.

[77]叶功富，廖福霖，倪志荣，等. 厦门市市树凤凰木作为行道树的调查研究[J]. 林业科学研究，2002，15(3).

[78]俞新妥. 俞新妥文选[M]. 北京：中国林业出版，2003.

[79]曾意丹. 故园沧桑·人文八闽(8册)[M]. 福州：福建教育出版社，2007.

[80]詹有生，骆昱春，敖向阳，等. 次生福建青冈林组成数量特征及林分生产力[J]. 南京林业大学学报，1999(4).

[81]张培明. 闽南树种森林文化解读[M]. 厦门：国际华文出版社，2012.

[82]张作兴. 闽都古韵系列丛书(三坊七巷)[M]. 福州：海潮摄影艺术出版社，2006.

[83]章锦瑜. 论刺桐[J]. 林业研究季刊，2009.31(1).

[84]漳州市森林文化丛书编委会. 一百棵树的故事[M]. 呼和浩特：内蒙古人民出版社，2011.

[85]郑少泉. 枇杷品种与优质高效栽培技术[M]. 北京：中国农业出版社，2005.

[86]郑天汉，兰思仁，江希钿. 红豆树研究[M]. 北京：中国林业出版社，2013.

[87]中共东山县委宣传部. 谷文昌精神读本[Z]. 2013.8

[88]中国科学院植物研究所. 中国高等植物图鉴[M]. 北京：科学出版社，2005.

[89]《中国农业百科全书·林业卷》编辑委员会. 中国农业百科全书·林业卷[M]. 北京：农业出版社，1989.

[90]《中国农业全书·福建卷》编委会. 中国农业全书(福建)(M). 北京：中国农业出版社，1997.

[91]《中国树木志》编委会. 中国主要树种造林技术[M]. 北京：中国林业出版社，1978.

[92]《中国植物志》编委会. 中国植物志[M]. 北京：科学出版社，1959~2013.

[93]中华人民共和国卫生部药典委员会. 中华人民共和国卫生部药品标准(中药成方制剂第十册). 北京：人民卫生出版社，1995.

[94]周邦在. 木榨油坊百年飘香[N]. 宁德晚报，2009.1.1.

[95]周默. 菩提树及其传说[J]. 中国木材，2009，(1)：39－40.

[96]周雪香. 莆仙文化述论[M]. 北京：中国社会科学出版社，2008.

[97]朱国飞，等. 相思树的文化意蕴及其在园林绿化中的应用[J]. 江西农业学报，2009.21(6).

[98]庄瑞林. 中国油茶[M]. 北京：中国林业出版社，2008.

编 后 语

（一）

在森林文化体系中，树木文化是森林文化的细胞和重要组成部分。树木作为组成森林群落的整体，或作为树木本身的独立体，充分显现出其丰富的文化特征和悠远的历史文化。树木见证了森林的演替，树木见证了人类繁衍的历史，树木影响、记录并保存了重大历史信息，树木与人类共同创造了文化。人们对树木的敬畏感和崇拜感印证了树木在森林文化中的特殊地位。著名学者梁衡在《重建人与森林的文化关系》一文中指出：树木给人类的将不只是物质丰富、生态环境，还有人文价值、文化贡献。苏祖荣、苏孝同在《森林与文化》一书中指出：树木文化以某一种属树木的生物特征为基础，阐述该种属树木在物质、精神和制度层面的文化现象。精辟论述了树木文化的属性和内涵。

闽江流域是孕育福建森林文化的摇篮，丹心碧水的武夷山脉造就了朱子等一大批文人墨客，并留下大量的森林文化历史遗产；闽西客家人至今保留着大量的对森林、对大自然和对树木崇拜的民间风俗；闽南是"海上丝绸之路"的始发地，具有鲜明的多元化的滨海森林文化特色；闽中闽东森林文化原始而古老，文化古城福州历史悠久、历代名人辈出，保留着大量的森林文化遗址。

《福建树木文化》一书，收集了八闽大地的树木文化资料。这些资料充分显现了福建树木的丰富文化内涵，有大量的历史典故和深厚的文化底蕴。如泉州宋船与樟木，闽东古代廊桥与杉木，闽王王审知与柳杉，福建土楼与松木，郭沫若与刺桐树，谷文昌与木麻黄，福州太守张佰玉植榕，蔡襄与《荔枝谱》，朱熹与沈郎樟，武夷山悬棺与楠木，闽北古汉城的锥栗，寄托着海峡两岸相思情的台湾相思树，等等。充分体现了福建树木文化的厚重底蕴，同时也体现了福建树木文化的福建地缘特色和人文特征。

（二）

《福建树木文化》以树种为单元进行编写，其内容包含：历史沿革、传说故事、风俗民情、名人轶事、文化遗址、诗词歌赋、价值文化等。该书的资料来源主要由3个部分组成：一是由各县（市）林业局森林文化办公室提供的调查资料。各县（市）林业局按照福建省林业厅《关于开展森林文化调查工作的通知》（闽林综〔2010〕48号），开展了大量的调查和资料收集工作。三明市所有县（市、区）林业局提供了调查资料。漳州市林业局编辑出版了8本《森林文化丛书》，并将资料提供给省林业厅森林文化丛书编委会。南平市的浦城县、光泽县、顺昌县，宁德市的古田县、周宁县、屏南县等地也都提供了大量的森林文化资料。二是收集和引用福建省林业系统长期以来出版的刊物、书籍和文章资料。如：《福建树木奇观》《阔叶树种栽培》《福建树王》《福建省志——林业志》《福建森林》《福建国有林场》《福建省沿海防护林》，苏祖荣、苏孝同等的专著《森林文化简论》《森林美学概论》《森林哲学散论》等资料。三是吸取和引用福建文化史料与福建树木文化有关的资料。如：《闽文化系列研究》丛书，曾意丹的《故园沧桑，人文八闽》丛书等资料。由于一些树木文化资料较为缺乏，为使《福建树木文化》一书尽可能做到资料丰富和相对完整，达到传播文化和宣传生态文明的目的，因此在网上也收集并利用了一些与福建树木文化有关的资料进行补充完善，我们对这些网站和作者不一一列举，谨在此代表福建省林业厅森林文化丛书编委会感谢你们对福建森林文化的传播和对生态文明公益宣传做出的贡献。

（三）

《福建树木文化》由"福建森林文化丛书"编委会组织编写。福建省林业厅原副厅级干部兰灿堂教授级高级工程师负责全书资料的前期收集和录入，并编辑完成《福建树木文化》（初稿）。初稿完成后召开"福建森林文化丛书"编委会成员和专家进行认真研究并广泛征求修改意见。在这个基础上，组织 23 位林业专家分别对入编的 43 个树木文化的《初稿》资料进一步整理编写，部分整理编写者在原有资料的基础上亦补充收集了一些材料，形成《福建树木文化》第二稿。编委会再次对第二稿进行审稿并提出修改意见，由原编写者进行修改，部分篇章由其他作者合作进行重新编写，形成第三稿。本书由兰灿堂教授级高级工程师任主编，蔡元晃高级工程师任副主编。第一篇总论由苏祖荣编写；第二篇各论的整理和编写人员分工详见编写组名单。最后由兰灿堂负责全书的统稿和定稿。

本书在编写过程中得到包应森、王立勋、王宜美、林萍、高兆蔚、陈传馨、苏孝同、苏祖荣、陈建诚、施天锡、吴有恒等专家的指导和帮助，为本书的编写做出很大的贡献，谨向以上领导和专家表示感谢。

本书的编辑虽然主观上想尽可能广泛收集福建树木文化资料，全面准确地反映树木文化内涵，但是由于树木品种较多，有些树种资料缺乏，很多历史文化资料难以收集完整，在编辑中还未能完全准确地表达树木文化的丰富内涵以及人类与树木之间的历史文化韵味。对树木文化论题也还有待进一步探讨研究。同时，在资料的收集、整理和编辑过程中也难免存在错误和遗漏，期待读者给予批评指正。

编　者
2014 年 12 月